토목기사 시리즈

◉ 최근 출제기준에 맞춘 최고의 수험서

길잡이

토목기사실기 시험 대비

최신 개정 5판

토목기사실기 [과년도] 총정리

박영태 편저

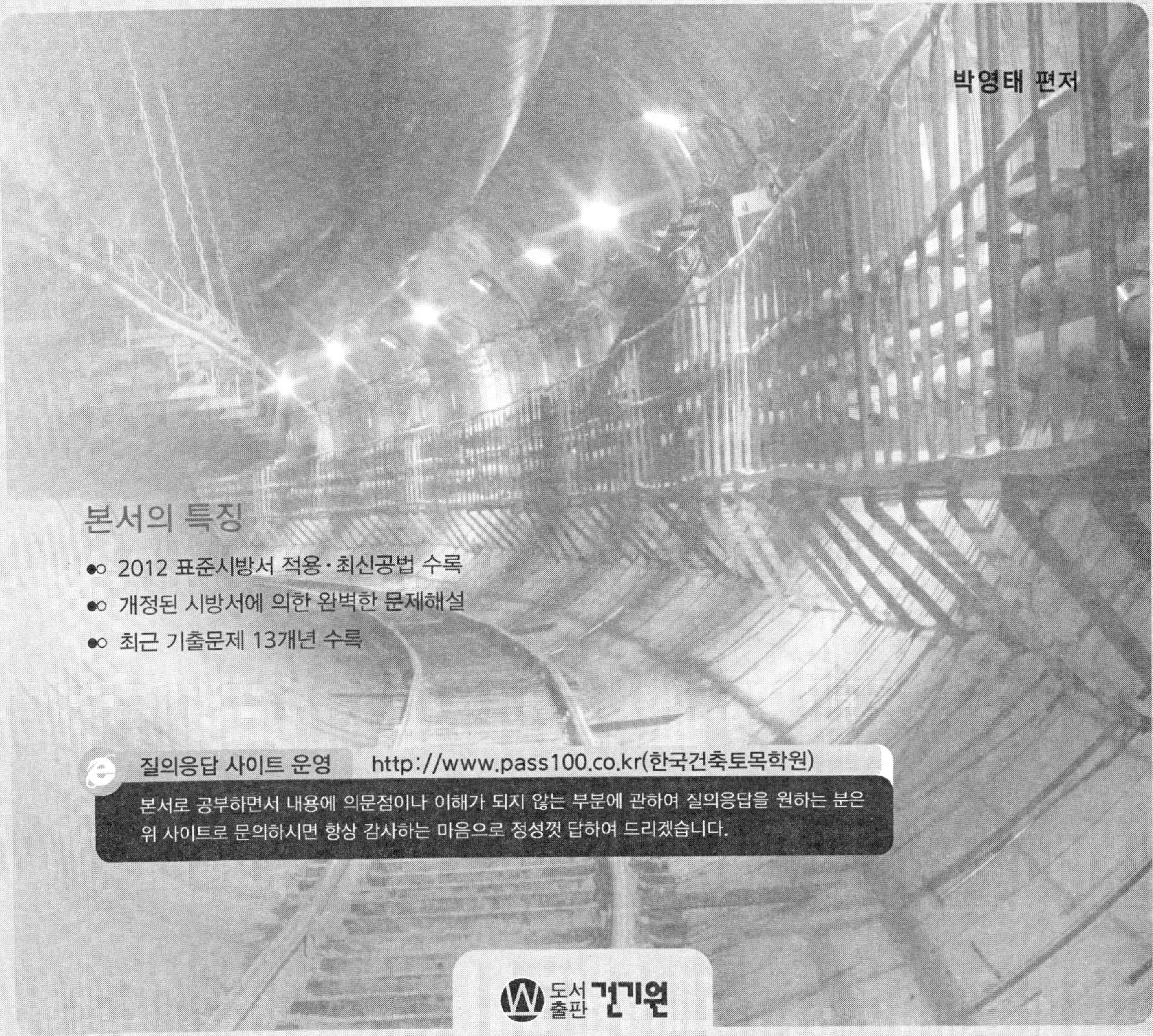

본서의 특징

- 2012 표준시방서 적용·최신공법 수록
- 개정된 시방서에 의한 완벽한 문제해설
- 최근 기출문제 13개년 수록

질의응답 사이트 운영 http://www.pass100.co.kr(한국건축토목학원)

본서로 공부하면서 내용에 의문점이나 이해가 되지 않는 부분에 관하여 질의응답을 원하는 분은 위 사이트로 문의하시면 항상 감사하는 마음으로 정성껏 답하여 드리겠습니다.

도서출판 건기원

머리말

우리나라의 건설산업은 70년대를 기점으로 눈부신 발전을 거듭해왔다. 그러나 IMF 시대가 도래되고 난 이후 사회간접자본 시설투자와 민간 건설투자의 급격한 위축으로 우리의 건설산업은 최대의 위기를 맞고 있다고 본다.
이에 따른 대책으로 고부가가치를 창출할 수 있는 기술자를 양성하여 기술개발을 서둘러 현실을 타개해 나가야 한다고 생각한다.

본서는 저자가 10여년 이상의 토목기사실기 강의경험을 바탕으로 그동안 수집, 분석, 소장하였던 핵심 이론과 문제를 중심으로 자격시험에 대비하고자 하는 수험생들을 대상으로 집필하였음을 알려둔다.

시험출제방식이 문제은행식이므로 과년도문제가 자주 출제되는 경향이 많기 때문에 철저히 이해하고 소화하여 기본적인 점수를 확보하는 것이 유리하다고 판단된다. 그러나 필자가 많은 준비기간을 가지고 집필하였다고는 하나 여러 선학들의 노고에 비하면 부끄럽고 누가되지 않을까 걱정이 앞선다.

독자 여러분들께 좀 더 가까이에서 수험준비에 도움이 될 수 있도록 계속 보완하고 현실에 맞게 수시로 증보·개정할 것을 약속한다.

끝으로 이 책이 출간될 수 있도록 여러 가지로 도와주신 분들께 감사드리며, 아울러 건기원 기획, 편집자에게 깊이 감사드립니다.

편저자

출제기준

실기과목명	주요항목	세부항목
토목 설계 및 시공 실무	1. 토목설계 및 시공에 관한 사항	① 토공 및 건설기계 이해하기 ② 기초 및 연약지반 개량 이해하기 ③ 콘크리트 이해하기 ④ 교량 이해하기 ⑤ 터널 이해하기 ⑥ 배수구조물 이해하기 ⑦ 도로 및 포장 이해하기 ⑧ 옹벽 및 흙막이 이해하기 ⑨ 하천, 댐 및 항만 이해하기
	2. 토목시공에 따른 공사·공정 및 품질관리	① 공사 및 공정 관리하기 ② 품질관리하기
	3. 도면의 물량산출에 관한 사항	① 옹벽, 슬래브, 암거, 기초, 교각, 교대 및 도로 부대시설물 물량산출하기
	4. 도면 검토	① 도면 기본 검토하기

차 례

토목기사 실기
핵심요약

Ⅰ. 토공 ········ 9
Ⅱ. 건설기계 ········ 10
Ⅲ. 연약지반 개량공법 ········ 12
Ⅳ. 토질 및 기초공 ········ 16
Ⅴ. 암석 발파공 ········ 22
Ⅵ. 콘크리트공 ········ 23
Ⅶ. 터널공 ········ 24
Ⅷ. 옹벽공, 암거 배수공, 교량공 ········ 26
Ⅸ. 포장공 ········ 28
Ⅹ. 댐(dam) ········ 30

토목기사 실기
기출문제

2019년 기출문제

1차 2019.04.13 ········ 3
2차 2019.06.29 ········ 12
3차 2019.10.12 ········ 21
…◆ 정답 및 해설 / 30

2018년 기출문제

1차 2018.04.15 ········ 2
2차 2018.06.30 ········ 11
3차 2018.10.07 ········ 20
…◆ 정답 및 해설 / 28

2017년 기출문제

1차 2017.04.16 ········ 2
2차 2017.06.25 ········ 11
3차 2017.11.11 ········ 20
…◆ 정답 및 해설 / 29

2016년 기출문제

1차 2016.04.17 ········ 2
2차 2016.06.26 ········ 12
3차 2016.11.13 ········ 21
…◆ 정답 및 해설 / 30

2015년 기출문제

1차 2015.04.18 ········ 2
2차 2015.07.11 ········ 12
3차 2015.11.07 ········ 20
…◆ 정답 및 해설 / 28

2014년 기출문제

1차 2014.04.19 ········ 2
2차 2014.07.05 ········ 12
3차 2014.11.01 ········ 21
…◆ 정답 및 해설 / 30

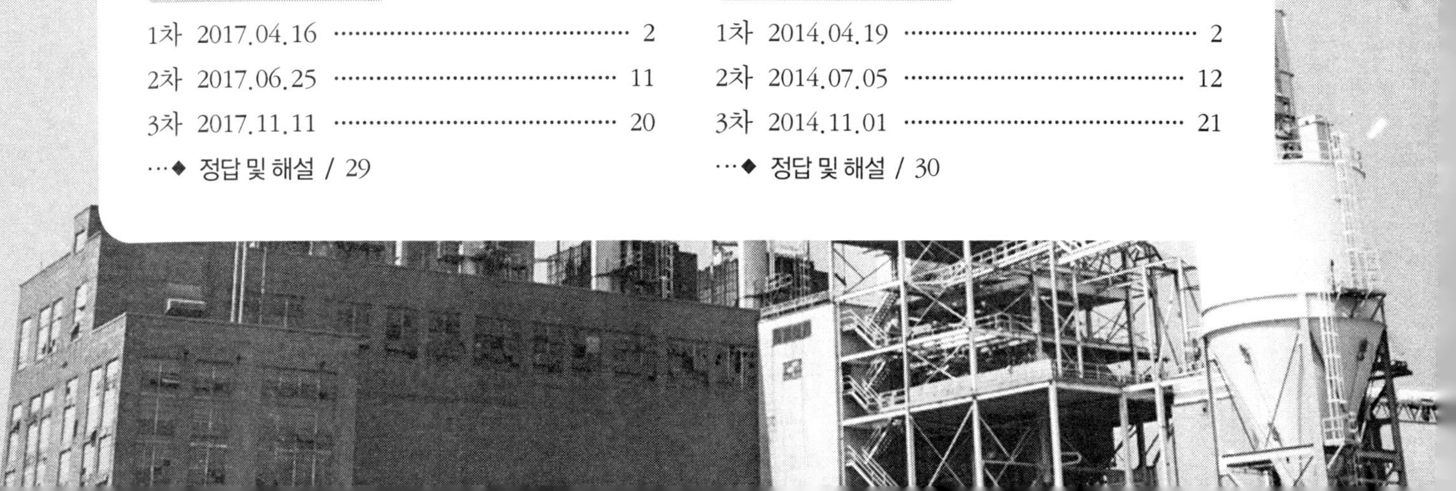

차 례

토목기사 실기
기출문제

2013년 기출문제

1차 2013.04.20 ········ 2
2차 2013.07.13 ········ 11
3차 2013.11.09 ········ 22
…◆ 정답 및 해설 / 32

2012년 기출문제

1차 2012.04.22 ········ 2
2차 2012.07.08 ········ 11
3차 2012.11.03 ········ 20
…◆ 정답 및 해설 / 29

2011년 기출문제

1차 2011.05.01 ········ 2
2차 2011.07.24 ········ 12
3차 2011.11.13 ········ 20
…◆ 정답 및 해설 / 27

2010년 기출문제

1차 2010.04.18 ········ 2
2차 2010.07.04 ········ 11
3차 2010.10.31 ········ 20
…◆ 정답 및 해설 / 30

2009년 기출문제

1차 2009.04.19 ········ 2
2차 2009.07.05 ········ 13
3차 2009.10.18 ········ 24
…◆ 정답 및 해설 / 34

2008년 기출문제

1차 2008.04.20 ········ 2
2차 2008.07.06 ········ 11
3차 2008.11.02 ········ 20
…◆ 정답 및 해설 / 30

2007년 기출문제

1차 2007.04.22 ········ 2
2차 2007.07.08 ········ 12
3차 2007.11.04 ········ 20
…◆ 정답 및 해설 / 29

토목기사 실기

핵심 요약

핵심요약

I 토공

1 시공기면(formation level)

시공기면을 결정하기 위해 다음과 같은 사항을 고려

① 절 · 성토량의 균형으로 토공량이 최소가 되게 한다.

② 토공기계의 사용 시 가까운 곳에 토취장과 토사장을 두어 운반거리를 가능한 짧게 한다.

③ 암석굴착은 공비에 영향이 크므로 적게 한다.

④ 연약지반, 산사태(land slide), 낙석의 위험이 있는 곳은 가능한 피하며, 이를 피할 수 없을 때에는 이에 대처할 수 있는 대책공법을 고려한다.

⑤ 용지보상이나 지상물 보상이 최소가 되도록 한다.

2 토량의 변화

$$L = \frac{\text{느슨한 토량}(m^3)}{\text{본바닥 토량}(m^3)}$$

$$C = \frac{\text{다진 후의 토량}(m^3)}{\text{본바닥 토량}(m^3)}$$

3 토적곡선(유토곡선, mass curve)

종단면도와 토량계산서에서 구한 누가토량을 도표 위에 그린 곡선을 토적곡선이라 한다.

① 토적곡선을 작성하는 목적

㉠ 토량분배

㉡ 평균 운반거리의 산출

㉢ 운반거리에 의한 토공기계의 선정

㉣ 시공방법의 산출

② 토적곡선의 성질

㉠ 곡선의 하향구간(−)은 성토구간이며 상향구간(+)은 절토구간이다.

㉡ 곡선의 극대점 e, i는 절토에서 성토로의 변이점이며, 극소점 c, g, l은 성토에서 절토로의 변이점이다.

㉢ 평형선(기선 a-b에 평형한 임의의 직선)을 그어 곡선과 교차시키면 인접하는 교차점(평형점) 사이의 토량은 절토, 성토량이 서로 같다.

㉣ 평형선에서 곡선의 최대점 및 최소점까지의 높이는 절토에서 성토로 운반할 운반토량(순전토량)을 나타낸다.

㉤ 절 · 성토가 대략 평형이 되는 구간에 평형선을 그어 가장 유리한 평형점을 구한다. 이 평형선은 반드시 하나의 연속된 직선이 아니라도 되며, 토적곡선과 교차되는 점에서 끊을 수도 있다. 이때, 두 평형선 사이의 상 · 하 간격은 운반토 또는 사토를 표시한다.

㉥ 절토에서 성토로의 평균 운반거리는 절토의 중심과 성토의 중심간의 거리로 표시된다.

㉦ 토량곡선이 평형선 위측에 있을 때 절취토는 그림의 좌측 → 우측으로 운반되고, 반대로 아래에 있을 때 절취토는 그림의 우측 → 좌측으로 운반된다.

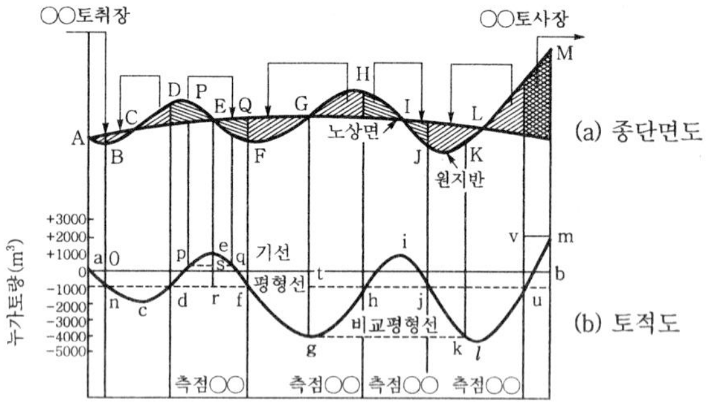

[그림 1-1] 종단면도와 토적곡선

4 4각주법

$$V=\frac{ab}{4}(\Sigma h_1+2\Sigma h_2+3\Sigma h_3+4\Sigma h_4)$$

여기서, h_1 : 1개의 직사각형에 속하는 높이
h_2 : 2개의 직사각형에 공통된 높이
h_3 : 3개의 직사각형에 공통된 높이
h_4 : 4개의 직사각형에 공통된 높이

5 3각주법

$$V=\frac{ab}{6}(\Sigma h_1+2\Sigma h_2+3\Sigma h_3+\cdots\cdots+8\Sigma h_8)$$

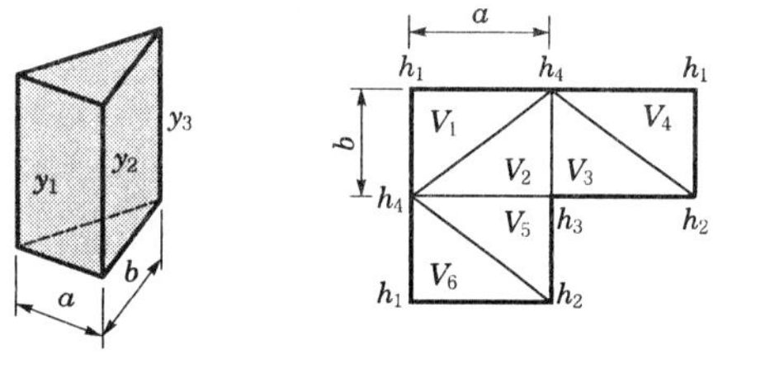

(a) 3각 기둥　　(b) 절토장을 3각형 기둥으로 분할

[그림 1-2] 3각주법

6 등고선법

$$V=\frac{h}{3}(A_1+4\Sigma A_{짝수}+2\Sigma A_{홀수}+A_n)$$

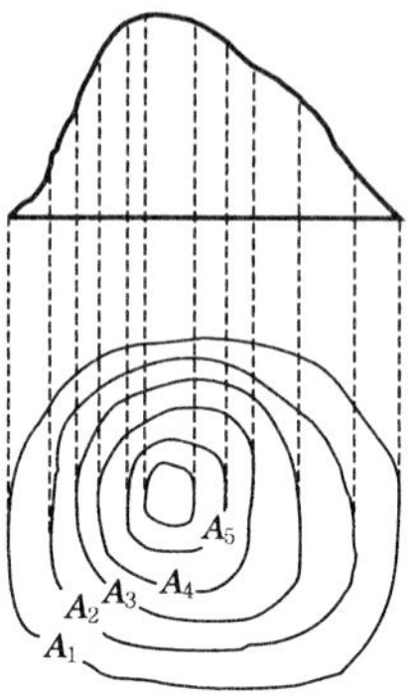

[그림 1-3] 등고선법

7 심프슨(Simpson) 공식

(1) Simpson 제1법칙

$$A=\frac{h}{3}(y_0+4\Sigma y_{홀수}+2\Sigma y_{짝수}+y_n)$$

여기서, y값들은 등고선 평면도에서 각 등고선에 속하는 면적이다.

(2) Simpson 제2법칙

$$A=\frac{3h}{8}(y_0+3\Sigma y_{나머지}+2\Sigma y_{3배수}+y_n)$$

여기서, y값들은 등고선 평면도에서 각 등고선에 속하는 면적이다.

8 EPS(발포 폴리스티렌) 공법의 특징

① 초경량성, 내압축성, 자립성, 내수성, 시공성이 우수하다.

② 홍수 시 EPS가 부력에 약해 유실되기 쉽다.

Ⅱ 건설기계

1 dozer계 굴착기(excavator of dozer system)

(1) bulldozer

① bulldozer 작업능력

$$Q=\frac{60\cdot q\cdot f\cdot E}{C_m}$$

여기서, Q : 1시간당 작업량(m^3/h)
q : 1회 굴착압토량(m^3)－흐트러진 토량

$$q=q_0\cdot\rho$$

여기서, q_0 : 배토판의 용량(m^3)
ρ : 구배계수
f : 토량환산계수
E : 도저의 작업효율
C_m : 사이클 타임(min)

$$C_m=\frac{l}{v_1}+\frac{l}{v_2}+t_g$$

여기서, l : 평균 굴착거리(m)

v_1 : 전진속도(m/min), 1~2단

v_2 : 후진속도(m/min), 2~4단

t_g : 기어 변속시간 및 가속시간(min)
고정값으로 보통 0.25분으로 본다.

② ripper(유압식)의 작업능력

$$Q = \frac{60 \cdot A_n \cdot l \cdot f \cdot E}{C_m}$$

여기서, Q : 시간당 작업량(m^3/h)

A_n : 1회 리핑(ripping) 단면적(m^2)

l : 1회 작업거리(m)

f : 토량환산계수

E : 리퍼의 작업효율

③ bulldozer와 ripper의 합성작업능력

$$Q = \frac{Q_1 \times Q_2}{Q_1 + Q_2}$$

여기서, Q : ripper dozer의 1시간당 작업량 (m^3/h)

Q_1 : dozer의 1시간당 작업량(m^3/h)

Q_2 : ripper의 1시간당 작업량(m^3/h)

(2) grader(그레이더)

① grader 작업능력

$$Q = \frac{60 \cdot l \cdot L \cdot D \cdot f \cdot E}{C_m}$$

여기서, Q : 1시간당 작업량(m^3/h)

l : blade의 유효길이(m)

L : 1회 편도작업거리(m)

D : 굴착깊이 또는 흙고르기 두께(m)

f : 토량환산계수

E : 그레이더의 작업효율

C_m : 사이클 타임(min)

㉠ 작업방향으로 방향 변환할 때

$$C_m = 0.06\frac{L}{V} + t$$

㉡ 전진작업 후 후진으로 되돌아 올 때

$$C_m = 0.06\left(\frac{L}{V_1} + \frac{L}{V_2}\right) + 2t$$

여기서, V_1 : 전진속도(km/h)

V_2 : 후진속도(km/h)

t : 기어 변속시간(분)

② $\text{작업소요시간} = \dfrac{\text{통과횟수} \times \text{작업거리}}{\text{평균 작업속도} \times \text{작업효율}}$

2 shovel계 굴착기(excavator of shovel system)

(1) shovel계 작업능력

$$Q = \frac{3600 \cdot q \cdot k \cdot f \cdot E}{C_m}$$

여기서, Q : 시간당 작업량(m^3/h)

q : 버킷의 산적용적(m^3)

k : 버킷계수

f : 토량환산계수

C_m : 사이클 타임(sec)

• 트랙터 셔블(loader)의 경우

$$C_m = ml + t_1 + t_2$$

여기서, m : 계수(s/m)
(무한궤도식 : 2.0, wheel식 : 1.8)

l : 운반거리(편도), 특히 거리를 지정하지 않을 때는 l=8m 정도로 한다.

t_1 : 버킷이 흙을 담는데 소요되는 시간(sec)

t_2 : 기어 변속시간 등 기본시간(sec)

3 dump truck

(1) dump truck 작업능력

$$Q = \frac{60 \cdot q_t \cdot f \cdot E_t}{C_{mt}}$$

여기서, Q : 시간당 작업량(m^3/h)

q_t : 흐트러진 상태의 1회 적재량(m^3)

$$q_t = \frac{T}{\gamma_t} \cdot L$$

여기서, T : 덤프트럭의 적재량(t)

γ_t : 자연상태에서의 토석의 단위중량 (습윤밀도)(t/m^3)

L : 토량변화율

f : 토량환산계수

E_t : 덤프트럭의 작업효율
(표준치 $E_t=0.9$)
C_{mt} : 덤프트럭의 사이클 타임(min)

• 적재기계 사용 시

$$C_{mt}=\frac{C_{ms}n}{60E_s}+T_1+T_2+t_1+t_2+t_3$$

여기서, C_{ms} : 적재기계의 사이클 타임(sec)
n : 덤프트럭 1대 적재 시 요하는 적재기계의 사이클 횟수(정수)

$$n=\frac{q_t}{qk}$$

여기서, q : 적재기계 버킷의 산적용적(m^3)
k : 버킷계수
E_s : 적재기계의 작업효율
T_1, T_2 : 덤프트럭의 운반, 돌아가는 시간(min)
t_1 : 사토시간(min)
t_2 : 적재장소에 도착한 후 적재가 개시될 때까지의 시간(min)
t_3 : sheet를 걸고 떼는 시간(min)

(2) truck의 여유대수

$$N=1+\frac{T_1}{T_2}$$

여기서, N : 여유대수
T_1 : 왕복과 사토에 요하는 시간
T_2 : 원위치에 도착한 후부터 싣기를 완료하고 출발할 때까지의 시간

4 roller계

(1) roller계 작업능력

① 토공량을 다져진 토량으로 표시하는 경우

$$Q=\frac{1000\cdot V\cdot W\cdot H\cdot f\cdot E}{N}$$

② 토공량을 다진 면적으로 표시하는 경우

$$A=\frac{1000\cdot V\cdot W\cdot E}{N}$$

여기서, Q : 시간당 작업량(m^3/h)
V : 작업속도(km/h)
W : 1회의 유효다짐폭(m)
H : 흙을 까는 두께 또는 1층의 끝손질 두께(m) − 다져진 상태의 두께를 말한다.
f : 토량환산계수
E : 다짐기계의 작업효율
N : 소요 다짐횟수
A : 시간당 끝손질 면적(m^2/h)

(2) 충격식 다짐기계(래머 등) 작업능력

$$Q=\frac{A\cdot N\cdot H\cdot f\cdot E}{P}$$

여기서, Q : 시간당 작업량(m^3/h)
A : 1회의 유효다짐면적(m^2)
N : 시간당 다짐횟수(회/h)
H : 깔기 두께 또는 1층의 끝손질 두께(m)
P : 되풀이 다짐횟수

Ⅲ 연약지반 개량공법

1 pre-loading 공법(사전압밀공법)

구조물을 축조하기 전에 미리 재하하여 하중에 의한 압밀을 미리 끝나게 하는 공법이다.

(1) 목적

① 압밀침하 촉진
② 시공 후의 잔류침하 감소
③ 공극비를 감소시켜 전단강도 증진

(2) 특징

장 점	단 점
ⓐ 공사비가 저렴하다. ⓑ 압밀효과가 균등하다.	ⓐ 공기가 길다. ⓑ 재하용 성토재료의 확보

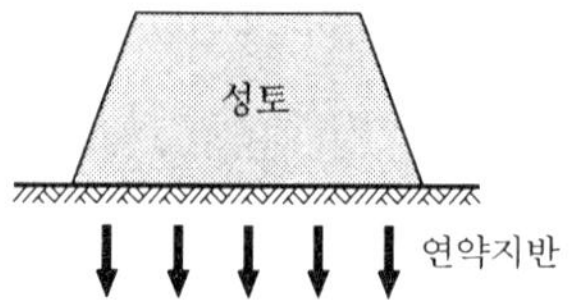

[그림 3-1] pre-loading 공법

2 sand drain 공법

연약점토층이 두꺼운 경우 연약한 점토층에 주상의 사주(모래기둥, sand pile)를 다수 박아서 점토층의 배수거리를 짧게 하여 압밀을 촉진함으로써 단기간 내에 연약지반을 처리하는 공법이다. 미국의 Barron에 의해 이론이 체계화되었고 점토층이 두꺼울 때나 pre-loading으로는 장시간이 소요될 때는 sand drain 공법 또는 paper drain 공법이 치환공법과 더불어 점성토지반 개량공법의 주류를 이루고 있다.

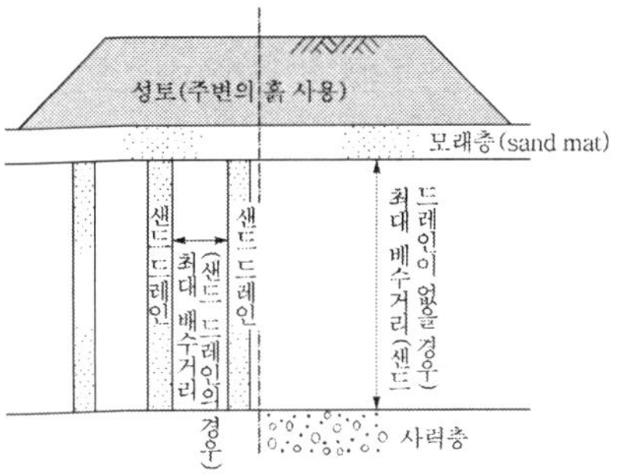

[그림 3-2] sand drain에 의한 압밀의 촉진

(1) sand drain의 설치

① mandrel법(타입식 케이싱법, 압축공기식 케이싱법)

- 선단 shoe를 달고 소정의 위치에 놓는다.
- 해머로 케이싱을 타격하여 지반에 관입시킨다.
- 케이싱 내 모래를 투입한다.
- 압축공기를 보내면서 케이싱을 인발한다.
- sand drain 타설을 완료한다.

② water jet식 케이싱법

③ auger식 케이싱법

(2) sand drain의 설계

① sand drain 배열

㉠ 정삼각형 배열 : $d_e = 1.05d$

㉡ 정사각형 배열 : $d_e = 1.13d$

여기서, d_e : drain의 영향원 지름

d : drain의 간격

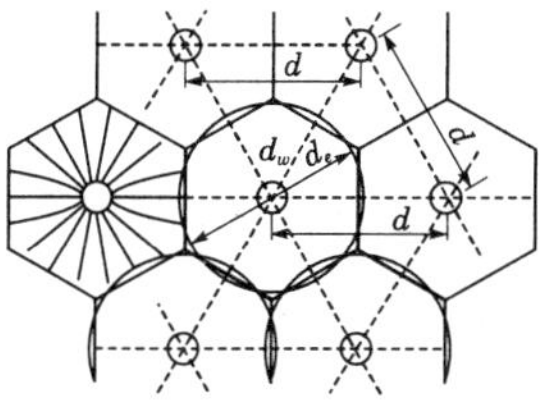
(a) 정삼각형 배열

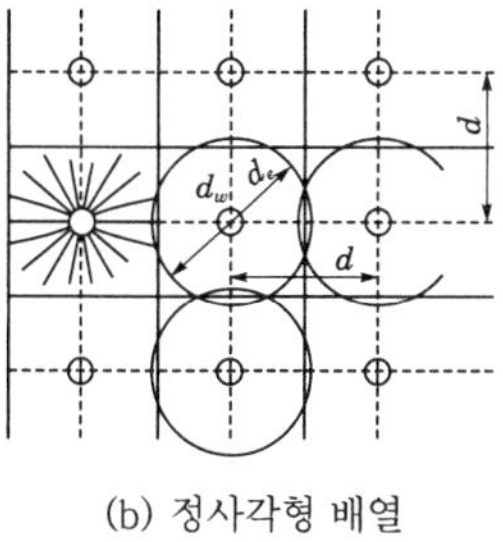
(b) 정사각형 배열

[그림 3-3] sand drain의 배열과 지배영역

② 수평, 연직방향 투수를 고려한 전체적인 평균압밀도

$$U = 1 - (1 - U_h) \cdot (1 - U_v)$$

여기서, U_h : 수평방향의 평균압밀도

U_v : 연직방향의 평균압밀도

3 paper drain 공법

[plastic drain board 공법, wick drain(심지배수) 공법]

sand drain 공법과 원리가 동일하며, 모래말뚝 대신에 합성수지로 된 card board를 땅 속에 박아 압밀을 촉진시키는 공법이다.

(1) sand drain 공법에 비해 paper drain 공법의 장점

① 굴착이 필요 없기 때문에 시공속도가 빠르다. (약 2배 정도)

② 배수효과가 양호하다.

③ 타입 시 교란이 없다.

㉠ 수평방향 압밀계수 $C_h ≒ 2 \sim 4C_v$로 설계한다.

㉡ sand drain 타입 시 지반이 교란되므로 $C_h ≒ C_v$로 설계한다.

④ drain 단면이 깊이에 대하여 일정하다.

⑤ 공사비가 싸다.

⑥ 장기간 사용 시 열화현상이 생겨 배수효과가 감소한다.(단점)

(2) paper drain의 구비조건

① 주위 지반보다 투수성이 클 것
② 습윤강도가 클 것
③ 투수성에 변화가 없을 것
④ 전단강도, 파단의 신장률에 있어서 변형이 없을 것

(3) paper drain의 설계

$$D=\alpha \cdot \frac{2A+2B}{\pi}$$

여기서, D : paper drain의 등치환산원의 지름
A, B : paper drain의 폭과 두께(cm)
α : 형상계수(=0.75)

4 sand mat 공법

연약지반상에 0.5~1.0m 정도의 모래 또는 자갈섞인 모래를 부설하여 연약지반 표층부를 개량하는 공법

- sand mat의 역할

① 연약지반 상부의 배수층 형성 : 압밀촉진 효과
② 성토 내 지하배수층 형성 : 지하수위 저하 효과
③ 시공기계의 주행성(trafficability) 확보

5 생석회말뚝(chemico pile) 공법의 효과

① 탈수효과 : 생석회가 소화하는데 필요한 물의 양은 생석회 중량의 0.32배로써 수분을 빨아들이는 힘(suction)이 있어 탈수효과를 나타낸다.
② 건조효과 : 생석회가 소화할 때의 발열량은 276kcal/kg으로써 이 열량의 일부는 지반의 온도상승에 소비되어 전도, 복사, 대류 등에 의해 외계로 없어지지만 일부는 물의 증발을 촉진하여 건조효과를 나타낸다.
③ 팽창효과 : 생석회는 소화와 동시에 체적이 약 2배로 팽창되어 대부분 흙의 체적을 압축 탈수시켜서 점성토를 압밀시킨다.

6 약액주입공법

(1) 목적

① 차수 ② 지반의 강도 증가
③ 투수계수 감소 ④ 압축률 감소

(2) 주입약액의 종류와 특징

① 현탁액형

종 류	특 징
시멘트계	ⓐ 강도를 증가시킬 수 있는 경제적이고 가장 일반적인 주입재이다. ⓑ 굵은 모래지반의 강도의 증진에만 사용된다.
점토계 (bentonite)	강도의 증진효과는 없고 다만, 지수목적으로만 쓰인다.
아스팔트계	(상동)

② 용액형 : 현탁액형의 결점을 보완한 것이다.

종 류	특 징
물유리 (L_w)계	ⓐ 차수효과가 크다. ⓑ 용액의 점성이 커서 투수계수가 작은 지반에서 사용이 곤란하다. ⓒ 연한 농도의 용액을 사용하면 고결되었을 때 강도가 감소한다.
크롬리그닌 (chrome-lignin)계	ⓐ 강도 증대효과가 크다. ⓑ 경화시간 조절이 가능하다. ⓒ 수중에서 고결능력이 약하다. ⓓ 독성이 있다.
아크릴아미드 (acrylamide)계	ⓐ 물유리계, 크롬리그닌계보다 침투성이 좋다. ⓑ 수중에서 팽창, 수축이 없어 완벽한 방수, 지수가 된다. ⓒ 취급이 용이하다.
요소계	ⓐ 강도효과가 가장 좋다. ⓑ 지수는 아크릴아미드계보다 뒤떨어진다.
우레탄계	ⓐ 물과 접촉하는 순간에 급속히 고결한다. ⓑ 유속이 빠른 지하수의 차수효과가 대단히 좋다. ⓒ 독성이 있다.

7 동압밀공법

(동다짐공법 : dynamic consolidation method)

(1) 특징

① 지반 내 장애물이 있어도 가능하다.
② 타격에너지를 대폭 증가시켜 깊은 심층부까지도 개량이 가능하다.
③ 전면적에 고르게, 확실한 개량이 가능하다.

④ 불균일성 지반은 타격을 더하는 개량을 촉진한다.

(2) 개량심도와 타격에너지

$$D = C\alpha\sqrt{WH}$$

여기서, D : 개량심도
C : 토질계수
α : 낙하방법계수
W : 추의 무게
H : 낙하고

8 well point 공법

well point(ϕ2인치, 길이 1m)라는 흡수관을 지하공사 시공지역의 주위에 관입하여 지하수위를 저하시켜 dry work를 하기 위한 강제배수공법이다.

- 특징
  ① 실트질 모래지반까지도 강제배수가 가능하다.(점토지반에서는 적용이 곤란하다.)
  ② 사질토에서 굴착 시 boiling 방지

9 deep well 공법(깊은 우물공법) 적용

① 용수량이 매우 많아 well point의 적용이 곤란한 경우
② 투수계수가 큰 사질토층의 지하수위 저하 시
③ heaving이나 boiling 현상이 발생할 우려가 있는 경우

10 토목섬유(geosynthetics)

(1) 토목섬유의 종류 및 특징

종 류	특 징
① geotextile	토목섬유의 주를 이룬다.
② geomembrane	차수기능, 분리기능
③ geogrid	보강기능, 분리기능
④ geocomposite	배수, 여과, 분리, 보강기능을 겸한다.

(2) 토목섬유의 기능

① 배수기능(drainage function) : 섬유가 조립토와 세립토 사이에 놓일 때 섬유는 물이 조립토에서 세립토로 자유롭게 흐를 수 있게 한다.

② 여과기능(filtration function) : 섬유가 세립토에서 조립토로 세굴되는 것을 막아준다.

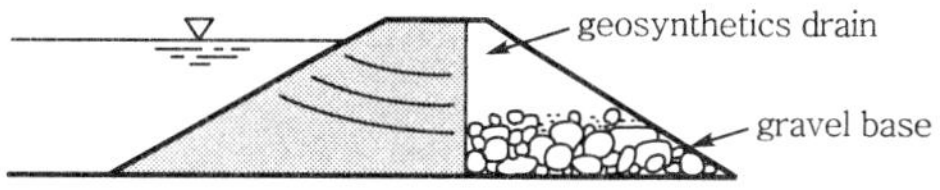

[그림 3-4] 여과기능

③ 분리기능(separation function) : 섬유가 여러 토층으로 분리된 상태로 유지시켜준다.

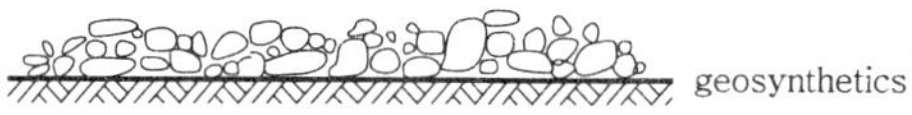

[그림 3-5] 분리기능

④ 보강기능(reinforcement function) : 토목섬유의 인장강도가 토질의 지지력을 증가시킨다.

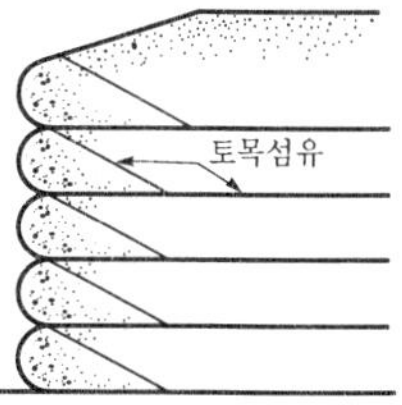

(a) 옹벽공사에서의 토목섬유 사용

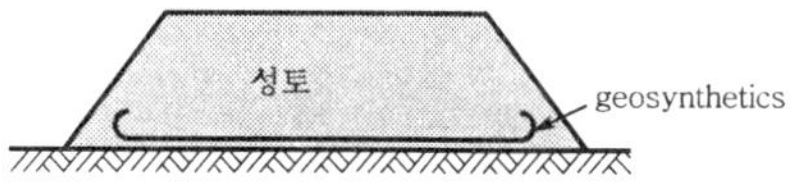

(b) 성토공사에서의 토목섬유 사용

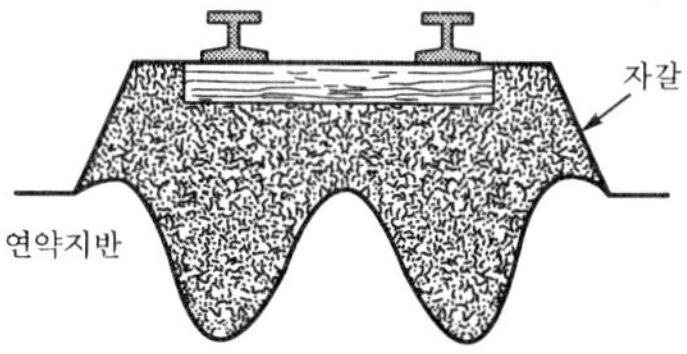

① 토목섬유를 사용하지 않은 철로공사

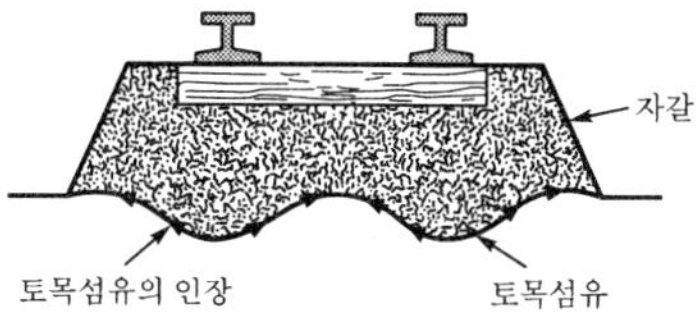

② 토목섬유를 사용한은 철로공사

(c) 철로공사에서의 토목섬유 사용

[그림 3-6] 보강기능

⑤ 차수기능(moisture barrier function)

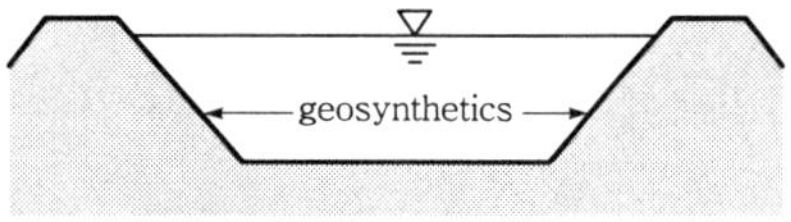

[그림 3-7] 차수기능

Ⅳ 토질 및 기초공

1 유선망

(1) 침투수량

① 등방성 흙인 경우($K_h = K_v$)

$$q = KH\frac{N_f}{N_d}$$

여기서, q : 단위폭당 제체의 침투유량(cm^3/sec)
K : 투수계수(cm/sec)
N_f : 유로의 수
N_d : 등수두면의 수
H : 상하류의 수두차(cm)

② 이방성 흙인 경우($K_h \neq K_v$)

$$q = \sqrt{K_h \cdot K_v} \cdot H\frac{N_f}{N_d}$$

(2) 간극수압

① 간극수압 $U_p = \gamma_w \times$압력수두

② 압력수두 = 전수두 − 위치수두

③ 전수두 $= \frac{n_d}{N_d} \times H$

2 응력경로(stress path)

(1) K_f선(수정 파괴포락선)과 ϕ선(파괴포락선)과의 상관관계

① $\sin\phi = \tan\alpha$

② $a = c\cos\phi$

(2) 응력비(stress ratio : K)

응력비는 응력간의 관계를 나타내는 것으로 토압계수와 유사한 개념이다.

$$K = \frac{\sigma_h}{\sigma_v}$$

3 평면파괴면을 가진 유한사면의 해석 (Culmann의 도해법)

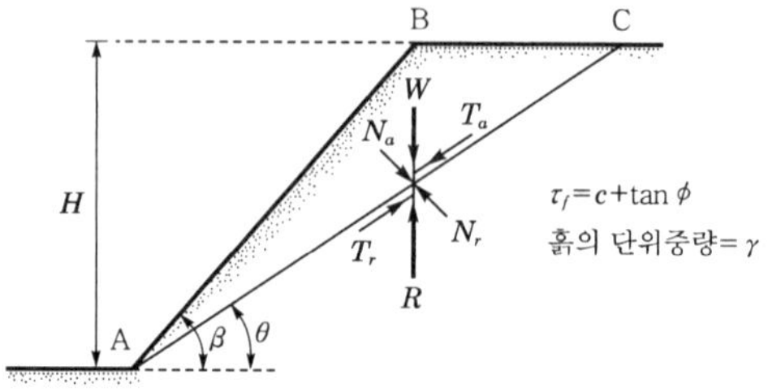

[그림 4-1] Culmann의 방법에 의한 유한사면의 해석

(1) 한계고

$$H_c = \frac{4c}{\gamma}\left[\frac{\sin\beta \cdot \cos\phi}{1 - \cos(\beta - \phi)}\right]$$

(2) 안전율

① 쐐기 ABC의 무게

$$W = \frac{1}{2} \cdot H \cdot \overline{BC} \cdot 1 \cdot \gamma$$

$$\therefore W = \frac{1}{2}\gamma H^2\left[\frac{\sin(\beta - \theta)}{\sin\beta \cdot \sin\theta}\right]$$

② AC면에 대한 W의 법선, 접선 성분

㉠ $N_a = W\cos\theta$

㉡ $T_a = W\sin\theta$

③ AC면에 대한 평균 저항전단응력

$$T_r = \frac{1}{F_s}(\overline{AC} \cdot c + N_a \tan\phi)$$

④ 안전율

$$T_a = T_r$$

4 무한사면의 안정해석

(1) 지하수위가 파괴면 아래에 있을 경우

① $c \neq 0$일 때

$$F_s = \frac{\tau_f}{\tau} = \frac{c + \gamma_t Z\cos^2 i\tan\phi}{\gamma_t Z\cos i\sin i}$$

$$= \frac{c}{\gamma_t Z\cos i\sin i} + \frac{\tan\phi}{\tan i}$$

② $c=0$일 때(사질토)

$$F_s = \frac{\tan\phi}{\tan i}$$

(2) 지하수위가 지표면과 일치할 경우

① $c \neq 0$일 때

$$F_s = \frac{\tau_f}{\tau} = \frac{c + \gamma_{sub} Z \cos^2 i \tan\phi}{\gamma_{sat} Z \cos i \sin i}$$

$$= \frac{c}{\gamma_{sat} Z \cos i \sin i} + \frac{\gamma_{sub}}{\gamma_{sat}} \cdot \frac{\tan\phi}{\tan i}$$

② $c=0$일 때(사질토)

$$F_s = \frac{\gamma_{sub}}{\gamma_{sat}} \cdot \frac{\tan\phi}{\tan i} \fallingdotseq \frac{1}{2} \frac{\tan\phi}{\tan i}$$

(3) 수중인 경우

① $c \neq 0$일 때

$$F_s = \frac{\tau_f}{\tau} = \frac{c + \gamma_{sub} Z \cos^2 i \tan\phi}{\gamma_{sub} Z \cos i \sin i}$$

$$= \frac{c}{\gamma_{sub} Z \cos i \sin i} + \frac{\tan\phi}{\tan i}$$

② $c=0$일 때(사질토)

$$F_s = \frac{\tan\phi}{\tan i}$$

5 압밀계수(C_v)

① $\sqrt{t}$ 법 : $C_v = \dfrac{0.848 H^2}{t_{90}}$

② $\log t$ 법 : $C_v = \dfrac{0.197 H^2}{t_{50}}$

여기서, H : 배수거리

(양면배수 시 : $\dfrac{\text{점토두께}}{2}$, 일면배수 시 : 점토두께)

6 정규압밀 점토

$$\Delta H = \frac{e_1 - e_2}{1 + e_1} H$$

$$= \frac{C_c}{1 + e_1} \log \frac{P_2}{P_1} H$$

7 흙막이공법의 종류

(1) 지지방식에 의한 분류

① 자립식(흙막이 open cut) 공법

② 버팀대식(strut) 공법

③ tie-rod anchor 공법

④ tie-back anchor 공법

⑤ top-down 공법

(2) 흙막이벽에 의한 분류(흙막이벽의 종류)

① 엄지말뚝(H-pile) 공법

② 강널말뚝(steel sheet pile) 공법

③ 강관널말뚝공법

④ 지하연속벽공법

8 earth anchor 공법

(1) 어스 앵커의 구조

① 앵커체 : 인장부의 인장력을 마찰저항, 지압저항에 의해 지반에서 저항하도록 설치하는 부분이다.

② 인장부 : 앵커두부에서 오는 인장력을 앵커체에 전달시키는 부분을 말하며, 인장재는 강선이나 강봉이 사용된다.

③ 앵커두부 : 흙막이벽에 작용하는 힘을 인장부에 전달시키기 위한 부분이다.

(2) 어스 앵커의 분류

• 지지방식에 의한 분류

㉠ 마찰형 지지방식

㉡ 지압형 지지방식

㉢ 복합형 지지방식

(3) 앵커의 설계

① 사질토에 설치된 타이백의 극한저항

$$P_u = \pi d l \bar{\sigma}_v K \tan\phi$$

② 점성토에 설치된 타이백의 극한저항

$$P_u = \pi d l C_a$$

9 heaving 현상

(1) 안정성 검사

① heaving을 일으키는 회전모멘트

$$M_d = (\gamma_1 H + q)R \cdot \frac{R}{2} = (\gamma_1 H + q)\frac{R^2}{2}$$

② heaving에 저항하는 회전모멘트

$$M_r = c_1 HR + c_2 R\pi R = c_1 HR + c_2 \pi R^2$$

③ 안전율

$$F_s = \frac{M_r}{M_d}$$ (안전율은 보통 1.2로 한다.)

(2) 방지대책

① 흙막이의 근입깊이를 깊게 한다.
② 표토를 제거하여 하중을 적게 한다.
③ 굴착면에 하중을 가한다.
④ 지반 개량을 한다.
⑤ earth anchor를 설치한다.
⑥ 전면굴착보다 부분굴착을 한다.

10 quick sand 현상, boiling 현상, piping 현상

(1) 동수경사법

$$F_s = \frac{i_c}{i} = \frac{\frac{G_s - 1}{1+e}}{\frac{h}{L}}$$

(안전율은 보통 1.2~1.5로 한다.)

여기서, $L = h + 2D$

(2) 방지대책

㉠ 흙막이의 근입깊이를 깊게 한다.
㉡ 모래를 조밀하게 다진다.
㉢ 굴착저면을 고결시킨다.(grouting, 약액주입)
㉣ 지하수위가 저하한다.
㉤ 상·하류의 수위차를 줄인다.

11 공내 수평재하시험의 종류

- PMT(Pressure Meter Test)
- DMT(Dilato Meter Test)
- LLT(Lateral Load Test)

12 물리탐사

① 탄성파탐사법(지진탐사법)
② 전기비저항탐사법(전기탐사법)
③ 음파탐사법
④ 방사능탐사법
⑤ 시추공탐사법
⑥ 지하전자기파탐사법(GPR탐사법 ; ground penetration radar)

13 암석 시료채취

① $\text{회수율}(\%) = \frac{\text{회수된 암석의 길이}}{\text{암석 코어의 이론상의 길이}} \times 100$

② $\text{RQD}(\%) = \frac{\text{10cm 이상으로 회수된 암석조각들의 길이의 합}}{\text{암석 코어의 이론상의 길이}} \times 100$

[표 4-1] RQD와 현장 암질과의 관계

RQD(%)	암 질
0~25	매우 불량(very poor)
25~50	불량(poor)
50~75	보통(fair)
75~90	양호(good)
90~100	우수(excellent)

14 암반 분류법

① RMR(Rock Mass Rating) 분류법
② Q(rock mass Quality) 분류법

$$Q = \frac{RQD}{J_n} \cdot \frac{J_r}{J_a} \cdot \frac{J_w}{SRF}$$

15 암반의 변형시험

① jacking test(암반의 평판재하시험)
② 공내 재하시험
③ 압력수실시험
④ 동적 반복재하시험

16 기초의 지지력(bearing capacity)

(1) Terzaghi의 수정지지력

① 극한지지력(ultimate bearing capacity)

$$q_u = \alpha c N_c + \beta B \gamma_1 N_r + D_f \gamma_2 N_q$$

② 지하수위의 영향

㉠ $0 \leq D_1 \leq D_f$인 경우(지하수위가 기초의 근입깊이 부분에 있을 때)

ⓐ $\gamma_1 = \gamma_{sub}$

ⓑ $D_f \gamma_2 = D_1 \gamma + D_2 \gamma_{sub}$

㉡ $0 \leq d \leq B$인 경우(지하수위가 기초 저면 밑에 있을 때)

ⓐ $\gamma_1 = \gamma' + \dfrac{d}{B}(\gamma - \gamma')$

ⓑ $\gamma_2 = \gamma$

③ 순극한지지력 : 기초 주위면에 있는 흙의 압력을 제외한 것으로 기초면 아래에 있는 흙에 의해 지지될 수 있는 단위면적당의 극한지지력

$$q_{u(\text{net})} = q_u - q$$

여기서, $q = \gamma_2 D_f$

④ 순허용지지력

$$q_{a(\text{net})} = \frac{q_{u(\text{net})}}{F_s} = \frac{q_u - q}{F_s}$$

여기서, $F_s = 3$

(2) 편심하중을 받을 때의 극한지지력

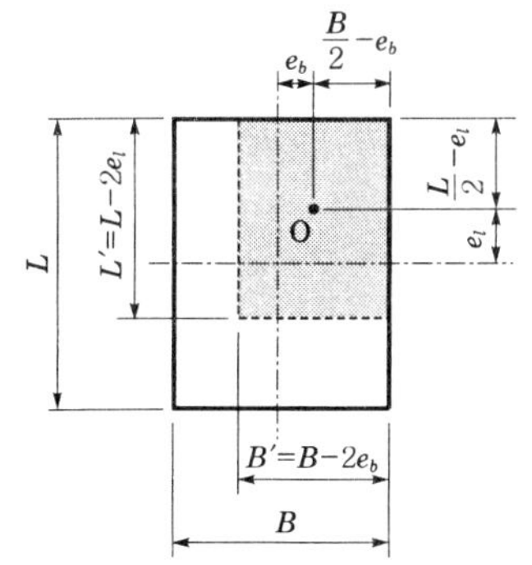

[그림 4-2] 편심하중을 받는 구형 단면의 유효폭

① 기초의 유효크기

㉠ 유효폭 : $B' = B - 2e_b$

㉡ 유효길이 : $L' = L - 2e_l$

② $q_u' = \dfrac{P_u}{B'L'}$　　③ $F_s = \dfrac{P_u}{P}$

(3) Skempton의 극한지지력(실제 현장경험 및 실험에 의한 공식)

$$q_u = cN_c + \gamma D_f$$

(4) Meyerhof의 극한지지력

$$q_u = 3NB\left(1 + \frac{D_f}{B}\right) \ (\text{t/m}^2)$$

(5) 재하시험에 의한 허용지지력 결정법

① 장기 허용지지력

$$q_a = q_t + \frac{1}{3}\gamma D_f N_q$$

② 단기 허용지지력

$$q_a = 2q_t + \frac{1}{3}\gamma D_f N_q$$

여기서, q_t : $\dfrac{q_y(\text{항복강도})}{2}$, $\dfrac{q_u(\text{극한강도})}{3}$ 중에서 작은 값

(6) 재하시험에 의한 극한지지력, 침하량 결정법

① 지지력

㉠ 점토지반 : 재하판 폭에 무관하다.

$$q_{u(\text{기초})} = q_{u(\text{재하판})}$$

㉡ 모래지반 : 재하판 폭에 비례한다.

$$q_{u(\text{기초})} = q_{u(\text{재하판})} \cdot \frac{B_{(\text{기초})}}{B_{(\text{재하판})}}$$

② 침하량

㉠ 점토지반 : 재하판 폭에 비례한다.

$$S_{(\text{기초})} = S_{(\text{재하판})} \cdot \frac{B_{(\text{기초})}}{B_{(\text{재하판})}}$$

㉡ 모래지반

$$S_{(\text{기초})} = S_{(\text{재하판})} \cdot \left[\frac{2B_{(\text{기초})}}{B_{(\text{기초})} + B_{(\text{재하판})}}\right]^2$$

17 접지압

(1) $e \leq \frac{B}{6}$일 때

① $q_{max} = \frac{Q}{BL}\left(1 + \frac{6e}{B}\right)$

② $q_{min} = \frac{Q}{BL}\left(1 - \frac{6e}{B}\right)$

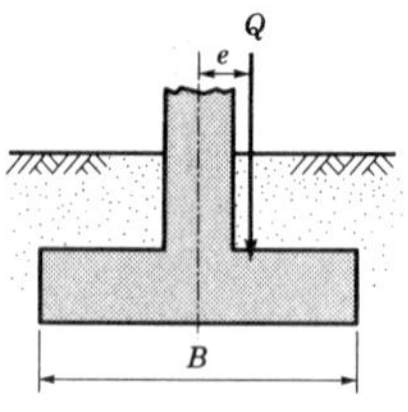

[그림 4-3]

(2) $e > \frac{B}{6}$일 때

$q_{max} = \frac{4Q}{3L(B-2e)}$

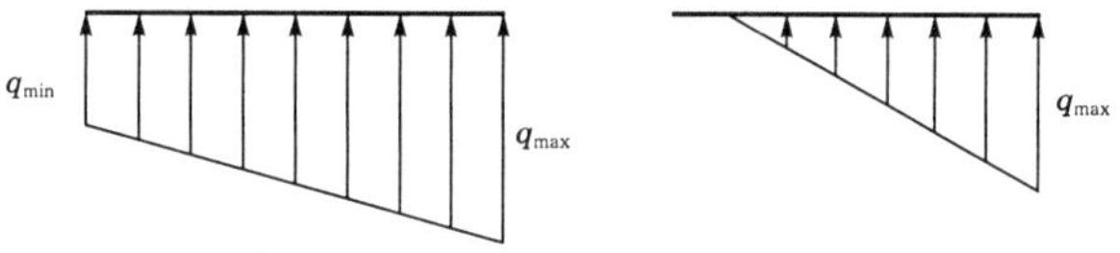

① $e \leq \frac{B}{6}$일 때　　② $e > \frac{B}{6}$일 때

[그림 4-4]

18 말뚝 기초의 지지력

(1) 축방향 압축력에 대한 허용지지력

① 정역학적 지지력 공식

㉠ Terzaghi 공식

ⓐ 사질토의 마찰저항력(f_s)

$f_s = K\sigma_v{}'\tan\delta$

여기서, K : 토압계수($K_0 = 1 - \sin\phi$)

$\sigma_v{}'$: 고려 중인 깊이에서 유효연직 응력($\sigma_v{}'$를 계산하는 깊이의 한계(임계깊이)는 $L' = 15d$)

δ : 흙과 말뚝 사이의 마찰각

ⓑ 점성토의 마찰저항력(f_s)

• α 방법 : 전응력으로 마찰저항을 구하는 방법이다.

$f_s = \alpha c$

여기서, α : 말뚝과 흙 사이의 부착계수 (adhesion factor)

• β 방법 : 유효응력으로 얻은 전단강도 정수를 가지고 마찰저항을 구하는 방법이다.

$f_s = \beta \cdot \sigma_v{}'$

여기서, β : $K\tan\phi'$

K : 토압계수(정규압밀 점토 시 $K = 1 - \sin\phi'$, 과압밀 점토 시 $K = (1-\sin\phi')\sqrt{OCR}$)

• λ 방법 : 전응력과 유효응력을 조합하여 마찰저항을 구하는 방법이다.

$f_{av} = \lambda(\overline{\sigma_v{}'} + 2c)$

여기서, c : 점착력

ⓒ 극한지지력

$$R_u = R_P + R_f = q_P A_P + f_s A_s = (cN_c^* + q' N_q^*)A_P + f_s ul$$

여기서, q_P : 단위 선단지지력(t/m²)

A_P : 말뚝의 선단지지면적(m²)

c : 말뚝 선단주위 흙의 점착력 (t/m²)

q' : 말뚝 선단에서의 유효연직 응력(t/m²)

f_s : 단위 마찰저항력(t/m²)

u : 말뚝의 둘레길이(m)

l : 말뚝의 관입깊이(m)

ⓓ 허용지지력

$$R_a = \frac{R_u}{F_s}(F_s = 3)$$

㉡ Meyerhof 공식

ⓐ 극한지지력

$$R_u = R_P + R_f = 40NA_P + \frac{1}{5}\overline{N_s}A_s + \frac{1}{2}\overline{N_c}A_c$$

여기서, A_P : 말뚝의 선단면적(m²)

N : 말뚝 선단부위의 N치

$\overline{N_s}$: 모래층 N치의 평균치

$$\overline{N_s} = \frac{N_1h_1 + N_2h_2}{h_1 + h_2}$$

$\overline{N_c}$: 점성층 N치의 평균치

A_s : Ul_s로 모래층의 말뚝의 주면적(m²)

A_c : Ul_c로 점토층의 말뚝의 주면

적(m^2)

l_s : 모래층의 말뚝길이(m)

l_c : 점토층의 말뚝길이(m)

U : 말뚝의 둘레길이(m)

ⓑ 허용지지력

$$R_a = \frac{R_u}{F_s}(F_s = 3)$$

② 동역학적 지지력 공식

㉠ Engineering News 공식

ⓐ drop hammer

$$R_u = \frac{W_h H}{S + 2.54}$$

ⓑ 단동식 steam hammer

$$R_u = \frac{W_h H}{S + 0.254}$$

ⓒ 복동식 steam hammer

$$R_u = \frac{(W_h + A_P P)H}{S + 0.254}$$

19 단항(single pile)과 군항(group pile)

(1) 판정기준

$$D = 1.5\sqrt{rl}$$

여기서, D : 말뚝에 의한 지중응력이 중복되지 않기 위한 말뚝의 간격

r : 말뚝의 반지름

l : 말뚝의 관입깊이

① $D > d$: 군항

② $D < d$: 단항 (여기서, d : 말뚝 중심간격)

(2) 군항의 허용지지력

① $R_{ag} = ENR_a$

여기서, E : 군항의 효율

N : 말뚝의 개수

R_a : 말뚝 1개의 허용지지력

② Converse-Labarre 공식

$$E = 1 - \frac{\phi}{90}\left[\frac{m(n-1) + (m-1)n}{mn}\right]$$

$$\phi = \tan^{-1}\frac{D}{S}$$

여기서, S : 말뚝간격(m)

D : 말뚝지름(m)

m : 각 열의 말뚝수

n : 말뚝 열의 수

20 부주면 마찰력(negative skin friction)

(1) 부주면마찰력

$$R_{nf} = f_n A_s$$

여기서, A_s : 부주면마찰력이 작용하는 부분의 말뚝주면적($= ul$)

f_n : 단위면적당 부주면마찰력

$\left(\text{연약한 점토 시 } f_n = \frac{1}{2}q_u\right)$

(2) 부마찰력을 줄이는 공법

① 표면적이 작은 말뚝(H-형강 말뚝)을 사용하는 방법

② 말뚝지름보다 크게 pre-boring하여 부마찰력을 감소시키는 방법

③ 말뚝지름보다 약간 큰 casing을 박아서 부마찰력을 차단하는 방법

④ 말뚝표면에 역청재를 칠하여 부마찰력을 감소시키는 방법

⑤ 항타 이전에 연약지반을 개량하여 지지력을 확보하는 방법

⑥ 지하수위를 미리 저하시키는 방법

21 무리말뚝의 하중분담

$$Q_i = \frac{Q}{n} \pm \frac{M_y}{\Sigma x_i^2}x_i \pm \frac{M_x}{\Sigma y_i^2}y_i$$

여기서, Q_i = i번째 말뚝에 작용하는 연직하중

Q=무리말뚝에 작용하는 연직하중의 합력

n=말뚝의 개수

M_x, M_y=무리말뚝의 중심을 지나가는 x축, y축에 대한 모멘트

x_i, y_i = i번째 말뚝에서 x축, y축까지의 거리

22 현장타설 콘크리트 말뚝 공법의 종류 및 특징

(1) benoto 공법(all casing 공법)

장점	ⓐ all casing 공법으로 공벽붕괴의 우려가 없다. ⓑ 암반을 제외한 전 토질에 적합하다. ⓒ 경사말뚝 시공이 가능(약 15°)하다. ⓓ 저소음, 저진동이다. ⓔ 시공속도가 빠르다.
단점	ⓐ 굵은 자갈, 호박돌이 섞인 지층에서는 케이싱 압입이 어렵다. ⓑ 기계가 대형이고 무거워(32t) 넓은 작업장이 필요하며, 기동성이 둔하다. ⓒ 케이싱 인발 시 철근망 부상 우려가 있다. ⓓ 지하수위 하에 세립의 모래층이 5m 이상인 경우 케이싱 인발이 어렵다.

(2) Reverse Circulation Drill 공법(RCD ; 역순환공법)

장점	ⓐ 정수압에 의해 공벽붕괴를 방지하면서 굴착하므로 casing tube가 필요 없다. ⓑ 암반굴착이 가능하다. ⓒ 사력토지반에 적합하다. ⓓ 좁은 장소의 시공에 가장 유리하다. ⓔ 장비가 가벼워 해상작업이 용이하다. ⓕ rod의 이음으로 깊은 굴착이 가능하다.(약 100~200m) ⓖ 대구경이 가능하다.(독일에서 6m가 개발되고 있다.) ⓗ 저진동, 저소음이다. ⓘ 슬라임 침적이 적다. ⓙ 연속굴삭방식이므로 시공속도가 빠르다.
단점	ⓐ 굴착토사의 지름이 drill pipe의 지름(15~20cm)보다 큰 경우에 시공이 곤란하다. ⓑ 지반 중에 고압의 피압수, 복류수가 있으면 시공이 곤란하다. ⓒ 굴착토사는 수분이 많아서 폐기처리가 곤란하다.

23 슬라임 제거방법

① air lift 방법
② suction pump 방법
③ water jet 방법
④ 수중펌프 방법

24 공기 케이슨(pneumatic caisson) 기초

장점	ⓐ dry work이므로 침하공정이 빠르고 장애물 제거가 쉽고 시공이 확실하다. ⓑ 토질의 확인이 가능하고 정확한 지지력 측정이 가능하다. ⓒ 저부 콘크리트의 신뢰도가 크다. ⓓ 보일링, 히빙을 방지할 수 있어 인접구조물에 피해를 주지 않는다. ⓔ 지지력과 강성이 크다.
단점	ⓐ 소음, 진동이 커서 도시에서는 부적당하다. ⓑ 굴착깊이에 제한이 있다.(수면하 35~40m) ⓒ 노무자의 모집이 곤란하고 노무비가 비싸다. ⓓ 케이슨병이 발생한다. ⓔ 공사비가 비싸다.

V 암석 발파공

1 천공의 능률

$$V_T = \alpha(C_1 \cdot C_2)V$$

2 누두지수

$$n = \frac{R}{W}$$

여기서, $n=1$일 때 표준장약
$n>1$일 때 과장약 : 암석이 비산된다.
$n<1$일 때 약장약 : 암석이 파괴되지 않는 공발의 원인이 되며 폭파효과는 적다.

3 발파의 기본식(Hauser 공식)

$$L = CW^3$$

여기서, L : 표준장약량(kg)
C : 발파계수
W : 최소 저항선(m)

4 심빼기(심발, cut out blasting) 발파

① 스윙 컷(swing cut)
② 번 컷(burn cut)
③ 노 컷(no cut)
④ V컷(wedge cut, 다이아몬드 컷)
⑤ 피라밋 컷(pyramid cut)

5 폭파조절(controlled blasting) 공법

(1) 특징

① 여굴 감소
② 암석면이 매끄럽고 뜬돌(부석)떼기 작업이 감소

③ 낙석의 위험성이 적다.
④ 복공(lining) 콘크리트량이 절약

(2) 폭파조절공법의 종류

① 라인 드릴링 공법
② 쿠션 블라스팅 공법
③ 프리 스프리팅 공법
④ 스므스 블라스팅 공법

6 2차 폭파(조각발파) 방법

① 블록 보링(block boring)법
② 스네이크 보링(snake boring)법
③ 머드 캡핑(mud caping)법 또는 복토법

$L = CD^2$

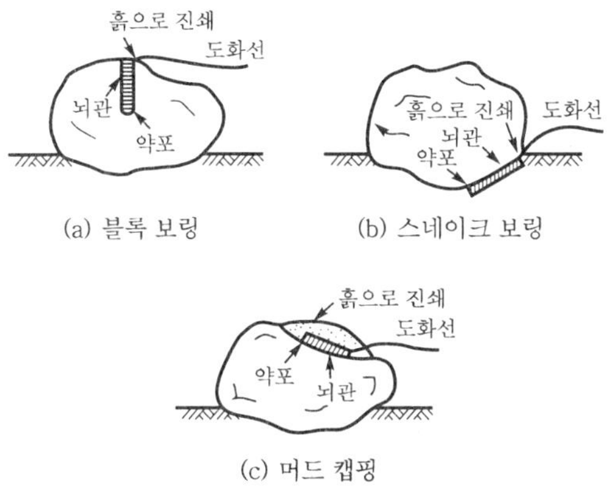

[그림 5-1] 2차 발파공법

Ⅵ 콘크리트공

1 시멘트의 성질

(1) 풍화된 시멘트의 특징

① 강도의 발현이 저하된다.(초기강도, 압축강도가 현저히 작아진다.)
② 강열감량이 증가한다.
③ 내구성이 작아진다.
④ 응결이 지연된다.
⑤ 비중이 작아진다.

(2) 분말도가 클수록(시멘트 입자가 미세할수록)

① workability 증가, bleeding 감소한다.
② 조기강도가 크며, 강도 증진율이 높다.
③ 건조수축, 균열이 증가한다.
④ 수화작용이 빠르다.
⑤ 시멘트가 풍화되기 쉽다.

2 혼화제

(1) AE제(air entraining admixture)

① 특징
㉠ workability 증대, 단위수량 감소
㉡ bleeding 및 골재분리 감소
㉢ 동결융해에 대한 내구성 증가, 수밀성 증가
㉣ 알칼리 골재반응 감소

② 종류
㉠ 빈졸레진(vinsol resin)
㉡ 다렉스(darex)
㉢ 포조리드(pozzolith)
㉣ 프로텍스(protex)

(2) 촉진제

① 특징
㉠ 조기강도 증가, 수화열 증가
㉡ 철근이 부식된다.
㉢ 균열 증가, 내구성 감소
㉣ slump 감소, 마모저항 증가

② 종류 : 염화칼슘(대표적인 촉진제), 규산나트륨, 규산칼슘, TEA 등

3 workability 증진대책 방법

① 물·시멘트비를 크게 한다.
② 단위수량을 크게 한다.
③ 혼화재료(AE제, 감수제 등)를 사용한다.
④ 분말도가 큰 시멘트를 사용한다.
⑤ 입형이 좋은 골재를 사용한다.

4 콘크리트 배합설계

(1) 배합강도의 결정

① 표준편차를 이용하는 경우(둘 중 큰 값 사용)

㉠ $f_{ck} \leqq 35$MPa인 경우

- $f_{cr} = f_{ck} + 1.34s$
- $f_{cr} = (f_{ck} - 3.5) + 2.33s$

㉡ $f_{ck} > 35$MPa인 경우

- $f_{cr} = f_{ck} + 1.34s$
- $f_{cr} = 0.9f_{ck} + 2.33s$

여기서, s : 압축강도의 표준편차(MPa)

② 시험횟수가 14회 이하이거나 기록이 없는 경우

설계기준강도, f_{ck}(MPa)	배합강도, f_{cr}(MPa)
21 미만	$f_{ck}+7$
21 이상 35 이하	$f_{ck}+8.5$
35 초과	$1.1f_{ck}+5$

(2) 시방배합의 산출 및 조정

① 단위시멘트량$=\dfrac{\text{단위수량}}{\text{물·시멘트비}}$(kg)

② 단위골재량 절대체적

$$=1-\left(\frac{\text{단위수량}}{1000}+\frac{\text{단위시멘트량}}{\text{시멘트 비중}\times 1000}+\frac{\text{공기량}}{100}\right)(\text{m}^3)$$

③ 단위잔골재량 절대체적

=단위골재량 절대체적×잔골재율(m^3)

④ 단위잔골재량

=단위잔골재량 절대체적×잔골재 비중×1000(kg)

⑤ 단위굵은골재량 절대체적

=단위골재량 절대체적−단위잔골재량 절대체적(m^3)

⑥ 단위굵은골재량

=단위굵은골재량 절대체적×굵은골재 비중×1000(kg)

5 rebound량 감소대책

① 습식공법 채용

② nozzle을 시공면과 직각이 되게 한다.

③ 단위시멘트량을 크게 한다.

④ 단위수량을 크게 한다.(W/C=40~60%)

⑤ 잔골재율을 크게 한다.(S/a=55~75%)

⑥ 굵은골재 최대치수를 작게 한다.(Gmax=10~15mm)

6 프리스트레스 손실원인

(1) 도입 시 일어나는 손실원인

① 콘크리트의 탄성변형

② PS 강재와 시스(sheath) 사이의 마찰(곡률마찰, 파상마찰)

③ 정착장치의 활동

(2) 도입 후 손실원인

① 콘크리트 크리프

② 콘크리트 건조수축

③ PS 강재의 relaxation

Ⅶ 터널공

1 쉴드 공법(shield tunneling)

장점	ⓐ 공사 중 지상에 미치는 영향이 적다. ⓑ 시공속도가 빠르다. ⓒ 반복작업이므로 공정관리가 용이하다. ⓓ 암반을 제외한 모든 지반에 적용할 수 있고 특히 연약지반에 대단히 유리하다.
단점	ⓐ 굴착단면 변경이 어렵다. ⓑ 급곡선의 시공이 어렵다. ⓒ 초기 투자비가 크고 전문 기능공이 필요하다. ⓓ 단거리 공사인 경우 공사비가 고가이다.

2 TBM의 특징

장점	ⓐ 발파작업이 없으므로 낙반이 적고 공사의 안전성이 높다. ⓑ 정확한 원형단면 절취가 가능하고 여굴이 적다. ⓒ 굴착속도가 빠르다. ⓓ 복공이 적고, 지보공이 절약(약 20%)된다. ⓔ 노무비가 절약된다. ⓕ 갱 내 분진, 진동 등 환경조건이 양호하다. ⓖ 버력처리량이 적다.
단점	ⓐ 굴착단면을 변경할 수 없다. ⓑ 지질에 따라 적용에 제약이 있다. ⓒ 구형, 마제형 등의 단면에는 적용할 수 없다. ⓓ 장비가 고가로 초기 투자비가 크다. ⓔ 기계중량이 크므로 현장 반입·반출이 어렵다.

3 NATM 공법(New Australian Tunneling Method)

터널굴착 시 rock bolt, shotcrete, wire mesh, steel 지보공을 지반 계측결과에 따라 활용하여 지반과 지보재가 평형을 이루도록 하는 공법이다.

(1) 특징

① 지반 자체가 tunnel의 주지보재이다.
② rock bolt, shotcrete, steel rib 등은 지반이 주지보재가 되도록 하는 보조수단이다.
③ 연약지반에서부터 극경암까지 적용이 가능하다.
④ 계측에 의한 안전시공이 가능하다.
⑤ 변화단면 시공에 유리하다.
⑥ 여굴이 많다.
⑦ 지보공 규모가 작다.
⑧ 시공속도가 빠르고 경제적이다.

(2) 지보재의 종류 및 역할

지보재의 종류	효과 및 역할
rock bolt	ⓐ 봉합효과(매달기효과) : 이완지반을 견고한 지반에 매다는 역할 ⓑ 내압효과 : 삼축응력상태로 유지, 내공변위 방지 ⓒ 보의 형성효과 ⓓ 보강효과 : 불연속면 보강
shotcrete	ⓐ 지반이완방지 ⓑ 암반의 탈락방지 ⓒ crack 발달의 방지 ⓓ 암반표면의 풍화방지 ⓔ 굴착 후 안정성 확보(con'c arch로서 하중 분담)
steel rib (강지보공)	ⓐ 지반이완방지 ⓑ 본바닥 지지 ⓒ shotcrete 경화 전 지보 ⓓ fore poling 등의 반력지보

4 록 볼트의 정착형식

① 선단정착형
㉠ 쐐기형(wedge형)
㉡ 신축형(expansion형)
㉢ 선단접착형
② 전면접착형
③ 혼합형

5 강지보공(steel rib)

(1) 효과

① 지반의 이완방지
② 본바닥 지지
③ shotcrete 경화 전 지보
④ fore poling 등의 반력지보

(2) 형상

H형강, U형강, 강관, 격자지보(lattice girder)

6 콘크리트 타설순서에 따른 분류

① 바른치기(normal lining) 공법
② 역치기(inverted lining) 공법

7 배수터널

장점	ⓐ 수압이 작용하지 않으므로 구조상 안전하고 얇은 무근 콘크리트의 라이닝도 가능하다. ⓑ 누수 시 보수가 용이하다. ⓒ 시공비가 적게 든다. ⓓ 대단면의 시공이 가능하다. ⓔ 인버트부의 평면굴착이 가능하다.(마제형 단면)
단점	ⓐ 지속적인 배수로 인한 유지관리비가 소요된다. ⓑ 지하수위 저하에 따른 지반침하, 환경변화가 발생한다. ⓒ 배수시설의 기능저하 시 수압이 작용하므로 불안정을 초래한다.

8 비배수터널(완전 방수터널)

장점	ⓐ 유지비가 적게 든다. ⓑ 터널 내부가 청결하고 관리가 용이하다. ⓒ 지하수위 저하에 따른 지반침하, 환경변화가 없다.
단점	ⓐ 수압이 작용하므로 라이닝 두께가 커진다. ⓑ 누수 시 보수가 어렵다. ⓒ 시공비가 많이 든다. 또한, 완전한 시공이 어렵다. ⓓ 터널이 원형으로 굴착량이 많다.

Ⅷ 옹벽공, 암거 배수공, 교량공

1 옹벽의 안정조건

(1) 전도에 대한 안정

$$F_s = \frac{W \cdot x + P_V \cdot B}{P_H \cdot y} \geq 2.0$$

(2) 활동에 대한 안정

$$F_s = \frac{(W + P_V)\tan\delta + CB + P_P}{P_H} \geq 1.5$$

(3) 지지력에 대한 안정

$$F_s = \frac{q_a}{q_{\max}} \geq 1$$

① $q_{\max} = \frac{V}{B}\left(1 + \frac{6e}{B}\right) = \frac{W + P_V}{B} \cdot \left(1 + \frac{6e}{B}\right)$

② $q_{\min} = \frac{V}{B}\left(1 - \frac{6e}{B}\right) = \frac{W + P_V}{B} \cdot \left(1 - \frac{6e}{B}\right)$

(4) 원호활동에 대한 안정

$$F_s = \frac{q_a}{q_{\max}} \geq 1$$

2 보강토공법의 구성요소

① 전면판(skin plate)
② 보강재(strip bar)
② 보강재(strip bar)

3 암거의 설계

(1) 도랑형 매설관에 작용하는 토압

$$W_c = C_d \gamma_t B^2$$

(2) 암거의 구배와 유속(Giesler 공식)

$$V = 20\sqrt{\frac{Dh}{L}}$$

4 암거의 시공

(1) 추진공법(pipe pushing 공법)

수직구멍을 파고 잭키 가동용 가압판을 설치한 후 매설할 관을 잭키로 밀어넣어 관을 부설하는 공법으로 터널공사에 쓰이는 shield 공법과 유사한 공법이다.

특징은 다음과 같다.

① 도로, 철도 횡단, 건축물 아래에 암거를 부설해야 할 때 등 개착공법이 곤란할 때 채용한다.
② 매설깊이가 깊을 때 open cut 공법보다 저렴하고 안전하게 시공할 수 있다.
③ 추진관 속에 들어오는 흙을 인력 굴착하므로 관경이 ϕ60cm 이상이어야 한다. (최대 지름 : 3m)
④ 곡선 부설이 곤란하다.

(2) front jacking method

① 철도, 수로, 도로 횡단 등 개착공법(open cut method)이 곤란한 경우에 쉽게 시공할 수 있다.
② 연약지반의 터널 시공에도 사용할 수 있다.

5 교량의 분류

(1) 거더교(Girder bridge)

거더를 주체로 하는 교량을 말하며 형강의 종류에 따라 I형 거더교, H형 거더교, 상자형 거더교(box girder bridge), 격자형 거더교, 합성 거더교 등이 있다.

(2) 트러스교(Truss bridge)

거더 대신 트러스를 사용하는 교량을 말하며 지간이 길 때 거더교보다 유리하다. 골조형태에 따라 와렌 트러스(warren truss), 프래트 트러스(pratt truss), 하우 트러스(howe truss), K 트러스(K-truss) 등이 있다.

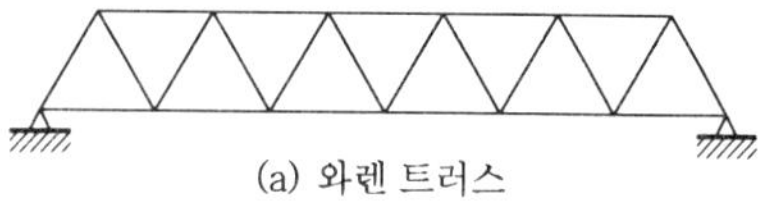

(a) 와렌 트러스

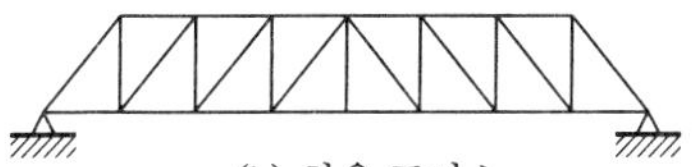

(b) 하우 트러스

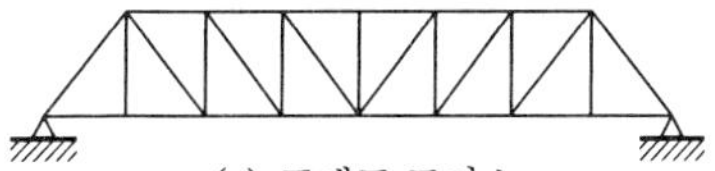

(c) 프래트 트러스

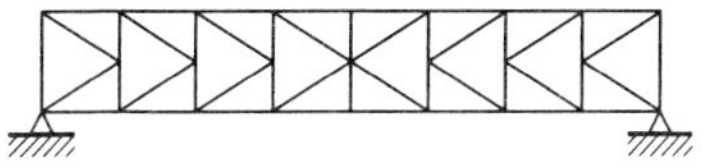

(d) K 트러스

[그림 8-1] 골조형태에 따른 트러스교의 분류

(3) 라멘교(Rahmen bridge)

라멘을 거더로 한 교량으로 부재의 기능을 유효하게 발휘하도록 하고 공간을 효율적으로 이용할 수 있다.

(4) 아치교(Arch bridge)

교량의 구조를 곡선형으로 만들어 주위 경관과 조화를 이루게 한 교량이다. 트러스의 종류에 따라 타이드 아치교(tied arch bridge), 랭거교(langer bridge), 로제 아치교(lohse bridge), 닐센교(nielssen bridge) 등이 있다.

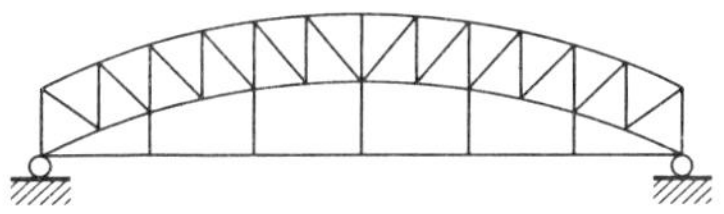

(a) 타이드 아치교

(b) 랭거 아치교

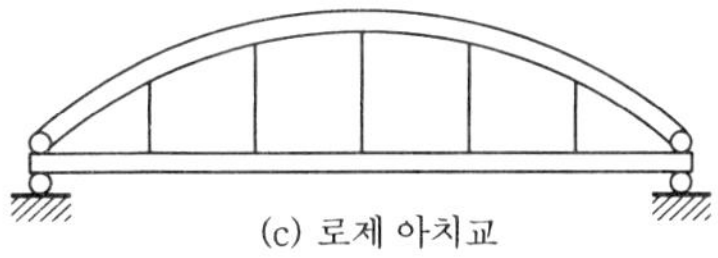

(c) 로제 아치교

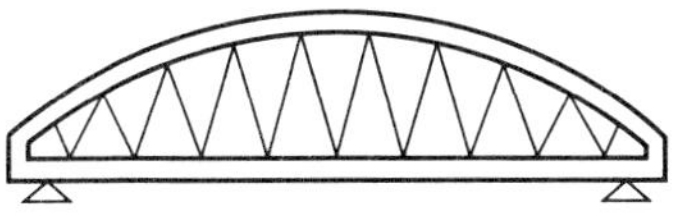

(d) 닐센 아치교

[그림 8-2] 아치교의 분류

(5) 사장교(Cable-stayed bridge)

주탑, 케이블, 주형(主桁)의 3요소로 구성되어 있고 현수교와는 다르게 케이블을 거더에 정착시킨 교량으로 장지간 교량에 적합하다. 케이블의 배치 방법에 따라 방사형(radiation), 하프형(harp), 부채형(fan), 스타형(star)의 4가지 형태로 분류된다.

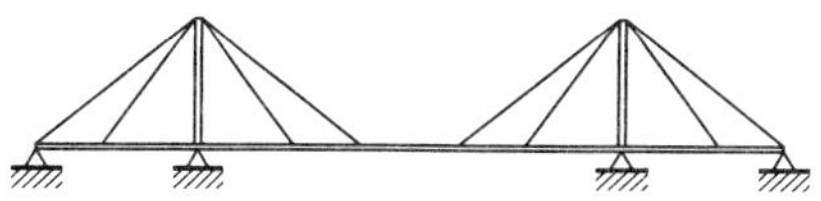

(a) 방사형

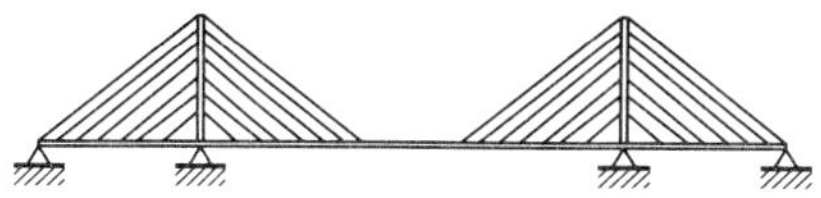

(b) 하프형

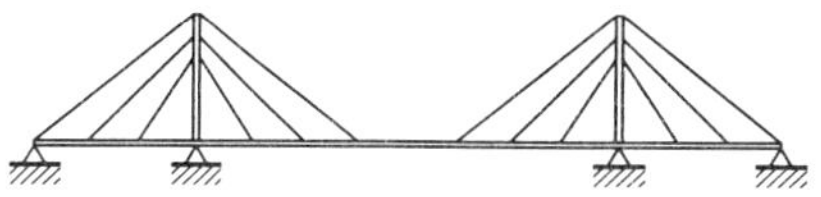

(c) 팬형

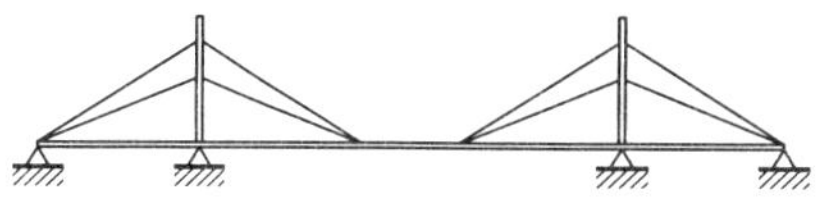

(d) 스타형

[그림 8-3] 사장교의 분류

6 측방유동 대책공법

① 연속 culvert box 공법

② 파이프 매설공법

③ box 매설공법

④ EPS 공법

⑤ 성토 지지말뚝공법

⑥ 교량 연장

⑦ 교대 전면에 압성토 실시

7 PSC교 가설공법

(1) 동바리공법(FSM 공법)의 종류

① 전체지지식

② 지주지지식(bent식)

③ 거더지지식

(2) 캔틸레버공법(Dywidag 공법, FCM 공법)의 특징

① 장대교 시공이 가능하다.

② 동바리(비계)가 필요 없으므로 깊은 계곡, 하천횡단이나 교통량이 많은 해상, 육상에 교량 시공 시 유리하다.

③ 3~4m마다 시공블록이 분할 시공되므로 변

단면 시공이 가능하다.

④ 이동작업차(폴바우바겐)에서 시공하므로 전천후 시공이 가능하다.

⑤ 반복작업으로 시공속도가 빠르고 작업능률이 향상된다.

(3) 이동동바리공법(MSS 공법)

장점	ⓐ 동바리공이 필요 없으므로 하천, 도로 등 교량의 하부조건에 관계없이 시공 ⓑ 고교각, 다경간의 교량시공에 유리하다. ⓒ 고도의 기계화된 동바리와 거푸집을 사용하므로 신속, 안전, 확실하게 시공 ⓓ 반복작업으로 소수의 인원으로도 시공이 가능하고 시공관리도 확실하게 할 수 있다. ⓔ 전천후 시공이 가능하다. ⓕ 유사교량 시공 시 거푸집 및 동바리의 전용이 가능하다.
단점	ⓐ 이동식 동바리가 대형이고 중량이 크다. ⓑ MSS 장비비가 고가이다. ⓒ 단면의 변화에 적응이 곤란하다.

(4) 압출공법(ILM 공법)

① 특징

장점	ⓐ 동바리(비계) 없이 시공하므로 교대 밑의 장애물에 관계없이 시공이 가능하다. ⓑ 거푸집에 대한 공사비가 절감된다. ⓒ 대형 crane 등 거치장비가 필요 없고 launching truss 등의 설치비가 절감된다. ⓓ 전천후 시공이 가능하다. ⓔ 장대교 시공에 경제적이고 공기가 단축된다. ⓕ 연속교이므로 주행성이 좋고 외관이 미려하다. ⓖ 반복시공으로 노무비가 절감된다. ⓗ 계획적인 공정관리가 가능하다.
단점	ⓐ 교량의 선형에 제약을 받는다.(직선 및 동일 곡선의 교량에 적합) ⓑ 콘크리트 타설 시 엄격한 품질관리가 필요하다. ⓒ 상부구조물의 단면이 일정해야 한다.(변화단면에 적응이 곤란하다.) ⓓ 상당한 면적의 제작장이 필요하다.

② 공법의 종류

㉠ 집중압출공법 : lift & pushing공법, pulling공법

㉡ 분산압출공법

(5) precast prestressed segment method(PSM 공법)

장점	ⓐ PSC 제품으로 품질이 우수하다. ⓑ 공기단축 ⓒ 경제성, 시공성이 우수하다. ⓓ 건설공해가 적다. ⓔ 외관이 좋다. ⓕ 가설 후 건조수축, creep에 의한 prestress 감소량이 적다. ⓖ 장대교량에 유리하고 경제적 경간은 30~120m이다.
단점	ⓐ 운반, 가설에 대형장비가 필요하다. ⓑ 초기 투자비가 크다. ⓒ segment의 제작, 운반, 가설 시 고도의 품질관리가 필요하다.

Ⅸ 포장공

1 컷백 아스팔트(cut-back asphalt)

asphalt cement에 적절한 용제를 가하여 상온에서 점도를 낮게 하여 액체상태로 만든 아스팔트

용제의 증발속도에 따라 분류하면 다음과 같다.

① 급속경화(RC ; Rapid Curing) : 아스팔트에 휘발유로 희석시킨 것으로 용제의 증발속도가 매우 빠르다.

② 중속경화(MC ; Medium Curing) : 아스팔트에 경유, 등유 등으로 희석시킨 것으로 용제의 증발속도가 약간 느리다.

③ 완속경화(SC ; Slow Curing) : 아스팔트에 중유로 희석시킨 것으로 용제의 증발속도가 느리다.

2 고무 아스팔트(rubberized asphalt)

straight asphalt에 분산제와 액체나 분말상태의 고무를 2~5% 정도 섞어 용해하여 만든 것으로 골재와 잘 부착하지는 않으나 한 번 부착되면 부착력과 응집력이 매우 크다.

스트레이트 아스팔트와 비교하였을 때의 장점은 다음과 같다.

① 감온성이 작다.(온도에 따른 연도의 변화가 작다.)

② 부착력, 응집력이 크다.

③ 탄성 및 충격저항이 크다.

3 노상, 노반의 안정처리공법의 종류

(1) 물리적 방법

① 치환공법
② 입도조정공법

(2) 첨가제에 의한 방법

① 시멘트 안정처리공법
② 역청 안정처리공법
③ 석회 안정처리공법
④ 화학적 재료에 의한 안정처리공법

(3) 기타 공법

① macadam 공법 : 가장 오래된 공법으로 주 골재인 부순돌을 깔고 이들이 파손되지 않도록 채움골재로 공극을 채워 interlocking(맞물림)이 일어나도록 다짐하는 공법
㉠ 물다짐 macadam 공법 : 채움골재로 13mm 이하의 부순돌 부스러기를 사용하고 살수하면서 다지는 공법
㉡ 모래다짐 macadam 공법 : 채움골재로 산모래, 강모래를 사용하여 다짐하는 공법

4 프라임 코트의 목적

① 기층과 그 위에 포설하는 아스팔트 혼합물층과의 부착을 좋게 한다.
② 보조기층, 기층 등의 방수성 증대, 강우에 의한 세굴방지
③ 보조기층, 기층 등의 작업차에 의한 파손방지
④ 보조기층으로 부터의 모관상승 차단

5 실 코트의 목적

① 포장면의 내구성 증대, 노화방지
② 포장면의 수밀성 증대
③ 포장면의 미끄럼저항 증대

6 아스팔트 포장의 유지 · 보수 공법

① patching 공법
② 표면처리공법
③ over lay 공법(덧씌우기공법)
④ 절삭 over lay 공법
⑤ 절삭(milling) 공법
⑥ 재포장공법

7 특수 아스팔트 포장

(1) 구스 아스팔트(Guss Asphalt) 포장

① 스트레이트 아스팔트에 열가소성 수지 등의 개질재를 혼합한 아스팔트로서 롤러로 다짐을 하지 않고 고온 시 혼합물의 유동성을 이용하여 된 비비기 콘크리트처럼 치고 피니셔로 평활하게 고른 것이다.
② 아스팔트 포장 중에서 특히 마모저항성이 크고 내구적이다. 강슬래브포장 콘크리트 고가교면 포장, 한랭지 포장 등에 사용된다.

(2) SMA(Stone Mastic Asphalt) 포장

① 개요
㉠ 아스팔트 자체의 성능보다는 골재의 맞물림 효과를 최대로 하여 소성변형의 발생을 최소화하고, 가능한 한 많은 양의 아스팔트를 함유, 골재에 대한 아스팔트의 피복두께를 두껍게 하여 골재의 이탈이나 균열 및 노화를 방지한 것이다.
㉡ SMA는 모든 골재가 다른 골재와 접촉이 되기 때문에 소성변형에 대한 저항성은 골재의 성질에 좌우된다.
② 용도 : 중하중차량이 통행하는 도로, 공항의 활주로, 교량 상판의 교면포장, 버스 정류장 등에 사용되고 있다.

(3) 투수성 포장(배수성 포장)

① 포장체를 통하여 빗물을 노상에 침투시켜 흙속으로 환원시키는 기능을 갖는 포장이다.
② 특징
㉠ 접착층(prime coat, tack coat)을 두지 않는다.
㉡ 10^{-2}cm/sec 정도의 높은 투수계수를 갖으며 공극률을 높이기 위해 잔골재는 거의 포함하지 않는다.

③ 용도 : 보도, 경교통 차도, 주차장, 구내 및 인도 포장 등에 사용된다.

8 콘크리트 포장의 유지 · 보수 공법

① patching 공법
② 표면처리 공법
③ over lay 공법
④ sealing 공법(줄눈 및 균열부의 주입공법)
⑤ 주입공법

9 AASHTO 72 설계법

(1) 포장두께지수(SN)

$$SN = \alpha_1 D_1 + \alpha_2 D_2 + \alpha_3 D_3$$

여기서, SN : 포장두께지수(Stuctural Number)
α_1, α_2, α_3 : 표층, 기층, 보조기층 각각의 상대강도계수
D_1, D_2, D_3 : 표층, 기층, 보조기층 각각의 설계두께(cm)

10 T_A 설계법

(1) 설계 CBR 결정

$$\text{설계 CBR} = \text{각 지점의 CBR 평균} - \frac{(\text{CBR 최대치} - \text{CBR 최소치})}{d_2}$$

(2) 포장두께 설계

$$T_A = a_1 T_1 + a_2 T_2 + \cdots + a_n T_n$$

여기서, a_1, a_2, $\cdots$, a_n : 등치환계수
T_1, T_2, $\cdots$, T_n : 구성 각 층의 두께(cm)

X 댐(dam)

1 전류공

① 가배수 터널공(전체절공법)
② 반하천 체절공
③ 가배수로 개거공

2 가체절공(coffer dam)

(1) 중력식

① 흙 dam식 공법
② Caisson식 공법
③ corrugate cell식 공법
④ box식 공법

(2) sheet pile식

① 한겹 sheet pile식 공법
② 두겹 sheet pile식 공법
③ cell식 공법

3 grouting 공법

(1) 컨솔리데이션 그라우팅(consolidation grouting)

기초암반의 변형성 억제, 강도를 증대하여 지반개량하는 것으로 기초전반에 걸쳐 격자형으로 grouting 하는 공법

(2) 커튼 그라우팅(curtain grouting)

기초암반을 침투하는 물의 지수를 목적으로 기초 상류측에 병풍모양으로 grouting하는 공법

4 중력댐의 검사랑의 목적

① dam 내부의 균열검사
② dam 내부의 누수 및 배수 검사
③ dam 내부의 수축량검사
④ 양압력, 온도측정
⑤ grouting 이용

토목기사 실기

기출 문제 2019

수험자 유의사항

〈일반사항〉

01. 시험 문제를 받는 즉시 응시하고자 하는 종목의 문제지가 맞는지를 확인하여야 합니다.
02. 시험 문제지 총면수 · 문제번호 순서 · 인쇄상태 등을 확인하고(**확인 이후 시험문제지 교체 불가**), 수험번호 및 성명을 답안지에 기재하여야 합니다.
03. 부정 또는 불공정한 방법(시험문제 내용과 관련된 메모지사용 등)으로 시험을 치른 자는 부정행위자로 처리되어 당해 시험을 중지 또는 무효로 하고, 3년간 국가기술자격시험의 응시자격이 정지됩니다.
04. 저장용량이 큰 전자계산기 및 유사 전자제품 사용 시에는 반드시 저장된 메모를 초기화한 후 사용하여야 하며, 시험 위원이 초기화 여부를 확인할 시 협조하여야 합니다. 초기화되지 않은 전자계산기 및 유사 전자제품을 사용하여 적발 시에는 부정행위로 간주합니다.
05. 시험 중에는 통신기기 및 전자기기(휴대용 전화기 및 **스마트워치** 등)를 지참하거나 사용할 수 없습니다.
06. **문제 및 답안(지), 채점기준은 일절 공개하지 않습니다.**
07. 복합형 시험의 경우 시험의 전 과정(필답형, 작업형)을 응시하지 않은 경우 채점대상에서 제외합니다.

〈채점사항〉

01. 수험자 인적사항 및 계산식 포함한 답안작성은 흑색 필기구만 사용해야 하며, 그 외 연필류, 빨간색, 청색 등 필기구로 작성한 답항은 0점 처리되오니 불이익을 당하지 않도록 유의해 주시기 바랍니다.
02. 답란에는 문제와 관련 없는 불필요한 낙서나 특이한 기록사항 등을 기재하여서는 안 되며, 답안지의 인적사항 기재란 외의 부분에 답안과 관련없는 **특수한 표시를 하거나 특정인임을 암시하는 경우 답안지 전체를 0점 처리합니다.**
03. 계산문제는 반드시 "계산과정"과 "답"란에 기재하여야 하며, **계산과정이 틀리거나 없는 경우 0점 처리됩니다.**
04. 계산문제는 최종 결과 값(답)에서 소수 셋째자리에서 반올림하여 둘째자리까지 구하여야 하나 개별문제에서 소수처리에 대한 요구사항이 있을 경우 그 요구사항에 따라야 합니다.
05. 답에 단위가 없으면 오답으로 처리됩니다.(단, 문제의 요구사항에 단위가 주어졌을 경우는 생략되어도 무방합니다.)
06. 문제에서 요구한 가지 수(항수) 이상을 답란에 표기한 경우에는 답란기재순으로 요구한 가지 수(항수)만 채점하여 한 항에 여러 가지를 기재하더라도 한 가지로 보며 그 중 정답과 오답이 함께 기재되어 있을 경우 오답으로 처리합니다.
07. 답안 정정 시에는 정정하고자 하는 단어에 두 줄(=)을 긋고 다시 기재 가능하며, 수정테이프 등은 사용할 수 없으며, 수정테이프 사용 시 채점 대상에서 제외됨을 알려드립니다.

※ 수험자 유의사항 미준수로 인한 채점상의 불이익은 수험자 본인에게 책임이 있습니다.

2019년도 기출문제

▸ 1차 : 2019. 04. 13
▸ 2차 : 2019. 06. 29
▸ 3차 : 2019. 10. 12

알림 아래의 문제는 독자들의 출제경향에 이해가 되도록 수험생들의 기억에 의해 복원된 문제로 일부 문제는 다를 수가 있으므로 착오 없으시길 바랍니다.

과/년/도/기/출/문/제 2019년도 1차(04.13 시행)

문제 01

배점 4

슬럼프 측정값이 표와 같을 때, 측정값의 평균($\bar{x}$)와 범위(R)를 구하여 표를 완성하고 다음 물음에 답하시오.

조번호	측정값(cm)				평균($\bar{x}$)	범위(R)
	X_1	X_2	X_3	X_4		
1	6.1	5.5	6.4	6.0		
2	6.4	5.5	6.7	6.2		
3	6.0	6.6	5.7	6.1		
4	6.5	5.5	6.6	6.2		
5	6.4	5.6	6.3	6.1		

n	A_2	D_3	D_4
2	1.88	0.0	3.27
3	1.02	0.0	2.57
4	0.73	0.0	2.28
5	0.58	0.0	2.12

(1) $\bar{x}$ 관리도의 상한관리한계와 하한관리한계를 구하시오.

(2) R 관리도의 상한관리한계와 하한관리한계를 구하시오.

답 · 풀이

문제 02

배점 2

옹벽에서 강봉이나 강봉띠 또는 토목섬유 등으로 흙의 마찰저항을 증가시킬 목적으로 사용되는 공법을 쓰시오.

답 · 풀이

문제 03

배점 3

다음 도로 포장의 시공에 관한 설명에 적합한 명칭(용어)을 (　) 안에 쓰시오.

(1) 콘크리트 포장 슬래브의 포설, 다짐 및 표면 끝손질 등의 기능을 갖는 거푸집을 설치하지 않고 연속적으로 포설하는 장비 : (　　　　　　　　　　)

(2) 입도조정공법이나 머캐덤공법으로 된 기층의 방수성을 높이고 그 위에 포설하는 아스팔트 혼합물 층과 부착이 잘 되도록 역청재료를 살포한 것 : (　　　　　　　　　　)

(3) 아스팔트 포장의 기층으로 사용하는 시멘트 콘크리트의 슬래브 : (　　　　　　　　　　)

답 · 풀이

문제 04

배점 2

개착공법(open cut)에 의하지 않고 땅 속에서 작업대를 만들어 암거나 원통형의 관 등을 잭으로 직접 잡아 당겨서 부설하는 공법의 명칭을 쓰시오.

답 · 풀이

문제 05

배점 4

도로포장용으로 쓰이는 아스팔트의 품질을 정하는 시험의 종류 4가지만 쓰시오.

답 · 풀이

문제 06

배점 10

다음의 작업 리스트에서 net work(화살선도)를 작도하고, 공사기간을 6일 단축했을 때 추가로 소요되는 최소비용을 구하시오.

작업명	작업일수(일)	선행작업	단축가능일수(일)	비용경사(원/일)
A	5	없음	1	60000
B	7	A	1	40000
C	10	A	1	70000
D	9	B	2	60000
E	12	C	2	50000
F	6	D	2	80000
G	4	E, F	2	100000

(1) net work(화살선도)를 작도하시오.

(2) 공사기간을 6일 단축했을 때 추가로 소요되는 최소비용을 구하시오.

답 · 풀이

문제 07

배점 3

전체심도 5m의 시추작업을 통해 획득한 6개의 암석 코어의 길이는 아래와 같고 풍화토 시료도 함께 산출되었다. 시추대상 암반에 대한 코어 회수율을 구하시오.

145cm, 35cm, 120cm, 50cm, 45cm, 95cm

답 · 풀이

문제 08

배점 3

도심지 굴착공사 중 계측관리 시 아래 그림의 ①~③에 해당되는 계측기기를 쓰시오.

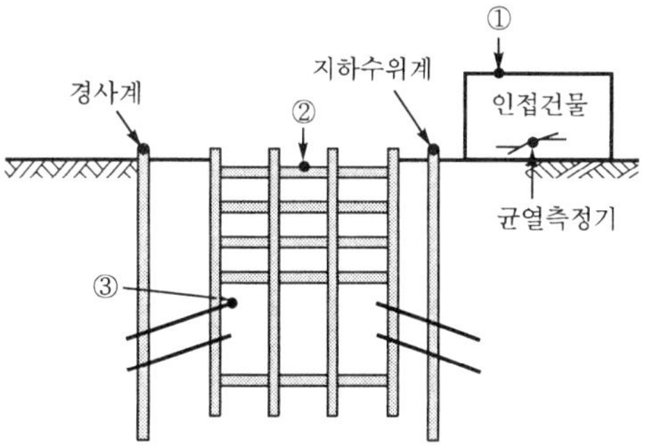

답 · 풀이

문제 09

배점 2

교량의 상부 구조물을 교대 또는 제1 교각의 후방에 설치한 주형 제작장에서 프리캐스트 세그먼트를 연속적으로 제작하여 직선 또는 일정 곡률반지름의 교량을 가설하는 공법의 명칭을 쓰시오.

답 · 풀이

문제 10

배점 3

필 댐(fill dam)에 있어서 필터의 역할 3가지만 쓰시오.

답 · 풀이

문제 11

배점 18

주어진 도면 및 조건에 따라 다음 물량을 산출하시오. (단, 주어진 도면의 치수는 축척에 맞지 않을 수 있으며, 주어진 치수로만 물량을 산출할 것)

도로암거(단위 : mm)

단면도

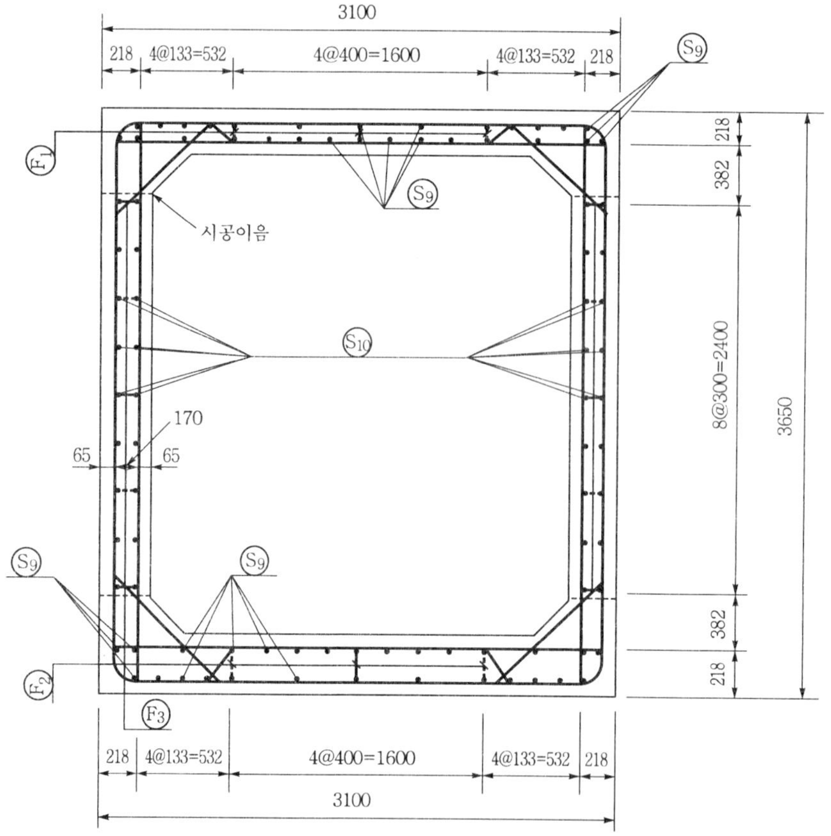

일반도

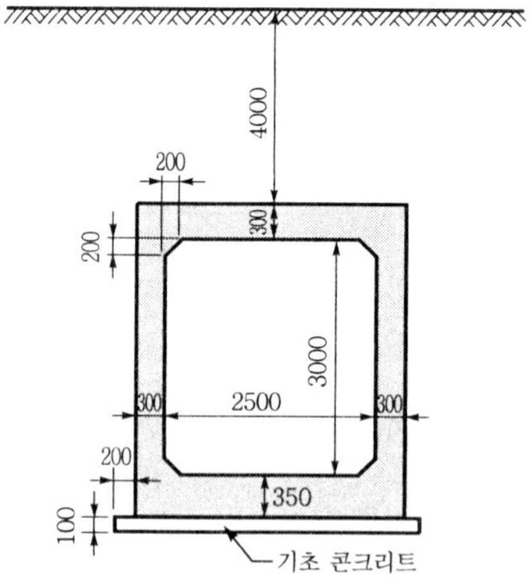

주철근 조립도

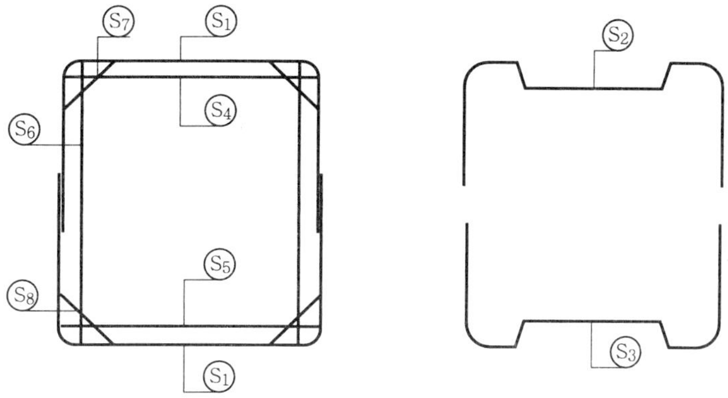

철근 상세도

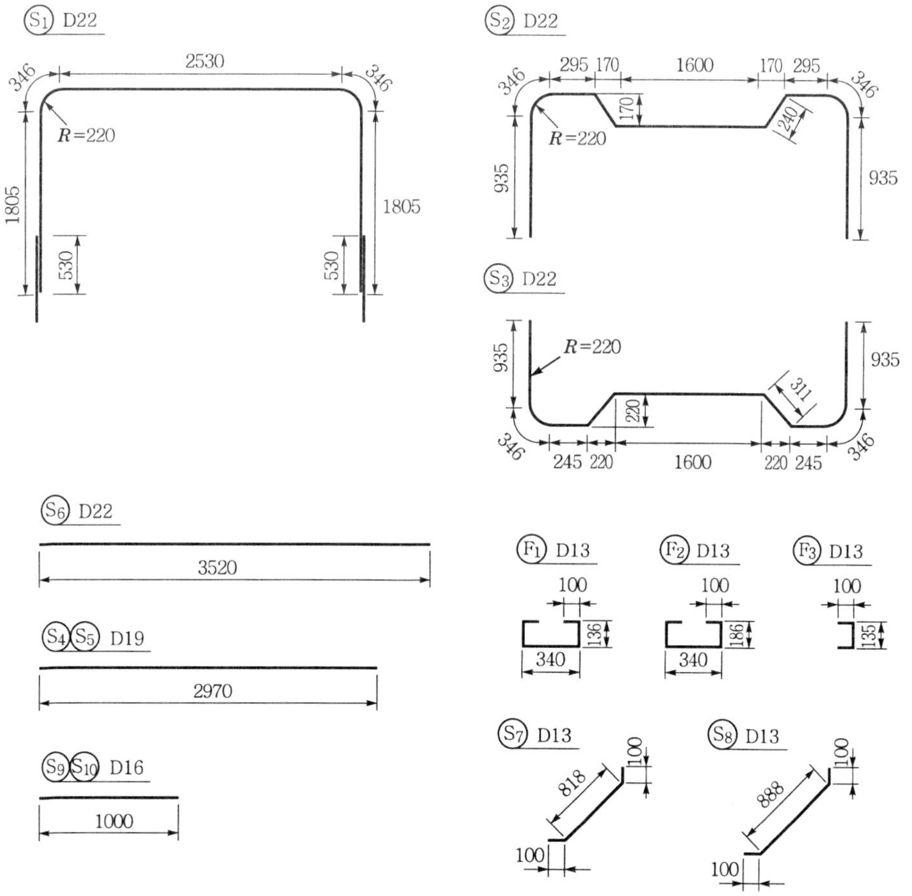

조건

① $S_1 \sim S_8$ 철근은 300mm 간격으로 배치되어 있다.
② F_1, F_2, F_3 철근은 300mm 간격으로 지그재그로 배치되어 있다.
③ 철근의 이음과 할증은 무시한다.
④ 지형상태는 일반도와 같으며, 터파기는 기초 콘크리트 양끝에서 100cm 여유폭을 두고, 비탈 기울기는 1:0.5로 한다.
⑤ 거푸집량의 계산에서 마구리면은 무시한다.

(1) 길이 1m에 대한 기초와 구체의 콘크리트량을 구하시오. (단, 소수 4째자리에서 반올림)
① 기초 콘크리트량
② 구체 콘크리트량

(2) 길이 1m에 대한 거푸집량을 구하시오. (단, 소수 4째자리에서 반올림)

(3) 길이 1m에 대한 터파기량을 구하시오. (단, 소수 4째자리에서 반올림)

(4) 길이 1m에 대한 철근량을 산출하기 위한 철근 물량표를 완성하시오. (단, 소수 3째자리에서 반올림)

기호	직경	길이(mm)	수량	총 길이(mm)	기호	직경	길이(mm)	수량	총 길이(mm)
S_1					S_9				
S_7					F_1				

답 · 풀이

문제 12

도로토공 현장에서 다짐도를 판정하는 방법을 3가지만 쓰시오.

배점 3

답 · 풀이

문제 13

그레이더를 사용하여 도로연장 20km의 정지작업을 할 때, 2단기어 속도(6km/h)로 1회, 3단기어 속도(10km/h)로 2회, 4단기어 속도(15km/h) 2회로 통과 작업을 하였을 때, 소요작업시간(h)을 구하시오. (단, 기계의 작업효율 : 0.8)

배점 3

답 · 풀이

문제 14

그림과 같이 연직하중(80t)과 모멘트(4t · m)를 받는 정사각형 기초의 극한지지력과 안전율을 Terzaghi 공식을 이용하여 구하시오. (단, $N_c=37.2$, $N_q=22.5$, $N_\gamma=19.7$이다. 기초 지반은 균일한 점성토지반으로 $\gamma_t=1.6\text{t/m}^3$, $\gamma_{sat}=1.9\text{t/m}^3$, $\phi=30^\circ$, $C=0$이다.)

(1) 극한지지력을 구하시오.

(2) 안전율을 구하시오.

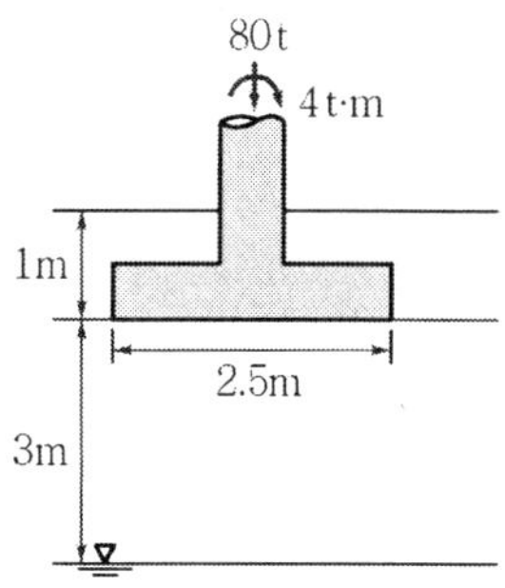

배점 4

답 · 풀이

문제 15

점성토 지반의 개량공법을 4가지만 쓰시오.

배점 4

답 · 풀이

문제 16

어떤 골재를 이용하여 시방배합을 수행한 결과 단위 시멘트량 320kg/m³, 단위수량 165kg/m³, 단위 잔골재량 650kg/m³, 단위 굵은 골재량 1200kg/m³이 얻어졌다. 이 골재의 현장 야적상태가 표와 같을 때 이를 이용하여 현장배합을 수행하여 단위수량, 단위 잔골재량, 단위 굵은 골재량을 구하시오.

잔골재		굵은 골재	
체	잔류량(g)	체	잔류량(g)
5mm	20	40mm	10
2.5mm	55	30mm	120
1.2mm	120	25mm	150
0.6mm	145	20mm	160
0.3mm	110	15mm	180
0.15mm	35	10mm	220
0.07mm	15	5mm	140
팬	0	팬	20
표면수=3%		표면수=−1%	

배점 6

답 · 풀이

문제 17

옹벽이라 함은 흙의 붕괴를 방지하기 위하여 흙을 지지할 목적으로 절취, 성토비탈면에 축조하는 구조물이다. 이때의 옹벽의 안정성 검토항목을 3가지만 쓰시오.

배점 3

답 · 풀이

문제 18

측량성과가 아래와 같고 시공기준면을 12m로 할 경우 총 토공량을 구하시오. (단, 격자점의 숫자는 표고이며, m 단위이다.)

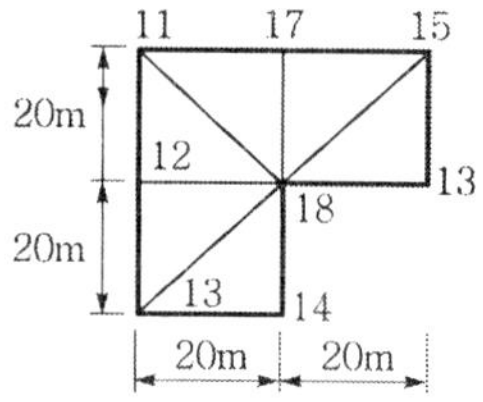

배점 3

답 · 풀이

문제 19

다음 그림은 골재의 함수상태를 나타낸 그림이다. (A)~(D)에 알맞은 용어를 쓰시오.

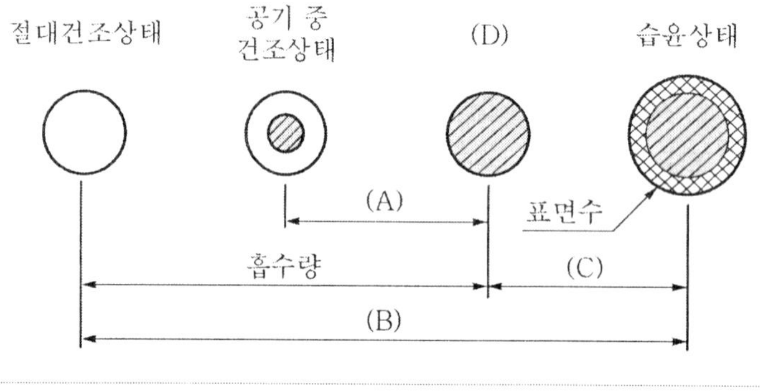

배점 4

답 · 풀이

문제 20

착암기로 표준암에 대한 천공 속도가 55cm/min이었다. 화강암에 같은 구경의 천공을 천공장 3m로 할 때 천공시간(분)을 구하시오. (단, 표준암에 대한 대상암의 저항력 계수 $C_1=1.15$, 암석의 상태에 대한 작업조건 계수 $C_2=0.85$, 전천공시간에 대한 순천공시간의 비율 $\alpha=0.65$이다.)

배점 3

답 · 풀이

문제 **21**

배점 6

그림과 같은 유한사면에서 사면파괴가 한 평면을 따라 발생한다면(Culmann의 가정) 아래 물음에 답하시오.

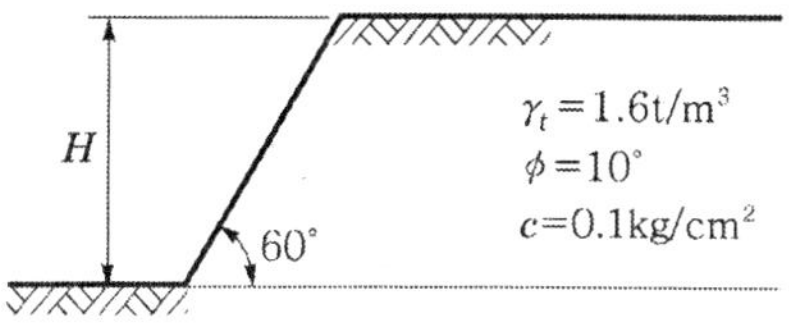

(1) 사면의 임계높이를 구하시오.

(2) 활동에 대한 안전율이 2가 되도록 사면높이 H를 구하시오.

답 · 풀이

문제 **22**

배점 3

교량의 내진설계는 지진에 의해 교량이 입는 피해 정도를 최소화시킬 수 있는 내진성을 확보하기 위해 실시한다. 이러한 내진설계 시 사용하는 내진해석방법을 3가지만 쓰시오.

답 · 풀이

문제 **23**

배점 4

다음 그림은 토적곡선(mass curve)을 나타낸 것이다. 아래 물음에 답하시오.

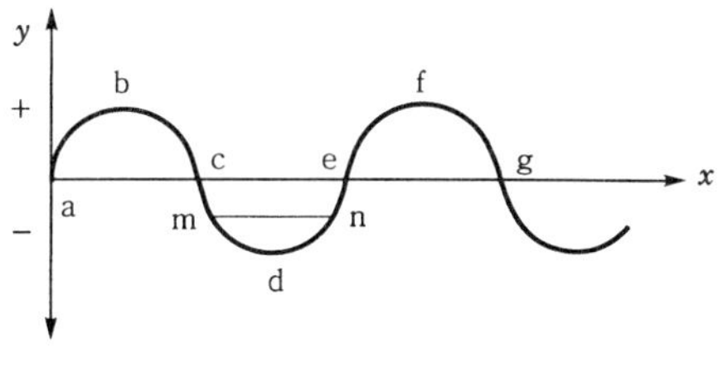

(1) x축과 y축이 의미하는 것을 각각 쓰시오.

(2) 절토에서 성토로 옮기는 점의 기호를 모두 쓰시오.

(3) 성토량과 절토량이 처음으로 균형을 이루는 점의 기호를 쓰시오.

(4) 선분 $\overline{mn}$이 x축과 평행을 이룰 때 이 구간 내의 성토량과 절토량의 관계를 쓰시오.

답 · 풀이

문제 01

배점 6

아래 그림과 같이 6.0m의 연직옹벽에 연속적인 강우로 뒤채움 흙이 완전 포화되어 있다. 뒤채움 흙은 $\gamma_{sat}=19.8\text{kN/m}^3$, $\phi=38°$인 사질토이며, 벽면마찰각 $\delta=15°$이다. 이때 Coulomb의 주동토압계수는 0.219이고 파괴면이 수평면과 55°라고 가정할 경우 아래 물음에 답하시오. (단, 물의 단위중량 $\gamma_w=9.8\text{kN/m}^3$)

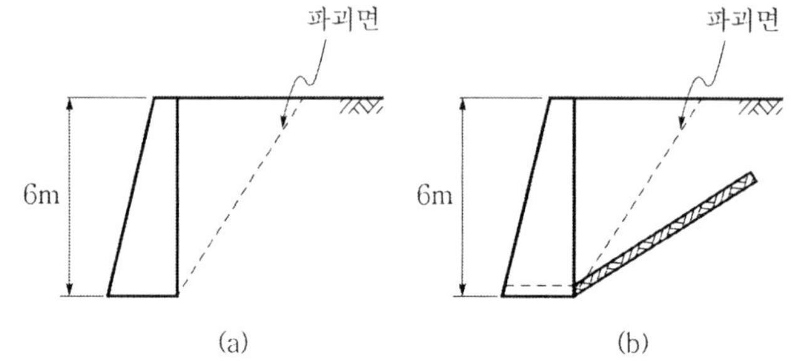

(1) 그림 (a)와 같이 옹벽배면에 배수구가 없을 경우 옹벽에 작용하는 전 주동토압(kN/m)을 구하시오.

(2) 그림 (b)와 같이 파괴면 아래쪽에 배수구를 경사지게 설치했을 경우 옹벽에 작용하는 전 주동토압(kN/m)을 구하시오.

답 · 풀이

문제 02

배점 2

암거매설공법 중 고속도로 및 철도하부로 횡단하여 암거구조물을 설치할 경우 개착공법에 의하지 않고 양쪽에 발진기지를 설치하여 함체를 직접 견인시켜 구조물 안으로 들어오는 토사를 굴착하여 소정의 구조물을 설치함으로써 상부 교통에 지장을 주지 않고 시공하는 공법은 무엇인지 쓰시오.

답 · 풀이

문제 03

배점 3

트럭과 굴착기와 조합하여 작업을 할 경우에는 트럭의 적당한 대수를 준비해 두어야 한다. 이때, 왕복과 사토(捨土)에 필요한 시간이 30분, 원위치에 도착하였을 때부터 싣기를 완료한 후 출발할 때까지의 시간이 5분이라면 굴착기가 쉬지 않고 작업할 수 있는 여유대수를 구하시오.

답 · 풀이

문제 04

주어진 역T형 교대 도면을 보고 다음 물량을 산출하시오. (단, 교대 전체 길이는 10.3m 이며, 도면의 치수 단위는 mm이다.)

배점
8

측 면 도

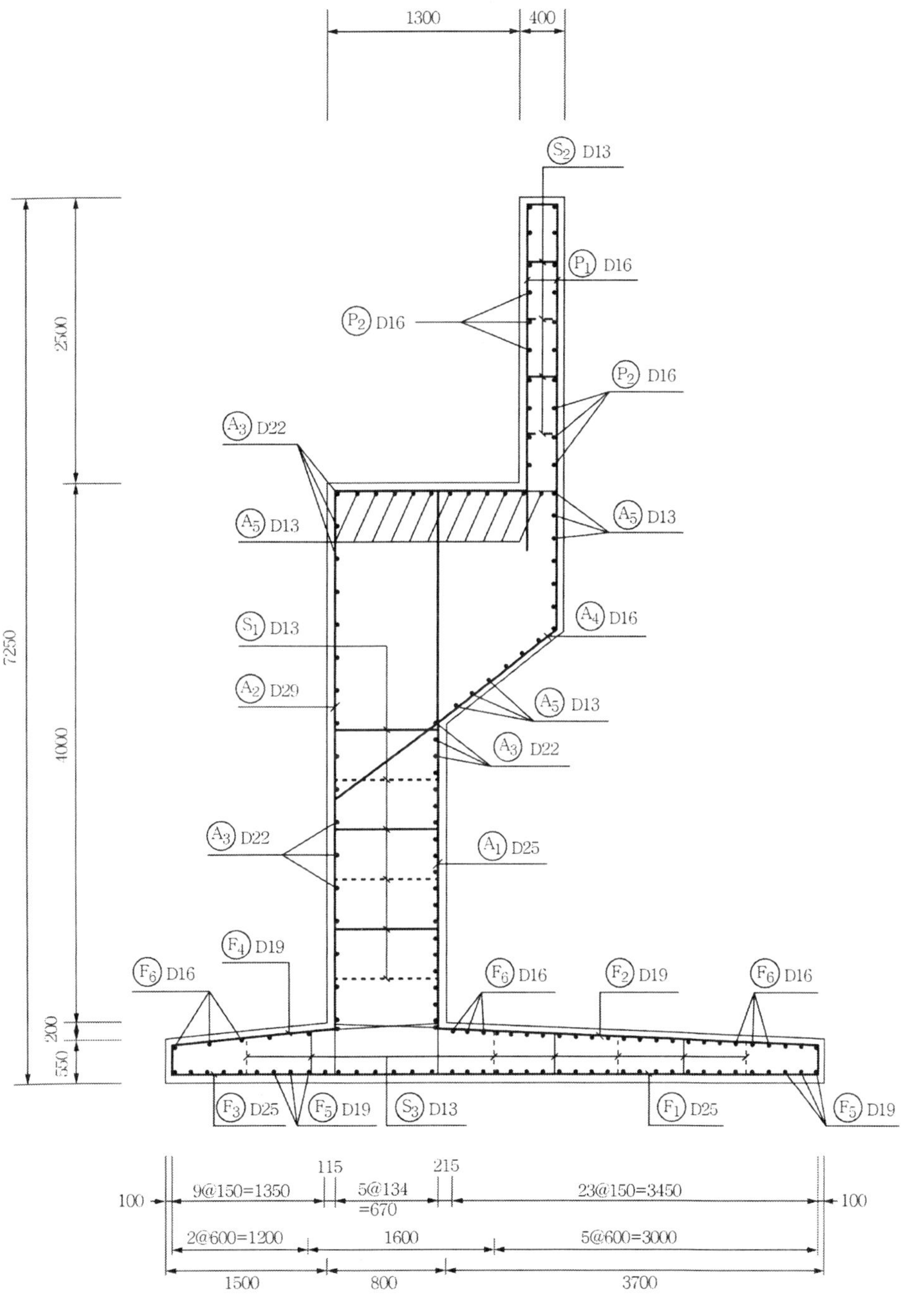

일 반 도

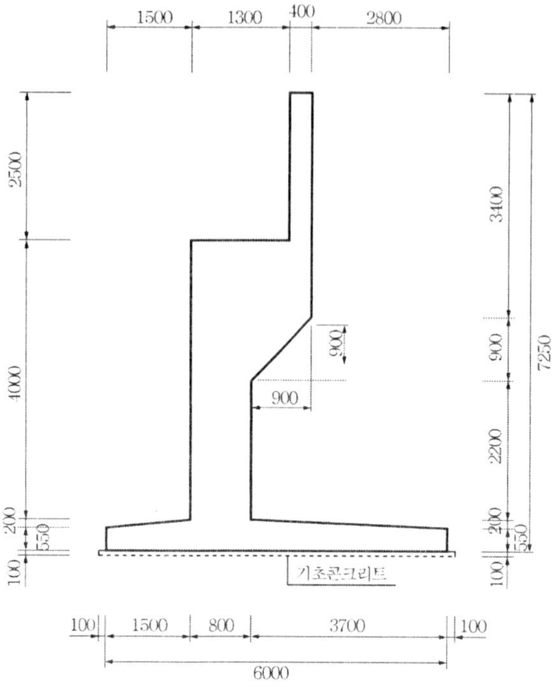

(1) 교대의 전체 콘크리트량을 구하시오. (단, 기초콘크리트량은 무시하고, 소수 4째자리에서 반올림하시오.)

(2) 교대의 전체 거푸집량을 구하시오. (단, 기초콘크리트에 사용되는 거푸집량은 무시한다.)

답 · 풀이

문제 05

배점 3

아스팔트 혼합물의 마샬 안정도 시험방법에 대한 아래 내용 중 (   )에 들어갈 알맞은 수치를 쓰시오.

- 공시체를 (①)분 동안 수조 속에 침수시켜, 가열 아스팔트 공시체 온도가 (②)℃로 유지되도록 한다.
- 재하 잭 혹은 분당 (③)mm의 비율로 움직이는 시험기 두부를 가진 시험기로 공시체에 일정한 비율로 하중을 가한다.

답 · 풀이

문제 06

배점 4

암석지반의 발파 누두공(漏斗孔)에 관한 아래 용어의 정의를 간단히 쓰시오.

(1) 최적심도(最適深度) :

(2) 누두지수(漏斗指數) :

답 · 풀이

문제 07

배점 4

30cm×30cm 크기의 재하판을 사용한 사질토 지반의 평판재하시험 결과 극한지지력이 240kPa, 침하량이 10mm이었다. 3m×3m 크기의 실제 기초를 설치할 때 예상되는 극한지지력과 침하량을 구하시오.

답 · 풀이

문제 08

배점 2

아스팔트 포장 시 기존의 포장면 또는 아스팔트 안정처리 기층에 역청재료를 살포하여 그 위에 포설할 아스팔트 혼합물층과 부착성을 높이는 것을 무엇이라 하는지 쓰시오.

답 · 풀이

문제 09

배점 3

도로의 노체부위에 대한 성토작업을 할 때 품질관리를 위한 시험 방법을 3가지만 쓰시오.

답 · 풀이

문제 10

배점 6

토취장(土取場)에서 원지반 토량 2000m³를 굴착한 후 8톤 덤프트럭으로 아래 그림과 같은 단면의 도로를 축조하고자 한다. 이 토취장 흙의 40%는 점성토, 60%는 사질토일 때 아래 물음에 답하시오.

【굴착한 흙】

구분 \ 종류	토량 환산계수		자연상태의 단위중량
	L	C	
점성토	1.3	0.9	1.75tf/m³
사질토	1.25	0.87	1.80tf/m³

【도로의 단면】

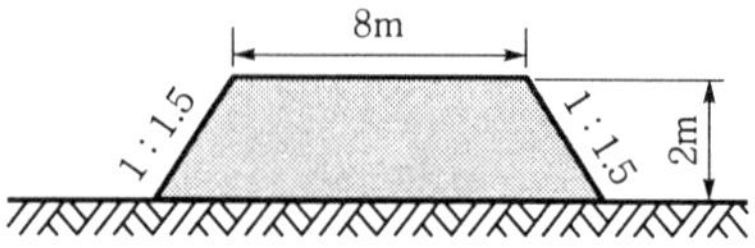

(1) 운반에 필요한 8톤 덤프트럭의 총 대수를 구하시오.

(2) 시공 가능한 도로의 길이(m)를 구하시오. (단, 도로의 시점 및 종점의 끝단은 수직으로 가정한다.)

(3) 전체 토량을 상차하는 데 소요되는 장비의 가동시간을 구하시오. (사용장비 : 버킷용량 0.9m³의 백호, 버킷계수 0.9, 효율 0.7, 사이클 타임 21초)

답 · 풀이

문제 11

배점 4

그림과 같이 모래지반에 지표면으로부터 2m 아래에 지하수위가 있을 때, 지표면으로부터 5m 깊이에서의 전단강도를 구하시오. (단, 모래의 점착력은 0, 내부마찰각은 30°이다.)

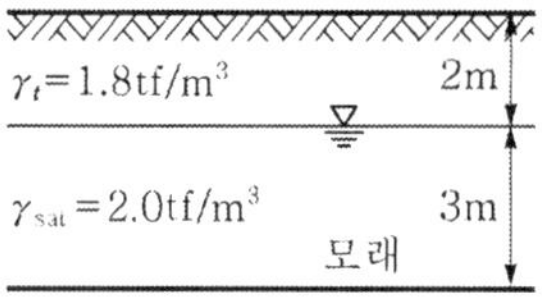

답 · 풀이

문제 12

배점 3

댐의 기초처리 공사 시 그라우팅 공사의 주입재료를 3가지만 쓰시오.

답 · 풀이

문제 13

배점 4

뒤채움 지표면에 재하중이 없는 높이 6m의 옹벽에 작용하는 지진력에 의한 전체 주동토압(P_{ae})이 Mononobe-Okabe식에 의해 160kN/m이고, 정적인 상태의 전체 주동토압(P_a)이 100kN/m일 때, 지진력에 의한 전체 주동토압의 작용위치를 구하시오. (단, 작용위치는 옹벽저면으로부터의 거리이다.)

답 · 풀이

문제 14

배점 3

보통암을 천공하는 데 착공속도 $V_T = 42$cm/min, $C_1 = 1.50$, $C_2 = 0.8$, $\alpha = 0.5$일 때, 표준암을 착공하는 순속도를 구하시오.

답 · 풀이

문제 15

배점 3

샌드 드레인 공법과 비교하여 페이퍼 드레인 공법의 장점을 3가지만 쓰시오.

답 · 풀이

문제 16

배점 3

어느 불도저의 1회 굴착 압토량이 3.6m^{3}이며, 토량변화율(L)은 1.25, 작업효율은 0.6, 평균 굴착 압토거리는 60m, 전진 속도는 30m/min, 후진 속도는 60m/min, 기어 변속시간 및 가속 시간이 0.5분일 때, 이 불도저 운전 1시간당의 작업량을 본바닥토량으로 구하시오.

답 · 풀이

문제 17

다음과 같은 모래지반에 위치한 댐의 piping의 발생에 대한 안전율을 구하시오. (단, safe weighted creep ratio는 6.0이다.)

배점 3

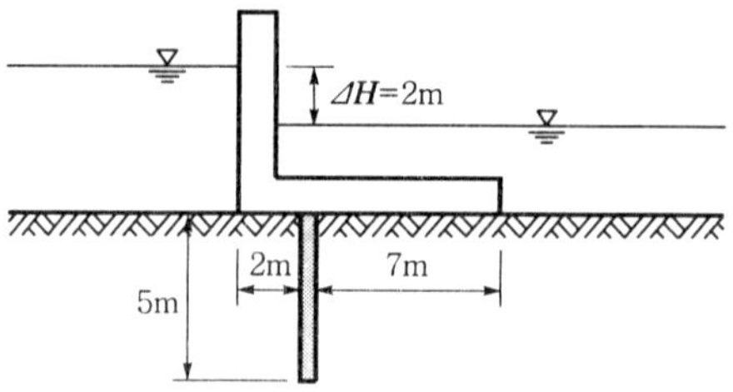

답 · 풀이

문제 18

이미 경화한 매시브한 콘크리트 위에 슬래브를 타설할 때 부재의 평균 최고온도와 외기온도와의 온도차가 12.8℃ 발생하였다. 아래의 표를 이용하여 온도균열 발생확률을 구하시오. (단, 간이적인 방법을 사용하며, 외부 구속의 정도를 표시하는 계수(R)는 0.6을 적용한다.)

배점 3

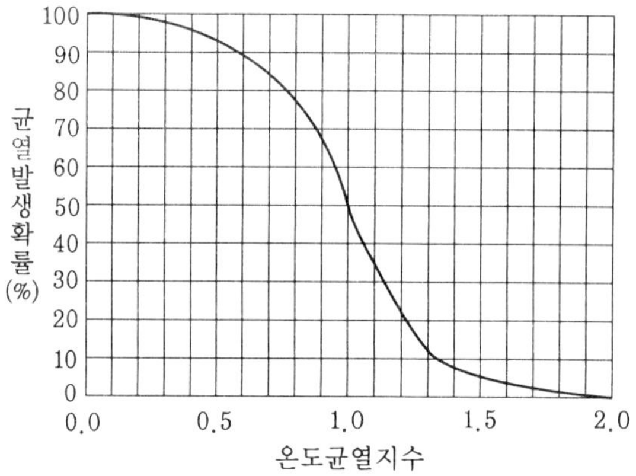

답 · 풀이

문제 19

외경이 50.8mm, 내경이 34.93mm인 split spoon sampler로 시료를 채취했을 때 시료의 면적비를 구하여 교란 여부를 판별하시오.

배점 3

답 · 풀이

문제 20

굳지 않은 콘크리트의 워커빌리티(workability) 측정방법을 3가지 쓰시오.

배점 3

답 · 풀이

문제 21

아래 옹벽에 대한 전도 및 활동에 대한 안정을 검토하시오. (단, 안전율은 모두 2.0 이상이어야 한다.)

배점 8

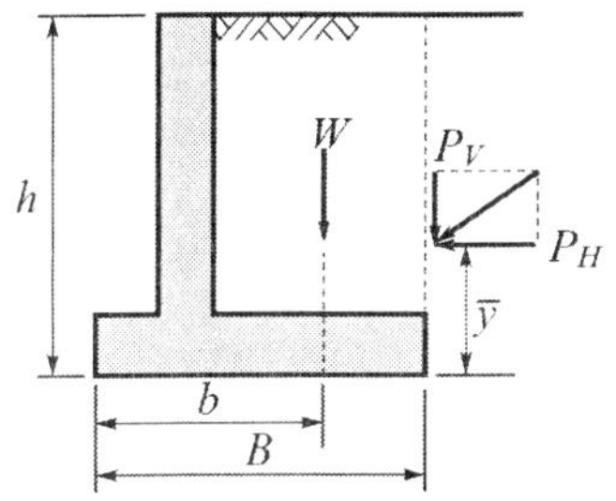

조건

- $c=0$
- W(옹벽자중+저판위의 흙의 무게=240kN/m
- $P_H=200\text{kN/m}$
- $P_V=100\text{kN/m}$
- $B=4\text{m}$
- $b=2.5\text{m}$
- $h=6\text{m}$
- $\overline{y}=2\text{m}$
- μ(옹벽저판과 기초와의 마찰계수)=0.5

(1) 전도에 대한 안정검토

(2) 활동에 대한 안정검토

답 · 풀이

문제 22

아래의 작업 리스트를 이용하여 다음 사항을 구하시오.

배점 10

작업명	선행작업	후속작업	표준일수	특급일수	비용경사(만 원/일)
A	–	B, C	4	3	5
B	A	D	8	7	3
C	A	F	10	9	7
D	B	E	10	8	6
E	D	G	5	3	8
F	C	G	13	11	10
G	E, F	–	6	4	10

(1) Net Work(화살선도)를 작도하고 Critical Path를 표시하시오.

(2) 공사완료 기간을 27일로 지정했을 때 추가 투입되는 직접비의 최소 금액을 구하시오.

답 · 풀이

문제 23

하류관거 유하능력이 부족한 곳, 하류지역 펌프장 능력이 부족한 곳 및 방류수로 유하능력이 부족한 곳 등에 설치하여 우수유출 시 효과적인 기능을 하는 저류 및 배수시설을 무엇이라 하는지 쓰시오.

배점 2

답 · 풀이

문제 24

콘크리트 포장은 콘크리트 균열을 조절하기 위해 설치하는 줄눈 및 철근의 유무에 따라 그 종류가 구분되는 데 그 종류를 3가지만 쓰시오.

배점 3

답 · 풀이

문제 25

기초의 폭(B)이 6m이고, 길이(L)가 12m인 직사각형 기초가 있다. 이 기초의 근입깊이는 3.5m이고, 지하수위는 지표로부터 1.5m 아래에 있다. 기초지반의 흙은 단위중량이 18.5kN/m^{3}인 사질토로서 c=6kN/m^2, ϕ=22°일 때 지반의 허용지지력(kN/m^2)을 구하시오. (단, 물의 단위중량 γ_w=9.8kN/m^3, ϕ=22°일 때 N_c=21.1, N_r=11.6, N_q=13.5이고, 안전율은 3으로 한다.)

배점 4

답 · 풀이

문제 01

현장다짐 시 최대건조밀도 $\gamma_{dmax}=19.5\text{kN/m}^3$이었다. 다짐도를 95%로 정했을 때 흙의 건조밀도를 구하고, 이 흙의 비중을 2.7, 함수비를 13%라 할 때 포화도(S_r)를 구하시오. (단, 물의 단위중량은 9.81kN/m^3이고 소수 3째자리에서 반올림하시오.)

답 · 풀이

문제 02

말뚝의 지지력을 산정하는 방법 3가지를 쓰시오.

답 · 풀이

문제 03

댐 여수로(dam spill way)의 말단부 또는 각종 급경사 수로의 방류부(放流部)에서 발생하는 고유속 흐름의 막대한 에너지로 인한 하상(河床) 또는 수로바닥의 세굴(洗掘) 방지를 위해 설치되는 댐의 주요 부속구조물은?

답 · 풀이

문제 04

그림과 같은 중력식 옹벽의 전도(overturning)에 대한 안전율을 계산하시오. (단, 콘크리트의 단위중량은 23kN/m^3이다.)

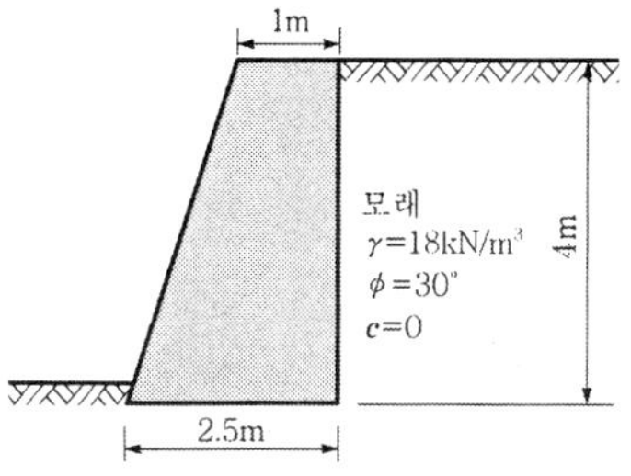

답 · 풀이

문제 05

시멘트 콘크리트 포장공법 중 낮은 슬럼프(slump)의 된비빔 콘크리트를 토공에서와 같이 다져서 시공하는 공법으로서, 건조수축이 작고 줄눈간격을 줄일 수 있으며 공기단축이 가능한 반면에 포장표면의 평탄성이 결여되는 단점이 있는 포장공법은?

답 · 풀이

문제 06

필댐의 종류 3가지를 기술하시오.

답 · 풀이

문제 07

암반 내에 발달하고 있는 어긋난 균열에서 전이가 일어난 경우와 전이가 일어나지 않는 경우의 명칭을 쓰시오.

답 · 풀이

문제 08

댐 건설을 위해 댐 지점의 하천수류를 전환시키는 댐의 유수전환방식을 3가지 쓰시오.

답 · 풀이

문제 09

3m×3m인 정방형 기초가 있다. 점착력은 10kN/m^{2}이고, 흙의 단위중량이 17kN/m^3, 내부마찰각 $\phi=20°$, 안전율이 3일 때 이 기초의 허용지지력과 허용하중을 구하시오. (단, 기초의 근입깊이는 2m이고, 지하수위는 고려하지 않는다. $N_c=18$, $N_r=5$, $N_q=7.5$)

답 · 풀이

문제 10

그림과 같이 표준관입값이 다른 3종의 모래지층으로 되어 있는 기초지반에 지름 30cm, 길이 12m의 콘크리트 말뚝을 박았을 때 말뚝의 허용지지력을 안전율 3으로 하여 Meyerhof의 공식으로 구하시오.

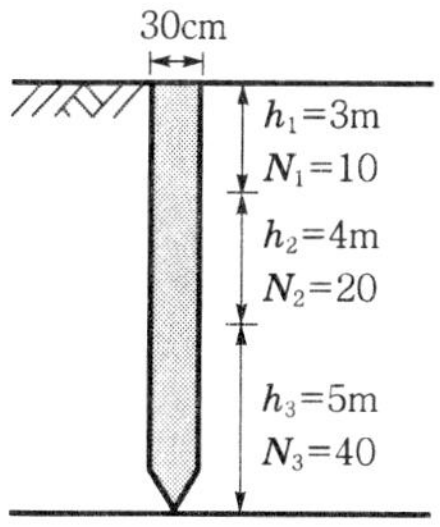

답 · 풀이

문제 11

댐 콘크리트 설계 시 고려사항 3가지를 쓰시오.

답 · 풀이

문제 12

토목시공에서 사용하고 있는 토목섬유의 주요기능을 4가지만 쓰시오.

답 · 풀이

문제 13

토적도(mass curve)에서 다음의 빈 칸을 채우시오.

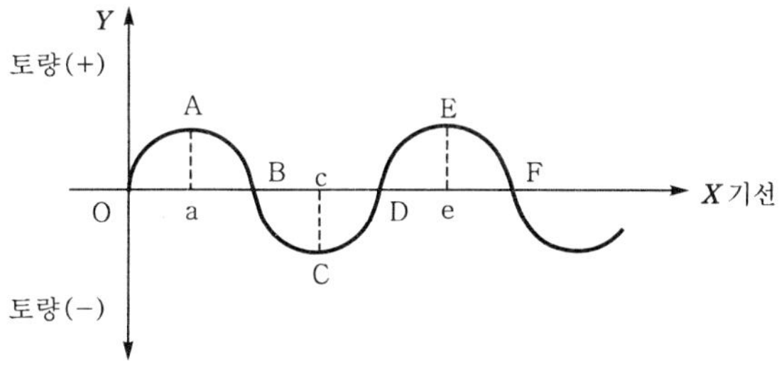

(1) 토적곡선의 상승부분 OA, CE 부분은 (①) 부분이다. 토적곡선의 하향부분 AC, EF 부분은 (②) 부분이다.
(2) 토적곡선의 loop가 산 모양일 때는 절취 굴착토가 (③)에서 (④)으로 이동된다.
(3) 기선 OX상의 점 B, D, F에서는 토량의 이동이 (⑤)다.
(4) 토적곡선이 기선 OX보다 아래에서 끝날 때는 토량이 (⑥)이다.

답 · 풀이

문제 14

설계기준 압축강도가 40MPa이고, 22회의 콘크리트 압축강도시험으로부터 구한 표준편차가 4.5MPa이었다. 이 콘크리트의 배합강도를 구하시오. (단, 압축강도 시험 횟수가 20회일 때 표준편차의 보정계수는 1.08, 25회일 때 보정계수는 1.03이다.)

답 · 풀이

문제 15

폭이 10cm, 두께 0.3cm인 paper drain(card board)을 이용하여 점토지반에 0.6m 간격으로 정삼각형 배치로 설치했다면 sand drain 이론의 등가환산원(등가원)의 지름(d_w)과 유효지름(d_e)을 각각 구하시오.

답 · 풀이

문제 16

다음 그림에서 (A)의 흙을 모래부터 굴착 운반하여 (B), (C)에 성토하고 난 후에 남는 점토의 사토량(본바닥 토량)은 얼마인가? (단, 점토의 C=0.92, 모래의 C=0.9)

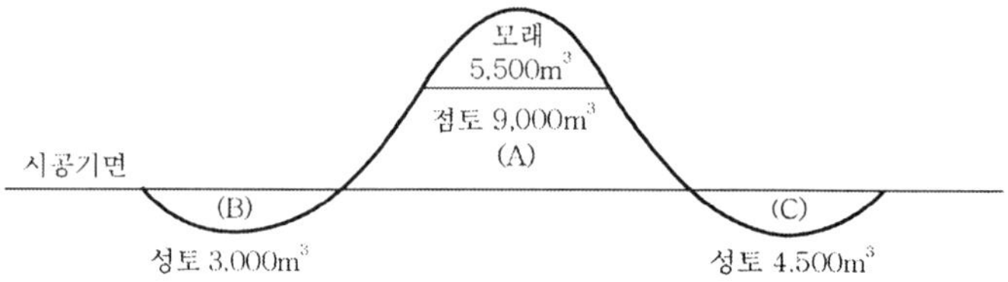

답 · 풀이

문제 17

터널 보링기 중에는 암석굴착공법 중 디스크 커터(disk cutter)라고 부르는 주판알과 같은 커터를 다수 부착한 대원반을 막장면에 눌러 회전하면서 커터의 쐐기력으로 암면을 갈면서 전단파괴하는 것이 있다. 압축강도가 1000~1500kg/cm^2 정도까지의 암석에 적합한 이 기계는?

답 · 풀이

문제 18

다음 작업 리스트를 가지고 화살선도를 그리고 표준일수에 대한 critical path를 구하고 총 공사비(직접비+간접비)가 가장 적게 들기 위한 최적공기를 구하시오. (단, 간접비는 1일당 20만 원이 소요)

작업명	선행작업	후속작업	표 준		특 급	
			일 수	직접비(만 원)	일 수	직접비(만 원)
A	–	B, C	3	30	2	33
B	A	D	2	40	1	50
C	A	E	7	60	5	80
D	B	F	7	100	5	130
E	C	G, H	7	80	5	90
F	D	G, H	5	50	3	74
G	E, F	I	5	70	5	70
H	E, F	I	1	15	1	15
I	G, H	–	3	20	3	20

(1) 표준일수에 대한 화살선도를 그리고 critical path를 구하시오.
(2) 총 공사비가 가장 적게 들기 위한 최적공기를 구하시오.

답 · 풀이

문제 19

어느 지역의 월평균 기온이 아래 표와 같다. 데라다의 공식을 이용하여 동결깊이를 구하시오. (단, 정수 C=4.0으로 한다.)

월	월평균 기온(℃)
11	3.5
12	−7.8
1	−9.6
2	−4.2
3	−1.1

답 · 풀이

문제 20

도로 포장을 설계하기 위해 다음과 같이 CBR을 구하였다. 포장설계를 위한 설계 CBR을 구하시오. (단, d_2=2.83)

4.6	3.9	5.9	4.8	7.0	3.3	4.8

답 · 풀이

문제 21

주어진 뒷부벽식 옹벽의 도면 및 조건에 따라 물량을 산출하시오. (단, 주어진 도면의 치수는 축적에 맞지 않을 수 있으며, 주어진 치수로만 물량을 산출하며 도면의 단위는 mm 이다.)

단 면 도

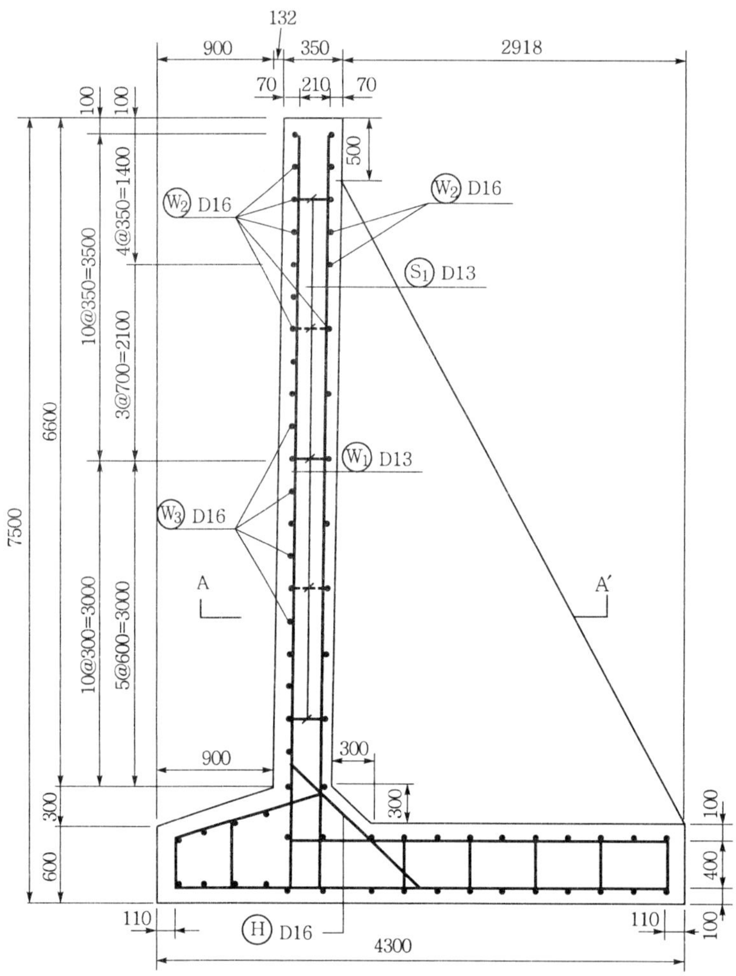

일 반 도

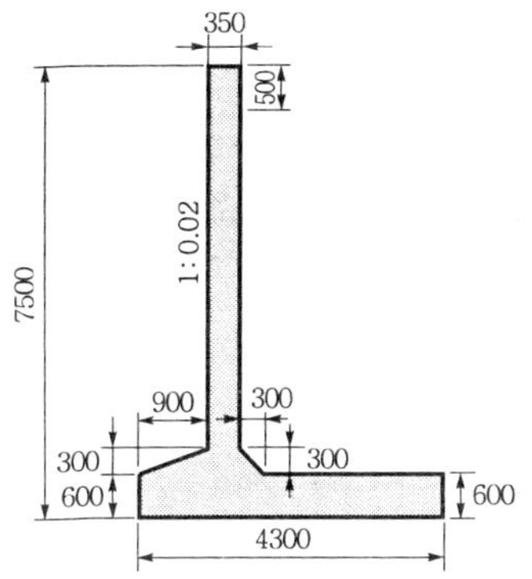

A−A′ 단면도

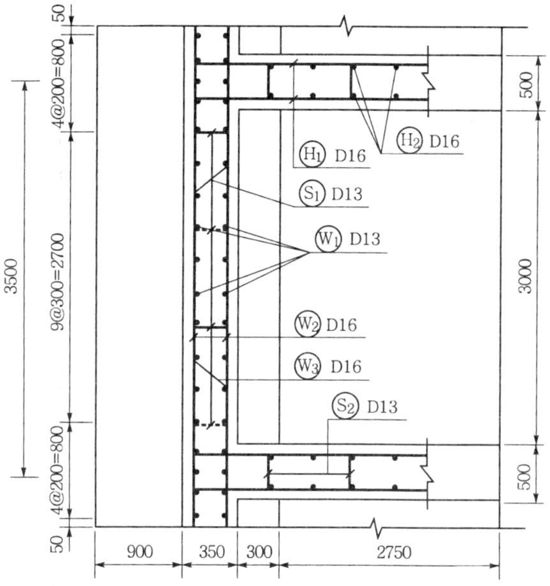

측 면 도

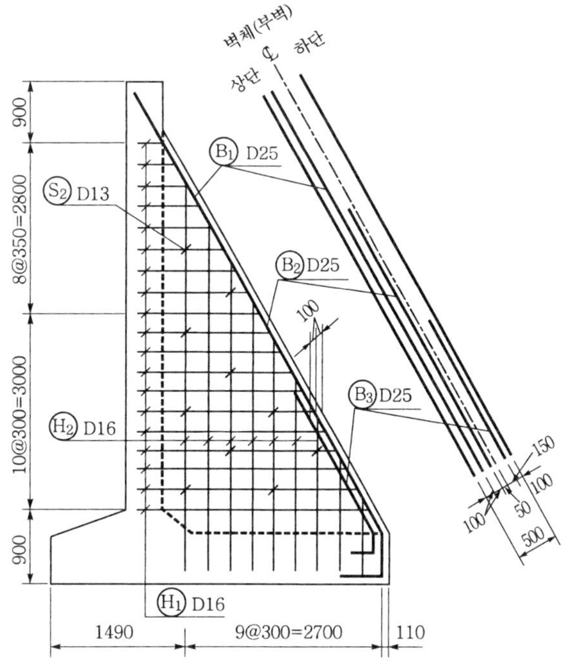

철근 상세도

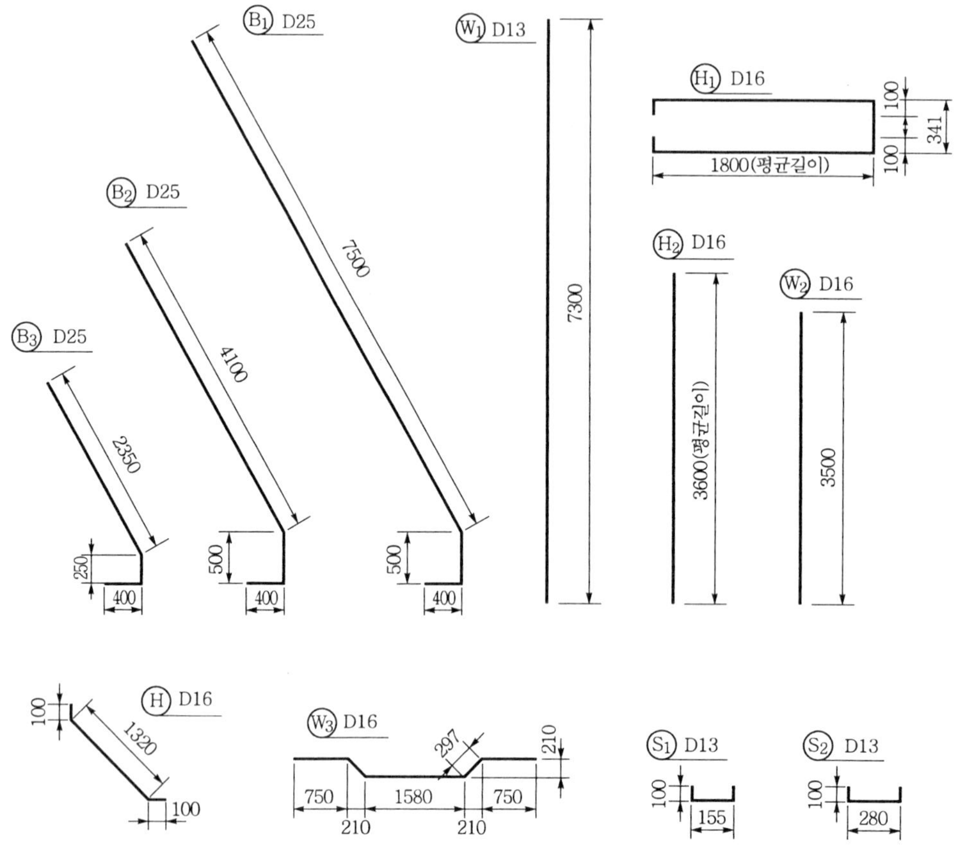

조건

① S_1 철근은 지그재그(zigzag)로 배치되어 있다.
② H 철근의 간격은 W_1 철근과 같다.
③ 물량산출에서의 할증률 및 마구리는 없는 것으로 한다.
④ 물량산출에서의 전면벽 경사를 반드시 고려하여야 한다. (일반도 참조)
⑤ 철근길이 계산에서 이음길이는 계산하지 않는다.
⑥ 저판의 철근량은 계산하지 않는다.

(1) 부벽을 포함하는 옹벽길이 3.5m에 대한 콘크리트량을 구하시오. (단, 전면벽의 경사를 고려하여야 하며, 소수 4째자리에서 반올림하시오.)

(2) 부벽을 포함하는 옹벽길이 3.5m에 대한 거푸집량을 구하시오. (단, 전면벽의 경사를 고려하여야 하며, 소수 4째자리에서 반올림하시오.)

(3) 부벽을 포함하는 옹벽길이 3.5m에 대한 철근물량표를 완성하시오.

기 호	직 경	길이(mm)	수 량	총 길이(mm)	기 호	직 경	길이(mm)	수 량	총 길이(mm)
W_1					B_1				
H					S_1				
H_1									

답 · 풀이

문제 22

에터버그한계 3가지를 쓰시오.

답 · 풀이

문제 23

다음 준설기계에 대한 설명에 적합한 준설선의 명칭을 쓰시오.

(1) 해저 토사를 회전형 Cutter로 깎아 펌프로 흡입하여 매립지로 배송(排送)하는 준설선
(2) 해저의 암반이나 암초를 쇄암기나 쇄암추의 끝에 특수한 강철로 된 날끝을 달아 파쇄하는 준설선
(3) 육상 굴착에 이용되는 파워 셔블(Power shovel)을 대선에 설치한 준설선
(4) 버킷 굴착기를 Pontoon 위에 장치한 준설선

답 · 풀이

문제 24

PS 콘크리트 교량건설공법 중 동바리를 사용하지 않는 현장타설공법의 종류 3가지를 쓰시오.

답 · 풀이

2019년도 정답 및 해설

정/답/및/해/설 2019년도 1차(04.13 시행)

정답·해설 01

(1) ①

조번호	Σx(계)	$\bar{x}$(평균)	R(범위)
1	24	$\frac{24}{4}=6$	$6.4-5.5=0.9$
2	24.8	$\frac{24.8}{4}=6.2$	$6.7-5.5=1.2$
3	24.4	$\frac{24.4}{4}=6.1$	$6.6-5.7=0.9$
4	24.8	$\frac{24.8}{4}=6.2$	$6.6-5.5=1.1$
5	24.4	$\frac{24.4}{4}=6.1$	$6.4-5.6=0.8$
합계		$\Sigma\bar{x}=30.6$	$\Sigma R=4.9$

② $\bar{\bar{x}}=\frac{\Sigma\bar{x}}{n}=\frac{30.6}{5}=6.12\,\text{cm}$

③ $\bar{R}=\frac{\Sigma R}{n}=\frac{4.9}{5}=0.98\,\text{cm}$

④ UCL$=\bar{\bar{x}}+A_2\bar{R}=6.12+0.73\times0.98=6.84\,\text{cm}$

⑤ LCL$=\bar{\bar{x}}-A_2R=6.12-0.73\times0.98=5.40\,\text{cm}$

(2) ① UCL$=D_4\bar{R}=2.28\times0.98=2.23\,\text{cm}$

② LCL$=D_3\bar{R}=0$

정답·해설 02

보강토공법

정답·해설 03

(1) slip form paver(슬립 폼 페이버)
(2) prime coat
(3) 투수 콘크리트

정답·해설 04

front jacking method(프론트 잭킹 공법)

정답·해설 05

① 침입도시험 ② 인화점시험
③ 신도시험 ④ 마샬 안정도시험
⑤ 비중시험

정답·해설 06

(1) 공정표

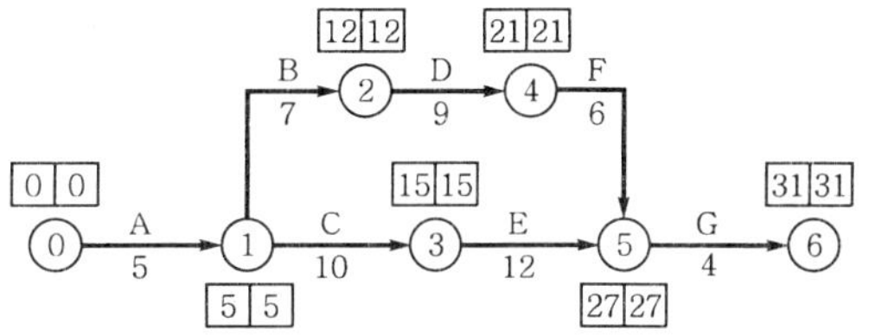

(2) ① 공기단축 : 전 공정이 all CP이다.

단축단계	작업명	단축일수	추가비용(만 원)
1단계	A	1	1×6=6
2단계	B, E	1	1×4+1×5=9
3단계	G	2	2×10=20
4단계	D, E	1	1×6+1×5=11
5단계	C, D	1	1×7+1×6=13

② 추가비용(extra cost)

EC=6+9+20+11+13=59만 원

정답·해설 07

$$회수율 = \frac{회수된\ 암석의\ 길이}{암석\ 코어의\ 이론상의\ 길이} \times 100$$

$$= \frac{145+35+120+50+45+95}{500} \times 100 = 98\%$$

정답·해설 08

① 건물경사계(tilt meter) ② 변형률계(strain gauge) ③ 하중계(load cell)

정답·해설 09

압출공법(ILM 공법)

정답·해설 10

① 배수(간극수압 발생방지)
② 코어(심벽) 유출방지
③ piping 방지

정답·해설 11

(1) 길이 1m에 대한 콘크리트량

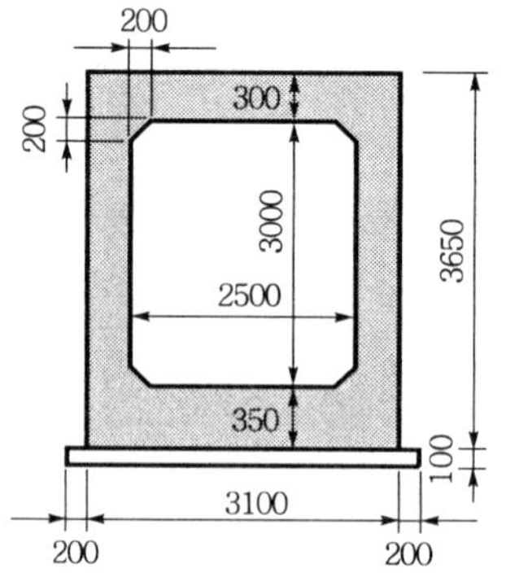

① 기초 콘크리트량=3.5×0.1×1=0.35m³

② 구체 콘크리트량

$$=\left(3.1\times3.65-2.5\times3+\frac{0.2\times0.2}{2}\times4\right)\times1$$

=3.895m³

(2) 길이 1m에 대한 거푸집량

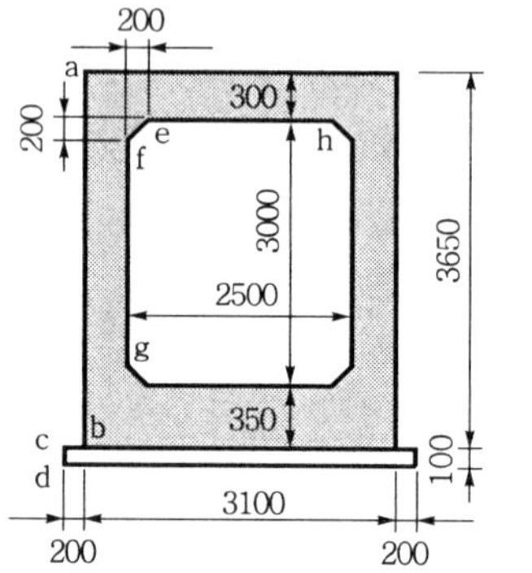

① 외벽 길이= $\overline{ab}\times2=3.65\times2=7.3$m

② 내벽 길이= $\overline{fg}\times2=2.6\times2=5.2$m

③ 헌치 길이= $\overline{ef}\times4=\sqrt{0.2^2+0.2^2}\times4$

=1.1314m

④ 정판 길이= $\overline{eh}=2.1$m

⑤ 구체 거푸집 길이=㉠+㉡+㉢+㉣

=15.7314m

⑥ 구체 거푸집량=15.7314×1≒15.731m²

(3) 길이 1m에 대한 터파기량

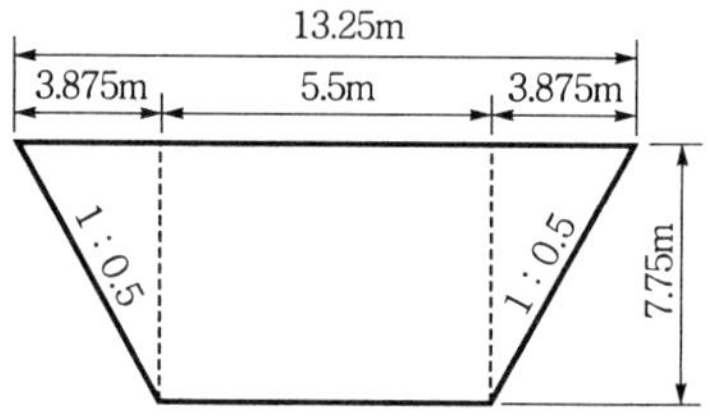

$$\text{터파기량}=\frac{5.5+13.25}{2}\times7.75\times1$$

=72.6563=72.656m³

(4) 길이 1m에 대한 철근량

① 단면도상 선으로 보이는 철근(S_1, S_7)

· 철근개수 ⇒ $\dfrac{\text{단위길이(1m)}}{\text{간격}}$

기 호	직 경	본당 길이(mm)	수 량	총 길이(mm)	수량 산출근거
S_1	D 22	1805×2+346×2+2530 =6832	6.67	45,569.44	수량 $=\dfrac{1}{0.3}\times2$(개소) =6.67개
S_7	D 13	100+818+100=1018	6.67	6790.06	

② 단면도상 점으로 보이는 철근(S_9)

· 철근개수 ⇒ 간격수+1

기 호	직 경	본당 길이(mm)	수 량	총 길이(mm)	수량 산출근거
S_9	D 16	1000	56	56,000	수량=(상판상부+상판하부)×2(상·하판) =[(12+1)+15]×2=56개

③ F_1 철근개수 ⇒ $\dfrac{\text{단위길이(1m)}}{\text{간격}\times2}\times$개소

기 호	직 경	본당 길이(mm)	수 량	총 길이(mm)	수량 산출근거
F_1	D 13	100×2+136×2+340 =812	5	4060	수량 $=\dfrac{1}{0.3\times2}\times3$(개소) =5개

④ 철근 물량표(단, 소수 셋째자리에서 반올림하시오.)

기 호	직 경	길 이(mm)	수 량	총 길이(mm)	기 호	직 경	길 이(mm)	수 량	총 길이(mm)
S_1	D 22	6832	6.67	45,569.44	S_9	D 16	1000	56	56,000
S_7	D 13	1018	6.67	6790.06	F_1	D 13	812	5	4060

정답·해설 12

① 건조밀도로 판정
② 포화도 또는 공기공극률로 판정
③ 강도로 판정
④ 상대밀도로 판정
⑤ 변형량으로 판정

정답·해설 13

① 평균 작업속도$=\dfrac{(1\times6)+(2\times10)+(2\times15)}{1+2+2}=11.2\text{km/h}$

② 작업 소요시간 $=\dfrac{\text{통과횟수}\times\text{거리}}{\text{평균 작업속도}\times\text{효율}}$

$=\dfrac{5\times20}{11.2\times0.8}=11.16$시간

정답·해설 14

(1) ① 편심거리

$M=P\cdot e\qquad 4=80\times e\qquad \therefore\ e=0.05\text{m}$

② 기초의 유효크기

㉠ 유효폭 : $B'=B-2e=2.5-2\times0.05=2.4\text{m}$

㉡ 유효길이 : $L'=L=2.5\text{m}$

③ 형상계수

㉠ $\alpha=1+0.3\dfrac{B'}{L'}=1+0.3\times\dfrac{2.4}{2.5}=1.29$

㉡ $\beta=0.5-0.1\dfrac{B'}{L'}=0.5-0.1\times\dfrac{2.4}{2.5}=0.4$

④ $q_u=\alpha cN_c+\beta B'\gamma_1N_r+D_f\gamma_2N_q$

$=0+0.4\times2.4\times1.6\times19.7+1\times1.6\times22.5$

$=66.26\text{t/m}^2$

(2) ① $q_u=\dfrac{P_u}{B'L'}\qquad 66.26=\dfrac{P_u}{2.4\times2.5}$

$\therefore\ P_u=397.56\text{t}$

② $F_s=\dfrac{P_u}{P}=\dfrac{397.56}{80}=4.97$

정답·해설 15

① 치환공법
② pre-loading 공법
③ sand drain 공법
④ paper drain 공법
⑤ 침투압공법
⑥ 생석회 말뚝공법

정답·해설 16

(1) 5mm(No.4) 체 잔류 잔골재량$=\frac{20}{500}\times 100=4\%$

(2) ① 5mm(No.4) 체 잔류 굵은 골재량$=\frac{980}{1000}\times 100=98\%$

② 5mm(No.4) 체 통과 굵은 골재량$=100-98=2\%$

(3) 골재량의 수정 : 잔골재량을 x(kg), 굵은 골재량을 y(kg)이라 하면

$x+y=650+1200=1850$ ······································ ①

$0.04x+(1-0.02)y=1200$ ······································ ②

식 ①, ②에서 $x=652.13$kg, $y=1197.87$kg

(4) 표면수량 수정

① 잔골재 표면수량$=652.13\times 0.03=19.56$kg

② 굵은 골재 표면수량$=1197.87\times(-0.01)=-11.98$kg

(5) 현장배합

① 단위수량$=165-(19.56-11.98)=157.42\text{kg/m}^3$

② 잔골재량$=652.13+19.56=671.69\text{kg/m}^3$

③ 굵은 골재량$=1197.87-11.98=1185.89\text{kg/m}^3$

정답·해설 17

① 전도 ② 활동 ③ 지지력

정답·해설 18

(1) 계획고 12m일 때 절토량

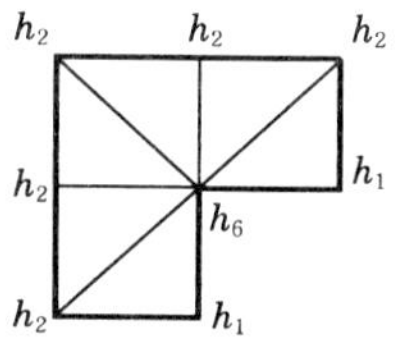

$V=\frac{ab}{6}(\Sigma h_1+2\Sigma h_2+3\Sigma h_3+\cdots+6\Sigma h_6)$

① $\Sigma h_1=1+2=3\text{m}$

② $\Sigma h_2=5+3+1=9\text{m}$

③ $\Sigma h_6=6\text{m}$

$\therefore\ V=\frac{20\times 20}{6}\times(3+2\times 9+6\times 6)=3800\text{m}^3$

(2) 계획고 10m일 때 성토량

$V=\frac{ab}{6}(\Sigma h_1+2\Sigma h_2+3\Sigma h_3+\cdots+6\Sigma h_6)$

① $\Sigma h_1=\Sigma h_3=\Sigma h_4=\Sigma h_5=\Sigma h_6=0\text{m}$

② $\Sigma h_2=1\text{m}$

$\therefore\ V=\frac{20\times 20}{6}\times(2\times 1)=133.33\text{m}^3$

(3) 총 토공량$=3800-133.33=3666.67\text{m}^3$(절토량)

정답·해설 19

(A) : 유효흡수량
(B) : 전함수량
(C) : 표면수량
(D) : 표면건조포화상태

정답·해설 20

① $V_T = \alpha(C_1 \cdot C_2) V = 0.65 \times (1.15 \times 0.85) \times 55 = 34.95\text{cm/min}$

② $t = \dfrac{L}{V_T} = \dfrac{300}{34.95} = 8.58$분

정답·해설 21

(1) 사면의 임계높이

$$H_{cr} = \frac{4c}{\gamma_t}\left[\frac{\sin\beta \cdot \cos\phi}{1-\cos(\beta-\phi)}\right] = \frac{4\times1}{1.6}\times\frac{\sin 60^\circ \times \cos 10^\circ}{1-\cos(60^\circ - 10^\circ)} = 5.97\text{m}$$

(2) 사면높이

① $F_c = F_s = \dfrac{c}{c_d}$

$2 = \dfrac{1}{c_d}$ $\quad \therefore\ c_d = 0.5\text{t/m}^2$

② $F_\phi = F_s = \dfrac{\tan\phi}{\tan\phi_d}$

$2 = \dfrac{\tan 10°}{\tan\phi_d}$ $\quad \therefore\ \phi_d = 5.04°$

③ $H = \dfrac{4c_d}{\gamma_t}\left[\dfrac{\sin\beta \cdot \cos\phi_d}{1-\cos(\beta-\phi_d)}\right] = \dfrac{4\times0.5}{1.6}\times\dfrac{\sin 60^\circ \times \cos 5.04^\circ}{1-\cos(60^\circ - 5.04^\circ)} = 2.53\text{m}$

정답·해설 22

① 단일모드 스펙트럼 해석법
② 다중모드 스펙트럼 해석법
③ 시간이력 해석법

정답·해설 23

(1) x축 : 거리(m), y축 : 누가토량(m^3)
(2) b, f
(3) c
(4) 절토량과 성토량은 서로 같다.

정/답/및/해/설 2019년도 2차(06.29 시행)

정답·해설 01

(1) $P_a = \dfrac{1}{2}\gamma_{sub}H^2C_a + \dfrac{1}{2}\gamma_w H^2$

$= \dfrac{1}{2}\times 10 \times 6^2 \times 0.219 + \dfrac{1}{2}\times 9.8 \times 6^2 = 215.82\text{kN/m}$

(2) $P_a = \dfrac{1}{2}\gamma_{sat}H^2C_a = \dfrac{1}{2}\times 19.8 \times 6^2 \times 0.219 = 78.05\text{kN/m}$

정답·해설 02

프론트 잭킹공법(front jacking method)

정답·해설 03

$$N = 1 + \frac{T_1}{T_2} = 1 + \frac{30}{5} = 7\text{대}$$

정답·해설 04

(1) 길이 10.3m인 교대의 콘크리트량

① $A_1 = 0.4 \times 2.5 = 1\text{m}^2$

② $A_2 = 1.7 \times 0.9 = 1.53\text{m}^2$

③ $A_3 = \dfrac{1.7+0.8}{2} \times 0.9 = 1.125\text{m}^2$

④ $A_4 = 0.8 \times 2.2 = 1.76\text{m}^2$

⑤ $A_5 = \dfrac{0.8+6}{2} \times 0.2 = 0.68\text{m}^2$

⑥ $A_6 = 0.55 \times 6 = 3.3\text{m}^2$

⑦ 콘크리트량 $= (A_1 + \cdots + A_6) \times 10.3$

$= 9.395 \times 10.3$

$= 96.7685 = 96.77\text{m}^3$

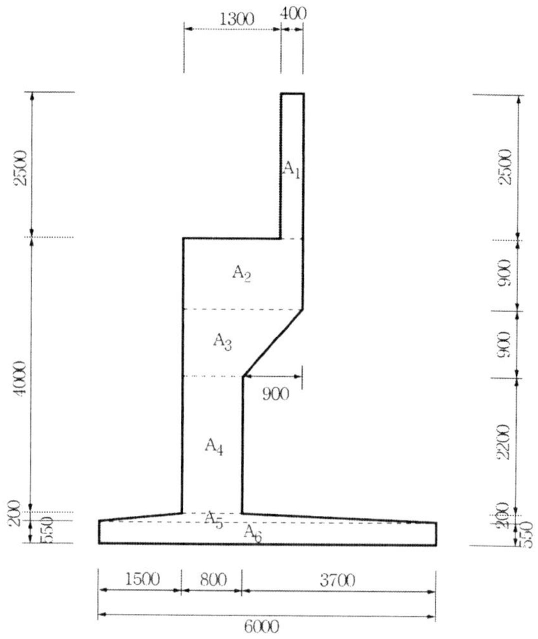

(2) 길이 10.3m인 교대의 거푸집량

① $A_1 = 2.5 \times 10.3 = 25.75\text{m}^2$

② $A_2 = 4 \times 10.3 = 41.2\text{m}^2$

③ $A_3 = 0.55 \times 10.3 = 5.665\text{m}^2$

④ $A_4 = 0.55 \times 10.3 = 5.665\text{m}^2$

⑤ $A_5 = 2.2 \times 10.3 = 22.66\text{m}^2$

⑥ $A_6 = \sqrt{0.9^2 + 0.9^2} \times 10.3 = 13.11\text{m}^2$

⑦ $A_7 = 3.4 \times 10.3 = 35.02\text{m}^2$

⑧ $A_8 =$ Ⓐ $\times 2$ (앞·뒤 마구리면)

$= 9.395 \times 2 = 18.79\text{m}^2$

⑨ 거푸집량 $= A_1 + A_2 + \cdots + A_8 = 167.86\text{m}^2$

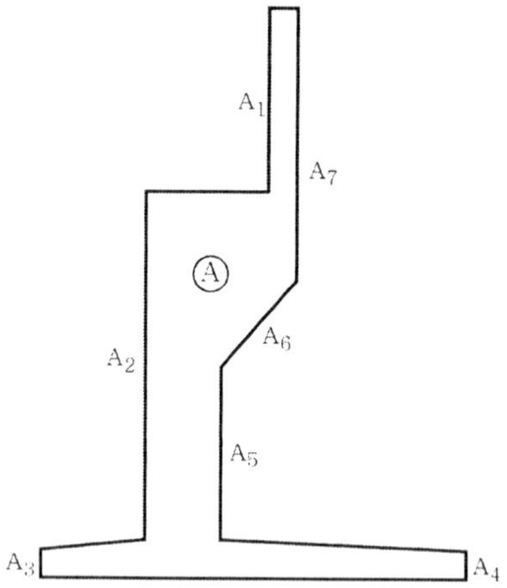

정답·해설 05

① 30　　② 60±1　　③ 50.8

✎ 참고

> 마샬 안정도 시험(KSF 2337:2017)
> ① 공시체를 30분 동안 수조 속에 침수시켜 가열 아스팔트 공시체 온도가 60±1℃로 유지되도록 한다. 재하 헤드는 20~40℃를 유지해야 한다.
> ② 재하 잭 혹은 분당 50.8mm의 비율로 움직이는 시험기 두부를 가진 시험기로 공시체에 일정한 비율로 하중을 가한다.

정답·해설 06

(1) 최적심도(最適深度) : 분화구가 최대의 체적을 표시할 때의 심도
(2) 누두지수(漏斗指數) : 발파 단면에서 누두반경에 대한 최소저항선의 비

정답·해설 07

(1) 극한지지력

$$q_{u(\text{기초})} = q_{u(\text{재하판})} \times \frac{B_{(\text{기초})}}{B_{(\text{재하판})}}$$

$$= 240 \times \frac{3}{0.3} = 2400\text{kPa}$$

(2) 침하량

$$S_{(\text{기초})} = S_{(\text{재하판})} \times \left[\frac{2B_{(\text{기초})}}{B_{(\text{기초})} + B_{(\text{재하판})}} \right]^2$$

$$= 10 \times \left[\frac{2 \times 3}{3 + 0.3} \right]^2 = 33.06\text{mm}$$

정답·해설 08

택코트(tack coat)

정답·해설 09

① 다짐시험　　② 현장밀도시험　　③ 함수량시험

정답·해설 10

(1) ① 운반토량
㉠ 점토량 $= 2000 \times 0.4 \times L = 2000 \times 0.4 \times 1.3 = 1040\text{m}^3$
㉡ 사질토량 $= 2000 \times 0.6 \times L = 2000 \times 0.6 \times 1.25 = 1500\text{m}^3$

② 트럭의 대수
㉠ 점토의 운반에 필요한 대수

$$= \frac{1040}{\frac{T}{\gamma_t} \cdot L} = \frac{1040}{\frac{8}{1.75} \times 1.3} = 175\text{대}$$

㉡ 사질토의 운반에 필요한 대수

$$= \frac{1500}{\frac{T}{\gamma_t} \cdot L} = \frac{1500}{\frac{8}{1.8} \times 1.25} = 270\text{대}$$

∴ 덤프트럭의 연 대수 $= 175 + 270 = 445$대

(2) ① 다짐토량$= 2000 \times 0.4 \times C + 2000 \times 0.6 \times C$

$= 2000 \times 0.4 \times 0.9 + 2000 \times 0.6 \times 0.87 = 1764\text{m}^3$

② 도로의 단면적$= \dfrac{8+(8+6)}{2} \times 2 = 22\text{m}^2$(다짐면적)

③ 도로의 길이$= \dfrac{1764}{22} = 80.18\text{m}$

(3) ① back hoe 작업량

$$Q = \frac{3600 \cdot q \cdot k \cdot f \cdot E}{C_m}$$

$$= \frac{3600 \times 0.9 \times 0.9 \times \left(\dfrac{1}{1.3 \times 0.4 + 1.25 \times 0.6}\right) \times 0.7}{21} = 76.54\text{m}^3/\text{h}$$

② 장비의 가동시간$= \dfrac{2000}{76.54} = 26.13$시간

정답·해설 11

① $\bar{\sigma} = 1.8 \times 2 + 1 \times 3 = 6.6\text{t/m}^2$

② $\tau = c + \bar{\sigma}\tan\phi = 0 + 6.6\tan 30° = 3.81\text{t/m}^2$

정답·해설 12

① 시멘트 용액 ② 벤토나이트와 점토와의 용액

③ 아스팔트제 용액 ④ 약액

정답·해설 13

① 지진력에 의한 주동토압

$P_{ae} = \dfrac{1}{2}\gamma_t h^2(1-K_V)K_{ae} = 160\text{kN/m}$

② $P_a = \dfrac{1}{2}\gamma_t h^2 C_a = 100\text{kN/m}$

③ $\Delta P_{ae} = P_{ae} - P_a = 160 - 100 = 60\text{kN/m}$

④ $\Delta P_{ae} \times 0.6h + P_a \times \dfrac{h}{3} = P_{ae} \times y$

$60 \times (0.6 \times 6) + 100 \times \dfrac{6}{3} = 160 \times y$

$\therefore\ y = 2.6\text{m}$

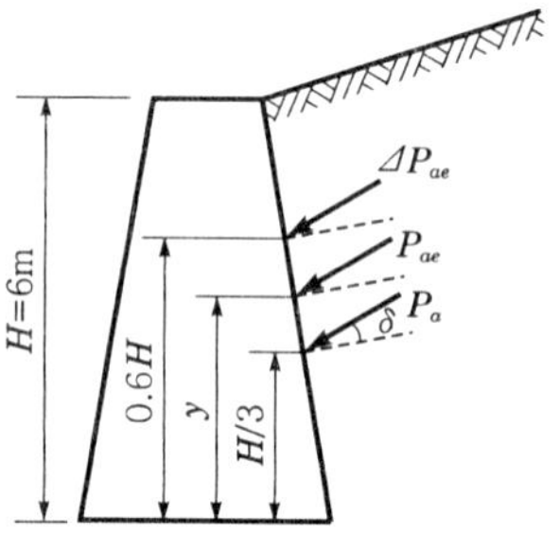

정답·해설 14

$V_T = \alpha(C_1 \cdot C_2)V = 0.5 \times (1.5 \times 0.8) \times 42 = 25.2\text{cm/min}$

정답·해설 15

① 시공속도가 빠르다.

② 타설에 의한 주변지반의 교란이 없다.

③ drain 단면이 깊이 방향에 대하여 일정하다.

④ 배수효과가 양호하다.

⑤ 경제적이다.

정답·해설 16

① $C_m = \frac{l}{V_1} + \frac{l}{V_2} + t_g = \frac{60}{30} + \frac{60}{60} + 0.5 = 3.5$분

② $Q = \frac{60 \cdot q \cdot f \cdot E}{C_m} = \frac{60 \times 3.6 \times \frac{1}{1.25} \times 0.6}{3.5} = 29.62\text{m}^3/\text{h}$

정답·해설 17

① 가중 creep 거리=수직거리(45°보다 급한 것)+수평거리(45° 이하)의 $\frac{1}{3}$

$= 5 \times 2 + \frac{2+7}{3} = 13\text{m}$

② 가중 creep비$= \frac{\text{가중 creep 거리}}{\text{유효수두}} = \frac{13}{2} = 6.5$

③ $F_s = \frac{6.5}{6} = 1.08$

정답·해설 18

$I_{cr} = \frac{10}{R\Delta T_o} = \frac{10}{0.6 \times 12.8} = 1.3$

∴ 균열발생확률 = 14%

✎ 참고

> 온도균열지수
>
> 암반이나 매시브한 콘크리트 위에 타설된 벽체나 평판구조 등과 같이 외부 구속응력이 큰 경우
>
> $I_{cr} = \frac{10}{R\Delta T_o}$
>
> 여기서, I_{cr} : 온도균열지수
>
> ΔT_o : 부재의 평균 최고온도와 외기온도와의 온도차(℃)
>
> R : 외부 구속의 정도를 표시하는 계수
>
> ① 비교적 연한 암반 위에 콘크리트를 타설할 때 : 0.5
> ② 중간 정도의 단단한 암반 위에 콘크리트를 타설할 때 : 0.65
> ③ 경암 위에 콘크리트를 타설할 때 : 0.8
> ④ 이미 경화된 콘크리트 위에 타설할 때 : 0.6

정답·해설 19

① $A_r = \frac{D_w^{\ 2} - D_e^{\ 2}}{D_e^{\ 2}} \times 100 = \frac{50.8^2 - 34.93^2}{34.93^2} \times 100 = 111.51\%$

② $A_r = 111.51\% > 10\%$이므로 교란된 시료이다.

정답·해설 20

① 슬럼프시험(slump test)
② 흐름시험(flow test)
③ 리몰딩시험(remolding test)
④ 구관입시험(ball penetration test)
⑤ 비비(vee-bee) 반죽질기시험
⑥ 일리발렌시험(iribarren test)

정답·해설 21

(1) $F_s = \dfrac{Wb + P_V B}{P_H y} = \dfrac{240 \times 2.5 + 100 \times 4}{200 \times 2} = 2.5 > 2.0$

∴ 안정하다.

(2) $F_s = \dfrac{CB + (W + P_V)\tan\delta}{P_H} = \dfrac{0 + (240 + 100) \times 0.5}{200} = 0.85 < 2.0$

∴ 불안정하다.

정답·해설 22

(1) ① 공정표

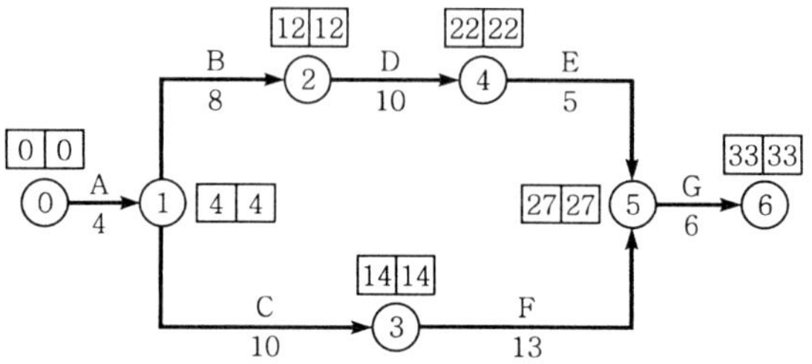

② CP : ⓪→①→②→④→⑤→⑥
⓪→①→③→⑤→⑥

(2) ① 공기단축

단축단계	작업명	단축일수	추가비용(만 원)
1단계	A	1	1×5=5
2단계	G	2	2×10=20
3단계	B, C	1	1×3+1×7=10
4단계	D, F	2	2×6+2×10=32

② 추가비용(extra cost)
EC=5+20+10+32=67만 원

정답·해설 23

유수지(우수 조정지)

✎ 참고

유수지
도시화 등에 의해 우수 유출량이 증대되었지만 반면에 하류의 배수시설(관로, 펌프장)의 우수 배제능력이 부족하거나 방류수역의 유하능력이 부족할 경우에 우수량을 일정기간 저류시켜 방류하는 시설이다.

정답·해설 24

① JCP(Jointed Concrete Pavement)
② JRCP(Jointed Reinforced Concrete Pavement)
③ CRCP(Continuous Reinforced Concrete Pavement)
④ PCP(Prestressed Concrete Pavement)

정답·해설 25

(1) 형상계수

① $\alpha = 1 + 0.3\dfrac{B}{L}$

$= 1 + 0.3 \times \dfrac{6}{12} = 1.15$

② $\beta = 0.5 - 0.1\dfrac{B}{L}$

$= 0.5 - 0.1 \times \dfrac{6}{12} = 0.45$

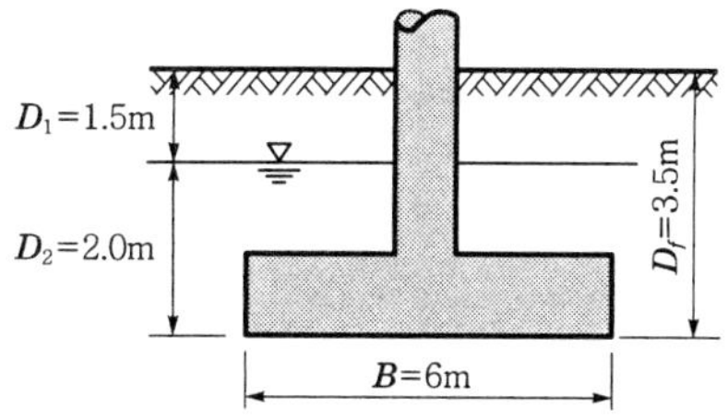

(2) $\gamma_1 = \gamma_{sub} = 8.7\text{kN/m}^3$

(3) $D_f\gamma_2 = D_1\gamma_t + D_2\gamma_{sub}$

$= 1.5 \times 18.5 + 2 \times 8.7$

$= 45.15\text{kN/m}^2$

(4) $q_u = \alpha c N_c + \beta B \gamma_1 N_r + D_f \gamma_2 N_q$

$= 1.15 \times 6 \times 21.1 + 0.45 \times 6 \times 8.7 \times 11.6 + 45.15 \times 13.5$

$= 1027.6\text{kN/m}^2$

(5) $q_a = \dfrac{q_u}{F_s} = \dfrac{1027.6}{3} = 342.53\text{kN/m}^2$

정 / 답 / 및 / 해 / 설 2019년도 3차(10.12 시행)

정답·해설 01

① $C_d = \dfrac{\gamma_d}{\gamma_{d\max}} \times 100$

$95 = \dfrac{\gamma_d}{19.5} \times 100$ $\therefore \gamma_d = 18.53\text{kN/m}^3$

② $\gamma_d = \dfrac{G_s}{1+e} \cdot \gamma_w$

$18.53 = \dfrac{2.7}{1+e} \times 9.81$ $\therefore e = 0.43$

③ $S \cdot e = w \cdot G_s$

$S \times 0.43 = 13 \times 2.7$ $\therefore S_r = 81.63\%$

정답·해설 02

① 정역학적 지지력 공식
② 동역학적 지지력 공식
③ 정재하시험에 의한 방법

정답·해설 03

감세공

정답·해설 04

$$F_s = \frac{Wb + P_V B}{P_H \cdot y} = \frac{Wb}{P_H \cdot y}$$

$$= \frac{\left(\frac{1.5 \times 4}{2} \times 23\right) \times \frac{2 \times 1.5}{3} + (1 \times 4 \times 23) \times 2}{\frac{1}{2} \times 18 \times 4^2 \times \tan^2\left(45^\circ - \frac{30^\circ}{2}\right) \times \frac{4}{3}} = 3.95$$

정답·해설 05

롤러 전압콘크리트 공법(RCCP 공법)

정답·해설 06

① 균일형 ② core(심벽)형 ③ zone형

정답·해설 07

단층(fault), 절리(Joint)

정답·해설 08

① 가배수 터널공 ② 반하천 체절공 ③ 가배수로 개거공

정답·해설 09

(1) ① $q_u = \alpha c N_c + \beta B \gamma_1 N_r + D_f \gamma_2 N_q$

$= 1.3 \times 10 \times 18 + 0.4 \times 3 \times 17 \times 5 + 2 \times 17 \times 7.5$

$= 591\text{kN/m}^2$

② $q_a = \frac{q_u}{F_s} = \frac{591}{3} = 197\text{kN/m}^2$

(2) $q_a = \frac{Q_{all}}{A}$ $197 = \frac{Q_{all}}{3 \times 3}$

$\therefore Q_{all} = 1773\text{kN}$

정답·해설 10

(1) ① $A_p = \frac{\pi \cdot D^2}{4} = \frac{\pi \times 0.3^2}{4} = 0.07\text{m}^2$

② $A_s = \pi \cdot D \cdot l = \pi \times 0.3 \times 12 = 11.31\text{m}^2$

③ $\overline{N_s} = \frac{N_1 h_1 + N_2 h_2 + N_3 h_3}{h_1 + h_2 + h_3} = \frac{10 \times 3 + 20 \times 4 + 40 \times 5}{3 + 4 + 5} = 25.83$

④ $R_u = 40 N A_p + \frac{1}{5} \overline{N_s} A_s$

$= 40 \times 40 \times 0.07 + \frac{1}{5} \times 25.83 \times 11.31 = 170.43\text{t}$

(2) $R_a = \frac{R_u}{F_s} = \frac{170.43}{3} = 56.81\text{t}$

정답·해설 11

① 상류면에 연직 인장력이 발생하지 않을 것
② 활동에 대해 안정할 것
③ 허용압축응력 및 허용인장응력을 넘지 않을 것

정답·해설 12

① 배수기능 ② filter 기능 ③ 분리기능 ④ 보강기능

정답·해설 13

(1) ① : 절토 ② : 성토
(2) ③ 좌 ④ : 우
(3) ⑤ : 없다.
(4) ⑥ : 부족토량

정답·해설 14

① 시험 횟수 22회일 때 표준편차 보정계수

$$=1.03+\frac{(1.08-1.03)\times 3}{5}=1.06$$

② 직선보간한 표준편차

$\sigma=1.06\times 4.5=4.77\text{MPa}$

③ $f_{cr}=f_{ck}+1.34S=40+1.34\times 4.77=46.39\text{MPa}$

$f_{cr}=0.9f_{ck}+2.33S=0.9\times 40+2.33\times 4.77=47.11\text{MPa}$

두 값 중 큰 값이 배합강도이므로

$\therefore\ f_{cr}=47.11\text{MPa}$

정답·해설 15

① $d_w=\alpha\cdot\dfrac{2A+2B}{\pi}=0.75\times\dfrac{2\times 10+2\times 0.3}{\pi}=4.92\text{cm}$

② $d_e=1.13d=1.13\times 60=67.8\text{cm}$

정답·해설 16

① 성토량$=3,000+4,500=7,500\text{m}^3$

② 모래의 성토량$=5,500\times C=5,500\times 0.9=4,950\text{m}^3$

③ 성토 부족량$=7,500-4,950=2,550\text{m}^3$

④ 남는 점토량$=9,000-2,550\times\dfrac{1}{C}=9,000-2,550\times\dfrac{1}{0.92}$

$=6228.26\text{m}^3$

정답·해설 17

로빈슨형 터널 보링기(robins type TBM)

정답·해설 18

(1) ① 공정표

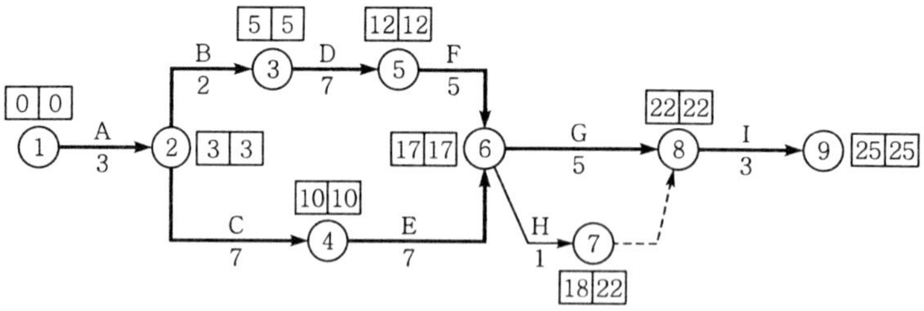

② CP : A → B → D → F → G → I

A → C → E → G → I

(2) ① 비용경사(cost slope)

작업명	단축가능 일수	비용경사(만 원)
A	1	$\frac{33-30}{3-2}=3$
B	1	$\frac{50-40}{2-1}=10$
C	2	$\frac{80-60}{7-5}=10$
D	2	$\frac{130-100}{7-5}=15$
E	2	$\frac{90-80}{7-5}=5$
F	2	$\frac{74-50}{5-3}=12$
G	0	0
H	0	0
I	0	0

② 공기단축

단축단계	작업명	단축일수	추가비용(extra cost)	공기(일)	비고
1단계	A	1	1×3만 원=3만 원	24	
2단계	B, E	1	1×15만 원=15만 원	23	
3단계	E, F	1	1×17만 원=17만 원	22	최적공기
4단계	C, F	1	1×22만 원=22만 원	21	

③ 총 공사비가 최소가 되는 최적공기=25−3=22일

정답·해설 19

$Z=C\sqrt{F}$

$=4\sqrt{7.8\times31+9.6\times31+4.2\times28+1.1\times31}$

$=105.16\text{cm}$

정답·해설 20

① 각 지점의 CBR 평균 $=\frac{4.6+3.9+5.9+4.8+7.0+3.3+4.8}{7}=4.9$

② 설계 CBR = 각 지점의 CBR 평균$-\left(\frac{\text{CBR 최대치}-\text{CBR 최소치}}{d_2}\right)$

$=4.9-\left(\frac{7-3.3}{2.83}\right)=3.6=3$

정답·해설 21

(1) 부벽을 포함하는 옹벽길이 3.5m에 대한 콘크리트량

① $A_1 = 0.35 \times 6.6 = 2.31\text{m}^2$

② $A_2 = \dfrac{0.35 + (0.9 + 0.35 + 0.3)}{2} \times 0.3$

$= 0.285\text{m}^2$

③ $A_3 = 4.3 \times 0.6 = 2.58\text{m}^2$

④ $A_4 = \dfrac{(3.05 + 0.006) \times 6.4}{2} - \dfrac{(0.3 + 0.006) \times 0.3}{2}$

$= 9.7333\text{m}^2$

⑤ 콘크리트량

$= (A_1 + A_2 + A_3) \times 3.5 + A_4 \times 0.5$

$= 5.175 \times 3.5 + 9.7333 \times 0.5$

$= 22.97915\text{m}^3$

$≒ 22.979\text{m}^3$

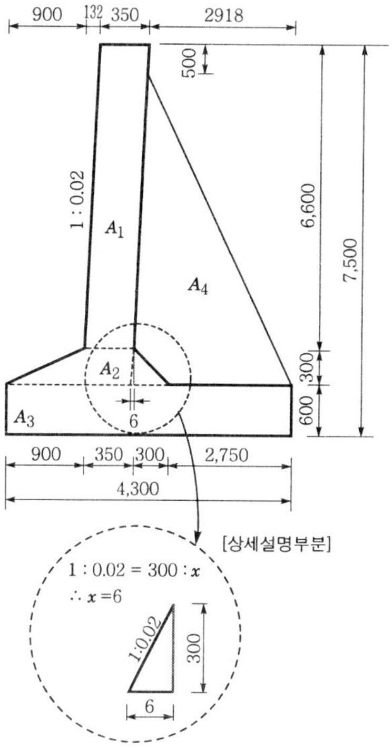

(2) 부벽을 포함하는 옹벽길이 3.5m에 대한 거푸집량

① $A_1 = \sqrt{6.6^2 + (6.6 \times 0.02)^2} \times 3.5 = 23.1046\text{m}^2$

② $A_2 = 0.6 \times 3.5 = 2.1\text{m}^2$

③ $A_3 = 0.6 \times 3.5 = 2.1\text{m}^2$

④ $A_4 = \sqrt{0.3^2 + 0.3^2} \times 3 = 1.2728\text{m}^2$

⑤ $A_5 = \sqrt{6.6^2 + (6.6 \times 0.02)^2} \times 3.5 - \sqrt{6.1^2 + (6.1 \times 0.02)^2} \times 0.5$

$= 20.054\text{m}^2$

⑥ $A_6 = \left\{ \dfrac{(3.05 + 0.006) \times 6.4}{2} - \dfrac{(0.3 + 0.006) \times 0.3}{2} \right\} \times 2$

$= 19.4666\text{m}^2$

⑦ $A_7 = \sqrt{2.928^2 + 6.4^2} \times 0.5 = 3.5190\text{m}^2$

⑧ 거푸집량$= A_1 + A_2 + \cdots\cdots + A_7$

$= 71.617\text{m}^2$

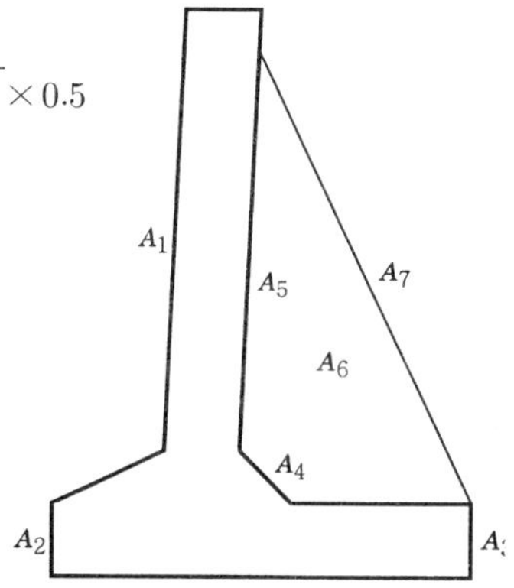

(3) 부벽을 포함하는 옹벽길이 3.5m에 대한 철근량

① 단면도상 선으로 보이는 철근(W_1, H)

기호	직경	본당길이(mm)	수량	총 길이(mm)	수량 산출근거
W_1	D13	7300	26	189,800	W_1철근은 A−A′단면도상 점으로 표시된 철근이므로 수량=13×2(복배근)=26개
H	D16	100+1320+100 =1520	13	19,760	H의 간격은 W_1의 간격과 같다.

② S_1 철근

기 호	직 경	본당길이(mm)	수 량	총 길이(mm)	수량 산출근거
S_1	D 13	100×2+155 =355	10	3550	단면도상에 5개, A–A′ 단면도상에 4개가 지그재그 배근이므로

• S_1 철근 배근도

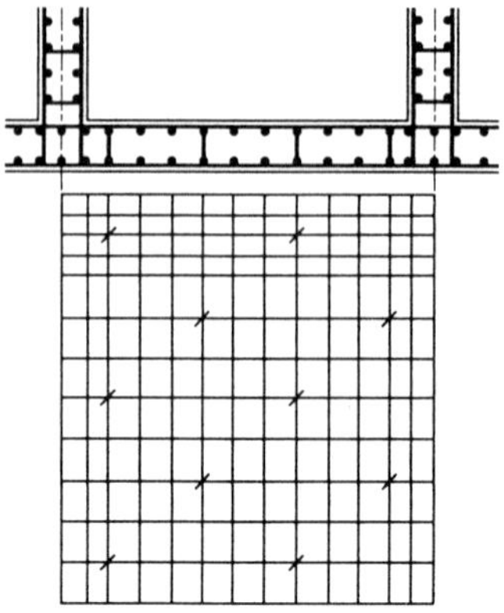

[(A–A′) 단면도]

[단면도 벽체 후면]

③ 부벽 철근(B_1, H_1)

기 호	직 경	본당길이(mm)	수 량	총 길이(mm)	수량 산출근거
B_1	D 25	7500+50+400 =8400	2	16,800	측면도상 개수를 센다. 수량=2개
H_1	D 16	100×2+1800×2 +341=4141	19	78,679	수량=간격수+1 =[(10+8)+1]=19개

• B_1, B_2, B_3 철근 배근도(평면도)

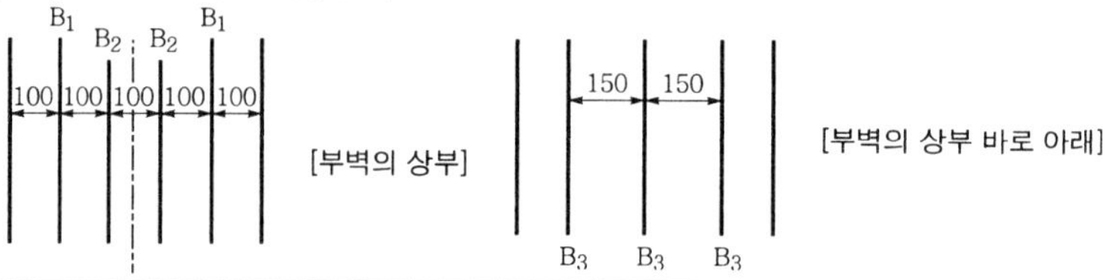

④ 철근물량표

기 호	직 경	길이(mm)	수 량	총 길이(mm)	기 호	직 경	길이(mm)	수 량	총 길이(mm)
W_1	D 13	7300	26	189,800	B_1	D 25	8400	2	16,800
H	D 16	1520	13	19,760	S_1	D 13	355	10	3550
H_1	D 16	4141	19	78,679					

정답·해설 22

① 액성한계　　② 소성한계　　③ 수축한계

정답·해설 23

(1) 펌프준설선(pump dredger)　　(2) 쇄암 준설선(rock cutter dredger)
(3) 디퍼준설선(dipper dredger)　　(4) 버킷준설선(bucket dredger)

정답·해설 24

① 캔틸레버공법(FCM 공법)　　② 이동동바리공법(MSS 공법)
③ 압출공법(ILM 공법)　　④ PSM공법

토목기사 실기

기출 문제

2018

2018년도 기출문제

▶ 1차 : 2018. 04. 15
▶ 2차 : 2018. 06. 30
▶ 3차 : 2018. 10. 07

알림 ···· 아래의 문제는 독자들의 출제경향에 이해가 되도록 수험생들의 기억에 의해 복원된 문제로 일부 문제는 다를 수가 있으므로 착오 없으시길 바랍니다.

과/년/도/기/출/문/제 2018년도 1차(04.15 시행)

문제 01

그림과 같은 말뚝 하단의 활동면에 대한 히빙(heaving) 현상에 대한 안전율을 구하시오.

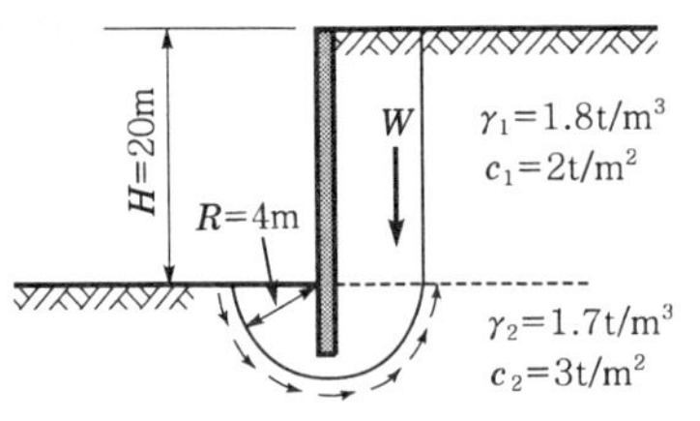

배점 3

답 · 풀이

문제 02

한중콘크리트 시공에서 비볐을 때의 콘크리트의 온도는 기상조건, 운반시간 등을 고려하여 타설할 때 소요의 콘크리트 온도가 얻어지도록 해야 한다. 비볐을 때의 콘크리트 온도 및 주위 기온이 아래 표와 같을 때 타설이 끝났을 때의 콘크리트 온도를 계산하시오.

- 비볐을 때의 콘크리트 온도 : 25℃
- 주위 온도 : 3℃
- 비빈 후부터 타설이 끝났을 때까지의 시간 : 1시간 30분

배점 3

답 · 풀이

문제 03

다음 그림과 같은 사면에서 AC는 가상파괴면을 나타낸다. 쐐기 ABC의 활동에 대한 안전율은 얼마인가?

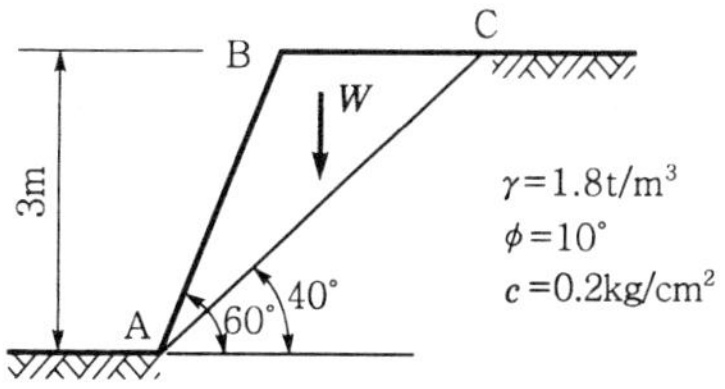

배점 3

답 · 풀이

문제 04

현장타설 말뚝은 콘크리트를 칠 때 공저에 슬라임(slime)이 퇴적되어 있으면 침하원인이 되고 말뚝으로서 기능이 현저하게 저하한다. 이같은 슬라임을 제거하기 위한 방법을 3가지만 기술하시오.

배점 3

답 · 풀이

문제 05

방파제(防波堤, break water)란 외곽시설(外郭施設)로 항내정온을 유지하고 선박의 항행을 원활히 하기 위해 축조된 항만구조물이다. 방파제의 구조형식에 따른 종류를 3가지만 쓰시오.

배점 3

답 · 풀이

문제 06

연약지반 개량을 위한 sand drain 공법에서 sand pile 타입방법을 3가지만 쓰시오.

배점 3

답 · 풀이

문제 07

주어진 도면 및 조건에 따라 다음 물량을 산출하시오. (단, 주어진 도면의 치수는 축척에 맞지 않을 수 있으며, 주어진 치수로만 물량을 산출할 것)

배점 18

단 면 도

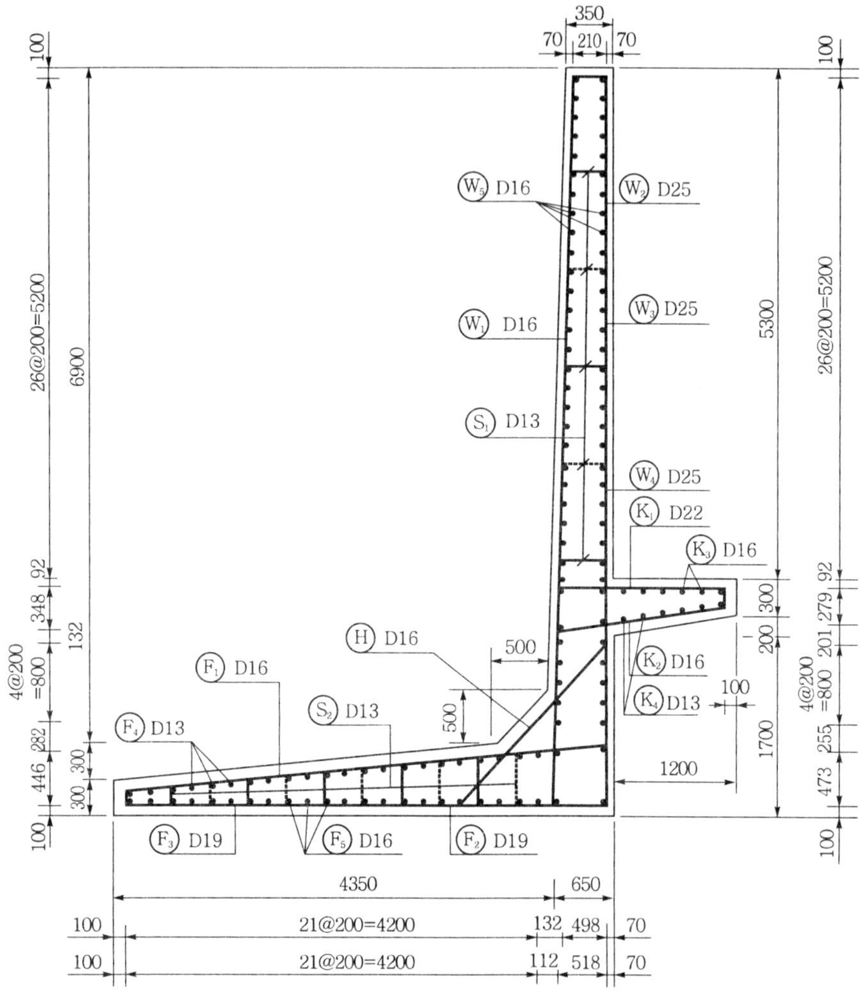

일 반 도

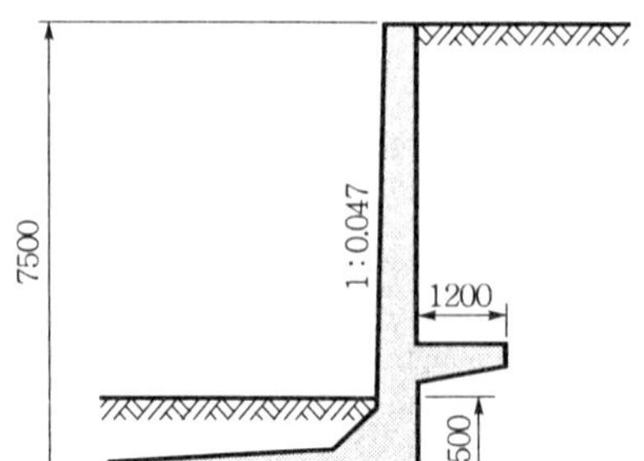

철근 상세도

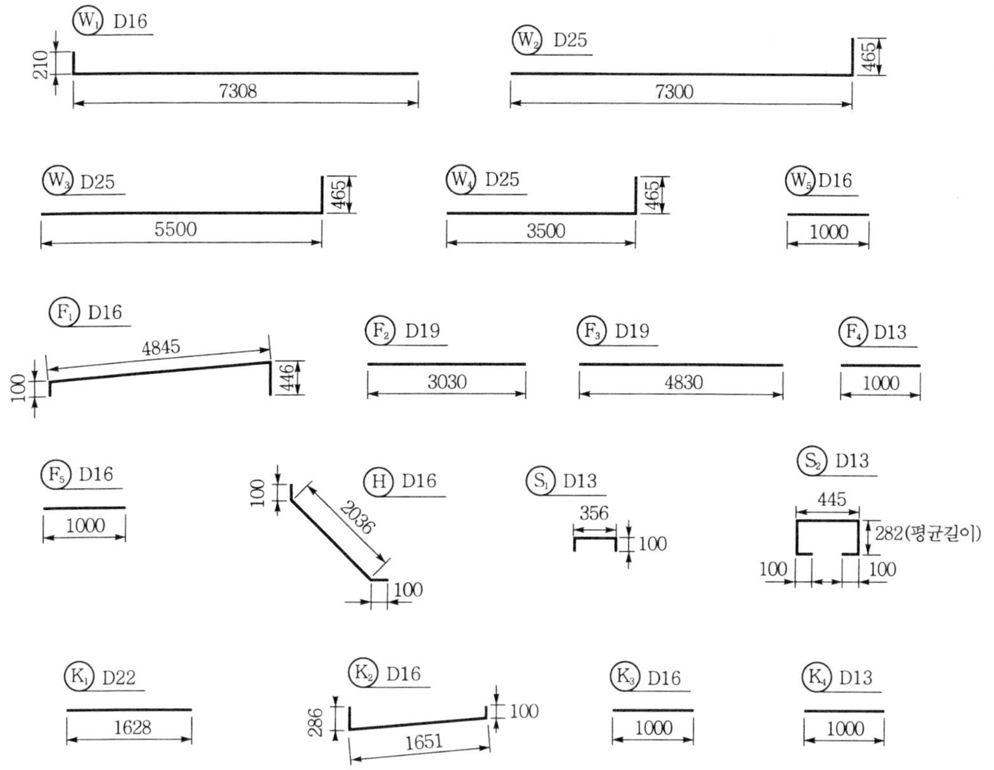

조건

① W_1, W_4, H, K_1, K_2, K_3, K_4, F_1, F_2, F_3 철근은 각각 200mm 간격으로 배근한다.

② W_2, W_3 철근은 각각 400mm 간격으로 배근한다.

③ S_1, S_2 철근은 건너서(지그재그) 배근한다.

④ 물량산출에서의 할증률 및 양측 마구리면과 상면 노출부는 무시한다.

⑤ 철근길이 계산에서 상세도에 표시되어 있지 않은 이음길이는 계산하지 않는다.

(1) 길이 1m에 대한 콘크리트량을 구하시오. (단, 소수 4째자리에서 반올림하시오.)

(2) 길이 1m에 대한 거푸집량을 구하시오. (단, 소수 4째자리에서 반올림하시오.)

(3) 길이 1m에 대한 철근 물량표를 완성하시오. (단, mm 단위 이하는 반올림하여 mm까지 구함.)

기 호	직 경	길이(mm)	수 량	총 길이(mm)	기 호	직 경	길이(mm)	수 량	총 길이(mm)
W_2					F_4				
W_5					S_1				
H					S_2				

답 · 풀이

문제 08

어느 작업의 정상소요일수는 15일이며, 가장 빨리 끝낼 경우 12일이 소요되고, 아무리 늦어도 20일 이내에는 끝낼 수 있다. 이 작업이 기대되는 소요일수를 계산하고, 이때의 분산을 구하시오.

배점 4

답 · 풀이

문제 09

콘크리트를 거푸집에 타설한 후부터 응결이 종결될 때까지에 발생하는 균열을 일반적으로 초기균열이라고 한다. 초기균열은 그 원인에 의하여 크게 나눌 수 있다. 3가지만 쓰시오.

배점 3

답 · 풀이

문제 10

탄성파 속도가 1,100m/s인 사암으로 된 수평한 지반을 1개의 리퍼날이 부착된 21t급의 불도저(q_0 = 3.3m^3)로 리핑하면서 작업을 할 때 1시간당 작업량을 본바닥토량으로 구하시오. (단, 소수 셋째 자리에서 반올림하시오.)

배점 3

조건

- 1개 날의 1회 리핑 단면적 : 0.14m^2
- 리퍼의 작업효율 : 0.9
- 작업거리 : 40m
- 불도저의 작업효율 : 0.4
- 불도저의 구배계수 : 0.90
- 토량변화율 : L=1.6, C=1.1
- 리퍼의 사이클 타임 : $C_m = 0.05l + 0.33$
- 불도저의 사이클 타임 : $C_m = 0.037l + 0.25$

답 · 풀이

문제 11

공기케이스 공법과 비교하였을 때 오픈케이스 공법의 시공상 단점을 3가지만 쓰시오.

배점 3

답 · 풀이

문제 12

터널에 사용하고 있는 록 볼트(rock bolt) 인발시험의 목적에 대하여 3가지만 쓰시오.

배점 3

답 · 풀이

문제 13

다음 데이터를 이용하여 normal time 네트워크 공정표를 작성하고 공기를 3일 단축할 때 최소의 추가공사비를 산출하시오. (단, ① Net Work 공정표 작성은 화살표 Net Work로 한다. ② 주공정선(critical paht)는 굵은선 또는 이중선으로 한다. ③ 각 결합점에는 다음과 같이 표시한다.)

배점 10

작업명 (activity)	정상비용		특급비용	
	공기(일)	공비(원)	공기(일)	공비(원)
A(0→1)	3	20,000	2	26,000
B(0→2)	7	40,000	5	50,000
C(1→2)	5	45,000	3	59,000
D(1→4)	8	50,000	7	60,000
E(2→3)	5	35,000	4	44,000
F(2→4)	4	15,000	3	20,000
G(3→5)	3	15,000	3	15,000
H(4→5)	7	60,000	7	60,000
계		280,000		334,000

(1) normal time 네트워크 공정표를 작성하시오.

(2) 공기를 3일간 단축할 때 최소의 추가공사비를 구하시오.

답 · 풀이

문제 14

자연함수비 12%인 흙으로 성토하고자 한다. 시방서에는 다짐한 흙의 함수비를 16%로 관리하도록 규정하였을 때 매 층마다 $1m^2$당 몇 l의 물을 살수해야 하는가? (단, 1층의 다짐두께는 20cm이고, 토량변화율은 $C=0.9$이며, 원지반상태에서 흙의 단위중량은 $1.8t/m^3$임.)

배점 3

답 · 풀이

문제 15

중력식 댐의 시공 후 관리상 내부에 설치하는 검사랑의 시공목적을 4가지만 쓰시오.

배점 3

답 · 풀이

문제 16

다음과 같은 지형에서 시공기준면의 표고를 10m로 할 때 총 토공량은 얼마인가? (단, 격자점의 숫자는 표고를 나타내며, 단위는 m이다.)

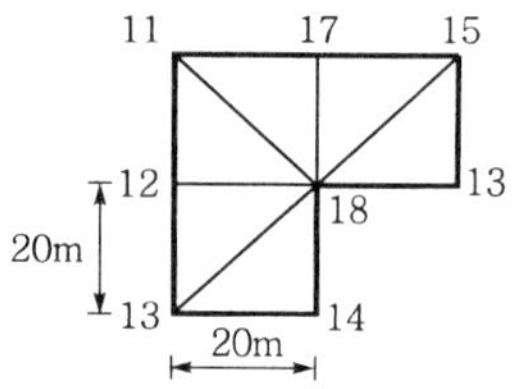

배점 3

답 · 풀이

문제 17

두께가 3m인 정규압밀 점토층에서 시료를 채취하여 압밀시험을 실시하였다. 시험결과가 다음과 같을 때 이 점토층이 압밀도 60%에 이르는 데 걸리는 시간(일)을 구하시오. (단, 배수조건은 일면배수이다.)

배점 3

조건

- 초기 상태의 유효응력(σ_0) : $0.2kg/cm^2$
- 실험 후 유효응력(σ_1) : $0.4kg/cm^2$
- 시험점토의 투수계수(k) : 3.0×10^{-7}cm/sec
- 60% 압밀 시 시간계수(T_v) : 0.287
- 초기 간극비(e_0) : 1.2
- 실험 후 간극비(e_1) : 0.97

답 · 풀이

문제 18

다음 콘크리트의 시방배합을 현장배합으로 환산하여 이때의 단위수량을 구하시오.

배점 3

[시방배합]
- 단위 수량 : $200kg/m^3$
- 단위시멘트량 : $400kg/m^3$
- 잔골재량 : $800kg/m^3$
- 굵은골재량 : $1,500kg/m^3$
- 잔골재의 표면수량 : 5%
- 굵은골재의 표면수량 : 1%
- 잔골재의 No 4(5mm)체 잔류량 : 4%
- 굵은골재의 No 4(5mm)체 통과량 : 5%

답 · 풀이

문제 19

3m×3m 크기의 정사각형 기초를 내부 마찰각 $\phi=20°$, 점착력 $c=1.2t/m^2$인 지반에 설치하였다. 흙의 단위중량 $\gamma=1.8t/m^3$이며, 기초의 근입깊이는 5m이다. 지하수위가 지표면에서 7m 깊이에 있을 때의 극한지지력을 Terzaghi 공식으로 구하시오. (단, 지지력계수 $N_c=17.7$, $N_q=7.4$, $N_r=5$이고, 흙의 포화단위중량은 $2.0t/m^3$이다.)

배점 3

답 · 풀이

문제 20

흙의 노상재료 분류법으로서 흙의 성질을 숫자로 나타낸 것을 군지수(group index)라고 한다. 이러한 군지수를 구할 때 필요로 하는 지배요소 3가지를 쓰시오.

배점 3

답 · 풀이

문제 21

높은 교각이나 사일로, 수조 등의 공사에 사용되는 특수 거푸집으로 시공속도가 빠르고 이음이 없는 수밀성의 콘크리트 구조물을 만들 수 있는 대표적 특수 거푸집공법 3가지만 쓰시오.

배점 3

답 · 풀이

문제 22

양면배수인 점토층의 두께 5m, 간극비 1.4, 액성한계 50%인 점토층 위의 유효상재 압력이 10t/m^2에서 14t/m^2로 증가할 때 침하량은 얼마인가?

배점 3

답·풀이

문제 23

아래의 표에서 설명하는 사면보호공법의 명칭을 쓰시오.

사면의 활동토체를 관통하여 부동지반까지 말뚝을 일렬로 시공함으로써 사면의 활동하중을 말뚝의 수평저항으로 받아 부동지반에 전달시키는 공법이다.

배점 2

답·풀이

문제 24

흙의 다짐의 정의와 다짐의 목적에 대하여 쓰시오.

(1) 흙의 다짐의 정의 :

(2) 흙의 다짐의 목적 :

배점 6

답·풀이

문제 25

지진 발생 시 교량의 안정에 대하여 지진 보호장치 3가지만 쓰시오.

배점 3

답·풀이

과/년/도/기/출/문/제 2018년도 2차(06.30 시행)

문제 01

터널보강을 위한 숏크리트(shotcrete) 타설 시 건식방법 특징 3가지만 쓰시오.

배점 3

답 · 풀이

문제 02

공정관리 기법 중 기성고 공정곡선의 장점 3가지만 쓰시오.

배점 3

답 · 풀이

문제 03

1.5m×1.5m의 정사각형 독립확대기초가 $c=1\text{t/m}^2$, $\gamma=1.9\text{t/m}^3$인 지반에 설치되어 있다. 기초의 깊이는 지표면 아래 1m에 있고 지하수위에 대한 영향이 없을 때 얕은 기초의 극한지지력을 Terzaghi의 방법을 구하시오. (단, 국부전단파괴가 발생하는 지반이며, $N_c=12$, $N_q=4$, $N_r=2$ 이다.)

배점 3

답 · 풀이

문제 04

구획정리를 위한 측량결과값이 그림과 같은 경우 계획고 10.00m로 하기 위한 토량은? (단위 : m)

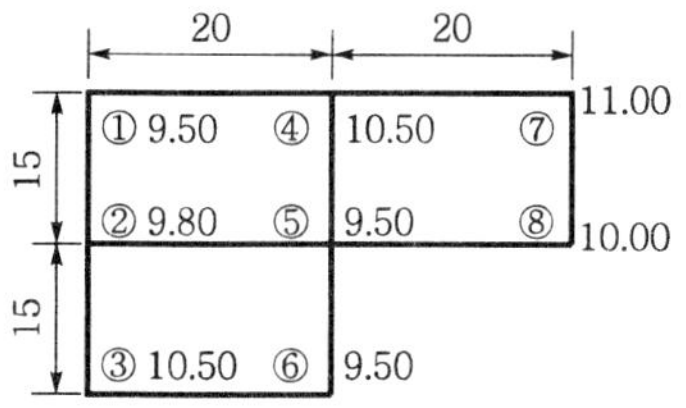

배점 3

답 · 풀이

문제 05

가체절공(coffer dam)의 종류를 3가지 쓰시오.

배점 3

답 · 풀이

문제 06

어느 토목공사의 공정에 있어서 낙관치 7일, 정상치 10일, 비관치 19일일 때 기대치를 계산하시오.

배점 4

답 · 풀이

문제 07

다음과 같은 높이 7m인 토류벽이 있다. 토류벽 배면 지반은 포화된 점성토 지반 위에 사질토 지반을 형성하고 있다. 이때 표류벽에 가해지는 전 주동토압을 구하시오. (단, 지하수위는 점성토 지반 상부에 위치하며, 벽마찰각은 무시한다.)

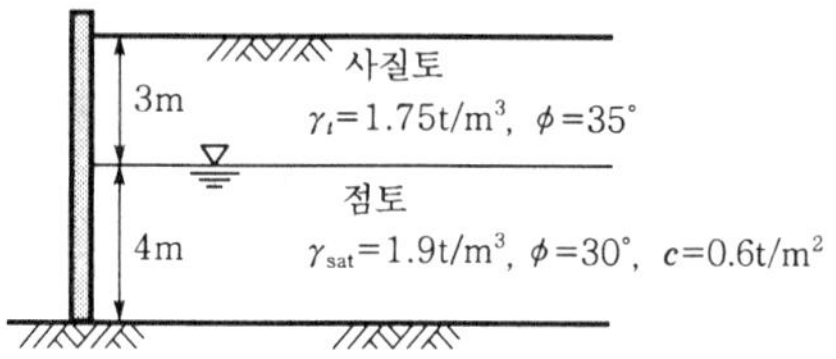

배점 3

답 · 풀이

문제 08

다음과 같이 배치된 말뚝 A, B에 작용하는 하중을 검토(계산)하시오. (단, 말뚝의 부마찰력, 군항의 효과, 기초와 흙과의 사이에 작용하는 토압은 무시한다.)

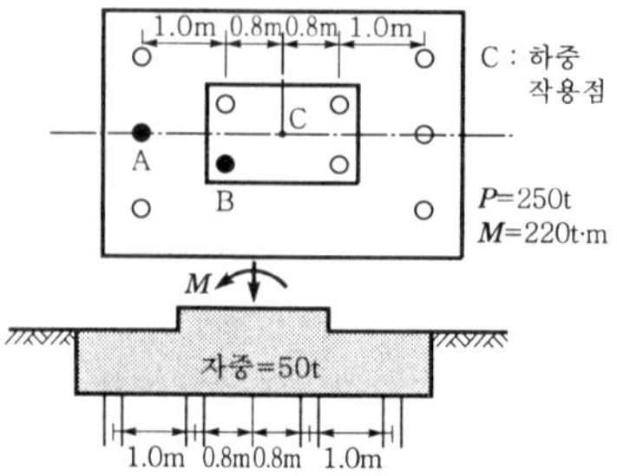

배점 4

답 · 풀이

문제 09

연약지반 처리공법 중 sand drain 공법의 sand mat의 역할 3가지를 쓰시오.

배점 3

답 · 풀이

문제 10

아래 그림과 같은 지층 위에 성토로 인한 $5.0t/m^2$의 등분포하중이 작용할 때 다음 물음에 답하시오. (단, 점토층은 정규압밀점토이며, W_L은 액성한계이다.)

배점 6

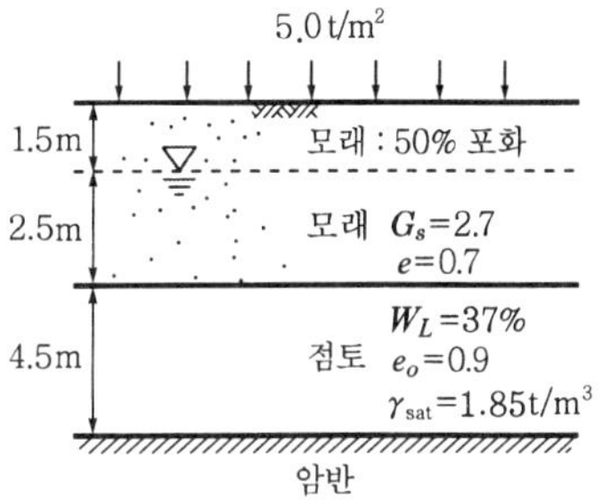

(1) 점토층 중앙의 초기 유효연직압력을 구하시오.
(2) 점토층에 발생하는 압밀침하량을 구하시오.

답 · 풀이

문제 11

콘크리트의 경화나 강도 발현을 촉진하기 위해 실시하는 양생을 촉진양생이라고 한다. 이러한 촉진양생방법의 종류를 3가지만 쓰시오.

배점 3

답 · 풀이

문제 12

직경 30cm 평판재하시험에서 작용압력이 $20t/m^2$일 때 침하량이 15mm라면, 직경 1.5m의 실제기초에 $20t/m^2$의 압력이 작용할 때 사질토지반에서의 침하량의 크기는 얼마인가?

배점 3

답 · 풀이

문제 13

터널굴착 시 여굴 발생원인을 3가지만 쓰시오.

배점 3

답 · 풀이

문제 14

주어진 도면 및 조건에 따라 다음 물량을 산출하시오. (단, 주어진 도면의 치수는 축척에 맞지 않을 수 있으며, 주어진 치수로만 물량을 산출할 것)

배점 18

단면도(N.S)

(단위 : mm)

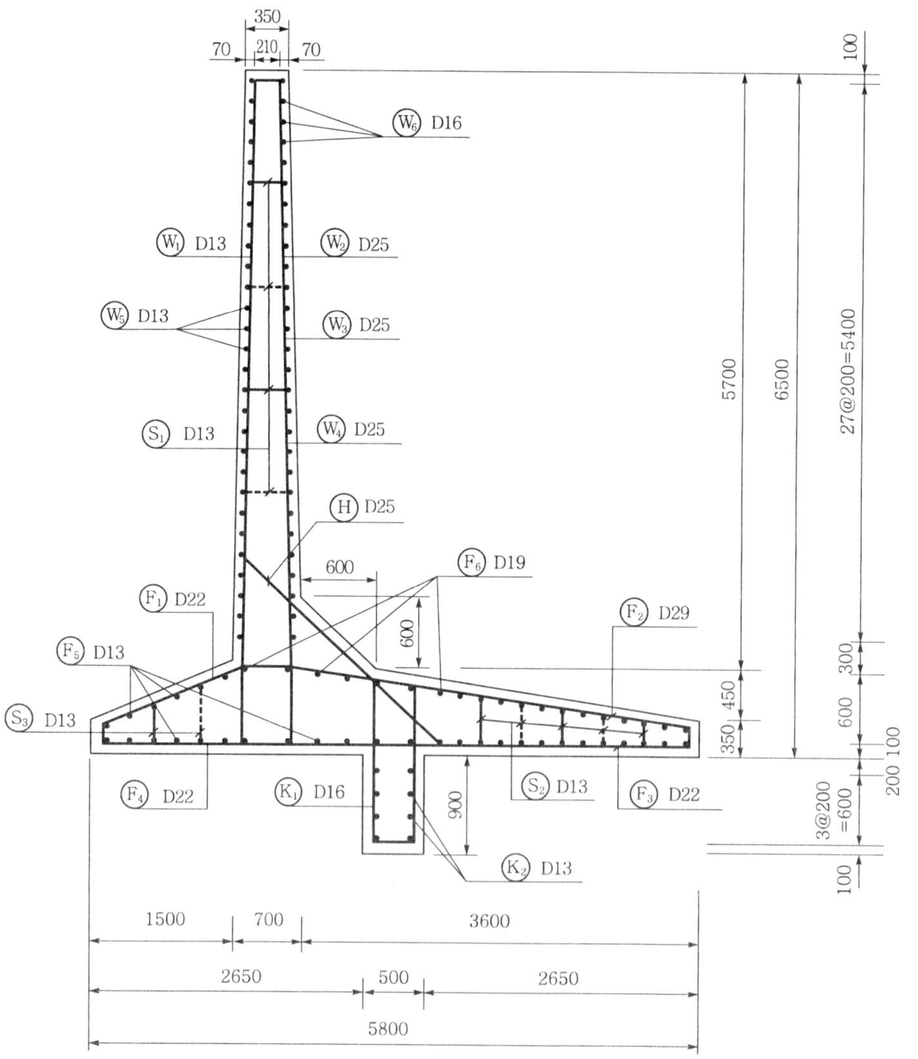

일 반 도

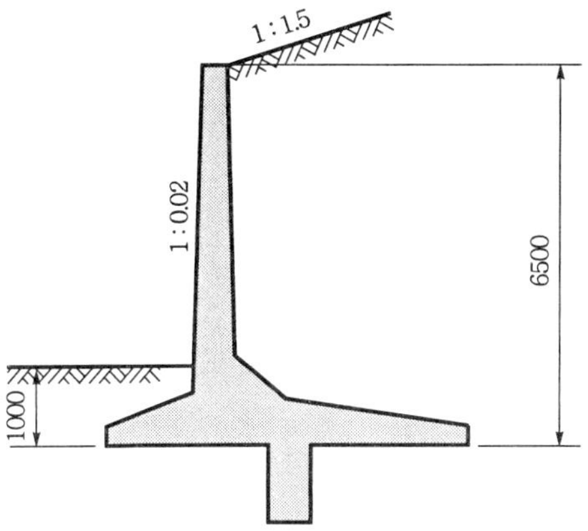

철근 상세도

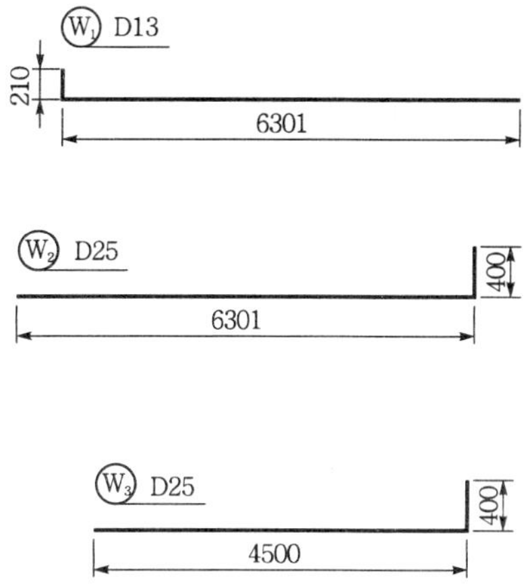

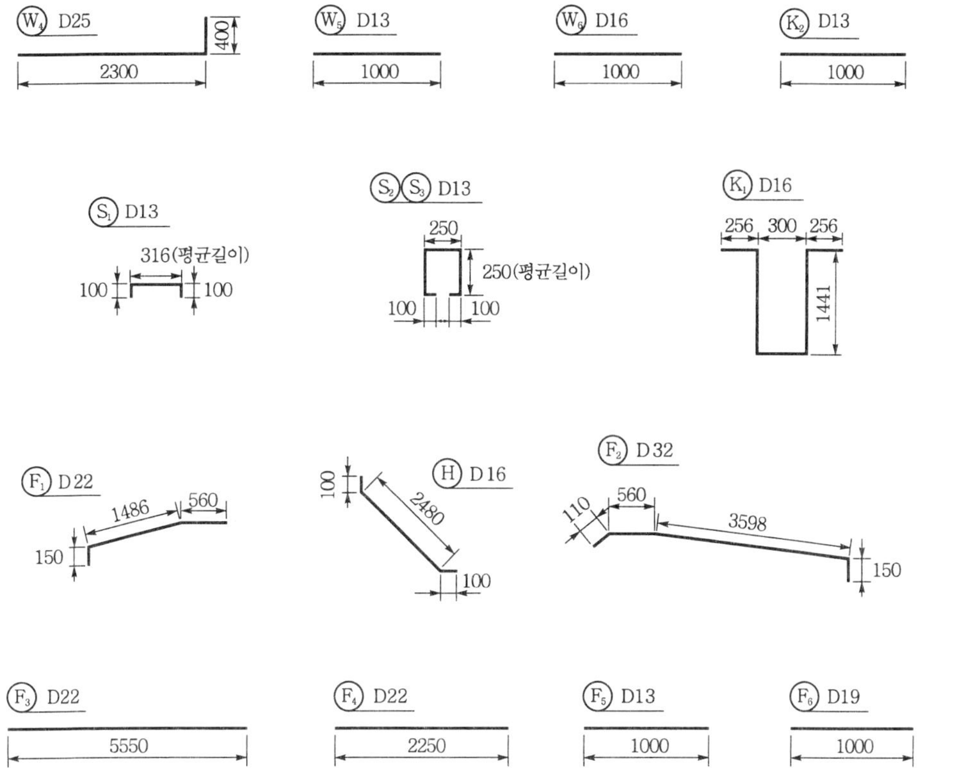

조건

① W_1, W_2, W_3, W_4, W_5, W_6, F_1, F_3, F_4, K_2 철근은 각각 200mm 간격으로 배근한다.

② F_2, K_1, H 철근은 각각 100mm 간격으로 배근한다.

③ S_1, S_2, S_3 철근은 지그재그로 배근한다.

④ 옹벽의 돌출부(전단 key)에는 거푸집을 사용하는 경우로 계산한다.

⑤ 물량산출에서 할증률 및 마구리는 없는 것으로 하고 상세도에 표시되어 있지 않은 이음길이는 계산하지 않는다.

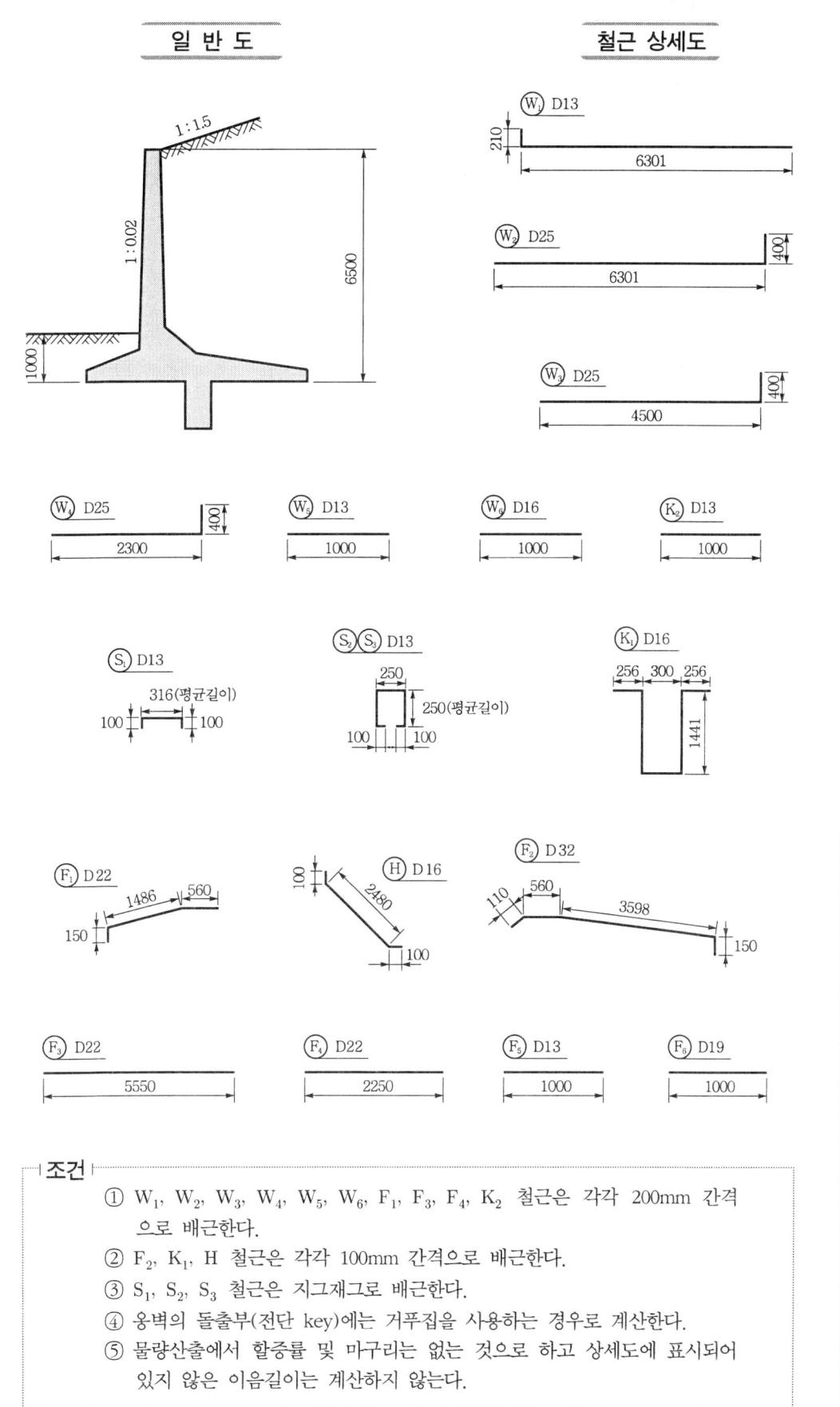

(1) 길이 1m에 대한 콘크리트량을 구하시오. (단, 소수 4째자리에서 반올림)
(2) 길이 1m에 대한 거푸집량을 구하시오. (단, 소수 4째자리에서 반올림)
(3) 길이 1m에 대한 철근 물량표를 완성하시오. (단, mm단위 이하는 반올림하여 mm까지 구함.)

기 호	직 경	길 이(mm)	수 량	총 길이 (mm)	기 호	직 경	길 이(mm)	수 량	총 길이 (mm)
W_1					F_5				
F_1					S_2				

답 · 풀이

문제 **15**

폭이 3m×3m인 기초가 있다. 점착력은 3t/m^{2}이고, 흙의 단위중량이 1.9t/m^3, 내부마찰각 $\phi=20°$, 안전율이 3일 때 기초의 허용하중을 구하시오. (단, 기초의 근입깊이는 1m이고 전반전단파괴가 발생하며, $N_r=5$, $N_c=18$, $N_q=7.5$이고 흙은 균질이다.)

배점 3

답 · 풀이

문제 **16**

자연함수비 12%인 흙으로 성토하고자 한다. 시방서에는 다짐한 흙의 함수비를 16%로 관리하도록 규정하였을 때 매 층마다 1m^{2}당 몇 l의 물을 살수해야 하는가? (단, 1층의 다짐두께는 20cm이고, 토량변화율은 $C=0.9$이며, 원지반상태에서 흙의 단위중량은 1.8t/m^{3}임.)

배점 3

답 · 풀이

문제 **17**

PSC교량에 사용되는 PS강재의 정착방법 중에서 가장 보편적으로 쓰이는 정착방식들은 정착장치의 형식에 따라 3가지로 분류할 수 있다. 그 3가지를 쓰시오.

배점 3

답 · 풀이

문제 18

배점 10

다음의 작업 list가 있다. 물음에 답하시오.

작업명	선행작업	후속작업	표준		특급	
			일 수	직접비(만 원)	일 수	직접비(만 원)
A	–	B, C	6	210	5	240
B	A	D, E	4	450	2	630
C	A	F, G	4	160	3	200
D	B	G	3	300	2	370
E	B	H	2	600	2	600
F	C	I	7	240	5	340
G	C, D	I	5	100	3	120
H	E	I	4	130	2	170
I	F, G, H	–	2	250	1	350

(1) Net Work(화살선도)를 작도하시오.

(2) 표준일수에 대한 CP를 찾으시오.

(3) 다음의 작업 list 빈 칸을 채우시오.

작업명	공비증가율 (만 원/일)	개시		완료		여유시간		
		EST	LST	EFT	LFT	TF	FF	DF
A								
B								
C								
D								
E								
F								
G								
H								
I								

(4) 총 공기에 대한 간접비가 2천만 원인데 표준일수를 단축하는 경우 1일당 80만 원씩 감소한다고 할 때 최적공기와 그때의 총 공비를 구하시오.

답 · 풀이

문제 19

배점 3

말뚝의 지지력을 산정하는 방법을 3가지만 쓰시오.

답 · 풀이

문제 20

배점 3

다음과 같은 점토지반에 직경이 10m, 자중이 4000t인 물탱크가 설치되어 있다. 극한지지력에 대한 안전율(F_s)이 3일 때 최대로 채울 수 있는 물의 높이는 얼마인가? (단, N_c=5.14)

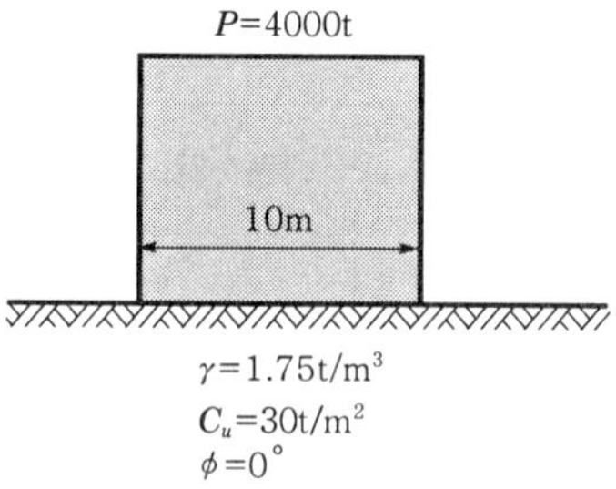

답 · 풀이

문제 21

배점 3

팽창성 지반에 기초를 건설할 때 공사방법으로 흙을 치환하는 것과 팽창성 흙의 성질을 변화시키는 두 방법을 생각할 수 있다. 그 중 후자의 방법에 대해서 4가지만 쓰시오.

답 · 풀이

문제 22

배점 4

콘크리트의 설계기준 압축강도는 28MPa이고, 23회의 압축강도시험으로부터 구한 표준편차가 4MPa이다. 아래 표를 참고하여 이 콘크리트의 배합강도를 구하시오.

[시험횟수가 29회 이하일 때 표준편차의 보정계수]

시험횟수	표준편차의 보정계수	비 고
15	1.16	이 표에 명시되지 않은 시험횟수에 대해서는 직선보간 한다.
20	1.08	
25	1.03	
30 또는 그 이상	1.00	

답 · 풀이

문제 23

배점 3

흐트러진 상태의 $L=1.15$, 단위중량이 $1.7t/m^3$인 토사를 싣기는 $1.34m^3$의 payloader 1대를 사용하고 운반은 8t 덤프트럭을 사용하여 운반로 10km인 공사현장까지 운반하고자 한다. 이때, 조합토공에 있어서 덤프트럭의 소요대수를 구하시오. (단, payloader 사이클 타임(C_m)=44.4초, 버킷계수(K)=1.15, 작업효율(E_s)=0.7이고, 덤프트럭의 적재 시 주행속도 : 15km/h, 공차 시 주행속도 : 20km/h, $t_1=0.5$분, $t_2=0.4$분, 작업효율(E_t)=0.9이다.)

답 · 풀이

문제 24

배점 3

어떤 도저(dozer)가 폭 3.58m의 철제 블레이드(blade)를 달고 속도 5.9km/h의 3단 기어로 작업하고 있다. 이때 블레이드의 효율이 72%라면 폭 7.74m, 길이 100m의 면적에서 제거작업을 할 경우, 필요한 작업시간은 얼마인가? (단, 분(分)으로 풀이하여 소수 2째자리에서 반올림하시오.)

답 · 풀이

문제 01

배점 3

그림에서와 같이 강널말뚝(steel sheet pile)으로 지지된 모래지반의 굴착에서 지하수의 분출로 인하여 예상되는 파이핑(piping)에 대한 안전율을 계산하시오. (단, 모래층의 포화단위중량은 1.7t/m^{3}이고, 입자의 비중은 2.65임.)

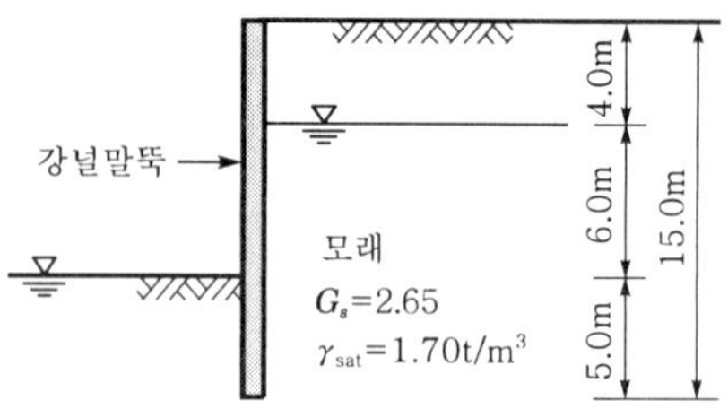

답 · 풀이

문제 02

배점 3

다음 지반조건으로 지반굴착을 할 경우 이에 설치한 지반앵커(ground anchor)의 정착장(L)을 구하시오. (단, 안전율은 1.5 적용)

조건

- 앵커반력 : 25t
- 정착부의 주면마찰저항 : 2kg/cm^2
- 천공직경 : 10cm
- 설치각도 : 수평과 30°
- H-pile 설치간격(앵커 설치간격) : 1.5m

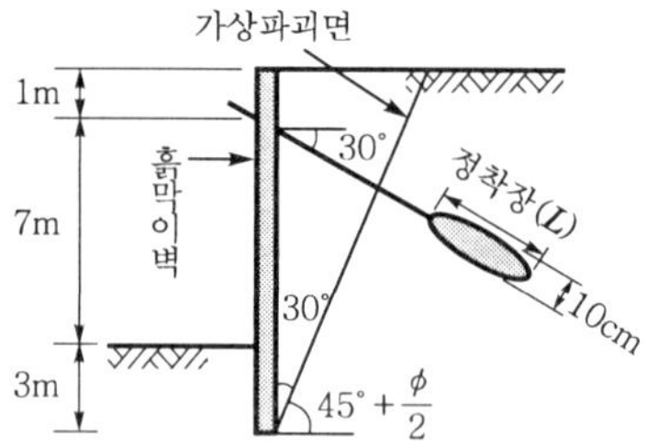

답 · 풀이

문제 03

배점 3

도로 곡선부의 평면선형을 설계함에 있어서 곡선반경이 710m, 설계속도가 120km/hr일 때의 최소 편구배를 계산하시오. (단, 타이어와 노면의 횡방향 미끄럼 마찰계수는 0.10임.)

답 · 풀이

문제 04 **배점 3**

아스팔트 포장에 실 코트(seal coat)를 하는 목적을 3가지만 쓰시오.

답 · 풀이

문제 05 **배점 3**

한 사질토사면의 경사가 26°로 측정되었다. 지표면으로부터 5m 깊이에 암반층이 존재하며, 사면 흙을 채취하여 토질시험을 한 결과 $c'=0$, $\phi=42°$, $\gamma_{sat}=1.9\text{t/m}^3$였다. 갑자기 폭우가 쏟아져 지하수위가 지표면과 일치한 상태에서 침투가 발생한다면 이때 사면의 안전율은 얼마인가?

답 · 풀이

문제 06 **배점 3**

다음 그림과 같이 연직하중과 모멘트를 받는 구형 기초의 극한하중과 안전율을 Terzaghi 공식을 이용하여 구하시오. (단, $N_c=37.2$, $N_q=22.5$, $N_r=19.7$이다.)

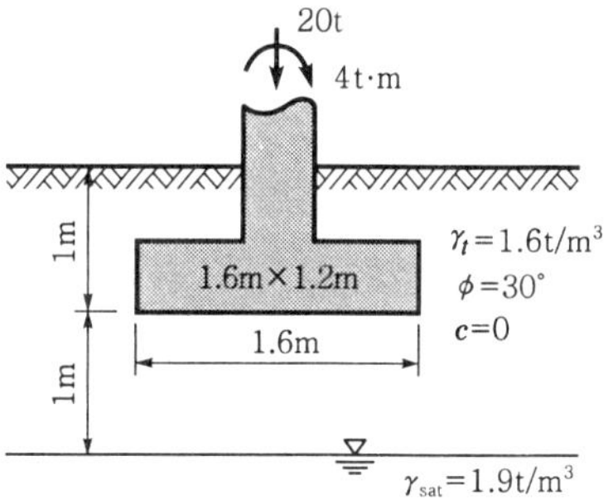

답 · 풀이

문제 07 **배점 3**

연약점토층의 두께가 10m인 현장 지반에서 시료를 채취하여 압밀시험을 실시하였다. 이때 압밀시험한 결과 하중강도가 2.4kg/cm^2에서 3.6kg/cm^2으로 증가할 때, 간극비는 1.8에서 1.2로 감소하였다. 이 지반 위에 단위중량 2.0t/m^3인 성토재를 5m 성토할 때 최종 침하량을 구하시오. (단, 원지반의 간극비(e_o)는 2.2이다.)

답 · 풀이

문제 08

배점 3

다음 ( ) 안에 알맞은 말을 넣으시오.

> 댐 공사 시 기초암반의 비교적 얇은 부분의 절리를 충전시켜 댐 기초의 변형을 억제하고, 지지력을 증가시키기 위해 기초전반에 걸쳐 격자형으로 그라우팅을 하는데 이것을 (①)이라고 하며, 기초암반의 지수성을 높여서 시공 중 침수에 의한 공사의 지연을 막기 위한 그라우팅을 (②)이라고 한다.

답 · 풀이

문제 09

배점 8

콘크리트 배합강도를 구하기 위한 전체 시험횟수 16회의 콘크리트 압축강도의 측정결과가 아래 표와 같고 설계기준강도가 40MPa일 때 아래의 물음에 답하시오.

[압축강도 추정결과(단위 : MPa)]

44	40	45	48	37	36	45	40
35	47	42	40	46	36	35	40

(1) 위 표를 보고 압축강도의 평균값을 구하시오.

(2) 압축강도 측정결과 및 아래의 표를 이용하여 배합강도를 구하기 위한 표준편차를 구하시오.

[시험횟수가 29회 이하일 때 표준편차의 보정계수]

시험횟수	표준편차의 보정계수	비 고
15	1.16	이 표에 명시되지 않은 시험횟수에 대해서는 직선보간 한다.
20	1.08	
25	1.03	
30 또는 그 이상	1.00	

(3) f_{ck}=40MPa일 때 배합강도를 구하시오.

답 · 풀이

문제 10

배점 3

모래지반에서 지하수위 이하를 굴착할 때 흙막이공의 기초깊이에 비해서 배면의 수위가 너무 높으면 굴착저면의 모래입자가 지하수와 더불어 분출하여 굴착저면이 마치 물이 끓는 상태와 같이 되는 현상을 보일링 또는 퀵샌드(quick sand)라 하는데 이러한 보일링 현상을 방지하기 위한 대책 3가지를 쓰시오.

답 · 풀이

문제 11

배점 10

다음의 작업 리스트를 이용하여 다음 물음에 답하시오. (단, 표준일수에 대한 간접비가 60만 원이고, 1일 단축 시 5만 원씩 감소하며, 표준일수에 대한 직접비는 60만 원이다.)

작업명	선행작업	후속작업	표준일수	특급일수	1일 단축하는 데 필요한 직접비용 증가액(만 원/일)
A	–	B, C	5	2	6
B	A	E	4	2	4
C	A	F	6	4	7
D	–	G	5	4	5
E	B	H	6	3	8
F	C	–	4	3	5
G	D	H	7	5	8
H	E, G	–	5	3	9

(1) Net Work(화살선도)를 작도하고 표준일수에 대한 CP를 구하시오.
(2) 최적공기와 그 때의 총 공사비를 구하시오.

답 · 풀이

문제 12

배점 3

중력식 댐의 시공 후 관리상 내부에 설치하는 검사랑의 시공목적을 4가지만 쓰시오.

답 · 풀이

문제 13

아래 그림과 같은 옹벽에서 인장균열이 발생한 후의 옹벽에 작용하는 전체 주동토압을 구하시오. (단, 인장균열 위의 토압은 무시하고 상재하중으로 고려하여 계산하시오.)

배점 3

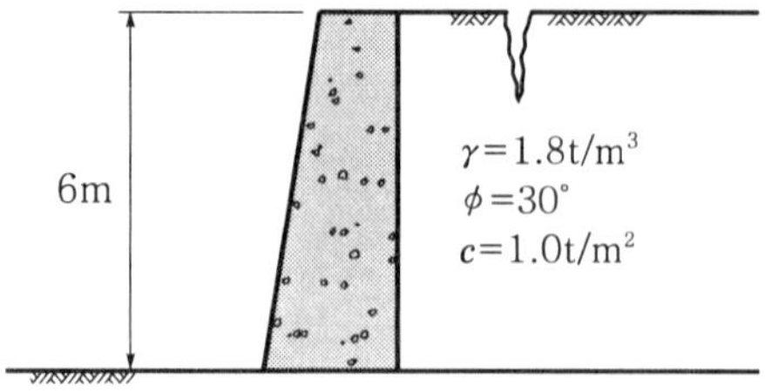

답 · 풀이

문제 14

연약지반상에 교대를 설치하면 측방으로 이동하여 성토체가 침하함은 물론 수평변위가 생겨 포장파손 등 문제점을 유발한다. 이같은 측방유동을 최소화시킬 수 있는 방안을 3가지만 기술하시오.

배점 3

답 · 풀이

문제 15

그림과 같은 지형에서 절·성토량이 균형을 이루는 지반고를 구하시오. (단, 토량변화율은 무시하고, 격자점의 숫자는 지반고를 나타내며 단위는 m이다.)

배점 3

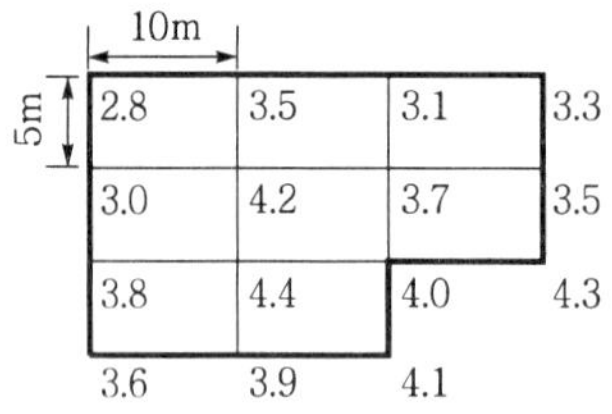

답 · 풀이

문제 16

배점 8

다음 2연 암거의 물량을 산출하시오. (단위 : mm)

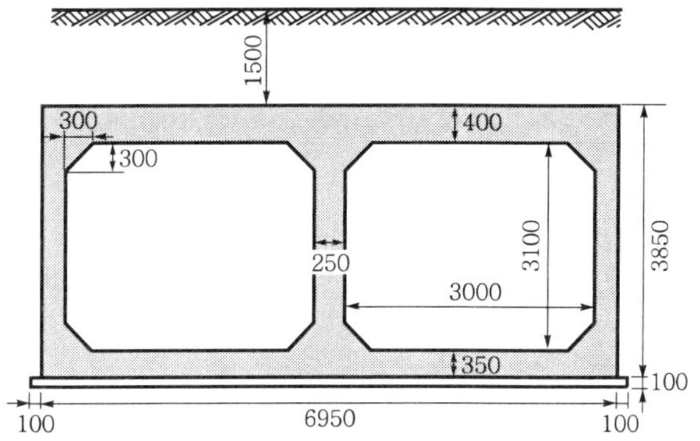

(1) 2연 암거의 1m 길이에 대한 콘크리트량을 산출하시오. (단, 기초의 콘크리트량도 고려하며 소수점 4째자리에서 반올림하시오.)
(2) 2연 암거의 1m 길이에 대한 거푸집량을 산출하시오. (단, 기초의 거푸집량도 고려하고, 마구리면은 고려하지 않으며, 소수점 4째자리에서 반올림하시오.)
(3) 2연 암거의 1m 길이에 대한 터파기량을 산출하시오. (터파기의 여유폭은 0.6m로 하고, 구배는 1 : 0.5로 하며 소수점 4째자리에서 반올림하시오.)

답 · 풀이

문제 17

배점 3

PS 콘크리트 장대교 건설공법 중 동바리를 사용하지 않는 현장타설공법의 종류 3가지를 쓰시오.

답 · 풀이

문제 18

배점 3

깊이 20m이고, 폭이 30cm인 정방형 철근 콘크리트 말뚝이 두꺼운 균질한 점토층에 박혀있다. 이 점토의 전단강도는 6.0t/m^2, 단위중량은 1.8t/m^{3}이며, 부착력은 점착력의 0.9배이나, 지하수위는 지표면과 일치한다. 극한지지력을 구하시오. (단, N_c=9, N_q=1)

답 · 풀이

문제 19

아스팔트 포장의 단점인 소성변형(rutting)에 대한 저항성이 우수한 포장공법으로 아스팔트 바인더(asphalt binder) 자체의 물성에 따른 혼합물 개념보다는 골재의 맞물림 효과를 최대로 하여 기존 밀입도 아스팔트 혼합물의 단점을 개선한 공법은?

배점 2

답 · 풀이

문제 20

연약지반 개량공법 중 강제치환공법의 단점을 3가지만 쓰시오.

배점 3

답 · 풀이

문제 21

주동말뚝은 말뚝머리에 기지(旣知)의 하중(수평력 및 모멘트)이 작용하는 반면에 수동말뚝은 어떤 원인에 의해 지반이 먼저 변형하고 그 결과 말뚝에 측방토압이 작용한다. 이러한 수동말뚝을 해석하는 방법을 3가지만 쓰시오.

배점 3

답 · 풀이

문제 22

콘크리트는 다공질 구조체로 역학적 거동이나 특성이 복잡, 다양하다. 콘크리트 균열도 그 발생원인이나 기구(mechanism)가 복잡하다. 이로 인해 발생하는 균열의 보수·보강 공법을 4가지만 기술하시오.

배점 3

답 · 풀이

문제 23

배점 3

어떤 도저가 폭 3.58m의 철제 블레이드를 달고 속도 5.9km/hr의 3단 기어로 작업하고 있다. 이때 블레이드의 효율이 72%라면 폭 30m, 길이 100m의 면적에서 제거작업을 할 경우 필요한 작업시간은 몇 분인가? (단, 후진속도는 7km/hr이다.)

답 · 풀이

문제 24

배점 6

아래 물음에 대한 콘크리트의 정의를 쓰시오.

(1) 매스 콘크리트 (2) 프리캐스트 콘크리트 (3) 빈 배합 콘크리트

답 · 풀이

문제 25

배점 6

버킷용량 $3.0m^3$의 셔블과 15t 덤프트럭을 사용하여 토공사를 하고 있다. 다음 조건에 따라 물음에 답하시오.

조건

- 흙의 단위중량 : $1.8t/m^3$
- 토량변화율(L) : 1.2
- 셔블의 버킷계수 : 1.1
- 사이클 타임 : 30초
- 셔블의 작업효율 : 0.5
- 덤프트럭의 사이클 타임 : 30분
- 30분 중 상차시간 : 2분
- 덤프트럭의 작업효율 : 0.8
- 덤프트럭 1대를 적재하는데 필요한 셔블의 사이클 횟수 : 3회

(1) 셔블의 시간당 작업량은 얼마인가?
(2) 덤프트럭의 시간당 작업량은 얼마인가?
(3) 셔블 1대당 덤프트럭의 소요대수는 얼마인가?

답 · 풀이

문제 26

배점 3

공정표의 종류 3가지를 쓰시오.

답 · 풀이

2018년도 정답 및 해설

정/답/및/해/설 2018년도 1차(04.15 시행)

정답·해설 01

① $M_d=(\gamma_1 H+q)\dfrac{R^2}{2}=(1.8\times 20+0)\times\dfrac{4^2}{2}=288\text{t}\cdot\text{m}$

② $M_r=c_1 HR+c_2\pi R^2=2\times 20\times 4+3\times\pi\times 4^2=310.8\text{t}\cdot\text{m}$

③ $F_s=\dfrac{M_r}{M_d}=\dfrac{310.8}{288}=1.08$

정답·해설 02

$T_2=T_1-0.15(T_1-T_0)t=25-0.15(25-3)\times 1.5=20.05$℃

참고

$T_2=T_1-0.15(T_1-T_0)t$

여기서, T_2 : 치기가 끝났을 때의 온도(℃)

T_1 : 비벼진 온도(℃)

T_0 : 주위의 온도(℃)

t : 비벼졌을 때부터 치기가 끝날 때까지의 시간(hr)

정답·해설 03

평면 파괴면을 가진 유한사면의 해석(Culmann 도해법)

① $W=\dfrac{1}{2}\overline{\text{BC}}\cdot H\cdot\gamma\cdot 1$

$=\dfrac{1}{2}\gamma H^2\left[\dfrac{\sin(\beta-\theta)}{\sin\beta\cdot\sin\theta}\right]$

$=\dfrac{1}{2}\times 1.8\times 3^2\times\left[\dfrac{\sin(60^\circ-40^\circ)}{\sin 60^\circ\times\sin 40^\circ}\right]=4.98\text{t}$

② $N_a=W\cos\theta=4.98\times\cos 40^\circ=3.81\text{t}$

③ $T_a=W\sin\theta=4.98\times\sin 40^\circ=3.20\text{t}$

④ $T_r=\dfrac{1}{F_s}(\overline{\text{AC}}\cdot c+N_a\tan\phi)$

$=\dfrac{1}{F_s}\left(\dfrac{3}{\sin 40^\circ}\times 2+3.81\times\tan 10^\circ\right)=\dfrac{10}{F_s}$

⑤ $T_a=T_r \qquad 3.2=\dfrac{10}{F_s} \qquad \therefore F_s=3.13$

정답·해설 04

① air lift 방법　② suction pump 방법
③ water jet 방법　④ 수중펌프방법

정답·해설 05

① 직립제　② 경사제　③ 혼성제

✎ 참고

방파제(break water)
방파제는 항내를 무풍상태로 유지하고 선박의 항행과 정박의 안전, 항내시설의 보존, 하역의 원활화를 위해 설치하는 구조물이다.

정답·해설 06

① 압축공기식 케이싱법
② water jet식 케이싱법
③ earth auger법
④ rotary boring법

정답·해설 07

(1) 길이 1m에 대한 콘크리트량

① $A_1 = \dfrac{0.35+0.65}{2} \times 6.4 = 3.2\text{m}^2$

② $A_2 = \dfrac{0.3+0.5}{2} \times 1.2 = 0.48\text{m}^2$

③ $A_3 = \dfrac{0.65+1.15}{2} \times 0.5 = 0.45\text{m}^2$

④ $A_4 = \dfrac{1.15+5}{2} \times 0.3 = 0.9225\text{m}^2$

⑤ $A_5 = 5 \times 0.3 = 1.5\text{m}^2$

⑥ 콘크리트량 $= (A_1 + A_2 + \cdots + A_5) \times 1$
$= 6.5525 \times 1 = 6.553\text{m}^3$

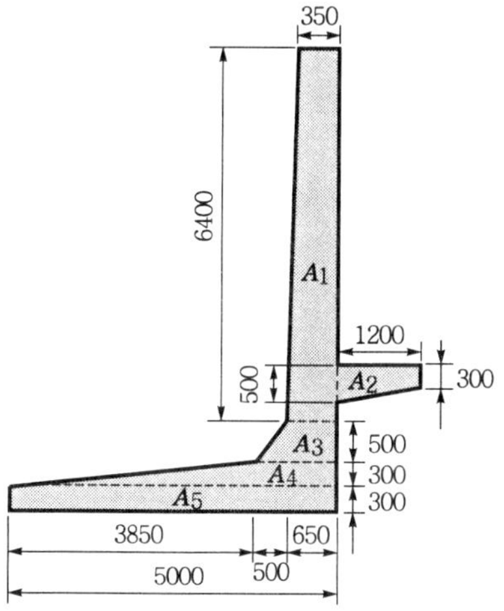

(2) 길이 1m에 대한 거푸집량

① $\overline{ab} = \sqrt{0.3^2+6.4^2} = 6.407\text{m}$

② $\overline{bc} = \sqrt{0.5^2+0.5^2} = 0.7071\text{m}$

③ $\overline{de} = 0.3\text{m}$

④ $\overline{fg} = 1.7\text{m}$

⑤ $\overline{gh} = \sqrt{1.2^2+0.2^2} = 1.2166\text{m}$

⑥ $\overline{hi} = 0.3\text{m}$

⑦ $\overline{jk} = 5.3\text{m}$

⑧ 거푸집의 길이=① + ② + …… + ⑦
=15.931m

⑨ 거푸집량=15.931×1=15.931m²

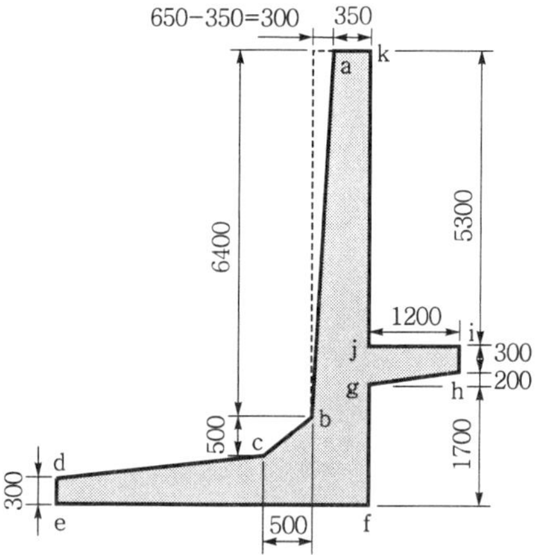

(3) 길이 1m에 대한 철근량

① 단면도상 선으로 보이는 철근(W_2, H)

• 철근개수 ⇒ $\dfrac{\text{단위길이(1m)}}{\text{철근간격}}$

기 호	직 경	본당길이(mm)	수 량	총 길이(mm)	수량 산출근거
W_2	D25	7300+465=7765	2.5	19,413	수량$=\dfrac{1}{0.4}=2.5$개
H	D16	100+2036+100=2236	5	11,180	수량$=\dfrac{1}{0.2}=5$개

✎ 참고

1) 단면도상 선으로 보이는 철근의 구분   2) 단면도상 점으로 보이는 철근의 구분

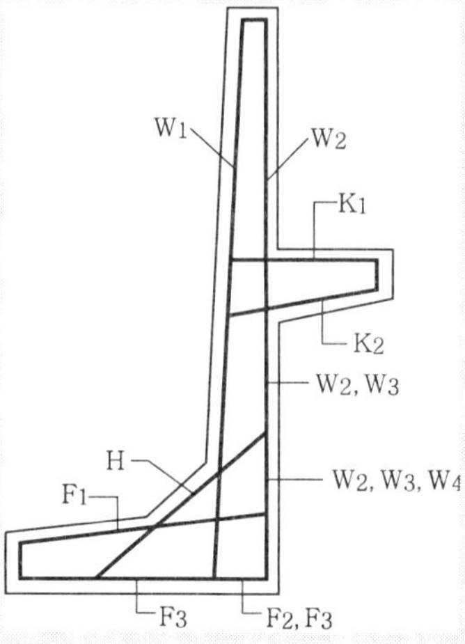

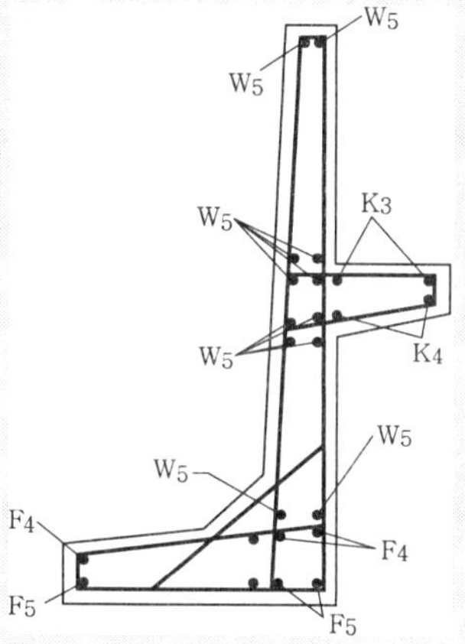

② 단면도상 점으로 보이는 철근

• W_5, F_4 철근개수 ⇒ (간격수+1), 혹은 단면도상의 개수

기 호	직 경	본당 길이(mm)	수 량	총 길이(mm)	수량 산출근거
W_5	D16	1000	68	68,000	수량=(33+1)×2(좌·우)=68개
F_4	D13	1000	24	24,000	수량=23+1=24개

③ S_1, S_2 철근개수 ⇒ $\dfrac{\text{단위길이(1m)}}{\text{간격}\times 2}\times$개소

기 호	직 경	본당 길이(mm)	수 량	총 길이(mm)	수량 산출근거
S_1	D13	356+100×2=556	12.5	6950	수량$=\dfrac{1}{0.2\times 2}\times 5=12.5$개 ※ S_1의 간격은 W_1의 간격과 같다.
S_2	D13	445+282×2+100×2=1209	12.5	15,113	수량$=\dfrac{1}{0.4\times 2}\times 10=12.5$개 ※ S_2의 간격은 F_1의 영향을 받는다.

✎ 참고

S_1, S_2 철근의 구분

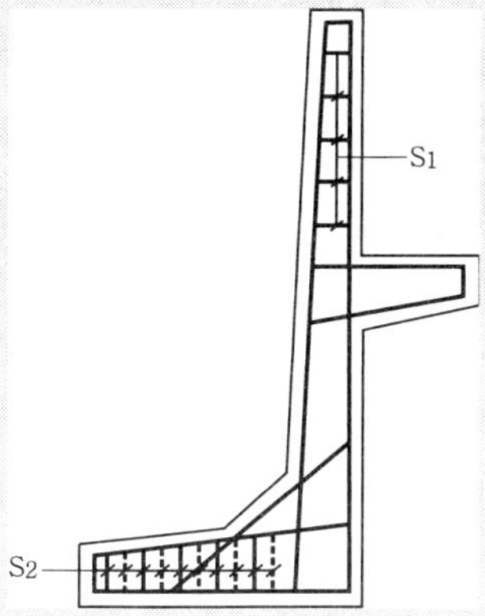

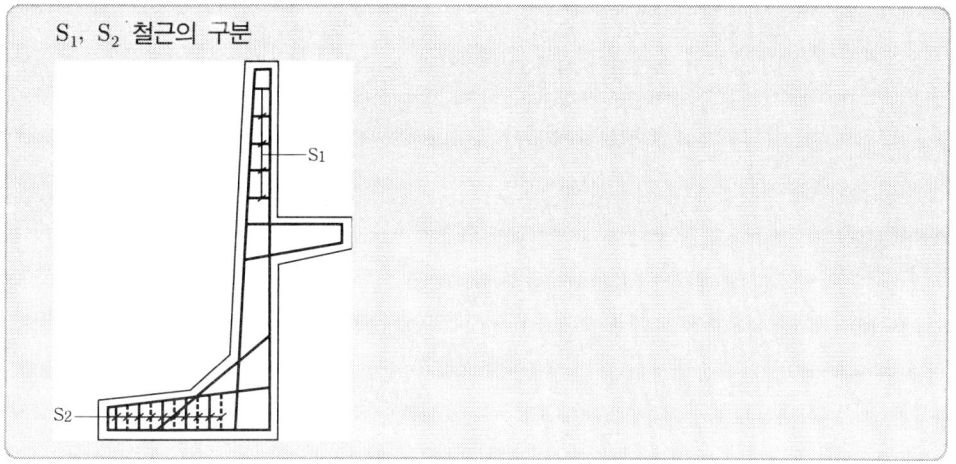

④ 철근 물량표(단, mm 단위 이하는 반올림하여 mm까지 구함.)

기 호	직 경	길이(mm)	수 량	총 길이(mm)	기 호	직 경	길이(mm)	수 량	총 길이(mm)
W_2	D25	7765	2.5	19,413	F_4	D13	1000	24	24,000
W_5	D16	1000	68	68,000	S_1	D13	556	12.5	6950
H	D16	2236	5	11,180	S_2	D13	1209	12.5	15,113

정답·해설 08

① 기대 소요일수(기대치)

$$t_e = \frac{t_0 + 4t_m + t_p}{6} = \frac{12 + 4\times 15 + 20}{6} = 15.33\text{일}$$

② 분산

$$\sigma^2 = \left(\frac{t_p - t_0}{6}\right)^2 = \left(\frac{20-12}{6}\right)^2 = 1.78$$

정답·해설 09

① 소성수축균열(plastic shrinkage crack)
② 침하균열(settlement crack)
③ 거푸집 변형에 따른 균열
④ 진동 · 재하에 따른 균열

정답·해설 10

① dozer 작업량

$$Q_1 = \frac{60\cdot q\cdot f\cdot E}{C_m} = \frac{60\cdot(q_0\cdot\rho)\cdot\frac{1}{L}\cdot E}{0.037l+0.25} = \frac{60\times(3.3\times 0.9)\times\frac{1}{1.6}\times 0.4}{0.037\times 40+0.25} = 25.75\text{m}^3/\text{h}$$

② ripping 작업량

$$Q_2 = \frac{60\cdot A\cdot l\cdot f\cdot E}{C_m} = \frac{60\times 0.14\times 40\times 1\times 0.9}{0.05\times 40+0.33} = 129.79\text{m}^3/\text{h}$$

③ 1시간당 작업량

$$Q = \frac{Q_1\times Q_2}{Q_1+Q_2} = \frac{25.75\times 129.79}{25.75+129.79} = 21.49\text{m}^3/\text{h}$$

정답·해설 11

① 기초지반 토질의 확인, 지지력 측정이 곤란하다.
② 저부 콘크리트의 수중시공으로 품질이 저하된다.
③ 중심이 높아져서 케이슨이 경사질 우려가 있다.
④ 굴착 시 boiling, heaving의 우려가 있다.
⑤ 굴착 중 장애물이 있거나 수중굴착일 경우 공기가 길어진다.

정답·해설 12

① 록 볼트의 인발내력 측정
② 정착효과 확인
③ 록 볼트의 적정길이 판단
④ 록 볼트의 종류 선정

정답·해설 13

(1) 공정표

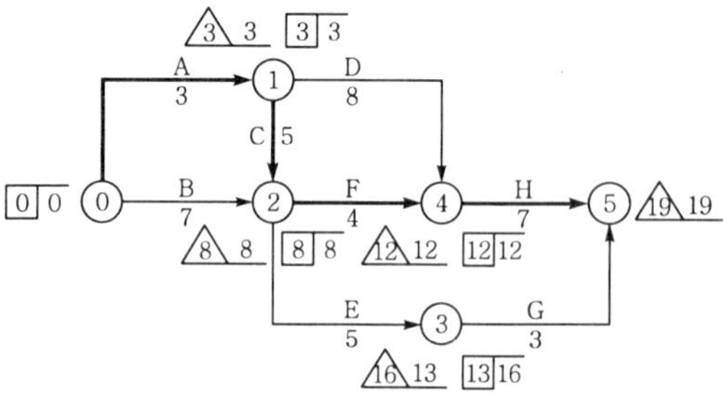

(2) ① 비용경사(cost slope)

작업명	단축가능 일수	비용경사(원)
A	1	$\frac{26,000-20,000}{3-2}=6000$
B	2	$\frac{50,000-40,000}{7-5}=5000$
C	2	$\frac{59,000-45,000}{5-3}=7000$
D	1	$\frac{60,000-50,000}{8-7}=10,000$
E	1	$\frac{44,000-35,000}{5-4}=9000$
F	1	$\frac{20,000-15,000}{4-3}=5000$
G	0	0
H	0	0

② 공기단축

단축단계	작업명	단축일수	추가비용(원)
1단계	F	1	5000
2단계	A	1	6000
3단계	B, C, D	1	5000+7000+10,000=22,000

③ 추가비용(extra cost)

EC=5,000+6,000+22,000=33,000원

정답·해설 14

① 1m²당 본바닥체적$=(1\times1\times0.2)\times\dfrac{1}{0.9}=0.222\text{m}^3$

② w=12%일 때 흙의 무게

$\gamma_t=\dfrac{W}{V}\quad 1.8=\dfrac{W}{0.222}\qquad \therefore\ W=0.4\text{t}=400\text{kg}$

③ w=12%일 때 물의 무게

$W_s=\dfrac{W}{1+\dfrac{w}{100}}=\dfrac{400}{1+\dfrac{12}{100}}=357.14\text{kg}$

$\therefore\ W_w=W-W_s=400-357.14=42.86\text{kg}$

④ w=16%일 때 물의 무게

$w=\dfrac{W_w}{W_s}\times100$

$16=\dfrac{W_w}{357.14}\times100\qquad \therefore\ W_w=57.14\text{kg}$

⑤ 살수량=57.14−42.86=14.28kg=14.28l

정답·해설 15

① 콘크리트 내부의 균열검사 ② 누수 및 배수
③ 양압력 ④ 온도측정
⑤ 수축량 검사 ⑥ grouting

참고

중력댐의 검사랑
댐시공 후 댐 관리상 예정된 사항을 알기 위해 검사랑을 댐 내부에 설치한다.

정답·해설 16

$V=\dfrac{ab}{6}(\Sigma h_1+2\Sigma h_2+3\Sigma h_3+\cdots+6\Sigma h_6)$

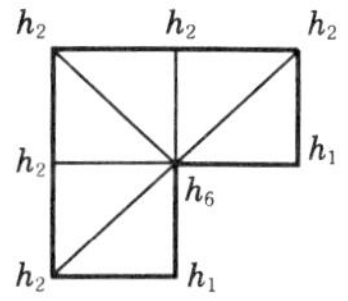

① $\Sigma h_1=3+4=7\text{m}$

② $\Sigma h_2=1+7+5+2+3=18\text{m}$

③ $\Sigma h_3=0$

④ $\Sigma h_4=0$

⑤ $\Sigma h_5=0$

⑥ $\Sigma h_6=8\text{m}$

$\therefore\ V=\dfrac{20\times20}{6}(7+2\times18+6\times8)=6066.67\text{m}^3$

정답·해설 17

① $a_v=\dfrac{e_0-e_1}{\sigma_1-\sigma_0}=\dfrac{1.2-0.97}{0.4-0.2}=1.15\text{cm}^2/\text{kg}$

② $m_v=\dfrac{a_v}{1+e_0}=\dfrac{1.15}{1+1.2}=0.52\text{cm}^2/\text{kg}$

③ $C_v = \dfrac{k}{m_v \gamma_w} = \dfrac{3.0 \times 10^{-7}}{0.52 \times (1 \times 10^{-3})} = 5.77 \times 10^{-4} \text{cm}^2/\text{sec}$

④ $t_{60} = \dfrac{0.287H^2}{C_v} = \dfrac{0.287 \times 300^2}{5.77 \times 10^{-4}} = 44,766,031.2$초$= 518.13$일

정답·해설 18

(1) 골재량의 수정

잔골재량을 x(kg), 굵은골재량을 y(kg)이라 하면

$x + y = 800 + 1500 = 2300$ …… ①

$0.04x + (1 - 0.05)y = 1500$ …… ②

식 ①, ②를 연립방정식으로 풀면

$x = 752.75\text{kg}, \ y = 1547.25\text{kg}$

(2) 표면수량 수정

① 잔골재 표면수량 $= 752.75 \times 0.05 = 37.64\text{kg}$

② 굵은골재 표면수량 $= 1547.25 \times 0.01 = 15.47\text{kg}$

(3) 단위수량 $= 200 - (37.64 + 15.47) = 146.89\text{kg}$

정답·해설 19

① $\gamma_1 = \gamma' + \dfrac{d}{B}(\gamma_t - \gamma')$

$= 1 + \dfrac{2}{3}(1.8 - 1) = 1.53\text{t/m}^3$

② $\gamma_2 = \gamma_t = 1.8\text{t/m}^3$

③ $q_u = \alpha c N_c + \beta B \gamma_1 N_r + D_f \gamma_2 N_q$

$= 1.3 \times 1.2 \times 17.7 + 0.4 \times 3 \times 1.53 \times 5 + 5 \times 1.8 \times 7.4$

$= 103.39\text{t/m}^2$

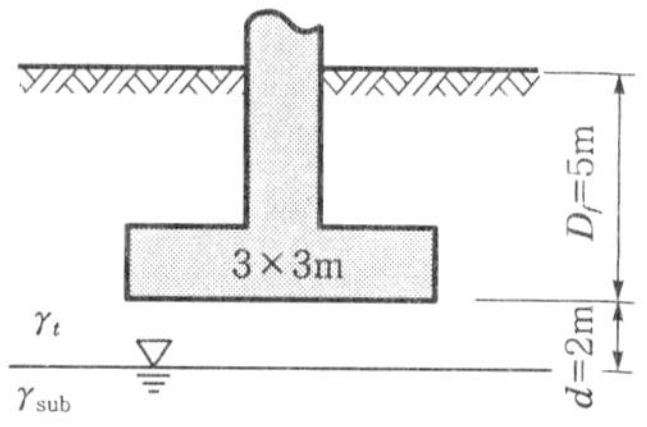

정답·해설 20

① 액성한계

② 소성지수

③ No.200체 통과율

정답·해설 21

① slip form 공법

② sliding form 공법

③ self climbing form 공법

정답·해설 22

① $C_c = 0.009(W_L - 10) = 0.009(50 - 10) = 0.36$

② $\Delta H = \dfrac{C_c}{1 + e_1} \log \dfrac{P_2}{P_1} H = \dfrac{0.36}{1 + 1.4} \log \dfrac{14}{10} \times 5 = 0.1096\text{m} = 10.96\text{cm}$

정답·해설 23

말뚝공법

정답·해설 24

(1) 함수비를 크게 변화시키지 않고 공극 내의 공기를 배출시켜 입자 간의 결합을 치밀하게 함으로써 단위중량을 증가시키는 것
(2) 주어진 시료에 대하여 함수비와 최대건조밀도의 상관관계를 구하여 현장 시공 시 필요 시방(specification)을 제시하여 줌.

정답·해설 25

① 점성댐퍼
② 지진격리받침(isolation bearing)
③ 받침보호장치(전단키)
④ 낙교방지장치

✎ 참고

지진보호장치

① 점성댐퍼	② 고무 지진격리받침
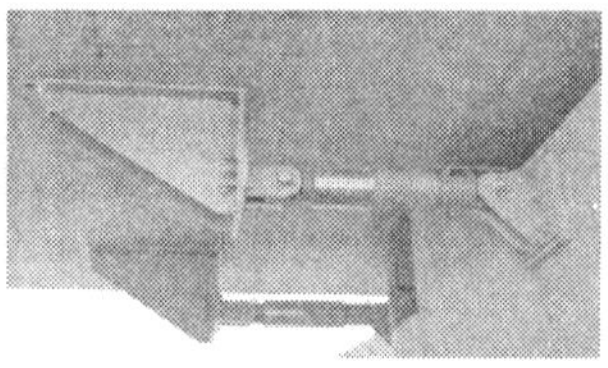	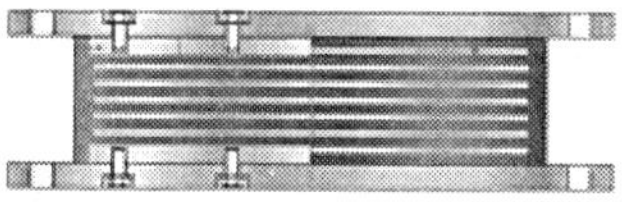
③ 받침보호장치	④ 낙교방지장치
	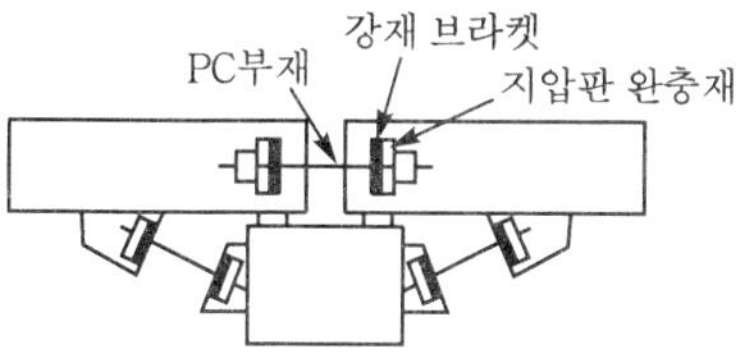

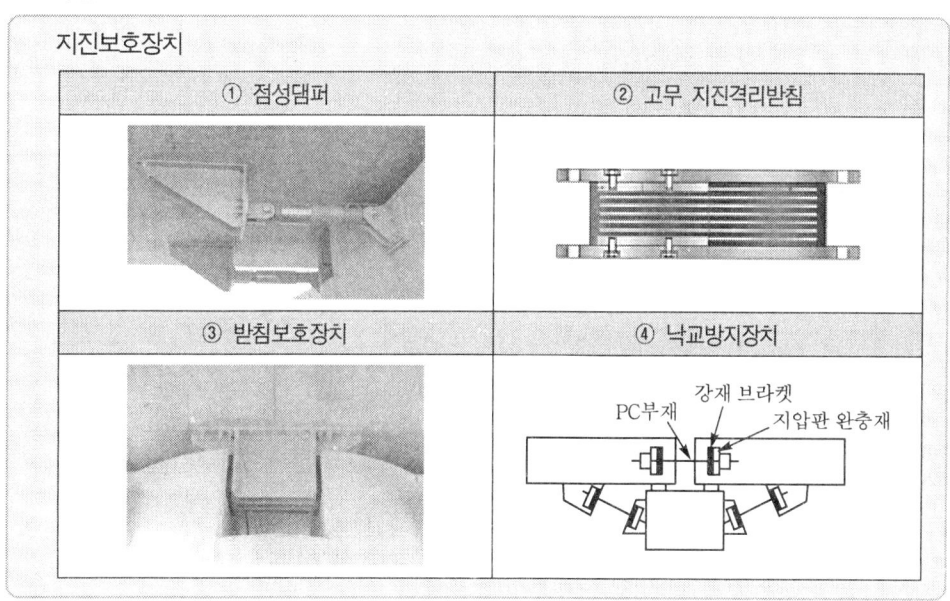

정/답/및/해/설 2018년도 2차(06.30 시행)

정답·해설 01

① 거푸집이 불필요하다.
② 급속시공이 가능하다.
③ 협소한 장소, 급경사면 등에서도 작업이 가능하다.
④ 시공기계가 소형으로 기동성이 크다.

정답·해설 02

① 전체 공정의 진도파악이 용이하다.
② 계획과 실적의 진도파악이 용이하다.
③ 시공속도 파악이 용이하다.
④ 가격상황의 파악이 용이하다.
⑤ banana 곡선에 의하여 관리목표가 얻어진다.

정답·해설 03

① $c' = \frac{2}{3}c = \frac{2}{3} \times 1 = 0.67\text{t/m}^2$

② $q_u = \alpha c' N_c + \beta B \gamma_1 N_r + D_f \gamma_2 N_q$

$= 1.3 \times 0.67 \times 12 + 0.4 \times 1.5 \times 1.9 \times 2 + 1 \times 1.9 \times 4$

$= 20.33\text{t/m}^2$

정답·해설 04

(1) 계획고 10m일 때 절토량

$V = \frac{ab}{4}(\Sigma h_1 + 2\Sigma h_2 + 3\Sigma h_3 + 4\Sigma h_4)$

① $\Sigma h_1 = 0.5 + 1.0 = 1.5\text{m}$

② $\Sigma h_2 = 0.5\text{m}$

③ $\Sigma h_3 = 0$

$\therefore V = \frac{15 \times 20}{4}(1.5 + 2 \times 0.5) = 187.5\text{m}^3$

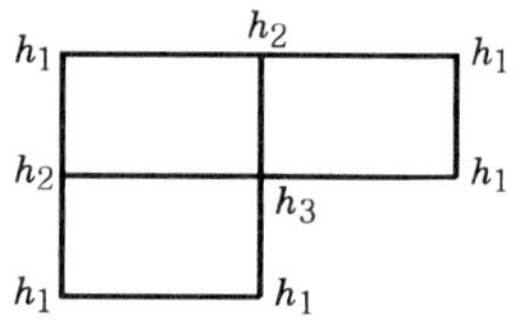

(2) 계획고 10m일 때 성토량

$V = \frac{ab}{4}(\Sigma h_1 + 2\Sigma h_2 + 3\Sigma h_3 + 4\Sigma h_4)$

① $\Sigma h_1 = 0.5 + 0.5 = 1\text{m}$

② $\Sigma h_2 = 0.2\text{m}$

③ $\Sigma h_3 = 0.5\text{m}$

$\therefore V = \frac{15 \times 20}{4}(1 + 2 \times 0.2 + 3 \times 0.5) = 217.5\text{m}^3$

(3) 문제의 조건에서 토량환산계수가 주어지지 않았으므로

$V = 217.5 - 187.5 = 30\text{m}^3$(성토량)

정답·해설 05

① 한겹 sheet pile식
② 두겹 sheet pile식
③ cell식
④ ring beam식

정답·해설 06

$t_e = \frac{t_0 + 4t_m + t_p}{6} = \frac{7 + 4 \times 10 + 19}{6} = 11$일

정답·해설 07

① $K_{a1}=\tan^2\left(45^\circ-\dfrac{35^\circ}{2}\right)=0.27$

$K_{a2}=\tan^2\left(45^\circ-\dfrac{30^\circ}{2}\right)=0.33$

② $P_a=\dfrac{1}{2}\gamma_t h_1^2 K_a+\gamma_t h_1 h_2 K_{a2}+\dfrac{1}{2}\gamma_{\text{sub}}h_2^2 K_{a2}+\dfrac{1}{2}\gamma_w h_2^2-2c\sqrt{K_{a2}}\,h_2$

$=\dfrac{1}{2}\times1.75\times3^2\times0.27+1.75\times3\times4\times0.33+\dfrac{1}{2}\times0.9\times4^2\times0.33$

$+\dfrac{1}{2}\times1\times4^2-2\times0.6\times\sqrt{0.33}\times4$

$=16.67\text{t/m}$

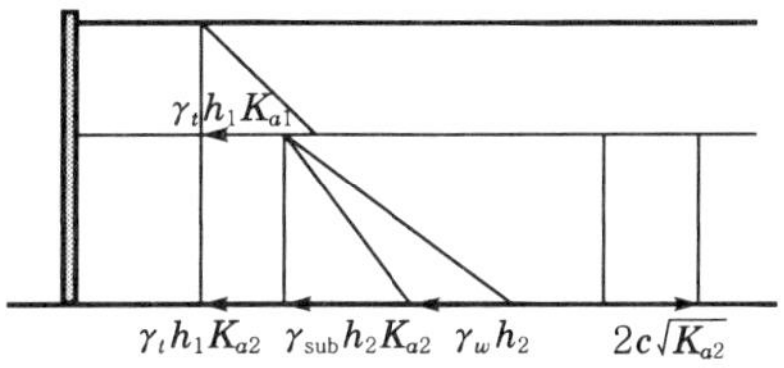

정답·해설 08

(1) $P=250+50=300\text{t}$

(2) $P_n=\dfrac{P}{n}\pm\dfrac{M_y\cdot x}{\Sigma x^2}\pm\dfrac{M_x\cdot y}{\Sigma y^2}$

① $P_{\text{A}}=\dfrac{300}{10}+\dfrac{220\times1.8}{6\times1.8^2+4\times0.8^2}+0$

$=48\text{t}$

② $P_{\text{B}}=\dfrac{300}{10}+\dfrac{220\times0.8}{6\times1.8^2+4\times0.8^2}+0$

$=38\text{t}$

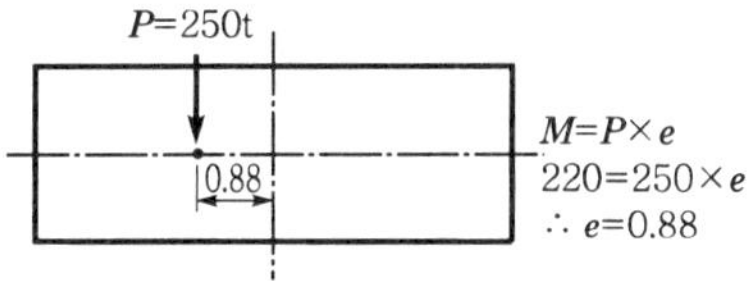

정답·해설 09

① 연약지반 상부의 배수층 형성 : 압밀촉진
② 성토 내 지하 배수층 형성 : 지하수위 저하
③ 시공기계의 주행성(trafficability) 확보

정답·해설 10

(1) ① 모래지반의 단위중량

㉠ $\gamma_t=\dfrac{G_s+Se}{1+e}\gamma_w=\dfrac{2.7+0.5\times0.7}{1+0.7}\times1=1.79\,\text{t/m}^3$

㉡ $\gamma_{sat}=\dfrac{G_s+e}{1+e}\gamma_w=\dfrac{2.7+0.7}{1+0.7}\times1=2\,\text{t/m}^3$

② $P_1=1.79\times1.5+(2-1)\times2.5+(1.85-1)\times\dfrac{4.5}{2}=7.1\,\text{t/m}^2$

(2) ① $C_c=0.009(W_L-10)=0.009(37-10)=0.243$

② $\Delta H=\dfrac{C_c}{1+e_1}\log\dfrac{P_2}{P_1}H=\dfrac{0.243}{1+0.9}\log\left(\dfrac{7.1+5}{7.1}\right)\times4.5=0.1332\,\text{m}=13.32\,\text{cm}$

정답·해설 11

① 상압증기양생　② 고압증기양생(오토클레이브 양생)
③ 전기양생　④ 적외선양생

정답·해설 12

$$S_{(기초)} = S_{(재하판)} \cdot \left[\frac{2B_{(기초)}}{B_{(기초)} + B_{(재하판)}}\right]^2$$

$$= 15 \times \left[\frac{2 \times 1.5}{1.5 + 0.3}\right]^2 = 41.67\text{mm}$$

정답·해설 13

① 화약의 과장약 및 부적합한 공간격
② 암반절리
③ 천공 시 장비 형태로 인하여 굴착진행 방향과 평행하게 천공할 수 없으므로 불가피한 여굴 발생

정답·해설 14

(1) 길이 1m에 대한 콘크리트량

① $A_1 = \frac{0.35 + (0.7 - 0.6 \times 0.02)}{2} \times 5.1$
$= 2.6469\text{m}^2$

② $A_2 = \frac{0.688 + (0.7 + 0.6)}{2} \times 0.6$
$= 0.5964\text{m}^2$

③ $A_3 = \frac{1.3 + 5.8}{2} \times 0.45 = 1.5975\text{m}^2$

④ $A_4 = 5.8 \times 0.35 = 2.03\text{m}^2$

⑤ $A_5 = 0.5 \times 0.9 = 0.45\text{m}^2$

⑥ 콘크리트량 $= (A_1 + A_2 + \cdots + A_5) \times 1$
$= 7.3208 \times 1 = 7.321\text{m}^3$

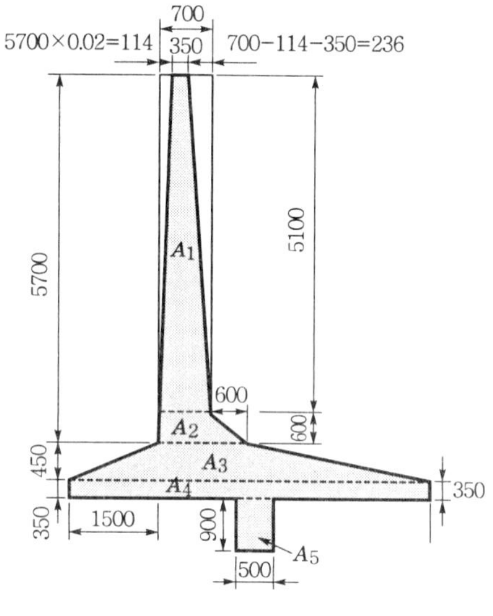

(2) 길이 1m에 대한 거푸집량

① $\overline{ab} = \sqrt{5.7^2 + 0.114^2} = 5.7011\text{m}$

② $\overline{cd} = 0.35\text{m}$

③ $\overline{ef} = 0.9\text{m}$

④ $\overline{gh} = 0.9\text{m}$

⑤ $\overline{ij} = 0.35\text{m}$

⑥ $\overline{kl} = \sqrt{0.6^2 + 0.6^2} = 0.8485\text{m}$

⑦ $\overline{lm} = \sqrt{5.1^2 + 0.236^2} = 5.1055\text{m}$

⑧ 거푸집의 길이 = ① + ② + …… + ⑦
= 14.1551m

⑨ 거푸집량 = 14.1551×1 = 14.1551m²

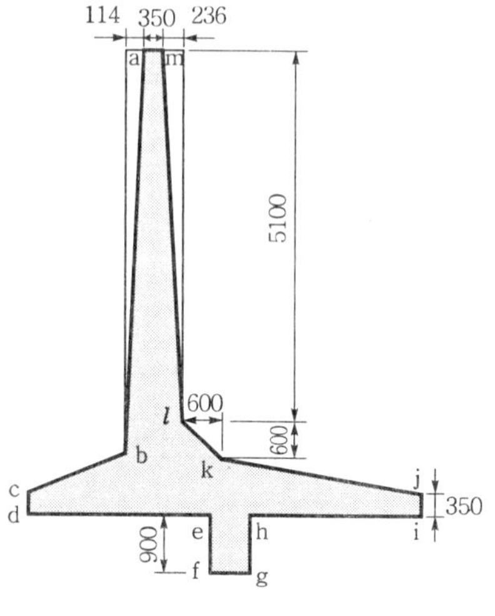

(3) 길이 1m에 대한 철근량

① 단면도상 선으로 보이는 철근(W_1, F_1)

- 철근개수 ⇒ $\dfrac{\text{단위길이(1m)}}{\text{철근간격}}$

기 호	직 경	본당 길이(mm)	수량	총 길이(mm)	수량 산출근거
W_1	D 13	210+6301=6511	5	32,555	수량$=\dfrac{1}{0.2}=5$개 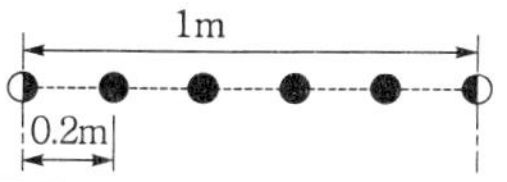
F_1	D 22	150+1486+560=2196	5	10,980	

✎ 참고

1) 단면도상 선으로 보이는 철근의 구분

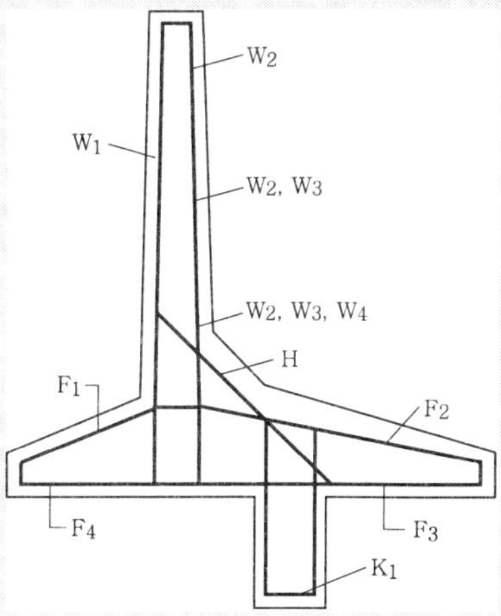

2) 단면도상 점으로 보이는 철근의 구분

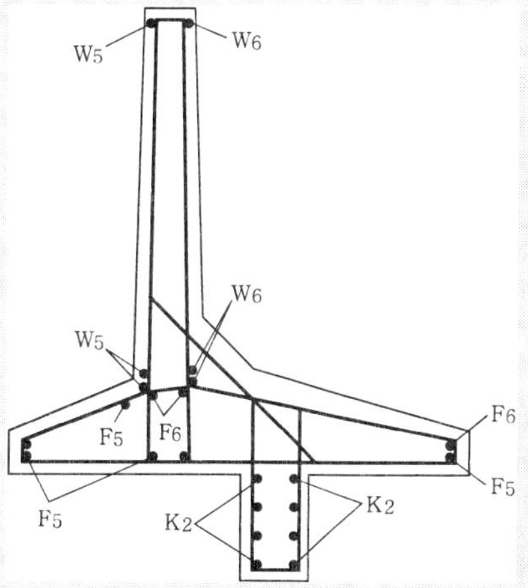

② 단면도상 점으로 보이는 철근(F_5)

- 철근개수 ⇒ (간격수+1) 혹은 단면도상의 개수

기 호	직 경	본당 길이(mm)	수량	총 길이	수량 산출근거
F_5	D 13	1000	31	31,000	수량=(상부 간격수+1)+(하부 간격수+1) =(5+1)+(24+1)=31개

③ S_2 철근개수 ⇒ $\dfrac{\text{단위길이(1m)}}{\text{간격}\times 2}\times$개소

기 호	직 경	본당 길이(mm)	수량	총 길이	수량 산출근거
S_2	D 13	250+250×2+100×2=950	12.5	11,875	수량$=\dfrac{1}{0.2\times 2}\times 5=12.5$개

✎ 참고

S$_1$, S$_2$, S$_3$ 철근의 구분

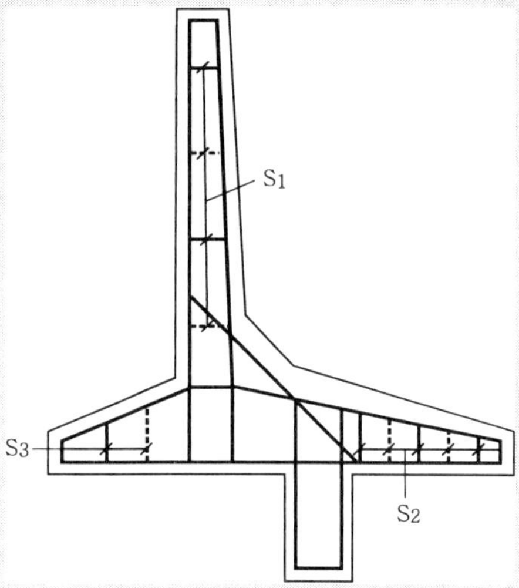

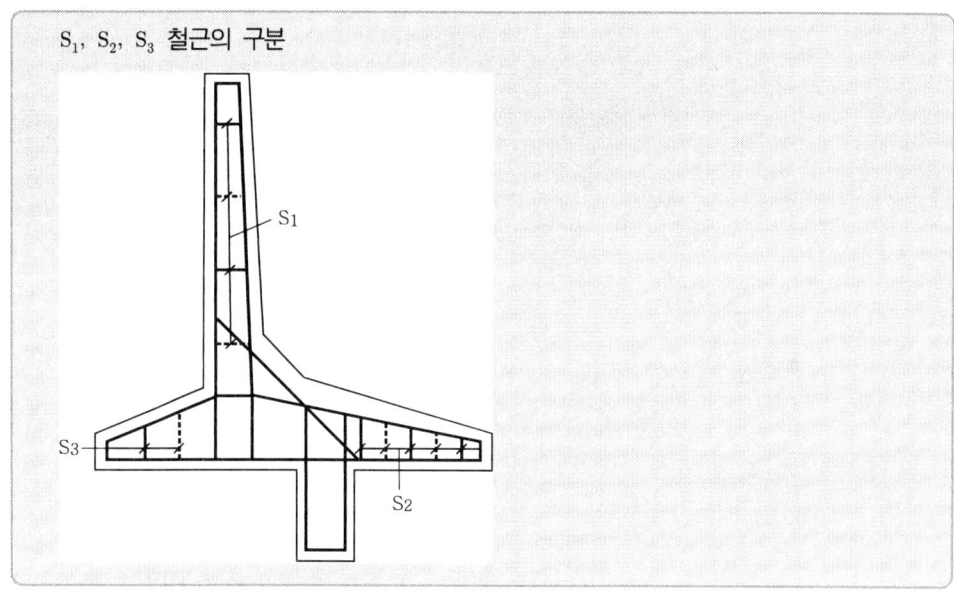

④ 철근 물량표(단, mm 단위 이하는 반올림하여 mm까지 구함.)

기 호	직 경	길 이(mm)	수 량	총 길이(mm)	기 호	직 경	길 이(mm)	수 량	총 길이(mm)
W_1	D 13	6511	5	32,555	F_5	D 13	1000	31	31,000
F_1	D 22	2196	5	10,980	S_2	D 13	950	12.5	11,875

정답·해설 15

① $q_u = \alpha c N_c + \beta B \gamma_1 N_r + D_f \gamma_2 N_q$

$= 1.3 \times 3 \times 18 + 0.4 \times 3 \times 1.9 \times 5 + 1 \times 1.9 \times 7.5 = 95.85\text{t/m}^2$

② $q_a = \dfrac{q_u}{F_s} = \dfrac{95.85}{3} = 31.95\text{t/m}^2$

③ $q_a = \dfrac{Q_{all}}{A} \quad 31.95 = \dfrac{Q_{all}}{3 \times 3}$

$\therefore\ Q_{all} = 287.55\text{t}$

정답·해설 16

① 1m^{2}당 본바닥체적$= (1 \times 1 \times 0.2) \times \dfrac{1}{0.9} = 0.222\text{m}^3$

② $w = 12\%$일 때 흙의 무게

$\gamma_t = \dfrac{W}{V} \quad 1.8 = \dfrac{W}{0.222}$

$\therefore\ W = 0.4\text{t} = 400\text{kg}$

③ $w = 12\%$일 때 물의 무게

$W_s = \dfrac{W}{1 + \dfrac{w}{100}} = \dfrac{400}{1 + \dfrac{12}{100}} = 357.14\text{kg}$

$\therefore\ W_w = W - W_s = 400 - 357.14 = 42.86\text{kg}$

④ w=16%일 때 물의 무게

$$w = \frac{W_w}{W_s} \times 100$$

$$16 = \frac{W_w}{357.14} \times 100$$

$$\therefore\ W_w = 57.14\text{kg}$$

⑤ 살수량=57.14−42.86=14.28kg=14.28l

정답·해설 17

① 쐐기식 ② 지압식 ③ 루프식

참고

post-tension 방식의 정착방법

(1) 쐐기식 : 프레시네 공법, VSL공법

PS강재와 정착장치 사이의 마찰력을 이용하여 쐐기작용으로 PS강재를 정착하는 방식이다.

(2) 지압식

① 리벳머리식 : BBRV 공법

PS강선 끝을 못머리와 같이 제두 가공하여 이것을 지압판으로 정착하는 방식이다.

② 너트식 : 디비닥 공법

PS강봉 끝의 전조된 나사에 너트를 끼워 정착판에 정착하는 방식이다.

(3) 루프식 : Leoba공법

Loop 모양으로 가공한 PS 강선 또는 강연선을 콘크리트 속에 묻어 넣어 콘크리트와의 부착 또는 지압에 의해 정착하는 방식이다.

정답·해설 18

(1) Net Work

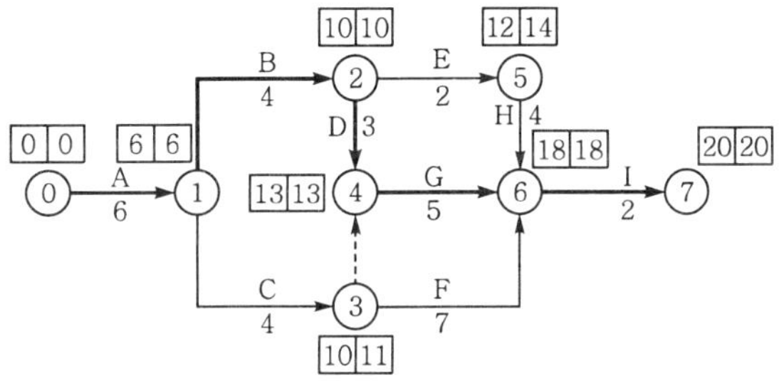

(2) CP : ⓪ → ① → ② → ④ → ⑥ → ⑦

(3) 공비증가율(비용경사) 및 일정계산

작업명	공비증가율 (만 원/일)	개 시		완 료		여유시간		
		EST	LST	EFT	LFT	TF	FF	DF
A	$\frac{240-210}{6-5}=30$	0	6−6=0	0+6=6	6	6−0−6=0	6−0−6=0	0−0=0
B	$\frac{630-450}{4-2}=90$	6	10−4=6	6+4=10	10	10−6−4=0	10−6−4=0	0−0=0
C	$\frac{200-160}{4-3}=40$	6	11−4=7	6+4=10	11	11−6−4=1	10−6−4=0	1−0=1
D	$\frac{370-300}{3-2}=70$	10	13−3=10	10+3=13	13	13−10−3=0	13−10−3=0	0−0=0

E	0	10	14−2=12	10+2=12	14	14−10−2=2	12−10−2=0	2−0=2
F	$\frac{340-240}{7-5}=50$	10	18−7=11	10+7=17	18	18−10−7=1	18−10−7=1	1−1=0
G	$\frac{120-100}{5-3}=10$	13	18−5=13	13+5=18	18	18−13−5=0	18−13−5=0	0−0=0
H	$\frac{170-130}{4-2}=20$	12	18−4=14	12+4=16	18	18−12−4=2	18−12−4=2	2−2=0
I	$\frac{350-250}{2-1}=100$	18	20−2=18	18+2=20	20	20−18−2=0	20−18−2=0	0−0=0

(4) ① 비용경사(cost slope)

작업명	단축가능 일수	비용경사(만 원)	작업명	단축가능 일수	비용경사(만 원)
A	1	$\frac{240-210}{6-5}=30$	F	2	$\frac{340-240}{7-5}=50$
B	2	$\frac{630-450}{4-2}=90$	G	2	$\frac{120-100}{5-3}=10$
C	1	$\frac{200-160}{4-3}=40$	H	2	$\frac{170-130}{4-2}=20$
D	1	$\frac{370-300}{3-2}=70$	I	1	$\frac{350-250}{2-1}=100$
E	0	0			

② 공기단축

단축단계	작업명	단축일수	추가비용(만 원)	공기(일)
1단계	G	1	1×10=10	19
2단계	A	1	1×30=30	18
3단계	C, G	1	1×40+1×10=50	17

③ 공기=20−3=17일

④ 총 공사비=직접비+간접비+추가비용−단축일수×80만 원
=2440만 원+2000만 원+90만 원−3×80만 원
=4290만 원

정답·해설 19

① 정역학적 지지력 공식
② 동역학적 지지력 공식
③ 정재하시험에 의한 방법

정답·해설 20

① $q_u=\alpha c N_c+\beta B\gamma_1 N_r+D_f\gamma_2 N_q$

$=1.3\times30\times5.14+0+0=200.46\text{t/m}^2$

② $q_a=\frac{q_u}{F_s}=\frac{200.46}{3}=66.82\text{t/m}^2$

③ $P=whA=1\times h\times\frac{\pi\times10^2}{4}=78.54h$

④ $78.54h+4000=66.82\times\frac{\pi\times10^2}{4}$ $\quad\therefore\ h=15.89\text{m}$

정답·해설 21

① 다짐공법 ② 침수공법(pre-wetting)
③ 흙의 안정처리공법 ④ 차수벽 설치

✎ 참고

팽창성 지반이란 물을 흡수하면 팽창하고, 수분을 잃으면 수축하는 소성점토지반을 말한다.

정답·해설 22

(1) 시험횟수 23회일 때의 표준편차 보정계수

$$= 1.03 + \frac{(1.08-1.03)\times 2}{5} = 1.05$$

(2) 직선보간한 표준편차 $= 4 \times 1.05 = 4.2\text{MPa}$

(3) ① $f_{cr} = f_{ck} + 1.34S = 28 + 1.34 \times 4.2 = 33.63\text{MPa}$

② $f_{cr} = (f_{ck} - 3.5) + 2.33S = (28 - 3.5) + 2.33 \times 4.2 = 34.29\text{MPa}$

①, ② 중에서 큰 값이 배합강도이므로

$\therefore\ f_{cr} = 34.29\text{MPa}$

정답·해설 23

(1) payloader 작업량

$$Q = \frac{3600 \cdot q \cdot k \cdot f \cdot E}{C_m} = \frac{3600 \times 1.34 \times 1.15 \times \frac{1}{1.15} \times 0.7}{44.4} = 76.05\text{m}^3/\text{h}$$

(2) 덤프트럭의 작업량

① $q_t = \frac{T}{\gamma_t} \cdot L = \frac{8}{1.7} \times 1.15 = 5.41\text{m}^3$

② $n = \frac{q_t}{qk} = \frac{5.41}{1.34 \times 1.15} = 3.5 = 4$회

③ $C_{mt} = \frac{C_{ms}\, n}{60 E_s} + T_1 + T_2 + t_1 + t_2 + t_3$

$$= \frac{44.4 \times 4}{60 \times 0.7} + \left(\frac{10}{15} \times 60\right) + \left(\frac{10}{20} \times 60\right) + (0.5 + 0.4) = 75.13\text{분}$$

④ $Q = \frac{60 \cdot q_t \cdot f \cdot E_t}{C_{mt}} = \frac{60 \times 5.41 \times \frac{1}{1.15} \times 0.9}{75.13} = 3.38\text{m}^3/\text{h}$

(3) 덤프트럭 소요대수

$$N = \frac{76.05}{3.38} = 22.5 = 23\text{대}$$

정답·해설 24

① blade 유효폭=3.58×0.72=2.58m

② 통과횟수$= \frac{7.74}{2.58} = 3$회

③ 1회 통과시간$= \frac{\text{길이}}{\text{속도}} = \frac{100 \times 2}{5.9 \times \frac{1000}{60}} = 2.03$분

④ 작업 소요시간=3×2.03=6.1분

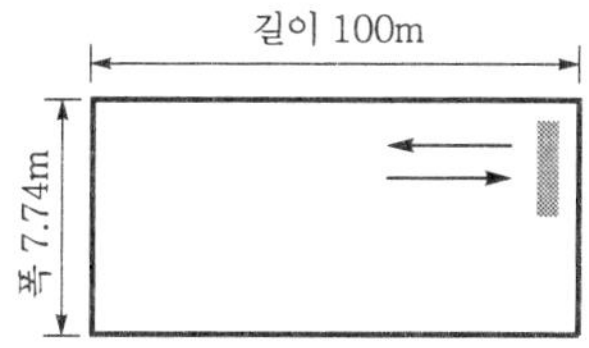

정답·해설 01

$$F_s = \frac{i_c}{i} = \frac{\frac{G_s - 1}{1+e}}{\frac{h}{L}} = \frac{0.7}{\frac{6}{6+5+5}} = 1.87$$

정답·해설 02

① 앵커축력

$$T = \frac{Pa}{\cos\alpha} = \frac{25\times1.5}{\cos 30°} = 43.3\text{t}$$

② 정착장

$$L = \frac{TF_s}{\pi D\tau} = \frac{43.3\times1.5}{\pi\times0.1\times20} = 10.34\text{m}$$

정답·해설 03

$$R = \frac{V^2}{127(i+f)}$$

$$710 = \frac{120^2}{127(i+0.10)} \qquad \therefore\ i = 0.06 = 6\%$$

정답·해설 04

① 포장면의 내구성 증대
② 포장면의 수밀성 증대
③ 포장면의 미끄럼저항 증대
④ 포장면의 노화방지

✎ 참고

(1) prime coat 목적
① 기층과 그 위에 깔 asphalt 혼합물과의 부착을 좋게 한다.
② 기층 또는 보조기층의 작업차에 의한 파손방지, 강우에 의한 세굴방지, 방수성 증대
③ 보조기층으로부터의 모관상승 차단

(2) tack coat 목적
구 포장층과 그 위에 포설하는 asphalt 혼합물층과의 부착을 좋게 하기 위함.

정답·해설 05

$$F_s = \frac{\gamma_{sub}}{\gamma_{sat}}\cdot\frac{\tan\phi}{\tan i} = \frac{0.9}{1.9}\times\frac{\tan 42°}{\tan 26°} = 0.87$$

정답·해설 06

(1) 편심거리

$M = P \cdot e \qquad 4 = 20 \times e$

$\therefore\ e = 0.2\text{m}$

(2) 기초의 유효크기

① 유효폭 : $B' = B = 1.2\text{m}$

② 유효길이 : $L' = L - 2e = 1.6 - 2 \times 0.2 = 1.2\text{m}$

(3) $\gamma_1 = \gamma' + \dfrac{d}{B}(\gamma - \gamma') = 0.9 + \dfrac{1}{1.2} \times (1.6 - 0.9) = 1.48\text{t/m}^3$

(4) $q_u{}' = \alpha c N_c + \beta B' \gamma_1 N_r + D_f \gamma_2 N_q$

$= 0 + 0.4 \times 1.2 \times 1.48 \times 19.7 + 1 \times 1.6 \times 22.5 = 49.99\text{t/m}^2$

(5) $q_u{}' = \dfrac{P_u}{B'L'} \qquad 49.99 = \dfrac{P_u}{1.2 \times 1.2}$

$\therefore\ P_u = 71.99\text{t}$

(6) $F_s = \dfrac{P_u}{P} = \dfrac{71.99}{20} = 3.6$

정답·해설 07

① $a_v = \dfrac{e_1 - e_2}{P_2 - P_1} = \dfrac{1.8 - 1.2}{3.6 - 2.4} = 0.5\text{cm}^2/\text{kg} = 0.05\text{m}^2/\text{t}$

② $\Delta H = m_v \Delta P H = \dfrac{a_v}{1 + e_o} \cdot \Delta P \cdot H$

$= \dfrac{0.05}{1 + 2.2} \times (2 \times 5) \times 10 = 1.5625\text{m} = 156.25\text{cm}$

정답·해설 08

① consolidation grouting

② curtain grouting

정답·해설 09

(1) 평균치 : $\bar{x} = \dfrac{\Sigma x}{n} = \dfrac{656}{16} = 41\text{MPa}$

(2) ① $S = (44 - 41)^2 + (40 - 41)^2 + \cdots + (40 - 41)^2 = 294$

② 표준편차 : $\sigma = \sqrt{\dfrac{S}{n-1}} = \sqrt{\dfrac{294}{16-1}} = 4.43\text{MPa}$

③ 직선보간한 표준편차 : $\sigma = 4.43 \times 1.144 = 5.07\text{MPa}$

(3) ① $f_{cr} = f_{ck} + 1.34S = 40 + 1.34 \times 5.07 = 46.79\text{MPa}$

② $f_{cr} = 0.9 f_{ck} + 2.33S = 0.9 \times 40 + 2.33 \times 5.07 = 47.81\text{MPa}$

①, ② 중에서 큰 값이 배합강도이므로

$\therefore\ f_{cr} = 47.81\text{MPa}$

정답·해설 10

① 흙막이의 근입깊이를 깊게 한다.

② 지하수위를 저하시킨다.

③ 굴착저면을 고결시킨다.

정답·해설 11

(1) ① Net Work

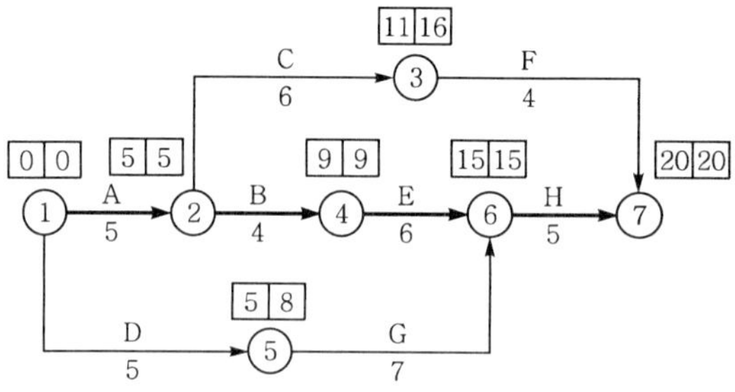

② CP : ① → ② → ④ → ⑥ → ⑦

(2) 최적공기와 총 공사비

단축 작업명	단축 일수	기 간	직접비용 증가액 (만 원)	직접비 (만 원)	간접비 (만 원)	총 공비 (만 원)
−	−	20일	−	60	60	60＋60＝120
B	1	19일	1×4＝4	60＋4＝64	60－5＝55	64＋55＝119
B	1	18일	1×4＝4	64＋4＝68	55－5＝50	68＋50＝118
A	1	17일	1×6＝6	68＋6＝74	50－5＝45	74＋45＝119

① 최적공기＝18일

② 총 공사비＝118만 원

정답·해설 12

① 콘크리트 내부의 균열검사 ② 누수 및 배수

③ 양압력 ④ 온도측정

⑤ 수축량 검사 ⑥ grouting

정답·해설 13

① $K_a = \tan^2\left(45° - \dfrac{\phi}{2}\right) = \tan^2\left(45° - \dfrac{30°}{2}\right) = \dfrac{1}{3}$

② $Z_c = \dfrac{2c\tan\left(45° + \dfrac{\phi}{2}\right)}{\gamma_t} = \dfrac{2 \times 1 \times \tan\left(45° + \dfrac{30°}{2}\right)}{1.8} = 1.92\text{m}$

③ $P_a = \dfrac{1}{2}\gamma_t H^2 K_a - 2c\sqrt{K_a}H + \dfrac{2c^2}{\gamma_t} + q_s K_a (H - Z_c)$

$= \dfrac{1}{2} \times 1.8 \times 6^2 \times \dfrac{1}{3} - 2 \times 1 \times \sqrt{\dfrac{1}{3}} \times 6 + \dfrac{2 \times 1^2}{1.8}$

$+ (1.8 \times 1.92) \times \dfrac{1}{3} \times (6 - 1.92) = 9.68\,\text{t/m}$

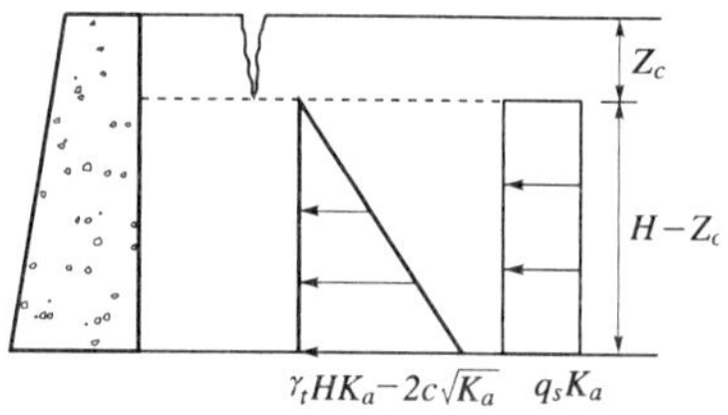

정답·해설 14

① 연속 culvert box 공법 ② 파이프 매설공법

③ box 매설공법 ④ EPS 공법

⑤ 성토 지지말뚝공법

정답·해설 15

(1) $V = \frac{ab}{4}(\Sigma h_1 + 2\Sigma h_2 + 3\Sigma h_3 + 4\Sigma h_4)$

① $\Sigma h_1 = 2.8 + 3.3 + 4.3 + 4.1 + 3.6 = 18.1\text{m}$

② $\Sigma h_2 = 3.5 + 3.1 + 3.5 + 3.9 + 3.8 + 3 = 20.8\text{m}$

③ $\Sigma h_3 = 4\text{m}$

④ $\Sigma h_4 = 4.2 + 3.7 + 4.4 = 12.3\text{m}$

$\therefore V = \frac{10 \times 5}{4}(18.1 + 2 \times 20.8 + 3 \times 4 + 4 \times 12.3)$

$= 1{,}511.25\text{m}^3$

(2) $h = \frac{1{,}511.25}{10 \times 5 \times 8} = 3.78\text{m}$

정답·해설 16

(1) 길이 1m에 대한 콘크리트량

① 기초 콘크리트량 $= 7.15 \times 0.1 \times 1 = 0.715\text{m}^3$

② 구체 콘크리트량 $= (6.95 \times 3.85 - 3.1 \times 3.0 \times 2 + \frac{0.3 \times 0.3}{2} \times 8) \times 1 = 8.5175\text{m}^3$

③ 전체 콘크리트량 $= 0.715 + 8.5175 = 9.2325 \fallingdotseq 9.233\text{m}^3$

(2) 길이 1m에 대한 거푸집량

① 기초 거푸집량 $= 0.1 \times 2 \times 1 = 0.2\text{m}^2$

② 구체 거푸집량 $= (3.85 \times 2 + 2.5 \times 4 + 2.4 \times 2 + \sqrt{0.3^2 + 0.3^2} \times 8) \times 1 = 25.89411\text{m}^2$

③ 전체 거푸집량 $= 0.2 + 25.89411 = 26.09411 \fallingdotseq 26.094\text{m}^2$

(3) 길이 1m에 대한 터파기량

터파기량 $= \left(\frac{8.35 + (8.35 + 5.45)}{2} \times 5.45\right) \times 1 = 60.35875 \fallingdotseq 60.359\text{m}^3$

정답·해설 17

① 캔틸레버공법(FCM 공법) ② 이동동바리공법(MSS 공법)
③ 압출공법(ILM 공법) ④ PSM공법

정답·해설 18

① $q_p = cN_c^* + q'N_q^* = 6 \times 9 + (0.8 \times 20) \times 1 = 70\text{t/m}^2$

($\because$ $\tau = c + \bar{\sigma}\tan\phi$에서 $\tau = c$ $\therefore$ $c = 6\text{t/m}^2$)

② $A_p = 0.3 \times 0.3 = 0.09\text{m}^2$

③ $f_s = 0.9c = 0.9 \times 6 = 5.4\text{t/m}^2$

④ $A_s = 0.3 \times 4 \times 20 = 24\text{m}^2$

⑤ $R_u = R_p + R_f = q_p A_p + f_s A_s = 70 \times 0.09 + 5.4 \times 24 = 135.9\text{t}$

정답·해설 19

SMA 포장공법(Stone Mastic Asphalt ; 쇄석 매스틱 아스팔트)

정답·해설 20

① 원하는 심도까지 확실하게 개량하기 어렵다.
② 시공 후 하부에 잔류할 수 있는 연약토로 인하여 잔류침하가 발생한다.
③ 측방지반의 변형 및 융기가 발생한다.

✎ 참고

> 강제치환공법의 장점
> ① 연약층의 두께가 얇은 경우에 효과적이다.
> ② 시공이 단순하고 시공속도가 빠르다.
> ③ 굴착치환공법에 비하여 공사비가 저렴하다.

정답·해설 21

① 간편법　　② 지반반력법
③ 탄성법　　④ 유한요소법

✎ 참고

> 수동말뚝 해석법
> ① 간편법 : 지반의 측방 변형으로 발생할 수 있는 최대 측방 토압을 고려한 상태에서 해석하는 방법
> ② 지반반력법 : 주동말뚝에서와 같이 지반을 독립된 Winkler 모델로 이상화시켜 해석하는 방법
> ③ 탄성법 : 지반을 이상적 탄성체 혹은 탄소성체로 가정하여 해석하는 방법
> ④ 유한요소법

정답·해설 22

① 에폭시 주입법
② 봉합법
③ 짜깁기법
④ 보강철근 이용방법
⑤ 그라우팅

정답·해설 23

① blade 유효폭$=3.58\times0.72=2.58$m

② 통과횟수$=\dfrac{30}{2.58}=11.63=12$회

③ 1회 통과시간$=\dfrac{\text{길이}}{\text{속도}}=\dfrac{100}{5900}\times60+\dfrac{100}{7000}\times60=1.87$분

④ 작업 소요시간$=1.87\times12=22.44$분

정답·해설 24

(1) 부재 또는 구조물의 치수가 커서 시멘트의 수화열로 인한 온도의 상승 및 하강에 따른 콘크리트의 과도한 팽창과 수축을 고려하여 시공해야 하는 콘크리트
(2) 완전 정비된 공장에서 제조된 콘크리트
(3) 배합설계에서 산출된 단위시멘트량보다 적은 양의 시멘트를 사용한 콘크리트

정답·해설 25

(1) 셔블의 시간당 작업량

$$Q_s = \frac{3600 \cdot q \cdot k \cdot f \cdot E}{C_m} = \frac{3600 \times 3 \times 1.1 \times \frac{1}{1.2} \times 0.5}{30} = 165\text{m}^3/\text{h}$$

(2) 덤프트럭의 시간당 작업량

① $q_t = \frac{T}{\gamma_t} \cdot L = \frac{15}{1.8} \times 1.2 = 10\text{m}^3$

② $Q_t = \frac{60 \cdot q_t \cdot f \cdot E_t}{C_{mt}} = \frac{60 \times 10 \times \frac{1}{1.2} \times 0.8}{30} = 13.33\text{m}^3/\text{h}$

(3) 덤프트럭의 소요대수

$N = \frac{165}{13.33} = 12.38 = 13$대

정답·해설 26

① bar chart(막대 공정표)
② 기성고 공정곡선(사선식 공정표)
③ Network 공정표

토목기사 실기

기출 문제

2017

2017년도 기출문제

▸1차 : 2017. 04. 16
▸2차 : 2017. 06. 25
▸3차 : 2017. 11. 11

알림 ···· 아래의 문제는 독자들의 출제경향에 이해가 되도록 수험생들의 기억에 의해 복원된 문제로 일부 문제는 다를 수가 있으므로 착오 없으시길 바랍니다.

과/년/도/기/출/문/제 2017년도 1차(04.16 시행)

문제 01

관암거의 직경이 20cm, 유속이 0.8m/s, 암거길이가 300m일 때 원활한 배수를 위한 암거낙차를 Giesler 공식을 이용하여 구하시오.

배점 3

답 · 풀이

문제 02

지반의 일축압축강도가 1.8t/m^{2}인 연약 점성토층을 직경 40cm의 철근 콘크리트 파일로 관입깊이 12m를 관통하여 박았을 때 부마찰력(negative friction)을 구하시오.

배점 3

답 · 풀이

문제 03

어느 암반 지층에서 core를 채취하여 탄성파시험을 한 결과 압축파(P파)의 속도가 3500m/sec로 측정되었다. 암반의 단위중량이 2.3t/m^{3}이라 할 때 암반의 탄성계수(E)를 구하시오.

배점 3

답 · 풀이

문제 04

배점 3

그림과 같이 10m 두께의 포화된 점토층 아래에 모래층이 위치한다. 모래층이 수두 6m의 피압을 받고 있을 때 점토층의 바닥이 솟음을 일으키지 않는 최대 굴착깊이를 계산하시오. (단, 점토층의 포화단위중량은 1.90t/m³)

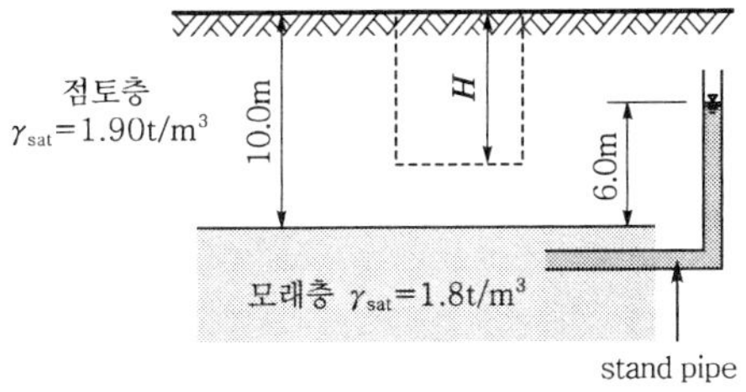

답 · 풀이

문제 05

배점 2

상부에는 모멘트를 받는 강관말뚝을 사용하며, 하부에는 압축력을 받는 PHC로 된 말뚝 명칭을 쓰시오.

답 · 풀이

문제 06

배점 3

터널 굴착시 여굴의 감소대책을 3가지만 쓰시오.

답 · 풀이

문제 07

다음은 콘크리트 슬럼프시험 결과의 평균($\bar{x}$)과 범위(R)를 나타낸 것이다. $\bar{x}$ 관리도의 상한과 하한 관리선을 구하시오. (단, 시료는 $n=3$을 1조로 하여 5개의 조에 대한 결과이며, $A_2=1.02$이다.)

배점 4

조번호	1	2	3	4	5
$\bar{x}$	90	80	70	75	85
R	15	5	15	5	10

답 · 풀이

문제 08

원추형 콘 관입시험(CPT)의 일종인 piezo cone으로 측정할 수 있는 값을 3가지 쓰시오.

배점 3

답 · 풀이

문제 09

가체절공(coffer dam)의 종류를 3가지 쓰시오.

배점 3

답 · 풀이

문제 10

공정관리기법 중 막대 공정표의 장점을 3가지만 쓰시오.

배점 3

답 · 풀이

문제 11

에터버그한계 3가지를 쓰시오.

배점 3

답 · 풀이

문제 12

다음 용어의 정의를 쓰시오.

(1) 롤러다짐 콘크리트

(2) 관로식 냉각(pipe cooling)

(3) 선행 냉각(pre-cooling)

배점 6

답 · 풀이

문제 13

암반분류법(rock classification)의 하나인 RMR 값을 구성하는 요소 4가지만 쓰시오.

배점 3

답 · 풀이

문제 14

심발공(심빼기 발파공)의 종류 중 4가지만 쓰시오.

배점 3

답 · 풀이

문제 15

배점 8

콘크리트의 배합강도를 구하기 위한 시험 횟수 16회의 콘크리트 압축강도 측정결과가 아래 표와 같고 설계기준강도가 28MPa일 때 아래 물음에 답하시오.

[압축강도 측정결과(단위 : MPa)]

26.0	29.5	25.0	34.0	25.5	34.0
29.0	24.5	27.5	33.0	33.5	27.5
25.5	28.5	26.0	35.0		

(1) 위 표를 보고 압축강도의 평균값을 구하시오.

(2) 압축강도 측정결과 및 아래의 표를 이용하여 배합강도를 구하기 위한 표준편차를 구하시오.

[시험 횟수가 29회 이하일 때 표준편차의 보정계수]

시험 횟수	표준편차의 보정계수	비 고
15	1.16	이 표에 명시되지 않은 시험 횟수에 대해서는 직선 보간한다.
20	1.08	
25	1.03	
30 이상	1.00	

(3) 배합강도를 구하시오.

답 · 풀이

문제 16

배점 3

PS 콘크리트 교량건설공법 중 동바리를 사용하지 않는 현장타설공법의 종류 3가지를 쓰시오.

답 · 풀이

문제 17

배점 8

다음 2연 암거의 물량을 산출하시오. (단위 : mm)

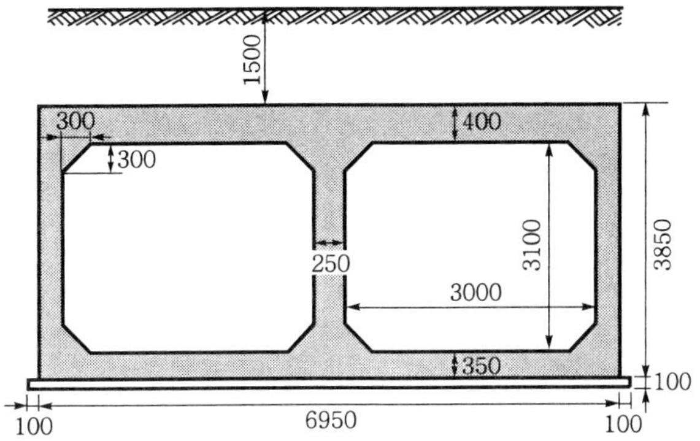

(1) 2연 암거의 1m 길이에 대한 콘크리트량을 산출하시오. (단, 기초의 콘크리트량도 고려하며 소수점 4째자리에서 반올림하시오.)
(2) 2연 암거의 1m 길이에 대한 거푸집량을 산출하시오. (단, 기초의 거푸집량도 고려하고, 마구리면은 고려하지 않으며, 소수점 4째자리에서 반올림하시오.)
(3) 2연 암거의 1m 길이에 대한 터파기량을 산출하시오. (터파기의 여유폭은 0.6m로 하고, 구배는 1 : 0.5로 하며 소수점 4째자리에서 반올림하시오.)

답 · 풀이

문제 18

배점 10

다음 작업 리스트에서 네트워크 공정표를 작성하고, 각 작업의 여유시간을 구하시오.

작업명	선행작업	작업일수	비 고
A	없음	4	(1) CP는 굵은 선으로 표시하시오. (2) 각 결합점에는 다음과 같이 표시한다. 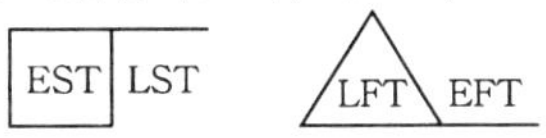 (3) 각 작업은 다음과 같이 표시한다. 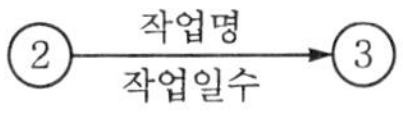
B	A	6	
C	A	5	
D	A	4	
E	B	3	
F	B, C, D	7	
G	D	8	
H	E	6	
I	E, F	5	
J	E, F, G	8	
K	H, I, J	6	

(1) 공정표를 작성하시오.
(2) 여유시간을 구하시오.

답 · 풀이

문제 19

배점 3

콘크리트 슬래브 포장에서 팽창, 수축 등을 어느 정도 자유롭게 일어나도록 하여 온도응력을 경감하고 피할 수 없는 균열을 규칙적으로 일정한 장소로 제어할 목적으로 줄눈을 설치한다. 이 같은 줄눈의 종류 3가지만 쓰시오.

답 · 풀이

문제 20

배점 3

도로 토공을 위한 횡단측량 결과 다음 그림과 같은 결과를 얻었다. Simpson 제2법칙에 의한 횡단면적은? (단위 : m)

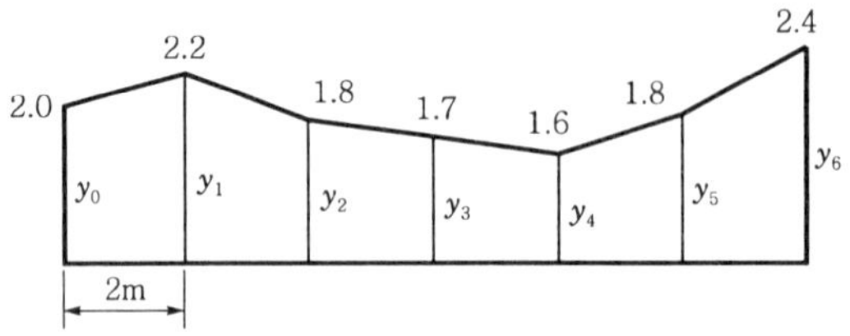

답 · 풀이

문제 21

배점 3

80kg의 래머를 사용하여 보조기층의 다짐작업을 할 경우 시간당 작업량을 구하시오.

조건

- 1회의 유효찍기 다짐면적(A) = 0.033m^2
- 작업효율 = 0.5
- 토량환산계수(f) = 0.7
- 1층의 끝손질 두께 = 0.3m
- 1시간당의 찍기 다짐횟수 = 3600회
- 되풀이 찍기 다짐횟수 = 6회

답 · 풀이

문제 **22**

배점 3

탄성파속도가 1100m/s인 사암으로 된 수평한 지반을 1개의 리퍼날이 부착된 21t급의 불도저(q_0 = 3.3m^3)로 리핑하면서 작업을 할 때 1시간당 작업량을 본바닥 토량으로 구하시오. (단, 소수 3째자리에서 반올림하시오.)

조건

- 1개 날의 1회 리핑 단면적 : 0.14m^2
- 작업거리 : 40m
- 불도저의 구배계수 : 0.90
- 리퍼의 사이클 타임 : $C_m = 0.05l + 0.33$
- 불도저의 사이클 타임 : $C_m = 0.037l + 0.25$
- 리퍼의 작업효율 : 0.9
- 불도저의 작업효율 : 0.4
- 토량변화율 : $L = 1.6$, $C = 1.1$

답 · 풀이

문제 **23**

배점 3

아스팔트 포장에 실 코트(seal coat)를 하는 목적을 3가지만 쓰시오.

답 · 풀이

문제 24

배점 8

아래 그림과 같은 지반에서 다음 물음에 답하시오.

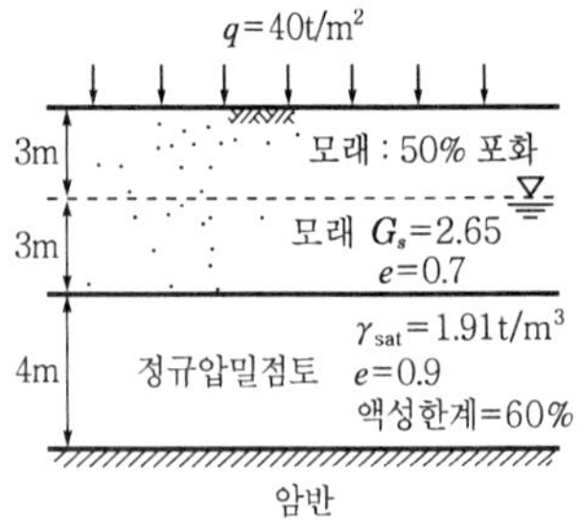

(A)

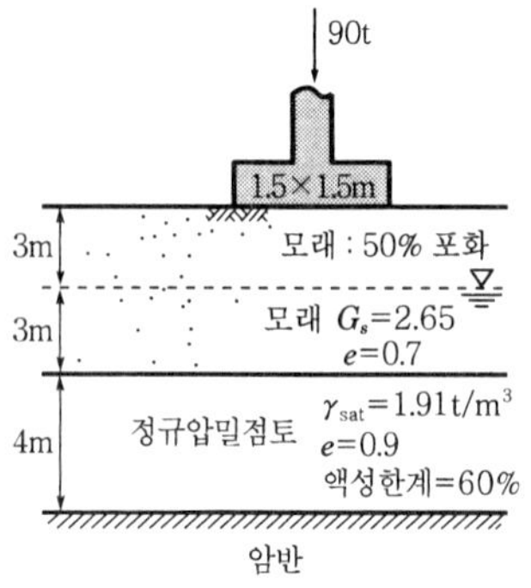

(B)

(1) 그림 (A)와 같이 지표면에 40t/m²의 무한히 넓은 등분포하중이 작용하는 경우 압밀 침하량을 구하시오.

(2) 그림 (B)와 같이 지표면에 설치한 정사각형 기초에 90t의 하중이 작용하는 경우 압밀 침하량을 구하시오. (단, 응력증가량 계산은 2 : 1분포법을 사용하고, 평균유효응력 증가량($\Delta\sigma$)은 $(\Delta\sigma_t + 4\Delta\sigma_m + \Delta\sigma_b)/6$으로 구한다. 여기서, $\Delta\sigma_t$, $\Delta\sigma_m$, $\Delta\sigma_b$은 점토층의 상단부, 중간층, 하단부에서 응력의 증가량이다.)

답 · 풀이

문제 25

배점 3

다음 그림과 같은 조건하에 있는 복합활동 파괴면에 대한 안전율을 구하시오.

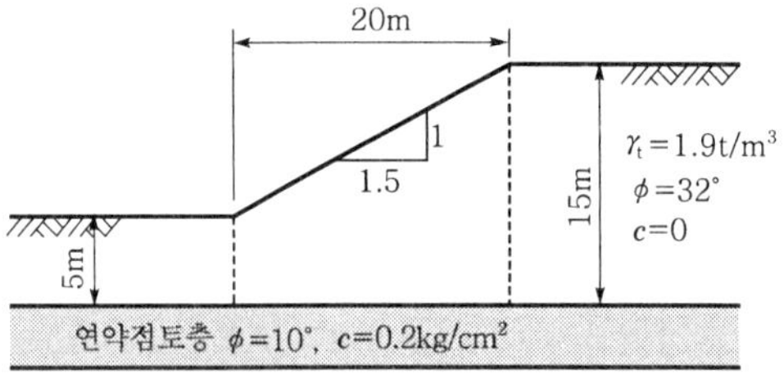

답 · 풀이

문제 01

도로나 댐공사에서 흙을 다질 때 탬핑 롤러를 사용하는 경우가 많다. 탬핑 롤러의 종류를 3가지만 쓰시오.

배점 3

답 · 풀이

문제 02

시멘트 콘크리트 포장에서 보조기층이나 노상의 흙이 우수의 침입과 교통하중의 반복에 의해 이토화(泥土化)되어 균열 틈이나 줄눈부로 뿜어오르는 현상으로 이와 같은 현상이 반복됨에 따라 Slab하부에 공극과 공동이 생겨 단차가 발생하고 콘크리트 슬래브가 파괴에 이르게 된다. 이러한 현상을 무엇이라 하는가?

배점 2

답 · 풀이

문제 03

ILM(압출공법)에 적용하는 압출방법을 3가지만 쓰시오.

배점 3

답 · 풀이

문제 04

콘크리트의 경화나 강도 발현을 촉진하기 위해 실시하는 양생을 촉진양생이라고 한다. 이러한 촉진양생방법의 종류를 3가지만 쓰시오.

배점 3

답 · 풀이

문제 05

배점 4

아래 그림과 같이 지표면에 10t의 집중하중이 작용할 때 다음 물음에 답하시오. (단, 소수점 이하 4째 자리에서 반올림하시오.)

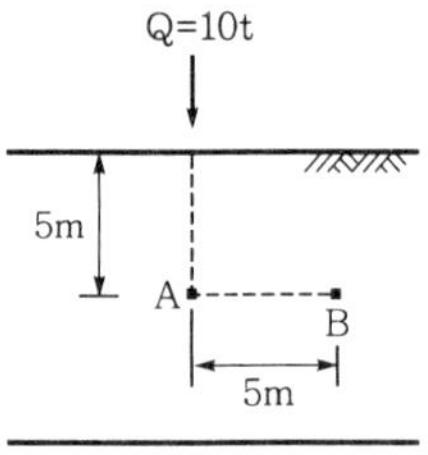

(1) A점에서의 연직응력의 증가량을 구하시오.
(2) B점에서의 연직응력의 증가량을 구하시오.

답 · 풀이

문제 06

배점 4

다음과 같은 연속 기초의 극한지지력을 테르자기(Terzaghi)식을 이용하여 ①, ②의 경우에 대해 각각 구하시오. (단, 점착력 $c=0.1\text{kg/cm}^2$, 내부마찰각 $\phi=15°$, $N_c=6.5$, $N_r=1.2$, $N_q=2.7$이며 전반전단파괴가 발생하며, 흙은 균질이다.)

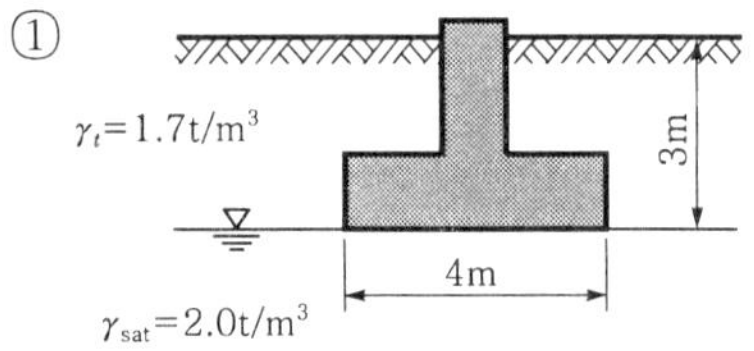

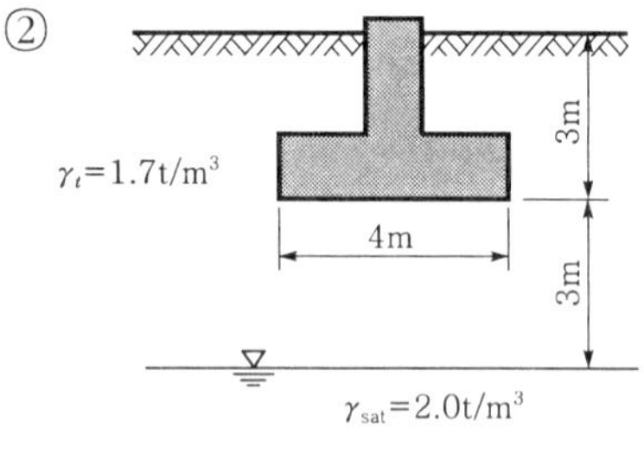

(1) ①의 경우에 대하여 극한지지력을 구하시오.
(2) ②의 경우에 대하여 극한지지력을 구하시오.

답 · 풀이

문제 07

배점 3

도로를 설계하기 위하여 5개 지점의 건설구간에서 시료를 채취하여 각 지점에 있어서의 평균 CBR을 구하였다. 이때의 설계 CBR을 계산하시오.

조건

① 각 지점의 평균 CBR : 6.8, 8.5, 4.8, 6.3, 7.2

② 계수

개수(n)	2	3	4	5	6	7	8	9	10 이상
d_2	1.41	1.91	2.24	2.48	2.64	2.83	2.98	3.08	3.18

답 · 풀이

문제 08

배점 3

어느 암반지대에서 RQD의 평균값은 60%, 절리군의 수(J_n)는 6, 절리면 변질 계수(J_a)는 2, 지하수 보정 계수(J_w)는 1, 절리면 거칠기 계수(J_r)는 2, 응력저감계수(SRF)는 1일 경우 Q값을 계산하시오.

답 · 풀이

문제 09

배점 6

그림과 같은 등고선을 굴착하여 오른편 그림과 같은 도로성토를 하려고 한다. 물음에 답하시오. (단, L = 1.20, C = 0.90, 토량은 각주 공식 사용)

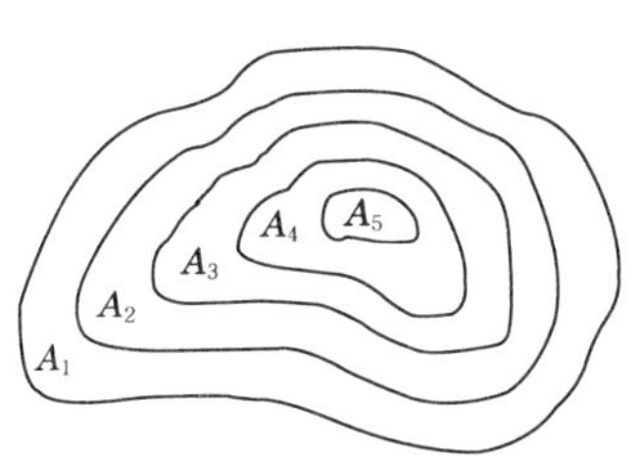

면적(m^2)
A_1=1400
A_2=950
A_3=600
A_4=250
A_5=100
한 등고선 높이 : 20m

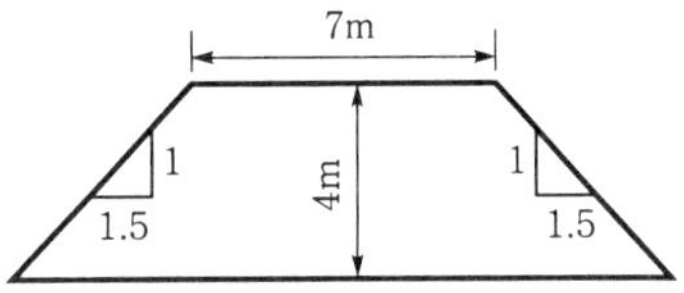

shovel의 C_m : 20sec
dipper 계수 : 0.95
작업효율 : 0.80, f=1
1일 운전시간 : 6hr
유류소모량 : 4l/h

(1) 도로의 길이는 몇 m를 만들 수 있는가?
(2) 그림과 같은 조건에서 1m^3 power shovel 5대가 굴착할 때 작업일수는 며칠인가?
(3) 총 유류소모량(power shovel)은 얼마나 되겠는가?

답 · 풀이

문제 10

배점 3

아래 그림과 같은 지층의 지표면에 $4t/m^2$의 압력이 작용할 때 이로 인한 점토층의 압밀 침하량을 구하시오. (단, 이 점토층은 정규압밀점토이다.)

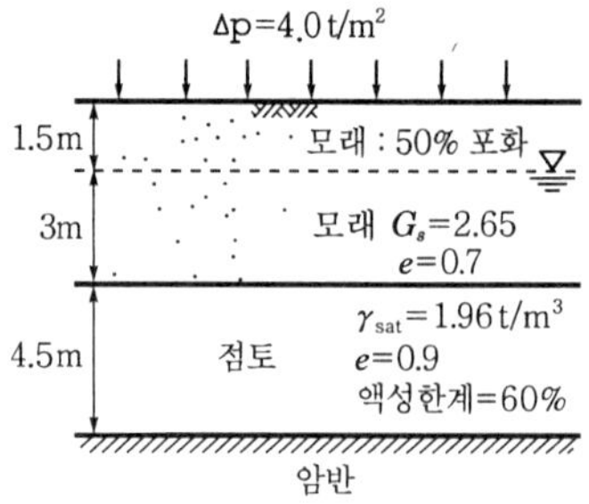

답 · 풀이

문제 11

배점 3

15t 덤프트럭에 흙을 적재하여 운반하고자 할 때 버킷용량이 $0.6m^3$이며, 버킷계수가 0.9인 백호를 사용하여 덤프트럭 1대를 적재하려면 필요한 시간은 얼마인가? (단, 흙의 단위중량 $\gamma_t = 1.8t/m^3$, $L = 1.2$, 백호의 cycle time : 30초, 백호의 작업효율 : 0.8)

답 · 풀이

문제 12

배점 3

강상자형교(steel box girder bridge)는 얇은 강판을 상자형 단면으로 결합하여 외력에 저항하는 구조이다. 이러한 강상자형교를 box 단면의 구성형태에 따라 3가지로 분류하시오.

답 · 풀이

문제 13

다음 물음에 답하시오.

(1) 사운딩의 정의를 쓰시오.

(2) 정적 사운딩의 종류를 3가지만 쓰시오.

배점 6

답 · 풀이

문제 14

토압은 주동토압, 수동토압, 정지토압 3가지가 있는데 이중 정지토압을 판별할 수 있는 구조물 3가지를 쓰시오.

배점 3

답 · 풀이

문제 15

터널의 방재시설 종류를 3가지만 쓰시오.

배점 3

답 · 풀이

문제 16

연약지반처리 중 치환공법은 지반의 연약토를 제거하고 양질의 토사로 치환하여 비교적 단기간 내에 기초처리를 할 수 있는데 치환공법을 3가지만 쓰시오.

배점 3

답 · 풀이

문제 17

배점 3

차량이 곡선부를 주행할 때 원심력으로 인하여 곡선부 바깥쪽으로 미끄러지거나 전도할 위험이 있으므로 최소 곡선반경을 산정하여 차량이 안전하고 쾌적하게 주행할 수 있도록 하고 있다. 다음의 주어진 값을 적용하여 최소 곡선반경(m)을 구하시오.

조건

- 설계속도 : 100km/h
- 횡방향 미끄럼 마찰계수(f) = 0.11
- 편구배(i) = 6%

답 · 풀이

문제 18

배점 3

그림과 같은 방파제의 활동에 대한 안전율을 계산하시오. (단, 소수 3째자리에서 반올림 하시오.)

조건

- 파고(h) = 3.0m
- 케이슨 단위중량(w) = 2.0t/m^3
- 해수 단위중량(W) = 1.0t/m^3
- 마찰계수(f) = 0.6
- 파압공식(P) = 1.5wh(t/m^2)

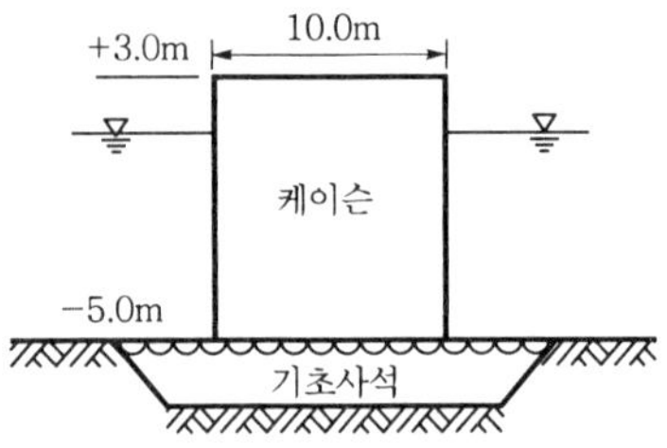

답 · 풀이

문제 19

배점 3

어느 sample 값에서 측정한 다음 데이터의 변동계수를 구하시오. (단, 소수 2째자리까지 구하시오.)

데이터	4, 7, 3, 10, 6

답 · 풀이

문제 20

배점 3

콘크리트를 거푸집에 타설한 후부터 응결이 종결될 때까지에 발생하는 균열을 일반적으로 초기균열이라고 한다. 초기균열은 그 원인에 의하여 크게 나눌 수 있다. 3가지만 쓰시오.

답 · 풀이

문제 21

배점 3

표준관입시험의 N치가 35일 때, 현장에서 채취한 모래는 입자가 모나고, 균등계수 $C_u=7$, 곡률계수 $C_g=2$이었다. Dunham의 식을 이용하여 이 모래의 내부마찰각을 추정하시오.

답 · 풀이

문제 22

배점 3

깊이 20m이고, 폭이 30cm인 정방형 철근 콘크리트 말뚝이 두꺼운 균질한 점토층에 박혀있다. 이 점토의 전단강도는 6.0t/m^2, 단위중량은 1.8t/m^{3}이며, 부착력은 점착력의 0.9배이나, 지하수위는 지표면과 일치한다. 극한지지력을 구하시오. (단, $N_c=9$, $N_q=1$)

답 · 풀이

문제 23

배점 8

주어진 반중력식 교대의 도면(단위 : mm) 및 조건에 따라 다음 물량을 산출하시오. (단, 주어진 도면의 치수는 축척에 맞지 않을 수 있으며, 주어진 치수로만 물량을 산출할 것)

일 반 도

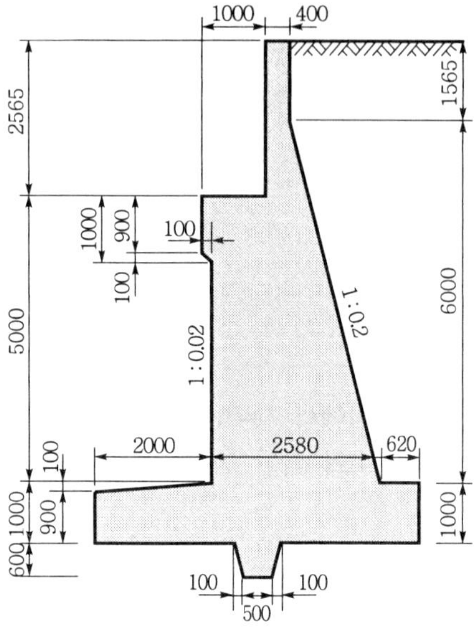

(1) 폭이 10m인 교대의 콘크리트량을 구하시오. (단, 소수점 이하 4째자리에서 반올림하시오.)

(2) 폭이 10m인 교대의 거푸집량을 구하시오. (단, 소수점 이하 4째자리에서 반올림하시오.)

답 · 풀이

문제 24

배점 3

설계기준 압축강도가 40MPa이고, 22회의 콘크리트 압축강도시험으로부터 구한 표준편차가 4.5MPa이었다. 이 콘크리트의 배합강도를 구하시오. (단, 압축강도 시험 횟수가 20회일 때 표준편차의 보정계수는 1.08, 25회일 때 보정계수는 1.03이다.)

답 · 풀이

문제 25

배점 3

댐 여수로의 급경사수로를 유하한 고속류의 운동에너지를 감세시켜 하류하천에 안전하게 유하시키기 위한 시설을 감세공이라 한다. 이러한 감세공의 종류를 3가지 쓰시오.

답 · 풀이

문제 26

배점 10

다음의 Net Work와 작업 데이터는 어떤 공사계획의 일부이다. 이 공정에서 공기를 3일 단축할 필요가 생겼을 때 extra-cost(여분출비)는 얼마인가? (단, 증가비용은 단축일수에 비례하는 것으로 한다.)

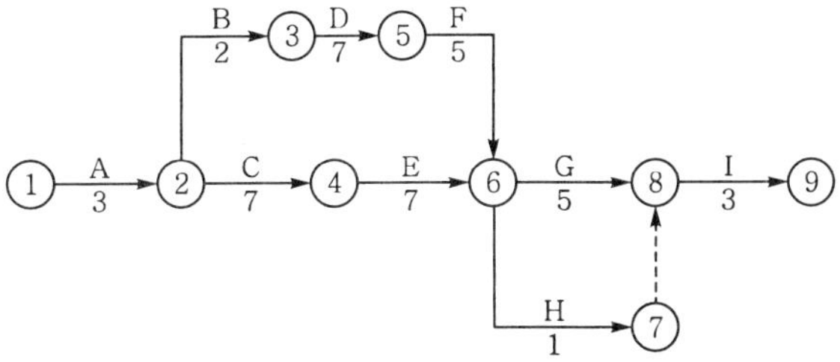

작업명	표준작업		crash 상태	
	작업일수	비 용	작업일수	비 용
A	3	30만 원	2	33만 원
B	2	40만 원	1	50만 원
C	7	60만 원	5	80만 원
D	7	100만 원	5	130만 원
E	7	80만 원	5	90만 원
F	5	50만 원	3	74만 원
G	5	70만 원	5	70만 원
H	1	15만 원	1	15만 원
I	3	20만 원	3	20만 원

답 · 풀이

문제 27

배점 3

성토시공방법을 3가지만 쓰시오.

답 · 풀이

문제 01

일반적으로 차량의 충격위험을 방지하는 충격흡수시설의 종류를 3가지만 쓰시오.

배점 3

답 · 풀이

문제 02

비탈면에 강철봉을 타입 또는 천공 후 삽입시켜 전단력과 인장력에 저항할 수 있도록 하는 시공법은?

배점 2

답 · 풀이

문제 03

한 무한 자연사면의 경사가 20°이고 경사방향으로 흐르는 지하수면이 지표면과 일치하여 지표면에서 5m 깊이에 암반층이 있다고 할 때 이 사면의 안전율은 얼마인가?

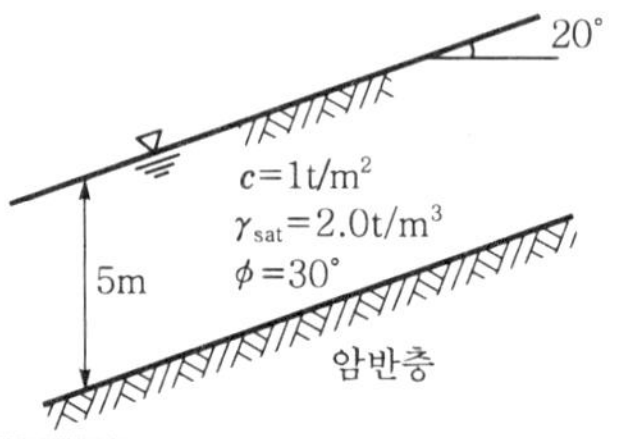

배점 3

답 · 풀이

문제 04

약액주입공법의 주입재료 중에서 비약액계 주입재 3가지를 쓰시오.

배점 3

답 · 풀이

문제 05

다음과 같은 복합 footing에 있어서 기초지반의 허용지내력이 $15t/m^2$일 때 L 및 B를 구하시오.

배점 3

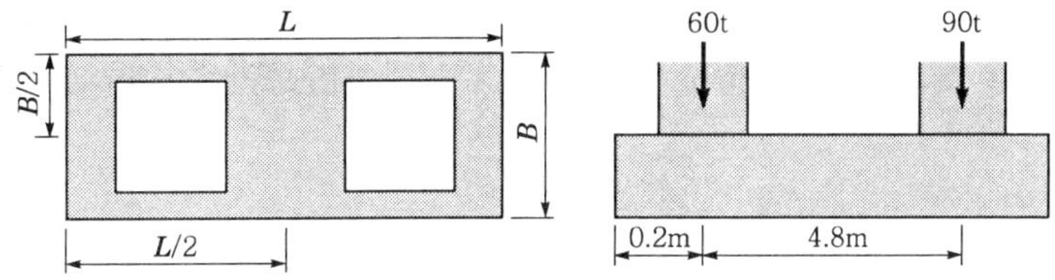

답 · 풀이

문제 06

어떤 데이터의 히스토그램에서 하한규격치가 $256kg/cm^2$일 때 평균치 $276kg/cm^2$, 표준편차 $5kg/cm^2$이라면 공정능력지수는 얼마인가? (단, 이 규격은 편측규격이다.)

배점 3

답 · 풀이

문제 07

배점 3

지중에 설치하는 기초 케이슨 중에 공기 케이슨은 많은 장비와 인력이 필요하고 공사비가 많이 소요되므로 특수한 경우가 아니면 사용하지 않는다. 공기 케이슨이 사용되는 경우를 3가지 쓰시오.

답·풀이

문제 08

배점 8

주어진 반중력식 교대의 도면(단위 : mm) 및 조건에 따라 다음 물량을 산출하시오. (단, 주어진 도면의 치수는 축척에 맞지 않을 수 있으며, 주어진 치수로만 물량을 산출할 것)

일 반 도

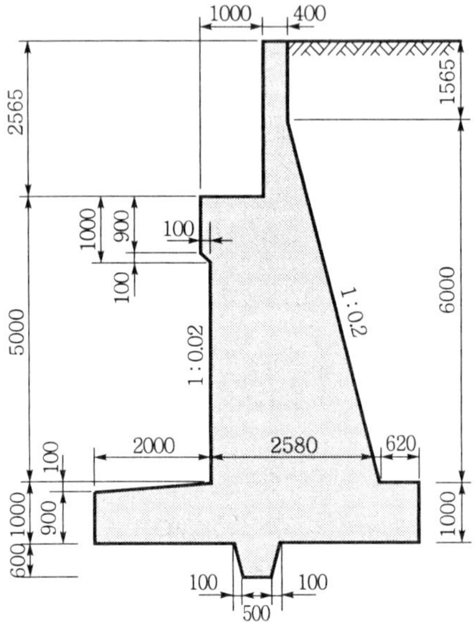

(1) 폭이 10m인 교대의 콘크리트량을 구하시오. (단, 소수점 이하 4째자리에서 반올림하시오.)
(2) 폭이 10m인 교대의 거푸집량을 구하시오. (단, 소수점 이하 4째자리에서 반올림하시오.)

답·풀이

문제 09

배점 3

폭이 3m×3m인 기초가 있다. 점착력은 3t/m^{2}이고, 흙의 단위중량이 1.9t/m^3, 내부마찰각 $\phi=20°$, 안전율이 3일 때 기초의 허용하중을 구하시오. (단, 기초의 근입깊이는 1m이고 전반전단파괴가 발생하며, $N_r=5$, $N_c=18$, $N_q=7.5$이고 흙은 균질이다.)

답 · 풀이

문제 10

배점 3

기존 아스팔트 포장에 생긴 균열보수방법을 3가지만 쓰시오.

답 · 풀이

문제 11

배점 3

지하수위를 저하시키기 위한 강제 배수공법 3가지를 쓰시오.

답 · 풀이

문제 12

배점 3

ILM(압출공법)에 적용하는 압출방법을 3가지만 쓰시오.

답 · 풀이

문제 13

배점 9

다음 그림과 같은 중력식 옹벽에 대하여 Rankine토압론을 이용하여 아래 물음에 답하시오.

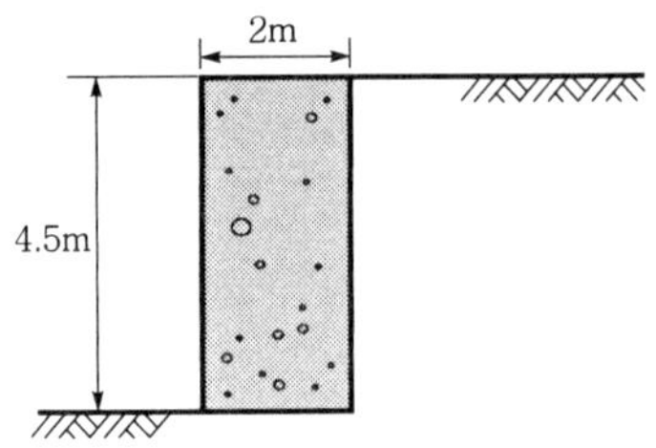

조건

- 흙의 단위중량 : $\gamma_t = 1.8\text{t/m}^3$
- 흙의 내부마찰각 : $\phi = 37°$
- 점착력 : $c = 0$
- 지반의 허용지지력 : $q_a = 30\text{t/m}^2$
- 콘크리트 단위중량 : $\gamma_c = 2.4\text{t/m}^3$

(1) 전도에 대한 안전율을 구하시오.
(2) 활동에 대한 안전율을 구하시오.
(3) 지지력에 대한 안전율을 구하시오.

답·풀이

문제 14

배점 3

콘크리트를 2층 이상으로 나누어 타설할 경우, 상층의 콘크리트타설은 원칙적으로 하층의 콘크리트가 굳기 시작하기 전에 해야 하며, 상층과 하층이 일체가 되도록 시공한다. 또한 콜드 조인트가 발생하지 않도록 하나의 시공 구획면적, 콘크리트의 공급능력, 이어치기 허용시간 간격 등을 정하여야 한다. 이때 이어치기 허용시간의 표준에 대한 아래 표의 빈 칸을 채우시오.

외기온	허용 이어치기 시간 간격
25℃ 초과	① (　　) 시간
25℃ 이하	② (　　) 시간

답·풀이

문제 15

배점 3

포장공사에서 도로의 기층 안정처리공법을 3가지만 쓰시오.

답·풀이

문제 16

조절발파공법(controlled blasting)의 종류를 4가지만 쓰시오.

배점 3

답 · 풀이

문제 17

도로연장 3km 건설구간에서 7지점의 시료를 채취하여 다음과 같은 CBR을 구하였다. 이 때의 설계 CBR을 구하시오.

조건

① 7지점의 CBR : 5.3, 5.7, 7.6, 8.7, 7.4, 8.6, 7.2

② 설계 CBR 계산용 계수

개수(n)	2	3	4	5	6	7	8	9	10 이상
d_2	1.41	1.91	2.24	2.48	2.67	2.83	2.96	3.08	3.18

배점 3

답 · 풀이

문제 18

말뚝의 압축재하시험 종류 3가지를 쓰시오.

배점 3

답 · 풀이

문제 19

배점 3

아래 그림과 같은 기초 지반에 평판재하시험을 실시하여 $\log P - \log S$ 곡선을 그려 항복하중을 구했더니 21t, 극한하중은 30t이었다. 이때 기초지반의 장기 허용지지력은 얼마인가? (단, 기초하중면보다 아래에 있는 지반의 토질에 따른 계수(N_q)는 3이다.)

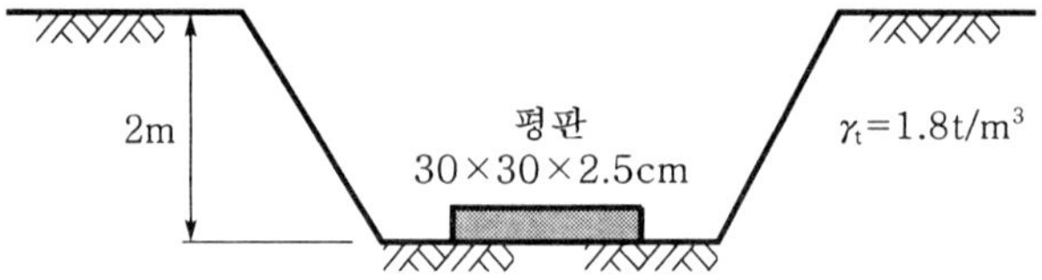

답 · 풀이

문제 20

배점 6

다음과 같은 지형에서 시공기준면을 15m로 성토하고자 할 때 다음 물음에 답하시오. (단, 격자점 숫자는 표고, 단위는 m)

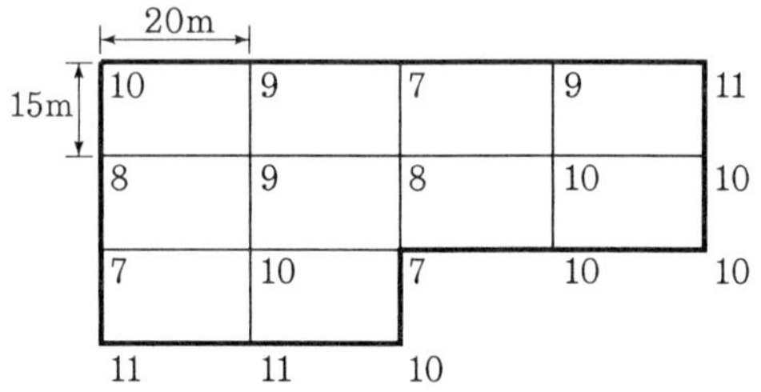

(1) 운반토량을 구하시오. (단, L=1.25, C=0.9)

(2) 적재용량 8t의 덤프트럭으로 운반할 때 연대수를 구하시오. (단, 굴착 흙의 단위중량은 1.8t/m³)

답 · 풀이

문제 21

배점 3

방파제(防波提)란 외곽시설(外廓施設)로 항내정온을 유지하고 선박의 항행을 원활히 하기 위해 축조된 항만 구조물이다. 방파제의 구조 형식에 따른 종류를 3가지만 쓰시오.

답 · 풀이

문제 22

신축이음장치 3가지를 기술하시오.

배점 3

답 · 풀이

문제 23

예민비의 정의에 대해 기술하시오.

배점 3

답 · 풀이

문제 24

가물막이공사는 하천이나 해안 등에 구조물을 시공할 때 dry work를 위한 가설구조물 시공으로 크게 중력식 공법과 sheet pile식의 2가지가 된다. 그 중 sheet pile식의 종류 4가지를 쓰시오.

배점 3

답 · 풀이

문제 25

다음과 같은 작업 리스트가 있다. 다음 물음에 답하시오.

배점 8

작업명	선행작업	후속작업	표준일수(일)	단축가능 일수(일)	1일 단축의 소요비용(만 원/일)
A	-	B, C	6	2	5
B	A	D	8	1	7
C	A	F	10	2	3
D	B	E	6	2	4
E	D	G	4	4	8
F	C	G	7	1	9
G	E, F	-	5	2	10

(1) Net Work(화살선도)를 작도하고, 표준일수에 대한 CP를 찾으시오.
(2) 공사기간을 4일 단축하고자 하는 경우 최소의 여분출비(extra cost)를 계산하시오.

답 · 풀이

문제 26

배점 10

다음 표와 같은 설계조건 및 재료, 참고표를 이용하여 콘크리트를 배합설계하여 아래 배합표를 완성하시오.

설계조건 및 재료

- 물-시멘트는 50%로 한다.
- 굵은골재는 최대치수 25mm의 부순돌을 사용한다.
- 양질의 공기연행제(AE제)를 사용하며 그 사용량은 시멘트 질량의 0.03%로 한다.
- 물-시멘트는 목표로 하는 슬럼프는 120mm, 공기량은 5%로 한다.
- 사용하는 시멘트는 보통포틀랜드시멘트로서 밀도는 0.00315g/mm^{3}이다.
- 잔골재의 표건밀도는 0.0026g/mm^{3}이고, 조립률은 2.85이다.
- 굵은골재의 표건밀도는 0.0027g/mm^{3}이다.

[배합설계 참고표]

굵은 골재 최대 치수(mm)	단위 굵은 골재 용적(%)	공기연행제를 사용하지 않은 콘크리트			공기연행 콘크리트				
		갇힌 공기(%)	잔골재율 S/a(%)	단위수량 W(kg/m^3)	공기량(%)	양질의 공기연행제를 사용한 경우		양질의 공기연행감수제를 사용한 경우	
						잔골재율 S/a(%)	단위수량 W(kg/m^3)	잔골재율 S/a(%)	단위수량 W(kg/m^3)
15	58	2.5	53	202	7.0	47	180	48	170
20	62	2.0	49	197	6.0	44	175	45	165
25	67	1.5	45	187	5.0	42	170	43	160
40	72	1.2	40	177	4.5	39	165	40	155

주 1) 이 표의 값은 보통의 입도를 가진 잔골재(조립률 2.8 정도)와 부순돌을 사용한 물-시멘트비 55% 정도, 슬럼프 80mm 정도의 콘크리트에 대한 것이다.

2) 사용재료 또는 콘크리트의 품질이 주 1)의 조건과 다를 경우에는 위의 표의 값을 아래 표에 따라 보정한다.

구분	S/a의 보정(%)	W의 보정(kg)
잔골재의 조립률이 0.1만큼 클(작을) 때마다	0.5만큼 크게(작게) 한다.	보정하지 않는다.
슬럼프값이 10mm만큼 클(작을) 때마다	보정하지 않는다.	1.2%만큼 크게(작게) 한다.
공기량이 1%만큼 클(작을) 때마다	0.5~0.1만큼 작게(크게) 한다.	3%만큼 작게(크게) 한다.
물-시멘트비가 0.05만큼 클(작을) 때마다	1만큼 크게(작게) 한다.	보정하지 않는다.

※ 비고 : 단위굵은 골재용적에 의하는 경우에는 모래의 조립률이 0.1만큼 커질(작아질) 때마다 단위굵은 골재는 골재용적을 1%만큼 작게(크게) 한다.

[배합표]

굵은골재의 최대치수(mm)	슬럼프(mm)	공기량(%)	$\frac{W}{C}$(%)	잔골재율 S/a(%)	단위량(kg/m^3)				혼화제(g/m^3)
					물	시멘트	잔골재	굵은골재	
25	120	5	50						

답 · 풀이

2017년도 정답 및 해설

정/답/및/해/설 2017년도 1차(04.16 시행)

정답·해설 01

$V=20\sqrt{\dfrac{Dh}{L}}$ $\quad 0.8=20\sqrt{\dfrac{0.2h}{300}}$

$\therefore\ h=2.4\text{m}$

정답·해설 02

$R_{nf}=f_n A_s=\dfrac{q_u}{2}\cdot\pi Dl$

$=\dfrac{1.8}{2}\times(\pi\times0.4\times12)=13.57\text{t}$

정답·해설 03

$V=\sqrt{\dfrac{E}{\left(\dfrac{\gamma}{g}\right)}}$

$3500=\sqrt{\dfrac{E}{\left(\dfrac{2.3}{9.8}\right)}}$

$\therefore\ E=2{,}875{,}000\text{t/m}^2$

✎ 참고

탄성파 굴절탐사(seismic refraction survey)P파의 속도

$V=\sqrt{\dfrac{E}{\left(\dfrac{\gamma}{g}\right)}}\cdot\sqrt{\dfrac{(1-\mu)}{(1-2\mu)(1+\mu)}}$

여기서, E : 탄성계수, γ : 암반의 단위중량, g : 중력가속도, μ : 푸아송 비

정답·해설 04

① $\sigma=(10-H)\gamma_{\text{sat}}=(10-H)\times1.9$

② $u=\gamma_w h=1\times6=6\text{t/m}^2$

③ $\bar{\sigma}=0$일 때 heaving이 발생하므로

$\bar{\sigma}=\sigma-u=(10-H)\times1.9-6=0$

∴ $H = 6.84\text{m}$

정답·해설 05

매입형 복합말뚝(HCP : Hybrid Composite Pile)

참고

매입형 복합말뚝(HCP)

① 개요 : 말뚝 상부는 강관말뚝을, 말뚝 하부는 PHC 말뚝을 결합구로 용접시킨 매입형 복합말뚝이다.
② 원리 : 지중에 설치되는 말뚝은 재하하중, 지반 상태, 기초결합조건에 따라 편차가 있지만 대부분 말뚝 상부에서 휨 모멘트가 크게 작용하고, 말뚝 하부로 내려가면 수직력이 지배적이다. 이러한 말뚝의 거동을 고려하여 휨 모멘트가 큰 말뚝 상부와 수직력이 지배적인 말뚝 하부를 다른 재질(강관+PHC)로 구성하여 말뚝의 구조적 안정성을 확보하면서 경제성을 향상시키는 구조이다.

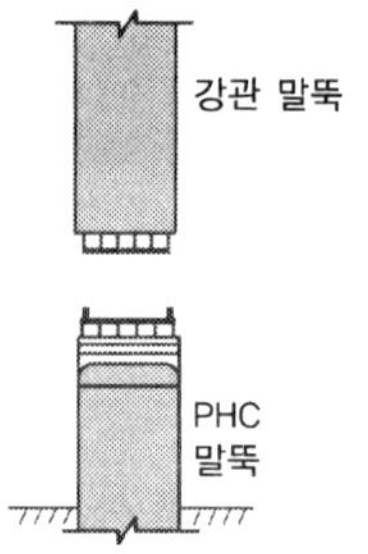

[그림] PHC 개요

정답·해설 06

① smooth blasting 공법 채택
② 적절한 장비 선정
③ 적정 폭약량 사용
④ 매 round 발파 후 조속히 초기 보강(shotcrete) 실시
⑤ 예상되는 연약지반에는 pre-grouting 실시

정답·해설 07

① $\bar{\bar{x}} = \dfrac{90+80+70+75+85}{5} = 80$

② $\bar{R} = \dfrac{15+5+15+5+10}{5} = 10$

③ $UCL = \bar{\bar{x}} + A_2\bar{R} = 80 + 1.02 \times 10 = 90.2$

④ $LCL = \bar{\bar{x}} - A_2\bar{R} = 80 - 1.02 \times 10 = 69.8$

정답·해설 08

① 선단 cone 저항(q_c) ② 마찰저항(f_s) ③ 간극수압(u)

정답·해설 09

① 한겹 sheet pile식 ② 두겹 sheet pile식
③ cell식 ④ ring beam식

정답·해설 10

① 작성이 쉽다. ② 공사계획과 진척사항을 쉽게 알 수 있다.
③ 전체 공정의 파악이 쉽다. ④ 보기 쉽다.

정답·해설 11

① 액성한계 ② 소성한계 ③ 수축한계

정답·해설 12

(1) 매우 된반죽의 콘크리트를 얇은 층으로 깔고 진동롤러로 다지기를 한 콘크리트
(2) 콘크리트 중에 매입한 냉각관에 냉각수를 순환시켜 콘크리트의 온도를 낮추는 방법
(3) 골재를 냉각시키거나 물속에 얼음을 넣어 콘크리트의 온도를 낮추는 방법

정답·해설 13

① 암석의 강도 ② RQD ③ 불연속면의 간격
④ 불연속면의 상태 ⑤ 지하수의 상태

정답·해설 14

① 스윙 컷(swing cut) ② 번 컷(burn cut) ③ 노 컷(no cut)
④ V 컷(wedge cut) ⑤ 피라밋 컷(pyramid cut)

정답·해설 15

(1) $\bar{x} = \dfrac{464}{16} = 29\text{MPa}$

(2) ① $S = (26-29)^2 + (29.5-29)^2 + (25-29)^2 + \cdots + (35-29)^2 = 206$

② $\sigma = \sqrt{\dfrac{S}{n-1}} = \sqrt{\dfrac{206}{16-1}} = 3.71\text{MPa}$

③ 직선 보간한 표준편차

$\sigma = 3.71 \times 1.144 = 4.24\text{MPa}$

$$\left(\begin{array}{l} \text{직선 보간} \\ 1.08 + \dfrac{(1.16-1.08)\times 4}{5} = 1.144 \end{array} \right)$$

(3) ① $f_{cr} = f_{ck} + 1.34S = 28 + 1.34 \times 4.24 = 33.68\text{MPa}$

② $f_{cr} = (f_{ck} - 3.5) + 2.33S = (28-3.5) + 2.33 \times 4.24 = 34.38\text{MPa}$

식 ①, ② 중에서 큰 값이 배합강도이므로

$\therefore\ f_{cr} = 34.38\text{MPa}$

정답·해설 16

① 캔틸레버공법(FCM 공법) ② 이동동바리공법(MSS 공법)
③ 압출공법(ILM 공법) ④ PSM공법

정답·해설 17

(1) 길이 1m에 대한 콘크리트량

① 기초 콘크리트량 = $7.15\times0.1\times1 = 0.715\text{m}^3$

② 구체 콘크리트량 = $(6.95\times3.85-3.1\times3.0\times2+\dfrac{0.3\times0.3}{2}\times8)\times1 = 8.5175\text{m}^3$

③ 전체 콘크리트량 = $0.715+8.5175 = 9.2325 ≒ 9.233\text{m}^3$

(2) 길이 1m에 대한 거푸집량

① 기초 거푸집량 = $0.1\times2\times1 = 0.2\text{m}^2$

② 구체 거푸집량 = $(3.85\times2+2.5\times4+2.4\times2+\sqrt{0.3^2+0.3^2}\times8)\times1 = 25.89411\text{m}^2$

③ 전체 거푸집량 = $0.2+25.89411 = 26.09411 ≒ 26.094\text{m}^2$

(3) 길이 1m에 대한 터파기량

터파기량 $= \left(\dfrac{8.35+(8.35+5.45)}{2} \times 5.45\right) \times 1 = 60.35875 ≒ 60.359\text{m}^3$

정답·해설 18

(1) 공정표

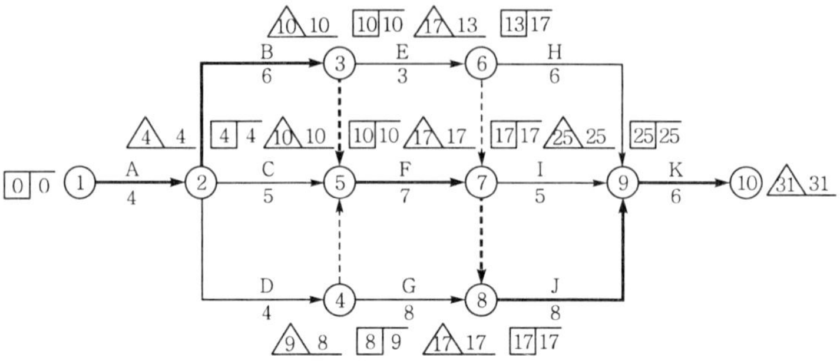

(2) 여유시간

작업명	TF	FF	DF	CP
A	4−0−4=0	4−0−4=0	0−0=0	★
B	10−4−6=0	10−4−6=0	0−0=0	★
C	10−4−5=1	10−4−5=1	1−1=0	
D	9−4−4=1	8−4−4=0	1−0=1	
E	17−10−3=4	13−10−3=0	4−0=4	
F	17−10−7=0	17−10−7=0	0−0=0	★
G	17−8−8=1	17−8−8=1	1−1=0	
H	25−13−6=6	25−13−6=6	6−6=0	
I	25−17−5=3	25−17−5=3	3−3=0	
J	25−17−8=0	25−17−8=0	0−0=0	★
K	31−25−6=0	31−25−6=0	0−0=0	★

정답·해설 19

① 가로수축줄눈(contraction joint) ② 가로팽창줄눈(expansion joint)
③ 세로줄눈(longitudinal joint) ④ 시공줄눈(construction joint)

참고

줄눈의 종류 및 기능

① 가로수축줄눈 : 건조수축에 의한 균열 방지
② 가로팽창줄눈 : 온도상승에 의한 blow up 방지
③ 세로줄눈 : 세로 방향 균열 방지
④ 시공줄눈 : 1일 마무리면, 장비고장 및 일기 변화

정답·해설 20

$$A = \frac{3h}{8}(y_0 + 3\Sigma y_{\text{나머지}} + 2\Sigma y_{3\text{배수}} + y_n) = \frac{3h}{8}[y_0 + 3(y_1 + y_2 + y_4 + y_5) + 2y_3 + y_6]$$

$$= \frac{3 \times 2}{8}[2 \times 3(2.2 + 1.8 + 1.6 + 1.8) + 2 \times 1.7 + 2.4] = 22.5\text{m}^2$$

정답·해설 21

$$Q=\frac{A \cdot N \cdot H \cdot f \cdot E}{P}=\frac{0.033\times 3600\times 0.3\times 0.7\times 0.5}{6}=2.08\text{m}^3/\text{h}$$ (다짐토량)

정답·해설 22

① dozer 작업량

$$Q_1=\frac{60 \cdot q \cdot f \cdot E}{C_m}=\frac{60 \cdot (q_0 \cdot \rho) \cdot \frac{1}{L} \cdot E}{0.037l+0.25}$$

$$=\frac{60\times(3.3\times 0.9)\times\frac{1}{1.6}\times 0.4}{0.037\times 40+0.25}=25.75\text{m}^3/\text{h}$$

② ripping 작업량

$$Q_2=\frac{60 \cdot A \cdot l \cdot f \cdot E}{C_m}=\frac{60\times 0.14\times 40\times 1\times 0.9}{0.05\times 40+0.33}=129.79\text{m}^3/\text{h}$$

③ 1시간당 작업량

$$Q=\frac{Q_1\times Q_2}{Q_1+Q_2}=\frac{25.75\times 129.79}{25.75+129.79}=21.49\text{m}^3/\text{h}$$

정답·해설 23

① 포장면의 내구성 증대　② 포장면의 수밀성 증대
③ 포장면의 미끄럼저항 증대　④ 포장면의 노화방지

참고

(1) prime coat 목적
① 기층과 그 위에 깔 asphalt 혼합물과의 부착을 좋게 한다.
② 기층 또는 보조기층의 작업차에 의한 파손방지, 강우에 의한 세굴방지, 방수성 증대
③ 보조기층으로부터의 모관상승 차단

(2) tack coat 목적
구 포장층과 그 위에 포설하는 asphalt 혼합물층과의 부착을 좋게 하기 위함.

정답·해설 24

(1) ① 모래지반의 단위중량

㉠ $\gamma_t=\frac{G_s+Se}{1+e}\gamma_w=\frac{2.65+0.5\times 0.7}{1+0.7}\times 1=1.76\text{t/m}^3$

㉡ $\gamma_{sat}=\frac{G_s+e}{1+e}\gamma_w=\frac{2.65+0.7}{1+0.7}\times 1=1.97\text{t/m}^3$

② $\sigma=1.76\times 3+1.97\times 3+1.91\times\frac{4}{2}=15.01\text{t/m}^2$

$u=1\times\left(3+\frac{4}{2}\right)=5\text{t/m}^2$

$\bar{\sigma}=\sigma-u=15.01-5=10.01\text{t/m}^2$

③ $C_c=0.009(W_L-10)=0.009(60-10)=0.45$

④ $\Delta H=\frac{C_c}{1+e_1}\log\frac{P_2}{P_1}H=\frac{0.45}{1+0.9}\log\left(\frac{10.01+40}{10.01}\right)\times 4=0.66185\text{m}=66.19\text{cm}$

(2) ① $\Delta\sigma_t=\frac{P}{(B+Z)(L+Z)}=\frac{90}{(1.5+6)(1.5+6)}=1.6\text{t/m}^2$

② $\Delta\sigma_m = \dfrac{90}{(1.5+8)(1.5+8)} = 1.00\text{t/m}^2$

③ $\Delta\sigma_b = \dfrac{90}{(1.5+10)(1.5+10)} = 0.68\text{t/m}^2$

④ $\Delta\sigma = \dfrac{\Delta\sigma_t + 4\Delta\sigma_m + \Delta\sigma_b}{6} = \dfrac{1.6+4\times1+0.68}{6} = 1.05\text{t/m}^2$

⑤ $\Delta H = \dfrac{C_c}{1+e_1}\log\dfrac{P_2}{P_1}H = \dfrac{0.45}{1+0.9}\log\left(\dfrac{10.01+1.05}{10.01}\right)\times 4 = 0.041\text{m} = 4.1\text{cm}$

정답·해설 25

① $cL = 2\times 20 = 40\text{t/m}$

② $W\tan\phi = \dfrac{5+15}{2}\times 20\times 1.9\times\tan 10^\circ = 67.00\text{t/m}$

③ $P_p = \dfrac{1}{2}\gamma_t h^2 K_p = \dfrac{1}{2}\times 1.9\times 5^2\times\tan^2\left(45^\circ + \dfrac{32^\circ}{2}\right) = 77.30\text{t/m}$

④ $P_a = \dfrac{1}{2}\gamma_t h^2 K_a = \dfrac{1}{2}\times 1.9\times 15^2\times\tan^2\left(45^\circ - \dfrac{32^\circ}{2}\right) = 65.68\text{t/m}$

⑤ $F_s = \dfrac{cL + W\tan\phi + P_p}{P_a} = \dfrac{40+67+77.3}{65.68} = 2.81$

정/답/및/해/설 2017년도 2차(06.25 시행)

정답·해설 01

① sheeps foot roller　　② tapper foot roller
③ grid roller　　④ turn foot roller

정답·해설 02

pumping

정답·해설 03

① lift & pushing 공법　　② pulling 공법　　③ 분산압출공법

참고

ILM공법의 종류

① 추진코식(손펴기식)　　② 연결식
③ 대선식　　④ 이동벤트식

정답·해설 04

① 상압증기양생
② 고압증기양생(오토클레이브 양생)
③ 전기양생
④ 적외선양생

정답·해설 05

(1) $\Delta\sigma_Z = \dfrac{P}{Z^2} \cdot I = \dfrac{10}{5^2} \times \dfrac{3}{2\pi} = 0.191\text{t/m}^2$

(2) ① $I = \dfrac{3Z^5}{2\pi R^5} = \dfrac{3 \times 5^5}{2\pi(\sqrt{5^2+5^2})^5} = 0.084$

② $\Delta\sigma_Z = \dfrac{P}{Z^2} \cdot I = \dfrac{10}{5^2} \times 0.084 = 0.034\text{t/m}^2$

정답·해설 06

(1) $q_u = \alpha c N_c + \beta B \gamma_1 N_r + D_f \gamma_2 N_q$

$= 1 \times 1 \times 6.5 + 0.5 \times 4 \times 1 \times 1.2 + 3 \times 1.7 \times 2.7$

$= 22.67\text{t/m}^2$

(2) ① $\gamma_1 = \gamma' + \dfrac{d}{B}(\gamma - \gamma')$

$= 1 + \dfrac{3}{4}(1.7 - 1) = 1.53\text{t/m}^3$

② $q_u = \alpha c N_c + \beta B \gamma_1 N_r + D_f \gamma_2 N_q$

$= 1 \times 1 \times 6.5 + 0.5 \times 4 \times 1.53 \times 1.2 + 3 \times 1.7 \times 2.7$

$= 23.94\text{t/m}^2$

정답·해설 07

① 각 지점의 CBR 평균 $= \dfrac{6.8 + 8.5 + 4.8 + 6.3 + 7.2}{5} = 6.72$

② 설계 CBR

= 각 지점의 CBR 평균 $- \left(\dfrac{\text{CBR 최대치} - \text{CBR 최소치}}{d_2}\right)$

$= 6.72 - \left(\dfrac{8.5 - 4.8}{2.48}\right) = 5.23 = 5$

정답·해설 08

Q(Rock Mass Quality) $= \dfrac{\text{RQD}}{J_n} \cdot \dfrac{J_r}{J_a} \cdot \dfrac{J_w}{\text{SRF}} = \dfrac{60}{6} \times \dfrac{2}{2} \times \dfrac{1}{1} = 10$

참고

- Q값에 의하여 암반의 보강방법과 보강정도를 결정할 수 있으며, 보통 Q값은 $10^{-3} \sim 10^3$ 범위에 속하며, Q값이 0.1 이하이면 암반이 매우 나쁜 상태이고, 400 이상이면 매우 좋은 상태를 나타낸다.
- 용어설명

  J_n : 절리군의 수에 관련된 변수

  J_r : 절리면의 거칠기에 관련된 변수

  J_a : 절리면의 변질에 관련된 변수

  J_w : 지하수에 관련된 변수

  RQD : 암질지수

  SRF : 응력저감계수

정답·해설 09

(1) ① 굴착토량

$$V=\frac{h}{3}[A_1+4(A_2+A_4+\cdots\cdots)+2(A_3+A_5+\cdots\cdots)+A_n]$$

$$=\frac{h}{3}[A_1+4(A_2+A_4)+2A_3+A_5]$$

$$=\frac{20}{3}[1400+4(950+250)+2\times600+100]=50{,}000\text{m}^3$$

② 성토의 단면적 $=\frac{7+(6+7+6)}{2}\times4=52\text{m}^2$

③ 도로의 길이 $=\frac{50{,}000\times C}{52}=\frac{50{,}000\times0.9}{52}=865.38\text{m}$

(2) ① power shovel 작업량(문제의 조건에서 $f=1$이므로 작업량을 흐트러진 토량으로 구한다.)

$$Q=\frac{3600\cdot q\cdot k\cdot f\cdot E}{C_m}=\frac{3600\times1\times0.95\times1\times0.8}{20}=136.8\text{m}^3/\text{h}$$

② power shovel 5대의 1일 작업량=136.8×6×5=4104m³

③ 작업일수 $=\frac{50{,}000\times L}{4104}=\frac{50{,}000\times1.2}{4104}=14.62=15$일

(3) 총 유류소모량=14.62×6×5×4 = 1754.4l

정답·해설 10

(1) 모래지반

① $\gamma_t=\frac{G_s+Se}{1+e}\gamma_w=\frac{2.65+0.5\times0.7}{1+0.7}\times1=1.76\text{t/m}^3$

② $\gamma_{sat}=\frac{G_s+e}{1+e}\gamma_w=\frac{2.65+0.7}{1+0.7}\times1=1.97\text{t/m}^3$

(2) ① $P_1=1.76\times1.5+0.97\times3+0.96\times\frac{4.5}{2}=7.71\text{t/m}^2$

② $P_2=P_1+\Delta\text{P}=7.71+4=11.71\text{t/m}^2$

③ $C_c=0.009(W_L-10)=0.009(60-10)=0.45$

(3) $\Delta H=\frac{C_c}{1+e_1}\log\frac{P_2}{P_1}H=\frac{0.45}{1+0.9}\log\frac{11.71}{7.71}\times4.5=0.1934\text{m}=19.34\text{cm}$

정답·해설 11

① $q_t=\frac{T}{\gamma_t}\cdot L=\frac{15}{1.8}\times1.2=10\text{m}^3$

② $n=\frac{q_t}{qk}=\frac{10}{0.6\times0.9}=18.52=19$회

③ $C_{mt}=\frac{C_{ms}n}{60E_s}=\frac{30\times19}{60\times0.8}=11.88$분

정답·해설 12

① 단실박스(single-cell box)
② 다실박스(multi-cell box)
③ 다중박스(multiple single-cell box)

✎ 참고

강상자형교(steel box girder bridge)

(1) **개요** : 강상자형은 얇은 강판을 상자형 단면으로 결합하여 외력에 저항하는 구조부재로서 I형 거더에 비해 휨에 대한 저항성이 뛰어나고 비틀림 강성도 크므로 곡선교나 지간 30m 이상의 직선교에 널리 사용되고 있다.

(2) **단면의 구성형태에 따른 분류** : 교폭이 좁은 경우에는 주로 단실박스가 사용되고 교폭이 넓은 경우에는 다실박스나 다중박스가 사용된다.

① 단실박스(single-cell box)

② 다실박스(multi-cell box)

③ 다중박스(multi single-cell box) : 단실박스를 2개 이상 병렬로 연결한 것

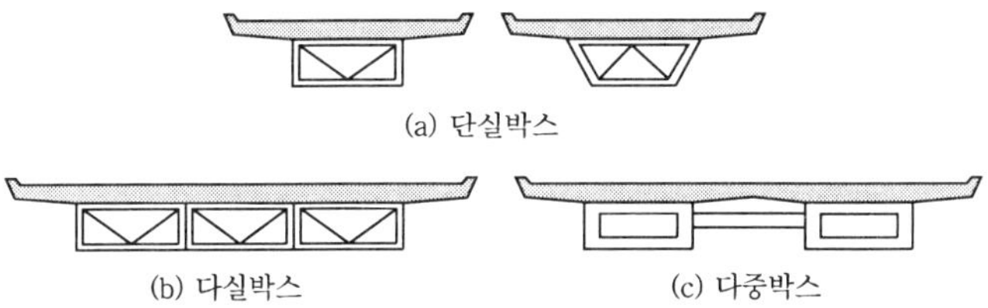

[단면의 구성형태에 따른 상자형의 종류]

정답·해설 13

(1) Rod 선단에 설치한 저항체를 땅 속에 삽입하여 관입, 회전, 인발 등의 저항치로부터 지반의 특성을 파악하는 지반조사방법이다.

(2) ① 휴대용 원추관입시험　② 정적콘관입시험(CPT)
③ 베인시험　④ 피조콘관입시험(CPTU)

정답·해설 14

① 지하벽　② 암거　③ 교대

정답·해설 15

① 소화설비　② 소방활동설비　③ 경보설비　④ 피난설비

✎ 참고

터널의 방재시설

(1) 개요 : 도로 교통의 원활한 소통을 확보하고 도로 이용자의 안전을 도모하기 위하여 터널에 설치하는 시설물을 말한다.

(2) 분류

1) 교통안전시설 : 안전하고 원활한 교통소통 확보
① 환기설비
② 조명설비

2) 비상방재시설 : 사고로 인한 위험상황 발생 시의 비상시설
① 소화설비 : 소화기구, 옥내소화전 설비
② 소방활동설비 : 제연설비, 연결수송관 설비
③ 경보설비 : 비상경보설비, 자동화재탐지설비
④ 비상전원설비 : 비상발전설비, 무정전 전원설비
⑤ 피난설비 : 비상조명등, 유도표지판, 피난연락갱, 비상주차대

정답·해설 16

① 굴착치환공법
② 강제치환공법
③ 폭파치환공법

정답·해설 17

$$R \geq \frac{V^2}{127(i+f)} = \frac{100^2}{127(0.06+0.11)} = 463.18\text{m}$$

정답·해설 18

① 케이슨의 수직하중 = 자중 − 부력
$W = (8 \times 10) \times 2 - (8 \times 10) \times 1 = 80\text{t/m}$
② 파압
$P = 1.5wh = 1.5 \times 1 \times 3 = 4.5\text{t/m}^2$
③ 케이슨에 작용하는 수평력
$P_H = (3+5) \times 4.5 = 36\text{t/m}$
④ 안전율
$$F_s = \frac{fW}{P_H} = \frac{0.6 \times 80}{36} = 1.33$$

정답·해설 19

① 평균치 : data 산술평균
$$\bar{x} = \frac{4+7+3+10+6}{5} = 6$$
② 편차의 2승 합 : 각 data와 그 평균치와의 차를 2승한 것의 합
$$S = (4-6)^2 + (7-6)^2 + (3-6)^2 + (10-6)^2 + (6-6)^2$$
$$= 30$$
③ 표준편차 : 분산의 평방근
$$\sigma = \sqrt{\frac{S}{n}} = \sqrt{\frac{30}{5}} = 2.45$$

④ 변동계수
$$C_V = \frac{\text{표준편차}(\sigma)}{\text{평균치}(\bar{x})} \times 100 = \frac{2.45}{6} \times 100 = 40.83\%$$

✎ 참고

분산 : S를 data의 수로 나눈 것
$$\sigma^2 = \frac{S}{n}$$

정답·해설 20

① 소성수축균열(plastic shrinkage crack)
② 침하균열(settlement crack)
③ 거푸집 변형에 따른 균열
④ 진동 · 재하에 따른 균열

✎ 참고

> 균열의 분류
>
> (1) 미경화 콘크리트의 균열(초기균열)
>
> ① 소성수축균열(plastic shrinkage crack)
>
> ② 침하균열(settlement crack)
>
> (2) 경화 콘크리트의 균열
>
> ① 온도변화에 의한 균열　② 건조수축에 의한 균열
>
> ③ 화학적 침식에 의한 균열　④ 기상작용에 의한 균열
>
> ⑤ 과하중에 의한 균열　⑥ 시공불량에 의한 균열

정답·해설 21

$\phi = \sqrt{12N} + 25$

$= \sqrt{12 \times 35} + 25 = 45.49°$

✎ 참고

> 입자가 모나고 양립도이면 $\phi = \sqrt{12N} + 25$

정답·해설 22

① $q_p = cN_c^* + q'N_q^* = 6 \times 9 + (0.8 \times 20) \times 1 = 70\text{t/m}^2$

(∵ $\tau = c + \bar{\sigma}\tan\phi$에서 $\tau = c$　∴ $c = 6\text{t/m}^2$)

② $A_p = 0.3 \times 0.3 = 0.09\text{m}^2$

③ $f_s = 0.9c = 0.9 \times 6 = 5.4\text{t/m}^2$

④ $A_s = 0.3 \times 4 \times 20 = 24\text{m}^2$

⑤ $R_u = R_p + R_f = q_p A_p + f_s A_s = 70 \times 0.09 + 5.4 \times 24 = 135.9\text{t}$

정답·해설 23

(1) 폭이 10m인 교대의 콘크리트량

① $A_1 = 0.4 \times 1.565 = 0.626\text{m}^2$

② $A_2 = \dfrac{0.4 + (0.4 + 1 \times 0.2)}{1} \times 1 = 0.5\text{m}^2$

③ $A_3 = \dfrac{1.6 + (1.6 + 0.9 \times 0.2)}{2} \times 0.9 = 1.521\text{m}^2$

④ $A_4 = \dfrac{1.78 + (1.68 + 0.1 \times 0.2)}{2} \times 0.1 = 0.174\text{m}^2$

⑤ $A_5 = \dfrac{1.7 + 2.58}{2} \times 4 = 8.56\text{m}^2$

⑥ $A_6 = \dfrac{(2.58 + 0.62) + 5.2}{2} \times 0.1 = 0.42\text{m}^2$

⑦ $A_7 = 5.2 \times 0.9 = 4.68\text{m}^2$

⑧ $A_8 = \dfrac{0.7 + 0.5}{2} \times 0.6 = 0.36\text{m}^2$

⑨ 콘크리트량$= (A_1 + A_2 + \cdots\cdots + A_8) \times 10$

$= 16.841 \times 10 = 168.41\text{m}^3$

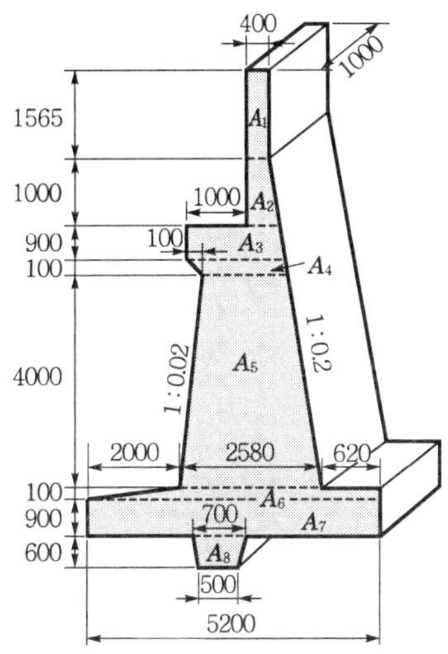

(2) 폭이 10m인 교대의 거푸집량

① $A_1 = 2.565 \times 10 = 25.65\text{m}^2$

② $A_2 = 0.9 \times 10 = 9\text{m}^2$

③ $A_3 = \sqrt{0.1^2 + 0.1^2} \times 10 = 1.4142\text{m}^2$

④ $A_4 = \sqrt{4^2 + 0.08^2} \times 10 = 40.008\text{m}^2$

⑤ $A_5 = 0.9 \times 10 = 9\text{m}^2$

⑥ $A_6 = \sqrt{0.6^2 + 0.1^2} \times 10 \times 2$(좌 · 우)

$= 12.1655\text{m}^2$

⑦ $A_7 = 1 \times 10 = 10\text{m}^2$

⑧ $A_8 = \sqrt{6^2 + 1.2^2} \times 10 = 61.1882\text{m}^2$

⑨ $A_9 = 1.565 \times 10 = 15.65\text{m}^2$

⑩ A_{10}(마구리면 거푸집량)

= Ⓐ×2(앞 · 뒤 마구리면) = 16.841×2

= 33.682m^2

⑪ 거푸집량 $= A_1 + A_2 + \cdots\cdots + A_{10} = 217.7579$

$= 217.758\text{m}^2$

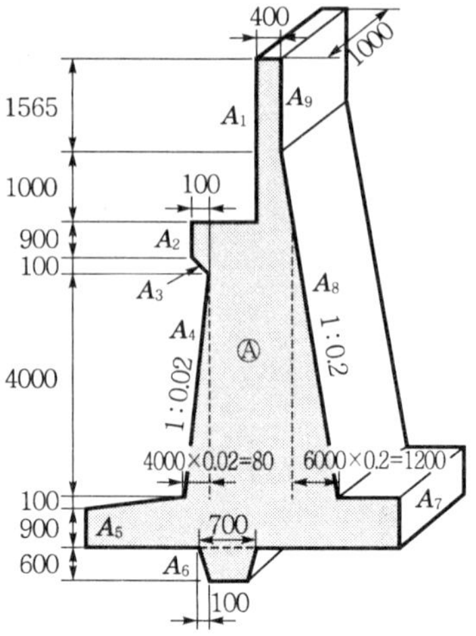

정답·해설 24

① 시험 횟수 22회일 때 표준편차 보정계수

$= 1.03 + \dfrac{(1.08 - 1.03) \times 3}{5} = 1.06$

② 직선보간한 표준편차

$\sigma = 1.06 \times 4.5 = 4.77\text{MPa}$

③ $f_{cr} = f_{ck} + 1.34s = 40 + 1.34 \times 4.77 = 46.39\text{MPa}$

$f_{cr} = 0.9f_{ck} + 2.33s = 0.9 \times 40 + 2.33 \times 4.77 = 47.11\text{MPa}$

두 값 중 큰 값이 배합강도이므로 $\therefore\ f_{cr} = 47.11\text{MPa}$

정답·해설 25

① 경사 에이프론(sloping apron)

② 감세수로단 턱(sill)

③ 버킷형 에너지 감세구조물(bucket-type energy dispator)

④ 감세지(stilling pool)

⑤ 감세용 블록(blocks or baffles)

정답·해설 26

(1) 공정표

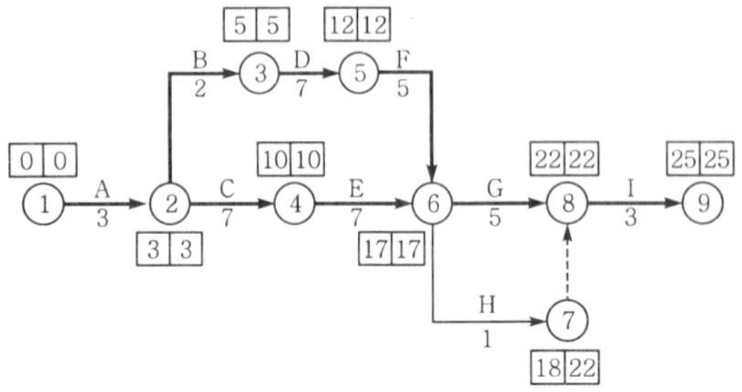

(2) 비용경사(cost slope)

작업명	단축가능 일수	비용경사(원)
A	1	$\frac{330,000-300,000}{3-2}=30,000$
B	1	$\frac{500,000-400,000}{2-1}=100,000$
C	2	$\frac{800,000-600,000}{7-5}=100,000$
D	2	$\frac{1,300,0000-1,000,0000}{7-5}=150,000$
E	2	$\frac{900,000-800,000}{7-5}=50,000$
F	2	$\frac{740,000-500,000}{5-3}=120,000$
G	0	0
H	0	0
I	0	0

(3) 공기단축

단축단계	작업명	단축일수	추가비용(extra cost)
1단계	A	1	1×30,000=30,000원
2단계	B	1	1×100,000=100,000원
	F	1	1×120,000=120,000원
	E	2	2×50,000=100,000원

(4) 추가비용 = 30,000+100,000+120,000+100,000 = 350,000원

정답·해설 27

① 전방측 쌓기법
② 비계층 쌓기법
③ 물다짐공법
④ 유용토 쌓기법

정/답/및/해/설 2017년도 3차(11.11 시행)

정답·해설 01

① 철제 드럼(drum)
② 하이드로셀 샌드위치(hydro cell sandwich)
③ 모래채우기 플라스틱통

정답·해설 02

soil nailing 공법

정답·해설 03

$$F_s = \frac{c}{\gamma_{\text{sat}}\, Z\cos i\, \sin i} + \frac{\gamma_{\text{sub}}}{\gamma_{\text{sat}}} \cdot \frac{\tan\phi}{\tan i}$$

$$= \frac{1}{2\times5\times\cos20^\circ\times\sin20^\circ} + \frac{1}{2}\times\frac{\tan30^\circ}{\tan20^\circ}$$

$$= 1.1$$

정답·해설 04

① 시멘트계
② 점토계
③ 아스팔트계

정답·해설 05

① $\Sigma V = 0$

$60+90=15\times BL$에서

$BL=10$ ········· ㉠

② $\Sigma M = 0$

$60\times0.2+90\times5=15\times BL\times\frac{L}{2}$ 에서

$BL^2=61.6$ ········· ㉡

식 ㉠, ㉡에서 $L=6.16$m, $B=1.62$m

정답·해설 06

$$C_p = \frac{|SL-\bar{x}|}{3\sigma} = \frac{|256-276|}{3\times5} = 1.33$$

참고

공정능력지수(C_p)

① 양측규격의 경우 : $C_p = \frac{|SU-SL|}{6\sigma}$

② 편측규격의 경우 : $C_p = \frac{|SU(\text{또는 } SL)-\bar{x}|}{3\sigma}$

정답·해설 07

① 인접구조물의 안전을 위해 기존 지반의 교란을 최소화해야 할 경우
② 기존구조물에 인접하여 깊이가 더 깊은 구조물의 기초를 시공해야 할 경우
③ 전석층이나 호박돌층 또는 깊게 깔린 풍화암층을 관통해야 할 경우
④ 기초 암반이 경사졌거나 불규칙할 경우

정답·해설 08

(1) 폭이 10m인 교대의 콘크리트량

① $A_1 = 0.4 \times 1.565 = 0.626\text{m}^2$

② $A_2 = \dfrac{0.4+(0.4+1\times0.2)}{1}\times 1 = 0.5\text{m}^2$

③ $A_3 = \dfrac{1.6+(1.6+0.9\times0.2)}{2}\times 0.9 = 1.521\text{m}^2$

④ $A_4 = \dfrac{1.78+(1.68+0.1\times0.2)}{2}\times 0.1$

$= 0.174\text{m}^2$

⑤ $A_5 = \dfrac{1.7+2.58}{2}\times 4 = 8.56\text{m}^2$

⑥ $A_6 = \dfrac{(2.58+0.62)+5.2}{2}\times 0.1 = 0.42\text{m}^2$

⑦ $A_7 = 5.2\times 0.9 = 4.68\text{m}^2$

⑧ $A_8 = \dfrac{0.7+0.5}{2}\times 0.6 = 0.36\text{m}^2$

⑨ 콘크리트량 $= (A_1 + A_2 + \cdots\cdots + A_8)\times 10$

$= 16.841\times 10 = 168.41\text{m}^3$

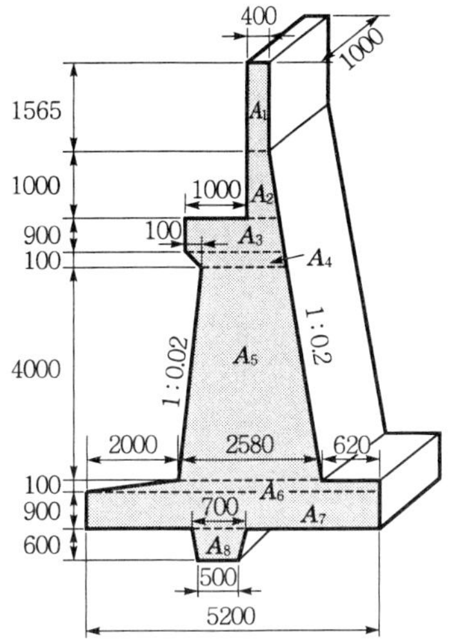

(2) 폭이 10m인 교대의 거푸집량

① $A_1 = 2.565\times 10 = 25.65\text{m}^2$

② $A_2 = 0.9\times 10 = 9\text{m}^2$

③ $A_3 = \sqrt{0.1^2+0.1^2}\times 10 = 1.4142\text{m}^2$

④ $A_4 = \sqrt{4^2+0.08^2}\times 10 = 40.008\text{m}^2$

⑤ $A_5 = 0.9\times 10 = 9\text{m}^2$

⑥ $A_6 = \sqrt{0.6^2+0.1^2}\times 10\times 2$(좌 · 우)

$= 12.1655\text{m}^2$

⑦ $A_7 = 1\times 10 = 10\text{m}^2$

⑧ $A_8 = \sqrt{6^2+1.2^2}\times 10 = 61.1882\text{m}^2$

⑨ $A_9 = 1.565\times 10 = 15.65\text{m}^2$

⑩ A_{10}(마구리면 거푸집량)

= Ⓐ×2(앞 · 뒤 마구리면) = 16.841×2

$= 33.682\text{m}^2$

⑪ 거푸집량 $= A_1 + A_2 + \cdots\cdots + A_{10} = 217.7579$

$= 217.758\text{m}^2$

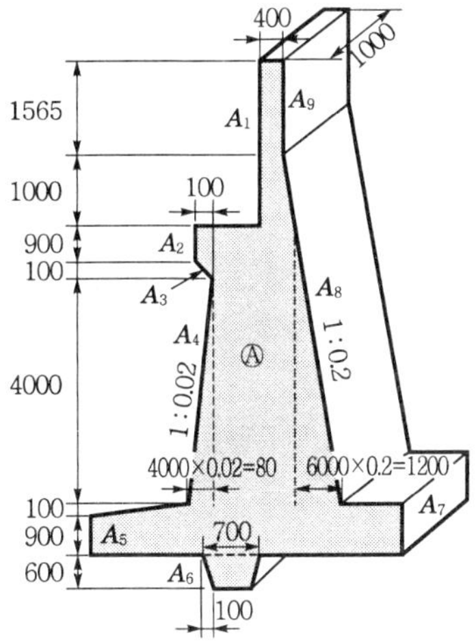

정답·해설 09

① $q_u = \alpha c N_c + \beta B \gamma_1 N_r + D_f \gamma_2 N_q$

$= 1.3\times 3\times 18 + 0.4\times 3\times 1.9\times 5 + 1\times 1.9\times 7.5$

$= 95.85\text{t/m}^2$

② $q_a = \dfrac{q_u}{F_s} = \dfrac{95.85}{3} = 31.95\text{t/m}^2$

③ $q_a = \dfrac{Q_{all}}{A} \quad 31.95 = \dfrac{Q_{all}}{3\times 3}$

$\therefore\ Q_{all} = 287.55\text{t}$

정답·해설 10

① patching 공법　② 표면처리공법　③ over lay(덧씌우기) 공법
④ 절삭 over lay 공법　⑤ 절삭(milling) 공법

정답·해설 11

① well-point 공법　② 대기압공법　③ 전기침투공법

정답·해설 12

① lift & pushing 공법　② pulling 공법　③ 분산압출공법

참고

ILM공법의 종류
① 추진코식(손펴기식)　② 연결식
③ 대선식　④ 이동벤트식

정답·해설 13

(1) 전도에 대한 안전율

① $P_a = \frac{1}{2}\gamma h^2 K_a = \frac{1}{2}\gamma h^2 \tan^2\left(45^\circ - \frac{\phi}{2}\right)$

$= \frac{1}{2} \times 1.8 \times 4.5^2 \times \tan^2\left(45^\circ - \frac{37^\circ}{2}\right)$

$= 4.53\text{t/m}$

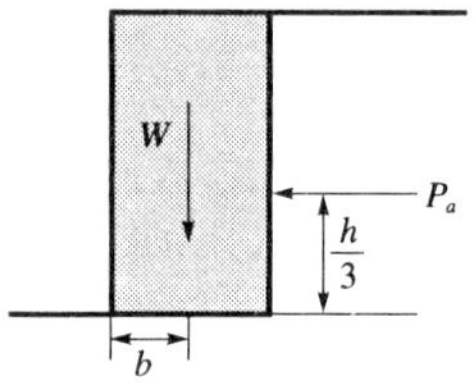

② $W = 2 \times 4.5 \times 2.4 = 21.6\text{t/m}$

③ $F_s = \frac{M_r}{M_d} = \frac{Wb}{P_a \cdot y} = \frac{21.6 \times \frac{2}{2}}{4.53 \times \frac{4.5}{3}} = 3.18$

(2) 활동에 대한 안전율

$F_s = \frac{(W + P_V)\tan\delta + CB + P_p}{P_a}$

$= \frac{(21.6 + 0)\tan 37^\circ + 0 + 0}{4.53} = 3.59$

(3) 지지력에 대한 안전율

① $V = W + P_V = 21.6 + 0 = 21.6\text{t/m}$

② $e = \frac{B}{2} - x = \frac{B}{2} - \frac{M_r - M_d}{V}$

$= \frac{2}{2} - \frac{21.6 \times \frac{2}{2} - 4.53 \times \frac{4.5}{3}}{21.6} = 0.31\text{m}$

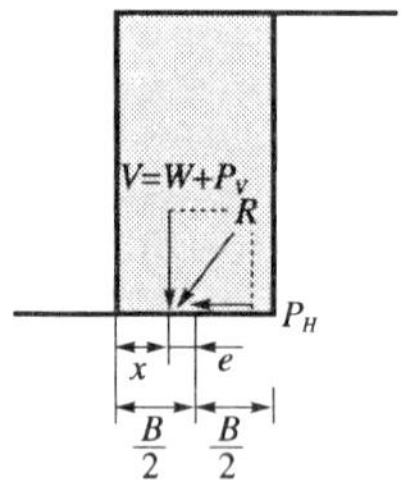

$\left(\begin{array}{l} Vx = M' = M_r - M_d \\ \therefore x = \frac{M_r - M_d}{V} \end{array}\right)$

③ $q_{max} = \frac{V}{B}\left(1 + \frac{6e}{B}\right)$

$= \frac{21.6}{2}\left(1 + \frac{6 \times 0.31}{2}\right) = 20.84\text{t/m}^2$

④ $F_s = \frac{q_a}{q_{max}} = \frac{30}{20.84} = 1.44$

정답·해설 14

① 2 ② 2.5

정답·해설 15

① 입도조정공법 ② 시멘트 안정처리공법
③ 역청 안정처리공법 ④ 석회 안정처리공법

정답·해설 16

① 라인 드릴링(line drilling) 공법
② 쿠션 블라스팅(cushion blasting) 공법
③ 스므스 블라스팅(smooth blasting) 공법
④ 프리 스프리팅(pre-splitting) 공법

정답·해설 17

① 각 지점의 CBR 평균 $= \dfrac{5.3+5.7+7.6+8.7+7.4+8.6+7.2}{7} = 7.21$

② 설계 CBR = 각 지점의 CBR 평균 $- \left(\dfrac{\text{CBR 최대치} - \text{CBR 최소치}}{d_2}\right)$

$= 7.21 - \left(\dfrac{8.7-5.3}{2.83}\right) = 6$

정답·해설 18

① 정재하시험 ② 동재하시험 ③ 정동재하시험

정답·해설 19

(1) q_t 의 결정

① $\dfrac{q_y}{2} = \dfrac{\dfrac{21}{0.3\times0.3}}{2} = 116.67\,\text{t/m}^2$

② $\dfrac{q_y}{3} = \dfrac{\dfrac{30}{0.3\times0.3}}{3} = 111.11\,\text{t/m}^2$ 이므로 $q_t = 111.11\,\text{t/m}^2$

(2) $q_a = q_t + \dfrac{1}{3}\gamma_t D_f N_q = 111.11 + \dfrac{1}{3}\times1.8\times2\times3 = 114.71\,\text{t/m}^2$

정답·해설 20

(1) ① $V = \dfrac{ab}{4}(\Sigma h_1 + 2\Sigma h_2 + 3\Sigma h_3 + 4\Sigma h_4)$

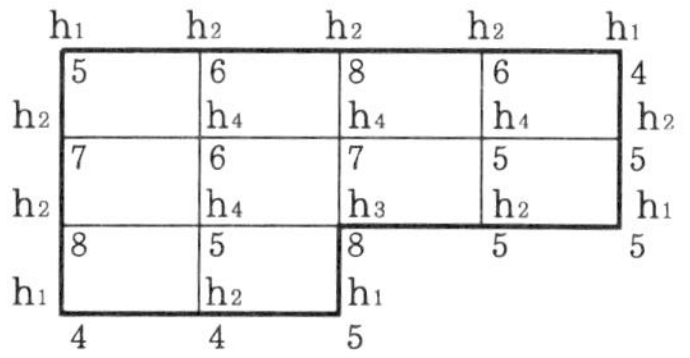

㉠ $\Sigma h_1 = 5+4+5+4+5 = 23\text{m}$

㉡ $\Sigma h_2 = 6+8+6+7+5+8+5+4 = 49\text{m}$

㉢ $\Sigma h_3 = 8\text{m}$

㉣ $\Sigma h_4 = 6+7+5+5 = 23\text{m}$

$\therefore\ V = \dfrac{15\times20}{4}(23+2\times49+3\times8+4\times23) = 17775\text{m}^3$

② 운반토량(흐트러신 토량)

$$= 17775 \times \frac{L}{C} = 17775 \times \frac{1.25}{0.9} = 24687.5\text{m}^3$$

(2) ① $q_t = \frac{T}{\gamma_t} L = \frac{8}{1.8} \times 1.25 = 5.56\text{m}^3$

② 트럭의 연대수 $= \frac{24687.5}{5.56} = 4440.2 = 4441$대

정답·해설 21

① 직립제　　② 경사제　　③ 혼성제

✎ 참고

방파제(break water)

(1) 개요 : 방파제는 항내를 무풍상태로 유지하고 선박의 항행과 정박의 안전, 항내시설의 보존, 하역의 원활화를 위해 설치하는 구조물이다.

(2) 구조형식에 따른 분류

① 직립제(직립방파제) : 벽체를 수직에 가깝게 한 것으로 주로 파도의 에너지를 반사시키는 것이다. 현장치기 콘크리트, 콘크리트 블록, 케이슨 등을 사용한다.

② 경사제(경사방파제) : 벽체를 경사지게 한 것으로서 파도가 제체에 부딪쳐서 그 에너지를 줄게 한 것이다. 테트라포트(tetrapot), 콘크리트 블록, 막돌 등을 사용한다.

③ 혼성제(혼성방파제) : 사석부 위에 직립벽을 설치한 것이다.

정답·해설 22

① 고무조인트　　② 강재조인트　　③ 특수조인트

정답·해설 23

① 불교란시료의 강도에 대한 교란시료의 강도의 비

② $S_t = \frac{q_u}{q_{ur}}$

정답·해설 24

① 한겹 sheet pile식　　② 두겹 sheet pile식　　③ cell식

④ ring beam식　　⑤ 강관 sheet pile식

정답·해설 25

(1) ① Net Work

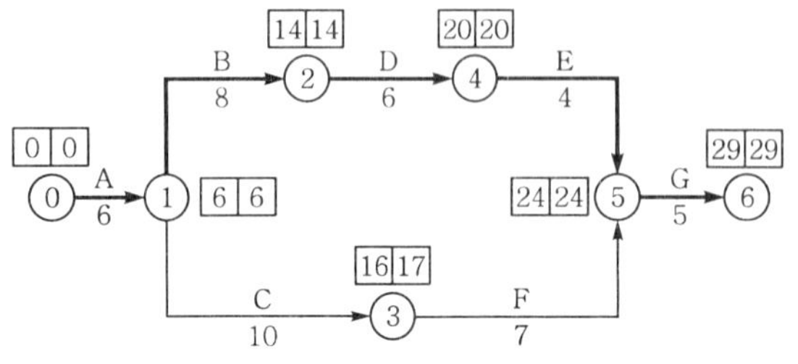

② CP : ⓪ → ① → ② → ④ → ⑤ → ⑥

(2) ① 공기단축

단축단계	작업명	단축일수	추가비용(만 원)
1단계	D	1	1×4=4
2단계	A	2	2×5=10
3단계	C, D	1	1×3+1×4=7

② 추가비용(extra cost)

EC = 40,000+100,000+70,000 = 210,000원

정답·해설 26

(1) 잔골재율 및 단위수량

구 분	수정 계산	S/a(%)	W(kg)
잔골재의 FM = 2.85	$42+\frac{(2.85-2.8)\times0.5}{0.1}=42.25$	42.25	170
$\frac{W}{C}$ = 50%	$42.25+\frac{(50-55)\times1}{5}=41.25$	41.25	170
slump = 12cm	$170+\frac{(12-8)\times170\times0.012}{1}=178.16$	41.25	178.16

(2) 단위 시멘트량

$\frac{W}{C}=0.5$　　　$\frac{178.16}{C}=0.5$　　　$\therefore C=365.32\text{kg}$

(3) 단위골재량

① 단위골재량 절대체적

$$V_a=1-\left(\frac{178.16}{1000}+\frac{356.32}{3.15\times1000}+\frac{5}{100}\right)=0.66\text{m}^3$$

② 단위잔골재량 절대체적

$$V_S=V_a\times\frac{s}{a}=0.66\times0.4125=0.27\text{m}^3$$

③ 단위잔골재량

$=0.27\times2.6\times1000=702\text{kg}$

④ 단위굵은골재량 절대체적

$V_G=V_a-V_s=0.66-0.27=0.39\text{m}^3$

⑤ 단위굵은골재량

$=0.39\times2.7\times1000=1053\text{kg}$

⑥ AE제량

$=356.32\times0.0003=0.106896=106.9\text{g}$

(4) 배합표

굵은골재의 최대치수 (mm)	슬럼프 (mm)	공기량 (%)	$\frac{W}{C}$ (%)	잔골재율 S/a(%)	단위량(kg/m³)				혼화제 (g/m³)
					물	시멘트	잔골재	굵은골재	
25	120	5	50	41.25	178.16	356.32	702	1053	106.9

토목기사 실기

기출 문제

2016

2016년도 기출문제

▶ 1차 : 2016. 04. 17
▶ 2차 : 2016. 06. 26

과/년/도/기/출/문/제 2016년도 1차(04.17 시행)

문제 01

배점 8

주어진 역T형 교대 도면을 보고 다음 물량을 산출하시오. (단, 교대 전체 길이는 10.3m 이며, 도면의 치수 단위는 mm이다.)

측 면 도

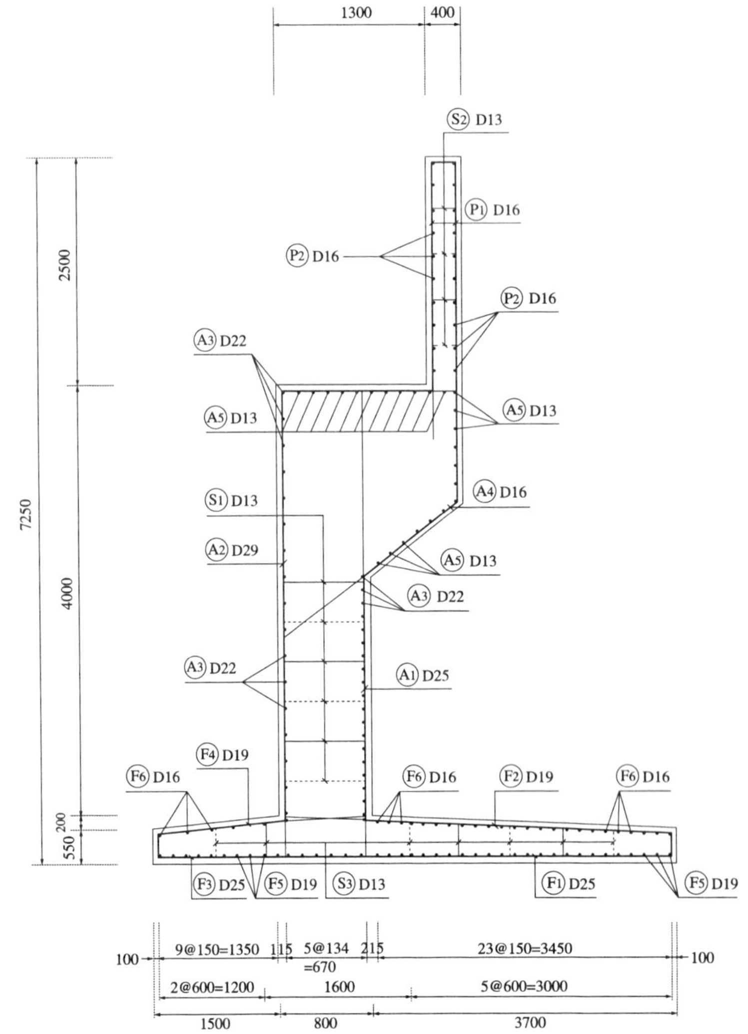

일 반 도

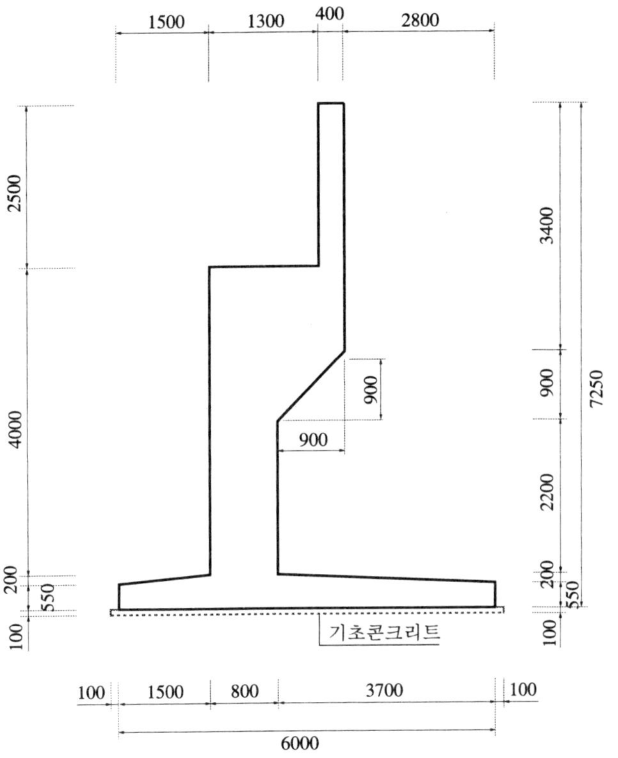

(1) 교대의 전체 콘크리트량을 구하시오.(단, 기초콘크리트량은 무시하고, 소수점 이하 4째 자리에서 반올림하시오.)

(2) 교대의 전체 거푸집량을 구하시오.(단, 기초콘크리트에 사용되는 거푸집량은 무시한다.)

답 · 풀이

문제 02

배점 3

도로 예정노선에서 일곱 지점의 C.B.R을 측정하여 아래표와 같은 결과 얻었다. 설계 C.B.R은 얼마인가? (단, 설계계산용 계수 d_2는 2.83)

지점	1	2	3	4	5	6	7
C.B.R	4.2	3.6	6.8	5.2	4.3	3.4	4.9

답 · 풀이

문제 03

배점 10

다음 표와 같은 설계조건 및 재료, 참고표를 이용하여 콘크리트를 배합설계하여 아래 배합표를 완성하시오.

설계조건 및 재료

- 물 시멘트비는 50%로 한다.
- 굵은골재는 최대지수 20mm의 부순돌을 사용한다.
- 양질의 공기연행제(AE제)를 사용하며, 사용량은 시멘트 질량의 0.03%로 한다.
- 목표로 하는 슬럼프는 100mm, 공기량은 5.0%로 한다.
- 사용하는 시멘트는 보통포틀랜드시멘트로서, 밀도는 3.15g/cm^{3}이다.
- 잔골재의 표건밀도는 2.60g/cm^{3}이고, 조립률은 2.85이다.
- 굵은골재의 표건밀도는 2.70g/cm^{3}이다.

[배합설계 참고표]

굵은 골재 최대 치수 (mm)	단위 굵은 골재 용적 (%)	공기연행제를 사용하지 않은 콘크리트			공기연행 콘크리트				
						양질의 공기연행제를 사용한 경우		양질의 공기연행감수제를 사용한 경우	
		갇힌 공기 (%)	잔골재율 S/a(%)	단위수량 W(kg/m^3)	공기량 (%)	잔골재율 S/a(%)	단위수량 W(kg/m^3)	잔골재율 S/a(%)	단위수량 W(kg/m^3)
15	58	2.5	53	202	7.0	47	180	48	170
20	62	2.0	49	197	6.0	44	175	45	165
25	67	1.5	45	187	5.0	42	170	43	160
40	72	1.2	40	177	4.5	39	165	40	155

주 1) 이 표의 값은 보통의 입도를 가진 잔골재(조립률 2.8 정도)와 부순돌을 사용한 물-시멘트비 55% 정도, 슬럼프 80mm 정도의 콘크리트에 대한 것이다.

2) 사용재료 또는 콘크리트의 품질이 주 1)의 조건과 다를 경우에는 위의 표의 값을 아래 표에 따라 보정한다.

구분	S/a의 보정(%)	W의 보정(kg)
잔골재의 조립률이 0.1만큼 클(작을) 때마다	0.5만큼 크게(작게) 한다.	보정하지 않는다.
슬럼프값이 10mm만큼 클(작을) 때마다	보정하지 않는다.	1.2%만큼 크게(작게) 한다.
공기량이 1%만큼 클(작을) 때마다	0.75만큼 작게(크게) 한다.	3%만큼 작게(크게) 한다.
물-시멘트비가 0.05만큼 클(작을) 때마다	1만큼 크게(작게) 한다.	보정하지 않는다.
S/a가 1% 클(작을) 때마다	보정하지 않는다.	1.5kg만큼 크게(작게) 한다.

※ 비고 : 단위굵은골재용적에 의하는 경우에는 모래의 조립률이 0.1만큼 커질(작아질) 때마다 단위굵은골재는 골재용적을 1%만큼 작게(크게) 한다.

[배합표]

굵은골재의 최대치수 (mm)	슬럼프 (mm)	공기량(%)	$\frac{W}{C}$(%)	잔골재율 S/a(%)	단위량(kg/m^3)				혼화제 (g/m^3)
					물	시멘트	잔골재	굵은골재	
20	100	5.0	50						

문제 04

배점 3

지하수위가 높은 경우의 지하구조물 설계시 양압력(Uplift Force)에 대해 검토하고 그에 따른 처리 방안을 강구해야 한다. 양압력 처리 방법을 3가지만 쓰시오.

답 · 풀이

문제 05

배점 3

sand drain 공법으로 연약지반을 개량할 때 U_v(연직방향 압밀도)=0.9, U_h(횡방향 압밀도)=0.4인 경우 전체 압밀도 U의 크기는?

답 · 풀이

문제 06

배점 3

연약지반에 설치한 교대에 발생하기 쉬운 측방유동에 영향을 미치는 주요 요인을 3가지만 쓰시오.

답 · 풀이

문제 07

배점 3

다음은 대구경 현장타설말뚝의 기계굴착공법의 일반적인 특징을 정리한 표이다. (a), (b), (c)에 들어갈 공법 이름을 쓰시오. (단, 숫자로 주어진 값은 절대적인 값은 아님)

공법이름	(a)	(b)	(c)
공벽 유지	정수압	casing tube	bentonite
적용 토질	사력토, 암반	암반을 제외한 전 토질	점성토
굴착 장비	drill bit	hammer grab	회전 bucket
최대 구경	6m	2m	2m
최대 심도	100m	50m	50m

답 · 풀이

문제 08

배점 3

교량을 상판의 위치에 따라 분류할 때 그 종류를 4가지만 쓰시오.

답 · 풀이

문제 09

배점 3

Rock Bolt의 역할을 3가지만 쓰시오.

답 · 풀이

문제 10

배점 3

다음과 같은 조건일 때, 직사각형 복합확대기초의 크기(B, L)를 구하시오.

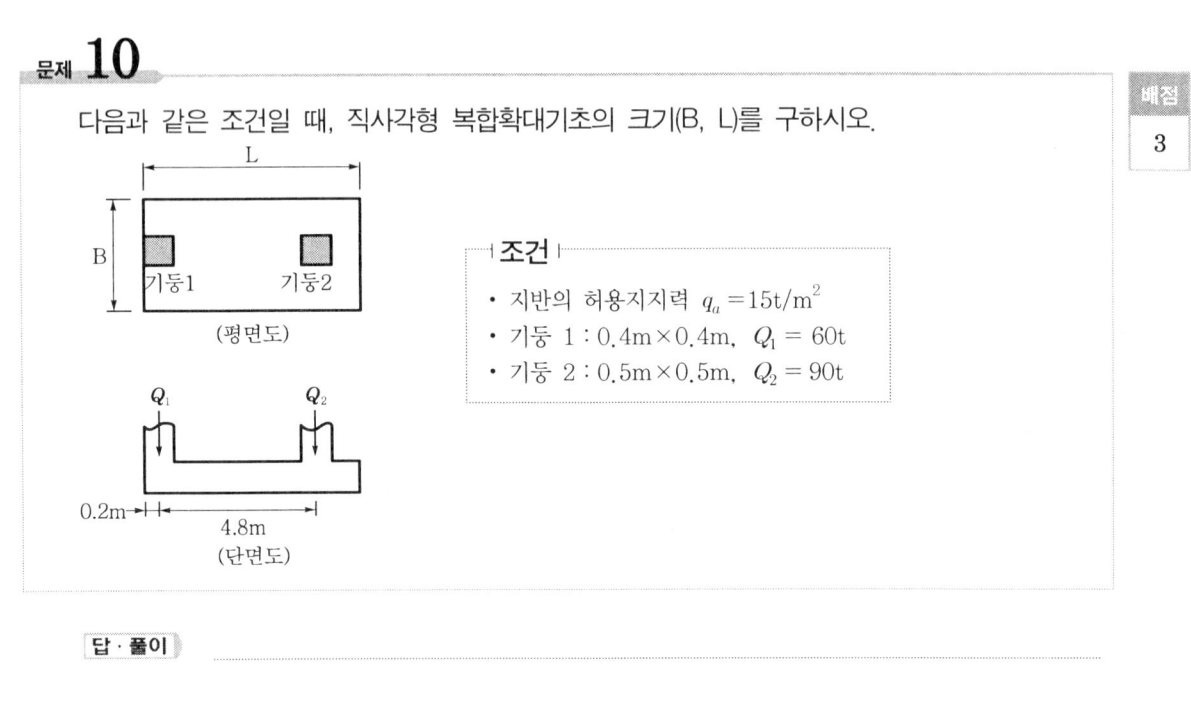

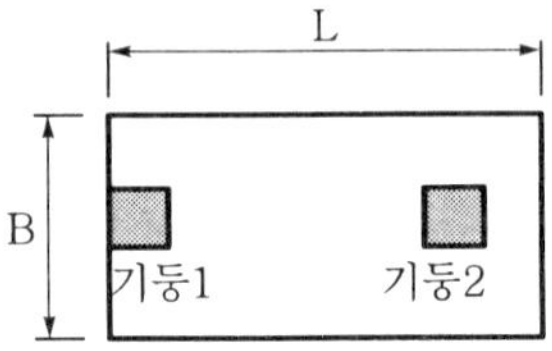

(평면도)

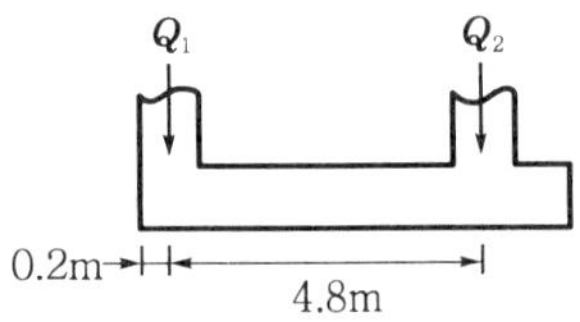

(단면도)

조건

- 지반의 허용지지력 $q_a = 15\text{t/m}^2$
- 기둥 1 : 0.4m×0.4m, Q_1 = 60t
- 기둥 2 : 0.5m×0.5m, Q_2 = 90t

답 · 풀이

문제 11

배점 4

아래 그림과 같이 6.0m의 연직옹벽에 연속적인 강우로 뒤채움 흙이 완전 포화되어 있다. 뒤채움 흙은 $\gamma_{sat}=1.9t/m^3$, $\phi=38°$인 사질토이며, 벽면마찰각 $\delta=15°$이다. 이때 Coulomb의 주동토압계수는 0.2190이고 파괴면이 수평면과 55°라고 가정할 경우 아래의 물음에 답하시오.

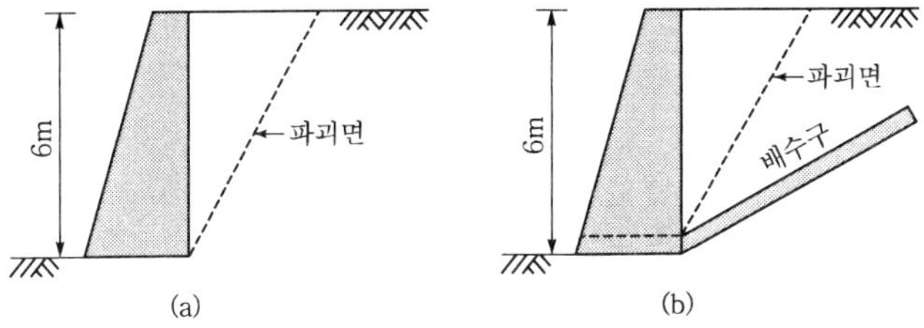

(1) 그림 (a)와 같이 옹벽배면에 배수구가 없을 경우 옹벽에 작용하는 전 주동토압을 구하시오.
(2) 그림 (b)와 같이 파괴면 아래쪽에 배수구를 경사지게 설치했을 경우 옹벽에 작용하는 전 주동토압을 구하시오.

답 · 풀이

문제 12

배점 3

기존 아스팔트 포장에 생긴 균열에 대한 일반적인 보수방법을 3가지만 쓰시오.

답 · 풀이

문제 13

배점 3

내부마찰각(ϕ)=0°이고, 점착력(c)=0.4kg/cm², $\gamma_t=1.8t/m^3$인 단단한 점토지반 위에 근입깊이 1.5m의 정사각형 기초를 설계하고자 한다. 이 기초의 도심에 150t의 하중이 작용하고 지하수위의 영향은 없다고 할 때 가장 경제적인 기초폭(B)를 구하시오. (단, Terzaghi의 지지력 공식을 이용하고, 안전율은 3, 지지력 계수는 $N_c=5.14$, $N_r=0$, $N_q=1.0$이다.)

답 · 풀이

문제 14

얕은기초(직접기초) 지반에 하중을 가하면 그에 따라서 침하가 발생되면서 기초지반은 점진적인 파괴가 발생된다. 이때 대표적인 파괴형태 3가지를 쓰시오.

배점 3

답 · 풀이

문제 15

현장투수시험은 지층에 뚫은 우물이나 시추공 등 현장에서 직접 실시하는 투수시험으로, 크게 양수시험과 주수시험으로 나눌 수 있다. 여기서 양수시험과 주수시험의 종류를 각각 2가지씩 쓰시오.

배점 3

답 · 풀이

문제 16

어떤 토공현장에서 흙시료를 채취하여 실내다짐시험하여 최대건조단위중량 1.94t/m^3, 최적함수비 10.3%를 얻었다. 이 현장에서 다짐을 실시하여 상대다짐도 95% 이상을 얻으려고 한다. 다짐을 실시한 후 들밀도시험을 실시하였더니 V=1630cm^3, W=2934g이었다. 흙의 비중이 2.62, 현장 흙의 함수비가 9.8%일 때 합격여부를 판정하시오.

배점 3

답 · 풀이

문제 17

모터 그레이더로 작업거리 50m인 운동장 정지작업을 하였다. 시간당 작업량을 구하시오.
(단, 사이클타임(C_m) = 0.96min, 블레이드의 유효길이(l) = 2.9m, 부설횟수(N) = 3회, 흙 고르기 두께(H) = 0.3m, 작업효율(E) = 0.6, 토량환산계수(f) = 1.0이다.)

배점 3

답 · 풀이

문제 18

배점 6

버킷용량 $3.0m^3$의 쇼벨과 15ton 덤프트럭을 사용하여 토공사를 하고 있다. 아래 조건에 따라, 다음 물음에 답하시오.

조건

- 흙의 단위중량 : $1.8t/m^3$
- 토량변화율(L) : 1.2
- 쇼벨의 버킷계수 : 1.1
- 쇼벨의 사이클타임 : 30초
- 쇼벨의 작업효율 : 0.5
- 덤프트럭의 사이클타임 : 30분
- 덤프트럭의 사이클 타임 중 상차시간 : 2분
- 덤프트럭의 작업효율 : 0.8
- 덤프트럭 1대를 적재하는데 필요한 쇼벨의 사이클횟수 : 3

(1) 쇼벨의 시간당 작업량을 구하시오.
(2) 덤프트럭의 시간당 작업량을 구하시오.
(3) 쇼벨 1대당 덤프트럭의 소요대수를 구하시오.

답 · 풀이

문제 19

배점 3

유기질토는 대개 지하수가 지면 위나 가까이에 있는 넓은 지역에서 발견된다. 지하수면이 높으면 수생식물이 썩어 유기질토가 형성된다. 유기질토의 특성을 3가지만 쓰시오.

답 · 풀이

문제 20

배점 10

다음의 작업 리스트를 이용하여 아래 물음에 답하시오. (단, 표준일수에 대한 간접비가 60만원이고 1일 단축 시 5만원씩 감소하며, 표준일수에 대한 직접비는 60만원이다.)

작업명	선행작업	후속작업	표준일	특급일수	1일 단축하는데 필요한 직접비용 증가액(만 원/일)
A	-	B, C	5	2	6
B	A	E	4	2	4
C	A	F	6	4	7
D	-	G	5	4	5
E	B	H	6	3	8
F	C	-	4	3	5
G	D	H	7	5	8
H	E, G	-	5	3	9

(1) Net Work(화살선도)를 작도하고 표준일수에 대한 CP를 구하시오.
(2) 최적공기와 그 때의 총공사비를 구하시오.

문제 21

배점 3

어떤 모래에 대한 토질시험 결과가 아래의 표와 같을 때 Dunham의 식을 이용하여 이 모래의 내부마찰각을 추정하시오. (단, 모래의 입자는 둥글다.)

[시험결과] ① 표준관입시험의 N값 : 35
② 입도시험결과 : $D_{10}=0.08\text{mm}$, $D_{30}=0.12\text{mm}$, $D_{60}=0.14\text{mm}$

답 · 풀이

문제 22

배점 3

10m 깊이의 쓰레기층을 동다짐을 이용하여 개량하고자 한다. 사용할 해머의 중량은 20t이고, 하부면적의 반경이 2m인 원형블록을 이용하고자 한다. 이 쓰레기층이 있는 깊이까지 다짐이 되기 위하여 필요한 해머의 낙하고(h)를 구하시오. (단, 토질에 따른 계수(α)는 0.5를 적용한다.)

답 · 풀이

문제 23

배점 3

도로에서 기층은 표층에 가해지는 하중을 분산시켜 보조기층에 전달하며, 교통하중에 의한 전단에 저항하는 역할을 한다. 이러한 역할을 하는 기층을 만들기 위해 사용되는 공법을 3가지만 쓰시오.

답 · 풀이

문제 24

배점 3

직경 30cm 평판재하시험에서 작용압력이 20t/m^2일 때 침하량이 15mm라면, 직경 1.5m의 실제기초에 20t/m^2의 압력이 작용할 때 사질토반에서의 침하량의 크기는 얼마인가?

답 · 풀이

문제 25

배점 2

절취사면 및 굴착면에 대한 유연한 지보 등을 목적으로 네일을 프리스트레싱 없이 비교적 촘촘하게 원지반에 삽입하여, 원지반 자체의 전단강도를 증대시키고 지반 변위를 억제시키는 공법은?

답 · 풀이

문제 26

배점 3

아래 그림과 같은 지반에서 지하수위가 지표면에 위치하다가 지표하부 2m까지 저하하였다. 점토지반의 압밀침하량을 산정하시오. (단, 정규압밀 점토임)

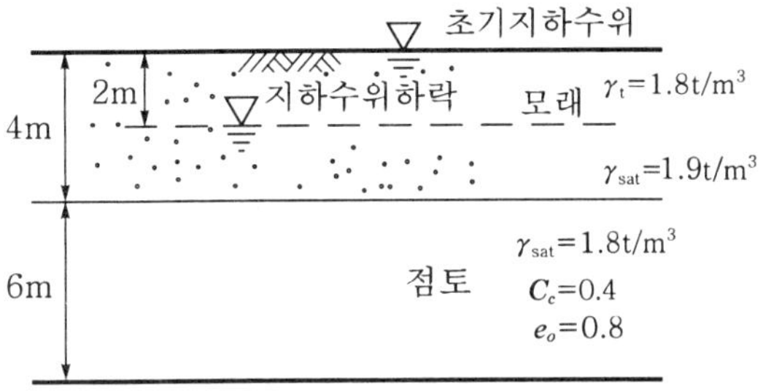

답 · 풀이

문제 01

항만구조물설계 시 기초지반의 액상화 평가 시 실시되는 현장시험을 3가지만 쓰시오.

배점 3

답 · 풀이

문제 02

다음과 같은 공정표(CPM Table)를 보고 아래 물음에 답하시오.

배점 10

node		공정명	정상기간	정상비용	특급기간	특급비용
1	2	A	3일	30만 원	3일	30만 원
1	3	B	4일	24만 원	3일	30만 원
1	4	C	4일	40만 원	3일	60만 원
2	3	dummy	0일	0만 원	0일	0만 원
2	5	E	7일	35만 원	5일	49만 원
3	5	F	4일	32만 원	4일	32만 원
3	6	H	6일	48만 원	5일	60만 원
3	7	G	9일	45만 원	6일	69만 원
4	6	I	7일	56만 원	6일	66만 원
5	7	J	10일	40만 원	7일	55만 원
6	7	K	8일	64만 원	8일	64만 원
7	8	M	5일	60만 원	3일	96만 원

(1) Net Work(화살선도)를 작도하고, 표준일수에 대한 critical path를 표시하시오.
(2) 정상공사 기간 4일을 줄일 때 발생하는 추가비용의 최소치를 구하시오.

답 · 풀이

문제 03

말뚝의 지지력을 산정하는 방법을 3가지만 쓰시오.

배점 3

답 · 풀이

문제 04

배점 4

교량의 내진설계는 지진에 의해 교량이 입는 피해정도를 최소화 시킬 수 있는 내진성을 확보하기 위해 실시한다. 이러한 내진설계시 사용하는 내진해석방법을 3가지만 쓰시오.

답 · 풀이

문제 05

배점 4

어느 현장의 콘크리트 압축강도의 하한규격치는 18MPa이고 상한규격치는 24MPa로 정해져 있다. 측정결과 평균치($\bar{x}$)는 19.5MPa이고, 표준편차의 추정치(δ)는 0.8MPa이라 할 때, 공정능력지수와 규격치에 대한 여유치를 구하시오.

(1) 공정능력지수

(2) 여유치

답 · 풀이

문제 06

배점 3

아래 그림과 같이 지하수위가 지표면에 위치하다가 완전갈수기에 지하수위가 넓은 범위에 걸쳐 3m 하락하였다. 이 경우 점토지반에서의 압밀침하량을 구하시오.

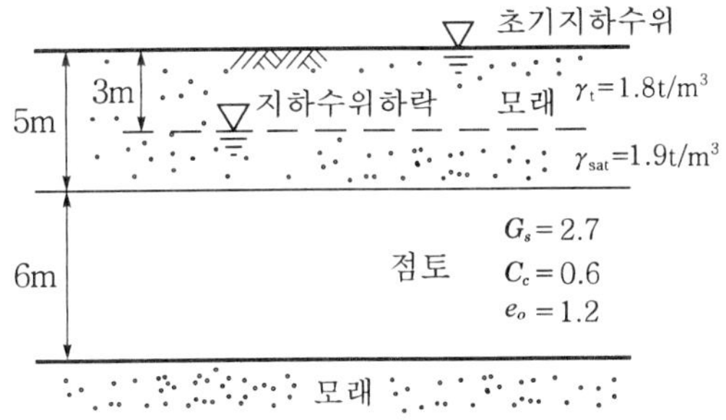

답 · 풀이

문제 07

배점 3

지하수위가 지표면과 일치하는 포화된 연약 점성토층의 깊이 2m 지점에서 폭 1.2m의 연속기초를 설치하였다. 연약 점성토층의 포화단위중량은 1.85t/m^{3}이며, 강도 정수 c_u = 2.5t/m^2, ϕ_u =0일 때 극한지지력을 구하시오. (단, ϕ_u =0일 때 N_c =5.14, N_r =0, N_q =1.0 이며, 전반전단파괴로 가정하며, Terzaghi 공식을 사용하시오.)

답 · 풀이

문제 08

배점 3

어떤 흙의 체분석시험 결과가 다음과 같을 때 통일분류법에 따라 이 흙을 분류하시오.

조건

- $D_{10} = 0.077\text{mm}$, $D_{30} = 0.54\text{mm}$, $D_{60} = 2.27\text{mm}$
- No.4체(4.76mm) 통과율 = 58.1%, No.200체(0.074mm) 통과율 = 4.34%

답 · 풀이

문제 09

배점 3

직경 30cm 평판재하시험에서 작용압력이 30t/m^{2}일 때 침하량이 20mm라면, 직경 1.5m의 실제기초에 30t/m^{2}의 압력이 작용할 때 사질토 지반에서의 침하량의 크기를 구하시오.

답 · 풀이

문제 10

배점 3

댐의 계획 홍수위시 댐의 안정을 위해 물을 조속히 배제하기 위한 여수로의 종류를 3가지만 쓰시오.

답 · 풀이

문제 11

15t의 덤프트럭으로 보통토사를 운반하고자 한다. 적재장비는 버킷용량 $2.4m^3$인 백호를 사용하는 경우 덤프트럭 1대를 적재하는 데 소요되는 시간을 구하시오. (단, 흙의 단위중량은 1.6t/m3, 토량변화율 $L=1.2$, 버킷계수 $K=0.8$, 적재기계의 싸이클시간 $C_{ms}=30sec$, 적재기계의 작업효율 $E_s=0.75$)

배점 3

답 · 풀이

문제 12

아스팔트 콘크리트 포장의 장점을 3가지만 쓰시오.

배점 3

답 · 풀이

문제 13

농공단지 조성을 위하여 다음 그림과 같이 기준면으로부터 고저측량을 하였다. 이 용지를 수평으로 정지하고자 할 때 절토량과 성토령이 같게 하려고 하면 기준면으로부터 몇 m의 높이로 하면 되는가? (단, 단위는 m이고, 토량변화율은 고려하지 않는다.)

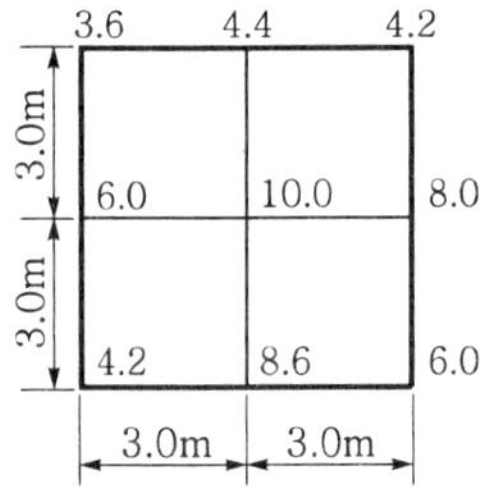

배점 3

답 · 풀이

문제 14

다음 그림과 같은 중력식 옹벽을 설치하려고 한다. 흙의 단위중량 $\gamma_t=1.75t/m^3$, 내부마찰각 $\phi=31°$, 점착력 $c=0$, 콘크리트의 단위중량 $\gamma_c=2.4t/m^3$일 때 옹벽의 전도(overturning)에 대한 안전율을 Rankine의 식을 이용하여 계산하시오.

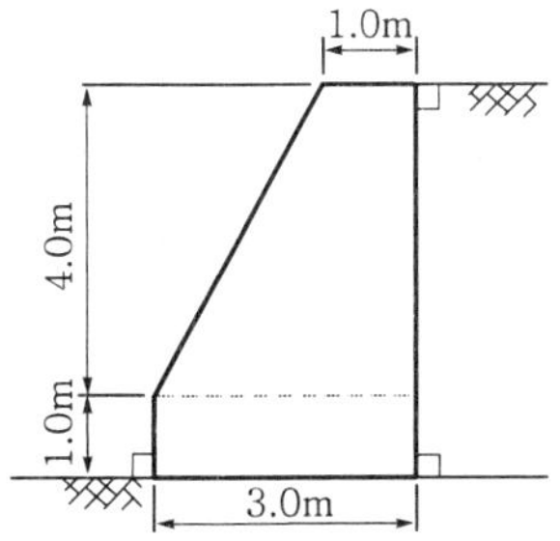

배점 3

답 · 풀이

문제 15

배점 18

주어진 도면 및 조건에 따라 다음 물량을 산출하시오. (단, 주어진 도면의 치수는 축척에 맞지 않을 수 있으며, 주어진 치수로만 물량을 산출할 것.)

도로암거(N.S)

(단위 : mm)

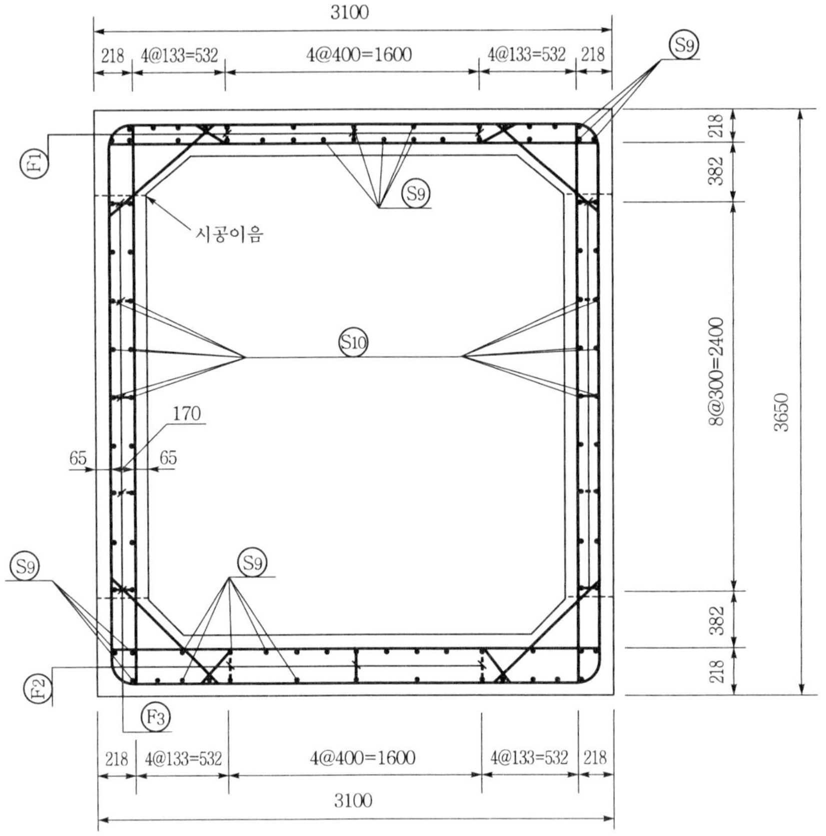

일 반 도

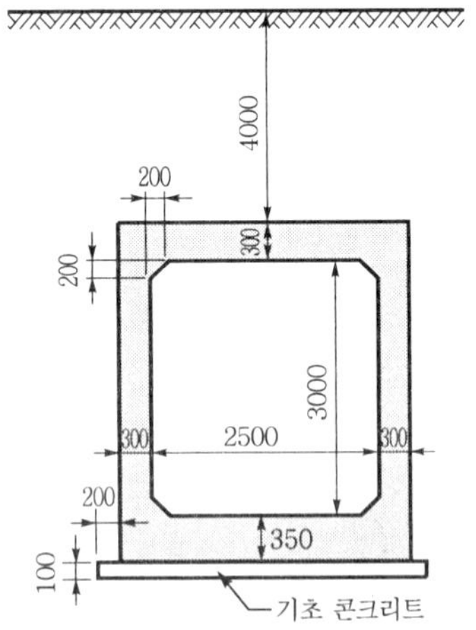

주철근 조립도

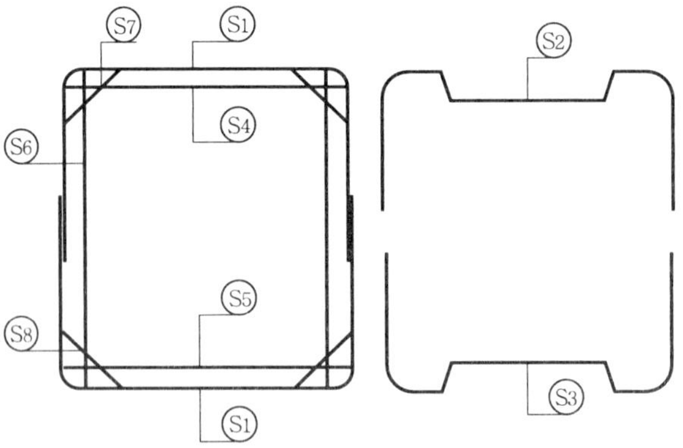

철근 상세도

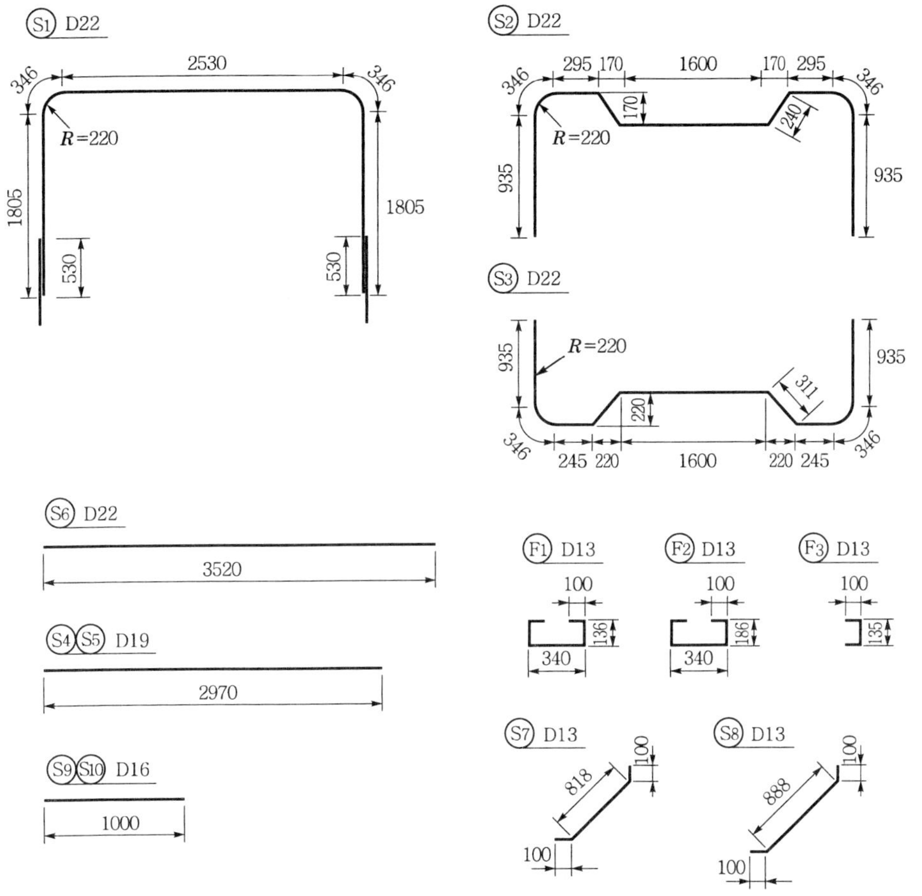

조건

① $S_1 \sim S_8$ 철근은 300mm 간격으로 배치되어 있다.
② F_1, F_2, F_3 철근은 300mm 간격으로 지그재그로 배치되어 있다.
③ 철근의 이음과 할증은 무시한다.
④ 지형상태는 일반도와 같으며, 터파기는 기초 콘크리트 양끝에서 100cm 여유폭을 두고, 비탈 기울기는 1 : 0.5로 한다.
⑤ 거푸집량의 계산에서 마구리면은 무시한다.

(1) 길이 1m에 대한 기초와 구체의 콘크리트량을 구하시오. (단, 소수 4째자리에서 반올림)
① 기초 콘크리트량
② 구체 콘크리트량
(2) 길이 1m에 대한 거푸집량을 구하시오. (단, 소수 4째자리에서 반올림)
(3) 길이 1m에 대한 터파기량을 구하시오. (단, 소수 4째자리에서 반올림)
(4) 길이 1m에 대한 철근량을 산출하기 위한 다음 철근 물량표를 완성하시오. (단, 소수 3째자리에서 반올림)

기호	직경	길이(mm)	수량	총길이(mm)	기호	직경	길이(mm)	수량	총길이(mm)
S_1					S_9				
S_7					F_1				

문제 16

배점 3

그림과 같이 지하 5m 되는 곳에 피에조미터를 설치하고 연약지반에서 공사를 진행한다. 구조물 축조 직후에 수주가 지표면으로부터 8m였다. 8개월 후 수주가 3m가 되었다면, 지하 5m 되는 곳의 압밀도를 구하시오.

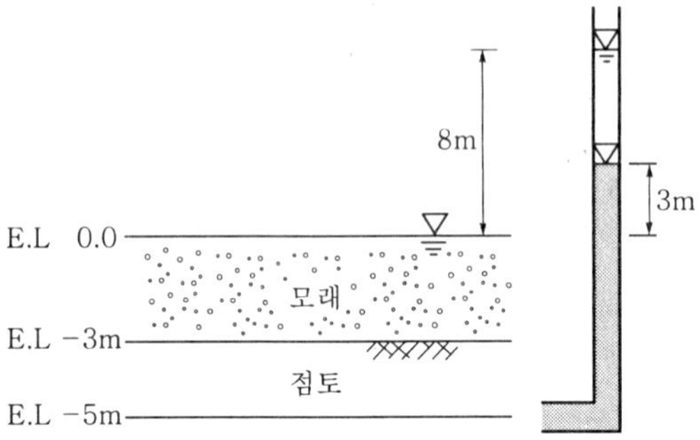

답 · 풀이

문제 17

배점 2

수평 길이 L의 간격으로 땅속에 굴착된 두 개의 홀에 어느 하나의 시추공의 바닥에서 충격막대에 의해 연직충격을 발생시켜 연직으로 민감한 트랜스 듀서에 의해 전단파를 기록할 수 있는 지구물리학적인 지반조사 방법은?

답 · 풀이

문제 18

배점 3

콘크리트 구조물에서 시공이음을 설치하고자 할 때 그 위치 또는 방향에 대해 아래와 각 물음에 답하시오.

(1) 바닥틀과 일체로 된 기둥 또는 벽의 시공이음 위치로 적합한 곳은?

(2) 바닥틀의 시공이음 위치로 적합한 곳은?

(3) 아치에 시공이음을 설치하고자 할 때 적합한 방향은?

답 · 풀이

문제 19

배점 3

어느 지역에 지표면경사가 30°인 자연사면이 있다. 지표면에서 6m 깊이에 암반층이 있고, 지하수위 면은 암반층 아래 존재할 때 이 사면의 활동 파괴에 대한 안전율을 구하시오. (단, 사면 흙을 채취하여 토질시험을 실시한 결과 $c = 2.5t/m3$, $\phi = 35°$, $\gamma_t = 1.8t/m3$ 이다.)

답 · 풀이

문제 20

배점 3

매스콘크리트에서는 구조물에 필요한 기능 몇 품질을 손상시키지 않도록 온도균열을 제어하기 위해 적절한 조치를 강구해야 한다. 온도균열을 억제하기 위한 방법을 3가지만 쓰시오.

답 · 풀이

문제 21

배점 3

흙막이공법은 개수성 토류벽공법과 차수성 토류벽공법으로 대별한다. 아래 그림과 같은 개수성 토류벽공법인 H-Pile 흙막이 공법의 부재 명칭을 쓰시오.

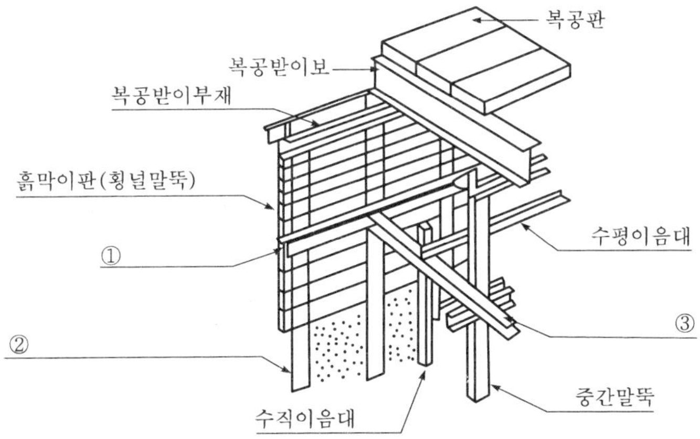

답 · 풀이

문제 22

배점 6

15회의 콘크리트 압축강도 측정결과가 아래의 표와 같을 때 배합설계에 적용할 표준편차를 구하고 설계기준강도가 40MPa일 때 콘크리트의 배합강도를 구하시오. (단, 압축강도의 시험횟수가 15회일 때 표준편차의 보정계수는 1.16이다.)

[압축강도 측정결과(MPa)]

36, 40, 42, 36, 44, 43, 36, 38, 44, 42, 44, 46, 42, 40, 42

(1) 배합설계에 적용할 압축강도의 표준편차를 구하시오.

(2) 배합강도를 구하시오.

답 · 풀이

문제 23

배점 3

콘크리트 제품의 양생방법 중 촉진양생방법을 3가지만 쓰시오.

답 · 풀이

문제 24

배점 3

연약지반개량공법 중 압밀효과와 보강효과를 동시에 노리는 공법을 3가지만 쓰시오.

답 · 풀이

문제 25

배점 3

아래 그림과 같이 10m 두께의 비교적 단단한 포화 점토층 밑에 모래층이 있다. 모래층은 피압상태(artesian pressure)에 있을 때, 점토층에서 바닥의 융기(heaving)현상이 없이 굴착할 수 있는 최대 깊이 H를 구하시오.

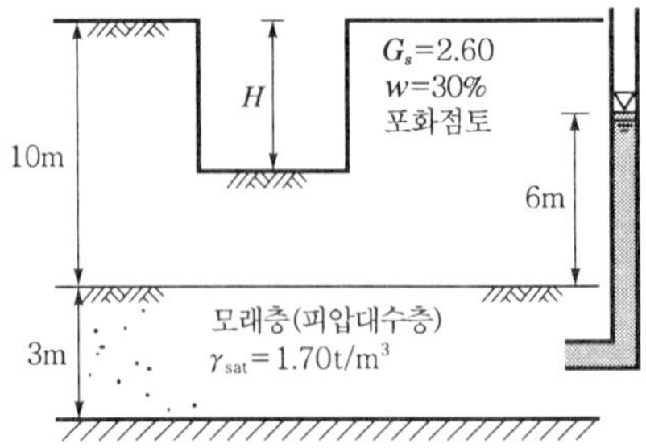

문제 01

배점 6

3m×3m 크기의 정사각형 기초를 마찰각 $\phi = 30°$, 점착력 $c = 5t/m^2$인 지반에 설치하였다. 흙의 단위중량 $\gamma = 1.7t/m^3$이며, 기초의 근입깊이는 2m이다. 지하수위가 지표면에서 1m, 3m, 5m 깊이에 있을 때의 극한지지력을 각각 구하시오. (단, 지하수위 아래 흙의 포화단위중량은 1.9t/m3이고, Terzaghi 공식을 사용하고, $\phi = 30°$일 때, $N_c = 36$, $N_r = 19$, $N_q = 22$)

(1) 지하수위가 1m 깊이에 있는 경우
(2) 지하수위가 3m 깊이에 있는 경우
(3) 지하수위가 5m 깊이에 있는 경우

답 · 풀이

문제 02

배점 3

1차 발파에서 생긴 암덩어리가 후속 작업에 필요로 하는 크기보다 크거나 적재기계로 적재할 수 없을 정도로 크면 조각을 낼 필요가 있다. 이와 같이 조각을 내기 위한 발파를 2차 발파라고 한다. 이러한 2차 발파의 종류를 3가지만 쓰시오.

답 · 풀이

문제 03

배점 3

품질관리를 위해 콘크리트 압축강도 시험을 실시하여 다음과 같은 자료를 얻었다. 콘크리트 압축강도의 변동계수를 구하시오.

21, 19, 20, 22, 23 (MPa)

답 · 풀이

문제 04

도로 노상의 지지력을 평가할 수 있는 현장시험 평가방법을 3가지만 쓰시오.

배점 3

답 · 풀이

문제 05

아래와 같이 백호로 굴착을 하고 통로박스 시공 후, 되메우기를 한다. 이때 15ton 덤프트럭을 2대 사용하며 1일 작업시간을 6시간으로 하고, 덤프트럭의 $E=0.9$, $C_m=300$분일 경우 아래 물음에 답하시오. (단, 암거길이는 10m, $C=0.8$, $L=1.25$, $\gamma_t=1.8\text{t/m3}$)

배점 6

(1) 사토량(捨土量)을 본바닥 토량으로 구하시오.

(2) 덤프트럭 1대의 시간당 작업량을 구하시오.

(3) 덤프트럭 2대를 사용할 경우 사토에 필요한 소요일수는 며칠인가?

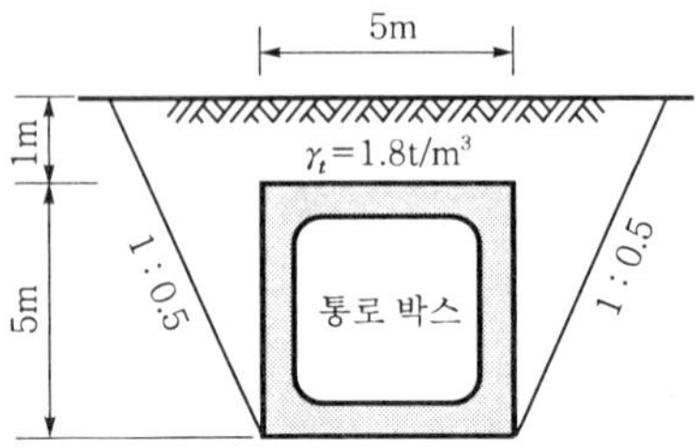

답 · 풀이

문제 06

그림과 같이 표고가 20m씩 차이가 나는 등고선으로 둘러싸인 지역의 흙을 굴착하여 택지조성을 계획한다. 1.0m³ 용적의 굴삭기 2대를 동원할 때 굴착에 소요되는 기간을 구하시오. (단, 굴삭기 사이클타임 = 20초, 효율 = 0.8, 디퍼계수 = 0.8, $L=1.2$, 1일 작업시간 = 8시간, 등고선면적 $A_1=100\text{m2}$, $A_2=75\text{m2}$, $A_3=50\text{m2}$이다.)

배점 3

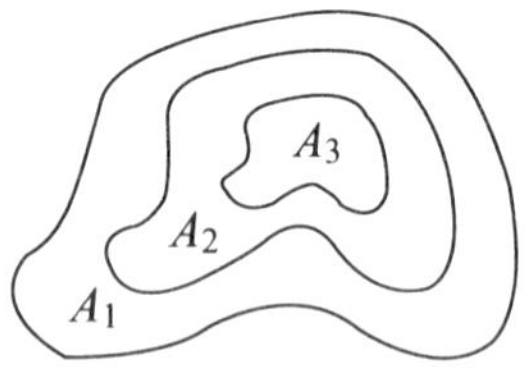

답 · 풀이

문제 07

배점 3

이미 경화한 매시브한 콘크리트 위에 슬래브를 타설할 때 부재의 평균 최고온도와 외기 온도와의 온도차가 12.8℃ 발생하였다. 아래의 표를 이용하여 온도균열 발생확률을 구하시오. (단, 간이적인 방법을 사용하며, 외부구속의 정도를 표시하는 계수(R)은 0.6을 적용한다.)

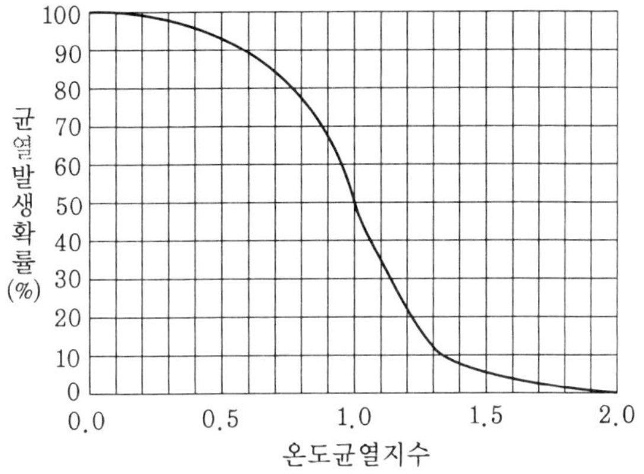

답 · 풀이

문제 08

배점 3

지하수위 저하공법은 크게 중력배수공법과 강제배수공법으로 나눌 수 있다. 여기서 강제배수공법의 종류를 3가지만 쓰시오.

답 · 풀이

문제 09

배점 3

국내에서 토목섬유(Geosynthetics)는 연약지반 보강, 제방의 필터 및 분리 등의 목적으로 사용이 증가되고 있다. 토목섬유의 종류를 4가지만 쓰시오.

답 · 풀이

문제 10

배점 3

두 번의 평판재하시험 결과가 다음과 같을 때, 허용침하량이 25mm인 정사각형 기초가 150ton의 하중을 지지하기 위한 실제 기초의 크기를 구하시오.

원형 편판직경 B(m)	0.3	0.6
작용하중 Q(ton)	10	25
침하량(mm)	25	25

답 · 풀이

문제 11

배점 8

주어진 도면에 따라 다음 물량을 산출하시오. (단, 도면의 치수 단위는 mm이다.)

단 면 도

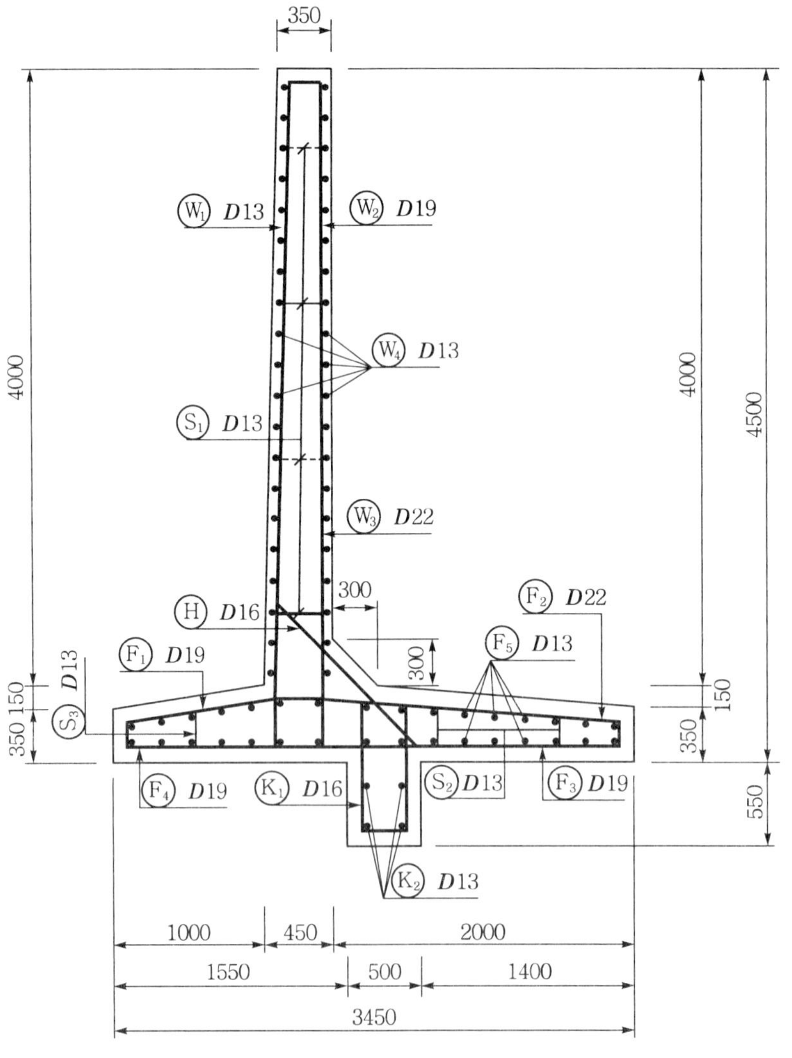

일 반 도

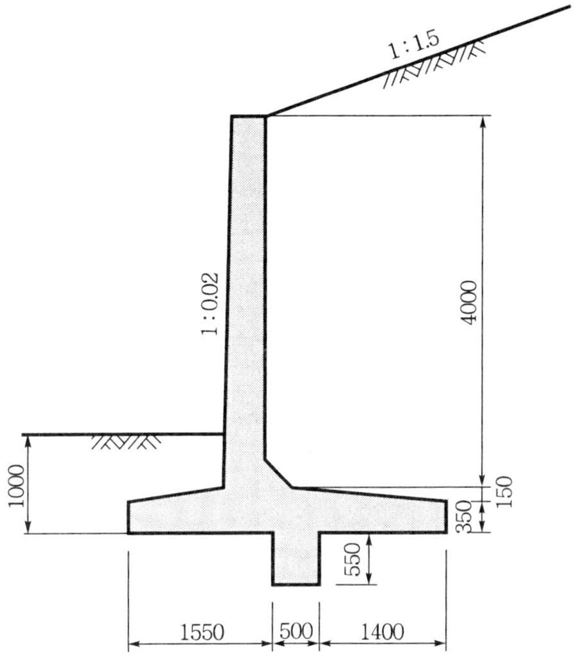

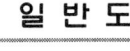

(1) 옹벽길이 1m에 대한 콘크리트량을 구하시오. (단, 소수 4째자리에서 반올림 하시오.)
(2) 옹벽길이 1m에 대한 거푸집량을 구하시오. (단, 돌출부(전단 Key)에 거푸집을 사용하며, 마구리면의 거푸집은 무시하며, 소수 4째자리에서 반올림 하시오.)

문제 12

배점 3

건설기계 작업시 발생될 수 있는 주행저항의 종류 3가지를 쓰시오.

답 · 풀이

문제 13

배점 3

함수비가 20%인 토취장 흙의 습윤단위중량이 1.9t/m^{3}이다. 이 흙으로 도로를 축조할 때 함수비는 15%이고, 습윤단위중량은 1.98t/m^{3}이었다. 이 경우 흙의 토량변화율(C)은 대략 얼마인가?

답 · 풀이

문제 14

케이슨기초의 침하공법을 5가지만 쓰시오.

배점 3

답 · 풀이

문제 15

보통콘크리트보다 단위중량이 작은 콘크리트를 경량콘크리트라 한다. 이러한 경량콘크리트를 제조하는 방법에 따라 크게 3가지로 구분하시오.

배점 3

답 · 풀이

문제 16

록 필댐(Rock fill Dam)의 종류를 3가지만 쓰시오.

배점 3

답 · 풀이

문제 17

사장교의 종방향 케이블 배치형태를 분류한 아래표의 빈칸을 예시와 같은 형태로 채우시오.

배점 6

구 분	형 상
(예시) 방사형	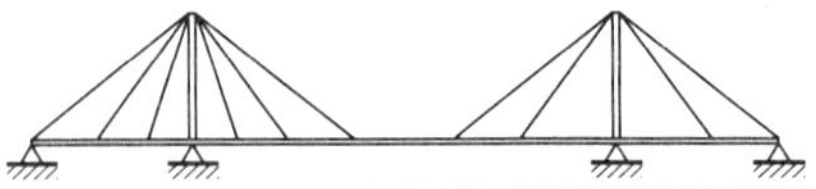

답 · 풀이

문제 18

배점 3

표준관입시험의 N치가 35이고, 현장에서 채취한 모래는 입자가 둥글고 균등계수가 5이고 곡률계수가 5이었다. Dunham의 식을 이용하여 이 모래의 내부마찰각을 추정하시오.

답 · 풀이

문제 19

배점 2

다음 [보기]는 연약지반 개량공법 중 어떤 공법에 관한 설명인가?

보기

느슨한 모래나 연약 점토지반에 모래를 다지면서 압입하여 비교적 지름이 큰 모래말뚝을 조성하는 공법으로, 느슨한 모래지반에서는 밀도증가와 액상화 방지, 수평저항력 증가효과를 얻으며, 연약 점토지반에서는 지지력 증대, 압밀침하저감, 측방변위 억제 등의 효과를 얻는 공법

답 · 풀이

문제 20

배점 3

그림에서와 같이 강널말뚝(steel sheet pile)으로 지지된 모래지반의 굴착에서 지하수의 분출로 인하여 예상되는 파이핑(piping)에 대한 안전율을 계산하시오.

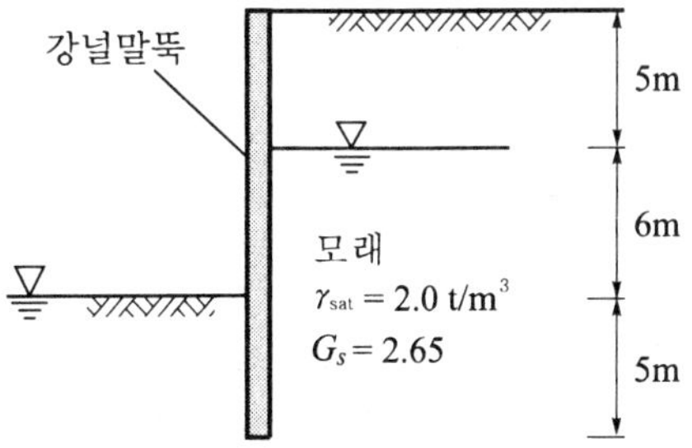

답 · 풀이

문제 21

터널공사시 암반보강공법을 3가지만 쓰시오.

배점 3

답 · 풀이

문제 22

교량의 내진설계에 있어 설계지진력을 산정하기 위한 계수로서 지진구역과 재현주기에 따라 그 값이 달라지는 것은?

배점 2

답 · 풀이

문제 23

다음 작업 리스트를 가지고 화살선도를 그리고 표준일수에 대한 critical path를 구하고 총 공사비(직접비+간접비)가 가장 적게 들기 위한 최적공기를 구하시오. (단, 간접비는 1일당 20만 원이 소요)

배점 10

작업명	선행작업	후속작업	표 준		특 급	
			일 수	직접비(만 원)	일 수	직접비(만 원)
A	–	B, C	3	30	2	33
B	A	D	2	40	1	50
C	A	E	7	60	5	80
D	B	F	7	100	5	130
E	C	G, H	7	80	5	90
F	D	G, H	5	50	3	74
G	E, F	I	5	70	5	70
H	E, F	I	1	15	1	15
I	G, H	–	3	20	3	20

(1) 표준일수에 대한 화살선도를 그리고 critical path를 구하시오.
(2) 총 공사비가 가장 적게 들기 위한 최적공기를 구하시오.

답 · 풀이

문제 **24**

배점 3

그림과 같은 중력식 옹벽의 전도(overturning)에 대한 안전율을 계산하시오. (단, 콘크리트의 단위중량은 2.3t/m3이다.)

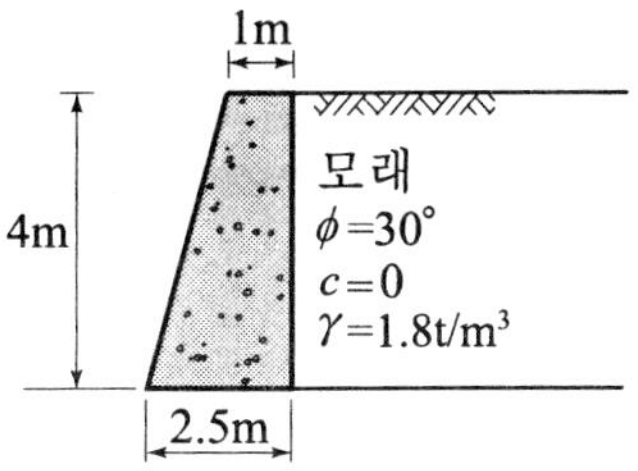

답 · 풀이

문제 **25**

배점 3

지하수 침강 최소깊이 200cm, 암거매립간격 800cm, 투수계수 10^{-5}cm/sec일 때 불투수층에 놓인 암거를 통한 단위길이당 배수량을 구하시오. (단, 소수점 이하 4째자리에서 반올림할 것)

답 · 풀이

문제 **26**

배점 3

점성토 지반에서 표준관입시험 결과치(N)로 판정, 추정할 수 있는 사항을 4가지만 기술하시오.

답 · 풀이

문제 **27**

배점 3

굵은골재 최대치수 25mm, 단위수량 157kg, 물-시멘트비 50%, 슬럼프 80mm, 잔골재율 40%, 잔골재 표건밀도 2.60g/cm³, 굵은골재 표건밀도 2.65g/cm³, 시멘트밀도 3.14g/cm³, 공기량 4.5%일 때 콘크리트 1m³에 소요되는 굵은골재량을 구하시오.

답 · 풀이

2016년도 정답 및 해설

정/답/및/해/설 2016년도 1차(04.17 시행)

정답·해설 01

(1) 길이 10.3m인 교대의 콘크리트량

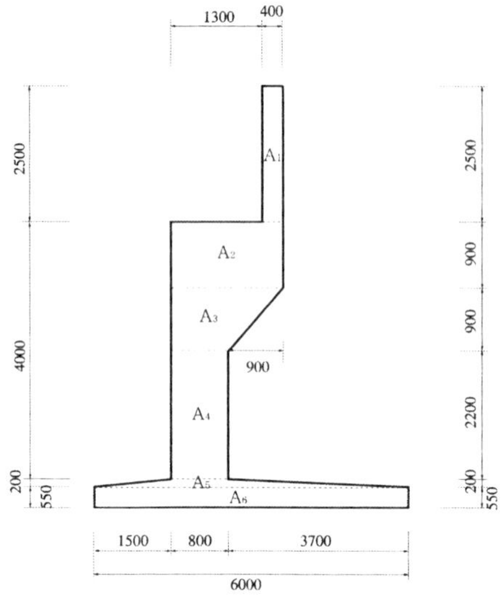

① $A_1 = 0.4 \times 2.5 = 1\text{m}^2$

② $A_2 = 1.7 \times 0.9 = 1.53\text{m}^2$

③ $A_3 = \dfrac{1.7+0.8}{2} \times 0.9 = 1.125\text{m}^2$

④ $A_4 = 0.8 \times 2.2 = 1.76\text{m}^2$

⑤ $A_5 = \dfrac{0.8+6}{2} \times 0.2 = 0.68\text{m}^2$

⑥ $A_6 = 0.55 \times 6 = 3.3\text{m}^2$

⑦ 콘크리트량 $= (A_1 + \cdots + A_6) \times 10.3$

$= 9.395 \times 10.3$

$= 96.7685 = 96.769\text{m}^3$

(2) 길이 10.3m인 교대의 거푸집량

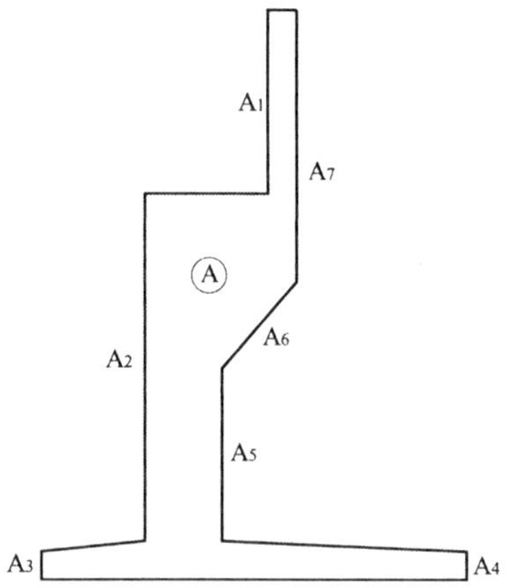

① $A_1 = 2.5 \times 10.3 = 25.75\text{m}^2$

② $A_2 = 4 \times 10.3 = 41.2\text{m}^2$

③ $A_3 = 0.55 \times 10.3 = 5.665\text{m}^2$

④ $A_4 = 0.55 \times 10.3 = 5.665\text{m}^2$

⑤ $A_5 = 2.2 \times 10.3 = 22.66\text{m}^2$

⑥ $A_6 = \sqrt{0.9^2 + 0.9^2} \times 10.3 = 13.11\text{m}^2$

⑦ $A_7 = 3.4 \times 10.3 = 35.02\text{m}^2$

⑧ $A_8 =$ Ⓐ $\times 2$ (앞·뒤 마구리면)

$= 9.395 \times 2 = 18.79\text{m}^2$

⑨ 거푸집량 $= A_{1+}A_2 + \cdots + A_8 = 167.86\text{m}^2$

정답·해설 02

① 각 지점의 CBR평균 $= \dfrac{4.2+3.6+6.8+5.2+4.3+3.4+4.9}{7} = 4.63$

② 설계 CBR = 각 지점의 CBR평균 $- \left(\dfrac{\text{CBR 최대치} - \text{CBR 최소치}}{d_2}\right)$

$= 4.63 - \left(\dfrac{6.8-3.4}{2.83}\right) = 3.43 = 3$

정답·해설 03

(1) 잔골재율 및 단위수량

구 분	수정 계산	S/a(%)	W(kg)
잔골재의 FM = 2.85	$44+\dfrac{(2.85-2.8)\times 0.5}{0.1}=44.25$	44.25	175
$\dfrac{W}{C}$ = 50%	$44.25+\dfrac{(50-55)\times 1}{5}=43.25$	43.25	175
slump = 10cm	$175+\dfrac{(10-8)\times 175\times 0.012}{1}=179.2$	43.25	179.2
공기량 = 5%	$43.25+\dfrac{(6-5)\times 0.75}{1}=44$ $179.2+\dfrac{(6-5)\times 175\times 0.03}{1}=184.45$	44	184.45

(2) 단위 시멘트량

$\dfrac{W}{C}=0.5$ $\qquad \dfrac{184.45}{C}=0.5$ $\qquad \therefore\ C=368.9\text{kg}$

(3) 단위골재량

① 단위골재량 절대체적 $V_a=1-\left(\dfrac{184.45}{1000}+\dfrac{368.9}{3.15\times 1000}+\dfrac{5}{100}\right)=0.65\text{m}^3$

② 단위잔골재량 절대체적 $V_s=V_a\times\dfrac{S}{a}=0.65\times 0.44=0.29\text{m}^3$

③ 단위잔골재량 $=0.29\times 2.6\times 1000=754\text{kg}$

④ 단위굵은골재량 절대체적 $V_G=V_a-V_s=0.65-0.29=0.36\text{m}^3$

⑤ 단위굵은골재량 $=0.36\times 2.7\times 1000=972\text{kg}$

⑥ 단위공기연행제량 $=368.9\times 0.0003=0.11067\text{kg}=110.67\text{g}$

(4) 배합표

굵은골재의 최대치수 (mm)	슬럼프 (mm)	공기량 (%)	$\frac{W}{C}$(%)	잔골재율 S/a(%)	단위량(kg/m³)				혼화제(g/m³)
					물	시멘트	잔골재	굵은골재	
20	100	5.0	50	44	184.45	368.9	754	972	110.67

정답·해설 04

① 사하중 증가(자중증대) 방법
② 영구 anchor 방법
③ 영구 배수공법
④ Micro pile공법

정답·해설 05

$U_{av}=1-(1-U_v)(1-U_h)=1-(1-0.9)(1-0.4)$
$=0.94=94\%$

정답·해설 06

① 교대 배면의 성토높이
② 교대 배면의 성토체의 단위중량
③ 연약 점토층의 두께
④ 연약 점토층의 전단강도

정답·해설 07

(a) RCD 공법　(b) benoto 공법　(c) earth drill 공법

정답·해설 08

① 상로교　② 중로교　③ 하로교　④ 2층교

정답·해설 09

① 봉합역할(매달기 역할)　② 내압역할
③ 보의 형성 역할　④ 보강역할

정답·해설 10

① $\Sigma V=0$

$60+90=15\times BL$

$\therefore BL=10$ ·· ㉠

② $\Sigma M_o=0$

$60\times 0.2+90\times 5=15\times BL\times \frac{L}{2}$

$BL^2=61.6$ ·· ㉡

식 ㉠, ㉡에서 $L=6.16\text{m}$, $B=1.62\text{m}$

정답·해설 11

(1) $P_a=\frac{1}{2}\gamma_{sub}H^2C_a+\frac{1}{2}\gamma_w H^2=\frac{1}{2}\times 0.9\times 6^2\times 0.219+\frac{1}{2}\times 1\times 6^2=21.55\text{t/m}$

(2) $P_a=\frac{1}{2}\gamma_{sat}H^2C_a=\frac{1}{2}\times 1.9\times 6^2\times 0.219=7.49\text{t/m}$

정답·해설 12

① patching 공법　② 표면처리 공법
③ over lay(덧씌우기) 공법　④ 절삭 over lay 공법
⑤ 절삭(milling) 공법

정답·해설 13

① $q_u=\alpha CN_c+\beta B\gamma_1 N_r+D_f\gamma_2 N_q$

$=1.3\times 4\times 5.14+0+1.5\times 1.8\times 1$

$=29.43\text{t/m}^2$

② $q_a=\frac{q_u}{F_s}=\frac{29.43}{3}=9.81\text{t/m}^2$

③ $q_a=\frac{150}{B^2}$　$9.81=\frac{150}{B^2}$　$\therefore B=3.91\text{m}$

정답·해설 14

① 전반전단파괴　② 국부전단파괴　③ 관입전단파괴

정답·해설 15

(1) 양수시험의 종류 2가지
① 깊은 우물에 의한 방법
② 굴착정에 의한 방법

(2) 주수시험의 종류 2가지

① open-end test(개단시험)

② packer test

정답·해설 16

① $\gamma_t = \dfrac{W}{V} = \dfrac{2934}{1630} = 1.8\text{g/cm}^3$

② $\gamma_d = \dfrac{\gamma_t}{1+\dfrac{w}{100}} = \dfrac{1.8}{1+\dfrac{9.8}{100}} = 1.64\text{g/cm}^3$

③ $C_d = \dfrac{\gamma_d}{\gamma_{d\max}} \times 100 = \dfrac{1.64}{1.94} \times 100 = 84.54\% < 95\%$이므로 불합격이다.

정답·해설 17

$$Q = \frac{60\,l\,LDfE}{C_m N} = \frac{60 \times 2.9 \times 50 \times 0.3 \times 1 \times 0.6}{0.96 \times 3} = 543.75\text{m}^3/\text{hr}$$

정답·해설 18

(1) 셔블의 시간당 작업량

$$Q_s = \frac{3600 \cdot q \cdot k \cdot f \cdot E}{C_m} = \frac{3600 \times 3 \times 1.1 \times \dfrac{1}{1.2} \times 0.5}{30} = 165\text{m}^3/\text{h}$$

(2) 덤프트럭의 시간당 작업량

① $q_t = \dfrac{T}{\gamma_t} \cdot L = \dfrac{15}{1.8} \times 1.2 = 10\text{m}^3$

② $Q_t = \dfrac{60 \cdot q_t \cdot f \cdot E_t}{C_{mt}} = \dfrac{60 \times 10 \times \dfrac{1}{1.2} \times 0.8}{30} = 13.33\text{m}^3/\text{h}$

(3) 덤프트럭의 소요대수

$N = \dfrac{165}{13.33} = 12.38 = 13$대

정답·해설 19

① 압축성이 크다.

② 2차 압밀침하량이 크다.

③ 자연함수비가 200~300% 정도이다.

정답·해설 20

(1) ① network

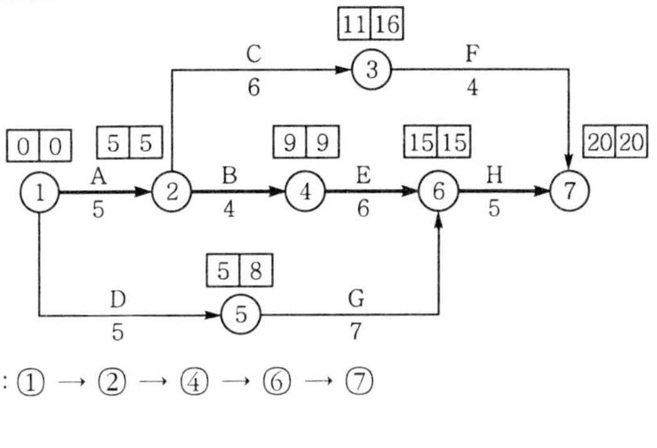

② CP : ① → ② → ④ → ⑥ → ⑦

(2) 최적공기와 총 공사비

단축 작업명	단축일수	기 간	직접비용 증가액 (만 원)	직접비 (만 원)	간접비 (만 원)	총 공비 (만 원)
–	–	20일	–	60	60	60+60=120
B	1	19일	1×4=4	60+4=64	60−5=55	64+55=119
B	1	18일	1×4=4	64+4=68	55−5=50	68+50=118
A	1	17일	1×6=6	68+6=74	50−5=45	74+45=119

① 최적공기 = 18일
② 총 공사비 = 118만 원

정답·해설 21

① $C_u = \dfrac{D_{60}}{D_{10}} = \dfrac{0.14}{0.08} = 1.75 < 6$

$C_g = \dfrac{D_{30}^2}{D_{10} \cdot D_{60}} = \dfrac{0.12^2}{0.08 \times 0.14} = 1.29 = 1 \sim 3$ 이므로 빈립도이다.

② $\phi = \sqrt{12N} + 15 = \sqrt{12 \times 35} + 15 = 35.49°$

정답·해설 22

$D = C\alpha\sqrt{WH}$

$10 = 0.5\sqrt{20H}$ $\quad\therefore\ H = 20\text{m}$

정답·해설 23

① 입도조정공법
② 시멘트 안정처리공법
③ 역청 안정처리공법
④ 물다짐 마카담공법

정답·해설 24

$$S_{(기초)} = S_{(재하판)} \times \left[\frac{2B_{(기초)}}{B_{(기초)} + B_{(재하판)}}\right]^2$$

$$= 15 \times \left[\frac{2 \times 1.5}{1.5 + 0.3}\right]^2 = 41.67\text{mm}$$

정답·해설 25

soil nailing공법

정답·해설 26

① $P_1 = 0.9 \times 4 + 0.8 \times \dfrac{6}{2} = 6\text{t/m}^2$

② $P_2 = 1.8 \times 2 + 0.9 \times 2 + 0.8 \times \dfrac{6}{2} = 7.8\text{t/m}^2$

③ $\Delta H = \dfrac{C_c}{1+e_o} \log \dfrac{P_2}{P_1} H = \dfrac{0.4}{1+0.8} \log \dfrac{7.8}{6} \times 6 = 0.1519\text{m} = 15.19\text{cm}$

정답·해설 01

① SPT ② CPT ③ 전단파속도시험

정답·해설 02

(1) ① Net Work

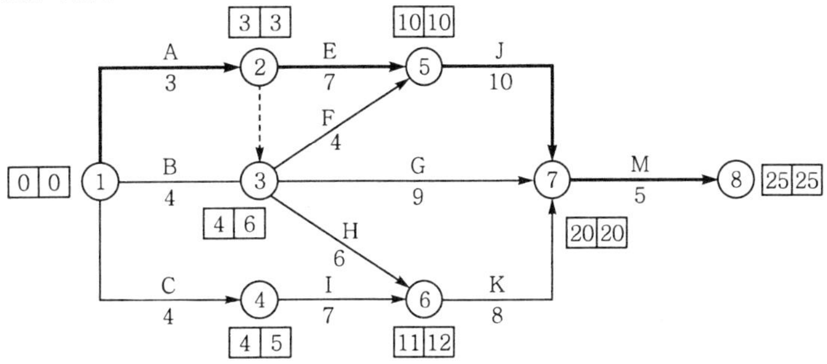

② CP : ① → ② → ⑤ → ⑦ → ⑧

(2) ① 비용경사(cost slope)

공 정	단축가능 일수	비용경사(만 원)
A	0	0
B	1	$\frac{30-24}{4-3}=6$
C	1	$\frac{60-40}{4-3}=20$
E	2	$\frac{49-35}{7-5}=7$
F	0	0
H	1	$\frac{60-48}{6-5}=12$
G	3	$\frac{69-45}{9-6}=8$
I	1	$\frac{66-56}{7-6}=10$
J	3	$\frac{55-40}{10-7}=5$
K	0	0
M	2	$\frac{96-60}{5-3}=18$

② 공기단축

단축단계	작업명	단축일수	추가비용(만 원)	공기(일)
1단계	J	1	$1\times5=5$	24
2단계	J, I	1	$1\times5+1\times10=15$	23
3단계	M	2	$2\times18=36$	21

③ 추가비용(extra cost)

EC = 50,000 + 150,000 + 360,000 = 560,000원

정답·해설 03

① 정역학적 지지력 공식
② 동역학적 지지력 공식
③ 정재하시험에 의한 방법

정답·해설 04

① 단일모드 스펙트럼 해석법
② 다중모드 스펙트럼 해석법
③ 시간이력 해석법

정답·해설 05

(1) 공정능력 지수(C_p)

$$C_p = \frac{|SU-SL|}{6\sigma} = \frac{|24-18|}{6\times0.8} = 1.25$$

(2) 여유치

① $\frac{|SU-SL|}{\sigma} = \frac{|24-18|}{0.8} = 7.5 \geq 6$ (충분한 여유가 있다.)

② 여유치 $= (7.5-6)\times0.8 = 1.2\text{MPa}$

정답·해설 06

① 점토지반의 포화밀도

$$\gamma_{sat} = \frac{G_s+e}{1+e}\gamma_w = \frac{2.7+1.2}{1+1.2}\times1 = 1.77\text{t/m}^3$$

② $P_1 = 0.9\times5+0.77\times\frac{6}{2} = 6.81\text{t/m}^2$

③ $P_2 = 1.8\times3+0.9\times2+0.77\times\frac{6}{2} = 9.51\text{t/m}^2$

④ $\Delta H = \frac{C_c}{1+e_1}\log\frac{P_2}{P_1}H = \frac{0.6}{1+1.2}\log\frac{9.51}{6.81}\times6 = 0.2373\text{m} = 23.73\text{cm}$

정답·해설 07

$$\begin{aligned} q_u &= \alpha CN_c + \beta B\gamma_1 N_r + D_f\gamma_2 N_q \\ &= 1\times2.5\times5.14+0+2\times0.85\times1 \\ &= 14.55\text{t/m}^2 \end{aligned}$$

정답·해설 08

① $P_{No.200} = 4.34\% < 50\%$이고 $P_{No.4} = 58.1\% > 50\%$ 이므로 모래이다.

② $C_u = \frac{D_{60}}{D_{10}} = \frac{2.27}{0.077} = 29.48 > 6$

$C_g = \frac{{D_{30}}^2}{D_{10}\cdot D_{60}} = \frac{0.54^2}{0.077\times2.27} = 1.67 = 1\sim3$이므로 양립도이다.

∴ SW이다.

정답·해설 09

$$\begin{aligned} S_{(기초)} &= S_{(재하판)}\cdot\left[\frac{2B_{(기초)}}{B_{(기초)}+B_{(재하판)}}\right]^2 \\ &= 20\times\left[\frac{2\times1.5}{1.5+0.3}\right]^2 = 55.56\text{mm} \end{aligned}$$

정답·해설 10

① 슈트식 여수로　　② 측수로 여수로
③ 그롤리홀 여수로　　④ 사이펀 여수로

정답·해설 11

① $q_t = \frac{T}{\gamma_t} \cdot L = \frac{15}{1.6} \times 1.2 = 11.25\text{m}^3$

② $n = \frac{q_t}{qK} = \frac{11.25}{2.4 \times 0.8} = 5.86 = 6$회

③ $C_{mt} = \frac{C_{ms} \cdot n}{60E_s} = \frac{30 \times 6}{60 \times 0.75} = 4$분

정답·해설 12

① 주행성이 좋다.(소음, 진동이 적고 평탄성이 양호)
② 양생기간이 짧아 즉시 교통개방이 가능하다.
③ 시공성이 좋다.
④ 보수작업이 용이하다.

정답·해설 13

(1) $V = \frac{ab}{4}(\Sigma h_1 + 2\Sigma h_2 + 3\Sigma h_3 + 4\Sigma h_4)$

① $\Sigma h_1 = 3.6 + 4.2 + 6 + 4.2 = 18\text{m}$

② $\Sigma h_2 = 4.4 + 8 + 8.6 + 6 = 27\text{m}$

③ $\Sigma h_4 = 10\text{m}$

$\therefore\ V = \frac{10 \times 10}{4}(18 + 2 \times 27 + 4 \times 10) = 2800\text{m}^3$

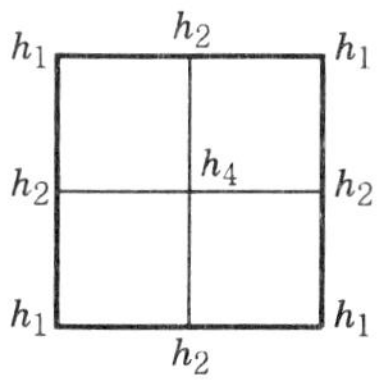

(2) $h = \frac{2800}{10 \times 10 \times 4} = 7\text{m}$

정답·해설 14

① $P_a = \frac{1}{2}\gamma h^2 K_a = \frac{1}{2}\gamma h^2 \tan^2\left(45^\circ - \frac{\phi}{2}\right) = \frac{1}{2} \times 1.75 \times 5^2 \times \tan^2\left(45^\circ - \frac{31^\circ}{2}\right) = 7\text{t/m}$

② $F_s = \frac{Wb + P_V B}{P_H \cdot y} = \frac{Wb}{P_a \cdot y}$

$= \frac{\left\{(1+5) \times \frac{2}{2} \times 2.4\right\}\frac{1+2\times5}{1+5} \times \frac{2}{3} + \{(1\times5)\times2.4\}\times2.5}{7 \times \frac{5}{3}} = 4.08$

정답·해설 15

(1) 길이 1m에 대한 콘크리트량

① 기초 콘크리트량=3.5×0.1×1=0.35m³

② 구체 콘크리트량

$= \left(3.1 \times 3.65 - 2.5 \times 3 + \frac{0.2 \times 0.2}{2} \times 4\right) \times 1$

$= 3.895\text{m}^3$

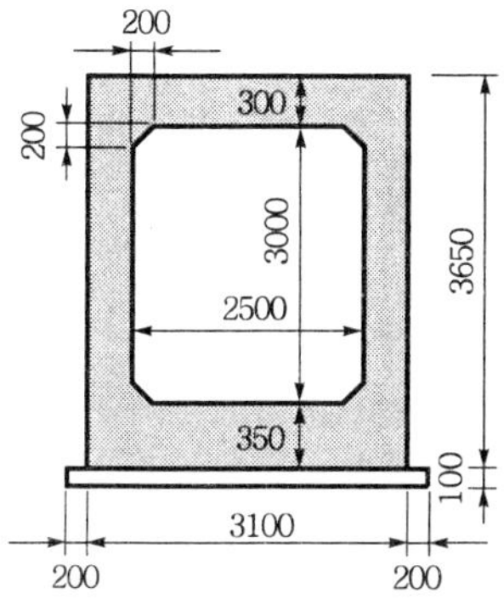

(2) 길이 1m에 대한 거푸집량

① 외벽 길이= $\overline{ab} \times 2 = 3.65 \times 2 = 7.3$m

② 내벽 길이= $\overline{fg} \times 2 = 2.6 \times 2 = 5.2$m

③ 헌치 길이= $\overline{ef} \times 4 = \sqrt{0.2^2 + 0.2^2} \times 4 = 1.1314$m

④ 정판 길이= $\overline{eh} = 2.1$m

⑤ 구체 거푸집 길이=㉠+㉡+㉢+㉣ =15.7314m

⑥ 구체 거푸집량=15.7314×1≒15.731m²

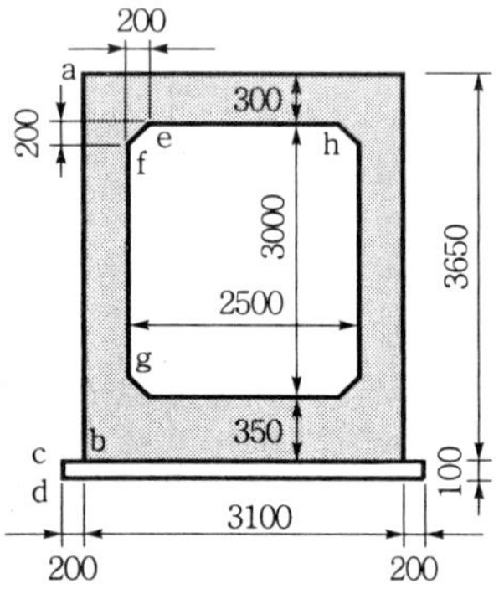

(3) 길이 1m에 대한 터파기량

$$\text{터파기량} = \frac{5.5 + 13.25}{2} \times 7.75 \times 1$$

$$= 72.6563 = 72.656\text{m}^3$$

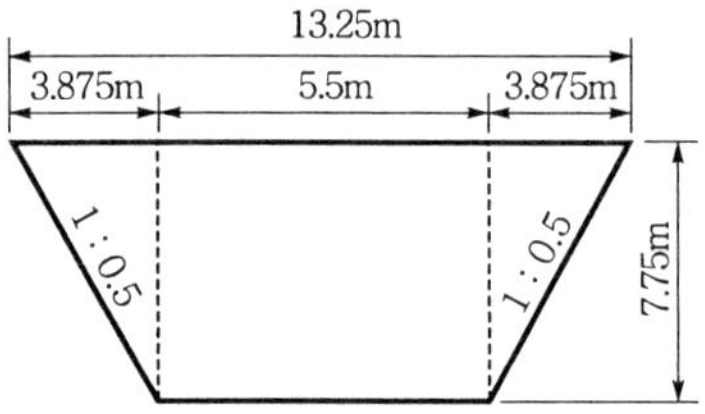

(4) 길이 1m에 대한 철근량

① 단면도상 선으로 보이는 철근(S_1, S_7)

기 호	직 경	본당 길이(mm)	수 량	총 길이(mm)	수량 산출근거
S_1	D 22	1805×2+346×2+2530 = 6832	6.67	45,569.44	수량 = $\frac{1}{0.3}$×2(개소) = 6.67개
S_7	D 13	100+818+100 = 1018	6.67	6790.06	

② 단면도상 점으로 보이는 철근(S_9)

· 철근개수 ⇒ 간격수+1

기 호	직 경	본당 길이(mm)	수 량	총 길이(mm)	수량 산출근거
S_9	D 16	1000	56	56,000	수량 = (상판상부+상판하부)×2(상 · 하판) = [(12+1)+15]×2 = 56개

③ F_1 철근개수 ⇒ $\frac{\text{단위길이(1m)}}{\text{간격×2}}$×개소

기 호	직 경	본당 길이(mm)	수 량	총 길이(mm)	수량 산출근거
F_1	D 13	100×2+136×2+340 = 812	5	4060	수량 = $\frac{1}{0.3 \times 2}$×3(개소) = 5개

④ 철근 물량표(단, 소수 3째자리에서 반올림하시오.)

기 호	직 경	길 이(mm)	수 량	총 길이(mm)	기 호	직 경	길 이(mm)	수 량	총 길이(mm)
S_1	D 22	6832	6.67	45,569.44	S_9	D 16	1000	56	56,000
S_7	D 13	1018	6.67	6790.06	F_1	D 13	812	5	4060

정답·해설 16

① $u_i = \gamma_w \cdot h = 1 \times 8 = 8\text{t/m}^2$

② $u = \gamma_w \cdot h = 1 \times 3 = 3\text{t/m}^2$

③ $U_z = \dfrac{u_i - u}{u_i} = \dfrac{8-3}{8} = 0.625 = 62.5\%$

정답·해설 17

cross hole test

정답·해설 18

(1) 바닥틀과의 경계부근
(2) 슬래브 또는 보의 경간 중앙부 부근
(3) 아치축에 직각 방향

정답·해설 19

$$F_s = \frac{c}{\gamma_t Z \cos i \sin i} + \frac{\tan\phi}{\tan i}$$
$$= \frac{2.5}{1.8 \times 6 \times \cos 30^\circ \times \sin 30^\circ} + \frac{\tan 35^\circ}{\tan 30^\circ}$$
$$= 1.75$$

정답·해설 20

① 수화열이 적은 중용열 포틀랜드시멘트를 사용한다.
② fly-ash 등의 혼화재를 사용한다.
③ 굵은골재 최대 치수를 가능한 한 크게 하여 단위 시멘트량을 작게 한다.
④ pre-cooling, pipe-cooling을 한다.
⑤ 이음 간격을 짧게 한다.
⑥ 균열제어 철근을 배치한다.

정답·해설 21

① 띠장(wale)
② 엄지말뚝(H-pile)
③ 버팀(strut)

정답·해설 22

(1) ① $\bar{x} = \frac{615}{15} = 41\text{MPa}$

② $S = (36-41)^2 + (40-41)^2 + (42-41)^2 + \cdots + (42-41)^2 = 146$

③ $\sigma = \sqrt{\frac{S}{n-1}} = \sqrt{\frac{146}{15-1}} = 3.23\text{MPa}$

④ 보정된 표준편차
$\sigma = 1.16 \times 3.23 = 3.75\text{MPa}$

(2) ① $f_{cr} = f_{ck} + 1.34s = 40 + 1.34 \times 3.75 = 45.03\text{MPa}$

② $f_{cr} = 0.9f_{ck} + 2.33s = 0.9 \times 40 + 2.33 \times 3.75 = 44.74\text{MPa}$

①, ② 중에서 큰 값이 배합강도이므로
$\therefore f_{cr} = 45.03\text{MPa}$

정답·해설 23

① 상압증기양생
② 고압증기양생(오토클레이브 양생)
③ 전기양생
④ 적외선양생

정답·해설 24

① pre-loading 공법
② sand drain 공법
③ paper drain 공법

정답·해설 25

(1) 점토의 밀도

① $Se = wG_s \quad 1\times e = 0.3\times 2.6 \quad \therefore\ e = 0.78$

② $\gamma_{sat} = \dfrac{G_s + e}{1+e}\gamma_w = \dfrac{2.6+0.78}{1+0.78}\times 1 = 1.9\text{t/m}^3$

(2) 최대굴착깊이

① $\sigma = (10-H)\cdot\gamma_{sat} = (10-H)\times 1.9$

② $u = 1\times 6 = 6\text{t/m}^2$

③ $\bar{\sigma} = \sigma - u = (10-H)\times 1.9 - 6 = 0$

$\therefore\ H = 6.84\text{ m}$

정/답/및/해/설 2016년도 3차(11.13 시행)

정답·해설 01

(1) 지하수위가 1m 깊이에 있는 경우

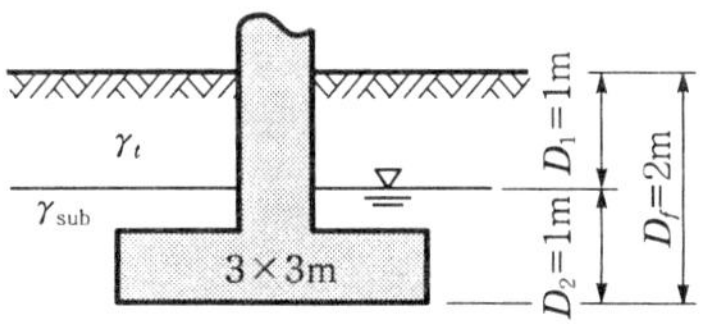

① $\gamma_1 = \gamma_{sub} = 0.9\text{t/m}^3$

② $D_f\gamma_2 = D_1\gamma_t + D_2\gamma_{sub}$
$= 1\times 1.7 + 1\times 0.9 = 2.6\text{t/m}^2$

③ $q_u = \alpha cN_c + \beta B\gamma_1 N_r + D_f\gamma_2 N_q$
$= 1.3\times 5\times 36 + 0.4\times 3\times 0.9$
$\times 19 + 2.6\times 22$
$= 311.72\text{t/m}^2$

(2) 지하수위가 지표면하 3m 깊이에 있을 때

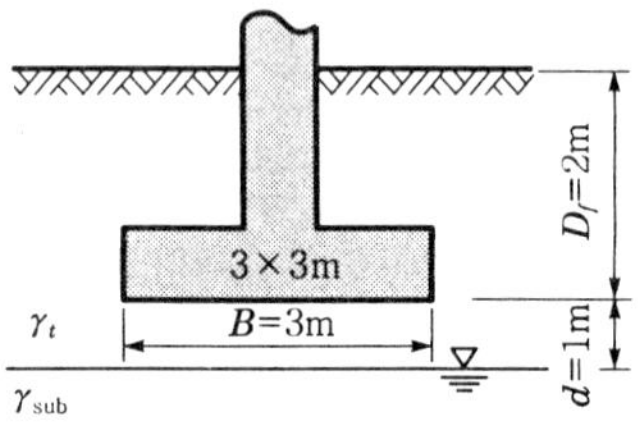

① $\gamma_1 = \gamma' + \dfrac{d}{B}(\gamma - \gamma')$
$= 0.9 + \dfrac{1}{3}\times(1.7-0.9)$
$= 1.17\text{t/m}^3$

② $\gamma_2 = \gamma_t = 1.7\text{t/m}^3$

③ $q_u = \alpha cN_c + \beta B\gamma_1 N_r + D_f\gamma_2 N_q$
$= 1.3\times 5\times 36 + 0.4\times 3\times 1.17\times 19$
$+ 2\times 1.7\times 22$
$= 335.48\text{t/m}^2$

(3) 지하수위가 지표면하 5m 깊이에 있을 때

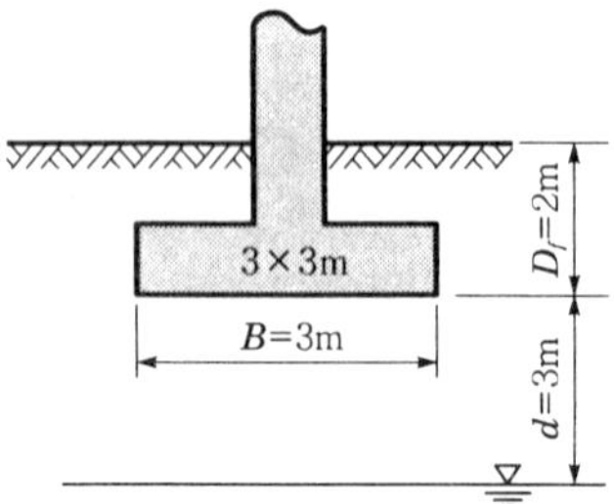

① $\gamma_1 = \gamma_2 = \gamma_t = 1.7\text{t/m}^3$

② $q_u = \alpha cN_c + \beta B\gamma_1 N_r + D_f\gamma_2 N_q$
$= 1.3\times 5\times 36 + 0.4\times 3\times 1.7\times 19$
$+ 2\times 1.7\times 22$
$= 347.56\text{t/m}^2$

정답·해설 02

① 블록 보링(block boring)법
② 스네이크 보링(snake boring)법
③ 머드 캡핑(mud caping)법

정답·해설 03

① $\bar{x}=\dfrac{21+19+20+22+23}{5}=21\text{MPa}$

② $S=(21-21)^2+(19-21)^2+(20-21)^2+(22-21)^2+(23-21)^2=10$

③ $\sigma=\sqrt{\dfrac{S}{n}}=\sqrt{\dfrac{10}{5}}=1.41\text{MPa}$

④ $C_V=\dfrac{\sigma}{\bar{x}}=\dfrac{1.41}{21}\times 100=6.71\%$

정답·해설 04

① 평판재하시험 ② CBR시험 ③ proof rolling

정답·해설 05

(1) ① 굴착토량 $=\dfrac{5+11}{2}\times 6\times 10=480\text{m}^3$

② 되메움 토량 $=(480-5\times 5\times 10)\times\dfrac{1}{0.8}=287.5\text{m}^3$

③ 사토량 $=480-287.5=192.5\text{m}^3$

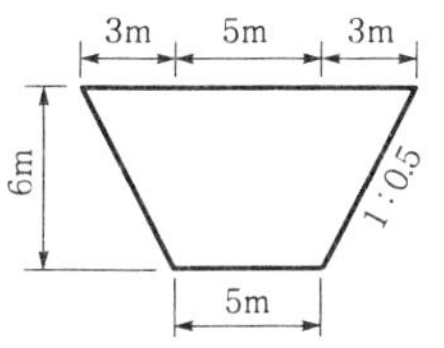

(2) ① $q_t=\dfrac{T}{\gamma_t}\cdot L=\dfrac{15}{1.8}\times 1.25=10.42\text{m}^3$

② $Q=\dfrac{60\cdot q_t\cdot f\cdot E_t}{C_{mt}}=\dfrac{60\cdot q_t\cdot\dfrac{1}{L}\cdot E_t}{C_{mt}}$

$=\dfrac{60\times 10.42\times\dfrac{1}{1.25}\times 0.9}{300}=1.5\text{m}^3/\text{hr}$

(3) 소요일수 $=\dfrac{192.5}{1.5\times 6\times 2}=10.69=11$일

정답·해설 06

① 굴착토량

$V=\dfrac{h}{3}(A_1+4A_2+A_3)=\dfrac{20}{3}(100+4\times 75+50)=3000\text{m}^3$

② back hoe작업량

$Q=\dfrac{3600qkfE}{C_m}=\dfrac{3600\times 1\times 0.8\times\dfrac{1}{1.2}\times 0.8}{20}=96\text{m}^3/\text{hr}$

③ back hoe 2대의 1일 작업량 $=96\times 2\times 8=1536\text{m}^3$

④ 공기 $=\dfrac{3000}{1536}=1.95=2$일

정답·해설 07

$I_{cr}=\dfrac{10}{R\Delta T_o}=\dfrac{10}{0.6\times 12.8}=1.3$

∴ 균열발생확률 $=14\%$

✎ 참고

온도균열지수 : 암반이나 매시브한 콘크리트 위에 타설된 벽체나 평판구조 등과 같이 외부구속응력이 큰 경우

$$I_{cr} = \frac{10}{R\Delta T_o}$$

여기서, I_{cr} : 온도균열지수

ΔT_o : 부재의 평균 최고온도와 외기온도와의 온도차(℃)

R : 외부 구속의 정도를 표시하는 계수

① 비교적 연한 암반 위에 콘크리트를 타설할 때 : 0.5

② 중간정도의 단단한 암반 위에 콘크리트를 타설할 때 : 0.65

③ 경암 위에 콘크리트를 타설할 때 : 0.8

④ 이미 경화된 콘크리트 위에 타설할 때 : 0.6

정답·해설 08

① well point 공법　② 대기압공법(진공압밀공법)

③ 침투압(MAIS) 공법　④ 전기침투공법

정답·해설 09

(1) 길이 1m에 대한 콘크리트량

$$=\left(\frac{0.35+0.444}{2}\times 3.7+\frac{0.444+0.75}{2}\times 0.3 + \frac{0.75+3.45}{2}\times 0.15+3.45\times 0.35+0.5\times 0.55\right)\times 1$$

$$=3.446\text{m}^3$$

(2) 길이 1m에 대한 거푸집량

$$=\left(\sqrt{0.08^2+4^2}+0.35\times 2+0.55\times 2 + \sqrt{0.3^2+0.3^2}+\sqrt{3.7^2+0.02^2}\right)\times 1$$

$$=9.925\text{m}^2$$

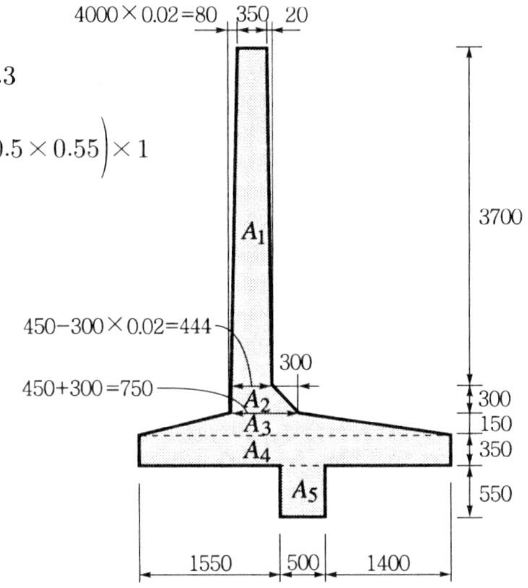

정답·해설 10

① geotextile　② geomembrane

③ geogrid　④ geocomposite

정답·해설 11

(1) $Q=Am+Pn$

$$10=\left(\frac{\pi\times 0.3^2}{4}\right)\cdot m+(\pi\times 0.3)\cdot n \cdots\cdots\cdots ①$$

$$25=\left(\frac{\pi\times 0.6^2}{4}\right)\cdot m+(\pi\times 0.6)\cdot n \cdots\cdots\cdots ②$$

식 ①, ②에서 $m=35.37\text{t/m}^2$, $n=7.96\text{t/m}$

(2) $Q=Am+Pn$

$150=D^2\times 35.37+4D\times 7.96$

$\therefore\ D=1.66\text{m}$

정답·해설 12

① 전동저항 ② 경사저항 ③ 가속저항 ④ 공기저항

✎ 참고

주행저항이 미치는 영향
① 시공효율저하
② 공사비 증가

정답·해설 13

① 토취장의 건조밀도

$$\gamma_d = \frac{\gamma_t}{1+\frac{w}{100}} = \frac{1.9}{1+\frac{20}{100}} = 1.58\text{t/m}^3$$

② 다짐 후의 건조밀도

$$\gamma_d = \frac{\gamma_t}{1+\frac{w}{100}} = \frac{1.98}{1+\frac{15}{100}} = 1.72\text{t/m}^3$$

③ 토량변화율

$$C = \frac{\text{본바닥 흙의 } \gamma_d}{\text{다짐 후의 } \gamma_d} = \frac{1.58}{1.72} = 0.92$$

정답·해설 14

① 재하중식 침하공법 ② jet(분사식) 공법 ③ 물하중식 침하공법
④ 발파에 의한 공법 ⑤ 케이슨 내 수위저하공법

정답·해설 15

① 경량골재 콘크리트 ② 경량기포 콘크리트 ③ 무세골재 콘크리트

정답·해설 16

① 표면차수벽형 ② 내부차수벽형 ③ 중앙차수벽형

정답·해설 17

구 분	형 상
방사형	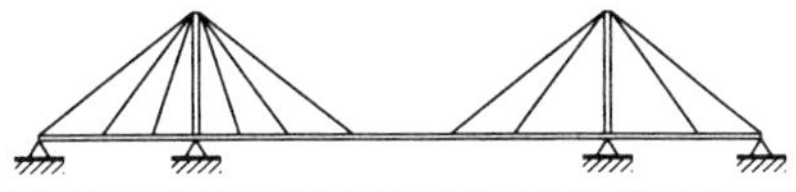
하프형	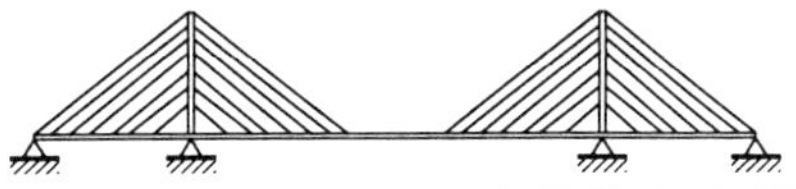
팬형	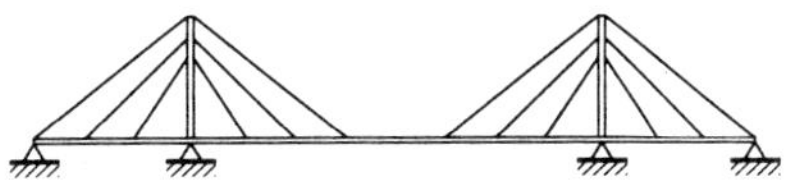
스타형	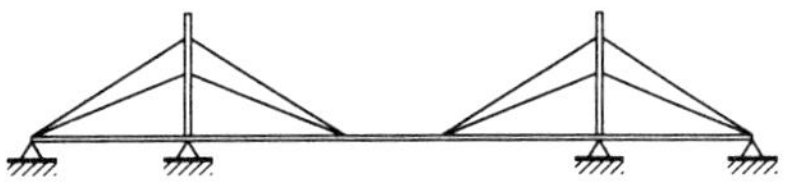

정답·해설 18

$$\phi = \sqrt{12N} + 15 = \sqrt{12 \times 35} + 15 = 35.49^\circ$$

정답·해설 19

다짐모래 말뚝공법(compozer 공법)

✎ 참고

SCP의 측방유동억제

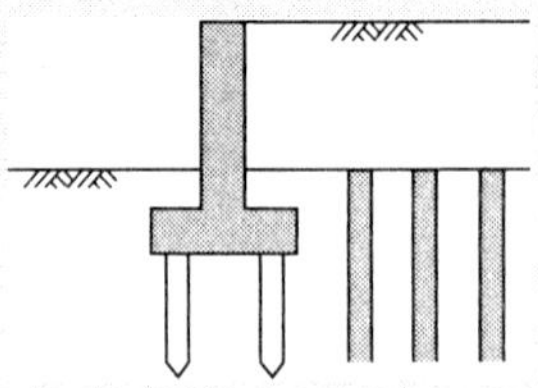

정답·해설 20

$$F_s = \frac{i_c}{i} = \frac{\frac{G_s - 1}{1+e}}{\frac{h}{L}} = \frac{1}{\frac{6}{6+5+5}} = 2.67$$

정답·해설 21

① rock bolt 공법　② shotcrete 공법　③ fore poling 공법
④ grouting 공법　⑤ 강관 다단 grouting 공법

정답·해설 22

가속도계수(acceleration coefficient)

정답·해설 23

(1) ① 공정표

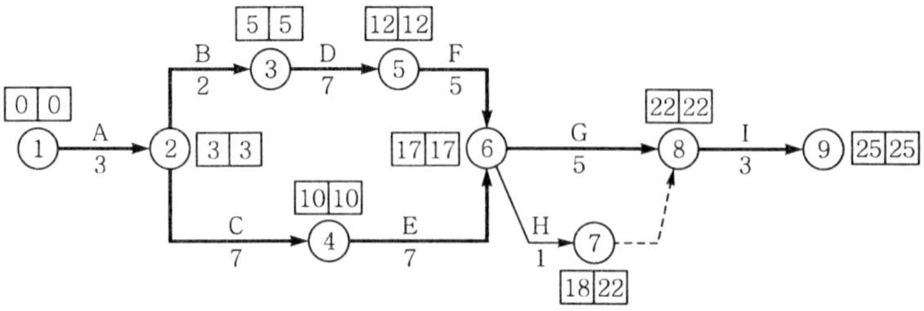

② CP : A → B → D → F → G → I
A → C → E → G → I

(2) ① 비용경사(cost slope)

작업명	단축가능 일수	비용경사(만 원)
A	1	$\frac{33-30}{3-2}=3$
B	1	$\frac{50-40}{2-1}=10$
C	2	$\frac{80-60}{7-5}=10$
D	2	$\frac{130-100}{7-5}=15$
E	2	$\frac{90-80}{7-5}=5$
F	2	$\frac{74-50}{5-3}=12$
G	0	0

H	0	0
I	0	0

② 공기단축

단축단계	작업명	단축일수	추가비용(extra cost)	공기(일)	비고
1단계	A	1	1×3만 원=3만 원	24	
2단계	B, E	1	1×15만 원=15만 원	23	
3단계	E, F	1	1×17만 원=17만 원	22	최적공기
4단계	C, F	1	1×22만 원=22만 원	21	

③ 총 공사비가 최소가 되는 최적공기 = 25－3 = 22일

정답·해설 24

$$F_s = \frac{Wb + P_V B}{P_H \cdot y} = \frac{Wb}{P_H \cdot y}$$

$$= \frac{\left(\frac{1.5\times 4}{2}\times 2.3\right)\times \frac{2\times 1.5}{3} + (1\times 4\times 2.3)\times 2}{\frac{1}{2}\times 1.8\times 4^2\times \tan^2\left(45^\circ - \frac{30^\circ}{2}\right)\times \frac{4}{3}} = 3.95$$

정답·해설 25

$$D = \frac{4k}{Q}(H_0{}^2 - h_0{}^2)$$

$$800 = \frac{4\times 10^{-5}}{Q}(200^2 - 0)$$

$\therefore\ Q = 0.002\text{cm}^3/\text{sec}$

정답·해설 26

① 컨시스턴시(consistancy) ② 일축압축강도(q_u)
③ 점착력(c) ④ 파괴에 대한 극한지지력 또는 허용지지력

✎ 참고

N치로 직접 추정되는 사항

구 분	판별, 추정사항
모래지반	· 상대밀도 · 내부마찰각 · 지지력계수 · 침하량에 대한 허용지지력 · 탄성계수
점토지반	· 컨시스턴시 · 일축압축강도 · 점착력 · 극한 또는 허용지지력

(1) 모래지반

① $\phi = \sqrt{12N} + 15 \sim 20$

② 사질토에서의 N값과 탄성계수 E_s의 관계

흙	E_s/N
실트, 모래질 실트	4
가늘거나 약간 굵은 모래	7
굵은 모래	10
모래질 자갈, 자갈	12~15

(2) 점토지반

$$R_u = 40NA_p + \frac{1}{5}\overline{N_s}A_s + \frac{1}{2}\overline{N_c}A_c$$

정답·해설 27

① 단위수량

$\frac{W}{C} = 0.5 \qquad \frac{157}{C} = 0.5 \qquad \therefore C = 314\text{kg}$

② 단위골재량 절대체적

$$V_a = 1 - \left(\frac{단위수량}{1000} + \frac{단위시멘트량}{시멘트\ 비중 \times 1000} + \frac{공기량}{100}\right)$$

$$= 1 - \left(\frac{157}{1000} + \frac{314}{3.14 \times 1000} + \frac{4.5}{100}\right) = 0.7\text{m}^3$$

③ 단위잔골재량 절대체적

$$V_s = V_a \times \frac{S}{a} = 0.7 \times 0.4 = 0.28\text{m}^3$$

④ 단위굵은골재량 절대체적

$$V_G = V_a - V_s = 0.7 - 0.28 = 0.42\text{m}^3$$

⑤ 단위굵은골재량 $= 0.42 \times 2.65 \times 1000 = 1113\text{kg}$

토목기사 실기

기출 문제 2015

2015년도 기출문제

▸1차 : 2015. 04. 18
▸2차 : 2015. 07. 11
▸3차 : 2015. 11. 07

문제 01

배점 18

주어진 도면 및 조건에 따라 다음 물량을 산출하시오. (단, 주어진 도면의 치수는 축척에 맞지 않을 수 있으며, 주어진 치수로만 물량을 산출할 것)

단 면 도

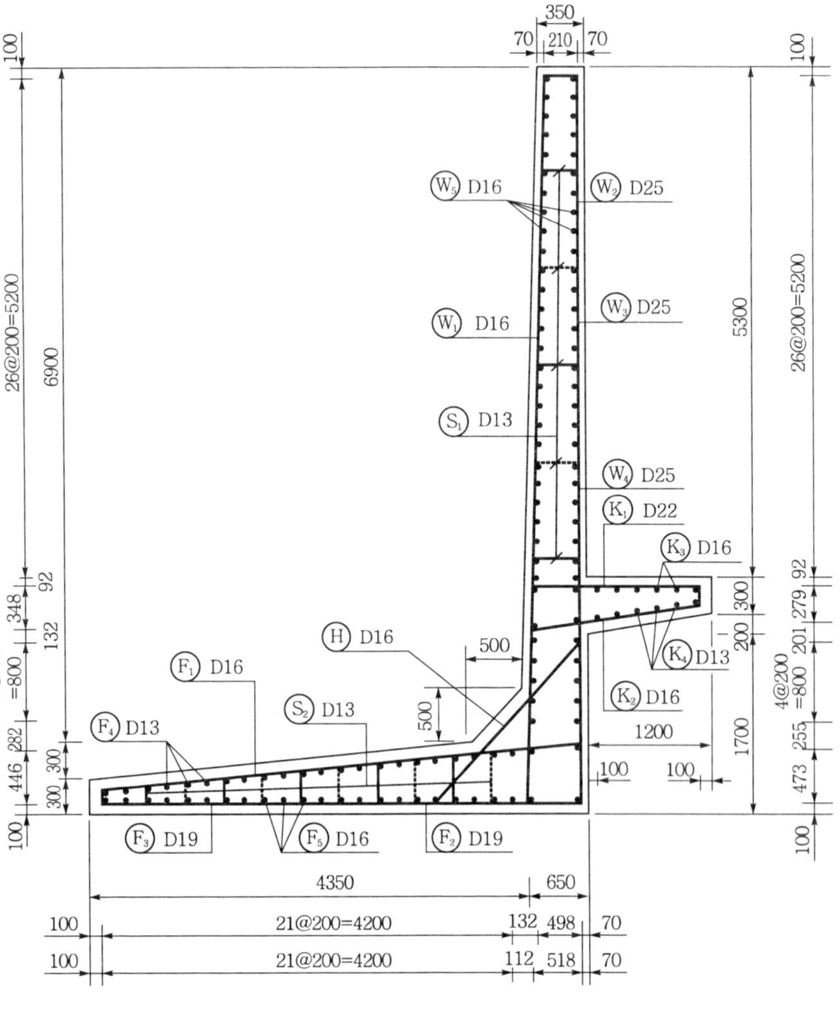

일 반 도

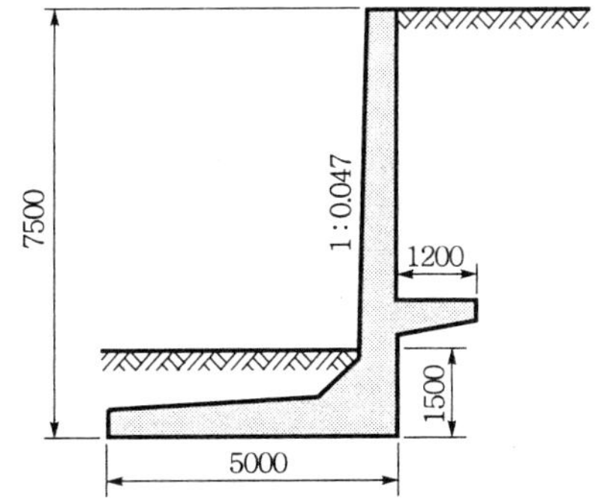

철근 상세도

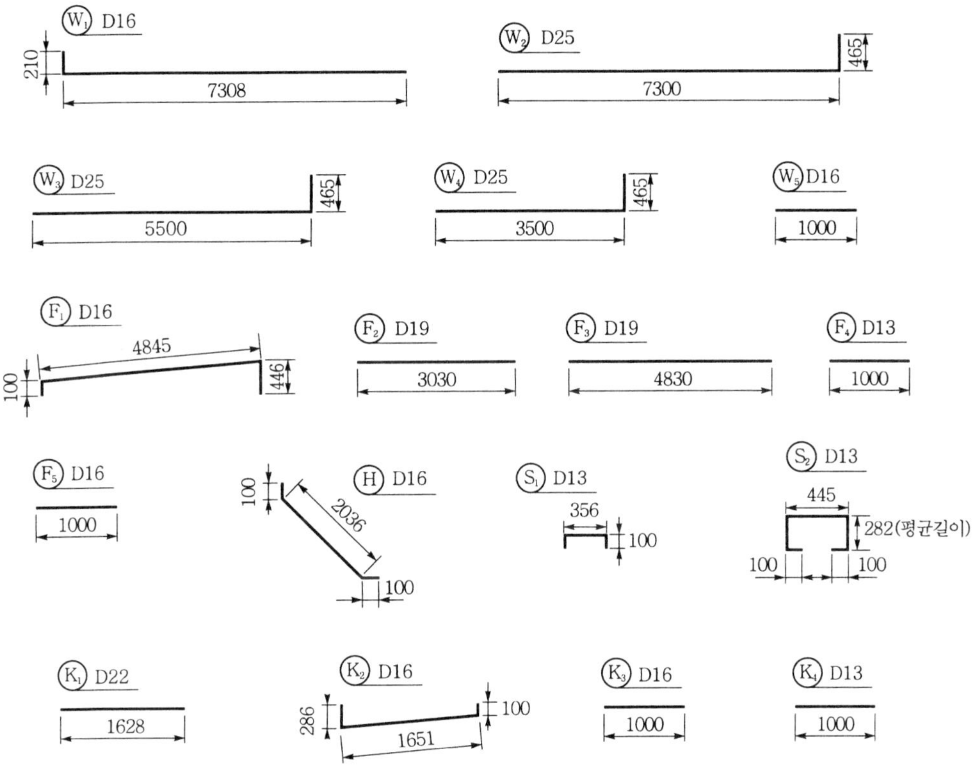

조건

① W_1, W_4, H, K_1, K_2, K_3, K_4, F_1, F_2, F_3 철근은 각각 200mm 간격으로 배근한다.

② W_2, W_3 철근은 각각 400mm 간격으로 배근한다.

③ S_1, S_2 철근은 도면의 표시와 같이 지그재그로 배근한다.

④ 물량산출에서의 할증률은 무시하며 철근길이 계상에서 이음길이는 계산하지 않는다.

(1) 길이 1m에 대한 콘크리트량을 구하시오. (단, 소수 이하 4째자리에서 반올림하시오.)
(2) 길이 1m에 대한 거푸집량을 구하시오. (단, 양측 마구리면은 계산하지 않으며, 소수 이하 4째자리에서 반올림하시오.)
(3) 길이 1m에 대한 철근량 산출을 위한 철근물량표를 완성하시오.

기 호	직 경	길이(mm)	수 량	총 길이(mm)	기 호	직 경	길이(mm)	수 량	총 길이(mm)
W_2					F_4				
W_5					S_1				
H									

답 · 풀이

문제 02

배점 4

아래 그림과 같이 지표면에 10t의 집중하중이 작용할 때 다음 물음에 답하시오. (단, 소수점 이하 4째 자리에서 반올림하시오.)

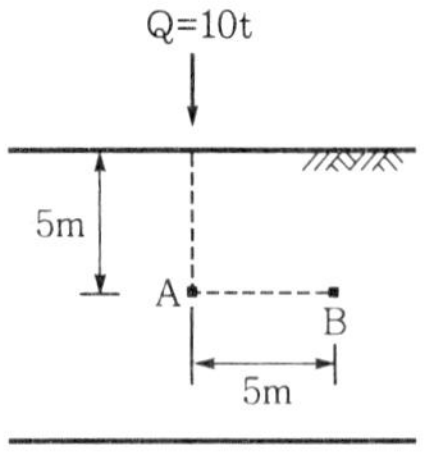

(1) A점에서의 연직응력의 증가량을 구하시오.
(2) B점에서의 연직응력의 증가량을 구하시오.

답 · 풀이

문제 03

배점 3

연약지반에서 1차 압밀침하량 산정법을 3가지만 쓰시오.

답 ① ② ③

문제 04

최근들어 기존 도로 또는 철도 등의 하부를 통과하는 터널공사가 일반화되고 있다. 이 같은 경우 적용되는 공법을 3가지만 쓰시오.

배점 3

답 ① ② ③

문제 05

지반개량공법의 기본 원리에는 어떤 것들이 있는지 5가지만 쓰시오.

배점 3

답 ① ② ③ ④ ⑤

문제 06

댐건설을 위해 댐지점의 하천수류를 전환시키는 댐의 유수전환방식을 3가지만 쓰시오.

배점 3

답 ① ② ③

문제 07

일반적으로 연약지반이라고 하면 상부구조물을 지지할 수 없는 상태의 지반을 말한다. 연약지반에서 발생하는 공학적 문제를 3가지만 쓰시오.

배점 3

답 ①

②

③

문제 08

그림과 같이 지표면과 지하수위가 같은 옹벽에 작용하는 전체 주동토압을 구하시오. (단, 흙의 내부마찰각 $\phi = 30°$, 점착력 $c = 0$, 흙의 단위중량 $\gamma_{sat} = 1.8\text{t/m}^3$, 벽마찰각은 무시함)

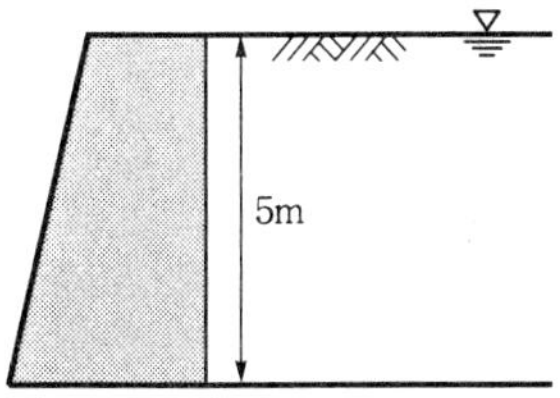

배점 3

답 · 풀이

문제 09

배점 6

불투수층 위에 놓인 8m 두께의 연약 점토지반에 직경 40cm의 샌드 드레인(sand drain)을 정사각형으로 배치하고 그 위에 상재 유효압력 10ton/m^{2}인 제방을 축조하였다. 축조 6개월 후 제방의 허용 압밀침하량을 25mm로 하려고 한다. 다음 물음에 답하시오. (단, 연약 점토지반의 체적변화계수 m_v =2.5× 10-3m^2/ton이다.)

(1) 축조 6개월 후 압밀도를 몇 %까지 해야 하는가?

(2) 축조 6개월 후 연직방향 압밀도가 20%이었다면 이때의 수평방향 압밀도는?

(3) 배수영향 반경이 샌드 드레인 반경의 10배라면 샌드 드레인간의 중심 간격은?

답 · 풀이

문제 10

배점 3

공사관리의 3대 요소를 쓰시오.

답 ① ② ③

문제 11

배점 3

다음 그림과 같이 연직하중과 모멘트를 받는 사각형 기초의 안전율을 Terzaghi 공식을 이용하여 구하시오. (단, $N_c = 37.2$, $N_r = 19.7$, $N_q = 22.5$ 이다.)

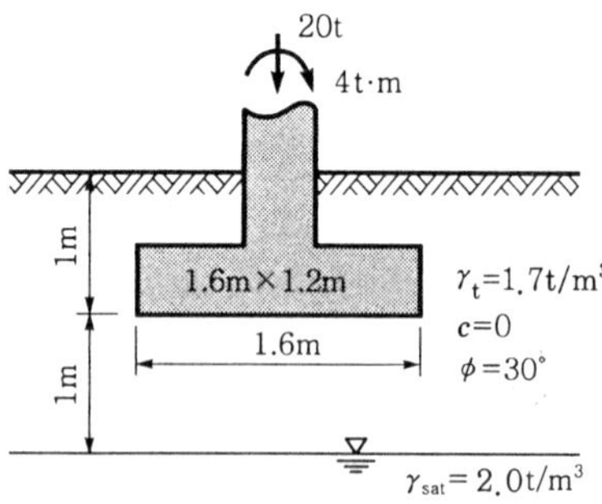

답 · 풀이

문제 12

배점 3

아래 그림과 같은 기초 지반에 평판재하시험을 실시하여 $\log P - \log S$ 곡선을 그려 항복하중을 구했더니 21t, 극한하중은 30t이었다. 이때 기초지반의 장기 허용지지력은 얼마인가? (단, 기초하중면보다 아래에 있는 지반의 토질에 따른 계수(N_q)는 3이다.)

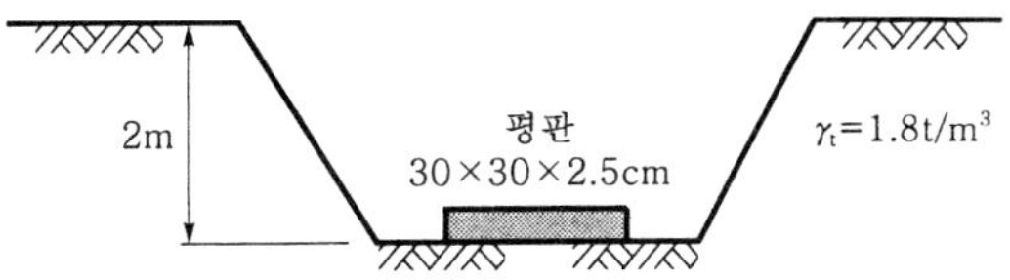

답 · 풀이

문제 13

배점 10

다음의 작업 리스트를 보고 아래 물음에 답하시오.

작업명	선행작업	후속작업	표준상태		특급상태	
			작업일수	비 용	작업일수	비 용
A	–	B, C	3	30만 원	2	33만 원
B	A	D	2	40만 원	1	50만 원
C	A	E	7	60만 원	5	80만 원
D	B	F	7	100만 원	5	130만 원
E	C	G, H	7	80만 원	5	90만 원
F	D	G, H	5	50만 원	3	74만 원
G	E, F	I	5	70만 원	5	70만 원
H	E, F	I	1	15만 원	1	15만 원
I	G, H	–	3	20만 원	3	20만 원

(1) Net Work(화살선도)를 작도하고, 표준상태에 대한 C.P를 표시하시오.
(2) 공기를 3일 단축했을 때 추가로 소요되는 비용을 구하시오.

답 · 풀이

문제 14

균질한 모래층 위에 설치한 폭(B) 1m, 길이(L) 2m 크기의 직사각형 강성기초에 $15t/m^2$의 등분포하중이 작용할 경우 기초의 탄성침하량을 구하시오. (단, 흙의 포아송비(μ)= 0.4, 지반의 탄성계수(E_s)= 1500t/m2, 폭과 길이(L/B)에 따라 변하는 계수(α_r)= 1.2)

배점 3

답·풀이

문제 15

어느 암반지대에서 RQD의 평균값은 60%, 절리군의 수(J_n)는 6, 절리면 변질 계수(J_a)는 2, 지하수 보정 계수(J_w)는 1, 절리면 거칠기 계수(J_r)는 2, 응력저감계수(SRF)는 1일 경우 Q값을 계산하시오.

배점 3

답·풀이

문제 16

터널에 적용하는 그라우팅 공법은 주입재를 지반에 주입시켜 구조물을 보호하고 안정성 등을 도모하기 위해 실시한다. 이때 그라우팅(Grouting)의 효과를 확인하기 위한 시험방법을 3가지만 쓰시오.

배점 3

답 ① ② ③

문제 17

철도나 도로 등 시공연장이 긴 공사에서 유토곡선을 작성하는 이유를 4가지만 쓰시오.

배점 3

답 ① ②

③ ④

문제 18

포장 파손의 현상에 대한 아래 표의 설명에서 (　　)에 적합한 용어를 쓰시오.

배점 3

> 일종의 좌굴현상으로 줄눈 또는 균열부에 이물질이 침투하여 슬래브(Slab)가 솟아오르는 현상을 (①)현상이라 하며 연속철근 콘크리트 포장(CRCP)에서 균열간격이 좁은 경우, 지지력 부족 및 피로하중에 의해 (②)이 발생한다. 또한 보조기층 또는 노상에 우수가 침투하여 반복하중에 의한 지지력 저하 및 단차원인이 되는 (③)현상이 발생한다.

답 ① ________ ② ________ ③ ________

문제 19

유향과 유속을 제어하여 하안 또는 제방을 유수에 의한 세굴로부터 보호하기 위하여 호안 또는 하안 전면부에 설치하는 구조물을 쓰시오.

배점 2

답 ________

문제 20

숏크리트의 시공에 대한 아래의 물음에 답하시오.

(1) 건식 숏크리트는 배치 후 몇 분 이내에 뿜어붙이기를 실시하여야 하는가?

(2) 습식 숏크리트는 배치 후 몇 분 이내에 뿜어붙이기를 실시하여야 하는가?

(3) 숏크리트는 타설되는 장소의 대기 온도가 몇 ℃ 이상이 되면 건식 및 습식 숏크리트 모두 뿜어붙이기를 할 수 없는가?

배점 3

답 (1) ________ (2) ________ (3) ________

문제 21

한중콘크리트 시공에서 비볐을 때의 콘크리트의 온도는 기상조건, 운반시간 등을 고려하여 타설할 때에 소요의 콘크리트 온도가 얻어지도록 해야 한다. 비볐을 때의 콘크리트 온도 및 주위 기온이 아래 표와 같을 때 타설이 끝났을 때의 콘크리트 온도를 계산하시오.

배점 3

- 비볐을 때의 콘크리트 온도 : 25℃
- 주위 기온 : 3℃
- 비빈 후부터 타설이 끝났을 때까지의 시간 : 1시간 30분

답 · 풀이 ________

문제 22

배점 3

탄성파속도 1200m/sec인 중질사암으로 된 수평한 지반을 운반거리 40m, 32톤급의 불도저로 리퍼날 2본을 사용하여 리핑하면서 도저 작업을 할 때 1시간당의 작업량을 본바닥 토량으로 구하시오. (단, 토공판 용량$(q_o) = 4.8$m3, 운반거리계수 $\rho = 0.88$, 1회 리핑 단면적 $A_n = 0.4$m2(2개의 날 사용), 토량환산계수 $f = 1$(리핑 작업 시), $f = \frac{1}{1.7}$(도저 작업 시), 작업효율 $E = 0.5$, $C_m = 0.05l + 0.25$(리핑 작업 시), $C_m = 0.037l + 0.25$(도저 작업 시))

답 · 풀이

문제 23

배점 6

토취장(土取場)에서 원지반 토량 2000m^{3}를 굴착한 후 8t 덤프트럭으로 아래 그림과 같은 단면의 도로를 축조하고자 한다. 이 토취장 흙의 40%는 점성토이고, 60%는 사질토일 때 아래 물음에 답하시오.

종류 \ 구분	토량 환산계수 L	토량 환산계수 C	자연상태 단위중량
점성토	1.3	0.9	1.75t/m^3
사질토	1.25	0.87	1.80t/m^3

[굴착한 흙]

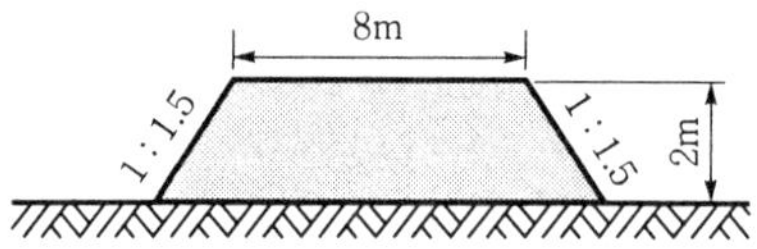

[도로의 단면]

(1) 운반에 필요한 8t 덤프트럭의 연 대수를 구하시오. (단, 덤프트럭은 적재 중량만큼 싣는 것으로 한다.)

(2) 시공 가능한 도로의 길이(m)를 산출하시오. (단, 도로의 시점 및 종점의 끝단은 수직으로 가정한다.)

(3) 전체 토량을 상차하는 데 소요되는 장비의 가동시간을 계산하시오. (사용장비 : 버킷 용량 0.9m^{3}의 back hoe, 버킷계수 0.9, 효율 0.7, 사이클 타임 21초)

답 · 풀이

문제 24

배점 3

함수비가 22%인 토취장의 단위중량이 $\gamma_t = 1.83\text{t/m}^3$이었다. 이 흙으로 도로를 축조할 때 다짐을 하였더니 함수비는 12%이고, 단위중량은 $\gamma_t = 1.95\text{t/m}^3$이었다. 이 경우 흙의 토량변화율($C$)을 구하시오.

답 · 풀이

문제 01

NATM 공법을 이용한 터널시공 시 막장의 안정과 지하수 처리를 위하여 보조공법의 채택이 필수적이다. 막장면 안정공법 3가지와 지하수처리대책공법 3가지를 쓰시오.

(1) 막장면 안정공법 3가지

(2) 지하수 처리대책공법 3가지

배점 6

답 (1) ① .... ② .... ③ ....

(2) ① .... ② .... ③ ....

문제 02

양면배수인 점토층의 두께 5m, 간극률 60%, 액성한계 50%인 점토층 위의 유효상재 압력이 10t/m^{2}에서 14t/m^{2}로 증가할 때 침하량은?

배점 3

답 · 풀이 ....

문제 03

터널시공 현장에서 많이 사용되는 록볼트(Rock-bolt)를 정착방법에 따라 분류할 때 그 종류를 3가지만 쓰시오.

배점 3

답 ① .... ② .... ③ ....

문제 04

아래의 표에서 설명하는 시멘트 콘크리트 포장의 양생을 무엇이라고 하는가?

배점 2

초기양생에 연이어 실시하며 콘크리트의 경화를 충분히 하고 과대한 온도응력이 콘크리트 슬래브에 일어나지 않도록 하기 위한 양생

답 ....

문제 05

현장 타설 콘크리트 말뚝 공법 중 굴착식 공법의 종류를 3가지만 쓰시오.

배점 3

답 ① .... ② .... ③ ....

문제 06

수평력을 받는 말뚝은 말뚝과 지반 중 어느 것이 움직이는 주체인가에 따라 2종류로 분류할 수 있는데, 그 2종류를 쓰시오.

배점 3

답 ① .... ② ....

문제 07

마샬 안정도시험(Marshall Stability Test)은 포장용 아스팔트 혼합물의 소성유동에 대한 저항성을 측정하여 설계아스팔트량 결정에 적용되는데, 이 시험결과로부터 얻을 수 있는 3가지의 설계기준은?

배점 3

답 ① .... ② .... ③ ....

문제 08

히빙(Heaving)에 대한 아래의 물음에 답하시오.

(1) 오른쪽 그림과 같은 점성토 지반에서 말뚝의 하단을 통하는 활동면에 대한 히빙의 안전율을 구하시오.

(2) 히빙의 방지대책을 3가지만 쓰시오.

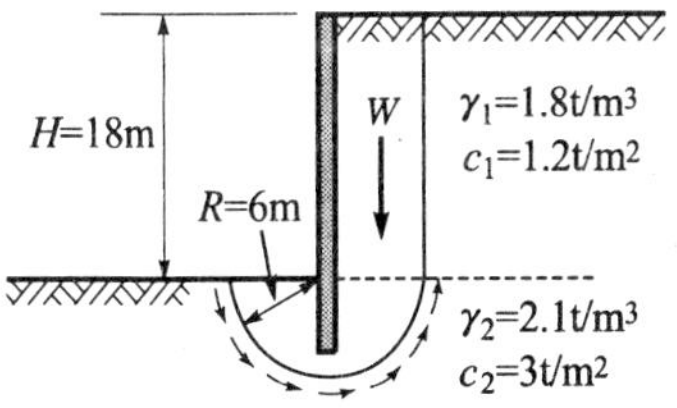

배점 6

답 · 풀이 ....

문제 09

다음 준설기계에 대한 설명에 적합한 준설선의 명칭을 쓰시오.

(1) 해저 토사를 회전형 Cutter로 깎아 펌프로 흡입하여 매립지로 배송(排送)하는 준설선
(2) 해저의 암반이나 암초를 쇄암추나 쇄암기로 파쇄하는 준설선
(3) 파워 셔블(Power shovel)을 대선에 설치한 준설선

배점 3

답 (1) .... (2) .... (3) ....

문제 10

필 댐(Fill Dam)에서 필터의 역할을 3가지만 쓰시오.

배점 3

답 ① .... ② .... ③ ....

문제 11

다음 그림과 같은 사면에서 AC는 가상파괴면을 나타낸다. 쐐기 ABC의 활동에 대한 안전율은 얼마인가?

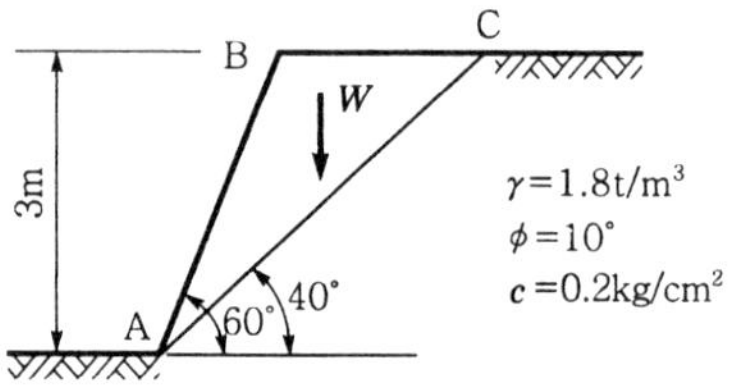

배점 3

답 · 풀이

문제 12

그림과 같은 연속기초의 극한지지력(q_u)을 Terzaghi의 공식으로 구하시오. (단, 점착력 $c = 0.1$kg/cm2, 내부마찰각 $\phi = 15°$, $N_c = 6.5$, $N_r = 1.2$, $N_q = 2.7$이다.)

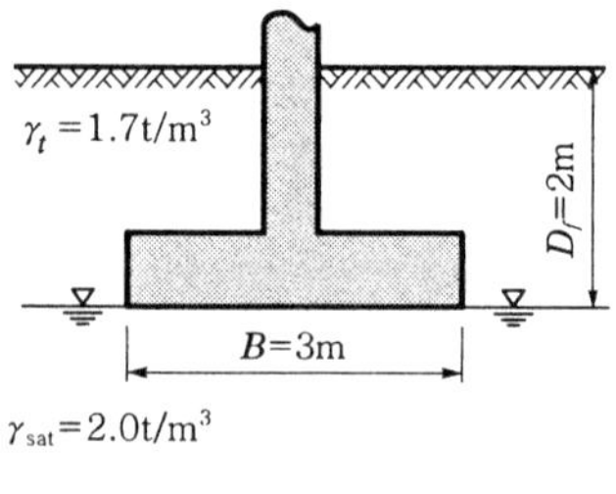

배점 3

답 · 풀이

문제 13

기존의 콘크리트 구조물에 발생하는 균열을 보수하기 위한 보수공법을 3가지만 쓰시오.

배점 3

답 ① ② ③

문제 14

다음과 같은 조건일 때 사다리꼴 복합 확대 기초의 크기 B_1, B_2를 구하시오. (단, 지반의 허용지지력 q_a = 10t/m2)

조건

- 기둥 1 : 0.5m×0.5m, Q_1 = 100t
- 기둥 2 : 0.5m×0.5m, Q_2 = 80t

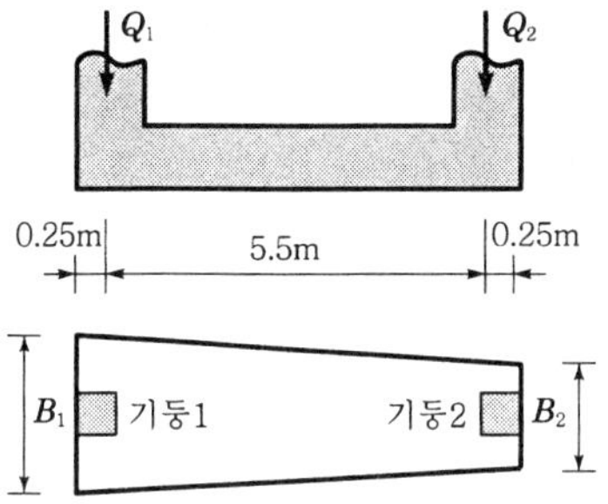

배점 4

답 · 풀이

문제 15

아래 표와 같은 조건에서 탄성파 속도가 1100m/s인 사암으로 된 수평한 지반을 1개의 리퍼날이 부착된 21t급의 불도저(q_0 = 3.3m^3)로 리핑하면서 도저 작업을 할 때 1시간당 작업량을 본바닥 토량으로 구하시오.

배점 3

조건

- 1개 날의 1회 리핑 단면적 : 0.14m^2
- 작업거리 : 50m
- 불도저의 경사계수(ρ) : 0.90
- 리퍼의 사이클 타임(분) : $C_m = 0.05l + 0.33$
- 불도저의 사이클 타임(분) : $C_m = 0.037l + 0.25$
- 리퍼의 작업효율 : 0.9
- 불도저의 작업효율 : 0.4
- 토량변화율 : L = 1.6, C = 1.1

답 · 풀이

문제 16

배점 6

배합강도 결정을 위한 콘크리트의 압축강도 측정결과가 다음과 같을 때 배합설계에 적용할 표준편차를 구하고 설계기준강도가 45MPa일 때 콘크리트의 배합강도를 구하시오. (단, 소수점 이하 넷째자리에서 반올림 하시오.)

[압축강도 측정결과(단위 : MPa)]

48.5	40	45	50	48	42.5	54	51.5
52	40	42.5	47.5	46.5	50.5	46.5	47

(1) 배합강도 결정에 적용할 표준편차를 구하시오. (단, 시험 횟수가 15회일 때 표준편차의 보정계수는 1.16이고, 20회일 때는 1.08이다.)

(2) 배합강도를 구하시오.

답 · 풀이

문제 17

배점 10

다음과 같은 공정표에서 임계공정선(CP)을 구하고, 정상 공사기간과 공사비용, 정상 공사기간을 4일 줄일 때 발생하는 추가비용의 최소치를 구하시오. (단, 기간의 단위는 "일"이며 비용의 단위는 "만 원"이다.)

node	공정명	정상기간	정상비용	특급기간	특급비용
0→2	A	3	15	3	15
0→4	B	5	20	4	25
2→6	D	6	36	5	43
2→8	F	8	40	6	50
4→6	E	7	49	5	65
4→10	G	9	27	7	33
6→8	H	2	10	1	15
6→10	C	2	16	1	25
10→12	K	4	28	3	38
8→12	J	3	24	3	24

(1) 네트워크 공정표를 작성하고 임계공정선(CP)을 구하시오.

(2) 정상 공사기간과 공사비용을 구하시오.

(3) 정상 공사기간을 4일 줄일 때 발생하는 추가비용의 최소치를 구하시오.

답 · 풀이

문제 18

배점 9

다음 그림과 같은 옹벽의 안전율을 구하시오. (단, 지반의 허용지지력은 20t/m2, 뒤채움흙과 저판아래 흙의 단위중량은 1.8t/m3, 내부마찰각은 37°, 점착력은 0이고, 콘크리트의 단위중량은 2.4t/m3이다.)

(1) 전도에 대한 안전율을 구하시오.

(2) 활동에 대한 안전율을 구하시오.

(3) 지지력에 대한 안전율을 구하시오.

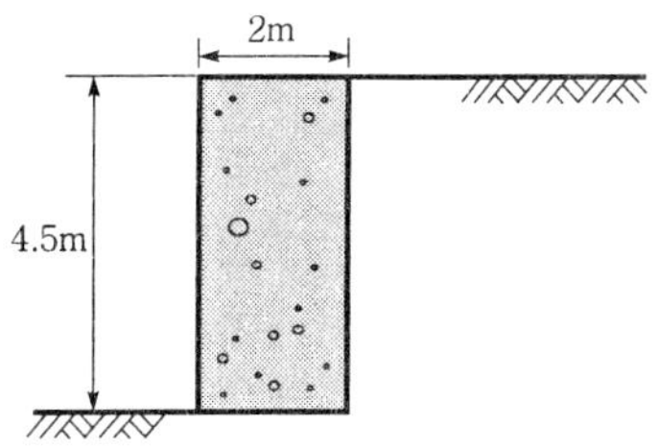

답 · 풀이

문제 19

배점 18

주어진 도면 및 조건에 따라 다음 물량을 산출하시오. (단, 도면의 치수는 축척에 맞지 않을 수 있어 주어진 치수로만 물량을 산출하며, 도면 치수 단위는 mm이다.)

단 면 도

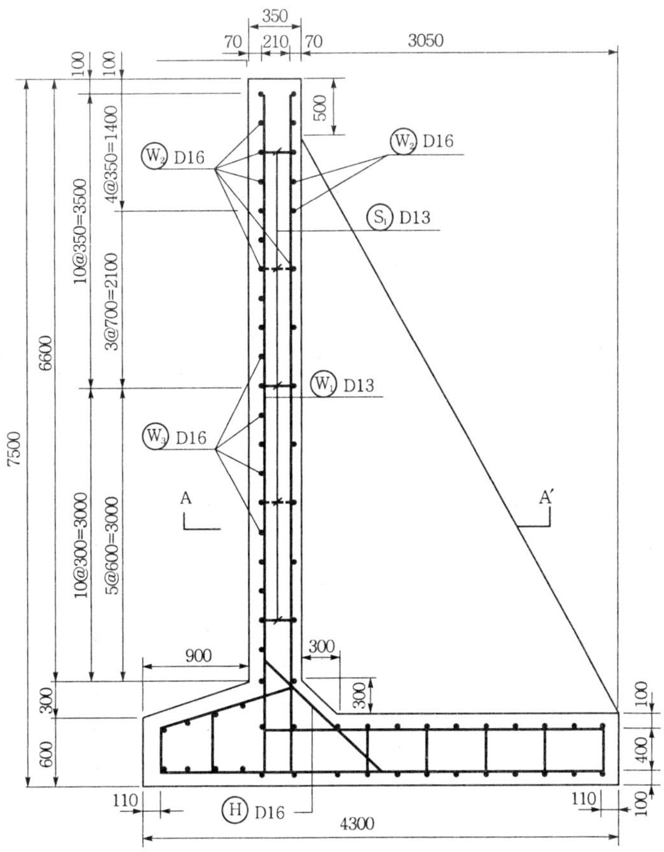

일 반 도

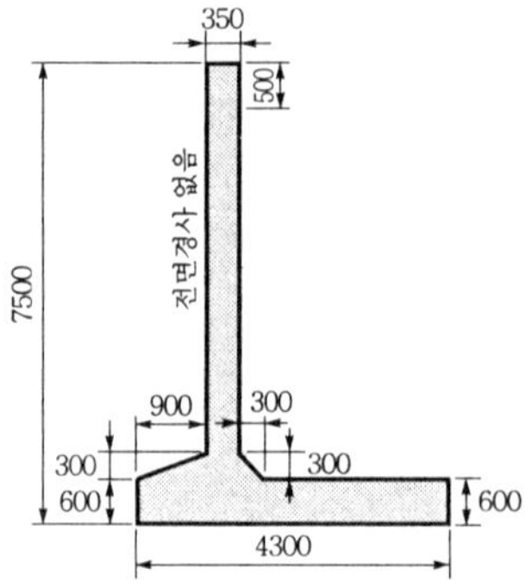

A-A' 단면도

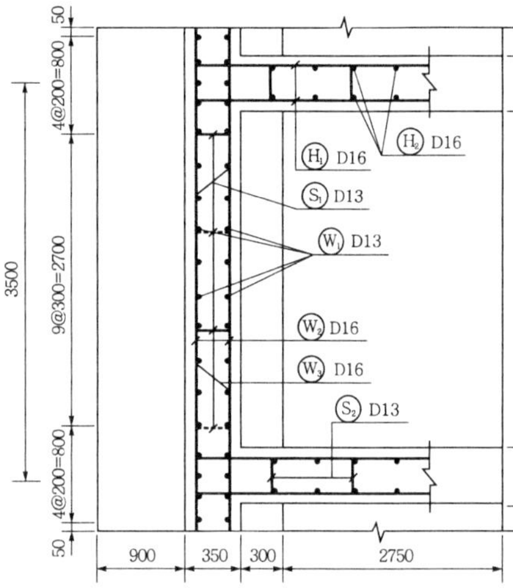

측 면 도

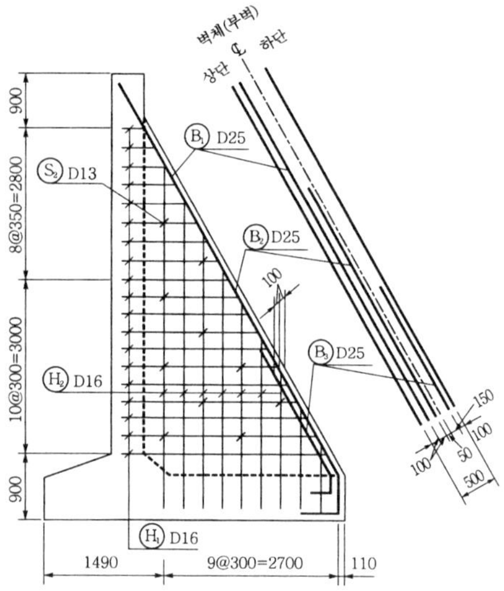

철근 상세도

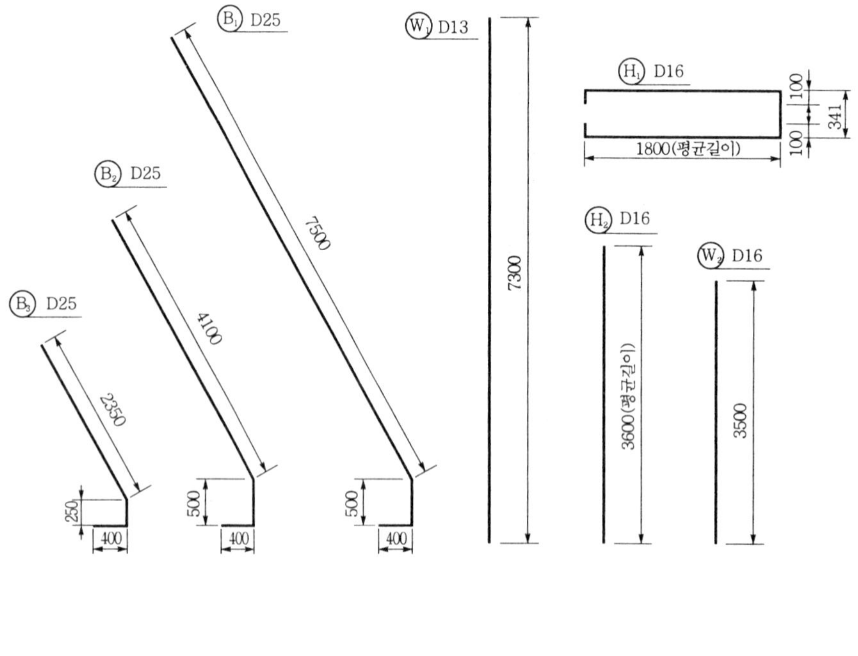

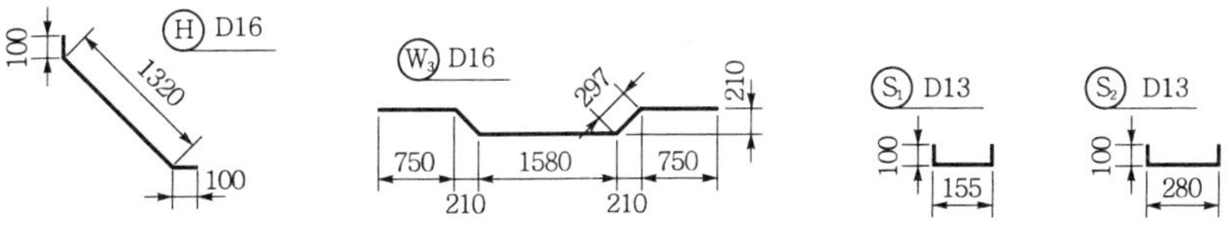

조건

① S_1 철근은 지그재그(zigzag)로 배치되어 있다.
② H 철근간격은 W_1 철근과 같다.
③ 물량산출에서 할증률 및 마구리는 없는 것으로 한다.
④ 철근길이 계산에서 이음길이는 계산하지 않는다.
⑤ 저판의 철근량은 계산하지 않는다.

(1) 부벽을 포함하는 옹벽길이 3.5m에 대한 콘크리트량을 구하시오. (단, 소수 4째자리에서 반올림하시오.)
(2) 부벽을 포함하는 옹벽길이 3.5m에 대한 거푸집량을 구하시오. (단, 소수 4째자리에서 반올림하시오.)
(3) 부벽을 포함하는 옹벽길이 3.5m에 대한 철근물량표를 완성하시오.

기 호	직 경	길 이(mm)	수 량	총 길이(mm)	기 호	직 경	길 이(mm)	수 량	총 길이(mm)
W_1					B_1				
W_3					H_1				

답 · 풀이

문제 20

배점 3

그림과 같이 표준관입치가 다른 3종의 모래 지층으로 되어 있는 기초지반에 지름 30cm, 길이 12m의 콘크리트 말뚝을 박았을 때 말뚝의 허용지지력을 안전율 3으로 하여 Meyerhof의 공식으로 구하시오.

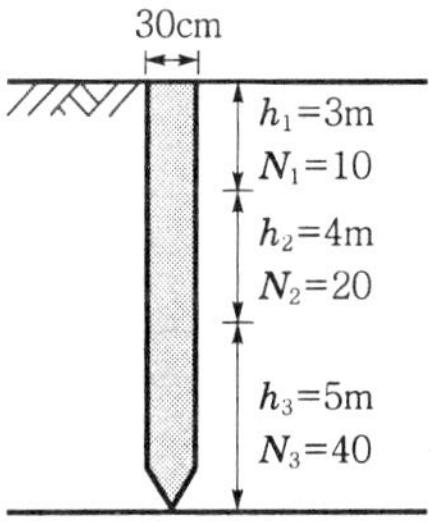

답 · 풀이

문제 21

배점 3

토취장 선정 시 구비해야 할 고려조건 4가지를 쓰시오.

답 ① ② ③ ④

문제 01

말뚝의 정적재하시험에서 재하방법을 3가지만 쓰시오.

배점 3

답 ① ② ③

문제 02

항만공사를 위하여 연약점토층의 두께가 10m인 현장 지반을 보링하여 표준압밀시험을 실시하였다. 그 결과 하중강도가 2.4kg/cm^{2}에서 3.6kg/cm^{2}으로 증가할 때 간극비는 1.8에서 1.2로 감소하였다. 이 지반 위에 단위 중량 2.0t/m^{3}인 성토재를 5m 성토할 경우 최종침하량을 구하시오. [단, 원지반의 간극비(e_o)는 2.2이다.]

배점 3

답·풀이

문제 03

다음 그림과 같은 무한사면에서 지하수위면과 지표면이 일치한 경우 사면의 안전율을 구하시오. (여기서, 지반의 $c=0$, $\phi=30°$, $\gamma_{sat}=1.80$t/m3이다.)

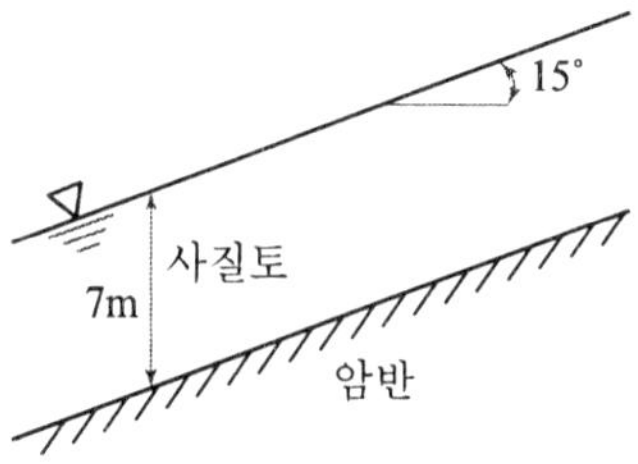

배점 3

답·풀이

문제 04

연약지반 개량공법 중 일시적 지반 개량공법을 4가지만 쓰시오.

배점 3

답 ① ② ③ ④

문제 05

PERT 기법에 의한 공정관리 기법에서 낙관시간 2일, 정상시간 5일, 비관시간 8일일 때 기대시간과 분산을 구하시오.

배점 3

답 · 풀이

문제 06

케이슨 기초의 침하공법을 아래의 표와 같이 4가지만 쓰시오.

재하중에 의한 공법

배점 3

답 ① ② ③ ④

문제 07

아래 표와 같은 조건에서 불도저의 시간당 작업량을 본바닥 토량으로 구하시오.

배점 3

조건

- 흙의 운반거리(l) : 30m
- 전진속도 : 37.5m/min
- 후진속도 : 70m/min
- 기어변속시간 : 20sec
- 작업효율 : 0.8
- 1회의 압토량 : 2.2m^3
- 토량 변화율(L) : 1.25

답 · 풀이

문제 08

다음 그림과 같은 옹벽이 있다. 아래 물음에 답하시오.

(1) 인장균열의 깊이를 구하시오.

(2) 인장균열이 발생하기 전의 전체 주동토압(P_a)을 구하시오.

(3) 인장균열이 발생한 후의 전체 주동토압(P_a)을 구하시오.

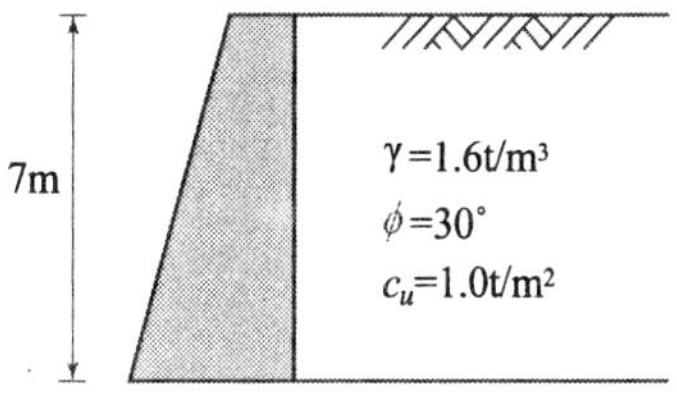

배점 6

답 · 풀이

문제 09

배점 6

다음 그림과 같은 유선망에서 단위 폭(1m)당 1일 침투수량을 구하고, 점 A에서 간극수압을 계산하시오. [단, 수평방향 투수계수(K_h)= 5.0×10^{-4} (cm/sec), 수직방향 투수계수(K_v)= 8.0×10^{-5} (cm/sec)]

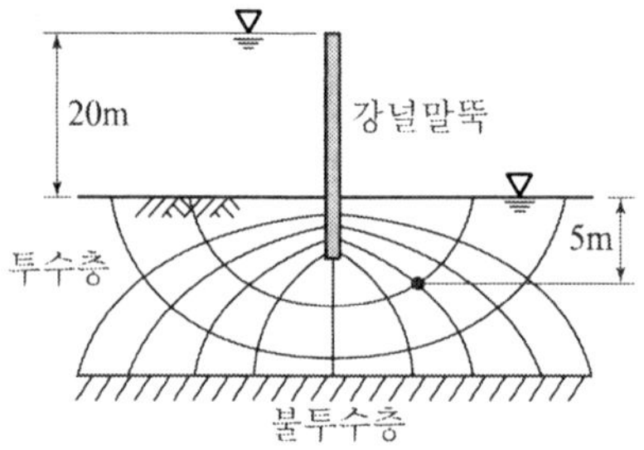

(1) 단위 폭(1m)당 1일 침투수량을 구하시오.
(2) A점의 간극수압을 구하시오.

답 · 풀이

문제 10

배점 8

어떤 콘크리트 공사현장에서 압축강도 시험의 결과 및 관리한계 계수표는 아래와 같다. [압축강도 시험의 결과] 표의 빈 칸을 채우고, [관리한계 계수표]를 참고하여 다음 물음에 답하시오.

[압축강도 시험의 결과]

조번호	측정값(MPa)			계 Σx	각 조의 평균치 ($\bar{x}$)	범위 (R)
	x_1	x_2	x_3			
1	19.5	21.0	23.4			
2	19.5	20.9	23.2			
3	21.3	18.5	20.5			
4	21.4	23.9	20.4			
5	24.1	20.9	21.3			

[관리한계 계수표]

n	A_2	D_3	D_4
2	1.880	–	3.267
3	1.023	–	2.575
4	0.729	–	2.282
5	0.577	–	2.115
6	0.483	–	2.004
7	0.419	0.076	1.924

(1) 전체평균($\bar{X}$)과 범위(R)의 평균값을 구하시오.
(2) $\bar{X}$ 관리도의 관리상한(UCL)과 관리하한(LCL)을 구하시오.
(3) R 관리도의 관리상한(UCL)과 관리하한(LCL)을 구하시오.

답 · 풀이

문제 11

교량 상부구조의 하중을 하부구조에 전달하고, 상하부간의 상대변위 및 상부구조의 회전 변형을 흡수하는 구조를 무엇이라 하는지 쓰시오.

배점 2

답 ▶ ....

문제 12

구조물 공사는 지하수가 배제된 상태에서 시공하거나 또는 원지반에 구조물 축조 후 주변을 성토하여 구조물을 완성하게 된다. 이 경우 지하수의 상승 등에 의해 양압력에 의한 피해가 발생할 수 있는데, 이러한 구조물의 기초 바닥에 작용하는 양압력(부력)에 저항하는 방법을 3가지만 쓰시오.

배점 3

답 ▶ ① .... ② .... ③ ....

문제 13

어떤 사질 기초지반의 평판 재하시험결과 항복강도가 60t/m^2, 극한강도가 100t/m^{2}이었다. 그리고 그 기초는 지표에서 1.5m 깊이에 설치될 것이고 그 기초지반의 단위중량이 1.8t/m^{3}일 때, 이때의 지지력 계수 $N_q = 5$이었다. 이 기초의 장기 허용지지력은?

배점 3

답 · 풀이 ▶ ....

....

문제 14

토목시공에서 사용하고 있는 토목섬유의 주요 기능을 4가지만 쓰시오.

배점 3

답 ▶ ① .... ② .... ③ .... ④ ....

문제 15

배점 3

다음의 그림과 같은 Net Work에서 Critical Path상의 표준공기를 구하시오. (단, 화살선 상의 숫자는 공사 소요일수이다.)

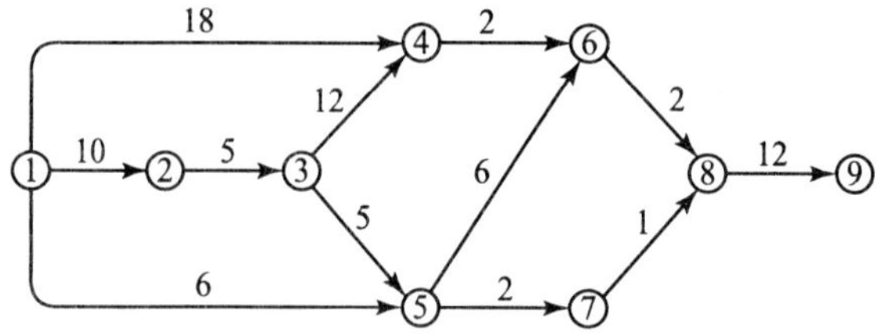

답 · 풀이

문제 16

배점 3

터널공사 시 적용하는 터널보조공법 종류를 4가지만 쓰시오.

답 ① ②

③ ④

문제 17

배점 3

설계기준 압축강도가 40MPa이고, 22회의 콘크리트 압축강도시험으로부터 구한 표준편차가 4.5MPa이었다. 이 콘크리트의 배합강도를 구하시오. (단, 압축강도시험 횟수가 20회일 때 표준편차의 보정계수는 1.08, 25회일 때 보정계수는 1.03이다.)

답 · 풀이

문제 18

배점 3

다음 그림과 같이 연직하중과 모멘트를 받는 사각형 기초의 극한하중과 안전율을 Terzaghi 공식을 이용하여 구하시오. (단, $N_c = 37.2$, $N_q = 22.5$, $N_r = 19.7$이다.)

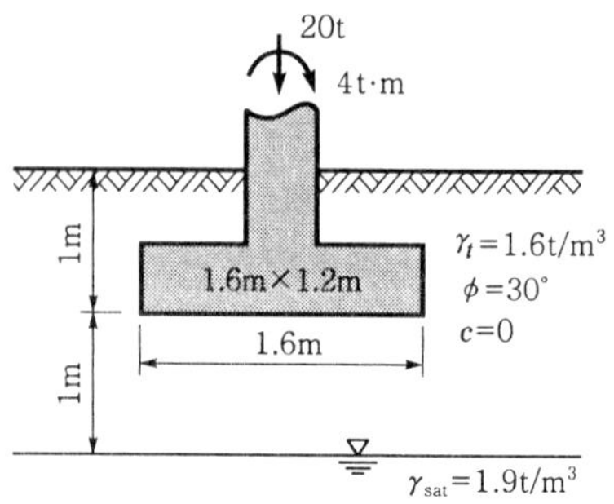

답 · 풀이

문제 **19**

도심지 굴착공사 중 계측관리 시 아래 그림에서 ①~③에 해당되는 계측기기를 쓰시오.

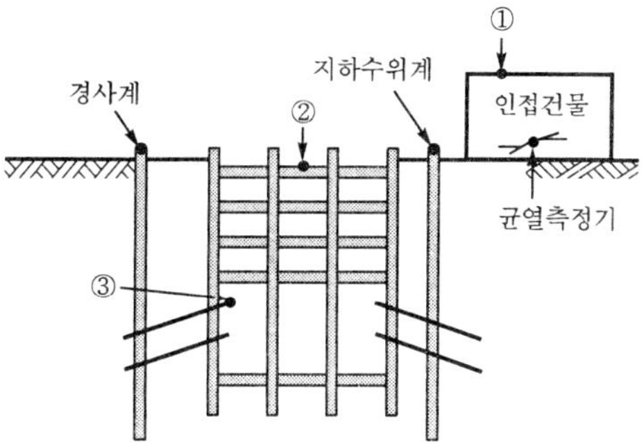

배점 3

답 ① ② ③

문제 **20**

0℃ 이하의 기온이 계속되면 지표면의 위쪽부터 흙이 동결하기 시작한다. 이에 따른 동상 대책을 3가지만 쓰시오.

배점 3

답 ①

②

③

문제 **21**

댐의 기초암반에 보링공을 천공한 후, 시멘트 풀, 점토 및 약액 등을 압력으로 주입하여 지반개량 및 차수를 목적으로 시행하는 것을 그라우팅이라고 한다. 이러한 그라우팅의 종류를 4가지만 쓰시오.

배점 3

답 ① ②

③ ④

문제 **22**

다짐되지 않은 두께 1.5m, 상대밀도 45%의 느슨한 사질토 지반이 있다. 실내 시험 결과 최대 및 최소 간극비가 0.70, 0.35로 각각 산출되었다. 이 사질토를 상대밀도 80%까지 다짐할 때 두께의 감소량을 구하시오.

배점 3

답·풀이

문제 23

극한지지력 $Q_u = 20\text{t}$이고, RC pile의 직경이 30cm, 주면마찰력이 2.5t/m^2, 말뚝선단의 지지력이 $q_u = 28\text{t/m}^2$이라 할 때 소요되는 RC pile의 최소 지중깊이를 구하시오. (단, 정역학적 지지력 공식개념에 의함.)

배점 3

답 · 풀이

문제 24

주어진 슬래브 도면 및 조건에 따라 다음 물량을 산출하시오. (단, 주어진 도면의 치수는 축척에 맞지 않을 수 있으며, 주어진 치수로만 물량을 산출할 것)

배점 18

단 면 도

(단위 : mm)

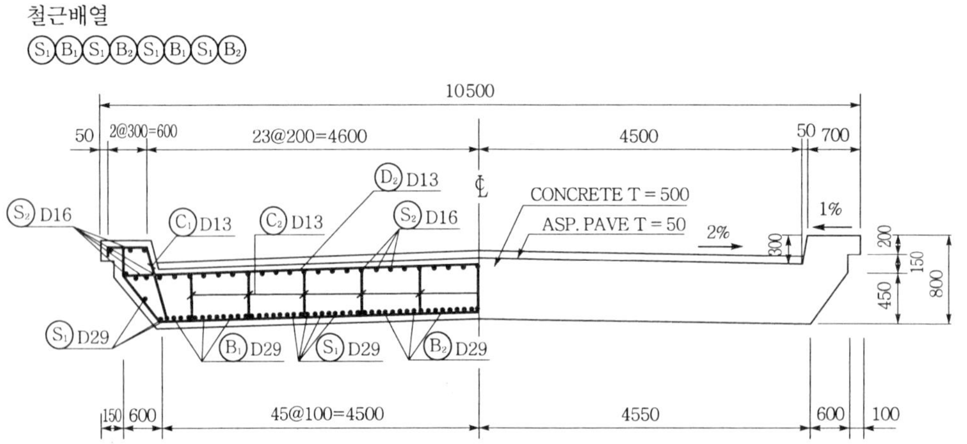

측 면 도

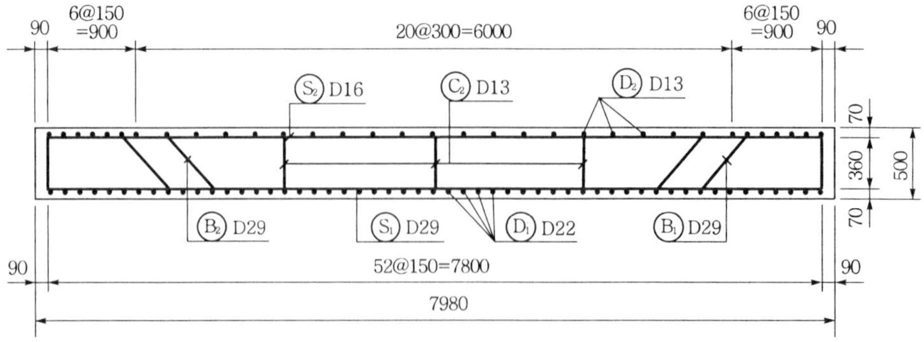

철근 상세도

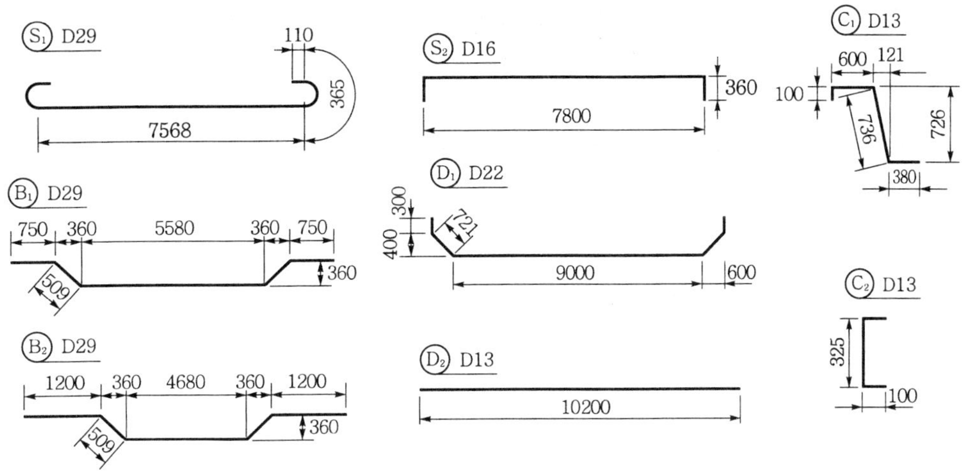

조건

① B_1과 B_2철근은 400mm 간격으로 200mm 간격의 S_1철근 사이에 교대로 배치되어 있다.

② D_2와 C_1철근은 동일한 위치에 동일한 간격으로 배치된 것으로 측면도와 같이 중앙부에서는 300mm, 양쪽 단부에서는 150mm 간격으로 배근되어 있다.

③ 물량산출에서의 할증률은 무시한다.

④ 철근길이 계산에서 이음길이는 계산하지 않는다.

(1) 한 경간(1span)에 대한 콘크리트량을 구하시오. (단, 소수 4째 자리에서 반올림하시오.)

(2) 한 경간(1span)에 대한 아스팔트량을 구하시오. (단, 소수 4째 자리에서 반올림하시오.)

(3) 한 경간(1span)에 대한 거푸집량을 구하시오. (단, 소수 4째 자리에서 반올림하시오.)

(4) 한 경간(1span)에 대한 다음 철근물량표를 완성하시오.

기 호	직 경	길 이(mm)	수 량	총 길이(mm)	기 호	직 경	길 이(mm)	수 량	총 길이(mm)
B_2					S_1				
C_1					S_2				

답 · 풀이

문제 25

해안 준설·매립공사 시 사용되는 준설선의 종류를 4가지 쓰시오.

배점 3

답 ① ② ③ ④

2015년도 정답 및 해설

정/답/및/해/설 2015년도 1차(04.18 시행)

정답·해설 01

(1) 길이 1m에 대한 콘크리트량

① $A_1 = \frac{0.35+0.65}{2} \times 6.4 = 3.2\text{m}^2$

② $A_2 = \frac{0.3+0.5}{2} \times 1.2 = 0.48\text{m}^2$

③ $A_3 = \frac{0.65+1.15}{2} \times 0.5 = 0.45\text{m}^2$

④ $A_4 = \frac{1.15+5}{2} \times 0.3 = 0.9225\text{m}^2$

⑤ $A_5 = 5 \times 0.3 = 1.5\text{m}^2$

⑥ 콘크리트량 $= (A_1 + A_2 + \cdots + A_5) \times 1$

$= 6.5525 \times 1 = 6.553\text{m}^3$

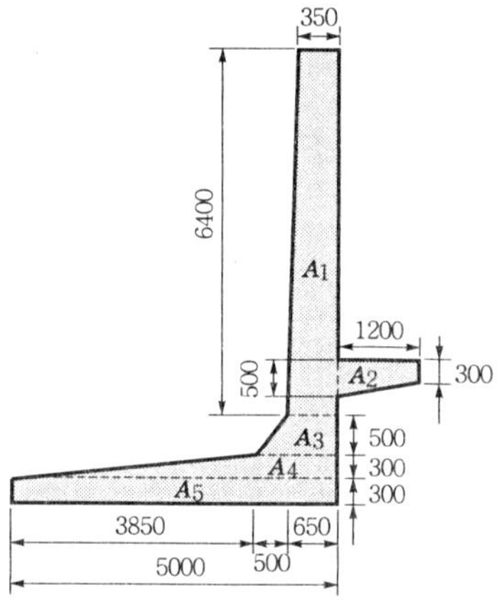

(2) 길이 1m에 대한 거푸집량

① $\overline{ab} = \sqrt{0.3^2 + 6.4^2} = 6.407\text{m}$

② $\overline{bc} = \sqrt{0.5^2 + 0.5^2} = 0.7071\text{m}$

③ $\overline{de} = 0.3\text{m}$

④ $\overline{fg} = 1.7\text{m}$

⑤ $\overline{gh} = \sqrt{1.2^2 + 0.2^2} = 1.2166\text{m}$

⑥ $\overline{hi} = 0.3\text{m}$

⑦ $\overline{jk} = 5.3\text{m}$

⑧ 거푸집의 길이 = ①+②+……+⑦ = 15.931m

⑨ 거푸집량 = 15.931×1 = 15.931m²

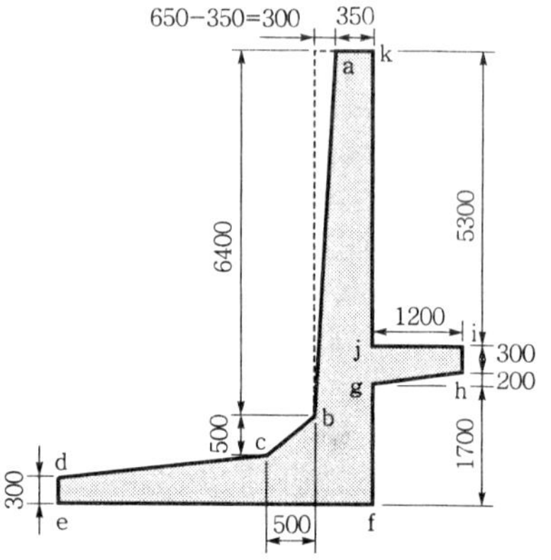

(3) 길이 1m에 대한 철근량

① 산출근거

기 호	직 경	본당 길이(mm)	수 량	총 길이(mm)	수량 산출근거
W_2	D25	7300+465=7765	2.5	19412.5	수량 $= \frac{1}{0.4} = 2.5$개
W_5	D16	1000	68	68000	수량 $= (33+1) \times 2$(좌·우)$= 68$개
H	D16	100+2036+100 =2236	5	11180	수량 $= \frac{1}{0.2} = 5$개
F_4	D13	1000	24	24000	수량 $= 23+1 = 24$개
S_1	D13	356+100×2=556	12.5	6950	수량 $= \frac{1}{0.2 \times 2} \times 5 = 12.5$개 ※ S_1의 간격은 W_1의 간격과 같다.

② 철근 물량표

기 호	직 경	길이(mm)	수 량	총 길이(mm)	기 호	직 경	길이(mm)	수 량	총 길이(mm)
W_2	D25	7765	2.5	19412.5	F_4	D13	1000	24	24000
W_5	D16	1000	68	68000	S_1	D13	556	12.5	6950
H	D16	2236	5	11180					

정답·해설 02

(1) $\Delta\sigma_Z = \dfrac{P}{Z^2} \cdot I = \dfrac{10}{5^2} \times \dfrac{3}{2\pi} = 0.191\text{t/m}^2$

(2) ① $I = \dfrac{3Z^5}{2\pi R^5} = \dfrac{3 \times 5^5}{2\pi(\sqrt{5^2+5^2})^5} = 0.084$

② $\Delta\sigma_Z = \dfrac{P}{Z^2} \cdot I = \dfrac{10}{5^2} \times 0.084 = 0.034\text{t/m}^2$

정답·해설 03

① 압축지수(C_c)법　② e-logP법　③ 체적변화계수(m_v)법

정답·해설 04

① pipe pushing 공법(추진 공법)
② front jacking 공법
③ front shield 공법

정답·해설 05

① 지하수 저하 : well point, deep well
② 탈수 : sand drain, paper drain, 생석회 말뚝
③ 다짐 : sand compaction pile, vibro-floatation
④ 재하 : pre-loading, 압성토, 진공압밀(대기압)
⑤ 고결 : 약액주입, 천층혼합, 심층혼합
⑥ 치환 : 굴착, 강제치환, 동치환

정답·해설 06

① 가배수 터널공　② 반하천 체절공　③ 가배수로 개거공

정답·해설 07

① 기초의 지지력 부족에 의한 구조물의 파괴
② 기초지반의 전단에 따른 성토의 파괴
③ 측방유동
④ 부등침하
⑤ 굴착저면의 히빙

정답·해설 08

① $K_a = \tan^2\left(45° - \frac{\phi}{2}\right) = \tan^2\left(45° - \frac{30°}{2}\right) = \frac{1}{3}$

② $P_a = \frac{1}{2}\gamma_{sub}h^2 K_a + \frac{1}{2}\gamma_w h^2$

$= \frac{1}{2} \times 0.8 \times 5^2 \times \frac{1}{3} + \frac{1}{2} \times 1 \times 5^2$

$= 15.83\text{t/m}$

정답·해설 09

(1) ① $\Delta H = m_v \Delta P H = (2.5 \times 10^{-3}) \times 10 \times 8 = 0.2\text{m} = 20\text{cm}$

② $\overline{U}_{av} = \dfrac{S_t(\text{임의 시간에서의 압밀침하량})}{S_c(\text{최종 압밀침하량})}$

$= \frac{20 - 2.5}{20} = 0.875 = 87.5\%$

(2) $\overline{U}_{av} = 1 - (1 - U_v)(1 - U_h)$

$0.875 = 1 - (1 - 0.2)(1 - U_h)$　　$\therefore U_h = 84.38\%$

(3) $d_e = 1.13d$

$40 \times 10 = 1.13d$　　$\therefore d = 353.98\text{cm}$

정답·해설 10

① 공정관리　　② 원가관리　　③ 품질관리

정답·해설 11

(1) 편심거리

$M = P \cdot e$　　$4 = 20 \times e$　　$\therefore e = 0.2\text{m}$

(2) 기초의 유효크기

① 유효폭 : $B' = B = 1.2\text{m}$

② 유효길이 : $L' = L - 2e = 1.6 - 2 \times 0.2 = 1.2\text{m}$

(3) $\gamma_1 = \gamma' + \frac{d}{B}(\gamma - \gamma') = 1 + \frac{1}{1.2} \times (1.7 - 1) = 1.58\text{t/m}^3$

(4) $q_u' = \alpha c N_c + \beta B' \gamma_1 N_r + D_f \gamma_2 N_q$

$= 0 + 0.4 \times 1.2 \times 1.58 \times 19.7 + 1 \times 1.7 \times 22.5 = 53.19\text{t/m}^2$

(5) $q_u' = \frac{P_u}{B'L'}$　　$53.19 = \frac{P_u}{1.2 \times 1.2}$

$\therefore P_u = 76.59\text{t}$

(6) $F_s = \frac{P_u}{P} = \frac{76.59}{20} = 3.83$

정답·해설 12

(1) q_t 의 결정

① $\dfrac{q_y}{2} = \dfrac{\frac{21}{0.3 \times 0.3}}{2} = 116.67\text{t/m}^2$

② $\dfrac{q_y}{3} = \dfrac{\frac{30}{0.3 \times 0.3}}{3} = 111.11\text{t/m}^2$ 이므로　$q_t = 111.11\text{t/m}^2$

(2) $q_a = q_t + \frac{1}{3}\gamma_t D_f N_q = 111.11 + \frac{1}{3} \times 1.8 \times 2 \times 3 = 114.71\text{t/m}^2$

정답·해설 13

(1)

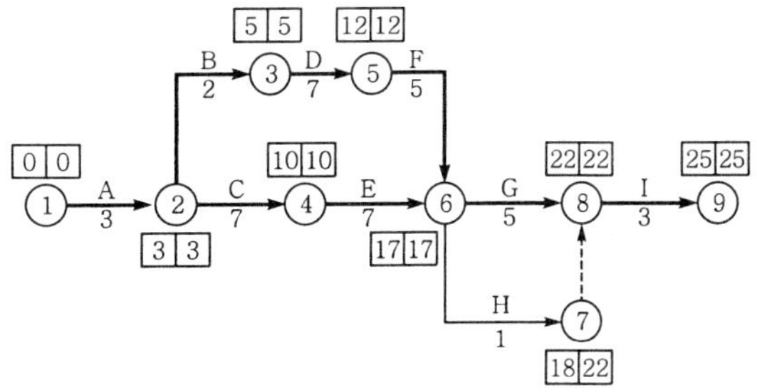

(2) ① 비용경사(cost slope)

작업명	단축가능 일수	비용경사(원)
A	1	$\frac{330,000-300,000}{3-2}$ = 30,000
B	1	$\frac{500,000-400,000}{2-1}$ = 100,000
C	2	$\frac{800,000-600,000}{7-5}$ = 100,000
D	2	$\frac{1,300,0000-1,000,0000}{7-5}$ = 150,000
E	2	$\frac{900,000-800,000}{7-5}$ = 50,000
F	2	$\frac{740,000-500,000}{5-3}$ = 120,000
G	0	0
H	0	0
I	0	0

② 공기단축

단축단계	작업명	단축일수	추가비용(extra cost)
1단계	A	1	1×30,000=30,000원
2단계	B	1	1×100,000=100,000원
	F	1	1×120,000=120,000원
	E	2	2×50,000=100,000원

③ 추가비용 = 30,000+100,000+120,000+100,000 = 350,000원

정답·해설 14

$$S_i = qB\frac{1-\mu^2}{E}\times\alpha$$

$$= 15\times1\times\frac{1-0.4^2}{1500}\times1.2 = 0.01\text{m} = 1\text{cm}$$

정답·해설 15

$$\text{Q(Rock Mass Quality)} = \frac{\text{RQD}}{J_n}\cdot\frac{J_r}{J_a}\cdot\frac{J_w}{\text{SRF}} = \frac{60}{6}\times\frac{2}{2}\times\frac{1}{1} = 10$$

정답·해설 16

① 확인시추조사 ② 공내재하시험 ③ 시추코어강도시험

✎ 참고

① 확인시추조사
② 현장시험 : 표준관입시험, 공내재하시험, packer test
③ 실내시험 : 시추코어강도시험
④ 물리탐사 : 텔레뷰어 탐사, 지오토모 그래피 탐사

정답·해설 17

① 토량분배 ② 평균 운반거리의 산출
③ 운반거리에 의한 토공기계의 선정 ④ 시공방법의 산출

정답·해설 18

① blow-up ② punch out ③ pumping

정답·해설 19

수제(水制)

✎ 참고

수제의 설치 목적
① 하안의 침식 및 호안의 파손방지 ② 유로의 고정
③ 생태계 보전 ④ 유량의 확보

정답·해설 20

(1) 45분 (2) 60분 (3) 38℃

✎ 참고

숏크리트[콘크리트 표준시방서(2009)]
① 건식 숏크리트는 배치 후 45분 이내에 뿜어붙이기를 실시해야 하며, 습식 숏크리트는 배치 후 60분 이내에 뿜어붙이기를 실시해야 한다.
② 숏크리트는 타설되는 장소의 대기온도가 38℃ 이상이 되면 건식 및 습식 숏크리트 모두 뿜어붙이기를 할 수 없다.

정답·해설 21

$$T_2 = T_1 - 0.15(T_1 - T_0)t$$
$$= 25 - 0.15(25 - 3) \times 1.5$$
$$= 20.05℃$$

정답·해설 22

① dozer 작업량

$$Q_1 = \frac{60qfE}{C_m} = \frac{60 \times (q_o \times \rho) \times \frac{1}{L} \times E}{0.037l + 0.25} = \frac{60 \times (4.8 \times 0.88) \times \frac{1}{1.7} \times 0.5}{0.037 \times 40 + 0.25} = 43.09\text{m}^3/\text{hr}$$

② ripping 작업량

$$Q_2 = \frac{60AlfE}{C_m} = \frac{60 \times 0.4 \times 40 \times 1 \times 0.5}{0.05 \times 40 + 0.25} = 213.33\text{m}^3/\text{hr}$$

③ 1시간당 작업량

$$Q = \frac{Q_1 Q_2}{Q_1 + Q_2} = \frac{43.09 \times 213.33}{43.09 + 213.33} = 35.85\text{m}^3/\text{hr}$$

정답·해설 23

(1) ① 운반토량

㉠ 점토량 $= 2000 \times 0.4 \times L = 2000 \times 0.4 \times 1.3 = 1040\text{m}^3$

㉡ 사질토량 $= 2000 \times 0.6 \times L = 2000 \times 0.6 \times 1.25 = 1500\text{m}^3$

② 트럭의 대수

㉠ 점토의 운반에 필요한 대수

$$= \frac{1040}{\frac{T}{\gamma_t} \cdot L} = \frac{1040}{\frac{8}{1.75} \times 1.3} = 175\text{대}$$

㉡ 사질토의 운반에 필요한 대수

$$= \frac{1500}{\frac{T}{\gamma_t} \cdot L} = \frac{1500}{\frac{8}{1.8} \times 1.25} = 270\text{대}$$

∴ 덤프트럭의 연 대수 $= 175 + 270 = 445$대

(2) ① 다짐토량 $= 2000 \times 0.4 \times C + 2000 \times 0.6 \times C$

$= 2000 \times 0.4 \times 0.9 + 2000 \times 0.6 \times 0.87 = 1764\text{m}^3$

② 도로의 단면적 $= \frac{8 + (8+6)}{2} \times 2 = 22\text{m}^2$(다짐면적)

③ 도로의 길이 $= \frac{1764}{22} = 80.18\text{m}$

(3) ① back hoe 작업량

$$Q = \frac{3600 \cdot q \cdot k \cdot f \cdot E}{C_m}$$

$$= \frac{3600 \times 0.9 \times 0.9 \times \left(\frac{1}{1.3 \times 0.4 + 1.25 \times 0.6}\right) \times 0.7}{21} = 76.54\text{m}^3/\text{h}$$

② 장비의 가동시간 $= \frac{2000}{76.54} = 26.13$시간

정답·해설 24

① 토취장의 건조밀도

$$\gamma_d = \frac{\gamma_t}{1 + \frac{w}{100}} = \frac{1.83}{1 + \frac{22}{100}} = 1.5\text{t/m}^3$$

② 다짐 후의 건조밀도

$$\gamma_d = \frac{\gamma_t}{1 + \frac{w}{100}} = \frac{1.95}{1 + \frac{12}{100}} = 1.74\text{t/m}^3$$

③ $C = \frac{\text{본바닥 흙의 } \gamma_d}{\text{다짐 후의 } \gamma_d} = \frac{1.5}{1.74} = 0.86$

정답·해설 01

(1) ① fore poling 공법
② 강관 다단 grouting 공법
③ rock bolt 공법
④ shotcrete 공법

(2) ① 물 빼기 갱(수발터널) 설치
② 물 빼기 보링(수발보링) 설치
③ 약액주입 공법
④ 웰포인트 공법

정답·해설 02

① $C_c = 0.009(W_L - 10) = 0.009(50-10) = 0.36$

② $e = \frac{n}{100-n} = \frac{60}{100-60} = 1.5$

③ $\Delta H = \frac{C_c}{1+e} log \frac{P_2}{P_1} H = \frac{0.36}{1+1.5} log \frac{14}{10} \times 5 = 0.1052\text{m} = 10.52\text{cm}$

정답·해설 03

① 선단정착형 ② 전면접착형 ③ 혼합형

정답·해설 04

보온양생(온도제어양생)

참고

양생
① 초기양생에 이어 콘크리트 경화를 촉진하기 위하여 수분의 증발을 방지하고 콘크리트를 보호하는 양생을 후기양생이라 한다.
② 후기양생에는 급습양생과 보온양생이 있다.

정답·해설 05

① benoto 공법 ② earth drill 공법 ③ RCD 공법

정답·해설 06

① 주동말뚝 ② 수동말뚝

참고

① 주동말뚝 : 말뚝이 변형함에 따라 말뚝주변지반이 저항하는 말뚝
② 수동말뚝 : 말뚝주변지반이 먼저 변형하여 그 결과로서 말뚝에 수동토압이 작용하는 말뚝

정답·해설 07

① 안정도 ② 흐름값 ③ 공시체의 밀도

참고

안정도, 흐름값, 공시체의 밀도를 측정하고 공극률과 포화도를 산출한다.

정답·해설 08

(1) ① $M_d = (\gamma_1 H + q)\dfrac{R^2}{2}$

$= (1.8 \times 18 + 0) \times \dfrac{6^2}{2} = 583.2\text{t} \cdot \text{m}$

② $M_r = c_1 HR + c_2 \pi R^2$

$= 1.2 \times 18 \times 6 + 3 \times \pi \times 6^2 = 468.89\text{t} \cdot \text{m}$

③ $F_s = \dfrac{M_r}{M_d} = \dfrac{468.89}{583.2} = 0.8$

(2) ① 표토를 제거하여 하중을 적게 한다.
② 흙막이의 근입깊이를 깊게 한다.
③ 양질의 재료로 지반개량을 한다.
④ 굴착면에 하중을 가한다.
⑤ earth anchor를 설치한다.

정답·해설 09

(1) 펌프준설선 (2) 쇄암선 (3) dipper 준설선

정답·해설 10

① 배수(간극수압 발생 방지)
② 코어(심벽) 유출 방지
③ piping 방지

정답·해설 11

평면 파괴면을 가진 유한사면의 해석(Culmann 도해법)

① $W = \dfrac{1}{2}\overline{\text{BC}} \cdot H \cdot \gamma \cdot 1$

$= \dfrac{1}{2}\gamma H^2 \left[\dfrac{\sin(\beta - \theta)}{\sin\beta \cdot \sin\theta}\right]$

$= \dfrac{1}{2} \times 1.8 \times 3^2 \times \left[\dfrac{\sin(60^\circ - 40^\circ)}{\sin 60^\circ \times \sin 40^\circ}\right] = 4.98\text{t}$

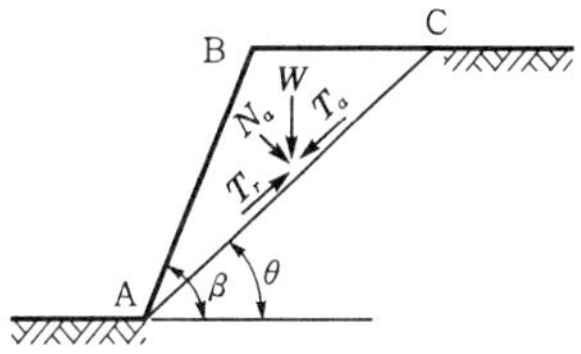

② $N_a = W\cos\theta = 4.98 \times \cos 40^\circ = 3.81\text{t}$

③ $T_a = W\sin\theta = 4.98 \times \sin 40^\circ = 3.20\text{t}$

④ $T_r = \dfrac{1}{F_s}(\overline{\text{AC}} \cdot c + N_a \tan\phi)$

$= \dfrac{1}{F_s}\left(\dfrac{3}{\sin 40^\circ} \times 2 + 3.81 \times \tan 10^\circ\right) = \dfrac{10}{F_s}$

⑤ $T_a = T_r$ $\quad 3.2 = \dfrac{10}{F_s}$ $\quad \therefore F_s = 3.13$

정답·해설 12

① 연속 기초의 형상계수는 $\alpha = 1.0,\ \beta = 0.5$

② $\gamma_1 = \gamma_{\text{sub}} = 1.0\text{t/m}^3$

③ $q_u = \alpha c N_c + \beta B \gamma_1 N_r + D_f \gamma_2 N_q$

$= 1 \times 1 \times 6.5 + 0.5 \times 3 \times 1 \times 1.2 + 2 \times 1.7 \times 2.7$

$= 17.48\text{t/m}^2$

정답·해설 13

① 에폭시 주입법　② 봉합법　③ 짜깁기법
④ 보강철근 이용방법　⑤ 그라우팅

정답·해설 14

① $\Sigma V=0$

$$100+80=10\times\left(\frac{B_1+B_2}{2}\times 6\right)$$

$\therefore\ B_1+B_2=6$ ……………… ㉠

② $\Sigma M_0=0$

$$100\times 0.25+80\times 5.75=10\times\left(\frac{B_1+B_2}{2}\times 6\right)\times\left(\frac{B_1+2B_2}{B_1+B_2}\times\frac{6}{3}\right)$$ ………… ㉡

식 ㉠을 식 ㉡에 대입하여 정리하면

$B_1=3.92\text{m},\ B_2=2.08\text{m}$

정답·해설 15

① dozer 작업량

$$Q_1=\frac{60\cdot q\cdot f\cdot E}{C_m}=\frac{60\cdot(q_0\cdot\rho)\cdot\frac{1}{L}\cdot E}{0.037l+0.25}$$

$$=\frac{60\times(3.3\times 0.9)\times\frac{1}{1.6}\times 0.4}{0.037\times 50+0.25}=21.21\text{m}^3/\text{h}$$

② ripping 작업량

$$Q_2=\frac{60\cdot A\cdot l\cdot f\cdot E}{C_m}$$

$$=\frac{60\times 0.14\times 50\times 1\times 0.9}{0.05\times 50+0.33}=133.57\text{m}^3/\text{h}$$

③ 1시간당 작업량

$$Q=\frac{Q_1\times Q_2}{Q_1+Q_2}=\frac{21.21\times 133.57}{21.21+133.57}=18.30\text{m}^3/\text{h}$$

정답·해설 16

(1) ① $\bar{x}=\dfrac{752}{16}=47\text{MPa}$

② $S=(48.5-47)^2+(40-47)^2+(50-47)^2+\cdots+(47-47)^2=262$

③ $\sigma=\sqrt{\dfrac{S}{n-1}}=\sqrt{\dfrac{262}{16-1}}=4.179\text{MPa}$

④ 직선보간한 표준편차

$\sigma=4.179\times 1.144=4.781\text{MPa}$

(직선보간
$1.08+\dfrac{(1.16-1.08)\times 4}{5}=1.144$)

(2) ① $f_{cr}=f_{ck}+1.34s=45+1.34\times 4.781=51.407\text{MPa}$

② $f_{cr}=0.9f_{ck}+2.33s=0.9\times 45+2.33\times 4.781=51.64\text{MPa}$

①, ② 중에서 큰 값이 배합강도이므로 $\therefore\ f_{cr}=51.64\text{MPa}$

정답·해설 17

(1) ① 공정표

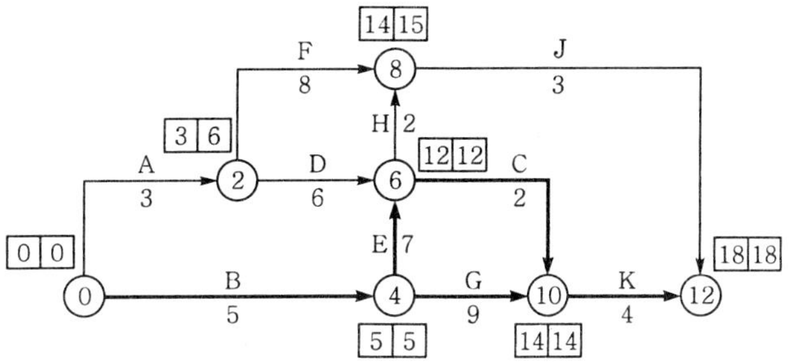

② CP : ⓪ → ④ → ⑥ → ⑩ → ⑫

⓪ → ④ → ⑩ → ⑫

(2) 정상 공사기간과 공사비용

① 정상 공사기간 = 18일

② 정상 공사비용 = 265만 원

(∵ 15+20+36+40+49+27+10+16+24+28 = 265)

(3) ① 비용경사(cost slope)

작업명	단축가능 일수	비용경사(만 원)
A	0	0
B	1	$\frac{25-20}{5-4}=5$
D	1	$\frac{43-36}{6-5}=7$
F	2	$\frac{50-40}{8-6}=5$
E	2	$\frac{65-49}{7-5}=8$
G	2	$\frac{33-27}{9-7}=3$
H	1	$\frac{15-10}{2-1}=5$
C	1	$\frac{25-16}{2-1}=9$
J	0	0
K	1	$\frac{38-28}{4-3}=10$

② 공기단축

단축단계	작업명	단축일수	추가비용(만 원)
1단계	B	1	1×5=5
2단계	K	1	1×10=10
3단계	E, G	2	2×8+2×3=22

③ 추가비용 = 5+10+22 = 37만 원

✎ 참고

공정표를 다음과 같이 작성해도 좋습니다.

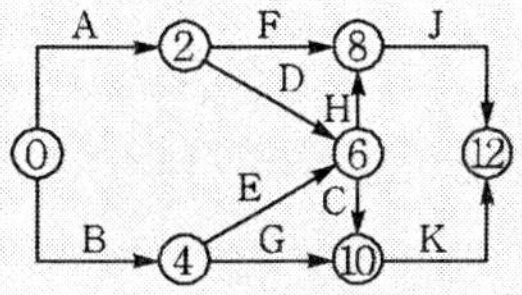

정답·해설 18

(1) 전도에 대한 안전율

① $P_a = \frac{1}{2}\gamma h^2 K_a = \frac{1}{2}\gamma h^2 \tan^2\left(45° - \frac{\phi}{2}\right)$

$= \frac{1}{2} \times 1.8 \times 4.5^2 \times \tan^2\left(45° - \frac{37°}{2}\right)$

$= 4.53\text{t/m}$

② $W = 2 \times 4.5 \times 2.4 = 21.6\,\text{t/m}$

③ $F_s = \frac{M_r}{M_d} = \frac{Wb}{P_a \cdot y} = \frac{21.6 \times \frac{2}{2}}{4.53 \times \frac{4.5}{3}} = 3.18$

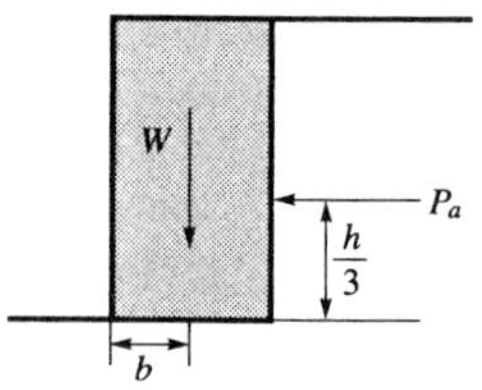

(2) 활동에 대한 안전율

$F_s = \frac{(W + P_V)\tan\delta + CB + P_p}{P_a}$

$= \frac{(21.6 + 0)\tan 37° + 0 + 0}{4.53} = 3.59$

(3) 지지력에 대한 안전율

① $V = W + P_V = 21.6 + 0 = 21.6t$

② $e = \frac{B}{2} - x = \frac{B}{2} - \frac{M_r - M_d}{V}$

$= \frac{2}{2} - \frac{21.6 \times \frac{2}{2} - 4.53 \times \frac{4.5}{3}}{21.6} = 0.31\text{m}$

③ $q_{max} = \frac{V}{B}\left(1 + \frac{6e}{B}\right)$

$= \frac{21.6}{2}\left(1 + \frac{6 \times 0.31}{2}\right) = 20.84\text{t/m}^2$

④ $F_s = \frac{q_a}{q_{max}} = \frac{20}{20.84} = 0.96$

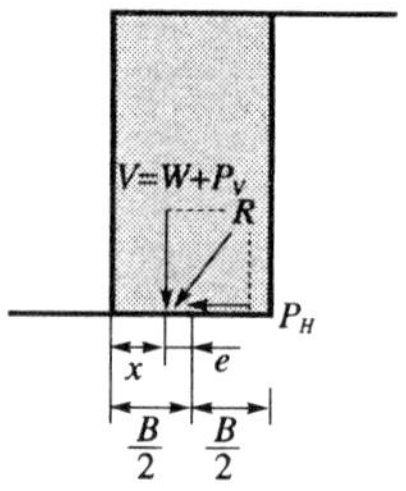

$\left(\begin{array}{l} Vx = M' = M_r - M_d \\ \therefore x = \frac{M_r - M_d}{V} \end{array}\right)$

정답·해설 19

(1) 부벽을 포함하는 옹벽길이 3.5m에 대한 콘크리트량

① $A_1 = 0.35 \times 6.6 = 2.31\text{m}^2$

② $A_2 = \frac{0.35 + 1.55}{2} \times 0.3 = 0.285\text{m}^2$

③ $A_3 = 0.6 \times 4.3 = 2.58\text{m}^2$

④ $A_4 = \frac{(2.75 + 0.3) \times (6.9 - 0.5)}{2} - \frac{0.3 \times 0.3}{2}$

$= 9.715\text{m}^2$

⑤ 콘크리트량 $= (A_1 + A_2 + A_3) \times 3.5 + A_4 \times 0.5$

$= 5.175 \times 3.5 + 9.715 \times 0.5$

$= 22.970\text{m}^3$

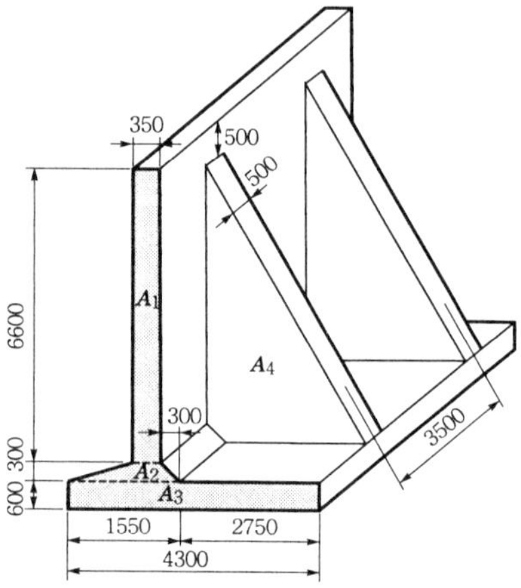

(2) 부벽을 포함하는 옹벽길이 3.5m에 대한 거푸집량

① $A_1 = 6.6 \times 3.5 = 23.1\text{m}^2$

② $A_2 = 0.6 \times 3.5 = 2.1\text{m}^2$

③ $A_3 = 0.6 \times 3.5 = 2.1\text{m}^2$

④ $A_4 = \sqrt{0.3^2 + 0.3^2} \times (3.5 - 0.5) = 1.2728\text{m}^2$

⑤ $A_5 = 6.6 \times 3.5 - 6.1 \times 0.5 = 20.05\text{m}^2$

⑥ $A_6 = \left[\dfrac{(2.75+0.3) \times (6.9-0.5)}{2} - \dfrac{0.3 \times 0.3}{2} \right]$
$\times 2(\text{양쪽면}) = 19.43\text{m}^2$

⑦ $A_7 = 0.5 \times \sqrt{3.05^2 + 6.4^2} = 3.5448\text{m}^2$

⑧ 거푸집량 = $A_1 + A_2 + \cdots\cdots + A_7 = 71.598\text{m}^2$

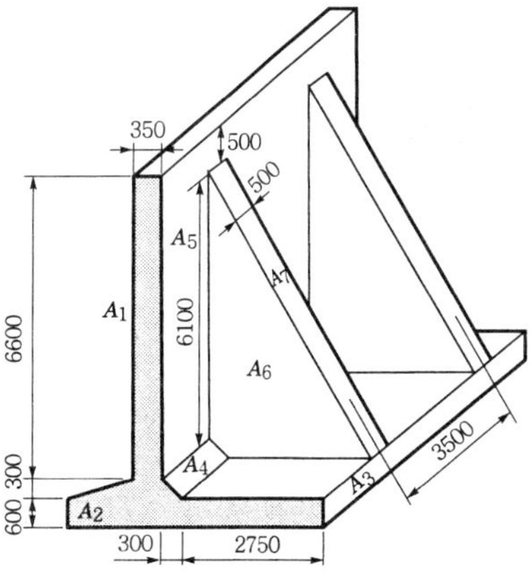

(3) 부벽을 포함하는 옹벽길이 3.5m에 대한 철근물량표

① 철근량 산출근거

기 호	직 경	본당 길이(mm)	수 량	총 길이(mm)	수량 산출근거
W_1	D13	7300	26	189,800	W_1 철근은 A－A′ 단면도상 점으로 표시된 철근이므로 수량＝13×2(복배근)＝26개
W_3	D16	750×2＋297×2＋1580 ＝3674	8	29,392	W_3 철근은 단면도상 벽체 전면에만 점으로 표시된 철근이므로 수량＝{(10＋10)＋1}－{(5＋3＋4)＋1} ＝8개 혹은 단면도상의 개수를 센다.
B_1	D25	7500＋500＋400 ＝8400	2	16,800	측면도상 개수를 센다. 수량＝2개
H_1	D16	100×2＋1800×2＋341 ＝4141	19	78,679	수량＝간격수＋1＝[(10＋8)＋1]＝19개

B_1, B_2, B_3 철근 배근도(평면도)

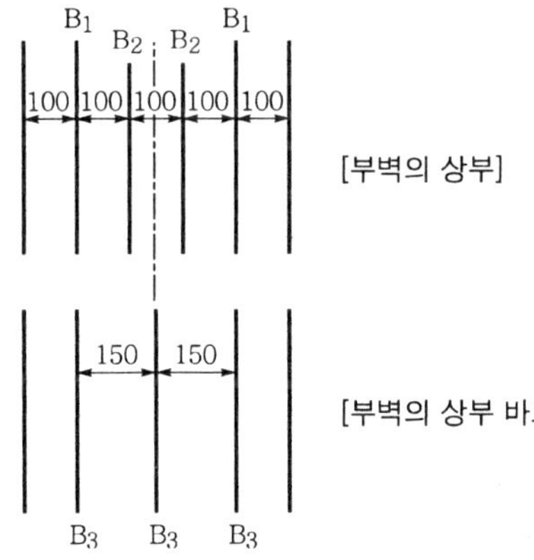

② 철근 물량표

기 호	직 경	길 이(mm)	수 량	총 길이(mm)	기 호	직 경	길 이(mm)	수 량	총 길이(mm)
W_1	D13	7300	26	189,800	B_1	D25	8400	2	16,800
W_3	D16	3674	8	29,392	H_1	D16	4141	19	78,679

정답·해설 20

(1) ① $A_p = \frac{\pi \cdot D^2}{4} = \frac{\pi \times 0.3^2}{4} = 0.07\text{m}^2$

② $A_s = \pi \cdot D \cdot l = \pi \times 0.3 \times 12 = 11.31\text{m}^2$

③ $\overline{N_s} = \frac{N_1 h_1 + N_2 h_2 + N_3 h_3}{h_1 + h_2 + h_3} = \frac{10 \times 3 + 20 \times 4 + 40 \times 5}{3+4+5} = 25.83$

④ $R_u = 40NA_p + \frac{1}{5}\overline{N_s}A_s$

$= 40 \times 40 \times 0.07 + \frac{1}{5} \times 25.83 \times 11.31 = 170.43\text{t}$

(2) $R_a = \frac{R_u}{F_s} = \frac{170.43}{3} = 56.81\text{t}$

참고

$R_u = 40NA_p + \frac{1}{5}\overline{N_s}A_s$

$= 40 \times 40 \times 0.07 + \frac{1}{5}(10 \times \pi \times 0.3 \times 3 + 20 \times \pi \times 0.3 \times 4 + 40 \times \pi \times 0.3 \times 5)$

$= 170.43\text{t}$

정답·해설 21

① 토질이 양호할 것
② 토량이 충분할 것
③ 싣기가 편리한 지형일 것
④ 성토장소를 향하여 하향구배 1/50~1/100 정도를 유지할 것
⑤ 운반로가 양호하고 장애물이 적을 것
⑥ 용수, 붕괴의 염려가 없고 배수가 양호한 지형일 것

정/답/및/해/설 2015년도 3차(11.07 시행)

정답·해설 01

① 사하중 재하방법
② 반력말뚝 이용방법
③ earth anchor 반력 이용하는 방법

정답·해설 02

① $a_v = \frac{e_1 - e_2}{P_2 - P_1} = \frac{1.8 - 1.2}{3.6 - 2.4} = 0.5\text{cm}^2/\text{kg} = 0.05\text{m}^2/\text{ton}$

② $\triangle H = m_v \triangle PH = \frac{a_v}{1+e_o}\triangle PH = \frac{0.05}{1+2.2} \times (2 \times 5) \times 10 = 1.56\text{m}$

정답·해설 03

$F_s = \frac{\gamma_{sub}}{\gamma_{sat}} \cdot \frac{\tan\phi}{\tan i} = \frac{0.8}{1.8} \times \frac{\tan 30°}{\tan 15°} = 0.96$

정답·해설 04

① Well Point 공법 ② Deep Well 공법

③ 대기압공법 ④ 동결공법

정답·해설 05

① 기대시간

$$t_e = \frac{t_o + 4t_m + t_p}{6} = \frac{2+4\times5+8}{6} = 5\text{일}$$

② 분산

$$\sigma^2 = \left(\frac{t_p - t_o}{6}\right)^2 = \left(\frac{8-2}{6}\right)^2 = 1$$

정답·해설 06

① 분사(jet)에 의한 공법

② 물하중에 의한 공법

③ 발파에 의한 공법

④ 케이슨 내 수위저하에 의한 공법

정답·해설 07

① $C_m = \dfrac{l}{v_1} + \dfrac{l}{v_2} + t_g = \dfrac{30}{37.5} + \dfrac{30}{70} + \dfrac{20}{60} = 1.56\text{분}$

② $Q = \dfrac{60qfE}{C_m} = \dfrac{60\times2.2\times\dfrac{1}{1.25}\times0.8}{1.56} = 54.15\text{m}^3/\text{hr}$

정답·해설 08

① $Z_c = \dfrac{2c}{\gamma_t}\tan\left(45° + \dfrac{\phi}{2}\right) = \dfrac{2\times1}{1.6}\times\tan\left(45° + \dfrac{30°}{2}\right) = 2.17\text{m}$

② $K_a = \tan^2\left(45° - \dfrac{\phi}{2}\right) = \tan^2\left(45° - \dfrac{30°}{2}\right) = \dfrac{1}{3}$

③ $P_a = \dfrac{1}{2}\gamma_t H^2 K_a - 2c\sqrt{K_a}H$

$= \dfrac{1}{2}\times1.6\times7^2\times\dfrac{1}{3} - 2\times1\times\sqrt{\dfrac{1}{3}}\times7 = 4.98\text{t/m}$

④ $P_a = \dfrac{1}{2}\gamma_t H^2 K_a - 2c\sqrt{K_a}H + \dfrac{2c^2}{\gamma_t}$

$= \dfrac{1}{2}\times1.6\times7^2\times\dfrac{1}{3} - 2\times1\times\sqrt{\dfrac{1}{3}}\times7 + \dfrac{2\times1^2}{1.6} = 6.23\text{t/m}$

정답·해설 09

(1) 단위 폭당 침투수량

① $K = \sqrt{K_h \times K_v} = \sqrt{(5\times10^{-4})\times(8\times10^{-5})} = 2\times10^{-4}\text{cm/sec}$

② $Q = KH\dfrac{N_f}{N_d} = (2\times10^{-6})\times20\times\dfrac{3}{10} = 1.2\times10^{-5}\text{m}^3/\text{sec} = 1.04\text{m}^3/\text{day}$

(2) A점의 간극수압

① 전수두 $= \dfrac{n_d}{N_d}H = \dfrac{3}{10}\times20 = 6\text{m}$

② 위치수두 $= -5\text{m}$

③ 압력수두 = 전수두 - 위치수두 $= 6-(-5) = 11\text{m}$

④ 간극수압 $= \gamma_w \times$ 압력수두 $= 1\times11 = 11\text{t/m}^2$

정답·해설 10

(1)

조번호	측정값(MPa)			계	각 조의 평균치	범위
	x_1	x_2	x_3	Σx	$(\bar{x})$	(R)
1	19.5	21.0	23.4	63.9	$\frac{63.9}{3}=21.3$	23.4−19.5=3.9
2	19.5	20.9	23.2	63.6	$\frac{63.6}{3}=21.2$	23.2−19.5=3.7
3	21.3	18.5	20.5	60.3	$\frac{60.3}{3}=20.1$	21.3−18.5=2.8
4	21.4	23.9	20.4	65.7	$\frac{65.7}{3}=21.9$	23.9−20.4=3.5
5	24.1	20.9	21.3	66.3	$\frac{66.3}{3}=22.1$	24.1−20.9=3.2

(2) ① 전체 평균치($\bar{\bar{x}}$)

$$\bar{\bar{x}}=\frac{\Sigma\bar{x}}{n}=\frac{106.6}{5}=21.32\text{MPa}$$

② R의 평균치($\bar{R}$)

$$\bar{R}=\frac{\Sigma R}{n}=\frac{17.1}{5}=3.42\text{MPa}$$

(3) $\bar{x}$ 관리 한계

① $UCL=\bar{\bar{x}}+A_2\bar{R}=21.32+1.023\times3.42=24.82\text{MPa}$

② $LCL=\bar{\bar{x}}-A_2\bar{R}=21.32-1.023\times3.42=17.82\text{MPa}$

(4) R 관리 한계

① $UCL=D_4\bar{R}=2.575\times3.42=8.81\text{MPa}$

② $LCL=D_3\bar{R}=0$

정답·해설 11

교좌받침

정답·해설 12

① 사하중 증가(자중 증대) 방법　② 영구 anchor 방법
③ 영구 배수공법　④ Micro Pile 공법

정답·해설 13

(1) q_t의 결정

① $\frac{q_y}{2}=\frac{60}{2}=30\text{t/m}^2$

② $\frac{q_u}{3}=\frac{100}{3}=33.33\text{t/m}^2$

$\therefore\ q_t=30\text{t/m}^2$

(2) $q_a=q_t+\frac{1}{3}\gamma D_f N_q=30+\frac{1}{3}\times1.8\times1.5\times5=34.5\text{t/m}^2$

정답·해설 14

① 배수기능　② Filter 기능　③ 분리기능　④ 보강기능

정답·해설 15

(1) 공정표

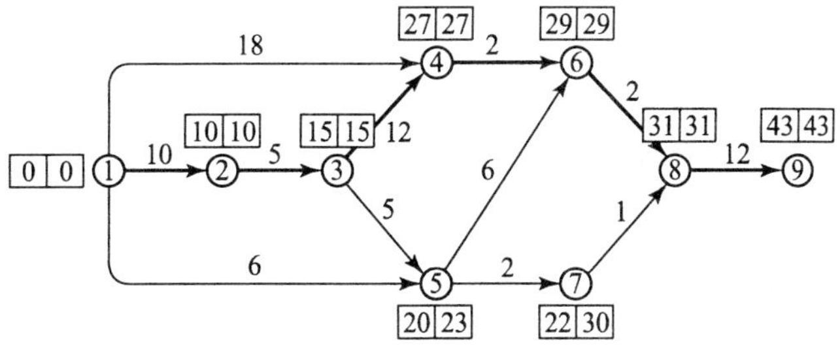

(2) 표준공기=10+5+12+2+2+12=43일

정답·해설 16

① rock bolt 공법 ② shotcrete 공법
③ fore poling 공법 ④ grouting 공법
⑤ 강관 다단 grouting 공법

정답·해설 17

① 시험 횟수 22회일 때 표준편차 보정계수

$= 1.03 + \dfrac{(1.08 - 1.03) \times 3}{5} = 1.06$

② 직선보간한 표준편차

$\sigma = 1.06 \times 4.5 = 4.77\text{MPa}$

③ $f_{cr} = f_{ck} + 1.34s = 40 + 1.34 \times 4.77 = 46.39\text{MPa}$

$f_{cr} = 0.9f_{ck} + 2.33s = 0.9 \times 40 + 2.33 \times 4.77 = 47.11\text{MPa}$

두 값 중 큰 값이 배합강도이므로

$\therefore\ f_{cr} = 47.11\text{MPa}$

정답·해설 18

(1) 편심거리

$M = P \cdot e \qquad 4 = 20 \times e \qquad \therefore\ e = 0.2\text{m}$

(2) 기초의 유효크기

① 유효폭 : $B' = B = 1.2\text{m}$

② 유효길이 : $L' = L - 2e = 1.6 - 2 \times 0.2 = 1.2\text{m}$

(3) $\gamma_1 = \gamma' + \dfrac{d}{B}(\gamma - \gamma') = 0.9 + \dfrac{1}{1.2} \times (1.6 - 0.9) = 1.48\text{t/m}^3$

(4) $q_u' = \alpha c N_c + \beta B' \gamma_1 N_r + D_f \gamma_2 N_q$

$= 0 + 0.4 \times 1.2 \times 1.48 \times 19.7 + 1 \times 1.6 \times 22.5 = 49.99\text{t/m}^2$

(5) $q_u' = \dfrac{P_u}{B'L'} \qquad 49.99 = \dfrac{P_u}{1.2 \times 1.2}$

$\therefore\ P_u = 71.99\text{t}$

(6) $F_s = \dfrac{P_u}{P} = \dfrac{71.99}{20} = 3.6$

정답·해설 19

① 건물경사계(tilt meter)
② 변형률계(strain gauge)
③ 하중계(load cell)

정답·해설 20

① 배수구를 설치하여 지하수위를 낮춘다.
② 지하수위보다 높은 곳에 조립의 차단층(모래, 콘크리트, 아스팔트)을 설치하여 모관상승을 방지한다.
③ 동결심도 상부의 흙을 동결하기 어려운 재료(자갈, 쇄석, 석탄재)로 치환한다.
④ 지표면 근처에 단열재료(석탄재, 코크스)를 넣는다.

정답·해설 21

① 압밀그라우팅(consolidation grouting)
② 차수그라우팅(curtain grouting)
③ 접촉그라우팅(contact grouting)
④ 림 그라우팅(rim grouting)
⑤ 조인트 그라우팅(joint grouting)

정답·해설 22

① $D_r = \dfrac{e_{max} - e}{e_{max} - e_{min}} \times 100$

$45 = \dfrac{0.7 - e_1}{0.7 - 0.35} \times 100 \quad \therefore e_1 = 0.54$

$80 = \dfrac{0.7 - e_2}{0.7 - 0.35} \times 100 \quad \therefore e_2 = 0.42$

② $\Delta H = \dfrac{e_1 - e_2}{1 + e_1} H = \dfrac{0.54 - 0.42}{1 + 0.54} \times 1.5 = 0.1169\text{m} = 11.69\text{cm}$

정답·해설 23

$R_u = R_p + R_f = q_u A_p + f_s A_s$

$20 = 28 \times \left(\dfrac{\pi \times 0.3^2}{4} \right) + 2.5 \times (\pi \times 0.3 \times l) \qquad \therefore \ l = 7.65\text{m}$

정답·해설 24

(1) 한 경간(1span)에 대한 콘크리트량

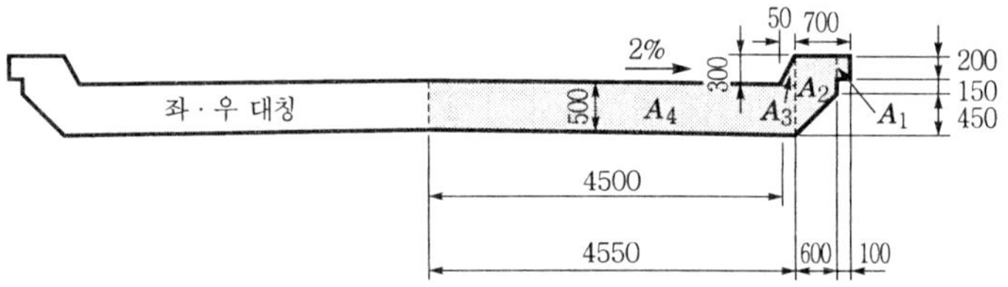

① $A_1 = 0.2 \times 0.1 = 0.02\text{m}^2$

② $A_2 = \dfrac{0.35 + 0.8}{2} \times 0.6 = 0.345\text{m}^2$

③ $A_3 = \dfrac{0.3 \times 0.05}{2} = 0.0075\text{m}^2$

④ $A_4 = 4.55 \times 0.5 = 2.275\text{m}^2$

⑤ 콘크리트량$= (A_1 + A_2 + A_3 + A_4) \times 2$(좌 · 우)$\times 7.98$(1span 길이)

$= 2.6475 \times 2 \times 7.98 = 42.2541 = 42.254\text{m}^3$

(2) 한 경간(1span)에 대한 아스팔트 포장량

① 포장면적$= 4.5 \times 2$(좌 · 우)$\times 7.98$(1span 길이)$= 71.82\text{m}^2$

② 포장량 $= 71.82 \times 0.05 = 3.591\text{m}^3$

(3) 한 경간(1span)에 대한 거푸집량

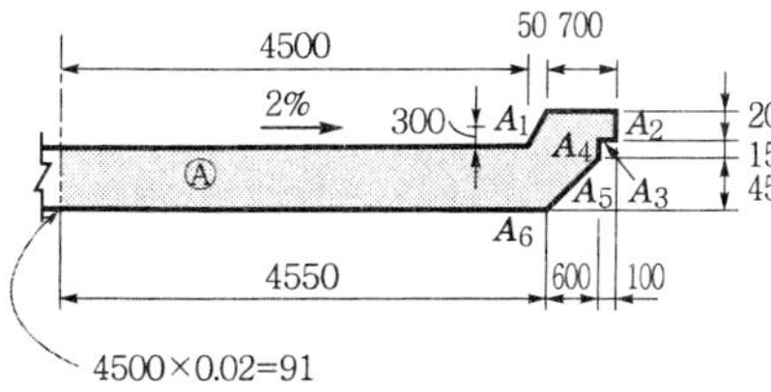

① $A_1 = \sqrt{0.05^2+0.3^2} \times 7.98 = 2.427\text{m}^2$

② $A_2 = 0.2 \times 7.98 = 1.596\text{m}^2$

③ $A_3 = 0.1 \times 7.98 = 0.798\text{m}^2$

④ $A_4 = 0.15 \times 7.98 = 1.197\text{m}^2$

⑤ $A_5 = \sqrt{0.45^2+0.6^2} \times 7.98 = 5.985\text{m}^2$

⑥ $A_6 = \sqrt{4.55^2+0.091^2} \times 7.98 = 36.316\text{m}^2$

⑦ A_7(마구리면 거푸집량)=Ⓐ×2(좌・우)×2(앞・뒤)=2.6475×2×2=10.59m²

⑧ 거푸집량$=(A_1+A_2+\cdots\cdots+A_6)\times 2$(좌・우)$+A_7=48.319\times 2+10.59=107.228\text{m}^2$

(4) 한 경간(1span)에 대한 철근량

① 산출근거

기 호	직 경	본당 길이(mm)	수 량	총 길이(mm)	수량 산출근거
B_2	D29	1200×2+509×2 +4680 = 8098	22	178,156	수량 $=\left(\frac{\text{길이(4m)}}{\text{간격}}+1\right)\times 2$(좌・우 대칭) $=\left(\frac{4}{0.4}+1\right)\times 2=22$개
C_1	D13	100+600+736 +380 = 1816	66	119,856	C_1 철근간격=D_2 철근간격이므로 수량 = [(6+20+6)+1)]×2(좌・우) = 66개 혹은, 측면도상 개수를 센다.
S_1	D29	110×2+365×2 +7580 = 8530	49	417,970	수량 $=\left[\left(\frac{\text{길이(4.4m)}}{\text{간격}}+1\right)+\text{경사면의 철근개수}\right]\times 2-1$ $=\left[\left(\frac{4.4}{0.2}+1\right)+2\right]\times 2-1=49$개
S_2	D16	7800+3600×2 =8520	57	485,640	수량=(간격 수+1)+경사면의 철근개수 ×2(좌・우)=(46+1)+(5×2)=57개

• S_1, S_2, B_1, B_2 철근 배근도

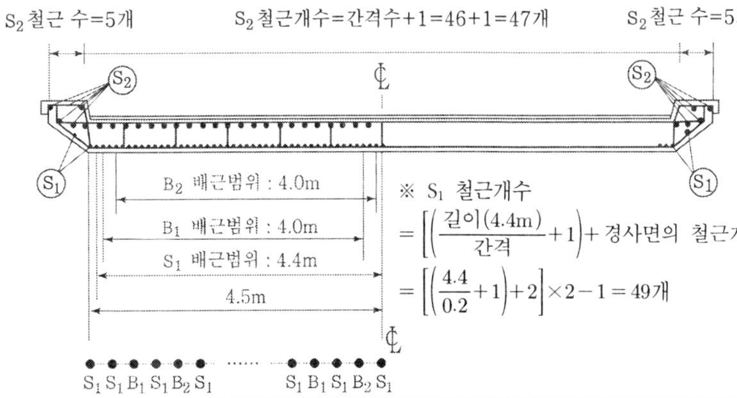

※ S_1 철근개수

$=\left[\left(\frac{\text{길이(4.4m)}}{\text{간격}}+1\right)+\text{경사면의 철근개수}\right]\times 2-1$

$=\left[\left(\frac{4.4}{0.2}+1\right)+2\right]\times 2-1=49$개

② 철근 물량표

기 호	직 경	길 이(mm)	수 량	총 길이 (mm)	기 호	직 경	길 이(mm)	수 량	총 길이 (mm)
B_2	D29	8098	22	178,156	S_1	D29	8518	49	417,382
C_1	D13	1816	66	119,856	S_2	D16	8520	57	485,640

정답・해설 25

① pump dredger ② bucket dredger
③ grab dredger ④ dipper dredger

토목기사 실기

기출 문제

2014

2014년도 기출문제

▸1차 : 2014. 04. 19
▸2차 : 2014. 07. 05
▸3차 : 2014. 11. 01

과/년/도/기/출/문/제 2014년도 1차(04.19 시행)

문제 01

배점 6

아래와 같이 백호로 굴착을 하고 통로박스 시공 후, 되메우기를 한다. 이때 15ton 덤프트럭을 2대 사용하여 1일 작업시간을 6시간으로 하고, 덤프트럭의 $E=0.9$, $C_m=300$분일 경우 아래 물음에 답하시오. (단, 암거길이는 10m, $C=0.9$, $L=1.25$)

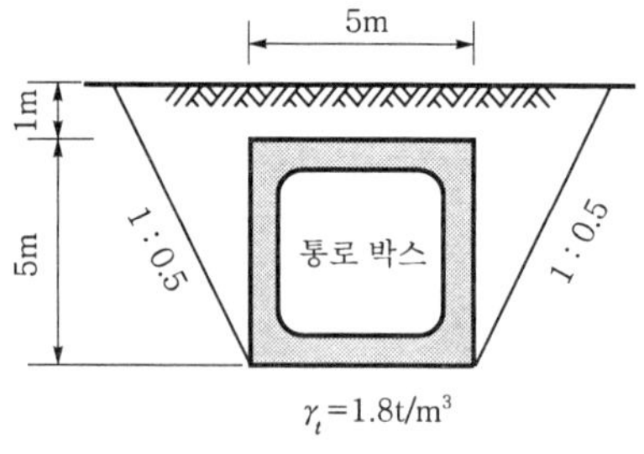

(1) 사토량(捨土量)을 본바닥 토량으로 구하시오.
(2) 덤프트럭 1대의 시간당 작업량을 구하시오.
(3) 덤프트럭 2대를 사용할 경우 사토에 필요한 소요일수는 며칠인가?

답 · 풀이

문제 02

배점 6

어떤 골재를 이용하여 시방배합을 수행한 결과 단위시멘트량 320kg/m^3, 단위수량 165kg/m^3, 단위잔골재량 650kg/m^3, 단위굵은골재량 1200kg/m^{3}이 얻어졌다. 이 골재의 현장 야적상태가 표와 같을 때 이를 이용하여 현장배합을 수행하여 단위수량, 단위잔골재량, 단위굵은골재량을 구하시오.

잔골재		굵은골재	
채	잔유량(g)	채	잔유량(g)
5mm	20	40mm	10
2.5mm	55	30mm	120
1.2mm	120	25mm	150
0.6mm	145	20mm	160
0.3mm	110	15mm	180
0.15mm	35	10mm	220
0.07mm	15	5mm	140
팬	0	팬	20
표면수 = 3%		표면수 = −1%	

답 · 풀이

문제 03

배점 3

마샬 안정도시험(Marshall Stability Test)은 포장용 아스팔트 혼합물의 소성유동에 대한 저항성을 측정하여 설계아스팔트량 결정에 적용된다. 이 시험결과로부터 얻을 수 있는 3가지의 설계기준을 쓰시오.

답 ① ② ③

문제 04

배점 10

아래와 같은 작업 list가 있다. 아래 물음에 답하시오.

작업명	선행작업	후속작업	표준		특급	
			일 수	공비(만 원)	일 수	공비(만 원)
A	-	B, C	6	210	5	240
B	A	D, E	4	450	2	630
C	A	F, G	4	160	3	200
D	B	G	3	300	2	370
E	B	H	2	600	2	600
F	C	I	7	240	5	340
G	C, D	I	5	100	3	120
H	E	I	4	130	2	170
I	F, G, H	-	2	250	1	350

(1) Net Work(화살선도)를 작도하고, 표준일수에 대한 Critical Path를 나타내시오.

(2) 작업 List의 빈칸을 채우시오.

작업명	공비증가율 (만 원/일)	개 시		완 료		여유시간		
		EST	LST	EFT	LFT	TF	FF	DF
A								
B								
C								
D								
E								
F								
G								
H								
I								

(3) 총 공기에 대한 간접비가 2천만 원인데 표준일수를 단축하는 경우 1일당 80만 원씩 감소한다고 할 때 최적 공기와 그때의 총공비를 구하시오.

답 · 풀이

문제 05

배점 3

그림과 같은 항타 기록을 보고 Hiley식을 이용하여 허용지지력을 산정하시오. (단, 안전율은 3, 타격에너지 600t·cm, 해머중량 2t, 반발계수 0.5, 말뚝무게 4t, 해머효율은 50%, $C_1 + C_2 + C_3$ = 리바운드 양으로 가정한다.)

조건

- Hiley식

$$R_u = \frac{W_h he}{S + \frac{1}{2}(C_1 + C_2 + C_3)} \cdot \left(\frac{W_h + n^2 W_p}{W_h + W_p} \right)$$

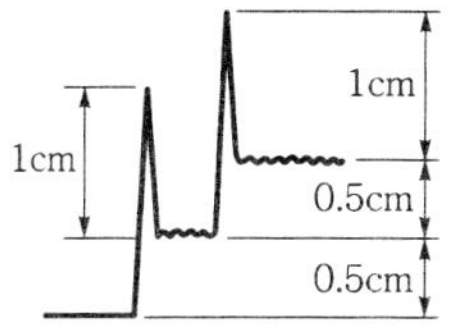

답·풀이

문제 06

배점 3

콘크리트의 설계기준 압축강도는 40MPa이고, 27회의 압축강도 시험으로부터 구한 표준편차는 5.0MPa이다. 아래 표를 참고하여 이 콘크리트의 배합강도를 구하시오.

[시험 횟수가 29회 이하일 때 표준편차의 보정계수]

시험 횟수	표준편차의 보정계수
15	1.16
20	1.08
25	1.03
30 이상	1.00

주) 위 표에 명시되지 않은 시험 횟수는 직선 보간한다.

답·풀이

문제 07

배점 3

콘크리트는 타설한 후 습윤상태로 노출면이 마르지 않도록 하여야 하며, 수분의 증발에 따라 살수를 하여 습윤상태로 보호하여야 한다. 보통 포틀랜드 시멘트를 사용한 경우로서 일평균 기온에 따른 습윤상태 보호 기간의 표준 일수를 쓰시오.

(1) 일평균 기온이 15℃ 이상인 경우

(2) 일평균 기온이 10℃ 이상 15℃ 미만인 경우

(3) 일평균 기온이 5℃ 이상 10℃ 미만인 경우

답 (1) (2) (3)

문제 08

일반적으로 도로에서 차량의 충격위험을 방지하는 충격흡수시설의 종류를 3가지만 쓰시오.

배점 3

답 ① ......

② ......

③ ......

문제 09

방파제(防波提)란 외곽시설(外廓施設)로 항내정온을 유지하고 선박의 항행을 원활히 하기 위해 축조된 항만 구조물이다. 방파제의 구조 형식에 따른 종류를 3가지만 쓰시오.

배점 3

답 ① ...... ② ...... ③ ......

문제 10

샌드 드레인공법의 시공절차는 우선 지반에 샌드매트를 포설하고, 중공강관 등을 지중에 삽입하거나 오거 등으로 소요의 구멍을 굴착하여 모래를 삽입한 후 강관을 제거하여 모래기둥을 형성하는 절차로 진행된다. 이때 샌드매트의 역할을 3가지만 쓰시오.

배점 3

답 ① ......

② ......

③ ......

문제 11

배점 8

주어진 반중력식 교대 도면을 보고 다음 물량을 산출하시오. (단, 교대 전체 길이는 10m 이며, 도면의 치수 단위는 mm이다.)

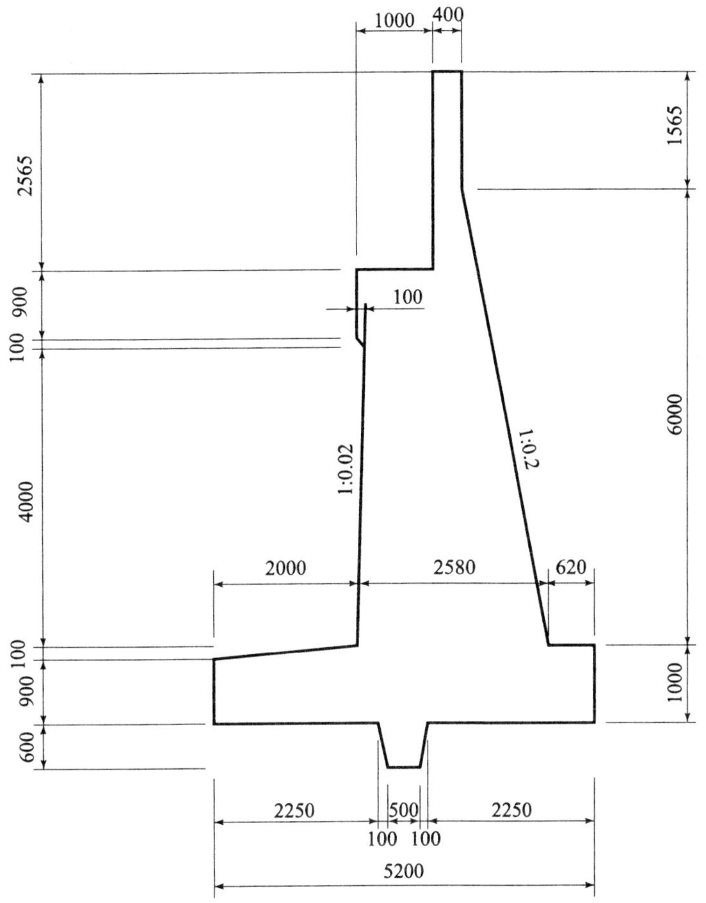

(1) 교대의 전체 콘크리트량을 구하시오. (단, 소수 4째자리에서 반올림하시오.)

(2) 교대의 전체 거푸집량을 구하시오. (단, 돌출부(전단 Key)에 거푸집을 사용하며, 소수 4째자리에서 반올림하시오.)

답 · 풀이

문제 12

다음과 같은 그림에서 말뚝 하단의 활동면에 대한 히빙 현상의 안전율을 구하시오.

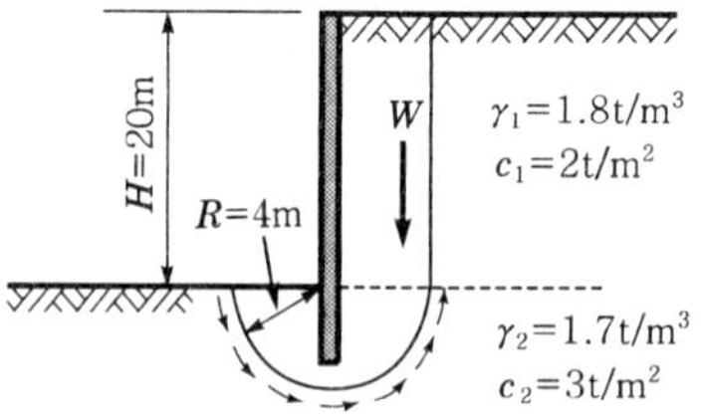

배점 3

답 · 풀이

문제 13

수분이 많은 점토층에 반투막 중공원통을 넣고 그 안에 농도가 큰 용액을 넣어서 점토속의 수분을 빨아내는 방법으로 상재하중 없이 압밀을 촉진시킬 수 있는 지반개량 공법은?

배점 2

답

문제 14

기초의 평판재하시험에 대한 아래의 물음에 답하시오.

(1) 직경 30cm인 평판으로 재하시험을 실시한 결과, 침하량 25.4mm일 때 극한지지력이 40t/m^{2}이었다. 동일한 허용침하량이 발생할 때 직경 1.2m인 실제기초의 극한지지력을 사질토 지반인 경우와 점토 지반인 경우에 대하여 각각 구하시오.

(2) 직경 30cm인 평판의 평판재하시험에서 작용압력이 30t/m^{2}일 때 침하량이 20mm발생하였다. 직경 1.2m의 실제기초에서 동일한 압력이 작용할 때의 침하량을 사질토의 경우와 점토의 경우에 대하여 각각 구하시오.

배점 8

답 · 풀이

문제 15

배점 3

그림과 같은 옹벽이 점성토를 지지하고 있다. 인장균열이 발생한 후의 옹벽에 작용하는 전체 주동토압을 구하시오. (단, Rankine의 토압이론을 사용하며, 인장균열 위 토압은 무시하고 상재하중으로 고려하여 구하시오.)

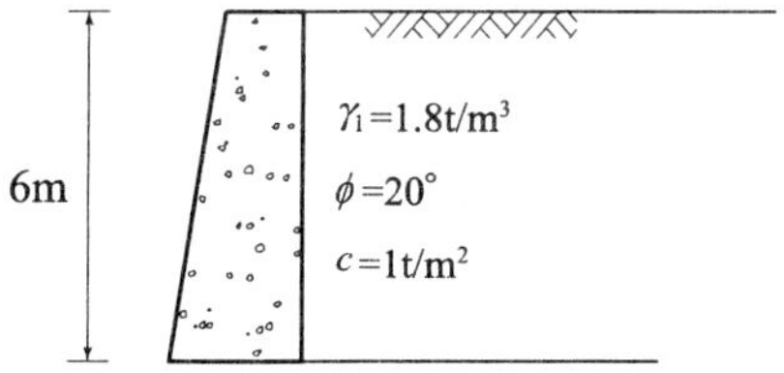

답 · 풀이

문제 16

배점 6

연약지반 개량공법 중 강제치환공법에 대해 간단히 설명하고, 강제치환공법의 단점 3가지만 쓰시오.

답 (1) 강제치환공법 :

(2) 강제치환공법의 단점

①

②

③

문제 17

배점 3

그림과 같은 과압밀 점토지반 위에 넓은 지역에 걸쳐 $\gamma_t = 1.95\text{t/m}^3$ 흙을 3.0m 높이로 성토계획을 세우고 있다. 이 점토지반의 중앙단면에서의 압밀 침하량 계산에 압축지수(C_c) 대신에 팽창지수(C_e)만을 사용할 수 있는 OCR의 한계 값을 구하시오.

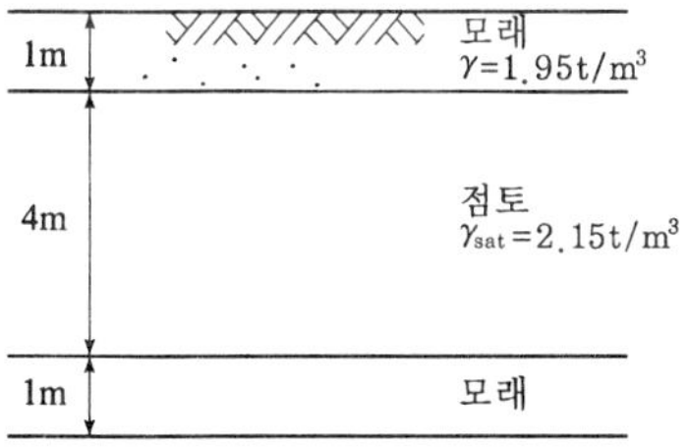

답 · 풀이

문제 18

한 사질토 사면의 경사가 26°로 측정되었다. 지표면으로부터 5m 깊이에 암반층이 존재하여 사면흙을 채취하여 토질시험을 한 결과 c=0, ϕ=42°, γ_{sat}=1.9t/m^3 였다. 갑자기 폭우가 쏟아져 지하수위가 지표면과 일치한 상태에서 침투가 발생한다면 이때 사면의 안전율을 구하시오.

배점 3

답 · 풀이

문제 19

다음과 같은 작업조건에서의 Bulldozer의 단위 시간당 작업량을 산출하시오. (조건 : 흙 운반거리 80m, 전진속도 40m/min, 후진속도 48m/min, 삽날의 용량 2.3m^3, 변속시간 0.26min, 토량변화율(L) 1.20, 작업효율 85%)

배점 3

답 · 풀이

문제 20

터널 보강재의 하나인 강지보재의 종류 3가지만 쓰시오.

배점 3

답 ① ② ③

문제 21

도로의 노상 및 노체 등의 지지력을 평가하는 방법을 3가지만 쓰시오.

배점 3

답 ①

②

③

문제 22

발파를 효과적으로 수행하자면 가능한 자유면이 많게 하여야 하며 이를 위하여 터널 또는 원지반의 굴착면에 심빼기 발파를 한다. 이러한 심빼기 발파공법의 종류를 4가지만 쓰시오.

배점 3

답 ① ② ③ ④

문제 23

배점 3

도로를 설계하기 위하여 5개 지점의 건설구간에서 시료를 채취하여 각 지점에 있어서의 평균 CBR을 구하였다. 이때의 설계 CBR을 계산하시오.

조건

① 각 지점의 평균 CBR : 6.8, 8.5, 4.8, 6.3, 7.2

② 계수

개수(n)	2	3	4	5	6	7	8	9	10 이상
d_2	1.41	1.91	2.24	2.48	2.67	2.83	2.96	3.08	3.18

답 · 풀이

문제 24

배점 3

측량성과가 아래와 같고 시공기준면을 12m로 할 경우 총 토공량을 구하시오. (단, 격자점의 숫자는 표고이며, m 단위이다.)

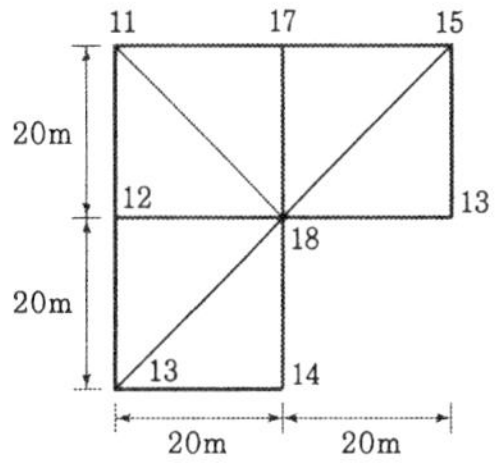

답 · 풀이

문제 25

배점 3

다음과 같이 점토지반에 직경이 10m, 자중이 4000t인 물탱크가 설치되어 있다. 극한지지력에 대한 안전율(F_s)이 3일 때 최대로 채울 수 있는 물의 높이는 얼마인가? (단, N_c = 5.14)

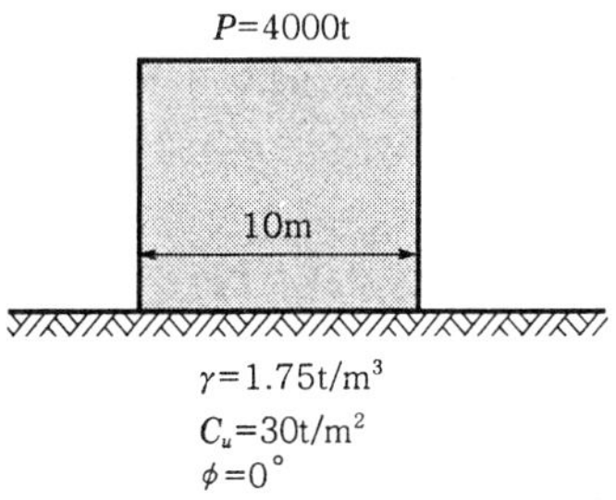

답 · 풀이

문제 01

80kg의 램머를 사용하여 보조기층의 다짐작업을 할 경우 시간당 작업량을 구하시오.

배점 3

조건

- 1회의 유효찍기 다짐면적(A) = 0.033m^2
- 1층의 포설두께 = 0.3m
- 작업효율 = 0.5
- 1시간당의 다짐회수 = 3600회
- 토량환산계수(f) = 0.7
- 되풀이 찍기 다짐회수 = 6회

답 · 풀이 ....

문제 02

횡방향 줄눈 및 보강 철근의 유무에 따른 콘크리트 포장의 종류 3가지를 쓰시오.

배점 3

답 ① .... ② .... ③ ....

문제 03

말뚝을 항타하여 설치하는 현장에서 시험항타의 목적 5가지를 쓰시오.

배점 3

답 ① .... ② .... ③ ....
④ .... ⑤ ....

문제 04

직접기초의 터파기 시공법 3가지를 쓰시오.

배점 3

답 ① .... ② .... ③ ....

문제 05

도로 토공에 있어서 현장에서의 다짐도를 측정하는 방법 3가지를 쓰시오.

배점 3

답 ① .... ② .... ③ ....

문제 06

도로의 배수처리는 도로의 기능 및 교통안전에 중요한 요소로 작용한다. 다음 배수시설 종류별로 대표적인 것 한 가지씩만 쓰시오.

(1) 표면배수 :

(2) 지하배수 :

(3) 횡단배수 :

배점 3

답 (1) ________ (2) ________ (3) ________

문제 07

Meyerhof 공식을 이용하여 콘크리트 말뚝지름 30cm, 길이 14m인 말뚝을 표준 관입치가 다른 3종의 지층으로 되어있는 기초지반에 박을 경우 말뚝의 허용지지력을 구하시오. (단, 안전율은 3을 적용한다.)

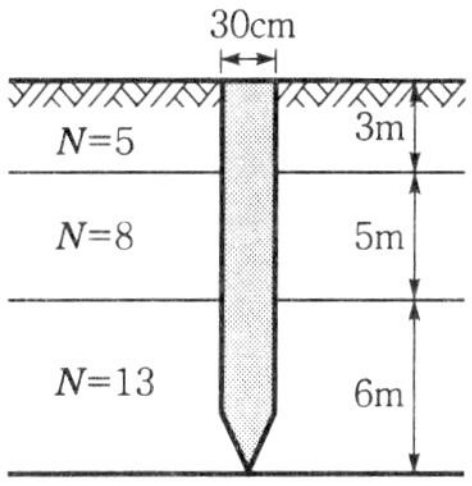

배점 3

답 · 풀이 ________

문제 08

그림과 같은 중력식 옹벽의 전도(overturning)에 대한 안전율을 계산하시오. (단, 콘크리트의 단위중량은 $2.3t/m^3$이다.)

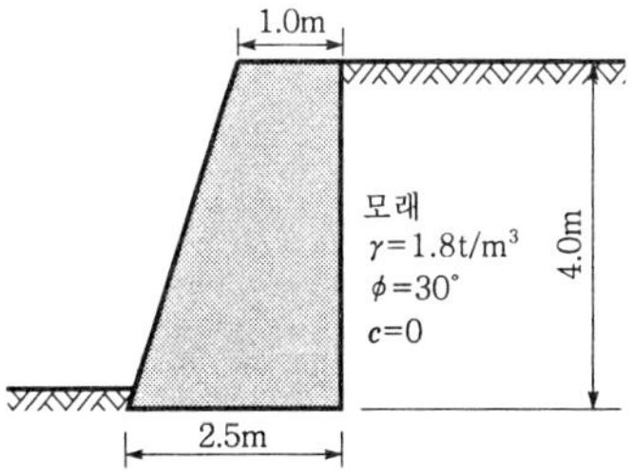

배점 3

답 · 풀이 ________

문제 09

압출공법(Incremental Launching Method, ILM)에 적용하는 압출방법 3가지를 쓰시오.

배점 3

답 ① ________ ② ________ ③ ________

문제 10

배점 10

다음 작업리스트에서 네트워크 공정표를 작성하고, 각 작업의 여유시간을 구하시오.

작업명	선행작업	작업일수	비 고
A	없음	4	(1) CP는 굵은 선으로 표시하시오. (2) 각 결합점에는 다음과 같이 표시한다. 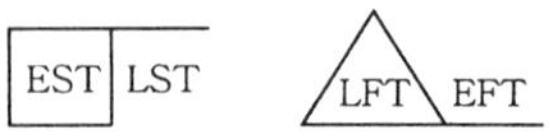 (3) 각 작업은 다음과 같이 표시한다. 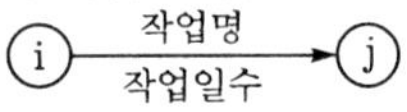
B	A	6	
C	A	5	
D	A	4	
E	B	3	
F	B, C, D	7	
G	D	8	
H	E	6	
I	E, F	5	
J	E, F, G	8	
K	H, I, J	6	

(1) 공정표를 작성하시오.

(2) 여유시간을 구하시오.

답 · 풀이

문제 11

배점 3

콘크리트는 타설한 후 습윤상태로 노출면이 마르지 않도록 하여야 하며, 수분의 증발에 따라 살수를 하여 습윤상태로 보호하여야 한다. 보통 포틀랜드 시멘트를 사용한 경우로서 일평균 기온이 15℃ 이상일 때 습윤상태 보호 기간의 표준 일수를 쓰시오.

(1) 보통 포틀랜드 시멘트 :

(2) 고로 슬래그 시멘트 :

(3) 조강 포틀랜드 시멘트 :

답 (1) (2) (3)

문제 12

직경 300mm RC 말뚝을 평균 비배수 일축압축강도가 2.0t/m^{2}인 포화점토지반에 1m 간격으로 가로방향 3개, 세로방향 4개씩 15m 깊이까지 타입하였다. 아래의 물음에 답하시오. (단, 점토지반의 지지력계수 $N_c'=9$이며, 점착계수 $\alpha=1.25$이다. 또한 말뚝 자체의 중량은 무시하고 안전율은 3으로 하며, 무리말뚝의 효율은 Converse-Labarre식에 의한다.)

(1) 말뚝 한 개의 극한지지력을 구하시오.

(2) 무리말뚝의 효율을 구하시오.

(3) 무리말뚝의 허용지지력을 구하시오.

배점 6

답 · 풀이

문제 13

아래 그림과 같은 지층 위에 성토로 인한 등분포하중 $q=5.0$t/m^{2}이 작용할 때 다음 물음에 답하시오. (단, 점토층은 정규압밀점토이며, W_L은 액성한계이다.)

(1) 점토층 중앙의 초기 유효연직압력(p_o)을 구하시오.

(2) 점토층의 압밀침하량을 구하시오.

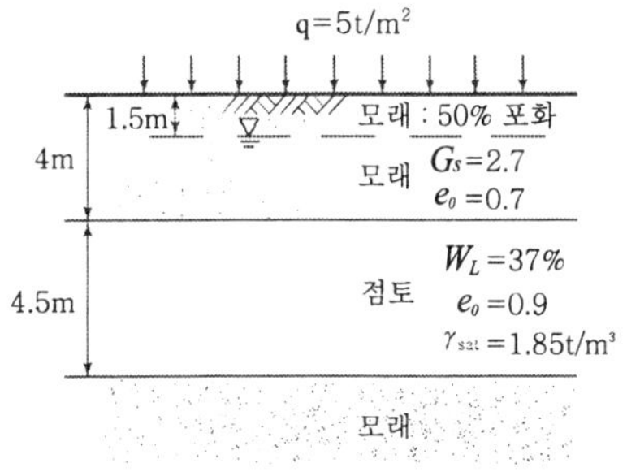

배점 6

답 · 풀이

문제 14

가요성포장(Flexible Pavement)의 구조설계 시, AASHTO(1972) 설계법에 의한 소요포장두께지수(SN)가 4.3으로 계산되었다. 포장을 표층, 기층 및 보조기층의 3개층으로 구성하고 각 층 재료별 상대강도계수와 표층 및 기층의 두께를 다음과 같이 배분할 경우의 보조기층 두께를 계산하시오.

포장층	재료	상대강도계수	두께(cm)
표층	높은 안정도의 아스팔트 콘크리트	0.176	5
기층	쇄석	0.055	25
보조기층	모래섞인 자갈	0.043	

배점 3

답 · 풀이

문제 15

P. S 콘크리트 교량건설공법 중 동바리를 사용하지 않는 현장타설공법의 종류 3가지를 쓰시오.

배점 3

답 ① ② ③

문제 16

PERT기법에 의한 공정관리 방법에서 낙관적인 시간이 5일, 정상시간이 8일, 비관적 시간이 11일일 때 공정상의 기대시간(Expected time)을 구하시오.

배점 3

답 · 풀이

문제 17

기초는 직접기초(Direct Foundation)와 깊은기초(Deep Foundation)로 대별된다. 직접기초의 구비조건 4가지를 쓰시오.

배점 3

답 ① ②

③ ④

문제 18

사질토 지반에서 30cm×30cm 크기의 재하판을 이용하여 평판재하시험을 실시하였다. 재하시험결과 극한지지력이 25t/m^2, 침하량이 10mm이었다. 실제 3m×3m의 기초를 설치할 때 예상되는 극한지지력과 침하량을 구하시오.

배점 4

답 · 풀이

문제 19

뒤채움 지표면에 재하중이 없는 높이 6m의 옹벽에 작용하는 지진력에 의한 전체 주동토압(P_{al})이 Mononobe-Okabe식에 의해 16t/m이고, 정적인 상태의 전체 주동토압(P_a)이 10t/m일 때 지진력에 의한 전체 주동토압의 작용위치는 옹벽저면으로부터 몇 m로 보는가?

배점 3

답 · 풀이

문제 20

암반 사면의 파괴 형태를 4가지만 쓰시오.

배점 3

답 ① ② ③ ④

문제 21

그림과 같은 유토곡선(mass curve)에서 다음 물음에 답하시오.

배점 4

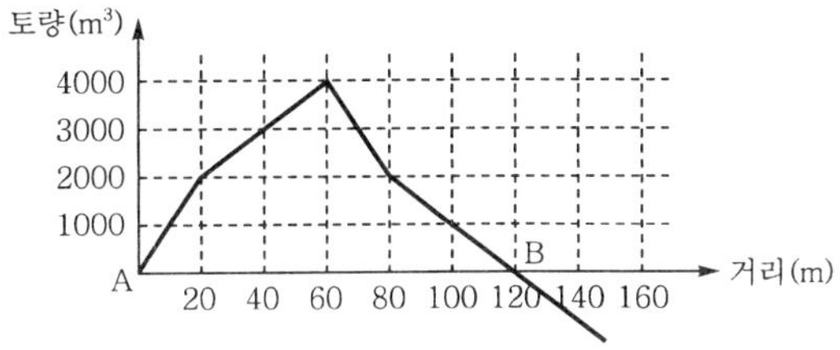

(1) AB 구간에서 절토량 및 평균운반거리를 구하시오.

(2) AB 구간에서 불도저(bull dozer) 1대로 흙을 운반하는 데 필요한 소요일수를 구하시오.(단, 1일 작업시간은 8시간, 불도저의 $q=3.2\text{m}^3$, $L=1.25$, $E=0.6$, 전진속도 : 40m/분, 후진속도 : 46m/분, 기어변속시간 : 0.25분)

답·풀이

문제 22

Sand Drain 공법에서 U_v(연직방향의 압밀도)$=0.95$, U_h(수평방향의 압밀도)$=0.20$인 경우, 수직·수평방향을 고려한 압밀도(U)는 얼마인가?

배점 3

답·풀이

문제 23

지표면에서 깊이 약 3m 이내의 연약토를 석회, 시멘트, 플라이애쉬 등의 안정재와 혼합하여 지반강도를 증진시키는 공법으로 주로 해안매립지와 같이 초연약지반의 지표면을 고화시키기 위해 사용하는 공법의 명칭을 쓰시오.

배점 2

답

문제 24

콘크리트의 배합설계에서 $f_{ck}=28$MPa, 30회 이상의 압축강도 시험으로부터 구한 표준편차 $s=5$MPa이며, 실험을 통해 시멘트-물(C/W)비와 재령 28일 압축강도 $f_{28}=-14.7+20.7$ C/W로 얻어졌을 때 콘크리트의 물-시멘트(W/C)비를 구하시오.

배점 3

답 · 풀이

문제 25

도로토공을 위한 횡단측량 결과가 아래 그림과 같은 결과를 얻었다. Simpson 제1법칙에 의한 횡단면적을 구하시오. (단위 : m)

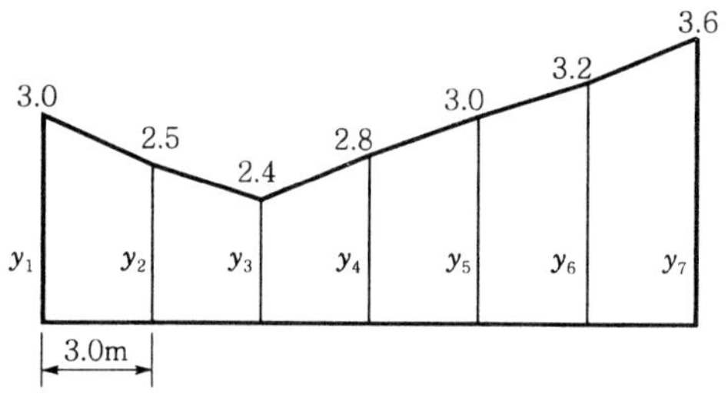

배점 3

답 · 풀이

문제 26

주어진 도면에 따라 다음 물량을 산출하시오. (단, 도면의 치수 단위는 mm이다.)

배점 8

단 면 도

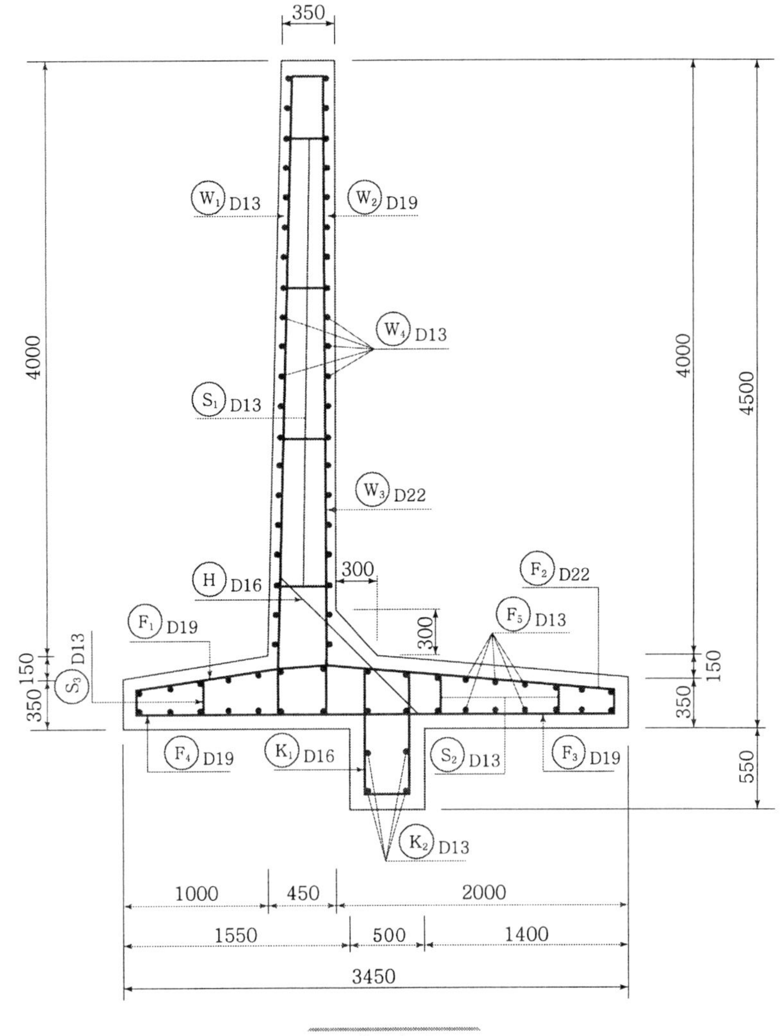

평 면 도

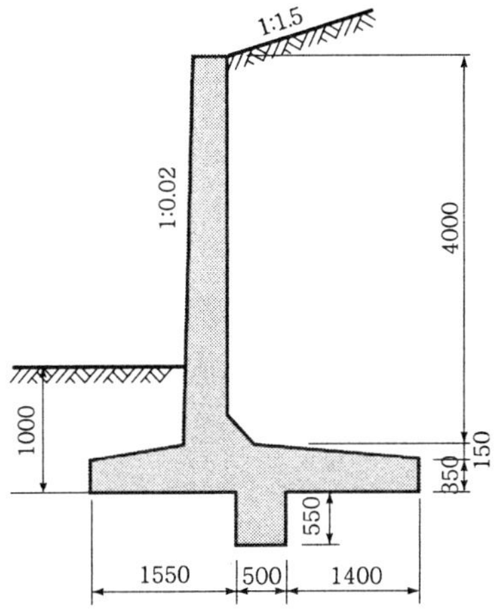

(1) 옹벽길이 1m에 대한 콘크리트량을 구하시오.(단, 소수 4째자리에서 반올림하시오.)
(2) 옹벽길이 1m에 대한 거푸집량을 구하시오.(단, 돌출부(전단 key)에 거푸집을 사용하며, 마구리면의 거푸집은 무시하며, 소수 4째자리에서 반올림하시오.)

답 · 풀이

문제 27

배점 3

터널에 대한 아래 표의 내용에서 (   )안에 적합한 용어를 쓰시오.

터널 단면에서 최대폭을 형성하는 점중 최상부의 점을 종방향으로 연결하는 선을 (①)(이)라고 하며 터널굴착과정에서 발생하는 암석덩어리, 암석조각, 토사 등을 총칭해서 (②)(이)라고 한다.

답 ① ②

문제 01

지하수 침강 최소깊이 200cm, 암거 매립간격 800cm, 투수계수 10^{-5}cm/sec일 때 불투수층에 놓인 암거를 통한 단위길이당 배수량을 구하시오. (단, 소수점 이하 4째자리에서 반올림하시오.)

배점 3

답 · 풀이

문제 02

횡방향 지반반력계수 K_h를 구하는 현장시험을 3가지만 쓰시오.

배점 3

답 ①

②

③

문제 03

현장타설말뚝은 일반적으로 지지말뚝으로 사용되기 때문에 콘크리트를 칠 때 공저에 슬라임(slime)이 퇴적되어 있으면 침하원인이 되고 말뚝으로서 기능이 현저하게 저하한다. 이와 같은 슬라임을 제거하기 위한 방법을 3가지만 쓰시오.

배점 3

답 ①

②

③

문제 04

다음과 같은 모래지반에 위치한 댐의 piping에 대한 안정성을 검토하시오. (단, safe weighted creep ratio는 6.0)

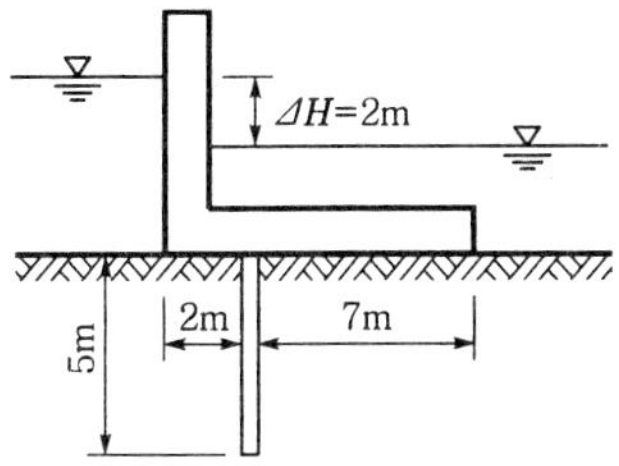

배점 3

답 · 풀이

문제 05

배점 10

다음과 같은 작업 리스트가 있다. 아래 물음에 답하시오.

작업명	선행작업	후속작업	표준일수(일)	단축가능일수(일)	1일 단축의 소용비용(만 원/일)
A	-	B, C	6	2	5
B	A	D	8	1	7
C	A	F	10	2	3
D	B	E	6	2	4
E	D	G	4	4	8
F	C	G	7	1	9
G	E, F	-	5	2	10

(1) Net Work(화살선도)를 작도하고, 표준일수에 대한 CP를 찾으시오.
(2) 공사시간을 4일 단축하고자 하는 경우 최소의 여분출비(extra cost)를 계산하시오.

답 · 풀이

문제 06

배점 3

그림과 같이 매우 넓은 $20t/m^2$의 등분포 하중이 작용할 때 정규 압밀점토층에 발생하는 압밀침하량을 구하시오.

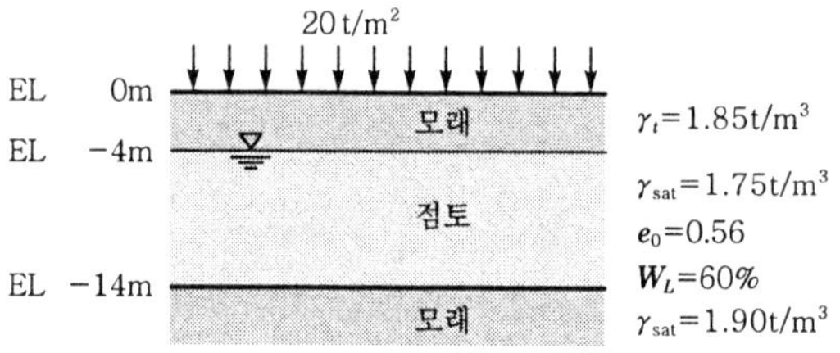

답 · 풀이

문제 07

배점 3

어떤 모래의 건조단위중량이 $1.7t/m^3$이고, 이 모래 지반의 최대 건조단위중량이 $\gamma_{dmax} = 1.8 t/m^3$, 최소 건조단위중량이 $\gamma_{dmin} = 1.6t/m^3$일 때 상대밀도를 구하고 판정하시오.

답 · 풀이

문제 08

터널의 단면은 그 속을 지나가는 대상에 의하여 정해지는 것이나 시공상의 난이, 라이닝에 미치는 외력 등에 의하여 변한다. 터널을 단면 형상에 의한 분류를 3가지 쓰시오.

배점 3

답 ① ② ③

문제 09

현장다짐을 실시한 후, 모래치환법에 의한 단위무게시험을 수행하였다. 시험결과 파낸 부분 체적과 현장 흙의 무게는 각각 $V=1,820\text{cm}^3$, $W=3.87\text{kg}$이었으며, 함수비는 12.6%였다. 흙의 비중이 $G_s=2.65$, 실내 표준다짐 시 최대 건조단위중량이 $\gamma_{dmax}=1.97\text{t/m}^3$일 때 상대다짐도를 구하시오.

배점 3

답 · 풀이

문제 10

공기 케이슨(pneumatic caisson) 공법의 단점 4가지를 쓰시오.

배점 3

답 ①

②

③

④

문제 11

중력 댐의 시공 후 관리상 댐 내부에 설치하는 검사랑의 시공목적을 3가지만 쓰시오.

배점 3

답 ① ② ③

문제 12

다음 기초 파일공법의 명칭을 각각 기입하시오.

A. 굴착 소요깊이까지 케이싱 관입 후 및 내부 굴착 후, 케이싱 인발, 철근망 투입, 콘크리트 타설, 완성

B. 표층 케이싱 설치, 굴착공 내에 압력수를 순환시킴. 드릴 파이프 내의 굴착토사 배출

C. 얇은 철관의 내외관 동시 관입, 내관 인발, 외관 내부에 콘크리트 타설

배점 3

답 A. ______ B. ______ C. ______

문제 13

콘크리트 타설온도를 낮추는 방법으로 물, 골재 등의 재료를 미리 냉각시키는 방법인 선행 냉각방법(pre-cooling)의 종류를 3가지 쓰시오.

배점 3

답 ① ______

② ______

③ ______

문제 14

그림과 같은 등고선을 굴착하여 오른편 그림과 같은 도로성토를 하려고 한다. 물음에 답하시오. (단, $L=1.20$, $C=0.90$, 토량은 각주공식 사용)

배점 6

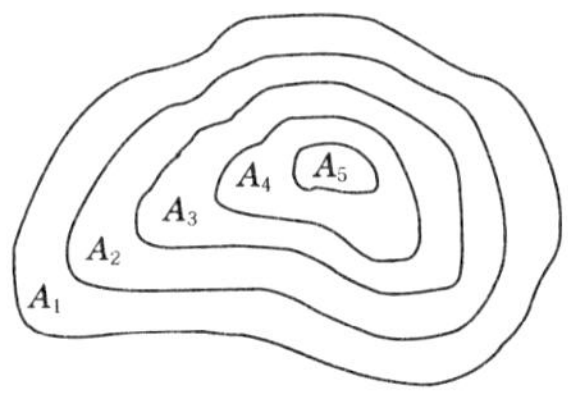

면적[m²]
$A_1=1400$
$A_2=950$
$A_3=600$
$A_4=250$
$A_5=100$
한 등고선 높이=20m

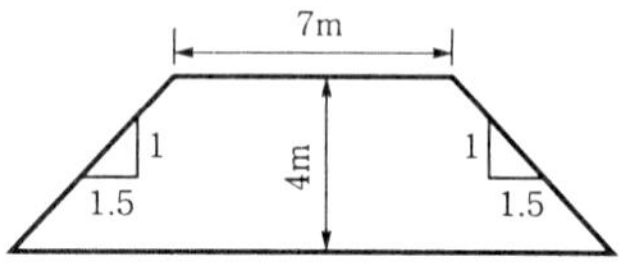

shovel의 $C_m=20$sec
dipper 계수=0.95
작업효율=0.80, $f=1$
1일 운전시간=6hr
유류소모량=4l/h

(1) 도로의 길이는 몇 m를 만들 수 있는가?

(2) 그림과 같은 조건에서 1m³ power shovel 5대가 굴착할 때 작업일수는 며칠인가?

(3) 총 유류소모량(power shovel)은 얼마나 되겠는가?

답 · 풀이 ______

문제 15

배점 3

이미 경화한 매시브한 콘크리트 위에 슬래브를 타설할 때 부재평균 최고온도와 외기온도와의 균형 시의 온도차가 12.8℃ 발생하였을 때 아래의 표를 이용하여 온도균열 발생확률을 구하면? (단, 간이법 적용)

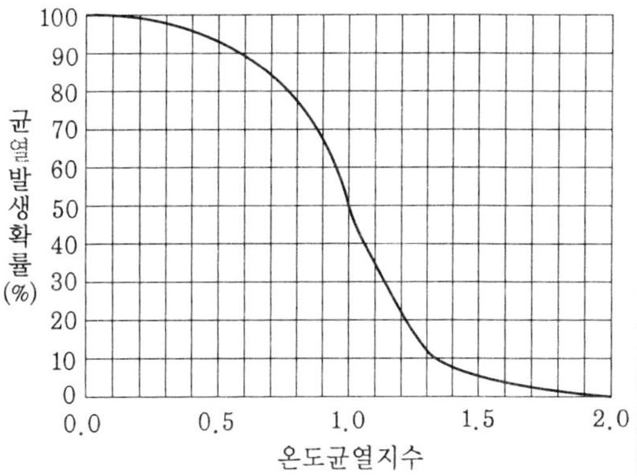

답 · 풀이

문제 16

배점 3

지름 30cm인 나무말뚝 36본이 기초 슬래브를 지지하고 있다. 이 말뚝의 배치는 6열 각 열 6본이다. 말뚝의 중심간격은 1.3m이고, 말뚝은 1본의 허용지지력이 15t일 때 converse Labarre 공식을 사용하여 말뚝기초의 허용지지력을 구하시오.

답 · 풀이

문제 17

배점 3

3m의 모래층 위에 10m 두께의 단단한 포화점토가 있고 모래는 피압상태에 있다. 히빙(heaving)현상이 일어나지 않을 최대 깊이 H를 구하시오.

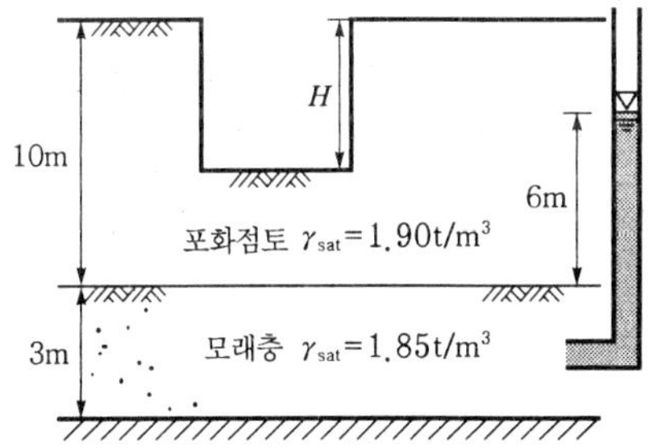

답 · 풀이

문제 18

다음 지반조건으로 지반굴착을 할 경우 이에 설치한 지반 앵커의 정착장(L)을 구하시오. (단, 안전율은 1.5 적용)

배점 3

조건

- 앵커반력 : 25t
- 정착부의 주면마찰저항 : 2kg/cm^2
- 천공직경 : 10cm
- 설치각도 : 수평과 30°
- H-pile 설치간격(앵커 설치간격) : 1.5m

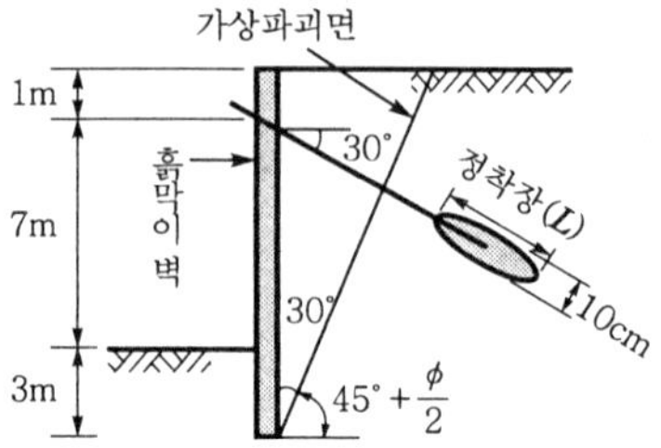

답 · 풀이

문제 19

암반의 공학적 분류방법 4가지를 기술하시오.

배점 3

답 ① ②

③ ④

문제 20

여굴을 적게 하고 파단선을 매끈하게 하기 위한 조절발파 공법(controlled blasting)에 대한 다음 물음에 답하시오.

(1) 조절발파공법의 목적 2가지를 쓰시오.

(2) 조절발파공법의 종류를 4가지만 쓰시오.

배점 5

답 (1) ①

②

(2) ① ②

③ ④

문제 21

그림과 같은 유한사면에서 사면파괴가 한 평면을 따라 발생한다면(Culmann의 가정) 사면의 임계높이, 활동에 대한 안전율이 2가 되도록 사면높이 H를 구하시오.

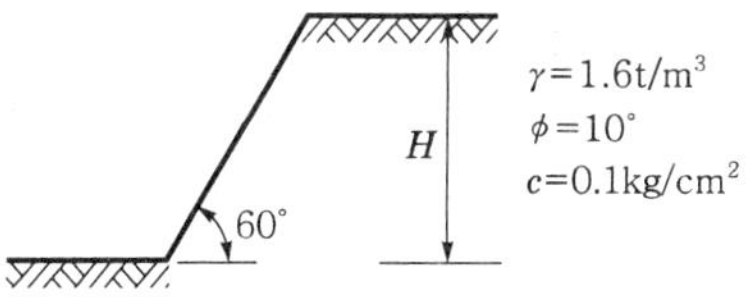

배점 6

답 · 풀이

문제 22

장대교량에 사용되는 사장교는 주부재인 케이블의 교축방향 배치방식에 따라 크게 4가지로 분류되는데 이를 쓰시오.

배점 3

답 ① ② ③ ④

문제 23

도로를 설계하기 위하여 5개 지점의 건설구간에서 시료를 채취하여 각 지점에 있어서의 평균 CBR을 구하였다. 이때의 설계 CBR을 계산하시오.

배점 3

조건

- 각 지점의 평균 CBR : 6.8, 8.5, 4.8, 6.3, 7.2
- 계수

개수(n)	2	3	4	5	6	7	8	9	10 이상
d_2	1.41	1.91	2.24	2.48	2.64	2.83	2.98	3.08	3.18

답 · 풀이

문제 24

배점 8

주어진 반중력식 교대의 도면(단위 : mm) 및 조건에 따라 다음 물량을 산출하시오. (단, 주어진 도면의 치수는 축척에 맞지 않을 수 있으며, 주어진 치수로만 물량을 산출할 것)

일 반 도

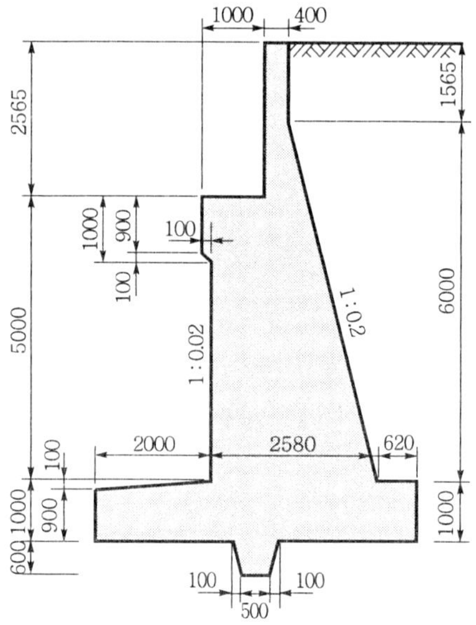

(1) 폭이 10m인 교대의 콘크리트량을 구하시오. (단, 소수점 이하 4째자리에서 반올림하시오.)

(2) 폭이 10m인 교대의 거푸집량을 구하시오. (단, 소수점 이하 4째자리에서 반올림하시오.)

답 · 풀이

문제 25

배점 8

콘크리트 배합강도를 구하기 위한 전체 시험횟수 21회의 콘크리트 압축강도의 측정결과가 아래 표와 같고 설계기준강도가 24MPa일 때 아래의 물음에 답하시오.

[압축강도 측정결과]

(단위 : MPa)

27.4	28.5	26.3	26.9	23.3	28.8	24.2
23.1	22.4	21.9	27.9	21.1	23.3	21.7
21.3	26.9	27.8	29.0	26.9	22.2	24.1

(1) 위 표를 보고 압축강도의 평균값을 구하시오.

(2) 압축강도 측정결과 및 아래의 표를 이용하여 배합강도를 구하기 위한 표준편차를 구하시오.

[시험횟수가 29회 이하일 때 표준편차의 보정계수]

시험횟수	표준편차의 보정계수	비 고
15	1.16	이 표에 명시되지 않은 시험횟수에 대해서는 직선보간 한다.
20	1.08	
25	1.03	
30 이상	1.00	

(3) f_{ck} = 24MPa일 때 배합강도를 구하시오.

답 · 풀이

2014년도 정답 및 해설

정/답/및/해/설 2014년도 1차(04.19 시행)

정답·해설 01

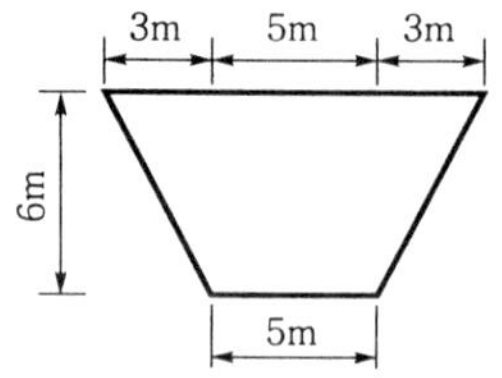

(1) ① 굴착토량$=\dfrac{5+11}{2}\times 6\times 10=480\text{m}^3$

② 되메움 토량

$=(480-5\times 5\times 10)\times \dfrac{1}{0.9}=255.56\text{m}^3$

③ 사토량$=480-255.56=224.44\text{m}^3$

(2) ① $q_t=\dfrac{T}{\gamma_t}\cdot L=\dfrac{15}{1.8}\times 1.25=10.42\text{m}^3$

② $Q=\dfrac{60\cdot q_t\cdot f\cdot E_t}{C_{mt}}=\dfrac{60\cdot q_t\cdot \dfrac{1}{L}\cdot E_t}{C_{mt}}$

$=\dfrac{60\times 10.42\times \dfrac{1}{1.25}\times 0.9}{300}=1.5\text{m}^3/\text{hr}$

(3) 소요일수$=\dfrac{224.44}{1.5\times 6\times 2}=12.47=13$일

정답·해설 02

(1) No.4 체 잔류 잔골재량$=\dfrac{20}{500}\times 100=4\%$

(2) No.4 체 잔류 굵은골재량$=\dfrac{980}{1000}\times 100=98\%$

No.4 체 통과 굵은골재량$=100-98=2\%$

(3) 골재량의 수정 : 잔골재량을 x(kg), 굵은골재량을 y(kg)이라하면

$x+y=650+1200=1850$ …… ①

$0.04x+(1-0.02)y=1200$…… ②

식 ①, ②에서 $x=652.13$kg, $y=1197.87$kg

(4) 표면수량 수정

잔골재 표면수량 = 652.13×0.03 = 19.56kg

굵은골재 표면수량 = 1197.87×(-0.01) = -11.98kg

(5) 현장배합

단위수량 = 165-(19.56-11.98) = 157.42kg

단위잔골재량 = 652.13+19.56 = 671.69kg

단위굵은골재량 = 1197.87-11.98 = 1185.89kg

정답·해설 03

① 안정도　② 플로우 값　③ 밀도　④ 공극률

정답·해설 04

(1) ① Net Work

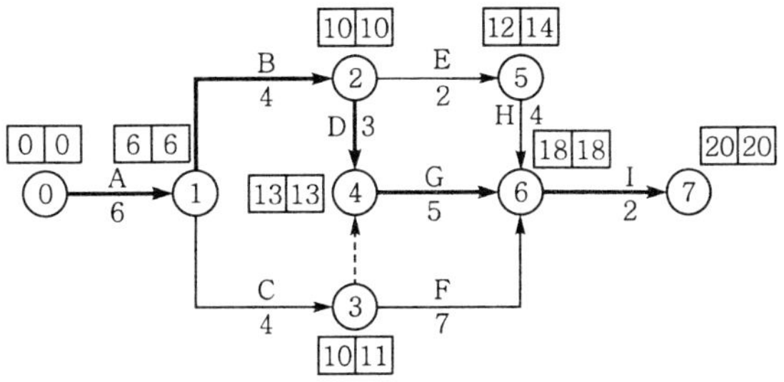

② CP : ⓪ → ① → ② → ④ → ⑥ → ⑦

(2) 공비증가율(비용경사) 및 일정계산

작업명	공비증가율 (만 원/일)	개 시		완 료		여유시간		
		EST	LST	EFT	LFT	TF	FF	DF
A	$\frac{240-210}{6-5}=30$	0	6−6=0	0+6=6	6	6−0−6=0	6−0−6=0	0−0=0
B	$\frac{630-450}{4-2}=90$	6	10−4=6	6+4=10	10	10−6−4=0	10−6−4=0	0−0=0
C	$\frac{200-160}{4-3}=40$	6	11−4=7	6+4=10	11	11−6−4=1	10−6−4=0	1−0=1
D	$\frac{370-300}{3-2}=70$	10	13−3=10	10+3=13	13	13−10−3=0	13−10−3=0	0−0=0
E	0	10	14−2=12	10+2=12	14	14−10−2=2	12−10−2=0	2−0=2
F	$\frac{340-240}{7-5}=50$	10	18−7=11	10+7=17	18	18−10−7=1	18−10−7=1	1−1=0
G	$\frac{120-100}{5-3}=10$	13	18−5=13	13+5=18	18	18−13−5=0	18−13−5=0	0−0=0
H	$\frac{170-130}{4-2}=20$	12	18−4=14	12+4=16	18	18−12−4=2	18−12−4=2	2−2=0
I	$\frac{350-250}{2-1}=100$	18	20−2=18	18+2=20	20	20−18−2=0	20−18−2=0	0−0=0

(3) ① 비용경사(cost slope)

작업명	단축가능 일수	비용경사(만 원)
A	1	$\frac{240-210}{6-5}=30$
B	2	$\frac{630-450}{4-2}=90$
C	1	$\frac{200-160}{4-3}=40$
D	1	$\frac{370-300}{3-2}=70$
E	0	0
F	2	$\frac{340-240}{7-5}=50$
G	2	$\frac{120-100}{5-3}=10$
H	2	$\frac{170-130}{4-2}=20$
I	1	$\frac{350-250}{2-1}=100$

② 공기단축

단축단계	작업명	단축일수	추가비용(만 원)	공기(일)
1단계	G	1	1×10 = 10	19
2단계	A	1	1×30 = 30	18
3단계	C, G	1	1×40+1×10 = 50	17

③ 공기 = 20−3 = 17일

④ 총 공사비 = 직접비+간접비+추가비용−단축일수×80만 원

= 2440만 원+2000만 원+90만 원−3×80만 원 = 4290만 원

정답·해설 05

① $R_u = \dfrac{W_h he}{S+\dfrac{1}{2}(C_1+C_2+C_3)} \cdot \left(\dfrac{W_h+n^2 W_p}{W_h+W_p}\right) = \dfrac{600\times 0.5}{0.5+\dfrac{1}{2}\times 1} \times \dfrac{2+0.5^2\times 4}{2+4} = 150\text{t}$

② $R_a = \dfrac{R_u}{F_s} = \dfrac{150}{3} = 50\text{t}$

정답·해설 06

(1) 직선보간한 표준편차

$\sigma = 5\times 1.018 = 5.09\text{MPa}$

(2) ① $f_{cr} = f_{ck} + 1.34S = 40 + 1.34\times 5.09 = 46.82\text{MPa}$

② $f_{cr} = 0.9 f_{ck} + 2.33S = 0.9\times 40 + 2.33\times 5.09 = 47.86\text{MPa}$

①, ② 중 큰 값이 배합강도이므로

$\therefore f_{cr} = 47.86\text{MPa}$

정답·해설 07

① 5일 ② 7일 ③ 9일

✎ 참고

습윤양생 기간의 표준[콘크리트 표준시방서(2009)]

일평균 기온	보통 포틀랜드 시멘트	고로슬래그 시멘트 플라이 애쉬 시멘트	조강포틀랜드 시멘트
15℃ 이상	5일	7일	3일
10℃ 이상	7일	9일	4일
5℃ 이상	9일	12일	5일

정답·해설 08

① 철제 드럼(drum)

② 하이드로셀 샌드위치(hydro cell sandwich)

③ 모래채우기 플라스틱통

④ 하이드리셀 샌드위치(highdri cell sandwich)

정답·해설 09

① 직립제 ② 경사제 ③ 혼성제

✎ 참고

방파제(break water)

(1) 개요 : 방파제는 항내를 무풍상태로 유지하고 선박의 항행과 정박의 안전, 항내시설의 보존, 하역의 원활화를 위해 설치하는 구조물이다.

(2) 구조형식에 따른 분류

① 직립제(직립방파제) : 벽체를 수직에 가깝게 한 것으로 주로 파도의 에너지를 반사시키는 것이다. 현장치기 콘크리트, 콘크리트 블록, 케이슨 등을 사용한다.

② 경사제(경사방파제) : 벽체를 경사지게 한 것으로서 파도가 제체에 부딪쳐서 그 에너지를 줄게 한 것이다. 테트라포트(tetrapot), 콘크리트 블록, 막돌 등을 사용한다.

③ 혼성제(혼성방파제) : 사석부 위에 직립벽을 설치한 것이다.

정답·해설 10

① 연약지반 상부의 배수층 형성 : 압밀촉진
② 성토 내 지하 배수층 형성 : 지하수위 저하
③ 시공기계의 주행성(trafficability) 확보

정답·해설 11

(1) 콘크리트량

① $A_1 = 0.4 \times 1.565 = 0.626\text{m}^2$

② $A_2 = \dfrac{0.4 + (0.4 + 1 \times 0.2)}{2} \times 1 = 0.5\text{m}^2$

③ $A_3 = \dfrac{1.6 + (1.6 + 0.9 \times 0.2)}{2} \times 0.9 = 1.521\text{m}^2$

④ $A_4 = \dfrac{1.78 + (1.68 + 0.1 \times 0.2)}{2} \times 0.1 = 0.174\text{m}^2$

⑤ $A_5 = \dfrac{1.7 + 2.58}{2} \times 4 = 8.56\text{m}^2$

⑥ $A_6 = \dfrac{(2.58 + 0.62) + 5.2}{2} \times 0.1 = 0.42\text{m}^2$

⑦ $A_7 = 5.2 \times 0.9 = 4.68\text{m}^2$

⑧ $A_8 = \dfrac{0.7 + 0.5}{2} \times 0.6 = 0.36\text{m}^2$

⑨ 콘크리트량 $= (A_1 + A_2 + \cdots + A_8) \times 10$
$= 16.841 \times 10 = 168.410\text{m}^3$

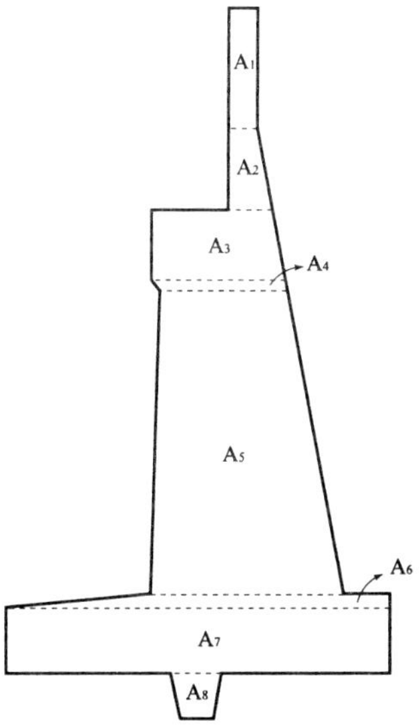

(2) 거푸집량

$= \left(2.565 + 0.9 + \sqrt{0.1^2 + 0.1^2} + \sqrt{4^2 + (4 \times 0.02)^2} + 0.9. + \sqrt{0.1^2 + 0.6^2} \times 2 + 1\right.$
$\left. + \sqrt{6^2 + (6 \times 0.2)^2} + 1.565\right) \times 10 + 16.841 \times 2 = 217.758\text{m}^2$

정답·해설 12

① $M_d = (\gamma_1 H + q)\dfrac{R^2}{2} = (1.8 \times 20 + 0) \times \dfrac{4^2}{2} = 288\text{t} \cdot \text{m}$

② $M_r = c_1 HR + c_2 \pi R^2 = 2 \times 20 \times 4 + 3 \times \pi \times 4^2 = 310.8\text{t} \cdot \text{m}$

③ $F_s = \dfrac{M_r}{M_d} = \dfrac{310.8}{288} = 1.08$

정답·해설 13

침투압(MAIS)공법

정답·해설 14

(1) ① $q_{u(기초)} = q_{u(재하판)} \cdot \dfrac{B_{(기초)}}{B_{(재하판)}}$

$= 40 \times \dfrac{1.2}{0.3} = 160\text{t/m}^2$

② $q_{u(기초)} = 40\text{t/m}^2$

(2) ① $S_{(기초)} = S_{(재하판)} \cdot \left[\dfrac{2B_{(기초)}}{B_{(기초)} + B_{(재하판)}}\right]^2$

$= 20 \times \left[\dfrac{2\times 1.2}{1.2+0.3}\right]^2 = 51.2\text{mm}$

② $S_{(기초)} = S_{(재하판)} \cdot \dfrac{B_{(기초)}}{B_{(재하판)}} = 20 \times \dfrac{1.2}{0.3} = 80\text{mm}$

정답·해설 15

① $K_a = \tan^2\left(45° - \dfrac{\phi}{2}\right) = \tan^2\left(45° - \dfrac{20°}{2}\right) = 0.49$

② $Z_c = \dfrac{2c\tan\left(45° + \dfrac{\phi}{2}\right)}{\gamma_t} = \dfrac{2\times 1 \times \tan\left(45° + \dfrac{20°}{2}\right)}{1.8} = 1.59\text{ m}$

③ $P_a = \dfrac{1}{2}\gamma_t H^2 K_a - 2c\sqrt{K_a}H + \dfrac{2c^2}{\gamma_t} + q_s K_a (H - Z_c)$

$= \dfrac{1}{2}\times 1.8 \times 6^2 \times 0.49 - 2\times 1 \times \sqrt{0.49}\times 6 + \dfrac{2\times 1^2}{1.8} + (1.8\times 1.59)\times 0.49 \times (6-1.59)$

$= 14.77\text{t/m}$

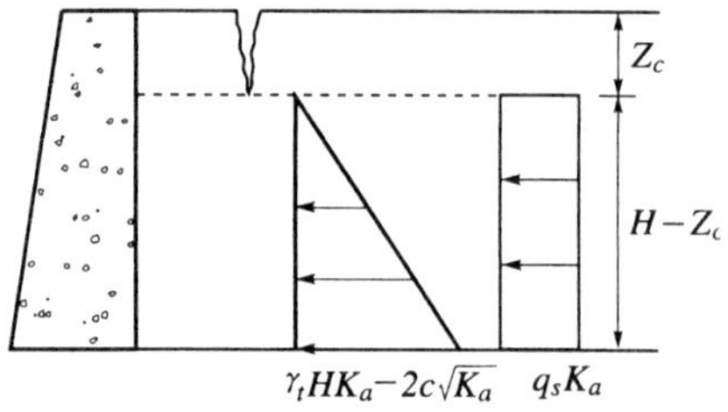

정답·해설 16

(1) 강제치환공법

연약지반상에 모래(양질토)를 성토하여 그 중량으로 연약지반을 측방 또는 전방으로 압출하여 모래(양질토)로 치환하는 공법이다.

(2) 강제치환공법의 단점

① 원하는 심도까지 확실하게 개량하기 어렵다.

② 시공 후 하부에 잔류할 수 있는 연약토로 인하여 잔류침하가 발생할 우려가 있다.

③ 측방지반의 변형 및 융기가 발생한다.

정답·해설 17

① $P = 1.95 \times 1 + 1.15 \times \frac{4}{2} = 4.25\text{t/m}^2$

② $\Delta P = 1.95 \times 3 = 5.85\text{t/m}^2$

③ $\text{OCR} \geqq \frac{P + \Delta P}{P} = \frac{4.25 + 5.85}{4.25} = 2.38$

정답·해설 18

$$F_s = \frac{\gamma_{sub}}{\gamma_{sat}} \cdot \frac{\tan\phi}{\tan i} = \frac{0.9}{1.9} \times \frac{\tan 42°}{\tan 26°} = 0.87$$

정답·해설 19

① $C_m = \frac{l}{v_1} + \frac{l}{v_2} + t_g = \frac{80}{40} + \frac{80}{48} + 0.26 = 3.93$분

② $Q = \frac{60qfE}{c_m} = \frac{60 \times 2.3 \times \frac{1}{1.2} \times 0.85}{3.93} = 24.87\text{m}^3/\text{hr}$

정답·해설 20

① H형강 ② U형강 ③ 강관 ④ 격자지보

정답·해설 21

① 노상토의 성질에 의한 방법 : GI
② 노상토의 역학적 성질에 의한 방법 : CBR, 동탄성계수(MR)
③ 노상토의 지지력에 의한 방법 : K, Proof Rolling

정답·해설 22

① 스윙 컷(swing cut) ② 번 컷(burn cut)
③ 노 컷(no cut) ④ V 컷(wedge cut)
⑤ 피라밋 컷(pyramid cut)

정답·해설 23

① 각 지점의 CBR 평균 $= \frac{6.8 + 8.5 + 4.8 + 6.3 + 7.2}{5} = 6.72$

② 설계 CBR = 각 지점의 CBR 평균 $- \left(\frac{\text{CBR 최대치} - \text{CBR 최소치}}{d_2}\right)$

$= 6.72 - \left(\frac{8.5 - 4.8}{2.48}\right)$

$= 5.23 = 5$

정답·해설 24

(1) 시공기준면 12m일 때 절토량

$$V=\frac{ab}{6}(\Sigma h_1+2\Sigma h_2+\cdots+8\Sigma h_8)$$

① $\Sigma h_1=1+2=3\text{m}$

② $\Sigma h_2=5+3+1=9\text{m}$

③ $\Sigma h_6=6\text{m}$

$$\therefore\ V=\frac{20\times 20}{6}(3+2\times 9+6\times 6)=3800\text{m}^3$$

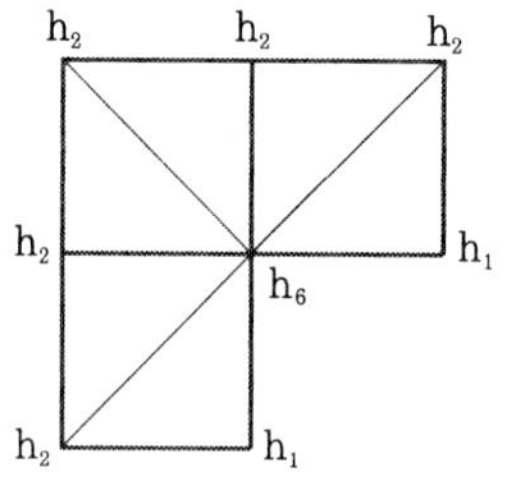

(2) 시공기준면 12m일 때 성토량

$$V=\frac{ab}{6}(\Sigma h_1+2\Sigma h_2+\cdots+8\Sigma h_8)$$

$\Sigma h_2=1\text{m}$

$$\therefore\ V=\frac{20\times 20}{6}(2\times 1)=133.33\text{m}^3$$

(3) 문제의 조건에서 토량환산계수가 주어지지 않았으므로

$V=3800-133.33=3666.67\text{m}^3$(절토량)

정답·해설 25

① $q_u=\alpha cN_c+\beta B\gamma_1 N_r+D_f\gamma_2 N_q$
$=1.3\times 30\times 5.14+0+0$
$=200.46\text{t/m}^2$

② $q_a=\dfrac{q_u}{F_s}=\dfrac{200.46}{3}=66.82\text{t/m}^2$

③ $P=whA=1\times h\times\dfrac{\pi\times 10^2}{4}=78.54h$

④ $78.54h+4000=66.82\times\dfrac{\pi\times 10^2}{4}$

$\therefore\ h=15.89\text{m}$

정/답/및/해/설 2014년도 2차(07.05 시행)

정답·해설 01

$$Q=\frac{A\cdot N\cdot H\cdot f\cdot E}{P}=\frac{0.033\times 3600\times 0.3\times 0.7\times 0.5}{6}=2.08\text{m}^3/\text{h}(\text{다짐토량})$$

정답·해설 02

① 무근콘크리트포장(JCP)
② 철근콘크리트포장(JRCP)
③ 연속철근콘크리트포장(CRCP)
④ PS콘크리트포장(PCP)
⑤ 다짐콘크리트포장(RCCP)

정답·해설 03

① 시공기준 결정 : 해머의 무게, 낙하높이, 타격횟수, 최종관입량
② 말뚝길이의 결정
③ 말뚝길이에 따른 이음공법 결정
④ 지지력 추정
⑤ 작업방법의 결정

정답·해설 04

① open cut 공법 ② trench cut 공법 ③ island 공법

정답·해설 05

① 건조밀도로 판정 ② 포화도 또는 공기공극률로 판정
③ 강도로 판정 ④ 상대밀도로 판정
⑤ 변형량으로 판정

정답·해설 06

① 측구(L, U형) ② 맹암거, 유공관 ③ 배수관, 암거

정답·해설 07

(1) ① $A_p = \dfrac{\pi \cdot D^2}{4} = \dfrac{\pi \times 0.3^2}{4} = 0.07\text{m}^2$

② $A_s = \pi \cdot D \cdot l = \pi \times 0.3 \times 14 = 13.19\text{m}^2$

③ $\overline{N_s} = \dfrac{N_1 h_1 + N_2 h_2 + N_3 h_3}{h_1 + h_2 + h_3} = \dfrac{5 \times 3 + 8 \times 5 + 13 \times 6}{3 + 5 + 6} = 9.5$

④ $R_u = 40NA_p + \dfrac{1}{5}\overline{N_s}A_s$

$= 40 \times 13 \times 0.07 + \dfrac{1}{5} \times 9.5 \times 13.19 = 61.46\text{t}$

(2) $R_a = \dfrac{R_u}{F_s} = \dfrac{61.46}{3} = 20.49\text{t}$

정답·해설 08

$$F_s = \frac{Wb + P_V B}{P_H \cdot y}$$

$$= \frac{Wb}{P_H \cdot y}$$

$$= \frac{\left(\dfrac{1.5 \times 4}{2} \times 2.3\right) \times \dfrac{2 \times 1.5}{3} + (1 \times 4 \times 2.3) \times 2}{\dfrac{1}{2} \times 1.8 \times 4^2 \times \tan^2\left(45^\circ - \dfrac{30^\circ}{2}\right) \times \dfrac{4}{3}} = 3.95$$

정답·해설 09

① lift & pushing 공법 ② pulling 공법 ③ 분산압출공법

정답·해설 10

(1) 공정표

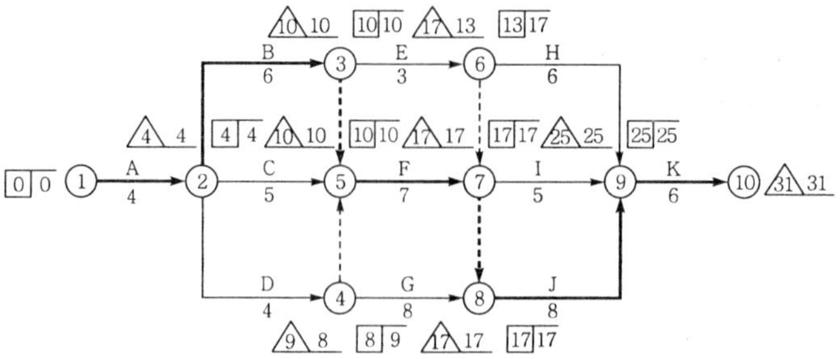

(2) 여유시간

작업명	TF	FF	DF	CP
A	4－0－4＝0	4－0－4＝0	0－0＝0	★
B	10－4－6＝0	10－4－6＝0	0－0＝0	★
C	10－4－5＝1	10－4－5＝1	1－1＝0	
D	9－4－4＝1	8－4－4＝0	1－0＝1	
E	17－10－3＝4	13－10－3＝0	4－0＝4	
F	17－10－7＝0	17－10－7＝0	0－0＝0	★
G	17－8－8＝1	17－8－8＝1	1－1＝0	
H	25－13－6＝6	25－13－6＝6	6－6＝0	
I	25－17－5＝3	25－17－5＝3	3－3＝0	
J	25－17－8＝0	25－17－8＝0	0－0＝0	★
K	31－25－6＝0	31－25－6＝0	0－0＝0	★

정답·해설 11

① 5일 ② 7일 ③ 3일

참고

습윤양생기간의 표준(2009 콘크리트 표준시방서)

일평균 기온	보통 포틀랜드 시멘트	고로 슬래그 시멘트 플라이애쉬시멘트	조강 포틀랜드 시멘트
15℃ 이상	5일	7일	3일
10℃ 이상	7일	9일	4일
5℃ 이상	9일	12일	5일

정답·해설 12

(1) ① $q_u = 2c \qquad 2 = 2c \qquad \therefore\ c = 1\text{t/m}^2$

② $A_p = \dfrac{\pi \cdot D^2}{4} = \dfrac{\pi \times 0.3^2}{4} = 0.07\text{m}^2$

③ $f_s = \alpha c = 1.25 \times 1 = 1.25\text{t/m}^2$

④ $R_u = R_p + R_f = (cN_c^{\ *} + q' N_q^{\ *})A_p + f_s ul$

$= (1 \times 9) \times 0.07 + 1.25 \times (\pi \times 0.3) \times 15 = 18.3\text{t}$

(2) ① $\phi = \tan^{-1}\dfrac{D}{S} = \tan^{-1}\dfrac{0.3}{1} = 16.70°$

② $E = 1 - \phi\left[\dfrac{(m-1)n + m(n-1)}{90mn}\right] = 1 - 16.7 \times \left[\dfrac{2 \times 4 + 3 \times 3}{90 \times 3 \times 4}\right] = 0.74$

(3) ① $R_a = \frac{R_u}{F_s} = \frac{18.3}{3} = 6.1\text{t}$

② $R_{ag} = ENR_a = 0.74 \times 12 \times 6.1 = 54.17\text{t}$

정답·해설 13

(1) ① 모래지반 단위중량

㉠ $\gamma_t = \frac{G_s + se}{1+e}\gamma_w = \frac{2.7 + 0.5 \times 0.7}{1 + 0.7} \times 1 = 1.79\text{t/m}^3$

㉡ $\gamma_{sat} = \frac{G_s + e}{1+e}\gamma_w = \frac{2.7 + 0.7}{1 + 0.7} \times 1 = 2\text{t/m}^3$

② $P_1 = 1.79 \times 1.5 + 1 \times 2.5 + 0.85 \times \frac{4.5}{2} = 7.1\text{t/m}^2$

(2) ① $C_c = 0.009(W_L - 10) = 0.009(37 - 10) = 0.243$

② $\Delta H = \frac{C_c}{1+e_1} log \frac{P_2}{P_1} H$

$= \frac{0.243}{1+0.9} \times \log\left(\frac{7.1+5}{7.1}\right) \times 4.5$

$= 0.1332\text{m} = 13.32\text{cm}$

정답·해설 14

$SN = \alpha_1 D_1 + \alpha_2 D_2 + \alpha_3 D_3$

$4.3 = 0.176 \times 5 + 0.055 \times 25 + 0.043 D_3$

$\therefore D_3 = 47.56\text{cm}$

✎ 참고

포장두께지수(SN : Structural Number)

① '72 AASHTO 설계법

$SN = \alpha_1 D_1 + \alpha_2 D_2 + \alpha_3 D_3$

여기서 α_1, α_2, α_3 : 표층, 기층, 보조기층 각각의 상대강도계수

D_1, D_2, D_3 : 표층, 기층, 보조기층 각각의 설계두께(cm)

② '86 AASHTO 설계법

$SN = \alpha_1 D_1 + \alpha_2 D_2 m_2 + \alpha_3 D_3 m_3$

여기서 m_2, m_3 : 기층, 보조기층의 배수계수

정답·해설 15

① 캔틸레버공법(FCM 공법)
② 이동동바리공법(MSS 공법)
③ 압출공법(ILM 공법)

정답·해설 16

$t_e = \frac{t_o + 4t_m + t_p}{6} = \frac{5 + 4 \times 8 + 11}{6} = 8$일

정답·해설 17

① 최소한의 근입깊이를 가질 것　　② 안전하게 하중을 지지할 것
③ 침하가 허용치를 넘지 않을 것　　④ 시공이 가능하고 경제적일 것

정답·해설 18

① 극한지지력

$$q_{u(\text{기초})} = q_{u(\text{재하판})} \cdot \frac{B_{(\text{기초})}}{B_{(\text{재하판})}} = 25 \times \frac{3}{0.3} = 250\text{t/m}^2$$

② 침하량

$$S_{(\text{기초})} = S_{(\text{재하판})} \cdot \left[\frac{2B_{(\text{기초})}}{B_{(\text{기초})} + B_{(\text{재하판})}}\right]^2 = 10 \times \left[\frac{2 \times 3}{3+0.3}\right]^2 = 33.06\text{mm}$$

참고

재하판 크기에 의한 영향(scale effect)

(1) 지지력

① 점토지반 : 재하판 폭에 무관하다.

$$q_{u(\text{기초})} = q_{u(\text{재하판})}$$

② 모래지반 : 재하판 폭에 비례한다.

$$q_{u(\text{기초})} = q_{u(\text{재하판})} \cdot \frac{B_{(\text{기초})}}{B_{(\text{재하판})}}$$

(2) 침하량

① 점토지반 : 재하판 폭에 비례한다.

$$S_{(\text{기초})} = S_{(\text{재하판})} \cdot \frac{B_{(\text{기초})}}{B_{(\text{재하판})}}$$

② 모래지반

$$S_{(\text{기초})} = S_{(\text{재하판})} \cdot \left[\frac{2B_{(\text{기초})}}{B_{(\text{기초})} + B_{(\text{재하판})}}\right]^2$$

정답·해설 19

① 지진력에 의한 주동토압

$$P_{ae} = \frac{1}{2}\gamma h^2 (1 - K_V) K_{ae} = 16\text{t/m}$$

② $P_a = \frac{1}{2}\gamma h^2 C_a = 10\text{t/m}$

③ $\Delta P_{ae} = P_{ae} - P_a = 16 - 10 = 6\text{t/m}$

④ $\Delta P_{ae} \cdot 0.6h + P_a \cdot \frac{h}{3} = P_{ae} \cdot y$

$$6 \times (0.6 \times 6) + 10 \times \frac{6}{3} = 16 \times y$$

$\therefore\ y = 2.6\text{m}$

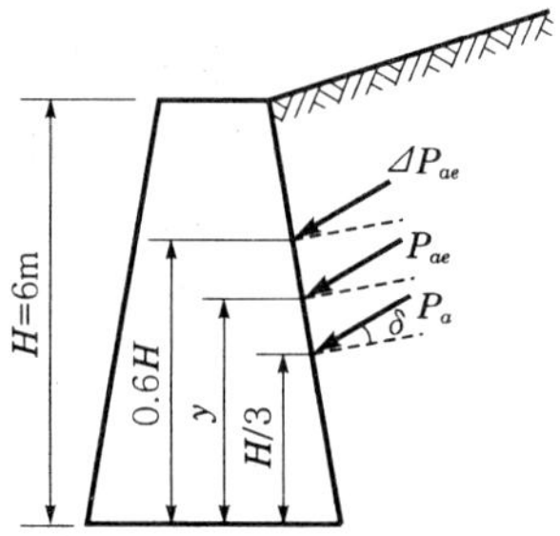

참고

① $K_h = \dfrac{\text{지진속도의 수평성분}}{g}$

② $K_V = \dfrac{\text{지진가속도의 연직성분}}{g}$

③ K_{ae} : 지진을 고려한 주동 토압계수

정답·해설 20

① 평면파괴　② 쐐기파괴　③ 전도파괴　④ 원호파괴

정답·해설 21

(1) ① 절토량= $4000m^3$

② 평균 운반거리 $= 80 - 20 = 60m$

(2) ① dozer 1대 작업량

㉠ $C_m = \dfrac{l}{V_1} + \dfrac{l}{V_2} + t_g = \dfrac{60}{40} + \dfrac{60}{46} + 0.25 = 3.05$분

㉡ $Q = \dfrac{60 \cdot q \cdot f \cdot E}{C_m} = \dfrac{60 \times 3.2 \times \dfrac{1}{1.25} \times 0.6}{3.05} = 30.22m^3/hr$

② 소요일수 $= \dfrac{4000}{30.22 \times 8} = 16.55 = 17$일

정답·해설 22

$U = 1 - (1 - U_h)(1 - U_v)$

$= 1 - (1 - 0.2)(1 - 0.95) = 0.96 = 96\%$

정답·해설 23

혼화재를 사용한 안정처리공법

정답·해설 24

(1) ① $f_{cr} = f_{ck} + 1.34s = 28 + 1.34 \times 5 = 34.7MPa$

② $f_{cr} = (f_{ck} - 3.5) + 2.33s = (28 - 3.5) + 2.33 \times 5 = 36.15MPa$

①, ② 중에서 큰 값이 배합강도이므로

$\therefore\ f_{cr} = 36.15MPa$

(2) $f_{28} = -14.7 + 20.7\dfrac{C}{W}$

$36.15 = -14.7 + 20.7\dfrac{C}{W}$

$\therefore\ \dfrac{W}{C} = 0.4071 = 40.71\%$

정답·해설 25

$A = \dfrac{h}{3}(y_1 + 4\Sigma y_{짝수} + 2\Sigma y_{홀수} + y_n)$

$= \dfrac{3}{3}[3.0 + 4(2.5 + 2.8 + 3.2) + 2(2.4 + 3.0) + 3.6] = 51.4m^2$

정답·해설 26

(1) 길이 1m에 대한 콘크리트량

① $A_1 = \dfrac{0.35+0.444}{2} \times 3.7 = 1.4689\text{m}^2$

② $A_2 = \dfrac{0.444+0.75}{2} \times 0.3 = 0.1791\text{m}^2$

③ $A_3 = \dfrac{0.75+3.45}{2} \times 0.15 = 0.315\text{m}^2$

④ $A_4 = 3.45 \times 0.35 = 1.2075\text{m}^2$

⑤ $A_5 = 0.5 \times 0.55 = 0.275\text{m}^2$

⑥ 콘크리트량 $= (A_1 + A_2 + \cdots + A_5) \times 1$

$= 3.4455 \times 1 = 3.446\text{m}^3$

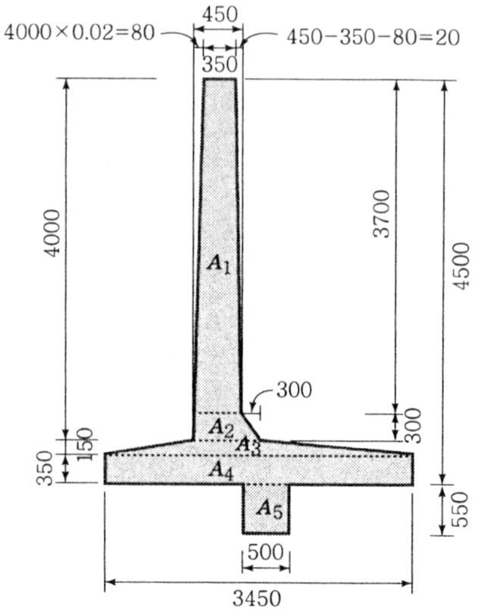

(2) 길이 1m에 대한 거푸집량

① $\overline{ab} = \sqrt{4^2 + 0.08^2} = 4.0008\text{m}$

② $\overline{cd} = 0.35\text{mm}$

③ $\overline{ef} = 0.55\text{m}$

④ $\overline{gh} = 0.55\text{m}$

⑤ $\overline{ij} = 0.35\text{m}$

⑥ $\overline{kl} = \sqrt{0.3^2 + 0.3^2} = 0.4243\text{m}$

⑦ $\overline{lm} = \sqrt{3.7^2 + 0.02^2} = 3.7001\text{m}$

⑧ 거푸집량 $=$ (① + ② + ⋯ + ⑦) $\times 1$

$= 9.9252 \times 1 = 9.925\text{m}^2$

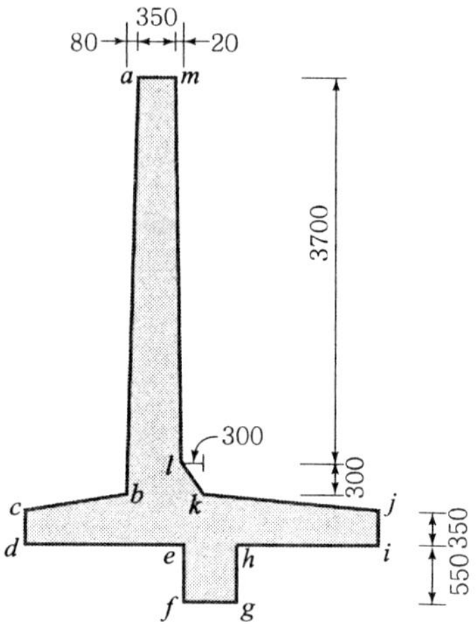

정답·해설 27

① spring line　　② 버력(muck)

정/답/및/해/설　2014년도 3차(11.01 시행)

정답·해설 01

$$D = \frac{4k}{Q}(H_0{}^2 - h_0{}^2)$$

$$800 = \frac{4 \times 10^{-5}}{Q}(200^2 - 0)$$

$\therefore\ Q = 0.002\text{cm}^3/\text{sec}$

정답·해설 02

boring공 내 수평재하시험

① PMT(Pressure Meter Test)

② DMT(Dilato Meter Test)

③ LLT(Lateral Load Test)

정답·해설 03

① air lift 방법 ② suction pump 방법

③ water jet 방법 ④ 수중펌프방법

정답·해설 04

① 가중 creep 거리 = 수직거리(45°보다 급한 것)+수평거리(45° 이하)의 $\frac{1}{3}$

$$= 5 \times 2 + \frac{2+7}{3} = 13\text{m}$$

② 유효수두=수두차=2m

③ 가중 creep비$= \dfrac{\text{가중 creep 거리}}{\text{유효수두}} = \dfrac{13}{2} = 6.5 > 6$이므로 안정하다.

정답·해설 05

(1) ① 공정표

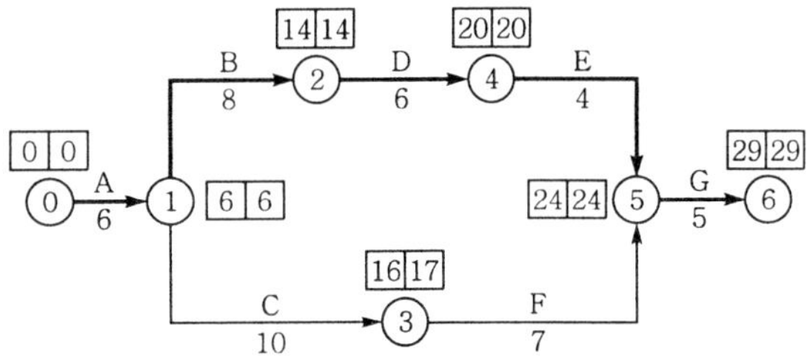

② CP : ⓪ → ① → ② → ④ → ⑤ → ⑥

(2) ① 공기단축

단축단계	작업명	단축일수	추가비용(만 원)
1단계	D	1	1×4 = 4
2단계	A	2	2×5 = 10
3단계	C, D	1	1×3+1×4 = 7

② 여분출비(extra cost)

EC=4+10+7=21만 원

정답·해설 06

① $C_c = 0.009(W_L - 10) = 0.009(60-10) = 0.45$

② $P_1 = 1.85 \times 4 + 0.75 \times \frac{10}{2} = 11.15\text{t/m}^2$

③ $P_2 = P_1 + \Delta P = 11.15 + 20 = 31.15\text{t/m}^2$

④ $\Delta H = \dfrac{C_c}{1+e_0} \log \dfrac{P_2}{P_1} H = \dfrac{0.45}{1+0.56} \log \dfrac{31.15}{11.15} \times 10 = 1.29\text{m}$

정답·해설 07

① $D_r = \frac{\gamma_{dmax}}{\gamma_d} \cdot \frac{\gamma_d - \gamma_{dmin}}{\gamma_{dmax} - \gamma_{dmin}} \times 100$

$= \frac{1.8}{1.7} \times \frac{1.7 - 1.6}{1.8 - 1.6} \times 100 = 52.94\%$

② $D_r = 52.94\%$이므로 중간상태의 모래이다.

참고

흙의 상태	상대밀도 D_r(%)
대단히 느슨	0~15
느슨	15~50
중간	50~70
조밀	70~85
대단히 조밀	85~100

정답·해설 08

① 원형(圓形)터널　　② 함형(函形)터널
③ 마제형(馬蹄形)터널　　④ 난형(卵形)터널

정답·해설 09

① $W_s = \frac{3870}{1 + \frac{12.6}{100}} = 3436.94\text{g}$

② $\gamma_d = \frac{W_s}{V} = \frac{3436.94}{1820} = 1.89\text{g/cm}^3$

③ $C_d = \frac{\gamma_d}{\gamma_{dmax}} \times 100 = \frac{1.89}{1.97} \times 100 = 95.94\%$

정답·해설 10

① 압축공기를 이용하여 시공하므로 기계설비가 비싸다.
② 노무자의 모집이 곤란하며 노무비가 비싸다.
③ 케이슨병이 발생한다.
④ 소음과 진동이 크므로 도심지 공사에서는 부적당하다.
⑤ 굴착깊이에 제한이 있다.

정답·해설 11

① 콘크리트 내부의 균열검사　　② 누수 및 배수
③ 양압력　　④ 온도측정
⑤ 수축량검사　　⑥ grouting

정답·해설 12

A : Benoto 공법
B : RCD 공법
C : Raymond 말뚝공법

정답·해설 13

① 혼합용수의 냉각법
② 얼음을 혼합용수에 넣는 방법
③ 냉풍송입법
④ 골재를 액체질소로 냉각하는 방법

정답·해설 14

(1) ① 굴착토량

$$V=\frac{h}{3}[A_1+4(A_2+A_4+\cdots\cdots)+2(A_3+A_5+\cdots\cdots)+A_n]$$
$$=\frac{h}{3}[A_1+4(A_2+A_4)+2A_3+A_5]$$
$$=\frac{20}{3}[1400+4(950+250)+2\times600+100]=50{,}000\text{m}^3$$

② 성토의 단면적$=\dfrac{7+(6+7+6)}{2}\times4=52\text{m}^2$

③ 도로의 길이$=\dfrac{50{,}000\times C}{52}=\dfrac{50{,}000\times0.9}{52}=865.38\text{m}$

(2) ① power shovel 작업량(문제의 조건에서 $f=1$이므로 작업량을 흐트러진 토량으로 구한다.)

$$Q=\frac{3600\cdot q\cdot k\cdot f\cdot E}{C_m}=\frac{3600\times1\times0.95\times1\times0.8}{20}=136.8\text{m}^3/\text{h}$$

② power shovel 5대의 1일 작업량 $=136.8\times6\times5=4104\text{m}^3$

③ 작업일수$=\dfrac{50{,}000\times L}{4104}=\dfrac{50{,}000\times1.2}{4104}=14.62=15$일

(3) 총 유류소모량 $=14.62\times6\times5\times4=1754.4l$

정답·해설 15

$$I_{cr}=\frac{10}{R\cdot\Delta T_o}=\frac{10}{0.6\times12.8}=1.3$$

∴ 온도균열 발생확률은 14% 정도이다.

참고

- 암반이나 매시브한 콘크리트 위에 타설된 벽체 등과 같이 외부구속응력이 큰 경우의 온도균열지수

  $$I_{cr}=\frac{10}{R\cdot\Delta T_o}$$

  여기서, ΔT_o : 부재평균최고온도와 외기온도와의 균형 시 온도차(℃)
  R : 외부구속의 정도를 표시하는 계수
  ① 비교적 연한 암반 위에 콘크리트를 타설할 때 : 0.5
  ② 중간정도의 단단한 암반 위에 콘크리트를 타설할 때 : 0.65
  ③ 경암 위에 콘크리트를 타설할 때 : 0.8
  ④ 이미 경화된 콘크리트 위에 타설할 때 : 0.6

정답·해설 16

① $\phi = \tan^{-1}\frac{D}{S} = \tan^{-1}\frac{0.3}{1.3} = 13.0°$

② $E = 1 - \phi\left[\frac{m(n-1)+(m-1)n}{90mn}\right] = 1 - 13 \times \left(\frac{6\times5+5\times6}{90\times6\times6}\right) = 0.76$

③ $R_{ag} = ENR_a = 0.76 \times 36 \times 15 = 410.4\text{t}$

정답·해설 17

① $\sigma = (10-H)\gamma_{sat} = (10-H) \times 1.9$

② $u = \gamma_w h = 1 \times 6 = 6\text{t/m2}$

③ $\overline{\sigma} = 0$일 때 히빙이 발생하므로

$\overline{\sigma} = \sigma - u = (10-H) \times 1.9 - 6 = 0$

$\therefore\ H = 6.84\text{m}$

정답·해설 18

① 앵커축력

$T = \frac{Pa}{\cos\alpha} = \frac{25\times1.5}{\cos 30^\circ} = 43.3\text{t}$

② 정착장

$L = \frac{TF_s}{\pi D\tau} = \frac{43.3\times1.5}{\pi\times0.1\times20} = 10.34\text{m}$

정답·해설 19

① RMR 분류법
② Q 분류법
③ RQD에 의한 분류법
④ 절리의 간격에 의한 분류법
⑤ 풍화도에 의한 분류법

정답·해설 20

(1) ① 여굴 감소
② 암석면이 매끄럽고 뜬 돌(부석)떼기 작업이 감소
③ 복공 콘크리트량이 절약

(2) 조절발파 공법의 종류
① 라인 드릴링(line drilling) 공법
② 쿠션 블라스팅(cushion blasting) 공법
③ 스므스 블라스팅(smooth blasting) 공법
④ 프리 스프리팅(pre-splitting) 공법

정답·해설 21

① 사면의 임계높이

$$H_{cr} = \frac{4c}{\gamma_t}\left[\frac{\sin\beta\cdot\cos\phi}{1-\cos(\beta-\phi)}\right]$$

$$= \frac{4\times1}{1.6}\times\frac{\sin60°\times\cos10°}{1-\cos(60°-10°)} = 5.97\text{m}$$

② 사면높이

㉠ $F_c = F_s = \dfrac{c}{c_d}$ $\qquad 2 = \dfrac{1}{c_d}$ $\qquad \therefore c_d = 0.5\text{t/m}^2$

㉡ $F_\phi = F_s = \dfrac{\tan\phi}{\tan\phi_d}$ $\qquad 2 = \dfrac{\tan 10}{\tan\phi_d}$ $\qquad \therefore \phi_d = 5.04°$

㉢ $H = \dfrac{4c_d}{\gamma_t}\left[\dfrac{\sin\beta \cdot \cos\phi_d}{1-\cos(\beta-\phi_d)}\right] = \dfrac{4\times 0.5}{1.6} \times \dfrac{\sin 60° \times \cos 5.04°}{1-\cos(60°-5.04°)} = 2.53\text{m}$

정답·해설 22

① 방사형(radiation) ② 하프형(harp)

③ 부채형(fan) ④ 스타형(star)

정답·해설 23

① 각 지점의 CBR 평균 $= \dfrac{6.8+8.5+4.8+6.3+7.2}{5} = 6.72$

② 설계 CBR = 각 지점의 CBR 평균 $-\left(\dfrac{\text{CBR 최대치} - \text{CBR 최소치}}{d_2}\right)$

$= 6.72 - \left(\dfrac{8.5-4.8}{2.48}\right) = 5.23 = 5$

정답·해설 24

(1) 폭이 10m인 교대의 콘크리트량

① $A_1 = 0.4 \times 1.565 = 0.626\text{m}^2$

② $A_2 = \dfrac{0.4+(0.4+1\times 0.2)}{1} \times 1 = 0.5\text{m}^2$

③ $A_3 = \dfrac{1.6+(1.6+0.9\times 0.2)}{2} \times 0.9 = 1.521\text{m}^2$

④ $A_4 = \dfrac{1.78+(1.68+0.1\times 0.2)}{2} \times 0.1$

$= 0.174\text{m}^2$

⑤ $A_5 = \dfrac{1.7+2.58}{2} \times 4 = 8.56\text{m}^2$

⑥ $A_6 = \dfrac{(2.58+0.62)+5.2}{2} \times 0.1 = 0.42\text{m}^2$

⑦ $A_7 = 5.2 \times 0.9 = 4.68\text{m}^2$

⑧ $A_8 = \dfrac{0.7+0.5}{2} \times 0.6 = 0.36\text{m}^2$

⑨ 콘크리트량 $= (A_1 + A_2 + \cdots\cdots + A_8) \times 10$

$= 16.841 \times 10 = 168.41\text{m}^3$

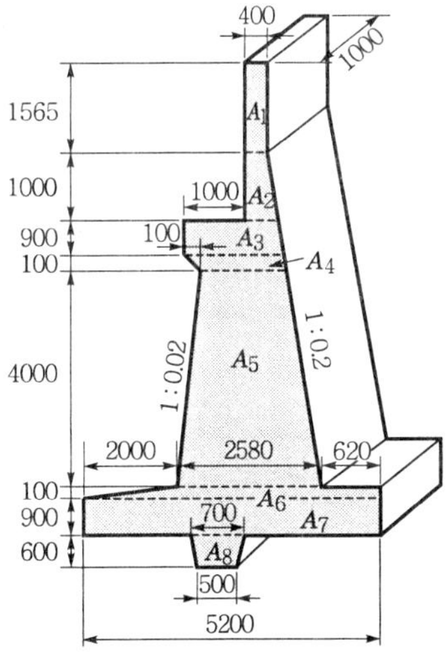

(2) 폭이 10m인 교대의 거푸집량

① $A_1 = 2.565 \times 10 = 25.65\text{m}^2$

② $A_2 = 0.9 \times 10 = 9\text{m}^2$

③ $A_3 = \sqrt{0.1^2 + 0.1^2} \times 10 = 1.4142\text{m}^2$

④ $A_4 = \sqrt{4^2 + 0.08^2} \times 10 = 40.008\text{m}^2$

⑤ $A_5 = 0.9 \times 10 = 9\text{m}^2$

⑥ $A_6 = \sqrt{0.6^2 + 0.1^2} \times 10 \times 2$(좌 · 우)

$= 12.1655\text{m}^2$

⑦ $A_7 = 1 \times 10 = 10\text{m}^2$

⑧ $A_8 = \sqrt{6^2 + 1.2^2} \times 10 = 61.1882\text{m}^2$

⑨ $A_9 = 1.565 \times 10 = 15.65\text{m}^2$

⑩ A_{10}(마구리면 거푸집량)

$=$Ⓐ×2(앞 · 뒤 마구리면) $= 16.841 \times 2$

$= 33.682\text{m}^2$

⑪ 거푸집량 $= A_1 + A_2 + \cdots\cdots + A_{10} = 217.7579$

$= 217.758\text{m}^2$

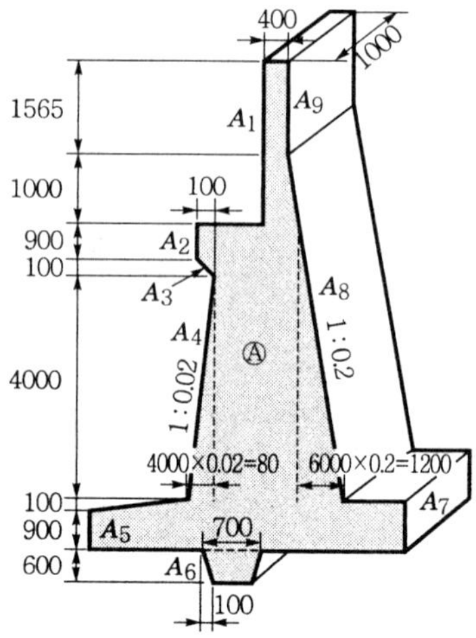

정답 · 해설 25

(1) 평균치

$$\bar{x} = \frac{\Sigma x}{n} = \frac{525}{21} = 25\text{MPa}$$

(2) ① $S = (27.4-25)^2 + (28.5-25)^2 + (26.3-25)^2 + \cdots + (24.1-25)^2 = 152.06$

② 표준편차

$$\sigma = \sqrt{\frac{S}{n-1}} = \sqrt{\frac{152.06}{21-1}} = 2.76\text{MPa}$$

③ 직선보간한 표준편차

$\sigma = 2.76 \times 1.07 = 2.95\text{MPa}$

(3) ① $f_{cf} = f_{ck} + 1.34S = 24 + 1.34 \times 2.95 = 27.95\text{MPa}$

② $f_{cr} = (f_{ck} - 3.5) + 2.33S = (24 - 3.5) + 2.33 \times 2.95 = 27.37\text{MPa}$

①, ② 중 큰 값이 배합강도이므로

$\therefore f_{cr} = 27.95\text{MPa}$

토목기사 실기

기출 문제

2013

2013년도 기출문제

▶ 1차 : 2013. 04. 20
▶ 2차 : 2013. 07. 13
▶ 3차 : 2013. 11. 09

과/년/도/기/출/문/제 2013년도 1차(04.20 시행)

문제 01

배점 8

다음 데이터를 이용하여 Normal time 네트워크 공정표를 작성하고 공기를 3일 단축할 때 최소의 추가공사비를 산출하시오. (단, ① Net Work 공정표 작성은 화살표 Net Work로 한다. ② 주공정선(Critical path)은 굵은 선 또는 이중선으로 한다.)

작업명	정 상 비 용		특 급 비 용	
	공기(일)	공비(원)	공기(일)	공비(원)
A(0→1)	3	20,000	2	26,000
B(0→2)	7	40,000	5	50,000
C(1→2)	5	45,000	3	59,000
D(1→4)	8	50,000	7	60,000
E(2→3)	5	35,000	4	44,000
F(2→4)	4	15,000	3	20,000
G(3→5)	3	15,000	3	15,000
H(4→5)	7	60,000	7	60,000
계		280,000		334,000

(1) Normal time 네트워크 공정표를 작성하시오.
(2) 공기를 3일간 단축할 때 최소의 추가공사비를 구하시오.

답 · 풀이

문제 02

배점 3

불도저로 압토와 리핑작업을 동시에 실시하고 있다. 시간당 작업량 Q(m^3/hr)를 구하시오. (단, 압토작업만 할 때의 작업량(Q_1)은 40m^3/hr이고, 리핑작업만 할 때의 작업량(Q_2)은 60m^3/hr이다.)

답 · 풀이

문제 03

3m의 모래층 위에 10m 두께의 단단한 포화점토가 있고 모래는 피압상태에 있다. A점에서 히빙(heaving) 현상이 일어나지 않을 최대 깊이 H를 구하시오.

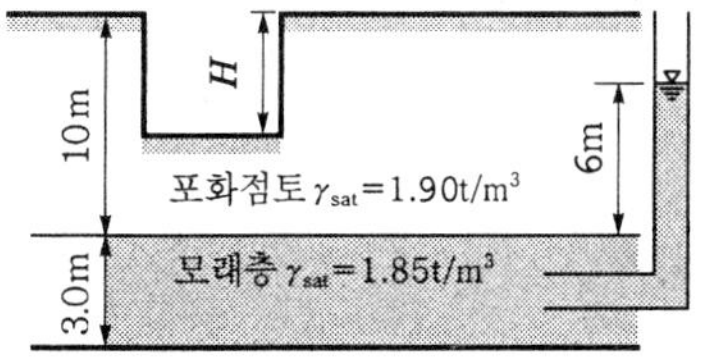

배점 3

답 · 풀이

문제 04

공정관리기법 중 막대 공정표의 장점을 3가지만 쓰시오.

배점 3

답 ①

②

③

문제 05

도로 노상의 지지력을 평가할 수 있는 현장시험 평가방법을 3가지만 쓰시오.

배점 3

답 ① ② ③

문제 06

연약지반상에 교대가 위치하는 경우 측방유동으로 문제접이 발생한다. 측방유동을 줄이는 공법 중 뒤채움 성토부의 편재하중을 경감하는 공법을 3가지만 쓰시오.

배점 3

답 ① ② ③

문제 07

콘크리트를 거푸집에 타설한 후부터 응결이 종료할 때까지 발생하는 균열을 일반적으로 초기균열이라고 한다. 이러한 초기균열의 종류를 3가지만 쓰시오.

배점 3

답 ① ② ③

문제 08

관암거의 직경이 20cm, 유속이 0.8m/sec, 암거길이가 300m일 때 원활한 배수를 위한 암거낙차를 Giesler공식을 이용하여 구하시오.

배점 3

답 · 풀이

문제 09

말뚝의 부마찰력이 발생하는 원인을 3가지만 쓰시오.

배점 3

답 ①

②

③

문제 10

아래 그림과 같은 지층의 지표면에 $4t/m^2$의 압력이 작용할 때 이로 인한 점토층의 압밀침하량을 구하시오. (단, 이 점토층은 정규압밀점토이다.)

배점 4

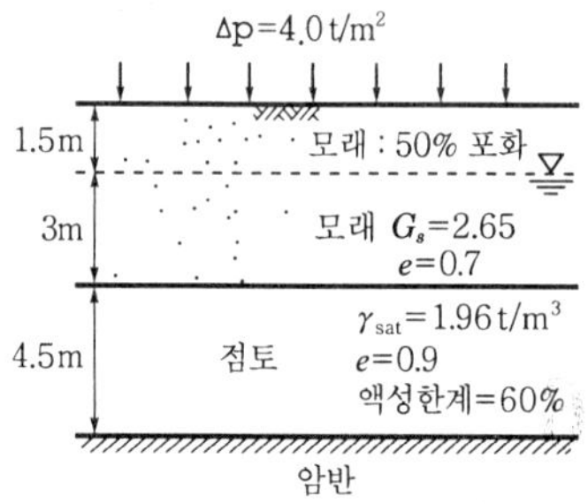

답 · 풀이

문제 11

배점 3

그림과 같이 표준관입치가 다른 3종의 모래 지층으로 되어 있는 기초지반에 지름 30cm, 길이 12m의 콘크리트 말뚝을 박았을 때 말뚝의 허용지지력을 안전율 3으로 하여 Meyerhof의 공식으로 구하시오.

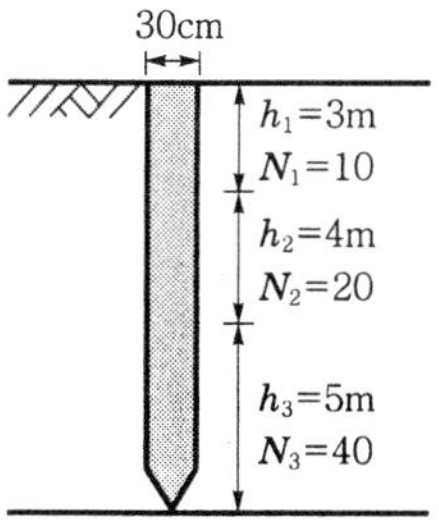

답 · 풀이

문제 12

배점 18

주어진 도면 및 조건에 따라 다음 물량을 산출하시오. (단, 주어진 도면의 치수는 축척에 맞지 않을 수 있으며, 주어진 치수로만 물량을 산출할 것.)

단 면 도

(단위 : mm)

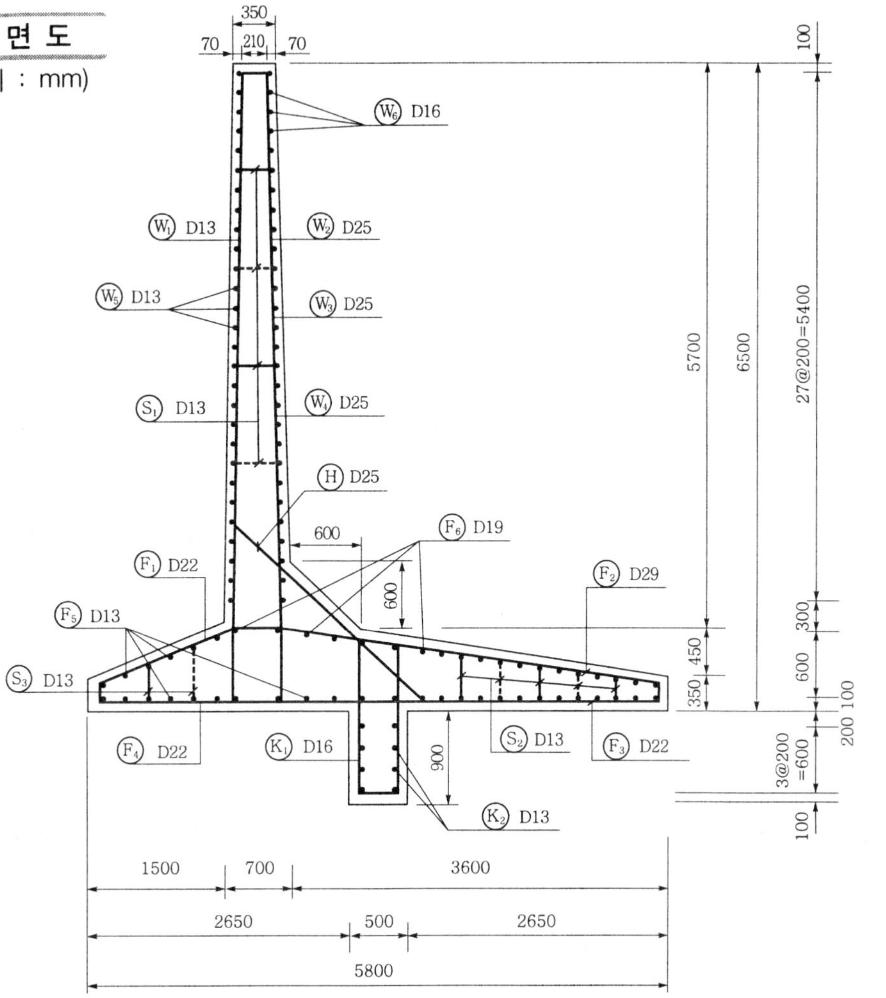

일 반 도 / **철근 상세도**

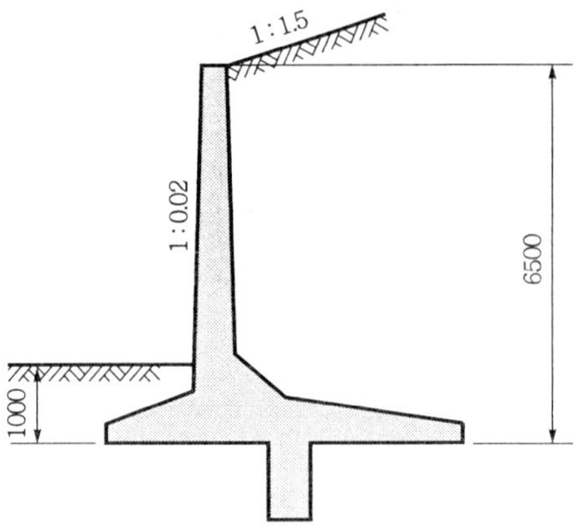

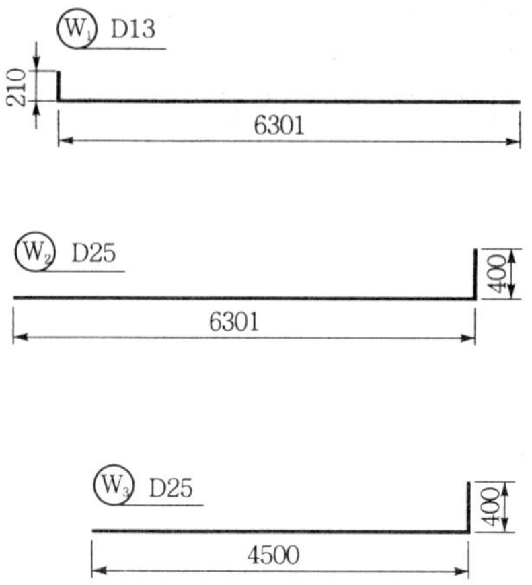

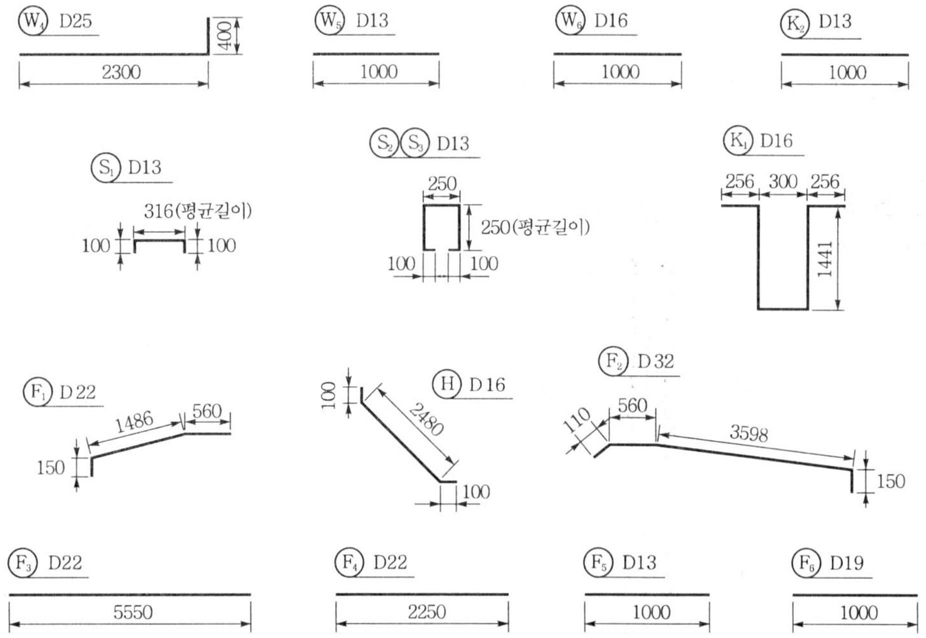

조건

① W_1, W_2, W_3, W_4, W_5, W_6, F_1, F_3, F_4, K_2 철근은 각각 200mm 간격으로 배근한다.
② F_2, K_1, H 철근은 각각 100mm 간격으로 배근한다.
③ S_1, S_2, S_3 철근은 각각 지그재그로 배근한다.
④ 옹벽의 돌출부(전단 key)에는 거푸집을 사용하는 경우로 계산한다.
⑤ 물량산출에서 할증률 및 마구리는 없는 것으로 하고 상세도에 표시되어 있지 않은 이음길이는 계산하지 않는다.

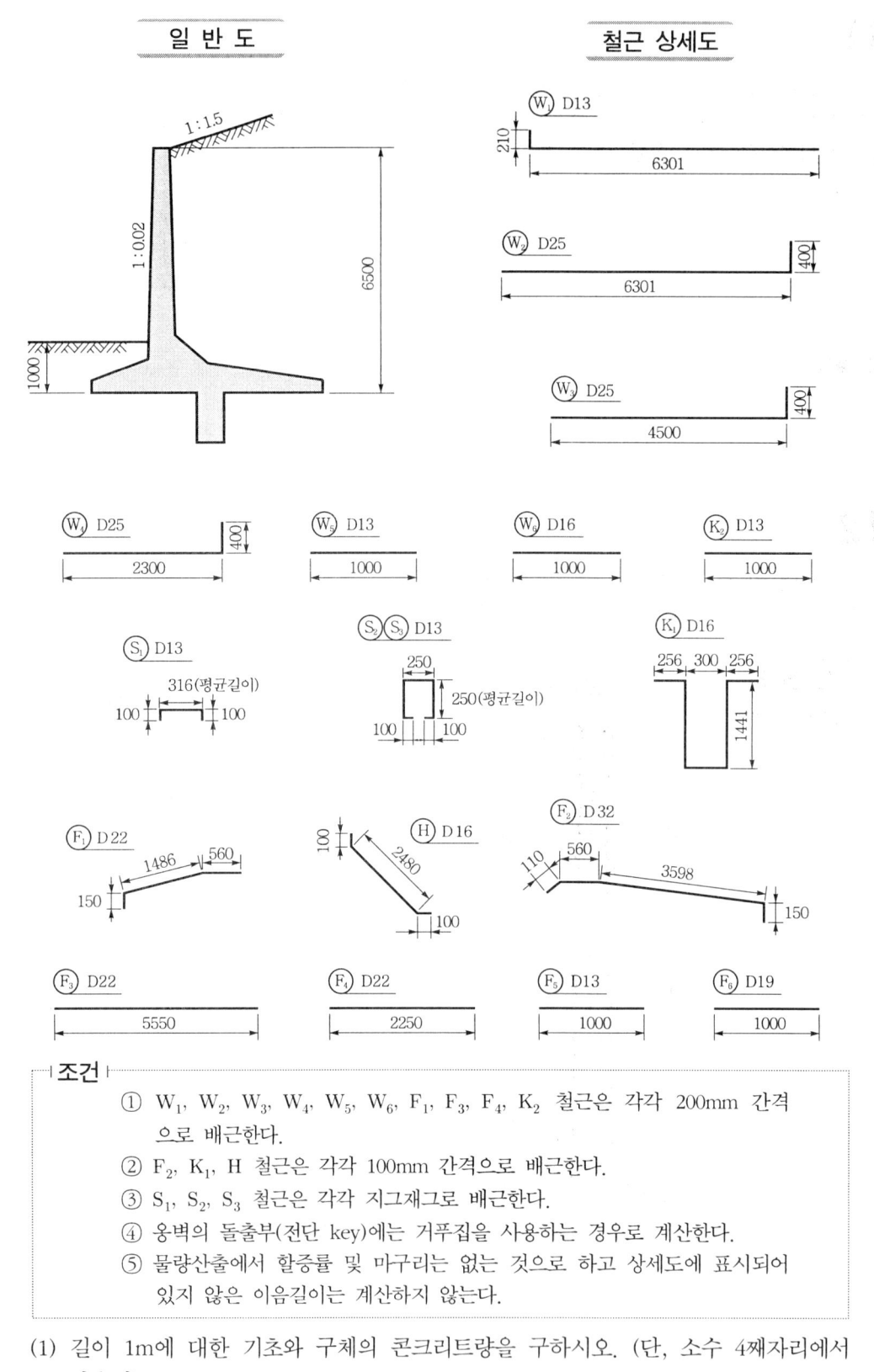

(1) 길이 1m에 대한 기초와 구체의 콘크리트량을 구하시오. (단, 소수 4째자리에서 반올림)
(2) 길이 1m에 대한 거푸집량을 구하시오. (단, 소수 4째자리에서 반올림)
(3) 길이 1m에 대한 철근물량표를 완성하시오.

기호	직경	길이(mm)	수량	총길이(mm)	기호	직경	길이(mm)	수량	총길이(mm)
W_1					K_1				
F_1					S_2				

답 · 풀이

문제 13

배점 3

60kg의 램머를 이용하여 하층노반의 다짐작업을 할 때 시간당 작업능력 Q를 구하시오. (단, 1층의 흙깔기 두께=0.3m, 토량환산계수 f=0.8, 작업효율=0.5, 다지기 회수=6회, 1회의 유효 다지기 면적=0.029m^2, 작업속도=3900회/시간)

답 · 풀이

문제 14

배점 3

두 번의 평판재하시험 결과가 다음과 같을 때, 허용침하량이 25mm인 정사각형 기초가 150ton의 하중을 지지하기 위한 실제 기초의 크기를 구하시오.

원형평판직경B(m)	0.3	0.6
작 용 하 중 Q(t)	10	25
침 하 량(mm)	25	25

답 · 풀이

문제 15

배점 3

모터 그레이더 l대로 폭 W=600m, 거리 l=200m의 성토를 1회 정지하는 데 필요한 시간(H)을 구하시오. (단, 블레이더(blade)의 유효길이 B=3m, 전진속도 V_1=5[km/h], 후진속도 V_2=6.5[km/h], 작업효율 E=0.8)

답 · 풀이

문제 16

배점 3

시멘트의 밀도가 $3.15g/cm^3$, 잔골재의 밀도가 $2.62g/cm^3$, 굵은골재의 밀도가 $2.67g/cm^3$인 재료를 사용하여 물-시멘트비 55%, 단위수량 165kg, 단위잔골재량 780kg인 배합을 실시하였다. 이 콘크리트 $1m^3$의 질량을 측정한 결과가 2290kg일 경우 이 콘크리트의 잔골재율을 구하시오.

답 · 풀이

문제 17

배점 3

그림과 같은 지형에서 절·성토량이 균형을 이루는 지반고를 구하시오. (단, 토량변화율은 무시하고, 격자점의 숫자는 지반고를 나타내며 단위는 m이다.)

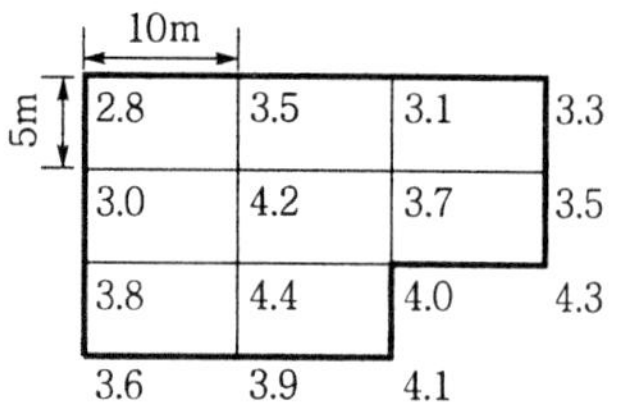

답 · 풀이

문제 18

배점 6

버킷용량 $3.0m^3$의 쇼벨과 15ton 덤프트럭을 사용하여 토공사를 하고 있다. 아래 조건에 따라 물음에 답하시오.

조건

- 흙의 단위중량 : $1.8t/m^3$
- 토량변화율(L) : 1.2
- 쇼벨의 버킷계수 : 1.1
- 쇼벨의 사이클타임 : 30초
- 쇼벨의 작업효율 : 0.5
- 덤프트럭의 사이클타임 : 30분
- 덤프트럭의 사이클 타임 중 상차시간 : 2분
- 덤프트럭의 작업효율 : 0.8
- 덤프트럭 1대를 적재하는데 필요한 쇼벨의 사이클횟수 : 3

(1) 쇼벨의 시간당 작업량을 구하시오.
(2) 덤프트럭의 시간당 작업량을 구하시오.
(3) 쇼벨 1대당 덤프트럭의 소요대수를 구하시오.

답 · 풀이

문제 19

성토작업 후 다짐도를 판정하는 방법을 4가지만 쓰시오.

배점 3

답 ① ② ③ ④

문제 20

급경사수로를 유하한 고속류의 운동에너지를 감세시켜 하류하천에 안전하게 유하시키기 위한 시설로 댐 하류단의 세굴이나 침식 등 인근 구조물에 피해를 주지 않도록 설치하는 시설물의 명칭을 쓰시오.

배점 3

답

문제 21

콘크리트의 경화나 강도 발현을 촉진하기 위해 실시하는 양생을 촉진양생이라고 한다. 이러한 촉진양생방법의 종류를 3가지만 쓰시오.

배점 3

답 ① ② ③

문제 22

최근 연약지반 개량 또는 기존 시설물의 보호 등을 위하여 각종 주입공법을 많이 이용하고 있다. 이러한 주입공법의 주입재 중 비약액계(현탁액형)의 종류를 3가지만 쓰시오.

배점 3

답 ① ② ③

문제 23

하천 제방의 누수방지에 대한 방법을 3가지만 쓰시오.

배점 3

답 ① ② ③

문제 24

사질토지반에서 표준관입시험(S.P.T)의 결과로 측정된 N치로 추정되는 사항을 4가지만 쓰시오.

배점 3

답 ① ② ③ ④

문제 25

다음과 같이 배치된 말뚝 A, 말뚝 B에 작용하는 하중을 계산하시오. (단, 말뚝의 부마찰력, 군항의 효과, 기초와 흙과의 사이에 작용하는 토압은 무시한다.)

배점 4

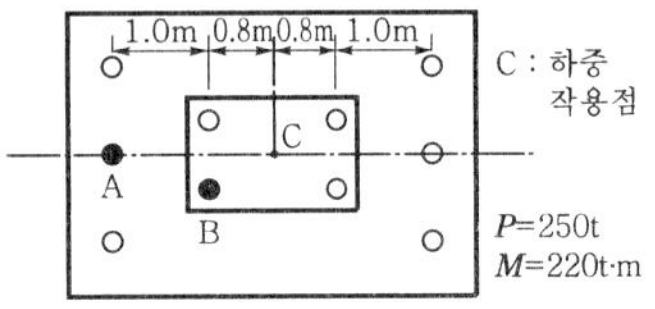

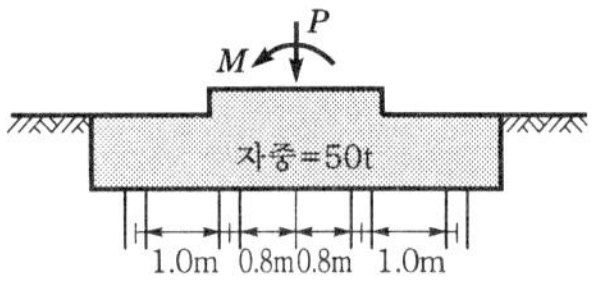

답·풀이

문제 01

배점 3

그림에서와 같이 강널말뚝(Steel Sheet Pile)으로 지지된 모래지반의 굴착에서 지하수의 분출로 인하여 예상되는 파이팅(piping)에 대한 안전율을 계산하시오.

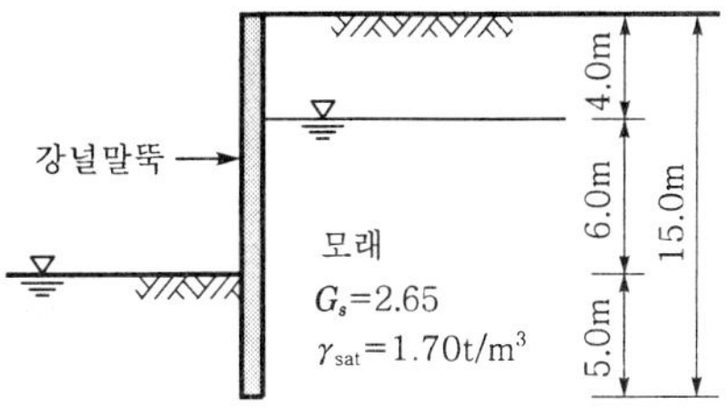

답 · 풀이

문제 02

배점 3

연약지반층에 설치한 말뚝(Pile)에 발생하는 부마찰력(Negative friction)을 줄이는 방법 3가지만 쓰시오.

답 ①

②

③

문제 03

배점 6

숏크리트 작업에서 뿜어붙일 면에 용수가 있을 경우에 대한 대책을 3가지만 쓰시오.

답 ①

②

③

문제 04

배점 3

단위시멘트량이 310kg/m^3, 단위수량이 160kg/m^3, 단위잔골재량이 690kg/m^3, 단위굵은골재량이 1390kg/m^3인 콘크리트의 시방배합을 아래 표의 현장 골재상태에 맞게 현장 배합으로 환산하여 이때의 단위수량을 구하시오.

[현장 골재 상태]	• 잔골재가 5mm체에 남는 양 : 3.5% • 잔골재의 표면수 : 4.6% • 굵은골재가 5mm체를 통과하는 양 : 4.5% • 굵은골재의 표면수 : 0.7%

답 · 풀이

문제 05

배점 3

어느 토목공사의 공정에 있어서 낙관치 27일, 정상치 28일, 비관치 35일일 때 기대치를 계산하시오.

답 · 풀이

문제 06

배점 3

PSC교량에 사용되는 PS강재의 정착방법 중에서 가장 보편적으로 쓰이는 정착방식들은 정착장치의 형식에 따라 3가지로 분류할 수 있다. 그 3가지를 쓰시오.

답 ① ② ③

문제 07

배점 3

지하수수위가 높은 지역에 강널말뚝(Steel Sheet Pile)을 설치하여 토류벽을 설치하고자 한다. 강널말뚝의 타입방법을 4가지만 쓰시오.

답 ① ②

③ ④

문제 08

연약지반상에 성토한 경우 성토구조물의 변화를 관측, 측정할 수 있는 계측기기를 5가지만 쓰시오.

배점 3

답 ① ② ③

④ ⑤

문제 09

케이슨 기초 시공 공법 중 오픈케이슨 공법의 장점을 3가지만 쓰시오.

배점 3

답 ①

②

③

문제 10

표준관입시험의 N치가 35이고 현장에서 채취한 모래는 입자가 둥글고 균등계수가 5이고 곡률계수가 5이었다. Dunham의 식을 이용하여 이 모래의 내부 마찰각을 추정하시오.

배점 3

답 · 풀이

문제 11

배점 8

아래 작업 List를 가지고 화살선도를 그리고 표준일수에 대한 Critical Pach를 구하고, 총공사비(직접비+간접비)가 가장 적게 들기 위한 최적공기를 구하시오. (단, 간접비는 1일당 60만 원이 소요)

작업명	선행작업	후속작업	표준		특급	
			일수	직접비(만 원)	일수	직접비(만 원)
A	-	C, D	4	210	3	280
B	-	E, F	8	400	6	560
C	A	E, F	6	500	4	600
D	A	H	9	540	7	600
E	B, C	G	4	500	1	1100
F	B, C	H	5	150	4	240
G	E	-	3	150	3	150
H	D, F	-	7	600	6	750

(1) 표준일수에 대한 화살선도를 그리고, Critical Pach를 구하시오.
(2) 총공사비가 가장 적게 들기 위한 최적공기를 구하시오.

답 · 풀이

문제 12

배점 10

다음 표와 같은 설계조건 및 재료, 참고표를 이용하여 콘크리트를 배합설계하여 아래 배합표를 완성하시오.

설계조건 및 재료

- 물-시멘트는 50%로 한다.
- 굵은골재는 최대치수 25mm의 부순돌을 사용한다.
- 양질의 공기연행제(AE제)를 사용하며 그 사용량은 시멘트 질량의 0.03%로 한다.
- 물 - 시멘트는 목표로 하는 슬럼프는 120mm, 공기량은 5%로 한다.
- 사용하는 시멘트는 보통포틀랜드시멘트로서 밀도는 0.00315g/mm^{3}이다.
- 잔골재의 표건밀도는 0.0026g/mm^{3}이고, 조립률은 2.85이다.
- 굵은골재의 표건밀도는 0.0027g/mm^{3}이다.

[배합설계 참고표]

굵은 골재 최대 치수 (mm)	단위 굵은 골재 용적 (%)	공기연행제를 사용하지 않은 콘크리트			공기연행 콘크리트				
					공기량 (%)	양질의 공기연행제를 사용한 경우		양질의 공기연행감수제를 사용한 경우	
		갇힌 공기 (%)	잔골재율 S/a(%)	단위수량 W(kg/m³)		잔골재율 S/a(%)	단위수량 W(kg/m³)	잔골재율 S/a(%)	단위수량 W(kg/m³)
15	58	2.5	53	202	7.0	47	180	48	170
20	62	2.0	49	197	6.0	44	175	45	165
25	67	1.5	45	187	5.0	42	170	43	160
40	72	1.2	40	177	4.5	39	165	40	155

주 1) 이 표의 값은 보통의 입도를 가진 잔골재(조립률 2.8 정도)와 부순돌을 사용한 물-시멘트비 55% 정도, 슬럼프 80mm 정도의 콘크리트에 대한 것이다.

2) 사용재료 또는 콘크리트의 품질이 주 1)의 조건과 다를 경우에는 위의 표의 값을 아래 표에 따라 보정한다.

구분	S/a의 보정(%)	W의 보정(kg)
잔골재의 조립률이 0.1만큼 클(작을) 때마다	0.5만큼 크게(작게) 한다.	보정하지 않는다.
슬럼프값이 10mm만큼 클(작을) 때마다	보정하지 않는다.	1.2%만큼 크게(작게) 한다.
공기량이 1%만큼 클(작을) 때마다	0.5~0.1만큼 작게(크게) 한다.	3%만큼 작게(크게) 한다.
물-시멘트비가 0.05만큼 클(작을) 때마다	1만큼 크게(작게) 한다.	보정하지 않는다.

※ 비고 : 단위굵은골재용적에 의하는 경우에는 모래의 조립률이 0.1만큼 커질(작아질) 때마다 단위굵은 골재는 골재용적을 1%만큼 작게(크게) 한다.

[배합표]

굵은골재의 최대치수 (mm)	슬럼프 (mm)	공기량(%)	$\frac{W}{C}$(%)	잔골재율 S/a(%)	단위량(kg/m³)				혼화제 (g/m³)
					물	시멘트	잔골재	굵은골재	
25	120	5	50						

답·풀이

문제 13

수중 콘크리트 타설장비를 3가지만 쓰시오.

배점 3

답 ① ② ③

문제 14

구조물 하중에 의해 생기는 응력증가는 반드시 변형을 동반하게 되고 지반의 압축에 의한 구조물의 침하가 발생하게 되는데 이러한 침하의 종류 3가지를 쓰시오.

배점 3

답 ① ② ③

문제 15

$0.7m^3$ 용량의 백호로 15t 덤프트럭에 상차하여 토공사를 하고 있다. 아래의 조건에서 다음 물음에 답하시오. (시공조건 : 백호 버킷계수(k)=1.1, 토량환산계수(f)=0.8, 백호의 사이클타임=19초, 백호의 작업효율(E)=0.9, 자연상태 흙의 단위중량 $\gamma_t = 1.7t/m^3$, L=1.25, 덤프트럭 운반거리=20km, 덤프트럭의 사이클타임=60분, 덤프트럭의 토량환산계수(f)=1.0, 덤프트럭 작업효율(E)=0.9이다.)

(1) 백호의 시간당 작업량은 얼마인가?

(2) 덤프트럭의 시간당 작업량은 얼마인가?

(3) 백호 1대당 덤프트럭의 소요대수는 얼마인가?

배점 6

답 · 풀이

문제 16

도로 구조물 뒷채움 80kg의 램머를 사용하여 다짐작업 시 작업량 Q(m^3/hr)를 계산하시오. (단, 깔기 두께(D)=0.15m, 토량환산계수 f=0.7, 중복다짐횟수 p=7회, 작업효율 E=0.6, 1회당 유효다짐면적(A)=$0.0924m^2$, 시간당 타격횟수(N)=3,600회/h이다.)

배점 3

답 · 풀이

문제 17

TBM 공법의 단점을 아래의 보기와 같이 3가지만 쓰시오.

투자액이 고가이므로 초기 투자비가 많이 든다.

배점 3

답 ①

②

③

문제 18

배점
18

주어진 도면 및 조건에 따라 다음 물량을 산출하시오. (단, 주어진 도면의 치수는 축적에 맞지 않을 수 있으며, 주어진 치수로만 물량을 산출하며, 도면의 단위는 mm이다.)

단 면 도

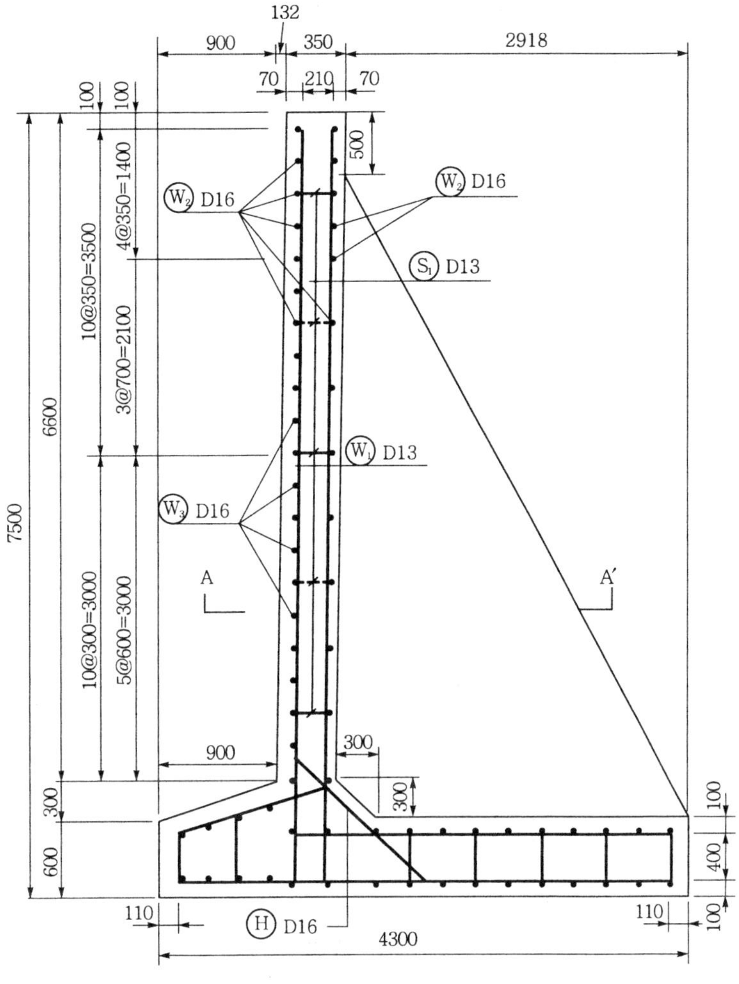

일 반 도

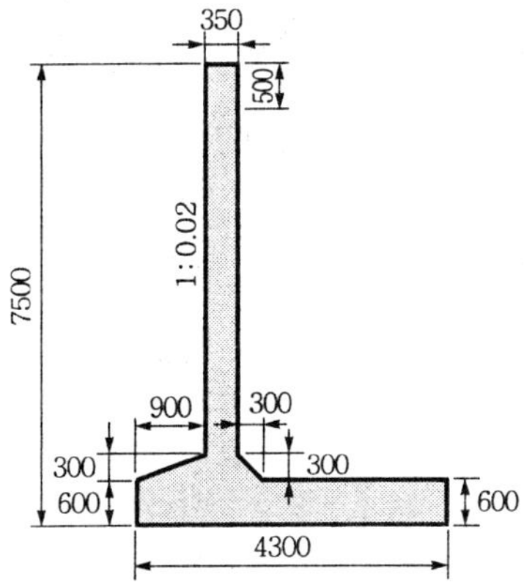

A-A′ 단면도

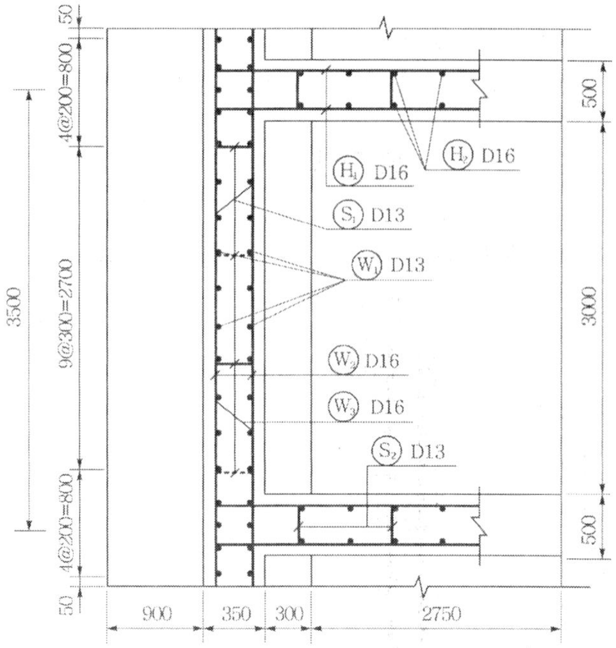
50
4@200=800
3500
9@300=2700
4@200=800
50
H1 D16
H2 D16
S1 D13
W1 D13
W2 D16
W3 D16
S2 D13
500
3000
500
900
350
300
2750

측 면 도

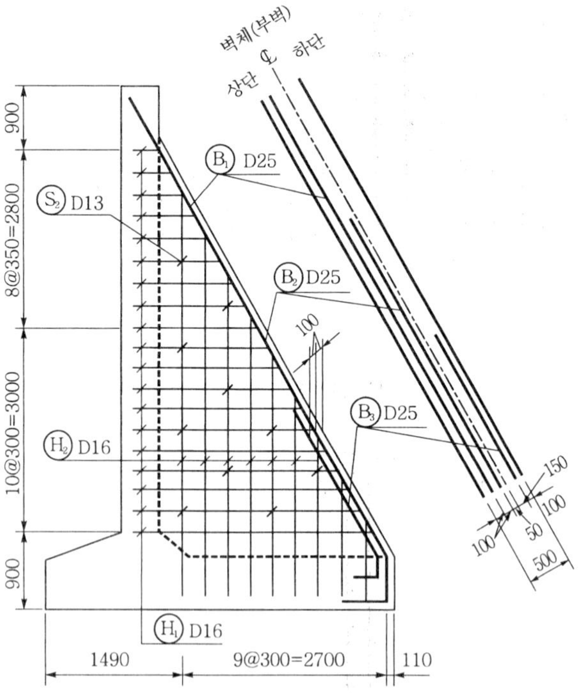
벽체(부벽)
상단
℄
하단
900
8@350=2800
10@300=3000
900
S2 D13
B1 D25
B2 D25
100
B3 D25
H2 D16
150
100
100
50
500
H1 D16
1490
9@300=2700
110

철근 상세도

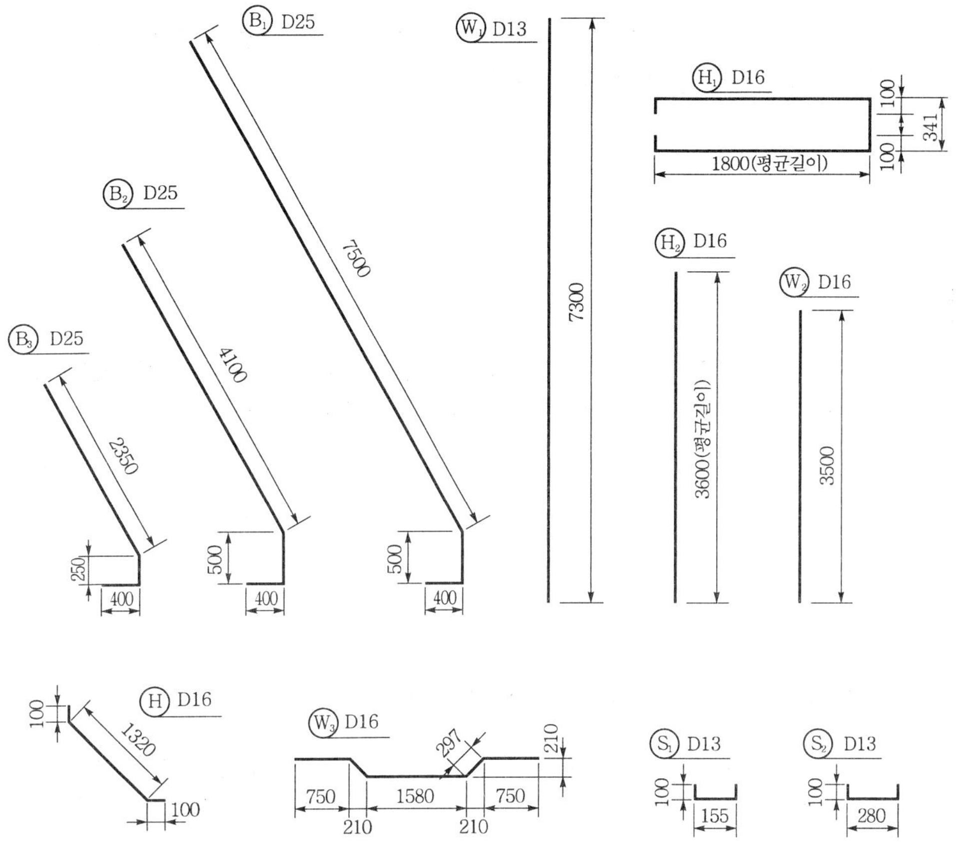

조건

① S_1 철근은 지그재그(zigzag)로 배치되어 있다.
② H 철근의 간격은 W_1 철근과 같다.
③ 물량산출에서의 할증률 및 마구리는 없는 것으로 한다.
④ 물량산출에서의 전면벽 경사를 반드시 고려하여야 한다.(일반도 참조)
⑤ 철근길이 계산에서 이음길이는 계산하지 않는다.
⑥ 저판의 철근량은 계산하지 않는다.

(1) 부벽을 포함하는 옹벽길이 3.5m에 대한 콘크리트량을 구하시오. (단, 전면벽의 경사를 고려하여야 하며, 소수 4째자리에서 반올림하시오.)

(2) 부벽을 포함하는 옹벽길이 3.5m에 대한 거푸집량을 구하시오. (단, 전면벽의 경사를 고려하여야 하며, 소수 4째자리에서 반올림하시오.)

(3) 부벽을 포함하는 옹벽길이 3.5m에 대한 철근물량표를 완성하시오.

기 호	직 경	길이(mm)	수 량	총 길이(mm)	기 호	직 경	길이(mm)	수 량	총 길이(mm)
W_1					B_1				
H					S_1				
H_1									

답 · 풀이

문제 19

암반 중에 천공한 보어 홀에 액체를 주입하여 압력을 상승시키고 공벽에 균열을 유도하여 현지지압을 계산하는 방법을 무엇이라 하는가?

배점 3

답 ▶ ……………………

문제 20

극한지지력 $R_u = 20t$ 이고, RC pile의 직경이 30cm, 주면마찰력이 $2.5t/m^2$, 말뚝선단의 지지력 $q_p = 28t/m^2$이라 할 때 소요되는 RC pile의 최소 지중깊이는?

배점 3

답 · 풀이 ▶ ……………………

문제 21

다음은 연약지반 개량공법 중 어떤 공법에 관한 설명인가?

> 10~40t의 강재 블록이나 콘크리트 블록과 같은 중추를 10~30m의 높은 곳에서 여러 차례 낙하시켜 충격과 진동으로 지반을 개량하는 방법으로, 사질토반이나 매립지반을 개량하는 데 효과적이며, 포화된 점성토에서도 사용 가능하다.

배점 3

답 ▶ ……………………

문제 22

자연함수비 12%인 흙으로 성토하고자 한다. 시방서에서는 다짐한 흙의 함수비를 16%로 관리하도록 규정하였을 때 매 층마다 $1m^2$당 몇 l의 물을 살수해야 하는가? (단, 1층의 다짐 두께는 20cm, 토량 변화율은 C=0.9이며, 원지반 상태에서 흙의 단위중량은 $1.8t/m^3$임.)

배점 3

답 · 풀이 ▶ ……………………

문제 23

배점 3

지반의 일축압축강도가 1.8 t/m^2 인 연약 점성토층을 직경 40cm의 철근 콘크리트 파일로 관입 길이 12m로 관통하여 박았을 때 부마찰력(Negative friction)을 구하시오.

답 · 풀이

문제 24

배점 3

제방, 터널, 배수로, 사면안정 및 보호 등에 사용되는 토목섬유의 종류를 4가지만 쓰시오.

답 ① ② ③ ④

문제 01

평균운반거리 50m, 배토량 17000m^3의 굴착·성토작업을 11t급 불도저 3대로 실시할 때 소요공기를 구하시오. (단, 시공조건은 C_m = 2.1분, 1회 굴착압토량 q = 1.89m^3, 작업효율 E = 0.75, 토량변화계수 f = 0.8, 1일 평균작업시간 = 6시간, 실제가동일수율 50%)

배점 3

답·풀이

문제 02

여굴을 적게 하고 파단선을 매끈하게 하기 위한 조절폭파 공법의 종류를 3가지만 쓰시오.

배점 3

답 ① ② ③

문제 03

토취장의 선정 조건을 3가지만 쓰시오.

배점 3

답 ①

②

③

문제 04

폭이 10cm, 두께 0.3cm인 Paper drain(Card Board)을 점토지반에 0.6m 간격으로 정삼각형 배치로 설치하였다면, Sand drain 이론의 등가환산원(등가원)의 직경(d_w)과 영향원의 직경(d_e)를 각각 구하시오.

배점 3

답·풀이

문제 05

암반굴착에 이용되는 TBM 공법의 장점을 3가지만 쓰시오.

배점 3

답 ①

②

③

문제 06

연약지반 개선을 위한 약액주입공법에서 주입약액으로서 구비해야 할 조건을 3가지만 쓰시오.

배점 3

답 ①

②

③

문제 07

동상현상이 발생하면 지면이 융기하게 되고 겨울철 토목공사에 많은 문제가 발생할 수 있다. 이러한 동상이 발생하기 쉬운 3가지 중요한 조건을 쓰시오.

배점 3

답 ①

②

③

문제 08

수중 콘크리트 작업 시 주의사항을 3가지만 쓰시오.

배점 3

답 ①

②

③

문제 09

Sand drain을 연약지반에 타설하는 방법을 3가지만 쓰시오.

배점 3

답 ① .... ② .... ③ ....

문제 10

다음 그림과 같은 20×30m 전면기초인 부분보상기초(partially compensated foundation)의 지지력파괴에 대한 안전율을 구하시오.

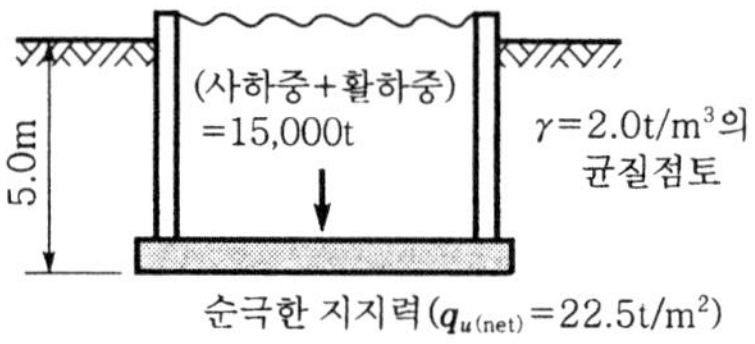

배점 4

답·풀이 ....

문제 11

그림과 같은 널말뚝을 모래지반에 타입하고 지하수위 이하를 굴착할 때의 Boiling 여부를 검토하시오.

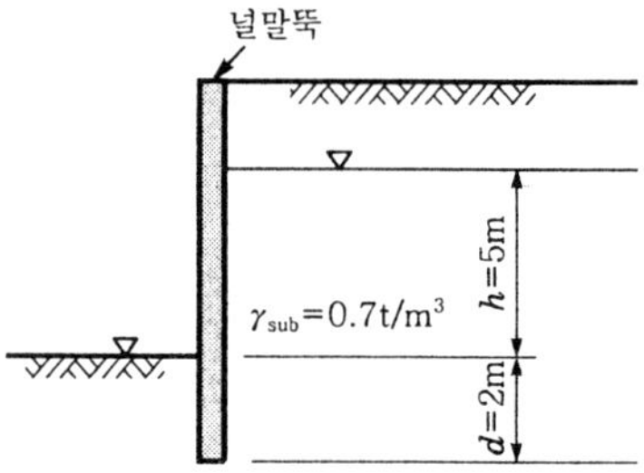

배점 4

답·풀이 ....

문제 12

배점 10

다음의 작업 리스트에서 Net Work(화살선도)를 작도하고, 공사기간을 6일 단축했을 때 추가로 소요되는 최소 비용을 구하시오.

작업명	작업일수	선행작업	단축가능 일수	비용경사(원/일)
A	5일	없음	1	6만 원
B	7일	A	1	4만 원
C	10일	A	1	7만 원
D	9일	B	2	6만 원
E	12일	C	2	5만 원
F	6일	D	2	8만 원
G	4일	E, F	2	10만 원

답 · 풀이

문제 13

배점 4

아래 그림과 같이 6.0m의 연직옹벽에 연속적인 강우로 뒤채움 흙이 완전 포화되어 있다. 뒤채움 흙은 $\gamma_{sat}=1.9\text{t/m}^3$, $\phi=38°$인 사질토이며, 벽면마찰각 $\delta=15°$이다. 이때 Coulomb의 주동토압계수는 0.219이고 파괴면이 수평면과 55°라고 가정할 경우 아래의 물음에 답하시오.

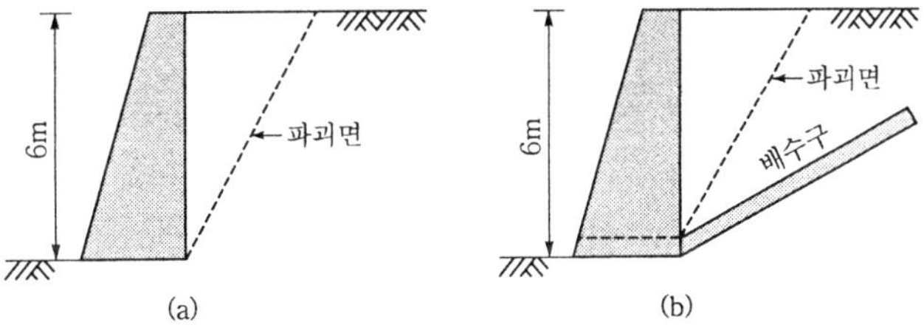

(1) 그림 (a)와 같이 옹벽배면에 배수구가 없을 경우 옹벽에 작용하는 전 주동토압을 구하시오.

(2) 그림 (b)와 같이 파괴면 아래쪽에 배수구를 경사지게 설치했을 경우 옹벽에 작용하는 전 주동토압을 구하시오.

답 · 풀이

문제 14

댐의 기초암반을 침투하는 물을 방지하기 위하여 지수의 목적으로 댐의 축방향 기초 상류부에 병풍모양으로 시멘트용액 또는 벤토나이트와 점토의 혼합용액을 주입하는 공법을 쓰시오.

배점 2

답

문제 15

굳지 않은 콘크리트의 워커빌리티(Workability) 측정방법을 3가지 쓰시오.

배점 3

답 ① ② ③

문제 16

공기케이슨 공법과 비교하였을 때 오픈케이스 공법의 시공상 단점을 3가지만 쓰시오.

배점 3

답 ①

②

③

문제 17

어느 작업의 정상 소요 일수는 15일이며, 가장 빨리 끝낼 경우 12일이 소요되고 아무리 늦어도 20일 이내에는 끝낼 수 있다. 이 작업이 기대되는 소요일수를 구하고, 이때의 분산을 구하시오.

배점 3

답 · 풀이

문제 18

배점 3

지반조사 시추현상에서 다음과 같은 크기의 암석시료를 코어 채취기로부터 채취하였다. 회수율과 암질지수(RQD)의 값을 구하시오. (단, 굴착된 암석의 코어 배럴 진행길이는 2.0m이다.)

코어 번호	1	2	3	4	5	6	7	8	9
코어 크기(cm)	10.5	16.5	6.0	8.5	3.9	18.0	20.5	3.0	5.5
개 수	1	2	1	1	1	1	2	1	2

답 · 풀이

문제 19

배점 3

암석 발파 시 비산이 발생되는 원인을 3가지만 쓰시오.

답 ①

②

③

문제 20

배점 6

3m × 3m 크기의 정사각형 기초를 마찰각 $\phi = 30°$, 점착력 $c = 5t/m^2$인 지반에 설치하였다. 흙의 단위중량 $\gamma = 1.7t/m^3$이며, 기초의 근입깊이는 2m이다. 지하수위가 지표면에서 1m, 3m, 5m 깊이에 있을 때의 극한지지력을 각각 구하시오. (단, 지하수위 아래 흙의 포화단위중량은 $1.9t/m^3$이고, Terzaghi 공식을 사용하고, $\phi = 30°$일 때, $N_c = 36$, $N_\gamma = 19$, $N_q = 22$)

답 · 풀이

문제 21

배점 3

그림과 같은 지층에 직경 400mm의 말뚝이 항타되어 박혀 있을 때의 극한 지지력을 구하시오. (단, Meyerhof 식을 적용)

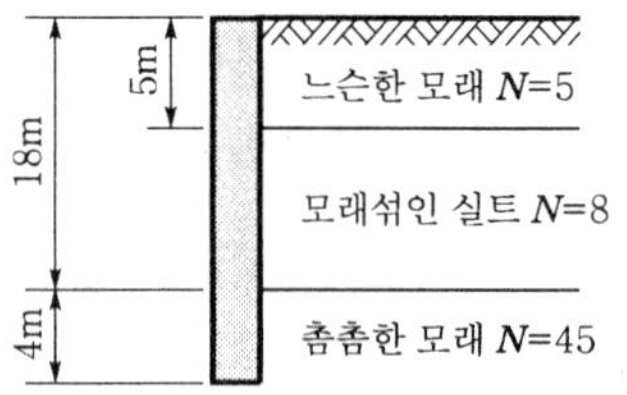

답 · 풀이

문제 22

배점 4

히빙의 정의와 방지대책을 2가지만 쓰시오.

(1) 히빙의 정의를 간단하게 쓰시오.

(2) 히빙의 방지대책을 2가지만 쓰시오.

답 (1)

(2) ①

②

문제 23

배점 3

3.5 × 3.5m 정사각형 기초의 저면에 1.0m 간격으로 말뚝직경(D) = 30cm, 말뚝의 관입길이(L) = 12m인 말뚝을 9개 배치하였다. 외말뚝(Single Pile)과 무리말뚝(Group Pile) 여부를 판단하고 무리말뚝인 경우 말뚝기초 전체의 허용지지력을 구하시오. (단, 군항의 효율은 0.7이고 외말뚝 본당 허용지지력은 30ton임)

(1) 외말뚝 또는 무리말뚝 여부

(2) 말뚝기초 전체 허용지지력

답 · 풀이

문제 **24**

부마찰력이란 하향의 마찰력에 의해 말뚝을 아래쪽으로 끌어내리는 힘을 말한다. 이 같은 부마찰력의 발생원인을 4가지만 쓰시오.

배점 4

답 ①

②

③

④

문제 **25**

다음과 같은 지형에서 시공기준면을 15m로 성토하고자 할 때 다음 물음에 답하시오. (단, 격자점 숫자는 표고, 단위는 m)

배점 6

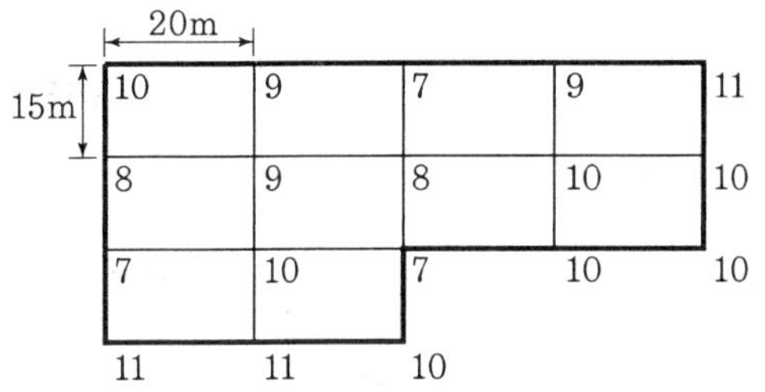

(1) 성토에 필요한 운반토량을 구하시오. (단, L=1.25, C=0.9)

(2) 적재용량 8t의 덤프트럭으로 운반할 때 연대수를 구하시오. (단, 굴착 흙의 단위중량은 $1.8t/m^3$)

답·풀이

문제 26

주어진 역T형 교대 도면을 보고 다음 물량을 산출하시오. (단, 교대 전체 길이는 10.3m 이며, 도면의 치수 단위는 mm이다.)

배점 8

측면도

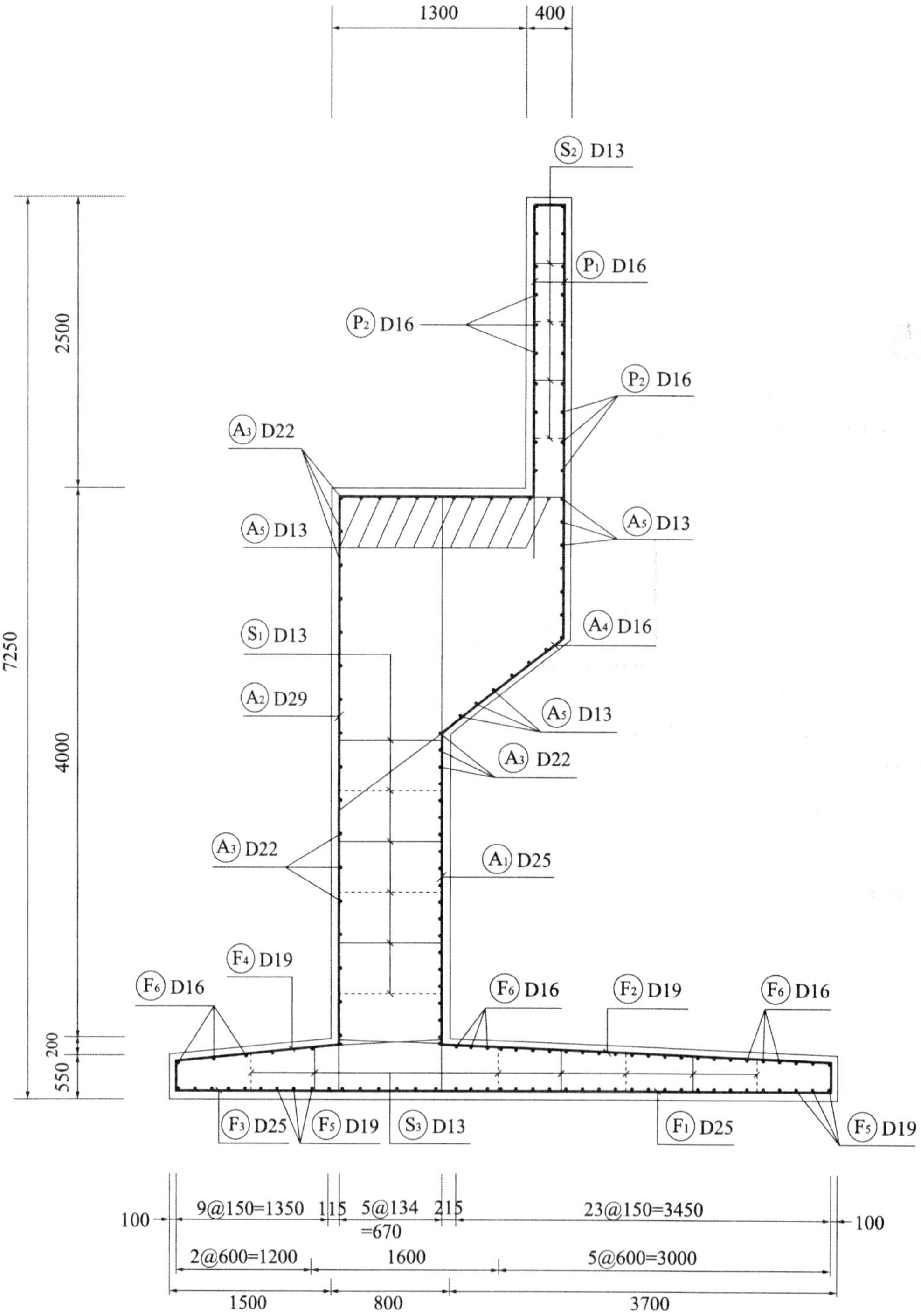

일반도

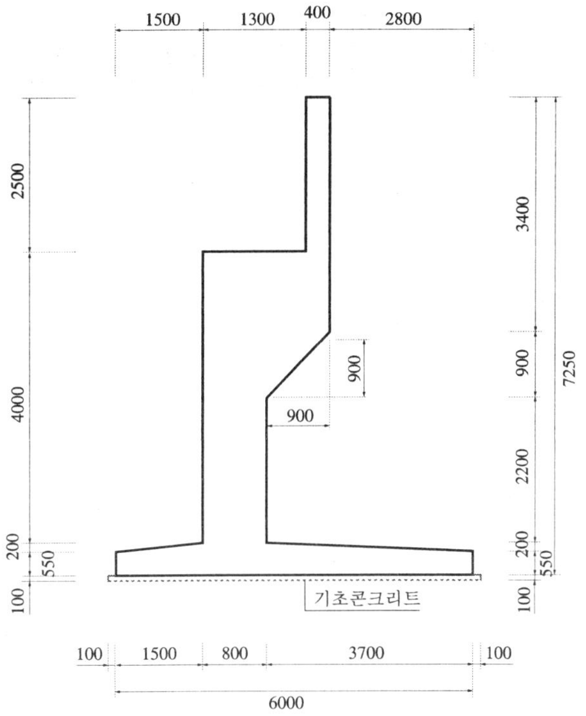

(1) 교대의 전체 콘크리트량을 구하시오. (단, 기초콘크리트량은 무시한다.)

(2) 교대의 전체 거푸집량을 구하시오. (단, 기초콘크리트에 사용되는 거푸집량은 무시한다.)

답 · 풀이

2013년도 정답 및 해설

정/답/및/해/설 2013년도 1차(04.20 시행)

정답·해설 01

(1) 공정표

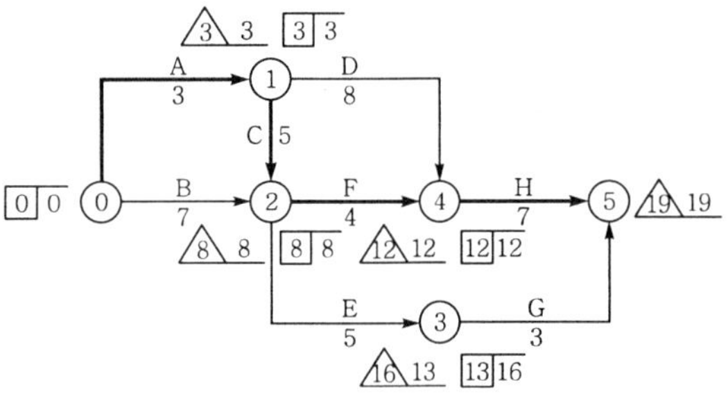

(2) ① 비용경사(cost slope)

작업명	단축가능 일수	비용경사(원)
A	1	$\frac{26,000-20,000}{3-2}=6000$
B	2	$\frac{50,000-40,000}{7-5}=5000$
C	2	$\frac{59,000-45,000}{5-3}=7000$
D	1	$\frac{60,000-50,000}{8-7}=10,000$
E	1	$\frac{44,000-35,000}{5-4}=9000$
F	1	$\frac{20,000-15,000}{4-3}=5000$
G	0	0
H	0	0

② 공기단축

단축단계	작업명	단축일수	추가비용(원)
1단계	F	1	5000
2단계	A	1	6000
3단계	B, C, D	1	5000+7000+10,000 = 22,000

③ 추가비용(extra cost)

EC = 5000+6000+22,000 = 33,000원

정답·해설 02

$$Q=\frac{Q_1Q_2}{Q_1+Q_2}=\frac{40\times60}{40+60}=24\text{m}^3/\text{hr}$$

정답·해설 03

① $\sigma=(10-H)\gamma_{sat}=(10-H)1.9$

② $u=\gamma_w h=1\times6=6\text{t/m}^2$

③ $\bar{\sigma}=0$일 때 히빙이 발생하므로

$\bar{\sigma}=\sigma-u=(10-H)1.9-6=0$ $\quad\therefore H=6.84\text{m}$

정답·해설 04

① 작성이 쉽다.
② 공사계획과 진척사항을 쉽게 알 수 있다.
③ 전체 공정의 파악이 쉽다.
④ 보기 쉽다.

정답·해설 05

① 도로 평판재하시험 ② CBR시험 ③ proof rolling

정답·해설 06

① EPS공법 ② 연속 culvert box공법
③ box 매설공법 ④ 파이프 매설공법

정답·해설 07

① 소성수축균열(plastic shrinkage crack)
② 침하균열(settlement crack)
③ 거푸집 변형에 따른 균열
④ 진동 · 재하에 따른 균열

참고

균열의 분류

(1) 미경화 콘크리트의 균열(초기균열)
① 소성수축균열(plastic shrinkage crack)
② 침하균열(settlement crack)

(2) 경화 콘크리트의 균열
① 온도변화에 의한 균열 ② 건조수축에 의한 균열
③ 화학적 침식에 의한 균열 ④ 기상작용에 의한 균열
⑤ 과하중에 의한 균열 ⑥ 시공불량에 의한 균열

정답·해설 08

$V=20\sqrt{\frac{Dh}{L}}$ $\quad 0.8=20\sqrt{\frac{0.2h}{300}}$ $\quad\therefore h=2.4\text{m}$

정답·해설 09

① 연약한 점토층의 압밀침하
② 연약한 점토층 위의 성토(사질토) 하중
③ 지하수위 저하
④ 말뚝을 타설하여 과잉공극수압이 발생한 후 시간의 경과에 따라 과잉공극수압이 소산되는 경우
⑤ 말뚝주변지반이 말뚝의 침하량보다 상대적으로 큰 침하를 일으키는 경우

정답·해설 10

(1) 모래지반

① $\gamma_t = \dfrac{G_s + Se}{1+e}\gamma_w = \dfrac{2.65 + 0.5 \times 0.7}{1+0.7} \times 1 = 1.76\,\text{t/m}^3$

② $\gamma_{sat} = \dfrac{G_s + e}{1+e}\gamma_w = \dfrac{2.65 + 0.7}{1+0.7} \times 1 = 1.97\,\text{t/m}^3$

(2) ① $P_1 = 1.76 \times 1.5 + 0.97 \times 3 + 0.96 \times \dfrac{4.5}{2} = 7.71\,\text{t/m}^2$

② $P_2 = P_1 + \Delta \text{P} = 7.71 + 4 = 11.71\text{t/m}^2$

③ $C_c = 0.009(W_L - 10) = 0.009(60-10) = 0.45$

(3) $\Delta H = \dfrac{C_c}{1+e_1}\log\dfrac{P_2}{P_1}H$

$= \dfrac{0.45}{1+0.9}\log\dfrac{11.71}{7.71} \times 4.5 = 0.1934\,\text{m} = 19.34\text{cm}$

정답·해설 11

(1) ① $A_p = \dfrac{\pi \cdot D^2}{4} = \dfrac{\pi \times 0.3^2}{4} = 0.07\,\text{m}^2$

② $A_s = \pi \cdot D \cdot l = \pi \times 0.3 \times 12 = 11.31\,\text{m}^2$

③ $\overline{N_s} = \dfrac{N_1h_1 + N_2h_2 + N_3h_3}{h_1 + h_2 + h_3} = \dfrac{10 \times 3 + 20 \times 4 + 40 \times 5}{3+4+5} = 25.83$

④ $R_u = 40NA_p + \dfrac{1}{5}\overline{N_s}A_s$

$= 40 \times 40 \times 0.07 + \dfrac{1}{5} \times 25.83 \times 11.31 = 170.43\text{t}$

(2) $R_a = \dfrac{R_u}{F_s} = \dfrac{170.43}{3} = 56.81\text{t}$

정답·해설 12

(1) 길이 1m에 대한 콘크리트량

$= \left(\dfrac{0.35 + (0.7 - 0.02 \times 0.6)}{2} \times 5.1 + \dfrac{(0.7 - 0.6 \times 0.02) + 0.7 + 0.6}{2} \times 0.6\right.$

$\left. + \dfrac{1.3 + 5.8}{2} \times 0.45 + 5.8 \times 0.35 + 0.5 \times 0.9\right) \times 1 = 7.3208 = 7.321\,\text{m}^3$

(2) 길이 1m에 대한 거푸집량

$= \left(\sqrt{5.7^2 + (5.7 \times 0.02)^2} + 0.35 \times 2 + 0.9 \times 2 + \sqrt{0.6^2 + 0.6^2} + \sqrt{5.1^2 + 0.236^2}\right) \times 1$

$= 14.1551 = 14.155\,\text{m}^2$

(3) 길이 1m에 대한 철근물량표

기 호	직 경	길 이(mm)	수 량	총 길이 (mm)	기 호	직 경	길 이(mm)	수 량	총 길이 (mm)
W_1	D 13	6511	5	32,555	K_1	D 16	3694	10	36,940
F_1	D 22	2196	5	10,980	S_2	D 13	950	12.5	11,875

정답·해설 13

$$Q=\frac{ANHfE}{P}=\frac{0.029\times3900\times0.3\times0.8\times0.5}{6}=2.26\text{m}^3/\text{hr}$$

정답·해설 14

(1) $Q=Am+Pn$

$10=\left(\dfrac{\pi\times0.3^2}{4}\right)\cdot m+(\pi\times0.3)\cdot n$ ················ ①

$25=\left(\dfrac{\pi\times0.6^2}{4}\right)\cdot m+(\pi\times0.6)\cdot n$ ················ ②

식 ㉠, ㉡에서 $m=35.37\text{t/m}^2$, $n=7.96\text{t/m}$

(2) $Q=Am+Pn$

$150=D^2\times35.37+4D\times7.96$ $\therefore\ D=1.66\text{m}$

정답·해설 15

① 통과횟수$=\dfrac{600}{3}=200$회

② 작업소요시간$=\dfrac{\text{통과횟수}\times\text{거리}}{\text{평균작업속도}\times\text{효율}}=\dfrac{200\times200}{5000\times0.8}+\dfrac{200\times200}{6500\times0.8}=17.69$시간

정답·해설 16

(1) 단위굵은골재량

① $\dfrac{W}{C}=0.55$ $\dfrac{165}{C}=0.55$ $\therefore\ C=300\ \text{kg}$

② 단위굵은골재량$=2290-(165+300+780)=1045\text{kg}$

(2) 잔골재율

① 단위굵은골재량 절대체적$=\dfrac{1045}{2.67\times1000}=0.39\text{m}^3$

② 단위잔골재량 절대체적$=\dfrac{780}{2.62\times1000}=0.30\text{m}^3$

③ 잔골재율$=\dfrac{S}{S+G}=\dfrac{0.3}{0.3+0.39}=43.48\%$

정답·해설 17

(1) $V=\dfrac{ab}{4}(\Sigma h_1+2\Sigma h_2+3\Sigma h_3+4\Sigma h_4)$

① $\Sigma h_1=2.8+3.3+4.3+4.1+3.6=18.1\text{m}$

② $\Sigma h_2=3.5+3.1+3.5+3.9+3.8+3=20.8\text{m}$

③ $\Sigma h_3=4\text{m}$

④ $\Sigma h_4 = 4.2 + 3.7 + 4.4 = 12.3\text{m}$

$$\therefore V = \frac{10 \times 5}{4}(18.1 + 2 \times 20.8 + 3 \times 4 + 4 \times 12.3) = 1{,}511.25\text{m}^3$$

(2) $h = \dfrac{1{,}511.25}{10 \times 5 \times 8} = 3.78\text{m}$

정답·해설 18

(1) 셔블의 시간당 작업량

$$Q_s = \frac{3600 \cdot q \cdot k \cdot f \cdot E}{C_m} = \frac{3600 \times 3 \times 1.1 \times \frac{1}{1.2} \times 0.5}{30} = 165\text{m}^3/\text{h}$$

(2) 덤프트럭의 시간당 작업량

① $q_t = \dfrac{T}{\gamma_t} \cdot L = \dfrac{15}{1.8} \times 1.2 = 10\text{m}^3$

② $Q_t = \dfrac{60 \cdot q_t \cdot f \cdot E_t}{C_{mt}} = \dfrac{60 \times 10 \times \frac{1}{1.2} \times 0.8}{30} = 13.33\text{m}^3/\text{h}$

(3) 덤프트럭의 소요대수

$N = \dfrac{165}{13.33} = 12.38 = 13$대

정답·해설 19

① 건조밀도로 판정
② 포화도 또는 공기공극률로 판정
③ 강도로 판정
④ 상대밀도로 판정
⑤ 변형량으로 판정

정답·해설 20

감세공

정답·해설 21

① 상압증기양생
② 고압증기양생(오토클레이브 양생)
③ 전기양생
④ 적외선양생

정답·해설 22

① 시멘트계 ② 점토계 ③ 아스팔트계

정답·해설 23

① 투수층 내 지수벽 설치 : 제체 및 기초지반의 투수층에 지수벽(sheet pile, 심벽 등)을 설치하여 지수시키는 방법
② 제방부지 확폭
③ 피복재 설치
④ 압성토 설치

정답·해설 24

① 내부마찰각(ϕ) ② 상대밀도(D_r) ③ 지지력계수 ④ 탄성계수

정답·해설 25

(1) $P = 250 + 50 = 300\text{t}$

(2) $P_n = \dfrac{P}{n} \pm \dfrac{M_y \cdot x}{\Sigma x^2} \pm \dfrac{M_x \cdot y}{\Sigma y^2}$

① $P_A = \dfrac{300}{10} + \dfrac{220 \times 1.8}{6 \times 1.8^2 + 4 \times 0.8^2} + 0 = 48\text{t}$

② $P_B = \dfrac{300}{10} + \dfrac{220 \times 0.8}{6 \times 1.8^2 + 4 \times 0.8^2} + 0 = 38\text{t}$

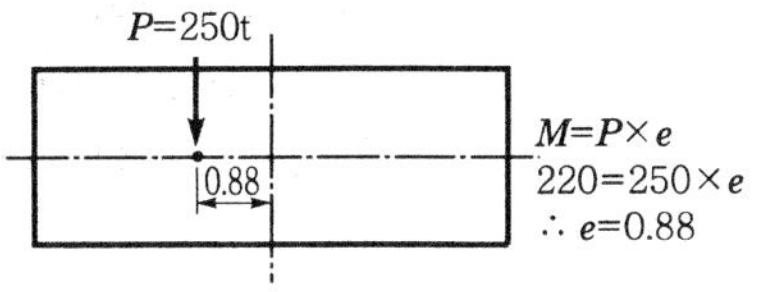

정/답/및/해/설 2013년도 2차(07.13 시행)

정답·해설 01

$$F_s = \frac{i_c}{i} = \frac{\dfrac{G_s - 1}{1+e}}{\dfrac{h}{L}} = \frac{0.7}{\dfrac{6}{6+5+5}} = 1.87$$

정답·해설 02

① 표면적이 작은 말뚝(H-형강 말뚝)을 사용하는 방법
② 말뚝지름보다 크게 pre-boring하는 방법
③ 말뚝지름보다 약간 큰 casing을 박는 방법
④ 말뚝표면에 역청재를 칠하는 방법

정답·해설 03

① 배합설계 변경 : 급결제, 시멘트량을 증가시키는 등 배합설계 변경
② 배수파이프나 배수필터를 설치하여 배수처리를 한다.
③ 초기에 dry mix concrete를 뿜어 부쳐서 용수와 융합시킨 후 서서히 물을 첨가하여 뿜어 붙인다.
④ 물빼기 boring 설치

정답·해설 04

(1) 골재량의 수정

잔골재량을 x(kg), 굵은골재량을 y(kg)이라 하면

$x + y = 690 + 1390 = 2080$ ················ ①

$0.035x + (1 - 0.045)y = 1390$ ············ ②

식 ①, ②를 연립방정식으로 풀면

$x = 648.26\text{kg}$, $y = 1431.74\text{kg}$

(2) 표면수량 수정

잔골재 표면수량= 648.26 × 0.046 = 29.82kg

굵은골재 표면수량 = 1431.74 × 0.007 = 10.02kg

(3) 현장배합

단위시멘트량= 310kg

단위수량= 160 − (29.82 + 10.02) = 120.16kg

단위잔골재량= 648.26 + 29.82 = 678.08kg

단위굵은골재량= 1431.74 + 10.02 = 1441.76kg

정답·해설 05

$$t = \frac{a + 4m + b}{6} = \frac{27 + 4 \times 28 + 35}{6} = 29\text{일}$$

정답·해설 06

① 쐐기식 ② 지압식 ③ 루프식

✎ 참고

post-tension 방식의 정착방법

(1) 쐐기식 : 프레시네 공법, VSL공법

PS강재와 정착장치 사이의 마찰력을 이용하여 쐐기작용으로 PS강재를 정착하는 방식이다.

(2) 지압식

① 리벳머리식 : BBRV 공법

PS강선 끝을 못머리와 같이 제두 가공하여 이것을 지압판으로 정착하는 방식이다.

② 너트식 : 디비닥 공법

PS강봉 끝의 전조된 나사에 너트를 끼워 정착판에 정착하는 방식이다.

(3) 루프식 : Leoba공법

Loop 모양으로 가공한 PS 강선 또는 강연선을 콘크리트 속에 묻어 넣어 콘크리트와의 부착 또는 지압에 의해 정착하는 방식이다.

정답·해설 07

① 유압식 압입 인발공법 ② 바이브로 해머에 의한 항타공법

③ Auger 압입공법 ④ Water Jet 공법

정답·해설 08

① 층별 침하계 ② 지표 침하계 ③ 지중 경사계

④ 지하 수위계 ⑤ 간극 수압계

✎ 참고

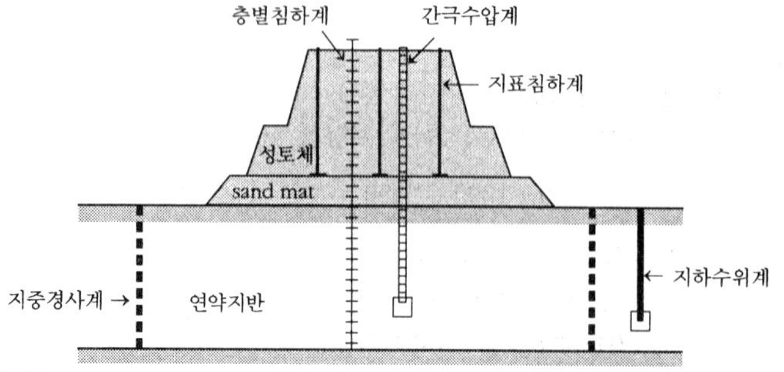

정답·해설 09

① 침하 깊이에 제한이 없다.
② 공사비가 저렴하다.
③ 기계설비가 비교적 간단하다.
④ 지지력과 강성이 크다.

정답·해설 10

$\phi = \sqrt{12N} + 15 = \sqrt{12 \times 35} + 15 = 35.49°$

정답·해설 11

(1) ① 공정표

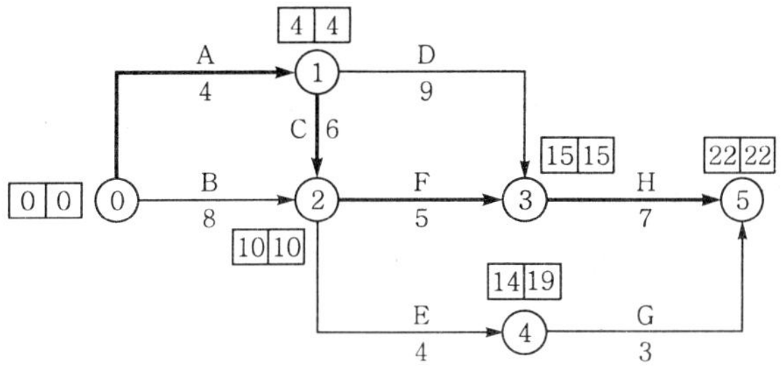

② CP : ⓪ → ① → ② → ③ → ⑤

(2) ① 비용경사(cost slope)

작업명	단축가능일수	비용경사(만 원)
A	1	$\frac{280-210}{4-3}=70$
B	2	$\frac{560-400}{8-6}=80$
C	2	$\frac{600-500}{6-4}=50$
D	2	$\frac{600-540}{9-7}=30$
E	3	$\frac{1100-500}{4-1}=200$
F	1	$\frac{240-150}{5-4}=90$
G	0	0
H	1	$\frac{750-600}{7-6}=150$

② 공기단축

단축단계	작업명	단축일수	추가비용 (extra cost)	공기(일)	비고
1단계	C	2	2×50만 원 = 100만 원	20	최적공기
2단계	D, F	1	1×120만 원 = 120만 원	19	

③ 총 공사비가 최소가 되는 최적공기 = 22 − 2 = 20일

정답·해설 12

(1) 잔골재율 및 단위수량

구 분	수정 계산	S/a(%)	W(kg)
잔골재의 FM = 2.85	$42+\frac{(2.85-2.8)\times0.5}{0.1}=42.25$	42.25	170
$\frac{W}{C}$ = 50%	$42.25+\frac{(50-55)\times1}{5}=41.25$	41.25	170
slump = 12cm	$170+\frac{(12-8)\times170\times0.012}{1}=178.16$	41.25	178.16

(2) 단위 시멘트량

$\frac{W}{C}=0.5$ $\frac{178.16}{C}=0.5$ $\therefore C=365.32\text{kg}$

(3) 단위골재량

① 단위골재량 절대체적 $V_a=1-\left(\frac{178.16}{1000}+\frac{356.32}{3.15\times1000}+\frac{5}{100}\right)=0.66\text{m}^3$

② 단위잔골재량 절대체적 $V_S=V_a\times\frac{s}{a}=0.66\times0.4125=0.27\text{m}^3$

③ 단위잔골재량 $=0.27\times2.6\times1000=702\text{kg}$

④ 단위굵은골재량 절대체적 $V_G=V_a-V_s=0.66-0.27=0.39\text{m}^3$

⑤ 단위굵은골재량 $=0.39\times2.7\times1000=1053\text{kg}$

⑥ AE제량 $=356.32\times0.0003=0.106896=106.9\text{g}$

(4) 배합표

굵은골재의 최대치수 (mm)	슬럼프 (mm)	공기량 (%)	$\frac{W}{C}$(%)	잔골재율 S/a(%)	단위량(kg/m^3)				혼화제(g/m^3)
					물	시멘트	잔골재	굵은골재	
25	120	5	50	41.25	178.16	356.32	702	1053	106.9

정답·해설 13

① 트레미(tremie) ② 콘크리트 펌프(con'c pump)
③ 밑열림 상자 ④ 밑열림 포대

정답·해설 14

① 균등침하 ② 전도 ③ 불균등 침하

정답·해설 15

(1) $Q=\frac{3600qkfE}{C_m}=\frac{3600\times0.7\times1.1\times0.8\times0.9}{19}=105.04\text{m}^3/\text{hr}$

(2) ① $q_t=\frac{T}{\gamma_t}\cdot L=\frac{15}{1.7}\times1.25=11.03\text{m}^3$

② $Q_t=\frac{60q_tfE_t}{C_{mt}}=\frac{60\times11.03\times\frac{1}{1.25}\times0.9}{60}=7.94\text{m}^3/\text{hr}$

(3) 트럭의 대수

$N=\frac{105.04}{7.94}=13.23=14$대

정답·해설 16

$$Q=\frac{ANHfE}{P}=\frac{0.0924\times3600\times0.15\times0.7\times0.6}{7}=2.99\text{m}^3/\text{hr}$$

정답·해설 17

① 굴착 단면을 변경할 수 없다.
② 지질에 따라 적용에 제약이 있다.
③ 구형, 마제형 등의 단면에는 적용할 수 없다.
④ 기계 중량이 크므로 현장 반입·반출이 어렵다.

정답·해설 18

(1) 부벽을 포함하는 옹벽길이 3.5m에 대한 콘크리트량

① $A_1=0.35\times6.6=2.31\text{m}^2$

② $A_2=\dfrac{0.35+(0.9+0.35+0.3)}{2}\times0.3$

$=0.285\text{m}^2$

③ $A_3=4.3\times0.6=2.58\text{m}^2$

④ $A_4=\dfrac{(3.05+0.006)\times6.4}{2}-\dfrac{(0.3+0.006)\times0.3}{2}$

$=9.7333\text{m}^2$

⑤ 콘크리트량

$=(A_1+A_2+A_3)\times3.5+A_4\times0.5$

$=5.175\times3.5+9.7333\times0.5$

$=22.97915\text{m}^3$

$\fallingdotseq 22.979\text{m}^3$

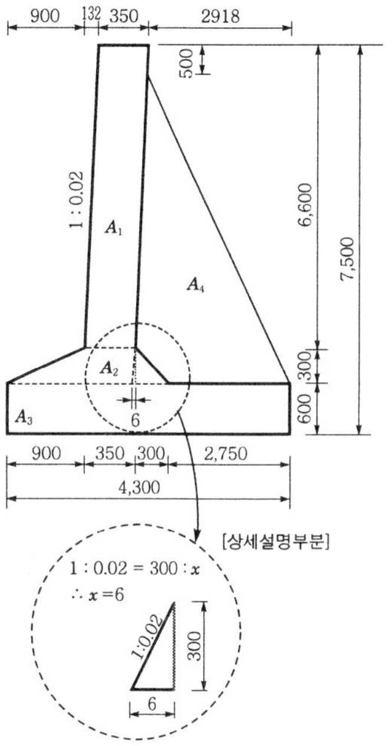

(2) 부벽을 포함하는 옹벽길이 3.5m에 대한 거푸집량

① $A_1=\sqrt{6.6^2+(6.6\times0.02)^2}\times3.5=23.1046\text{m}^2$

② $A_2=0.6\times3.5=2.1\text{m}^2$

③ $A_3=0.6\times3.5=2.1\text{m}^2$

④ $A_4=\sqrt{0.3^2+0.3^2}\times3=1.2728\text{m}^2$

⑤ $A_5=\sqrt{6.6^2+(6.6\times0.02)^2}\times3.5$

$-\sqrt{6.1^2+(6.1\times0.02)^2}\times0.5$

$=20.054\text{m}^2$

⑥ $A_6=\left\{\dfrac{(3.05+0.006)\times6.4}{2}-\dfrac{(0.3+0.006)\times0.3}{2}\right\}\times2$

$=19.4666\text{m}^2$

⑦ $A_7=\sqrt{2.928^2+6.4^2}\times0.5=3.5190\text{m}^2$

⑧ 거푸집량 $=A_1+A_2+\cdots\cdots+A_7$

$=71.617\text{m}^2$

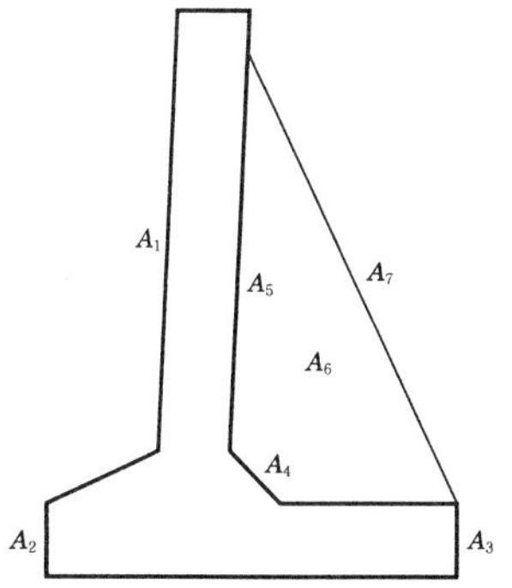

(3) 부벽을 포함하는 옹벽길이 3.5m에 대한 철근량

① 단면도상 선으로 보이는 철근(W_1, H)

기호	직경	본당길이(mm)	수량	총 길이(mm)	수량 산출근거
W_1	D13	7300	26	189,800	W_1철근은 A-A′단면도상 점으로 표시된 철근이므로 수량=13×2(복배근)=26개
H	D16	100+1320+100 = 1520	13	19,760	H의 간격은 W_1의 간격과 같다.

② S_1 철근

기 호	직 경	본당길이(mm)	수 량	총 길이(mm)	수량 산출근거
S_1	D 13	100×2+155 = 355	10	3550	단면도상에 5개, A-A′ 단면도상에 4개가 지그재그 배근이므로

• S_1 철근 배근도

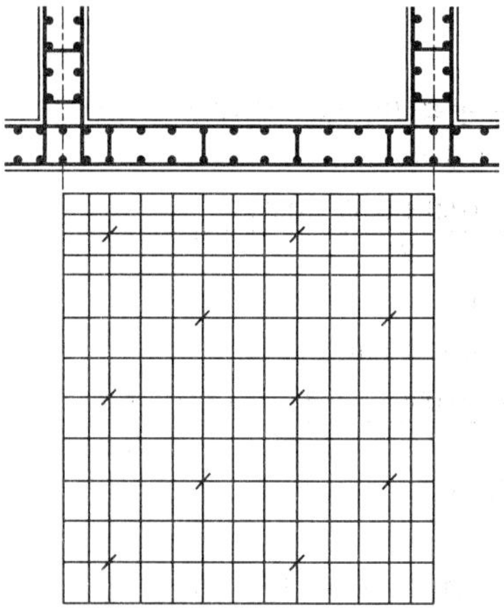

[(A-A′) 단면도]

[단면도 벽체 후면]

③ 부벽 철근(B_1, H_1)

기 호	직 경	본당길이(mm)	수 량	총 길이(mm)	수량 산출근거
B_1	D 25	7500+50+400 = 8400	2	16,800	측면도상 개수를 센다. 수량 = 2개
H_1	D 16	100×2+1800×2 +341 = 4141	19	78,679	수량 = 간격수+1 = [(10+8)+1] = 19개

• B_1, B_2, B_3 철근 배근도(평면도)

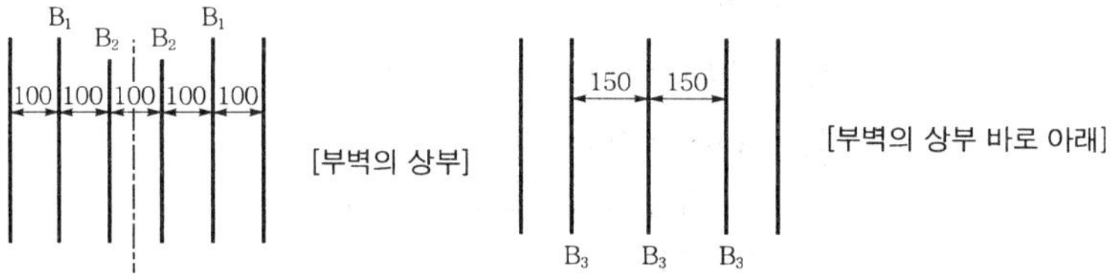

④ 철근물량표

기 호	직 경	길이(mm)	수 량	총 길이(mm)	기 호	직 경	길이(mm)	수 량	총 길이(mm)
W_1	D 13	7300	26	189,800	B_1	D 25	8400	2	16,800
H	D 16	1520	13	19,760	S_1	D 13	355	10	3550
H_1	D 16	4141	19	78,679					

정답·해설 19

수압파쇄법(Hydraulic fracturing test)

정답·해설 20

$$R_u = R_p + R_f = q_p A_p + f_s A_s$$

$$20 = 28 \times \frac{\pi \times 0.3^2}{4} + 2.5 \times (\pi \times 0.3 \times l) \qquad \therefore l = 7.65\text{m}$$

정답·해설 21

동압밀공법(동다짐공법)

정답·해설 22

① 1m^2당 본바닥체적 $= (1 \times 1 \times 0.2) \times \frac{1}{0.9} = 0.222\text{m}^3$

② w = 12%일 때 흙의 무게

$$\gamma_t = \frac{W}{V} \qquad 1.8 = \frac{W}{0.222} \qquad \therefore\ W = 0.4\text{t} = 400\text{kg}$$

③ w = 12%일 때 물의 무게

$$W_s = \frac{W}{1 + \frac{w}{100}} = \frac{400}{1 + \frac{12}{100}} = 357.14\text{kg}$$

$$\therefore\ W_w = W - W_s = 400 - 357.14 = 42.86\text{kg}$$

④ w = 16%일 때 물의 무게

$$w = \frac{W_w}{W_s} \times 100 \qquad 16 = \frac{W_w}{357.14} \times 100 \qquad \therefore\ W_w = 57.14\text{kg}$$

⑤ 살수량 $= 57.14 - 42.86 = 14.28\text{kg} = 14.28\ l$

정답·해설 23

$$R_{nf} = f_n A_s = \frac{q_u}{2} \cdot \pi D l = \frac{1.8}{2} \times (\pi \times 0.4 \times 12) = 13.57\text{t}$$

정답·해설 24

① geotextile ② geomembrane ③ geogrid ④ geocomposite

정/답/및/해/설 2013년도 3차(11.09 시행)

정답·해설 01

(1) 시간당 작업량(dozer 3대)

① 효율(E) = 작업능력계수(E_1) × 실작업시간율(E_2)

$= 0.75 \times 0.5 = 0.375$

② $Q = \frac{60qfE}{C_m} \times 3 = \frac{60 \times 1.89 \times 0.8 \times 0.375}{2.1} \times 3 = 48.6\text{m}^3/\text{hr}$

(2) 공기 $= \frac{17000}{48.6 \times 6} = 58.3 = 59$일

정답·해설 02

① 라인 드릴링(line drilling) 공법
② 쿠션 블라스팅(cushion blasting) 공법
③ 스므스 블라스팅(smooth blasting) 공법
④ 프리 스프리팅(pre-splitting) 공법

정답·해설 03

① 토질이 양호할 것
② 토량이 충분할 것
③ 싣기가 편리한 지형일 것
④ 성토장소를 향하여 하향구배 1/50~1/100 정도를 유지할 것
⑤ 운반로가 양호하고 장애물이 적을 것
⑥ 용수, 붕괴의 염려가 없고 배수가 양호한 지형일 것

정답·해설 04

(1) $d_w = \alpha \dfrac{2A+2B}{\pi} = 0.75 \times \dfrac{2\times 10 + 2\times 0.3}{\pi} = 4.92\text{cm}$

(2) $d_e = 1.05d = 1.05 \times 60 = 63\text{cm}$

정답·해설 05

① 주위지반을 이완시키지 않는다.
② 낙반이 적고 작업자의 안전성이 높다.
③ 복공(lining)의 두께를 얇게 할 수 있다.
④ 여굴이 적다.
⑤ 지보공이 절약된다.
⑥ 공기오염도가 적다.
⑦ 노무비가 절약된다.

참고

단점
① 설비 투자액이 크다.
② 지질에 따라 적용범위가 제한적이다.
③ 굴착단면의 변경이 곤란하다.

정답·해설 06

① 유동성을 갖도록 초기점성이 작아야 한다.
② 간극에 압송된 후 일정한 응결시간 경과 후 고강도를 발휘해야 한다.
③ 흙이나 지하수를 오염시키는 성분이 없어야 한다.

정답·해설 07

① 동상을 받기 쉬운 흙(실트질토)이 존재한다.
② 0℃ 이하의 온도지속시간이 길다.
③ ice lens를 형성할 수 있도록 물의 공급이 충분해야 한다.

정답·해설 08

① 물막이를 하여 정수 중에서 타설(유속 : 5cm/sec 이하)
② 수중에 낙하시켜서는 안 된다.
③ 소정의 높이 또는 수면상에 도달할 때까지 연속적으로 타설
④ 경화 시까지 물의 유동방지
⑤ 레이턴스를 완전히 제거한 후 다음 구획의 콘크리트를 친다.

✎ 참고

수중 콘크리트

① W/C : 50% 이하
② 단위시멘트량 : 370kg/m3 이상
③ S/a : 40~45%

정답·해설 09

① 압축공기식 케이싱법
② water jet식 케이싱법
③ earth auger법
④ rotary boring법

정답·해설 10

$$F_s = \frac{q_{u(\text{net})}}{\dfrac{Q}{A} - \gamma \cdot D_f} = \frac{22.5}{\dfrac{15{,}000}{20 \times 30} - 2 \times 5} = 1.5$$

정답·해설 11

$$F_s = \frac{i_c}{i} = \frac{\dfrac{G_s - 1}{1+e}}{\dfrac{h}{L}} = \frac{0.7}{\dfrac{5}{5+2+2}} = 1.26 > 1.2$$

∴ boiling에 안전하다.

정답·해설 12

(1) Net Work(화살선도)

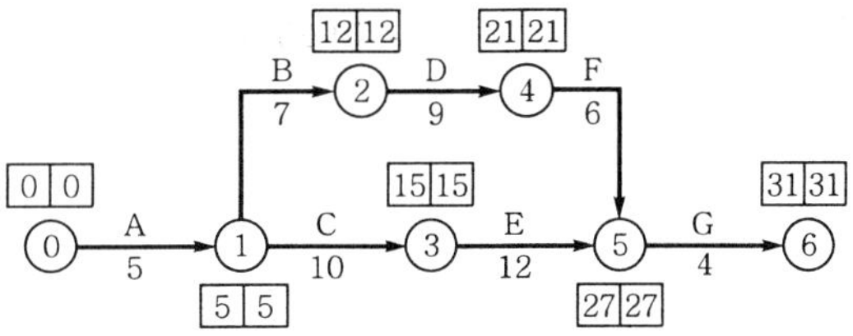

(2) ① 공기단축 : 전 공정이 all CP이다.

단축단계	작업명	단축일수	추가비용(만 원)
1단계	A	1	1×6=6
2단계	B, E	1	1×4+1×5=9
3단계	G	2	2×10=20
4단계	D, E	1	1×6+1×5=11
5단계	C, D	1	1×7+1×6=13

② 추가비용(extra cost)

EC=6+9+20+11+13=59만 원

정답·해설 13

(1) $P_a = \frac{1}{2}\gamma_{sub}H^2C_a + \frac{1}{2}\gamma_w H^2 = \frac{1}{2}\times 0.9\times 6^2\times 0.219 + \frac{1}{2}\times 1\times 6^2 = 21.55\text{t/m}$

(2) $P_a = \frac{1}{2}\gamma_{sat}H^2C_a = \frac{1}{2}\times 1.9\times 6^2\times 0.219 = 7.49\text{t/m}$

정답·해설 14

커튼 그라우팅(curtain grouting)

정답·해설 15

① 슬럼프시험(slump test)
② 흐름시험(flow test)
③ 리몰딩시험(remolding test)
④ 구관입시험(ball penetration test)
⑤ 비비(vee-bee) 반죽질기시험
⑥ 일리발렌시험(iribarren test)

정답·해설 16

① 기초지반 토질의 확인, 지지력 측정이 곤란하다.
② 저부 콘크리트의 수중시공으로 품질이 저하된다.
③ 중심이 높아져서 케이슨이 경사질 우려가 있다.
④ 굴착 시 boiling, heaving의 우려가 있다.
⑤ 굴착 중 장애물이 있거나 수중굴착일 경우 공기가 길어진다.

정답·해설 17

① 기대 소요일수(기대치)

$$t_e = \frac{t_0 + 4t_m + t_p}{6} = \frac{12 + 4\times 15 + 20}{6} = 15.33\text{일}$$

② 분산

$$\sigma^2 = \left(\frac{t_p - t_0}{6}\right)^2 = \left(\frac{20-12}{6}\right)^2 = 1.78$$

정답·해설 18

① $\text{회수율} = \frac{10.5 + 16.5\times 2 + 6 + 8.5 + 3.9 + 18 + 20.5\times 2 + 3 + 5.5\times 2}{200}\times 100 = 67.45\%$

② $\text{RQD} = \frac{10.5 + 16.5\times 2 + 18 + 20.5\times 2}{200}\times 100 = 51.25\%$

정답·해설 19

① 과다한 장약량
② 지나친 지발시간
③ 단층, 균열, 연약면 등에 의한 암반의 강도 저하
④ 천공 시 잘못으로 인한 국부적인 장약공의 집중현상

참고

전색의 효과
① 밀폐에 의해 구멍 내 폭약이 완전히 폭발한다.
② 밀폐에 의해 폭파에너지의 효과가 상승한다.
③ 가스에 의한 안전성이 향상된다.

정답·해설 20

(1) 지하수위가 지표면하 1m 깊이에 있을 때

① $\gamma_1 = \gamma_{sub} = 0.9\text{t/m}^3$

② $D_f\gamma_2 = D_1\gamma_t + D_2\gamma_{sub}$

$= 1\times1.7 + 1\times0.9 = 2.6\text{t/m}^2$

③ $q_u = \alpha c N_c + \beta B \gamma_1 N_r + D_f \gamma_2 N_q$

$= 1.3\times5\times36 + 0.4\times3\times0.9\times19 + 2.6\times22$

$= 311.72\text{t/m}^2$

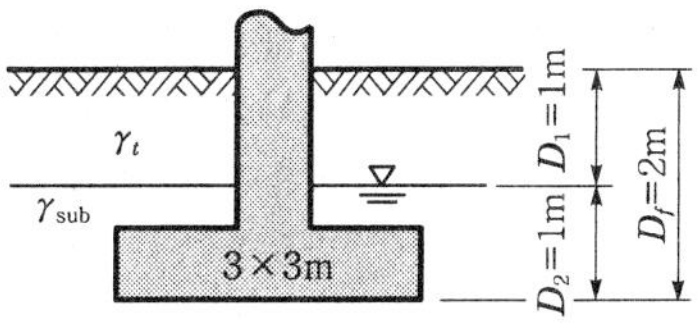

(2) 지하수위가 지표면하 3m 깊이에 있을 때

① $\gamma_1 = \gamma' + \dfrac{d}{B}(\gamma - \gamma')$

$= 0.9 + \dfrac{1}{3}\times(1.7-0.9) = 1.17\text{t/m}^3$

② $\gamma_2 = \gamma_t = 1.7\text{t/m}^3$

③ $q_u = \alpha c N_c + \beta B \gamma_1 N_r + D_f \gamma_2 N_q$

$= 1.3\times5\times36 + 0.4\times3\times1.17\times19 + 2\times1.7\times22$

$= 335.48\text{t/m}^2$

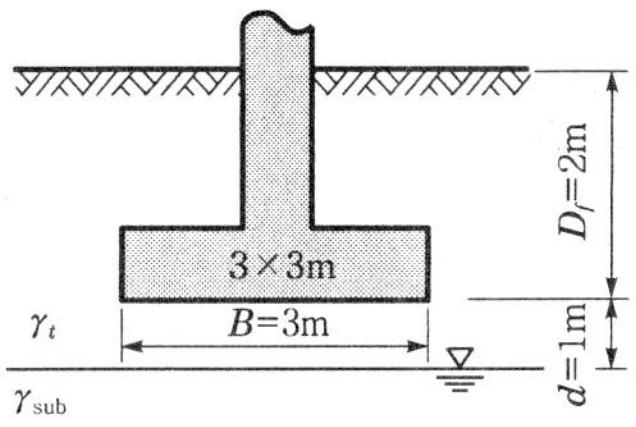

(3) 지하수위가 지표면하 5m 깊이에 있을 때

① $\gamma_1 = \gamma_2 = \gamma_t = 1.7\text{t/m}^3$

② $q_u = \alpha c N_c + \beta B \gamma_1 N_r + D_f \gamma_2 N_q$

$= 1.3\times5\times36 + 0.4\times3\times1.7\times19$

$+ 2\times1.7\times22$

$= 347.56\text{t/m}^2$

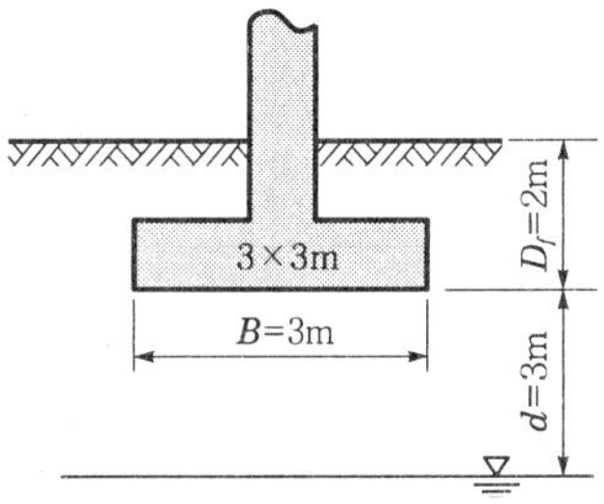

정답·해설 21

① $A_p = \dfrac{\pi \cdot D^2}{4} = \dfrac{\pi\times0.4^2}{4} = 0.13\text{m}^2$

② $A_s = \pi \cdot D \cdot l = \pi\times0.4\times22 = 27.65\text{m}^2$

③ $\overline{N_s} = \dfrac{N_1h_1 + N_2h_2 + N_3h_3}{h_1+h_2+h_3} = \dfrac{5\times5+8\times13+45\times4}{5+13+4} = 14.05$

④ $R_u = 40NA_p + \dfrac{1}{5}\overline{N_s}A_s = 40\times45\times0.13 + \dfrac{1}{5}\times14.05\times27.65 = 311.7\text{t}$

정답·해설 22

(1) 연약한 점토지반의 굴착 시 흙막이벽 전·후의 흙의 중량차이 때문에 굴착저면이 부풀어오르는 현상

(2) ① 표토를 제거하여 하중을 적게 한다.

② 흙막이의 근입깊이를 깊게 한다.

③ earth anchor를 설치한다.

정답·해설 23

(1) ① $D = 1.5\sqrt{rl} = 1.5\sqrt{0.15\times12} = 2.01\text{m}$

② $D > d = 1m$ 이므로 무리말뚝이다.

(2) $R_{ag} = ENR_a = 0.7\times9\times30 = 189\text{t}$

정답·해설 24

① 연약한 점토층의 압밀침하
② 연약한 점토층 위의 성토(사질토) 하중
③ 지하수위 저하
④ 말뚝을 타설하여 과잉공극수압이 발생한 후 시간의 경과에 따라 과잉공극수압이 소산되는 경우
⑤ 말뚝주변지반이 말뚝의 침하량보다 상대적으로 큰 침하를 일으키는 경우

정답·해설 25

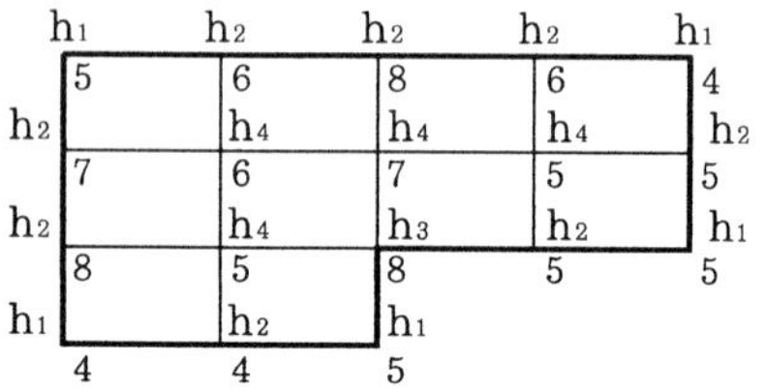

(1) ① $V=\dfrac{ab}{4}(\Sigma h_1+2\Sigma h_2+3\Sigma h_3+4\Sigma h_4)$

㉠ $\Sigma h_1=5+4+5+4+5=23\text{m}$

㉡ $\Sigma h_2=6+8+6+7+5+8+5+4$
$=49\text{m}$

㉢ $\Sigma h_3=8\text{m}$

㉣ $\Sigma h_4=6+7+5+5=23\text{m}$

$\therefore V=\dfrac{15\times 20}{4}(23+2\times 49+3\times 8+4\times 23)=17775\text{m}^3$

② 운반토량(흐트러진 토량)
$=17775\times\dfrac{L}{C}=17775\times\dfrac{1.25}{0.9}=24687.5\text{m}^3$

(2) ① $q_t=\dfrac{T}{\gamma_t}L=\dfrac{8}{1.8}\times 1.25=5.56\text{m}^3$

② 트럭의 연대수 $=\dfrac{24687.5}{5.56}=4440.2=4441$대

정답·해설 26

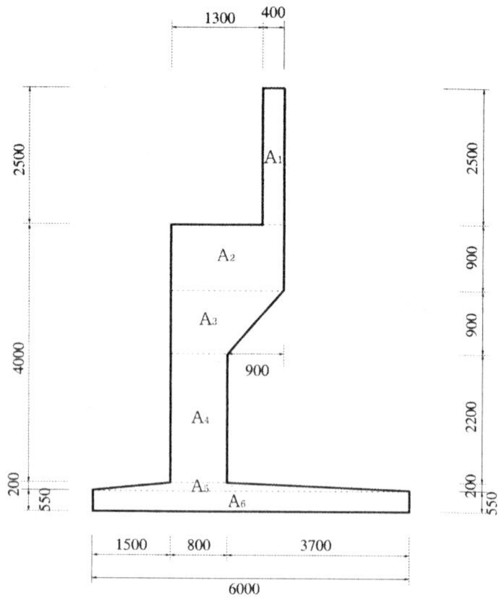

(1) 길이 10.3m인 교대의 콘크리트량

① $A_1=0.4\times 2.5=1\text{m}^2$

② $A_2=1.7\times 0.9=1.53\text{m}^2$

③ $A_3=\dfrac{1.7+0.8}{2}\times 0.9=1.125\text{m}^2$

④ $A_4=0.8\times 2.2=1.76\text{m}^2$

⑤ $A_5=\dfrac{0.8+6}{2}\times 0.2=0.68\text{m}^2$

⑥ $A_6=0.55\times 6=3.3\text{m}^2$

⑦ 콘크리트량 $=(A_1+\cdots+A_6)\times 10.3$
$=9.395\times 10.3$
$=96.7685=96.77\text{m}^3$

(2) 길이 10.3m인 교대의 거푸집량

① $A_1=2.5\times 10.3=25.75\text{m}^2$

② $A_2=4\times 10.3=41.2\text{m}^2$

③ $A_3=0.55\times 10.3=5.665\text{m}^2$

④ $A_4=0.55\times 10.3=5.665\text{m}^2$

⑤ $A_5=2.2\times 10.3=22.66\text{m}^2$

⑥ $A_6 = \sqrt{0.9^2 + 0.9^2} \times 10.3 = 13.11\text{m}^2$

⑦ $A_7 = 3.4 \times 10.3 = 35.02\text{m}^2$

⑧ $A_8 =$ Ⓐ $\times 2$ (앞·뒤 마구리면)

$= 9.395 \times 2 = 18.79\text{m}^2$

⑨ 거푸집량 $= A_{1+}A_2 + \cdots + A_8$

$= 167.86\text{m}^2$

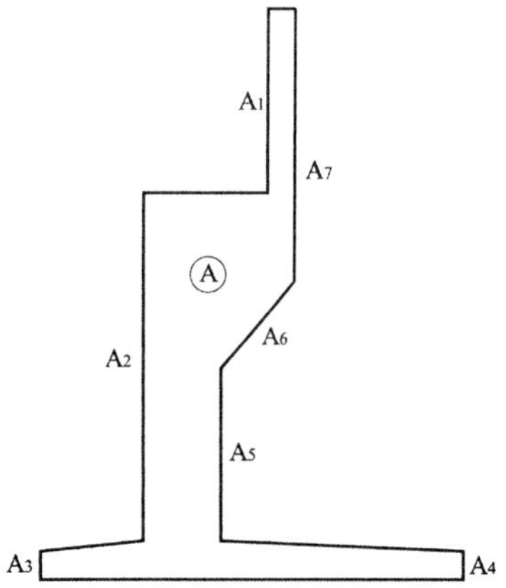

토목기사 실기

기출 문제

2012

2012년도 기출문제

▸1차 : 2012. 04. 22
▸2차 : 2012. 07. 08
▸3차 : 2012. 11. 03

과/년/도/기/출/문/제 2012년도 1차(04.22 시행)

문제 01

배점 6

불투수층 위에 놓인 8m 두께의 연약 점토지반에 직경 40cm의 샌드 드레인(Sand Drain)을 정사각형으로 배치하고 그 위에 상재 유효압력 10t/m^2인 제방을 축조하였다. 축조 6개월 후 제방의 허용 압밀침하량을 25mm로 하려고 한다. 다음 물음에 답하시오. (단, 연약 점토지반의 체적변화계수 $m_v = 2.5\times10^{-3}\text{m}^2/\text{ton}$이다.)

(1) 축조 6개월 후 압밀도를 몇 %까지 해야 하는가?
(2) 축조 6개월 후 연직방향 압밀도가 20%이었다면 이때의 수평방향 압밀도는?
(3) 배수영향 반경이 샌드 드레인 반경의 10배라면 샌드 드레인 간의 중심 간격은?

답 · 풀이

문제 02

배점 3

다음은 콘크리트 슬럼프시험 결과의 평균($\bar{x}$)과 범위(R)를 나타낸 것이다. $\bar{x}$관리도의 상한과 하한 관리선을 구하시오. (단, 시료는 $n=3$을 1조로 하여 5개의 조에 대한 결과이며, $A_2 = 1.02$이다.)

조번호	1	2	3	4	5
$\bar{x}$	90	80	70	75	85
R	15	5	15	5	10

답 · 풀이

문제 03

배점 6

0.6m³ 용량의 백호와 15t 덤프트럭의 조합 토공현장에서 현장의 조건이 아래와 같을 경우 다음 물음에 답하시오. (단, 현장 흙의 단위중량(γ_t)은 1.7t/m³이며, 덤프트럭의 운반거리는 5km이다.)

조건

- 트럭의 운반속도 : 30km/h
- 트럭의 귀환속도 : 25km/h
- 흙부리기시간 : 1.0분
- 신기대기시간 : 0.5분
- 토량변화율 : $L=1.25$, $C=0.85$
- 백호 버킷계수 : 1.10
- 백호 싸이클타임 : 30초
- 트럭의 작업효율 : $E_t=0.9$
- 백호의 작업효율 : $E_s=0.7$

(1) 백호의 시간당 작업량을 구하시오.
(2) 덤프트럭의 시간당 작업량을 구하시오.
(3) 조합토공에 있어서 백호 1대당 덤프트럭의 소요대수는 몇 대인가?

답 · 풀이

문제 04

배점 3

댐 건설을 위해 댐 지점의 하천수류를 전환시키는 댐의 유수전환방식을 3가지만 쓰시오.

답 ① ② ③

문제 05

배점 3

과압밀비(Overconsolidation Ratio, OCR)를 간단히 설명하시오.

답

문제 06

배점 3

지름 30cm, 길이 10m인 철근 콘크리트 말뚝을 2.0t의 증기햄머로 낙하높이 2m에서 말뚝 타입을 할 때 1회 타격당 말뚝의 관입량이 1.0cm이었다. 이 말뚝의 허용 지지력을 구하시오. (단, 단동식이며 Engineering news 공식을 사용하시오.)

답 · 풀이

문제 07

지하수 대책에 따른 터널의 형식에는 배수형 터널과 비배수형 터널이 있다. 비배수형 터널의 단점을 3가지만 쓰시오.

배점 3

답 ① ......

② ......

③ ......

문제 08

아래 그림과 같은 지반에서 지하수위가 지표면에 위치하다가 지표하부 2m까지 저하하였다. 점토지반의 압밀침하량을 산정하시오. (단, 정규압밀 점토임)

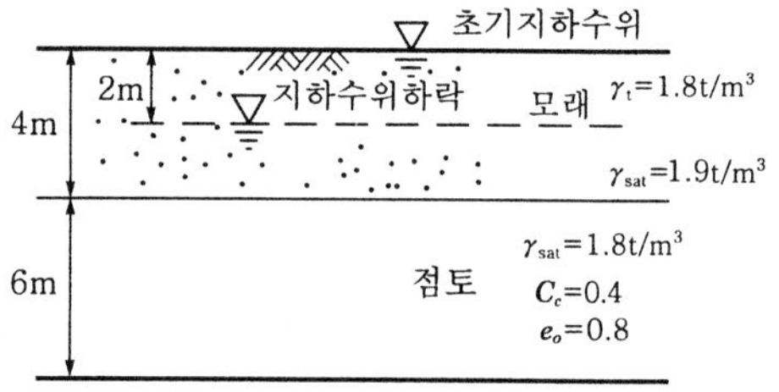

배점 3

답·풀이 ......

문제 09

직경 300mm RC 말뚝을 평균 비배수 일축압축강도가 2.0t/m^{2}인 포화점토지반에 1m 간격으로 가로방향 3개, 세로방향 4개씩 15m 깊이까지 타입하였다. 아래의 물음에 답하시오. (단, 점토지반의 지지력 계수 $N_c' = 9$이며, 점착계수 $\alpha = 1.25$이다. 또한 말뚝 자체의 중량은 무시하고 안전율은 3으로 하며, 무리말뚝의 효율은 Converse-Labbarre 식에 의한다.)

(1) 말뚝 한 개의 극한지지력을 구하시오.

(2) 무리말뚝의 효율을 구하시오.

(3) 무리말뚝의 허용지지력을 구하시오.

배점 6

답·풀이 ......

문제 10

막장에서 전방 원지반 내에 볼트, 단관파이프 등의 보조재를 삽입하여 막장 천단의 지지와 원지반의 이완방지를 위하여 설치하는 것을 무엇이라 하는가?

배점 2

답 ……………………

문제 11

평판재하시험을 통해 지반의 항복하중을 결정하여 그 결과를 기초지반에 이용하고자 할 때 가장 중요한 고려사항 3가지를 쓰시오.

배점 3

답 ① ……………………

② ……………………

③ ……………………

문제 12

주어진 도면에 따라 다음 물량을 산출하시오. (단, 도면의 치수 단위는 mm이다.)

배점 8

단 면 도

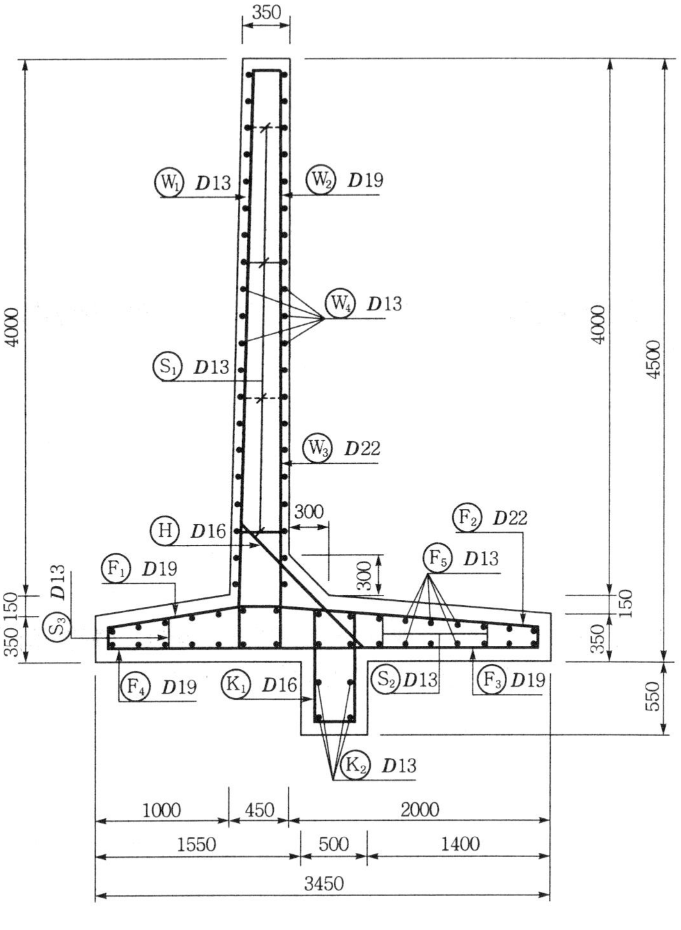

일 반 도

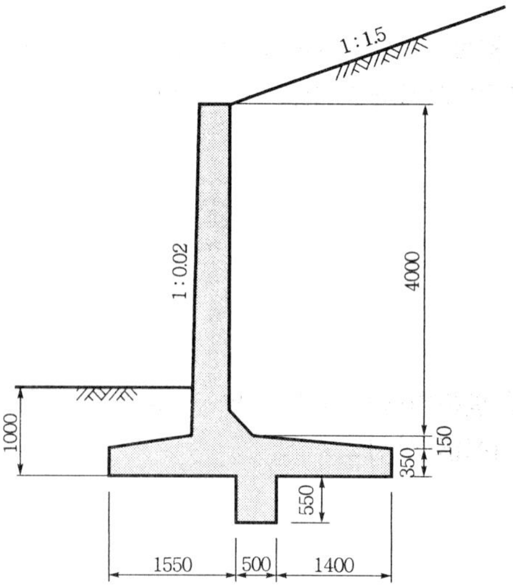

(1) 옹벽길이 1m에 대한 콘크리트량을 구하시오. (단, 소수 4째자리에서 반올림 하시오.)

(2) 옹벽길이 1m에 대한 거푸집량을 구하시오. (단, 돌출부(전단 Key)에 거푸집을 사용하며, 마구리면의 거푸집은 무시하며, 소수 4째자리에서 반올림 하시오.)

답 · 풀이

문제 13

Concrete 배합에 사용되는 혼화재료는 혼화제와 혼화재로 구분된다. 혼화재의 종류를 3가지만 쓰시오.

배점 3

답 ① ② ③

문제 14

30회 이상의 콘크리트 압축강도 시험실적으로부터 결정한 압축강도의 표준편차가 2.4MPa이고 설계기준강도가 28MPa일 때 배합강도를 구하시오.

배점 3

답 · 풀이

문제 15

배점 3

아스팔트 포장은 일반적으로 표층, 기층 및 보조기층, 노상, 노체로 대별한다. 기층 및 보조기층의 안정처리공법을 4가지만 쓰시오.

답 ① ② ③ ④

문제 16

배점 10

다음의 작업 리스트를 보고 아래 물음에 답하시오.

작업명	선행작업	후속작업	표 준 상 태		특 급 상 태	
			작업일수	비 용	작업일수	비 용
A	-	B, C	3	30만 원	2	33만 원
B	A	D	2	40만 원	1	50만 원
C	A	E	7	60만 원	5	80만 원
D	B	F	7	100만 원	5	130만 원
E	C	G, H	7	80만 원	5	90만 원
F	D	G, H	5	50만 원	3	74만 원
G	E, F	I	5	70만 원	5	70만 원
H	E, F	I	1	15만 원	1	15만 원
I	G, H	-	3	20만 원	3	20만 원

(1) Net Work(화살선도)를 작도하고, 표준상태에 대한 C.P를 표시하시오.
(2) 공기를 3일 단축했을 때 추가로 소요되는 비용을 구하시오.

답·풀이

문제 17

배점 3

모래지반에 기초폭 $B=1.2$m인 얕은 기초에서 편심 $e=0.15$m로 연직하중이 작용하고 있다. 하중 작용점 아래의 탄성침하가 12mm, 하중 작용점 기초 모서리에서의 탄성침하가 16mm이었다. 이 기초의 침하각도를 구하시오. (단, prakash의 방법 이용)

답·풀이

문제 18

교량의 내진설계는 지진에 의해 교량이 입는 피해정도를 최소화 시킬 수 있는 내진성을 확보하기 위해 실시한다. 이러한 내진설계 시 사용하는 내진해석방법을 3가지만 쓰시오.

배점 3

답 ① ② ③

문제 19

일반콘크리트의 시공에 관한 아래 표의 (   )에 알맞은 시간을 쓰시오.

> 콘크리트는 신속하게 운반하여 즉시 타설하고, 충분히 다져야 한다. 비비기로부터 타설이 끝날 때 까지의 시간은 원칙적으로 외기온도가 25℃ 이상일 때는 (①)시간, 25℃ 미만일 때에는 (②)시간을 넘어서는 안 된다.

배점 3

답 ① ②

문제 20

하천토공을 위한 횡단측량 결과가 다음 그림과 같다. Simpson 제1법칙에 의한 횡단면적을 구하시오. (단, 그림의 수치단위는 m이다.)

배점 3

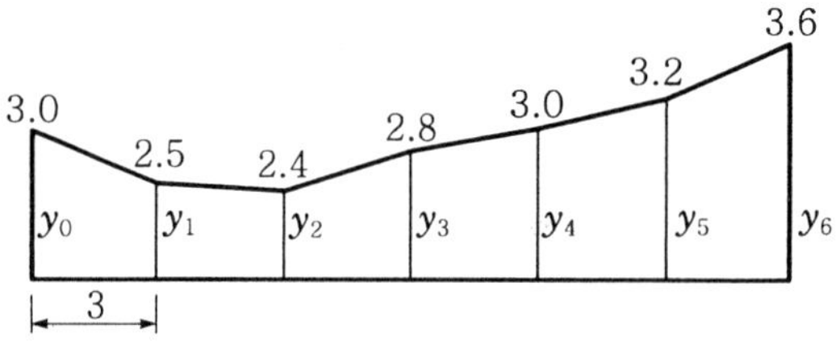

답 · 풀이

문제 21

조절발파공법(controlled blasting)의 종류를 4가지만 쓰시오.

배점 3

답 ① ② ③ ④

문제 **22**

배점 3

그림과 같이 중력식 옹벽을 설치할 때 수평활동에 대한 안정여부를 검토하시오.

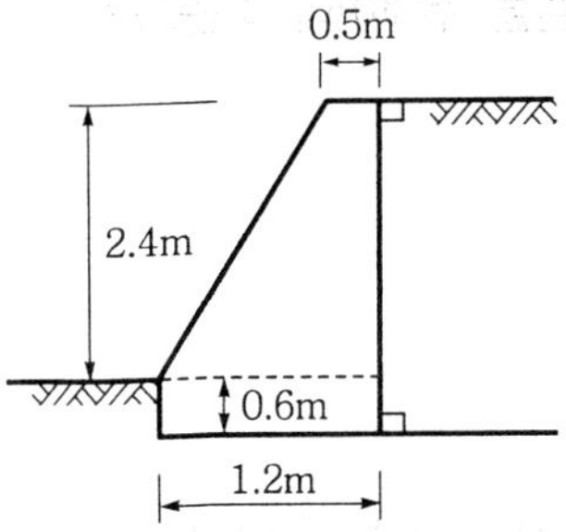

조건

- 흙의 단위중량 : $1.8g/cm^3$
- 흙의 내부마찰각 : 30°
- 점착력 : 0
- concrete 저면과 흙과의 마찰각 : 20°
- concrete 단위중량 : $2.3t/m^3$

답 · 풀이

문제 **23**

배점 3

댐의 기초암반 처리공법 중 커튼 그라우팅(Curtain grouting)의 목적을 3가지만 쓰시오.

답 ①

②

③

문제 **24**

배점 3

가요성포장(Flexible Pavement)의 구조설계 시, AASHTO(1972) 설계법에 의한 소요포장두께지수(SN)가 4.3으로 계산되었다. 포장을 표층, 기층 및 보조기층의 3개층으로 구성하고 각 층 재료별 상대강도계수와 표층 및 기층의 두께를 다음과 같이 배분할 경우의 보조기층 두께를 계산하시오.

포 장 층	재 료	상대강도계수	두께(cm)
표 층	높은 안정도의 아스팔트 콘크리트	0.176	5
기 층	쇄 석	0.055	25
보조기층	모래섞인 자갈	0.043	

답 · 풀이

문제 25

하천공사에서 각종 용수의 취수, 주운(舟運) 등을 위하여 수위를 높이고 조수의 역류를 방지하기 위하여 하천의 횡단방향으로 설치하는 댐 이외의 구조물을 무엇이라 하는가?

배점 2

답

문제 26

도로연장 3km 건설구간에서 7지점의 시료를 채취하여 다음과 같은 CBR을 구하였다. 이때의 설계 CBR을 구하시오.

조건

① 7지점의 CBR : 5.3, 5.7, 7.6, 8.7, 7.4, 8.6, 7.2

② 설계 CBR 계산용 계수

개수(n)	2	3	4	5	6	7	8	9	10 이상
d_2	1.41	1.91	2.24	2.48	2.67	2.83	2.96	3.08	3.18

배점 3

답 · 풀이

문제 27

다음 그림에서 (A)의 흙(모래 및 점토)을 굴착하여 (B), (C)에 성토하고 난 후의 남은 흙의 양은 얼마인가? (단, 토량변화율은 모래에서 C=0.8, 점토에서 C=0.9이고, 모래 굴착 후 점토를 굴착한다.)

배점 3

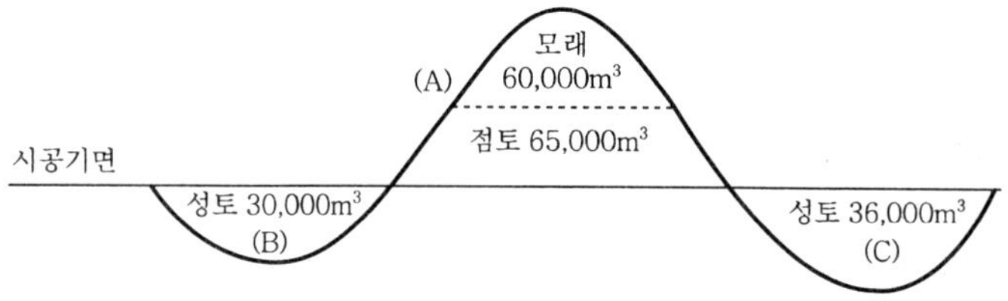

답 · 풀이

문제 01

배점 10

다음과 같은 공정표(CPM Table)를 보고 아래 물음에 답하시오.

Node		공정명	정상기간	정상비용	특급기간	특급비용
1	2	A	3일	30만 원	3일	30만 원
1	3	B	4일	24만 원	3일	30만 원
1	4	C	4일	40만 원	3일	60만 원
2	3	DUMMY	0일	0만 원	0일	0만 원
2	5	E	7일	35만 원	5일	49만 원
3	5	F	4일	32만 원	4일	32만 원
3	6	H	6일	48만 원	5일	60만 원
3	7	G	9일	45만 원	6일	69만 원
4	6	I	7일	56만 원	6일	66만 원
5	7	J	10일	40만 원	7일	55만 원
6	7	K	8일	64만 원	8일	64만 원
7	8	M	5일	60만 원	3일	96만 원

(1) Net Work(화살선도)를 작도하고, 표준 일수에 대한 Critical Path를 표시하시오.
(2) 정상공사 기간 4일을 줄일 때 발생하는 추가비용의 최소치를 구하시오.

답 · 풀이

문제 02

배점 3

다음 그림과 같은 사면에서 AC는 가상파괴면을 나타낸다. 쐐기 ABC의 활동에 대한 안전율은 얼마인가?

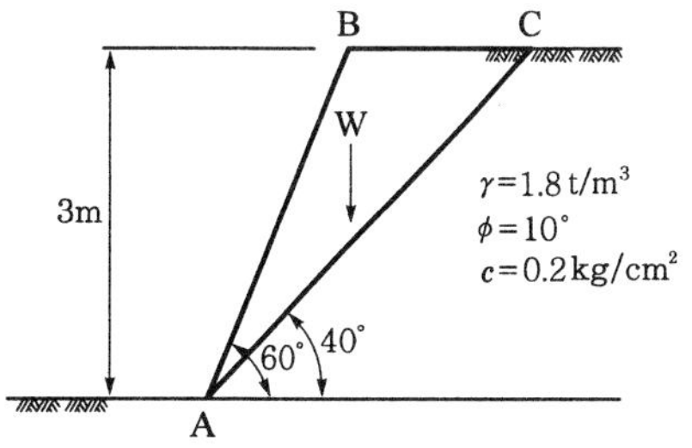

답 · 풀이

문제 03

배점 3

다음과 같은 조건의 지층에 직경 350mm의 강관말뚝(관입깊이 22m)을 타입시공하였다. 허용지지력을 Meyerhof방법을 이용하여 구하시오. (단, 말뚝선단은 완전히 폐색된 것으로 가정하며, 안전율은 3을 사용하시오.)

조건

지표로부터 0~5m 느슨한 모래 $N_1=5$
5~18m 실트질 모래 $N_2=8$
18~22m 촘촘한 모래 $N_3=45$

답 · 풀이

문제 04

배점 8

아래 그림과 같은 지반에서 다음 물음에 답하시오.

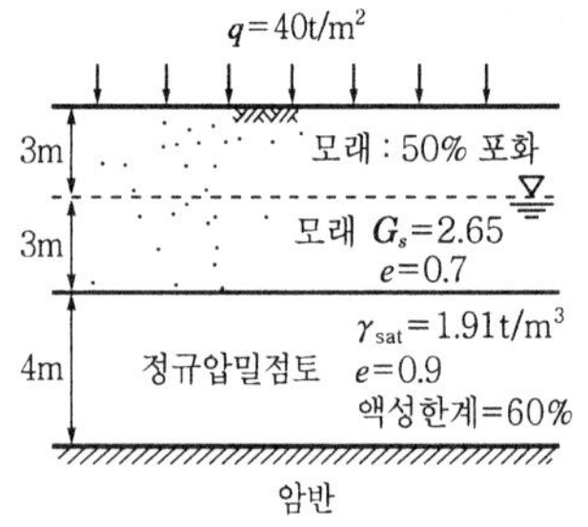

(A)

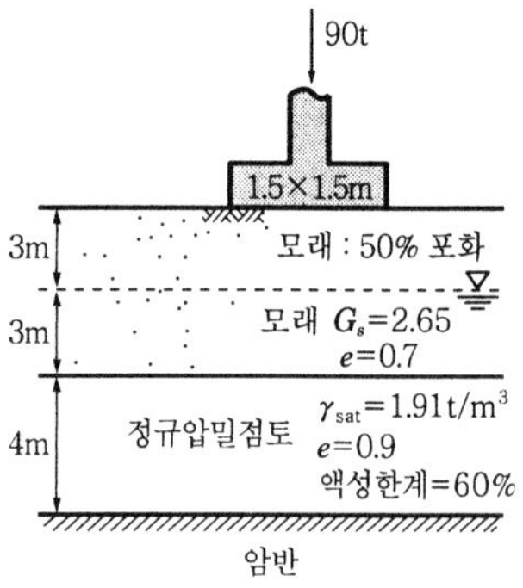

(B)

(1) 그림 (A)와 같이 지표면에 $40t/m^2$의 무한히 넓은 등분포하중이 작용하는 경우 압밀침하량을 구하시오.

(2) 그림 (B)와 같이 지표면에 설치한 정사각형 기초에 90t의 하중이 작용하는 경우 압밀침하량을 구하시오. (단, 응력증가량 계산은 2 : 1분포법을 사용하고, 평균유효응력 증가량($\Delta\sigma$)은 $(\Delta\sigma_t+4\Delta\sigma_m+\Delta\sigma_b)/6$으로 구한다. 여기서, $\Delta\sigma_t$, $\Delta\sigma_m$, $\Delta\sigma_b$은 점토층의 상단부, 중간층, 하단부에서 응력의 증가량이다.)

답 · 풀이

문제 05

시멘트 콘크리트 포장에서 보조기층이나 노상의 흙이 우수의 침입과 교통하중의 반복에 의해 이토화(泥土化)되어 균열 틈이나 줄눈부로 뿜어오르는 현상으로 이와 같은 현상이 반복됨에 따라 Slab하부에 공극과 공동이 생겨 단차가 발생하고 콘크리트 슬래브가 파괴에 이르게 된다. 이러한 현상을 무엇이라 하는가?

배점 2

답 ....

문제 06

콘크리트의 압축강도를 시험하여 거푸집널의 해체시기를 결정하는 경우 그 기준을 나타내는 아래표의 빈칸을 채우시오.

배점 3

부재	콘크리트 압축강도(f_{cu})
확대기초, 보, 기둥 등의 측면	
슬래브 및 보의 밑면, 아치 내면	

문제 07

설계기준 압축강도가 40MPa이고, 22회의 콘크리트 압축강도시험으로부터 구한 표준편차가 4.5MPa이었다. 이 콘크리트의 배합강도를 구하시오. (단, 압축강도 시험 횟수가 20회일 때 표준편차의 보정계수는 1.08, 25회일 때 보정계수는 1.03이다.)

배점 3

답 · 풀이 ....

문제 08

토목시공에서 사용하고 있는 토목섬유의 주요 기능을 4가지만 쓰시오.

배점 3

답 ① .... ② .... ③ .... ④ ....

문제 09

주어진 도면 및 조건에 따라 다음 물량을 산출하시오. (단, 주어진 도면의 치수는 축척에 맞지 않을 수 있으며, 주어진 치수로만 물량을 산출할 것.)

배점 18

단 면 도

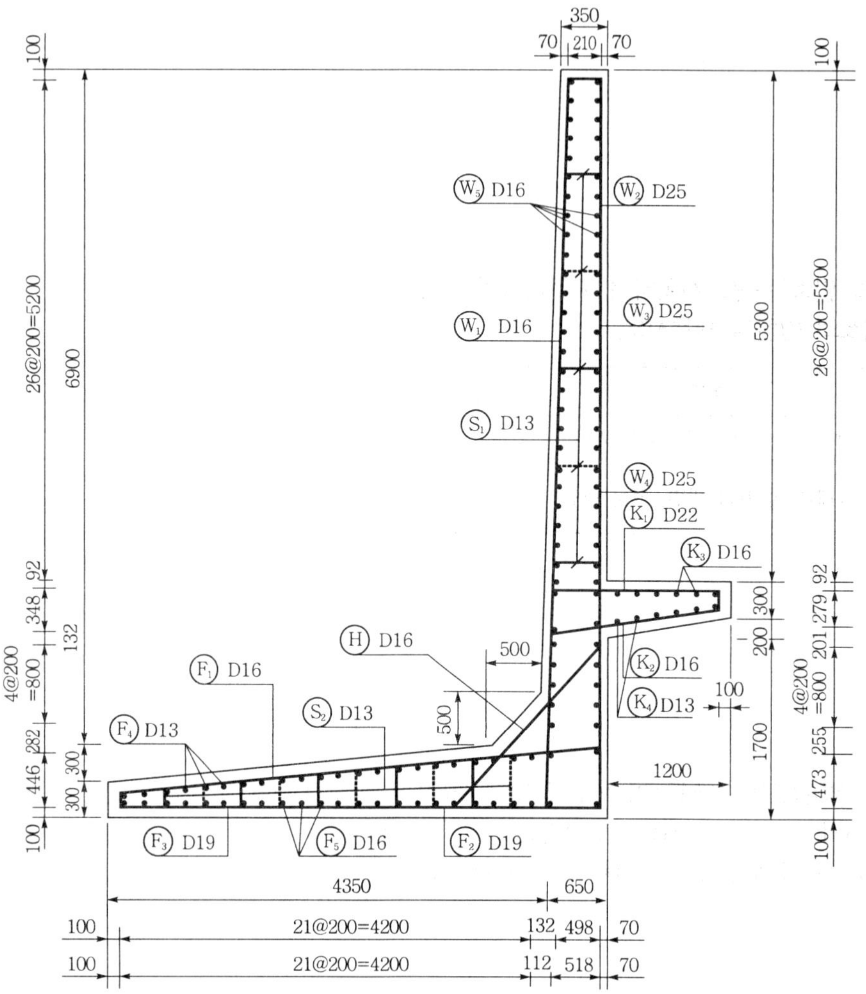

일 반 도

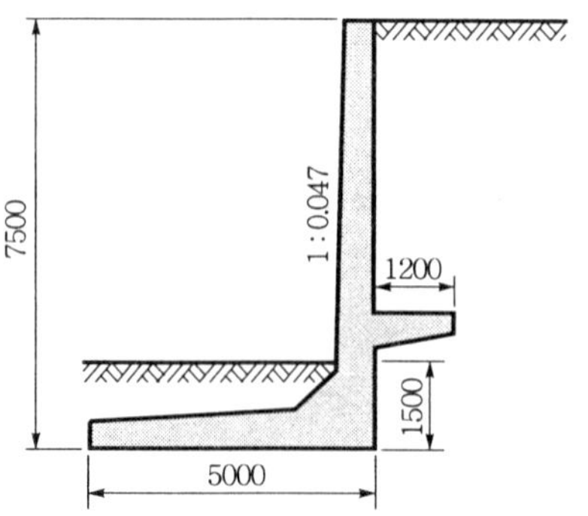

철근 상세도

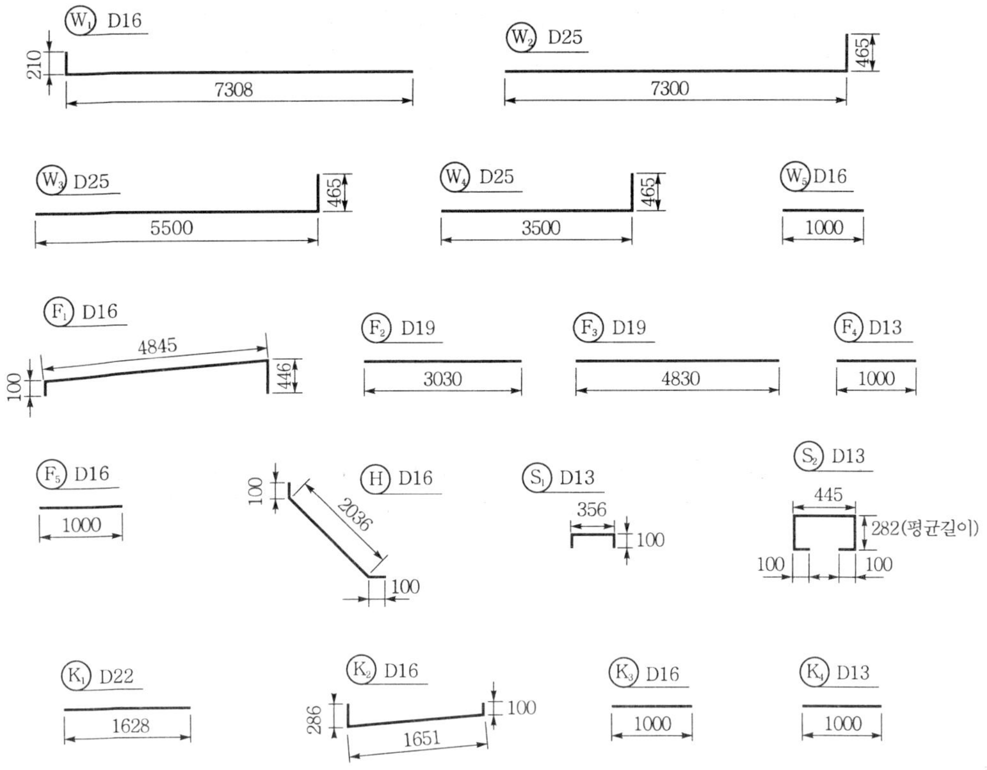

조건

① W_1, W_4, H, K_1, K_2, K_3, K_4, F_1, F_2, F_3 철근은 각각 200mm 간격으로 배근한다.

② W_2, W_3 철근은 각각 400mm 간격으로 배근한다.

③ S_1, S_2 철근은 도면의 표시와 같이 지그재그로 배근한다.

④ 물량산출에서 할증율은 무시하며 철근길이 계산에서 이음길이는 계산하지 않는다.

(1) 길이 1m에 대한 콘크리트량을 구하시오. (단, 소수이하 4자리에서 반올림)

(2) 길이 1m에 대한 거푸집량을 구하시오. (단, 양측 마구리면은 계산하지 않으며 소수 이하 4자리에서 반올림)

(3) 길이 1m에 대한 철근량 산출을 위한 철근물량표를 완성하시오.

기호	직경	길이(mm)	수량	총길이(mm)	기호	직경	길이(mm)	수량	총길이(mm)
W_2					F_4				
W_5					S_1				
H									

답 · 풀이

문제 10

댐 여수로의 급경사수로를 유하한 고속류의 운동에너지를 감세시켜 하류하천에 안전하게 유하시키기 위한 시설을 감세공이라 한다. 이러한 감세공의 종류를 3가지 쓰시오.

배점 3

답 ① ....

② ....

③ ....

문제 11

웰 포인트(well point) 공법에서 웰 포인트의 스크린(screen)의 상단을 항상 계획 굴착면보다 1.0m 정도 깊게 설치하며 전체 스크린을 동일 레벨(level) 상에 있도록 설계하는 가장 큰 이유는 무엇인가?

배점 2

답 ....

문제 12

널말뚝에 사용되는 일반적인 Anchor 종류를 3가지만 쓰시오.

배점 3

답 ① .... ② .... ③ ....

문제 13

연약지반에 설치한 교대에 발생하기 쉬운 측방유동에 영향을 미치는 주요 요인을 3가지만 쓰시오.

배점 3

답 ① ....

② ....

③ ....

문제 14

연약점토지반 개량공법 중 생석회 말뚝공법의 주요효과를 3가지만 쓰시오.

배점 3

답 ① .... ② .... ③ ....

문제 15

암반의 안정성은 암반 내에 발달하고 있는 불연속면(절리면)에 따라서 크게 좌우된다. 이러한 불연속면의 공학적 평가를 위한 조사항목을 3가지만 쓰시오.

배점 3

답 ① ② ③

문제 16

교각(Pier)의 세굴(Scouring)방지공법을 3가지만 쓰시오.

배점 3

답 ① ② ③

문제 17

다음 그림에서 (A)의 본바닥을 모래부터 굴착 운반하여 (B), (C)에 성토하면 사토량(본바닥 토량)은 얼마인가? (단, 점토의 C = 0.92, 모래의 C = 0.9)

배점 3

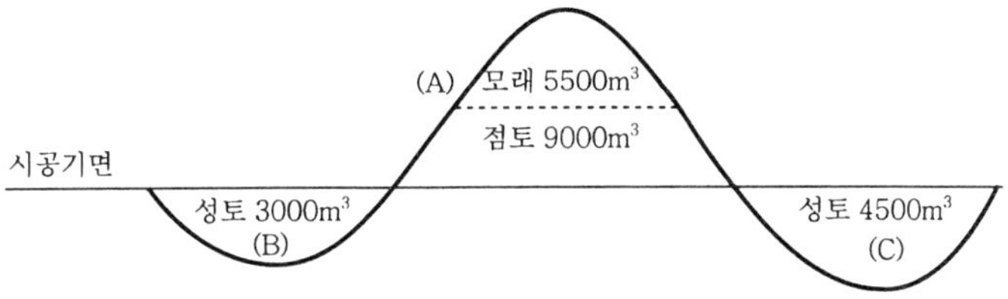

답 · 풀이

문제 18

아래 그림과 같은 옹벽에서 인장균열이 발생한 후의 옹벽에 작용하는 전체 주동토압을 구하시오. (단, 인장균열 위의 토압은 무시하고 상재하중으로 고려하여 계산하시오.)

배점 3

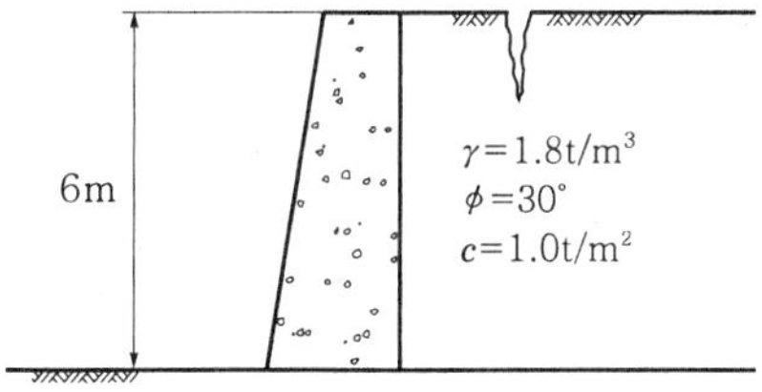

답 · 풀이

문제 19

성토시공방법을 아래표의 예시와 같이 3가지만 쓰시오.

배점 3

예시
• 수평층쌓기법

답 ① ② ③

문제 20

그림의 토적곡선에서 c-e 구간의 굴착작업을 2일 내에 완료하기 위해 1.0m^3 백호 몇 대를 동원해야 하는지 계산하시오. (백호의 버킷계수 = 1.0, 사이클타임 = 30초, 효율 = 0.65, L = 1.2, C = 0.9, 1일 8시간 작업)

배점 3

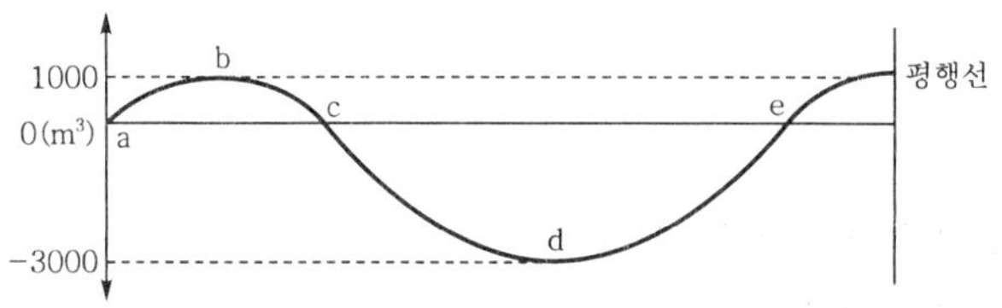

답 · 풀이

문제 21

토사지반에 터널굴착 시 터널 천단의 침하로 지표면의 침하 및 붕괴와 같은 대규모 사고가 발생할 수 있다. 이러한 토사지반에서 터널의 천단 안정공법을 3가지만 쓰시오.

배점 3

답 ① ② ③

문제 22

아래 그림과 같은 기초 지반에 평판재하시험을 실시하여 $\log P - \log S$ 곡선을 그려 항복하중을 구했더니 21t, 극한하중은 30t이었다. 이때 기초지반의 장기 허용지지력은 얼마인가? (단, 기초하중면보다 아래에 있는 지반의 토질에 따른 계수(N_q)는 3이다.)

배점 3

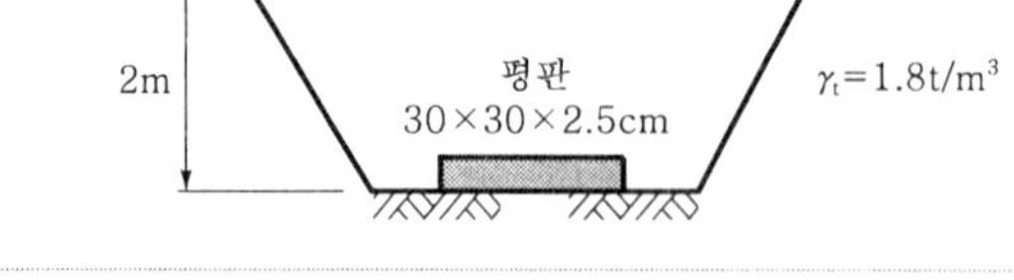

답 · 풀이

문제 23

배점 3

15t 덤프트럭에 흙을 적재하여 운반하고자 할 때 버킷용량이 $0.6m^3$이며 버킷계수가 0.9인 백호를 사용하여 덤프트럭 1대를 적재하려면 필요한 시간은 얼마인가? (단, 흙의 단위중량 : $\gamma_t = 1.8t/m^3$, $L = 1.2$, 백호의 cycle time : 30초, 백호의 작업효율 : 0.8)

답 · 풀이

문제 24

배점 3

Sand drain 공법과 단위중량 $2.0t/m^3$인 성토재를 5m 성토하여 연약지반을 개량하였다. 연직방향 압밀도=0.9, 수평방향 압밀도=0.2인 경우 개량된 지반의 강도를 구하시오. (단, 개량전 원지반강도 $C = 5t/m^2$이며, 강도증가비 $C/P = 0.18$이다.)

답 · 풀이

문제 25

배점 3

그림과 같이 지하수위가 지표면과 일치하는 지반에 하중을 가했더니 A지점에서 수위가 3m 증가하였다. A지점에서의 간극수압을 구하시오.

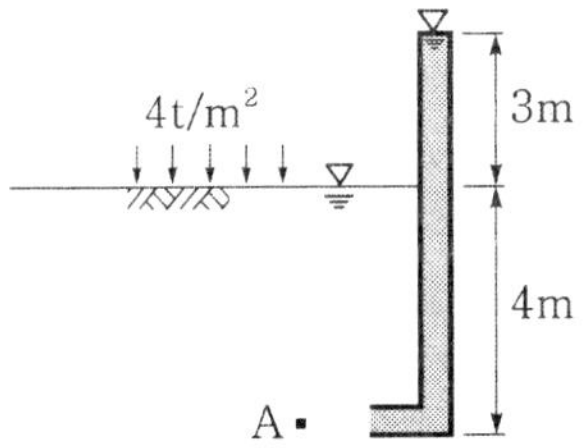

답 · 풀이

문제 01

폭파에서 생긴 암덩어리가 쇼벨 등으로 처리할 수 없을 정도로 크다면 이것을 조각 낼 필요가 있다. 이와 같이 조각을 내기 위한 폭파를 2차 폭파 또는 조각발파라고 한다. 이러한 2차 폭파 방법을 3가지만 쓰시오.

배점 3

답 ① ② ③

문제 02

겨울철에 0℃ 이하의 기온이 계속되면 흙 속의 물이 동결하여 얼음층(Ice Lens)이 발생한다. 이로 인해 지표면이 융기하는 현상을 동상(凍上)현상이라 한다. 도로에서 동상방지층 설계방법 3가지를 쓰시오.

배점 3

답 ① ② ③

문제 03

유토곡선(mass curve)을 작성하는 목적을 3가지만 쓰시오.

배점 3

답 ① ② ③

문제 04

불도저를 이용한 작업에서 운반거리(l)가 60m, 전진속도(V_1) 2.4km/hr, 후진속도(V_2) 3.0km/hr, 기어변속시간 18초, 굴착압토량(q)은 3.0m^3, 토량변화율(L)은 1.25, 작업효율(E)은 0.8일 때 1시간당 작업량(Q)은 자연상태로 얼마인가?

배점 3

답 · 풀이

문제 05

특수 아스팔트 포장의 시공에서 최근 배수성포장이 널리 적용되고 있다. 배수성포장의 효과를 3가지만 쓰시오.

배점 3

답 ①

②

③

문제 06

다음과 같은 조건일 때, 직사각형 복합확대기초의 크기(B, L)를 구하시오.

배점 3

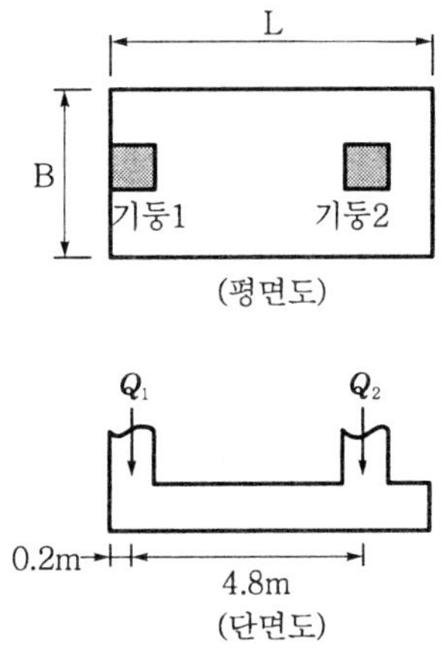

조건

- 지반의 허용지지력 $q_a = 15\text{t/m}^2$
- 기둥 1 : 0.4m×0.4m, Q_1 = 60t
- 기둥 2 : 0.5m×0.5m, Q_2 = 90t

답·풀이

문제 07

그림과 같이 N치가 다른 3층의 사질토층으로 이루어져 있는 지반에 길이 20m의 강관말뚝을 박았다. 말뚝직경이 40cm일 경우 Meyerhof의 공식을 이용하여 극한지지력을 구하시오.

배점 3

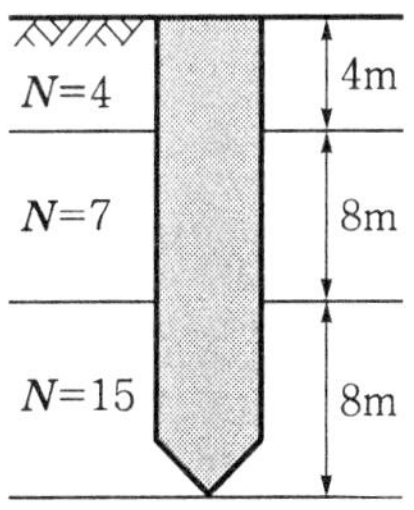

답·풀이

문제 08

배점 18

주어진 도면 및 조건에 따라 다음 물량을 산출하시오. (단, 주어진 도면의 치수는 축척에 맞지 않을 수 있으며, 주어진 치수로만 물량을 산출할 것.)

도로암거(N.S)

단 면 도 (단위 : mm)

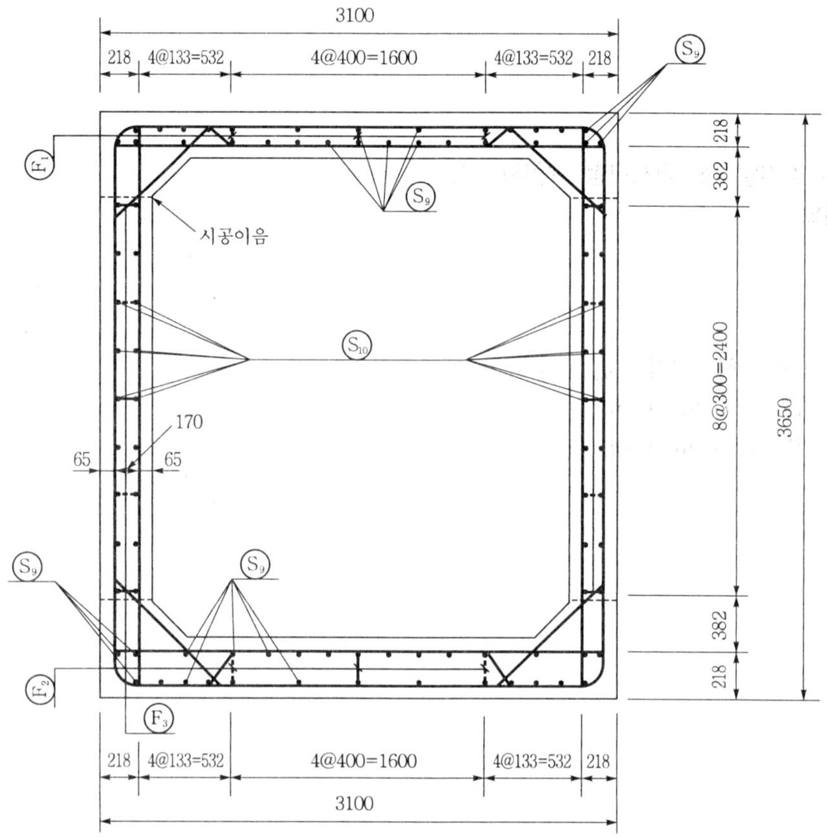

일 반 도

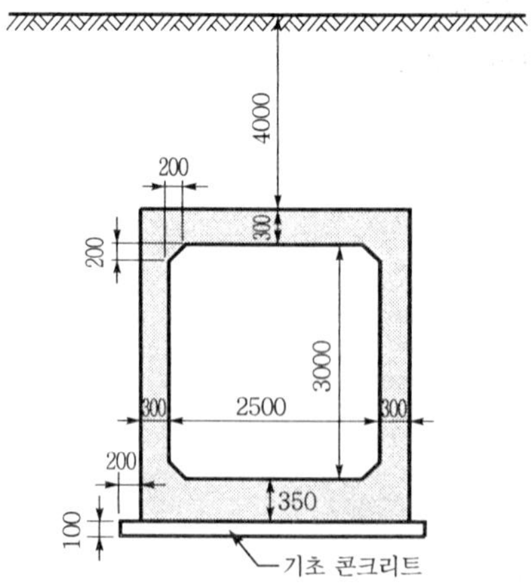

주철근 조립도

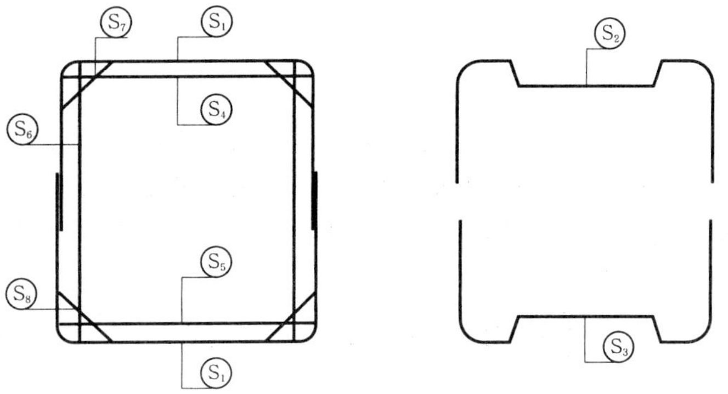

철근 상세도

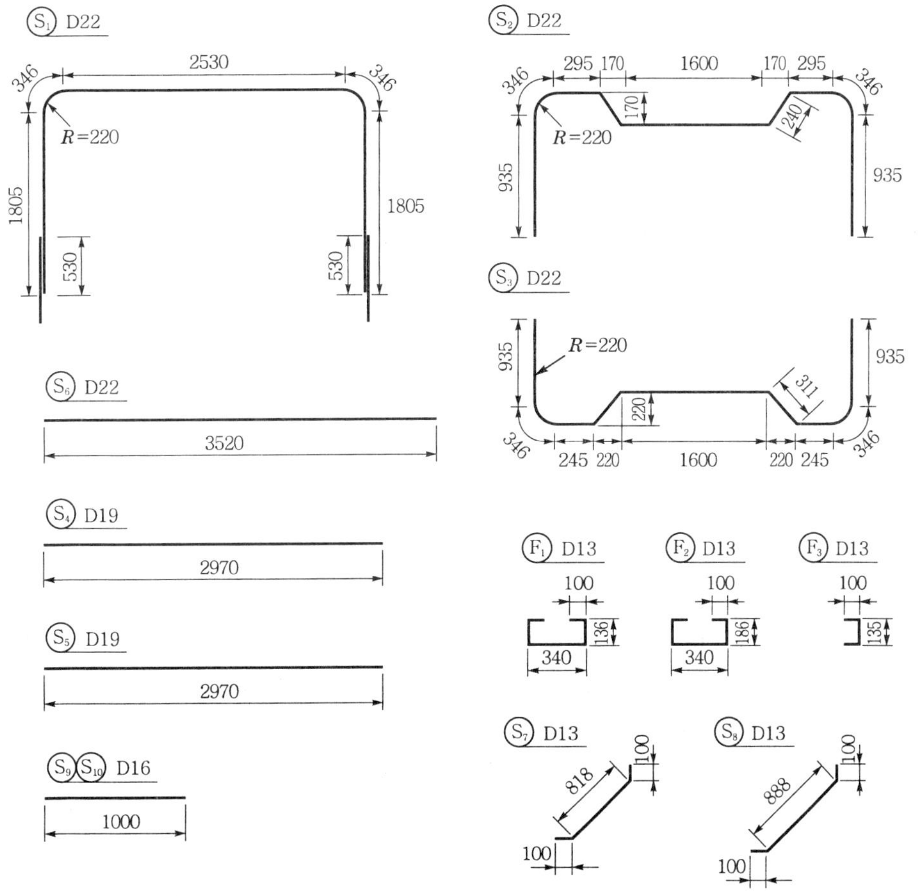

조건

① $S_1 \sim S_8$ 철근은 300mm 간격으로 배치되어 있다.
② F_1, F_2, F_3 철근은 300mm 간격으로 지그재그로 배치되어 있다.
③ 철근의 이음과 할증은 무시한다.
④ 지형상태는 일반도와 같으며 터파기는 기초콘크리트 양끝에서 100cm 여유폭을 두고 비탈기울기는 1 : 0.5로 한다.
⑤ 거푸집량의 계산에서 마구리면은 무시한다.

(1) 길이 1m에 대한 기초와 구체의 콘크리트량을 구하시오. (단, 소수 4자리에서 반올림하시오.)

① 기초 콘크리트량 :

② 구체 콘크리트량 :

(2) 길이 1m에 대한 거푸집량을 구하시오. (단, 소수 4자리에서 반올림하시오.)

(3) 길이 1m에 대한 터파기양을 구하시오. (단, 소수 4자리에서 반올림하시오.)

(4) 길이 1m에 대한 철근량을 산출하기 위한 다음 철근 물량표를 완성하시오. (단, 소수 셋째자리에서 반올림하시오.)

기호	직경	길이(mm)	수량	총길이(mm)	기호	직경	길이(mm)	수량	총길이(mm)
S_1					S_9				
S_7					F_1				

답 · 풀이

문제 09

배점 3

교량가설 공법 중 압출공법(ILM)의 단점을 3가지만 쓰시오.

답 ①

②

③

문제 10

배점 6

배합강도 결정을 위한 콘크리트의 압축강도 측정결과가 다음과 같을 때 배합설계에 적용할 표준편차를 구하고 설계기준강도가 45MPa일 때 콘크리트의 배합강도를 구하시오. (단, 소수점이하 넷째자리에서 반올림 하시오.)

[압축강도 측정결과(단위 : MPa)]

48.5	40	45	50	48	42.5	54	51.5
52	40	42.5	47.5	46.5	50.5	46.5	47

(1) 배합강도 결정에 적용할 표준편차를 구하시오. (단, 시험 횟수가 15회일 때 표준편차의 보정계수는 1.16이고, 20회일 때는 1.08이다.)

(2) 배합강도를 구하시오.

답 · 풀이

문제 11

배점 3

직경 30cm 평판재하시험에서 작용압력이 20t/m^2일 때 침하량이 15mm라면, 직경 1.5m의 실제기초에 20t/m^2의 압력이 작용할 때 사질토지반에서의 침하량의 크기는 얼마인가?

답 · 풀이

문제 12

배점 3

옹벽이라 함은 흙의 붕괴를 방지하기 위하여 흙을 지지할 목적으로 절취, 성토비탈면에 축조하는 구조물이다. 이때의 옹벽의 안정성 검토항목 중 3가지만 쓰시오.

답 ① ② ③

문제 13

배점 4

콘크리트 시공에서 시공이음면의 거푸집 철거는 콘크리트가 굳은 후 되도록 빠른 시기에 하여야 한다. 일반적인 연직시공이음부의 거푸집 제거시기에 대한 아래의 물음에 답하시오.

(1) 여름의 경우 콘크리트를 타설하고 난 후 몇 시간 정도에 연직시공이음부의 거푸집을 제거하여야 하는지 그 범위를 쓰시오.

(2) 겨울의 경우 콘크리트를 타설하고 난 후 몇 시간 정도에 연직시공이음부의 거푸집을 제거하여야 하는지 그 범위를 쓰시오.

답 (1) (2)

문제 14

배점 3

록 필댐(Rock fill Dam)의 종류를 3가지만 쓰시오.

답 ① ② ③

문제 15

배점 10

다음의 작업 리스트를 이용하여 아래 물음에 답하시오. (단, 표준일수에 대한 간접비가 60만 원이고 1일 단축 시 5만 원씩 감소하며, 표준일수에 대한 직접비는 60만 원이다.)

작업명	선행작업	후속작업	표준일	특급일수	1일 단축하는데 필요한 직접비용 증가액(만 원/일)
A	-	B, C	5	2	6
B	A	E	4	2	4
C	A	F	6	4	7
D	-	G	5	4	5
E	B	H	6	3	8
F	C	-	4	3	5
G	D	H	7	5	8
H	E, G	-	5	3	9

(1) Net Work(화살선도)를 작도하고 표준일수에 대한 CP를 구하시오.

(2) 최적공기와 그 때의 총공사비를 구하시오.

답 · 풀이

문제 16

배점 3

콘크리트 강도측정 자료에서 히스토그램의 하한 규격값이 24MPa이고, 평균이 25.5MPa, 표준편차가 0.5MPa이라면 공정능력지수(C_P)를 구하시오.

답 · 풀이

문제 17

배점 3

폭이 10cm, 두께 0.3cm인 Paper drain(Card Board)을 이용하여 점토지반에 0.6m 간격으로 정사각형 배치로 설치하였다면, Sand drain이론의 등가환산원(등가원)의 직경(d_w)과 영향원의 직경(d_e)을 각각 구하시오.

답 · 풀이

문제 18

배점 3

아래 그림과 같이 연약토층 위에 있는 사면의 복합활동 파괴면에 대한 안전율을 구하시오.

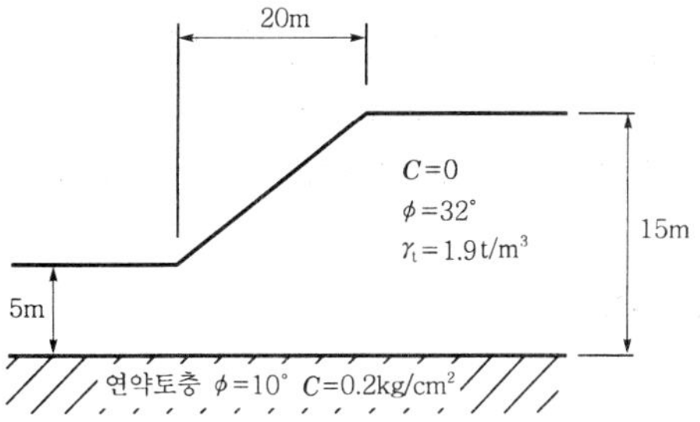

답 · 풀이

문제 19

배점 3

아래 그림과 같이 10m 두께의 비교적 단단한 포화점토층 밑에 모래층이 있다. 모래층은 피압상태(artesian pressure)에 있을 때, 점토층에서 바닥의 융기(heaving)현상이 없이 굴착할 수 있는 최대깊이 H를 구하시오.

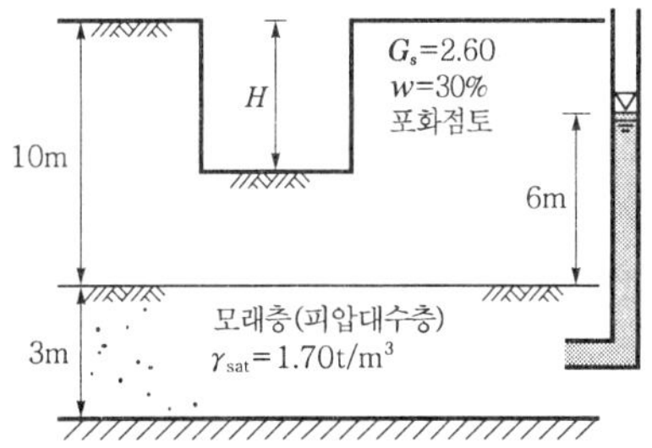

답 · 풀이

문제 20

배점 5

벤토나이트 안정액을 사용하여 벽면을 보호하면서 지반을 굴착하고 공내에 철근 콘크리트 벽을 구축하여 토압과 수압에 모두 견딜 수 있는 흙막이 벽의 명칭을 쓰고, 이 흙막이 벽의 장점을 3가지만 쓰시오.

(1) 이 흙막이 벽의 명칭

(2) 이 흙막이 벽의 장점 3가지

답 (1)

(2) ①

②

③

문제 21

굵은골재 최대치수 25mm, 단위수량 157kg, 물-시멘트비 50%, 슬럼프 80mm, 잔골재율 40%, 잔골재 표건밀도 2.60g/cm^3, 굵은골재 표건밀도 2.65g/cm^3, 시멘트밀도 3.14g/cm^3, 공기량 4.5%일 때 콘크리트 1m^{3}에 소요되는 굵은골재량을 구하시오.

배점 3

답 · 풀이

문제 22

NATM 터널의 설계는 지반조건에 상관없이 대부분 1차 지보재를 영구구조물로 인정하고 있다. 따라서 터널은 어떤 형태로든지 1차 지보재에 의해 안정되고 내부 라이닝은 구조적 기능보다는 부수적 기능유지를 목적으로 하기 때문에 1차 지보재가 지반에 밀착시공되어 지반이 주지보재가 되도록 합리적으로 보조해 주는 역할을 담당한다. 여기에서 1차 지보재의 종류를 3가지만 쓰시오.

배점 3

답 ① ② ③

문제 23

연약지반상에 교대를 설치하면 측방으로 이동하여 성토체가 침하함은 물론 수평변위가 생겨 포장파손 등 문제점을 유발한다. 이와 같은 측방유동을 최소화시킬 수 있는 방안을 3가지만 쓰시오.

배점 3

답 ① ② ③

문제 24

토사굴착량 900m^{3}을 용적이 5m^{3}인 트럭으로 운반하려고 한다. 트럭의 평균속도는 8km/h이고, 상하차 시간이 각각 5분일 때 하루에 전량을 운반하려면 몇 대의 트럭이 소요되는가? (단, 1일의 실가동은 8시간이며, 토사장까지의 거리는 2km이다.)

배점 3

답 · 풀이

2012년도 정답 및 해설

정/답/및/해/설 2012년도 1차(04.22 시행)

정답·해설 01

(1) ① $\Delta H = m_v \Delta PH = (2.5\times 10^{-3})\times 10\times 8 = 0.2\text{m} = 20\text{cm}$

② $\overline{U}_{av} = \dfrac{S_t(\text{임의 시간에서의 압밀침하량})}{S_c(\text{최종 압밀침하량})} = \dfrac{20-2.5}{20} = 0.875 = 87.5\%$

(2) $\overline{U}_{av} = 1-(1-U_v)(1-U_h)$

$0.875 = 1-(1-0.2)(1-U_h) \qquad \therefore U_h = 84.38\%$

(3) $d_e = 1.13d$

$40\times 10 = 1.13d \qquad \therefore d = 353.98\text{cm}$

정답·해설 02

① $\overline{\overline{x}} = \dfrac{90+80+70+75+85}{5} = 80$

② $\overline{R} = \dfrac{15+5+15+5+10}{5} = 10$

③ $UCL = \overline{\overline{x}} + A_2\overline{R} = 80 + 1.02\times 10 = 90.2$

④ $LCL = \overline{\overline{x}} - A_2\overline{R} = 80 - 1.02\times 10 = 69.8$

정답·해설 03

(1) $Q = \dfrac{3600\cdot q\cdot k\cdot f\cdot E}{C_m} = \dfrac{3600\times 0.6\times 1.1\times \dfrac{1}{1.25}\times 0.7}{30} = 44.35\text{m}^3/\text{h}$

(2) ① $q_t = \dfrac{T}{\gamma_t}\cdot L = \dfrac{15}{1.7}\times 1.25 = 11.03\text{m}^3$

② $n = \dfrac{q_t}{qk} = \dfrac{11.03}{0.6\times 1.1} = 16.71 = 17$회

③ $C_{mt} = \dfrac{C_{ms}\,n}{60E_s} + T_1 + T_2 + t_3 + t_4$

$= \dfrac{30\times 17}{60\times 0.7} + \left(\dfrac{5}{30}\times 60\right) + \left(\dfrac{5}{25}\times 60\right) + 1 + 0.5 = 35.64$분

④ $Q_t = \dfrac{60\cdot q_t\cdot f\cdot E_t}{C_{mt}} = \dfrac{60\times 11.03\times \dfrac{1}{1.25}\times 0.9}{35.64} = 13.37\text{m}^3/\text{h}$

(3) $N = \dfrac{Q}{Q_t} = \dfrac{44.35}{13.37} = 3.32 = 4$대

정답·해설 04

① 가배수 터널공　　② 반하천 체절공　　③ 가배수로 개거공

정답·해설 05

(1) 흙이 현재 받고 있는 유효연직응력에 대한 선행압밀압력의 비

(2) OCR〈 1 : 압밀이 진행 중인 점토

OCR = 1 : 정규압밀점토

OCR 〉1 : 과압밀점토

정답·해설 06

① $R_u = \dfrac{W_h H}{s+0.254} = \dfrac{2\times 200}{1+0.254} = 318.98t$

② $R_a = \dfrac{R_u}{F_s} = \dfrac{318.98}{6} = 53.16t$

정답·해설 07

① 수압이 작용하므로 라이닝 두께가 커진다.

② 누수 시 보수가 어렵다.

③ 시공비가 많이 든다.

④ 터널이 원형으로 굴착량이 많다.

✎ 참고

장점

① 유지비가 적게 든다.

② 터널 내부가 청결하고 관리가 용이하다.

③ 지하수위 저하에 따른 지반침하, 환경변화가 없다.

정답·해설 08

① $P_1 = 0.9\times 4 + 0.8\times \dfrac{6}{2} = 6\text{t/m}^2$

② $P_2 = 1.8\times 2 + 0.9\times 2 + 0.8\times \dfrac{6}{2} = 7.8\text{t/m}^2$

③ $\Delta H = \dfrac{C_c}{1+e_o}\log\dfrac{P_2}{P_1}H = \dfrac{0.4}{1+0.8}\log\dfrac{7.8}{6}\times 6 = 0.1519\text{m} = 15.19\text{cm}$

정답·해설 09

(1) ① $q_u = 2c$　　$2 = 2c$　　$\therefore\ c = 1\text{t/m}^2$

② $A_p = \dfrac{\pi \cdot D^2}{4} = \dfrac{\pi\times 0.3^2}{4} = 0.07\text{m}^2$

③ $f_s = \alpha c = 1.25\times 1 = 1.25\text{t/m}^2$

④ $R_u = R_p + R_f = (cN_c^{\ *} + q'N_q^{\ *})A_p + f_s ul$

$= (1\times 9)\times 0.07 + 1.25\times(\pi\times 0.3)\times 15 = 18.3\text{t}$

(2) ① $\phi = \tan^{-1}\dfrac{D}{S} = \tan^{-1}\dfrac{0.3}{1} = 16.70°$

② $E = 1 - \phi\left[\dfrac{(m-1)n + m(n-1)}{90mn}\right] = 1 - 16.7 \times \left[\dfrac{2\times 4 + 3\times 3}{90\times 3\times 4}\right] = 0.74$

(3) ① $R_a = \dfrac{R_u}{F_s} = \dfrac{18.3}{3} = 6.1\text{t}$

② $R_{ag} = ENR_a = 0.74 \times 12 \times 6.1 = 54.17\text{t}$

정답·해설 10

포 폴링(fore poling)

정답·해설 11

① 시험한 지점의 토질종단을 알아야 한다.
② 지하수위면과 그 변동을 고려하여야 한다.
③ scale effect를 고려하여야 한다.

정답·해설 12

(1) 길이 1m에 대한 콘크리트량

$$= \left(\frac{0.35+0.444}{2}\times 3.7 + \frac{0.444+0.75}{2}\times 0.3 + \frac{0.75+3.45}{2}\times 0.15 + 3.45\times 0.35 + 0.5\times 0.55\right)\times 1$$

$= 3.446\text{m}^3$

(2) 길이 1m에 대한 거푸집량

$$= \left(\sqrt{0.08^2+4^2} + 0.35\times 2 + 0.55\times 2 + \sqrt{0.3^2+0.3^2} + \sqrt{3.7^2+0.02^2}\right)\times 1$$

$= 9.925\text{m}^2$

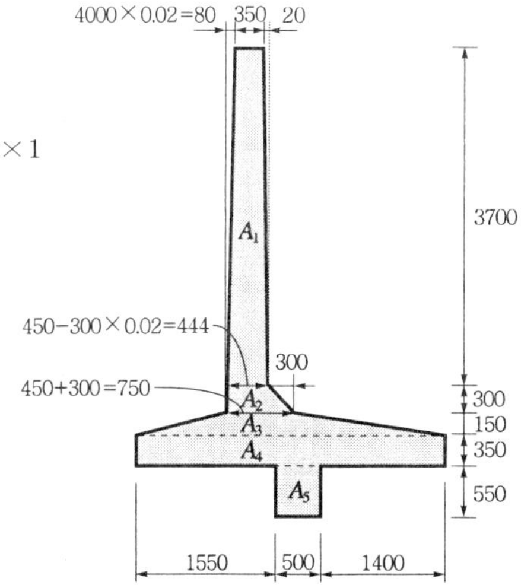

정답·해설 13

① slag(슬래그) ② fly-ash(플라이 애시)
③ silica fume(실리카 흄) ④ pozzolan(포졸란)

정답·해설 14

① $f_{cr} = f_{ck} + 1.34s = 28 + 1.34 \times 2.4 = 31.22\text{MPa}$

② $f_{cr} = (f_{ck} - 3.5) + 2.33s = (28 - 3.5) + 2.33 \times 2.4 = 30.09\text{MPa}$

①, ②중에서 큰 값이므로 $\therefore f_{cr} = 31.22\text{MPa}$

정답·해설 15

① 입도조정공법　　② 시멘트 안정처리공법
③ 역청 안정처리공법　　④ 석회 안정처리공법
③ 물다짐 마카담공법

정답·해설 16

(1) ① 공정표

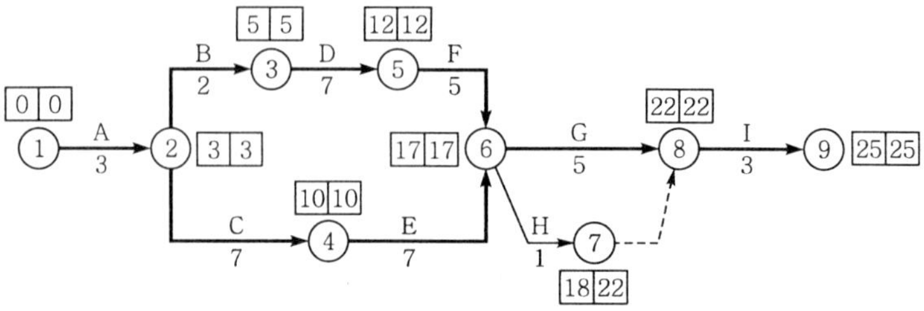

② CP : A → B → D → F → G → I
A → C → E → G → I

(2) ① 비용경사(cost slope)

작업명	단축가능 일수	비용경사(만 원)
A	1	$\dfrac{33-30}{3-2}=3$
B	1	$\dfrac{50-40}{2-1}=10$
C	2	$\dfrac{80-60}{7-5}=10$
D	2	$\dfrac{130-100}{7-5}=15$
E	2	$\dfrac{90-80}{7-5}=5$
F	2	$\dfrac{74-50}{5-3}=12$
G	0	0
H	0	0
I	0	0

② 공기단축

단축단계	작업명	단축일수	추가비용(extra cost)	공기(일)
1단계	A	1	1×3만 원 = 3만 원	24
2단계	B, E	1	1×15만 원 = 15만 원	23
3단계	E, F	1	1×17만 원 = 17만 원	22

③ 추가비용(extra cost)
EC = 30,000 + 150,000 + 170,000 = 350,000원

정답·해설 17

$$\theta=\sin^{-1}\left(\frac{S_1-S_2}{\dfrac{B}{2}-e}\right)=\sin^{-1}\left(\frac{1.6-1.2}{\dfrac{120}{2}-15}\right)=0.51^\circ$$

정답·해설 18

① 단일모드 스펙트럼 해석법
② 다중모드 스펙트럼 해석법
③ 시간이력 해석법

정답·해설 19

① 1.5 ② 2

참고

운반 및 치기[콘크리트 표준시방서(2009)]

콘크리트는 신속하게 운반하여 즉시 타설하고, 충분히 다져야 한다. 비비기로부터 타설이 끝날 때까지의 시간은 원칙적으로 외기온도가 25℃ 이상일 때는 1.5시간, 25℃ 미만일 때에는 2시간을 넘어서는 안 된다. 다만, 양질의 지연제 등을 사용하여 응결을 지연시키는 등의 특별한 조치를 강구한 경우에는 콘크리트의 품질 변동이 없는 범위 내에서 책임기술자의 승인을 받아 이 시간제한을 변경할 수 있다.

정답·해설 20

$$A=\frac{h}{3}(y_o+4\Sigma y_{홀수}+2\Sigma y_{짝수}+y_n)$$
$$=\frac{3}{3}[3+4(2.5+2.8+3.2)+2(2.4+3)+3.6]=51.4\text{m}^2$$

정답·해설 21

① 라인 드릴링(line drilling) 공법
② 쿠션 블라스팅(cushion blasting) 공법
③ 스므스 블라스팅(smooth blasting) 공법
④ 프리 스프리팅(pre-splitting) 공법

정답·해설 22

① $W=\left[0.6\times1.2+(0.5+1.2)\times\dfrac{2.4}{2}\right]\times2.3=6.35\text{t/m}$

② $P_p=\dfrac{1}{2}\gamma h^2K_p=\dfrac{1}{2}\gamma h^2\tan^2\left(45^\circ+\dfrac{\phi}{2}\right)$
$=\dfrac{1}{2}\times1.8\times0.6^2\times\tan^2\left(45^\circ+\dfrac{30^\circ}{2}\right)=0.97\text{t/m}$

③ $P_a=\dfrac{1}{2}\gamma h^2K_a=\dfrac{1}{2}\gamma h^2\tan^2\left(45^\circ-\dfrac{\phi}{2}\right)$
$=\dfrac{1}{2}\times1.8\times3^2\times\tan^2\left(45^\circ-\dfrac{30^\circ}{2}\right)=2.7\text{t/m}$

④ $F_s=\dfrac{(W+P_V)\tan\delta+CB+P_p}{P_a}$
$=\dfrac{(6.35+0)\times\tan20^\circ+0+0.97}{2.7}=1.22<1.5$

∴ 불안정

정답·해설 23

① 기초암반의 차수
② 기초암반 내 양압력 경감
③ 누수로 인한 기초암반의 열화방지

정답·해설 24

$SN = \alpha_1 D_1 + \alpha_2 D_2 + \alpha_3 D_3$

$4.3 = 0.176 \times 5 + 0.055 \times 25 + 0.043 D_3$

$\therefore\ D_3 = 47.56\text{cm}$

✎ 참고

포장용 재료 물성지수

① 72년 AASHTO설계법

$SN = \alpha_1 D_1 + \alpha_2 D_2 + \alpha_3 D_3$

여기서, SN : 포장두께지수(Structural Number)

α_1, α_2, α_3 : 표층, 기층, 보조기층 각각의 상대강도계수

D_1, D_2, D_3 : 표층, 기층, 보조기층 각각의 설계두께(cm)

② T_A 설계법

$T_A = a_1 T_1 + a_2 T_2 + a_3 T_3$

여기서, T_A : 포장을 표층용 가열아스팔트 혼합물로 할 때에 필요한 두께

a_1, a_2, a_3 : 등치환산계수

T_1, T_2, T_3 : 각 포장층의 두께(cm)

정답·해설 25

보(weir)

✎ 참고

보(weir)

① 수위를 높여 수심을 유지하거나 또는 역류를 방지하기 위하여 하천을 횡단하여 설치하는 것으로 각종 용수의 취수, 주운 등을 위하여 수위를 높이고 조수의 역류를 방지하기 위해 하천을 횡단하여 설치하는 제방의 기능을 갖지 않는 시설을 말한다.

② 보의 종류

㉠ 취수보 : 하천의 수위를 조절하여 생활용수, 공업용수, 발전용수 등을 취수하기 위해 설치하는 보

㉡ 분류보 : 하천의 홍수를 조절하고 저수를 유지하기 위해 하천의 분류점 부근에 설치하여 유량을 조절 또는 분류시킴으로써 수위를 조절하는 보

㉢ 방조보 : 하구나 감조구간에 설치하여 조수의 역류를 방지하고 유수의 정상적인 기능을 유지하기 위해 설치하는 보이고 하구둑은 방조보에 속한다.

정답·해설 26

① 각 지점의 CBR 평균 $= \dfrac{5.3+5.7+7.6+8.7+7.4+8.6+7.2}{7} = 7.21$

② 설계 CBR=각 지점의 CBR 평균 $- \left(\dfrac{\text{CBR 최대치} - \text{CBR 최소치}}{d_2}\right)$

$= 7.21 - \left(\dfrac{8.7-5.3}{2.83}\right) = 6$

정답·해설 27

① 성토량 $= 30{,}000 + 36{,}000 = 66{,}000\text{m}^3$

② 모래의 성토량 $= 60{,}000 \times C = 60{,}000 \times 0.8 = 48{,}000\text{m}^3$

③ 성토 부족량 $= 66{,}000 - 48{,}000 = 18{,}000\text{m}^3$

④ 남는 점토량 $= 65{,}000 - 18{,}000 \times \dfrac{1}{C}$

$= 65{,}000 - 18{,}000 \times \dfrac{1}{0.9}$

$= 45{,}000\text{m}^3$(본바닥 토량)

정/답/및/해/설 2012년도 2차(07.08 시행)

정답·해설 01

(1) ① Net Work

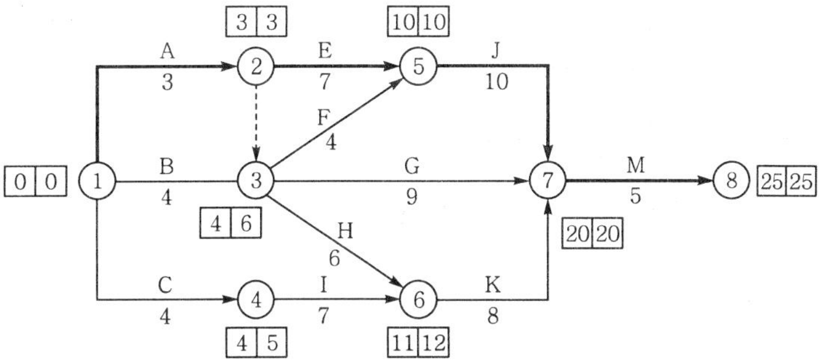

② CP : ① → ② → ⑤ → ⑦ → ⑧

(2) ① 비용경사(cost slope)

공 정	단축가능 일수	비용경사(만 원)
A	0	0
B	1	$\dfrac{30-24}{4-3} = 6$
C	1	$\dfrac{60-40}{4-3} = 20$
E	2	$\dfrac{49-35}{7-5} = 7$
F	0	0
H	1	$\dfrac{60-48}{6-5} = 12$

공 정	단축가능 일수	비용경사(만 원)
G	3	$\frac{69-45}{9-6}=8$
I	1	$\frac{66-56}{7-6}=10$
J	3	$\frac{55-40}{10-7}=5$
K	0	0
M	2	$\frac{96-60}{5-3}=18$

② 공기단축

단축단계	작업명	단축일수	추가비용(만 원)	공기(일)
1단계	J	1	1×5 = 5	24
2단계	J, I	1	1×5+1×10 = 15	23
3단계	M	2	2×18 = 36	21

③ 추가비용(extra cost)

EC = 50,000+150,000+360,000 = 560,000원

정답·해설 02

평면 파괴면을 가진 유한사면의 해석(Culmann 도해법)

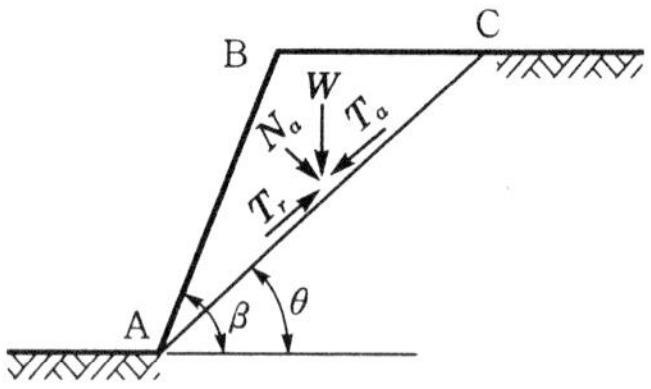

① $W=\frac{1}{2}\overline{BC}\cdot H\cdot\gamma\cdot 1$

$=\frac{1}{2}\gamma H^2\left[\frac{\sin(\beta-\theta)}{\sin\beta\cdot\sin\theta}\right]$

$=\frac{1}{2}\times 1.8\times 3^2\times\left[\frac{\sin(60^\circ-40^\circ)}{\sin60^\circ\times\sin40^\circ}\right]=4.98\text{t}$

② $N_a=W\cos\theta=4.98\times\cos40^\circ=3.81\text{t}$

③ $T_a=W\sin\theta=4.98\times\sin40^\circ=3.20\text{t}$

④ $T_r=\frac{1}{F_s}(\overline{AC}\cdot c+N_a\tan\phi)$

$=\frac{1}{F_s}\left(\frac{3}{\sin40^\circ}\times 2+3.81\times\tan10^\circ\right)=\frac{10}{F_s}$

⑤ $T_a=T_r$ $\quad 3.2=\frac{10}{F_s}$ $\quad \therefore F_s=3.13$

정답·해설 03

① $A_p=\frac{\pi\cdot D^2}{4}=\frac{\pi\times0.35^2}{4}=0.1\text{m}^2$

② $A_s=\pi\cdot D\cdot l=\pi\times0.35\times22=24.19\text{m}^2$

③ $\overline{N_s}=\frac{N_1h_1+N_2h_2+N_3h_3}{h_1+h_2+h_3}=\frac{5\times5+8\times13+45\times4}{5+13+4}=14.05$

④ $R_u=40NA_p+\frac{1}{5}\overline{N_s}A_s=40\times45\times0.1+\frac{1}{5}\times14.05\times24.19=247.97\text{t}$

⑤ $R_a=\frac{R_u}{F_s}=\frac{247.97}{3}=82.66\text{t}$

정답·해설 04

(1) ① 모래지반의 단위중량

㉠ $\gamma_t = \dfrac{G_s + Se}{1+e}\gamma_w = \dfrac{2.65+0.5\times 0.7}{1+0.7}\times 1 = 1.76\text{t/m}^3$

㉡ $\gamma_{sat} = \dfrac{G_s + e}{1+e}\gamma_w = \dfrac{2.65+0.7}{1+0.7}\times 1 = 1.97\text{t/m}^3$

② $\sigma = 1.76\times 3 + 1.97\times 3 + 1.91\times \dfrac{4}{2} = 15.01\text{t/m}^2$

$u = 1\times\left(3+\dfrac{4}{2}\right) = 5\text{t/m}^2$

$\overline{\sigma} = \sigma - u = 15.01 - 5 = 10.01\text{t/m}^2$

③ $C_c = 0.009(W_L - 10) = 0.009(60-10) = 0.45$

④ $\Delta H = \dfrac{C_c}{1+e_1}\log\dfrac{P_2}{P_1}H = \dfrac{0.45}{1+0.9}\log\left(\dfrac{10.01+40}{10.01}\right)\times 4 = 0.66185\text{m} = 66.19\text{cm}$

(2) ① $\Delta\sigma_t = \dfrac{P}{(B+Z)(L+Z)} = \dfrac{90}{(1.5+6)(1.5+6)} = 1.6\text{t/m}^2$

② $\Delta\sigma_m = \dfrac{90}{(1.5+8)(1.5+8)} = 1.00\text{t/m}^2$

③ $\Delta\sigma_b = \dfrac{90}{(1.5+10)(1.5+10)} = 0.68\text{t/m}^2$

④ $\Delta\sigma = \dfrac{\Delta\sigma_t + 4\Delta\sigma_m + \Delta\sigma_b}{6} = \dfrac{1.6+4\times 1+0.68}{6} = 1.05\text{t/m}^2$

⑤ $\Delta H = \dfrac{C_c}{1+e_1}\log\dfrac{P_2}{P_1}H = \dfrac{0.45}{1+0.9}\log\left(\dfrac{10.01+1.05}{10.01}\right)\times 4 = 0.041\text{m} = 4.1\text{cm}$

정답·해설 05

pumping

✎ 참고

pumping

보조기층이나 노상의 흙이 우수의 침입과 교통하중의 반복에 의해 줄눈이나 균열부에서 노면으로 뿜어내는 현상이다. 이는 단차의 원인이 되고 지지력 저하 등에 의하여 concrete slab는 파괴에 이르게 된다.

정답·해설 06

거푸집을 떼어내도 좋은 시기(콘크리트 압축강도를 시험한 경우) [콘크리트 표준시방서(2009)]

부 재	콘크리트 압축강도(f_{cu})
확대 기초, 보 옆, 기둥, 벽 등의 측벽	5MPa 이상
슬래브 및 보의 밑면, 아치 내면	설계기준 압축강도의 $\dfrac{2}{3}$배 이상 또한, 최소 14MPa 이상

정답·해설 07

① 시험 횟수 22회일 때 표준편차 보정계수

$= 1.03 + \dfrac{(1.08 - 1.03) \times 3}{5} = 1.06$

② 직선보간한 표준편차

$\sigma = 1.06 \times 4.5 = 4.77\text{MPa}$

③ $f_{cr} = f_{ck} + 1.34s = 40 + 1.34 \times 4.77 = 46.39\text{MPa}$

$f_{cr} = 0.9f_{ck} + 2.33s = 0.9 \times 40 + 2.33 \times 4.77 = 47.11\text{MPa}$

두 값 중 큰 값이 배합강도이므로 $\therefore\ f_{cr} = 47.11\text{MPa}$

정답·해설 08

① 배수기능　② filter 기능　③ 분리기능　④ 보강기능

정답·해설 09

(1) 길이 1m에 대한 콘크리트량

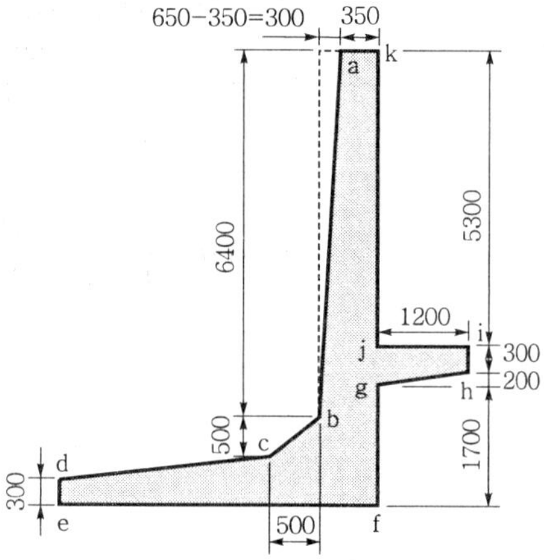

① $A_1 = \dfrac{0.35 + 0.65}{2} \times 6.4 = 3.2\text{m}^2$

② $A_2 = \dfrac{0.3 + 0.5}{2} \times 1.2 = 0.48\text{m}^2$

③ $A_3 = \dfrac{0.65 + 1.15}{2} \times 0.5 = 0.45\text{m}^2$

④ $A_4 = \dfrac{1.15 + 5}{2} \times 0.3 = 0.9225\text{m}^2$

⑤ $A_5 = 5 \times 0.3 = 1.5\text{m}^2$

⑥ 콘크리트량 $= (A_1 + A_2 + \cdots + A_5) \times 1$

$= 6.5525 \times 1 = 6.553\text{m}^3$

(2) 길이 1m에 대한 거푸집량

① $\overline{ab} = \sqrt{0.3^2 + 6.4^2} = 6.407\text{m}$

② $\overline{bc} = \sqrt{0.5^2 + 0.5^2} = 0.7071\text{m}$

③ $\overline{de} = 0.3\text{m}$

④ $\overline{fg} = 1.7\text{m}$

⑤ $\overline{gh} = \sqrt{1.2^2 + 0.2^2} = 1.21655\text{m}$

⑥ $\overline{hi} = 0.3\text{m}$

⑦ $\overline{jk} = 5.3\text{m}$

⑧ 거푸집의 길이=①+②+……+⑦=15.931m

⑨ 거푸집량=15.931×1=15.931m^2

(3) 길이 1m에 대한 철근량

① 철근량 산출근거

기호	직경	본당 길이(mm)	수량	총 길이(mm)	수량 산출근거
W_2	D 25	7300+465 = 7765	2.5	19,412.5	수량 = $\dfrac{1}{0.4}$ = 2.5개
W_5	D 16	1000	68	68,000	수량 = (33+1)×2(좌 · 우) = 68개

기호	직경	본당 길이(mm)	수량	총 길이(mm)	수량 산출근거
H	D 16	100+2036+100 = 2236	5	11,180	수량 = $\frac{1}{0.2}$ = 5개 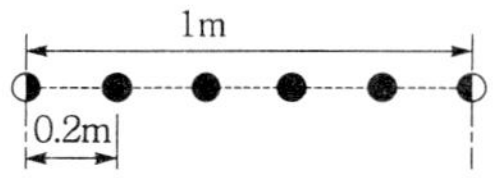
F_4	D 13	1000	24	24,000	수량 = 23+1 = 24개
S_1	D 13	356+100×2 = 556	12.5	6950	수량 = $\frac{1}{0.2 \times 2} \times 5$ = 12.5개 ※ S1의 간격은 W_1의 간격과 같다.

② 철근 물량표

기호	직경	본당 길이(mm)	수량	총 길이(mm)
W_2	D 25	7765	2.5	19,412.5
W_5	D 16	1000	68	68,000
H	D 16	2236	5	11,180
F_4	D 13	1000	24	24,000
S_1	D 13	556	12.5	6950

정답·해설 10

① 경사 에이프론(sloping apron)
② 감세수로단 턱(sill)
③ 버킷형 에너지 감세구조물(bucket-type energy dispator)
④ 감세지(stilling pool)
⑤ 감세용 블록(blocks or baffles)

정답·해설 11

① 공기의 흡입방지
② 웰 포인트에서 떨어진 곳에서의 용수발생 방지

정답·해설 12

① 앵커판과 앵커보
② tie back
③ 연직 앵커말뚝
④ 경사말뚝에 의해 지지되는 앵커보

정답·해설 13

① 교대 뒷면의 토사 및 재하중에 의한 토압
② 다리 축방향에 작용하는 견인 및 제동력
③ 교량 위에서 궤도가 곡선을 이룰 때 일어나는 원심력
④ 풍하중

참고

교각에 작용하는 수평력
① 활하중의 견인력 ② 풍압 ③ 유수압 ④ 지진력
⑤ 유수 혹은 유목 및 선박 등에 의한 충격력

정답·해설 14

① 탈수효과　② 건조효과　③ 팽창효과

정답·해설 15

① 절리 방향(주향과 경사)　② 절리 간격(spacing)
③ 절리의 연속성(persistence)　④ 절리의 거칠음(roughness)
⑤ 절리 간극(aperture ; 틈새크기)　⑥ 절리 간극의 충전물(filling)

참고

불연속면(Discontinuities in rock mass)

① 모든 암반 내에 존재하는 절리, 퇴적암에 존재하는 층리, 변성암에 존재하는 편리, 대규모 지질구조와 관련된 단층과 파쇄대 등 암반 내에 있는 연속성이 없는 면을 불연속면이라 한다.
② 불연속면에서 상대적인 이동이 없으면 절리(joint), 있으면 단층(fault)이라 한다.

정답·해설 16

① 교각에 사석공 설치　② 도류제의 설치
③ 하천의 개수공사　④ 교량기초의 강화

참고

도류제(導流堤)

① 도류제는 하천으로 이송된 토사가 퇴적되지 않도록 유도하거나 해안에서 파랑, 조석류 등에 의해서 유송된 표사(漂砂)가 하구로 침입되는 것을 막기 위한 하구의 시설물이다.
② 교각의 세굴방지대책으로 도류제의 설치목적은 홍수터 위의 흐름이 교량의 주하도(主河道)로 돌아가는데 매끄러운 천이구간을 제공하는 것이다. 또한 상류에 있는 최대세굴지점을 이동시키는 작용을 한다.

정답·해설 17

① 성토량 $= 3000 + 4500 = 7500\text{m}^3$
② 모래의 성토량 $= 5500 \times C = 5500 \times 0.9 = 4950\text{m}^3$
③ 성토 부족량 $= 7500 - 4950 = 2550\text{m}^3$
④ 사토량 $= 9000 - 2550 \times \dfrac{1}{C} = 9000 - 2550 \times \dfrac{1}{0.92} = 6228.26\text{m}^3$(본바닥 토량)

정답·해설 18

① $K_a = \tan^2\left(45° - \dfrac{\phi}{2}\right) = \tan^2\left(45° - \dfrac{30°}{2}\right) = \dfrac{1}{3}$

② $Z_c = \dfrac{2c\tan\left(45° + \dfrac{\phi}{2}\right)}{\gamma_t} = \dfrac{2 \times 1 \times \tan\left(45° + \dfrac{30°}{2}\right)}{1.8} = 1.92\text{m}$

③ $P_a = \frac{1}{2}\gamma_t H^2 K_a - 2c\sqrt{K_a}H + \frac{2c^2}{\gamma_t} + q_s K_a (H - Z_c)$

$= \frac{1}{2} \times 1.8 \times 6^2 \times \frac{1}{3} - 2 \times 1 \times \sqrt{\frac{1}{3}} \times 6 + \frac{2 \times 1^2}{1.8} + (1.8 \times 1.92) \times \frac{1}{3} \times (6 - 1.92)$

$= 9.68\,\text{t/m}$

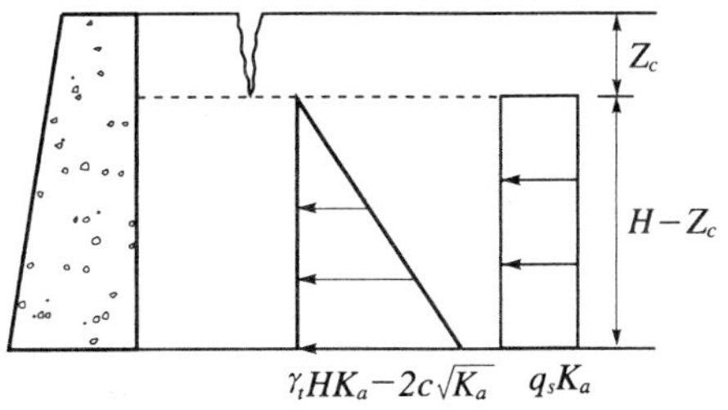

정답·해설 19

① 전방층 쌓기법　　② 비계층 쌓기법
③ 물다짐 공법　　④ 유용토 쌓기법

정답·해설 20

① $Q = \frac{3600 \cdot q \cdot k \cdot f \cdot E}{C_m} = \frac{3600 \times 1 \times 1 \times \frac{1}{1.2} \times 0.65}{30} = 65\text{m}^3/\text{h}$

② 백호 1대 2일 작업량 $= 65 \times 8 \times 2 = 1040\text{m}^3$

③ 백호 소요대수 $= \frac{3000}{1040} = 2.88 = 3$대

정답·해설 21

① fore poling 공법　　② 강관다단 grouting 공법
③ 우레탄 보강공법　　④ 약액 주입공법(LW 보강공법)

정답·해설 22

(1) q_t 의 결정

① $\frac{q_y}{2} = \frac{\frac{21}{0.3 \times 0.3}}{2} = 116.67\,\text{t/m}^2$

② $\frac{q_y}{3} = \frac{\frac{30}{0.3 \times 0.3}}{3} = 111.11\,\text{t/m}^2$ 이므로　$q_t = 111.11\,\text{t/m}^2$

(2) $q_a = q_t + \frac{1}{3}\gamma_t D_f N_q = 111.11 + \frac{1}{3} \times 1.8 \times 2 \times 3 = 114.71\,\text{t/m}^2$

정답·해설 23

① $q_t = \frac{T}{\gamma_t} \cdot L = \frac{15}{1.8} \times 1.2 = 10\text{m}^3$

② $n = \frac{q_t}{qk} = \frac{10}{0.6 \times 0.9} = 18.52 = 19$회

③ $C_{mt} = \frac{C_{ms}n}{60E_s} = \frac{30 \times 19}{60 \times 0.8} = 11.88$분

정답·해설 24

① $U_{vh}=1-(1-U_v)(1-U_h)=1-(1-0.9)(1-0.2)=0.92$

② $\Delta C=\dfrac{C}{P}\Delta P\cdot U=0.18\times(2\times5)\times0.92=1.66\text{t/m}^2$

③ $C=C_0+\Delta C=5+1.66=6.66\text{t/m}^2$

정답·해설 25

$u=1\times(3+4)=7\text{t/m}^2$

정/답/및/해/설 2012년도 3차(11.03 시행)

정답·해설 01

① 블록 보링(block boring)법
② 스네이크 보링(snake boring)법
③ 머드 캡핑(mud caping)법

참고

① block boring method : 암석덩어리의 중심부에서 연직천공한 후 장약하는 방법
② snake boring method : 바윗덩어리의 아래측에 장약하는 방법
③ mud caping method : 바윗덩어리의 지름이 작은 곳에 장약한 후 그 위를 굳은 점토로 덮어놓는 방법

정답·해설 02

① 완전방지법　② 감소노상강도법　③ 노상동결관입허용법

참고

노상동결관입허용법
동결깊이가 노상으로 얼마쯤 관입된다 하더라도 동상으로 인한 융기량이 포장파괴를 일으킬만한 양이 아니면 노상의 동결을 어느 정도 허용하는 경제적인 방법으로 국내 도로 설계법에 적용하고 있다.

정답·해설 03

① 토량분배
② 평균 운반거리의 산출
③ 운반거리에 의한 토공기계의 선정
④ 시공방법의 산출

정답·해설 04

① $C_m = 0.06\left(\dfrac{l}{V_1}+\dfrac{l}{V_2}\right)+t_g = 0.06\left(\dfrac{60}{2.4}+\dfrac{60}{3}\right)+\dfrac{18}{60}=3$분

$\left(\text{또는 } C_m = \dfrac{l}{V_1}+\dfrac{l}{V_2}+t_g = \dfrac{60}{\frac{2400}{60}}+\dfrac{60}{\frac{3000}{60}}+\dfrac{18}{60}=3\text{분}\right)$

② $Q=\dfrac{60\cdot q\cdot f\cdot E}{C_m}=\dfrac{60\cdot q\cdot \frac{1}{L}\cdot E}{C_m}=\dfrac{60\times 3\times \frac{1}{1.25}\times 0.8}{3}=38.4\text{m}^3/\text{hr}$

정답·해설 05

① 식생 등의 지중생태의 개선
② 하수도의 부담경감과 도시하천의 범람 방지
③ 지하수 함양
④ 노면 배수 시설의 경감 또는 생략
⑤ 미끄럼 저항성 증대 및 보행성의 개선

정답·해설 06

① $\sum V=0$

$60+90=15\times BL$

$\therefore BL=10$ ·····················㉠

② $\sum M_o=0$

$60\times 0.2+90\times 5=15\times BL\times \dfrac{L}{2}$

$BL^2=61.6$ ·····················㉡

식 ㉠, ㉡에서 $L=6.16\text{m}$, $B=1.62\text{m}$

정답·해설 07

① $A_p=\dfrac{\pi D^2}{4}=\dfrac{\pi\times 0.4^2}{4}=0.13\text{m}^2$

② $A_s=\pi\cdot D\cdot l=\pi\times 0.4\times 20=25.13\text{m}^2$

③ $\overline{N}_s=\dfrac{N_1h_1+N_2h_2+N_3h_3}{h_1+h_2+h_3}=\dfrac{4\times 4+7\times 8+15\times 8}{4+8+8}=9.6$

④ $R_u=40NA_p+\dfrac{1}{5}\overline{N}_sA_s$

$=40\times 15\times 0.13+\dfrac{1}{5}\times 9.6\times 25.13=126.25\text{t}$

정답·해설 08

(1) 길이 1m에 대한 콘크리트량

① 기초 콘크리트량

$=3.5\times 0.1\times 1=0.35\text{m}^3$

② 구체 콘크리트량

$=\left(3.1\times 3.65-2.5\times 3+\dfrac{0.2\times 0.2}{2}\times 4\right)\times 1$

$=3.895\text{m}^3$

(2) 길이 1m에 대한 거푸집량

$$=(3.65\times2+2.6\times2+\sqrt{0.2^2+0.2^2}\times4+2.1)\times1=15.731\text{m}^2$$

(3) 길이 1m에 대한 터파기량

$$=\frac{5.5+13.25}{2}\times7.75\times1=72.656\text{m}^3$$

(4) 길이 1m에 대한 철근량

① 단면도상 선으로 보이는 철근(S_1, S_7)

• 철근개수 ⇒ $\frac{\text{단위길이(1m)}}{\text{간격}}$

기 호	직 경	본당 길이(mm)	수 량	총 길이(mm)	수량 산출근거
S_1	D 22	1805×2+346×2+2530 = 6832	6.67	45,569.44	수량 = $\frac{1}{0.3}$×2(개소) = 6.67개
S_7	D 13	100+818+100 = 1018	6.67	6790.06	

② 단면도상 점으로 보이는 철근(S_9)

• 철근개수 ⇒ 간격수+1

기 호	직 경	본당 길이(mm)	수 량	총 길이(mm)	수량 산출근거
S_9	D 16	1000	56	56,000	수량 = (상판상부+상판하부)×2(상・하판) = [(12+1)+15]×2 = 56개

③ F_1 철근개수 ⇒ $\frac{\text{단위길이(1m)}}{\text{간격}\times2}$ ×개소

기 호	직 경	본당 길이(mm)	수 량	총 길이(mm)	수량 산출근거
F_1	D 13	100×2+136×2+340 = 812	5	4060	수량 = $\frac{1}{0.3\times2}$×3(개소) = 5개

④ 철근 물량표(단, 소수 셋째자리에서 반올림하시오.)

기 호	철근호칭	본당길이(mm)	수 량(개)	총 길이(mm)
S_1	D 22	6832	6.67	45,569.44
S_7	D 13	1018	6.67	6790.06
S_9	D 16	1000	56	56,000
F_1	D 13	812	5	4060

정답・해설 09

① 교량의 선형에 제약을 받는다.
② 상부구조물의 단면이 일정해야 한다.(변화단면에 적응이 곤란하다.)
③ 상당한 면적의 제작장이 필요하다.
④ 교량 연장이 짧을 경우 비경제적이다.

정답・해설 10

(1) ① $\bar{x}=\frac{752}{16}=47\text{MPa}$

② $S=(48.5-47)^2+(40-47)^2+(50-47)^2+\cdots+(47-47)^2=262$

③ $\sigma=\sqrt{\frac{S}{n-1}}=\sqrt{\frac{262}{16-1}}=4.179\text{MPa}$

④ 직선보간한 표준편차

$\sigma=4.179\times1.144=4.781\text{MPa}$

직선보간
$\left(1.08+\frac{(1.16-1.08)\times4}{5}=1.144\right)$

(2) ① $f_{cr}=f_{ck}+1.34s=45+1.34\times4.781=51.407\text{MPa}$

② $f_{cr}=0.9f_{ck}+2.33s=0.9\times45+2.33\times4.781=51.64\text{MPa}$

①, ② 중에서 큰 값이 배합강도이므로

$\therefore\ f_{cr}=51.64\text{MPa}$

정답·해설 11

$$S_{(기초)}=S_{(재하판)}\cdot\left[\frac{2B_{(기초)}}{B_{(기초)}+B_{(재하판)}}\right]^2=15\times\left[\frac{2\times1.5}{1.5+0.3}\right]^2=41.67\text{mm}$$

정답·해설 12

① 전도 ② 활동 ③ 지지력

정답·해설 13

(1) 4~6시간 (2) 10~15시간

참고

시공이음면의 거푸집 철거[콘크리트 표준시방서(2009)]

시공이음면의 거푸집 철거는 콘크리트가 굳은 후 되도록 빠른 시기에 한다. 다만, 거푸집의 제거시기를 너무 빨리하면 콘크리트에 유해한 영향을 주기 때문에 주의하여야 한다. 일반적으로 연직시공이음부의 거푸집 제거 시기는 콘크리트를 타설하고 난 후 여름에는 4~6시간 정도, 겨울에는 10~15시간 정도로 한다.

정답·해설 14

① 표면 차수벽형 ② 내부 차수벽형 ③ 중앙 차수벽형

정답·해설 15

(1) ① network

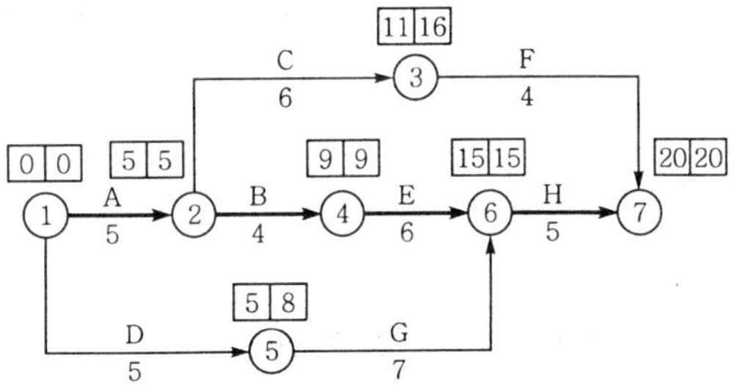

② CP : ① → ② → ④ → ⑥ → ⑦

(2) 최적공기와 총 공사비

단축 작업명	단축 일수	기 간	직접비용 증가액(만 원)	직접비 (만 원)	간접비 (만 원)	총 공비 (만 원)
-	-	20일	-	60	60	60+60 = 120
B	1	19일	1×4 = 4	60+4 = 64	60−5 = 55	64+55 = 119
B	1	18일	1×4 = 4	64+4 = 68	55−5 = 50	68+50 = 118
A	1	17일	1×6 = 6	68+6 = 74	50−5 = 45	74+45 = 119

① 최적공기 = 18일

② 총 공사비 = 118만 원

정답·해설 16

$$C_P = \frac{|SL - \bar{x}|}{3\sigma} = \frac{|24 - 25.5|}{3 \times 0.5} = 1$$

정답·해설 17

(1) $d_w = \alpha \dfrac{2A + 2B}{\pi} = 0.75 \times \dfrac{2 \times 10 + 2 \times 0.3}{\pi} = 4.92\text{cm}$

(2) $d_e = 1.13d = 1.13 \times 60 = 67.8\text{cm}$

정답·해설 18

① $CL = 2 \times 20 = 40\text{t/m}$

② $W\tan\phi = \dfrac{5 + 15}{2} \times 20 \times 1.9 \times \tan 10° = 67\text{t/m}$

③ $P_a = \dfrac{1}{2}\gamma_t h^2 K_a = \dfrac{1}{2} \times 1.9 \times 15^2 \times \tan^2\left(45° - \dfrac{32°}{2}\right) = 65.68\text{t/m}$

④ $P_p = \dfrac{1}{2}\gamma_t h^2 K_p = \dfrac{1}{2} \times 1.9 \times 5^2 \times \tan^2\left(45° + \dfrac{32°}{2}\right) = 77.3\text{t/m}$

⑤ $F_s = \dfrac{CL + W\tan\phi + P_p}{P_a} = \dfrac{40 + 67 + 77.3}{65.68} = 2.81$

정답·해설 19

(1) 점토의 밀도

① $Se = wG_s$　　$1 \times e = 0.3 \times 2.6$　　$\therefore\ e = 0.78$

② $\gamma_{sat} = \dfrac{G_s + e}{1 + e}\gamma_w = \dfrac{2.6 + 0.78}{1 + 0.78} \times 1 = 1.9\text{t/m}^3$

(2) 최대굴착깊이

① $\sigma = (10 - H) \cdot \gamma_{sat} = (10 - H) \times 1.9$

② $u = 1 \times 6 = 6\text{t/m}^2$

③ $\bar{\sigma} = \sigma - u = (10 - H) \times 1.9 - 6 = 0$　　$\therefore\ H = 6.84\text{ m}$

정답·해설 20

(1) slurry wall

(2) ① 소음, 진동이 작다.

② 벽체의 강성(EI)이 크다.

③ 차수성이 크다.

④ 주변지반의 영향이 작다.

⑤ 흙막이 벽의 길이를 자유롭게 조절할 수 있다.

정답·해설 21

① $\dfrac{W}{C} = 0.5$　　$\dfrac{157}{C} = 0.5$　　$\therefore\ C = 314\text{kg}$

② 단위 골재량 절대체적

$$V_a = 1 - \left(\frac{\text{단위수량}}{1000} + \frac{\text{단위시멘트량}}{\text{시멘트비중} \times 1000} + \frac{\text{공기량}}{100}\right)$$

$$= 1 - \left(\frac{157}{1000} + \frac{314}{3.14 \times 1000} + \frac{4.5}{100}\right) = 0.7\text{m}^3$$

③ 단위 잔골재량 절대체적

$V_s = V_a \times \frac{S}{a} = 0.7 \times 0.4 = 0.28\text{m}^3$

④ 단위 굵은골재량 절대체적

$V_G = V_a - V_s = 0.7 - 0.28 = 0.42\text{m}^3$

⑤ 단위 굵은골재량 $= V_G \times$ 굵은골재비중 $\times 1000$

$= 0.42 \times 2.65 \times 1000 = 1113\text{kg}$

정답·해설 22

① rock bolt ② shotcrete ③ steel rib(강지보공)

정답·해설 23

① 연속 culvert box 공법
② 파이프 매설공법
③ box 매설공법
④ EPS 공법
⑤ 성토 지지말뚝공법

정답·해설 24

① 1일 운반횟수 $= \frac{\text{1일 작업시간}}{\text{1회 왕복 소요시간}} = \frac{8 \times 60}{\left(\frac{2 \times 2}{8}\right) \times 60 + 5 \times 2} = 12$회

② 1일 트럭 1대 운반량 $= 5 \times 12 = 60\text{m}^3$

③ 트럭의 소요대수 $= \frac{900}{60} = 15$대

토목기사 실기

기출 문제

2011

2011년도 기출문제

▸ 1차 : 2011. 05. 01
▸ 2차 : 2011. 07. 24
▸ 3차 : 2011. 11. 13

과/년/도/기/출/문/제 2011년도 1차(05.01 시행)

문제 01

배점 3

그림에서와 같이 강널말뚝으로 지지된 모래지반의 굴착에서 지하수의 유출로 인하여 예상되는 파이핑에 대한 안전율을 2.0으로 할 때 근입심도(D)를 결정하시오. (단, 모래층의 포화단위중량은 1.7t/m^{3}이고, 입자의 비중은 2.65이다.)

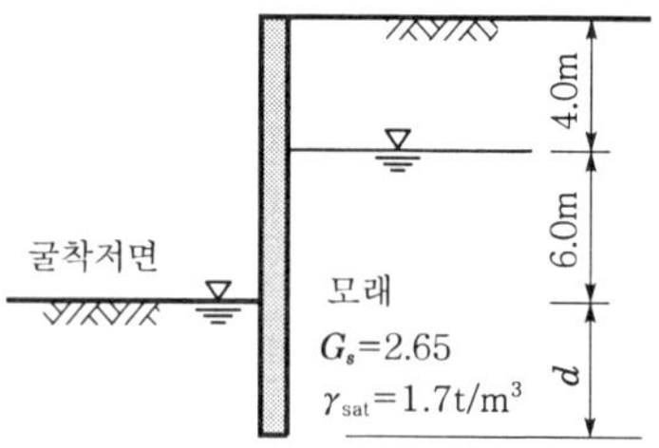

답 · 풀이

문제 02

배점 3

geosynthetics는 전 세계적으로 광범위한 이론적, 실험적 연구결과를 볼 때, 토공 및 기초공학 분야에서 배수재, 필터재, 분리재 및 보강재 등으로 폭 넓게 사용되고 있다. 국내에서도 1980년대 이후 그 수요가 급증하고 있다. 특히, 서해안 사업이 본격화됨에 따라 연약지반 보강, 제방의 필터 및 분리 등의 목적으로 사용이 더욱 증가할 것으로 생각되는 geosynthetics의 종류 4가지를 쓰시오.

답 ① ② ③ ④

문제 03

배점 4

그림과 같은 유토곡선(mass curve)에서 다음 물음에 답하시오.

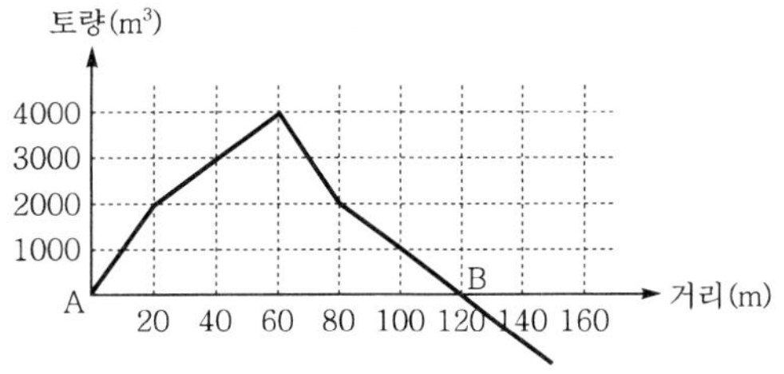

(1) AB 구간에서 절토량 및 평균운반거리를 구하시오.

(2) AB 구간에서 불도저(bull dozer) 1대로 흙을 운반하는데 필요한 소요일수를 구하시오. (단, 1일 작업시간은 8시간, 불도저의 $q=3.2\text{m}^3$, $L=1.25$, $E=0.6$, 전진속도 : 40m/분, 후진속도 : 46m/분, 기어변속 : 0.25분)

답 · 풀이

문제 04

배점 3

PS 콘크리트 교량건설공법 중 동바리를 사용하지 않는 현장타설공법의 종류 3가지를 쓰시오.

답 ① ② ③

문제 05

배점 6

그림과 같이 백호로 굴착을 하고 통로박스 시공 후, 되메우기를 한다. 이때 15t 덤프트럭을 2대 사용하여 1일 작업시간을 6시간으로 하며, 덤프트럭의 $E=0.9$, $C_m=300$분일 경우 아래 물음에 답하시오. (단, 암거 길이는 10m, $C=0.9$, $L=1.25$, $\gamma_t=1.8\text{t/m}^3$)

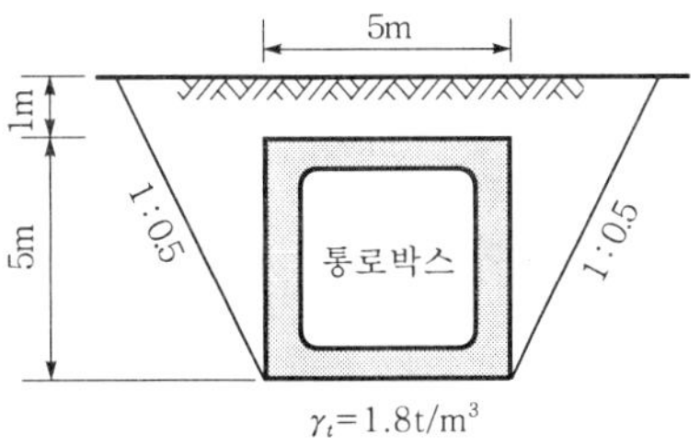

(1) 사토량을 본바닥 토량으로 구하시오.

(2) 덤프트럭 1대의 시간당 작업량을 구하시오.

(3) 덤프트럭 2대를 사용할 경우 사토에 필요한 소요일수는 며칠인가?

답 · 풀이

문제 06

약액주입공법의 주입재료 중에서 비약액계 주입재 3가지를 쓰시오.

배점 3

답 ① ② ③

문제 07

그림과 같은 H-pile 흙막이 공의 각 부재 명칭을 쓰시오.

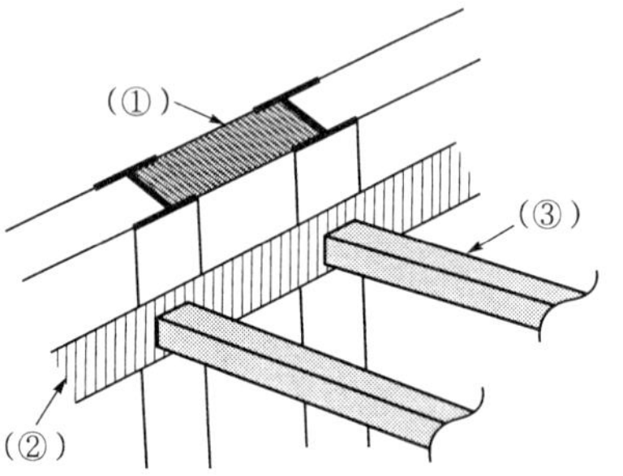

배점 3

답 ① ② ③

문제 08

경량성토공법의 일종으로 석유 정제과정에서 발생하는 styrene monomer(액체)의 기출체로서 얻어지는 polystyrene(고체)과 여기에 첨가하는 발포제를 주요 원료로 하여 이를 블록화 하여 성토체에 활용하거나 구조물의 뒤채움부에 이용하여 특히, 연약지반상의 측방유동문제 및 교대 배면에 적용하는 이 공법의 이름을 쓰시오.

배점 2

답

문제 09

콘크리트 포장 시공 시 설치하는 줄눈 4가지를 쓰시오.

배점 3

답 ① ②

③ ④

문제 10

롤러전압에 의하지 않고 조골재, 세골재 및 필러를 쿠커(cooker) 속에서 고온으로 교반, 혼합한 고온 시 혼합물의 유동성을 이용하여 된비비기 콘크리트처럼 치고 피니셔로 평활하게 고르는 아스팔트 포장방식은?

배점 2

답 ....

문제 11

입도분석시험 결과 다음과 같은 결과를 얻었다. 이 흙을 통일분류법에 의해 분류하시오. (단, No.4(4.75mm)체 통과율 = 58.1%, No.200(0.075mm)체 통과율 = 4.34%, D_{10} = 0.077mm, D_{30} = 0.54mm, D_{60} = 2.27mm)

배점 3

답 · 풀이 ....

문제 12

현재 지하철공사나 터널공사에 많이 사용되는 시공법 3가지를 쓰시오.

배점 3

답 ① .... ② .... ③ ....

문제 13

콘크리트 1m^{3}를 만드는데 소요되는 잔골재량과 굵은골재량을 구하시오. (단, W/C = 50%, 단위 시멘트량 = 280kg, S/a = 42%, 시멘트 비중 = 3.15, 굵은골재 밀도 = 2.65g/cm^3, 잔골재 밀도 = 2.6g/cm^3, 공기량 = 4.5%이다.)

배점 4

답 · 풀이 ....

문제 14

어느 암반지대에서 RQD의 평균값은 60%, 절리군의 수(J_n)는 6, 절리면 변질 계수(J_a)는 2, 지하수 보정 계수(J_w)는 1, 절리면 거칠기 계수(J_r)는 2, 응력저감계수(SRF)는 1일 경우 Q값을 계산하시오.

배점 3

답 · 풀이

문제 15

현장타설말뚝은 콘크리트를 칠 때 공저에 슬라임(slime)이 퇴적되어 있으면 침하원인이 되고 말뚝으로서 기능이 현저하게 저하한다. 이 같은 슬라임 제거공법을 3가지만 기술하시오.

배점 3

답 ① ② ③

문제 16

암반의 초기응력 측정방법 3가지를 쓰시오.

배점 3

답 ① ② ③

문제 17

다음 그림과 같은 중력식 옹벽에 대하여 Rankine토압론을 이용하여 아래 물음에 답하시오.

배점 9

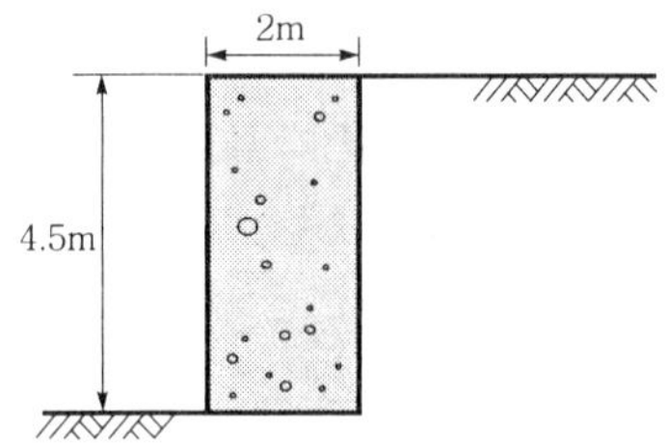

조건
- 흙의 단위중량 : $\gamma_t = 1.8\text{t/m}^3$
- 흙의 내부마찰각 : $\phi = 37°$
- 점착력 : $c = 0$
- 지반의 허용지지력 : $q_a = 30\text{t/m}^2$
- 콘크리트 단위중량 : $\gamma_c = 2.4\text{t/m}^3$

(1) 전도에 대한 안전율을 구하시오.
(2) 활동에 대한 안전율을 구하시오.
(3) 지지력에 대한 안전율을 구하시오.

답 · 풀이

문제 18

배점 3

두께가 3m인 정규압밀 점토층에서 시료를 채취하여 압밀시험을 실시하였다. 시험결과가 다음과 같을 때 이 점토층이 압밀도 60%에 이르는데 걸리는 시간을 구하시오. (단, 배수조건은 일면배수이다.)

조건

- 초기상태의 유효응력(σ_0) : 0.2kg/cm^2
- 초기간극비(e_0) : 1.2
- 실험 후 유효응력(σ_1) : 0.4kg/cm^2
- 실험 후 간극비(e_1) : 0.97
- 시험점토의 투수계수(k) : 3.0×10^{-7}cm/sec
- 60% 압밀시 시간계수(T_v) : 0.287

답 · 풀이

문제 19

배점 3

필댐의 여수로(spill way)에는 어떤 종류가 있는지 4가지만 쓰시오.

답 ① ② ③ ④

문제 20

배점 10

다음과 같은 작업리스트가 있다. 물음에 답하시오.

작업명	선행작업	후속작업	표 준		특 급	
			일 수	직접비(만 원)	일 수	직접비(만 원)
A	-	B, C	6	210	5	240
B	A	D, E	4	450	2	630
C	A	F, G	4	160	3	200
D	B	G	3	300	2	370
E	B	H	2	600	2	600
F	C	I	7	240	5	340
G	C, D	I	5	100	3	120
H	E	I	4	130	2	170
I	F, G, H	-	2	250	1	350

(1) Net Work(화살선도)를 작도하시오.

(2) 표준일수에 대한 CP를 찾으시오.

(3) 다음의 작업 list 빈 칸을 채우시오.

작업명	공비증가율 (만 원/일)	개 시		완 료		여유시간		
		EST	LST	EFT	LFT	TF	FF	DF
A								
B								
C								
D								
E								
F								
G								
H								
I								

(4) 총 공기에 대한 간접비가 2천만 원인데 표준일수를 단축하는 경우 1일당 80만 원씩 감소한다고 할 때 최적공기와 그때의 총 공비를 구하시오.

답 · 풀이

문제 21

배점 4

다음과 같은 조건일 때 사다리꼴 복합 확대 기초의 크기 B_1, B_2를 구하시오. (단, 지반의 허용지지력 $q_a = 10\text{t/m}^2$)

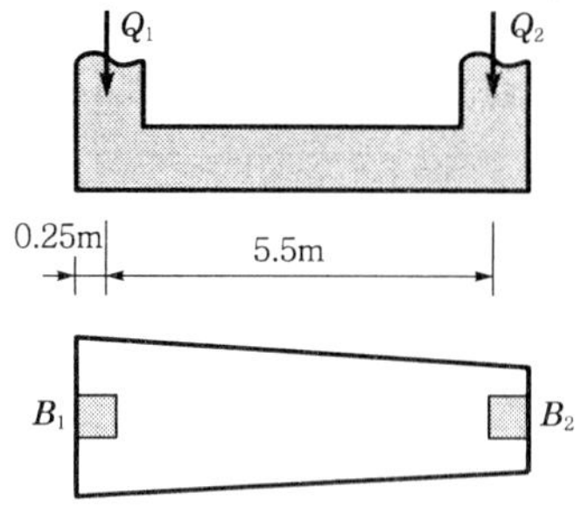

조건

- 기둥 1 : 0.5m×0.5m, $Q_1 = 100\text{t}$
- 기둥 2 : 0.5m×0.5m, $Q_2 = 80\text{t}$

답 · 풀이

문제 22

배점 3

다음과 같은 그림에서 말뚝 하단의 활동면에 대한 히빙 현상의 안전율을 구하시오.

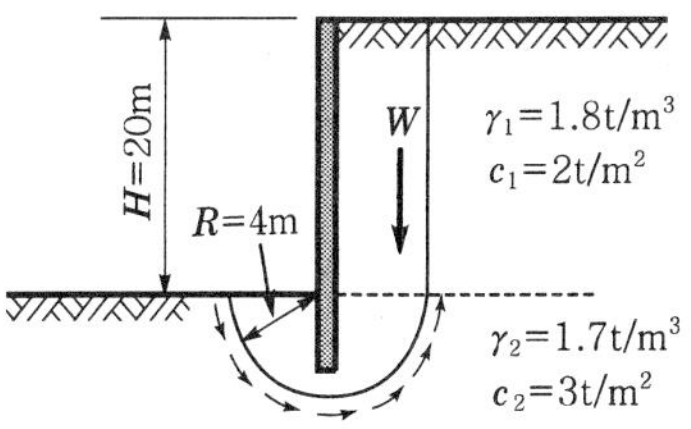

답 · 풀이

문제 23

배점 3

현장에서 모래치환법에 의한 흙의 단위중량 시험 성과표가 다음과 같을 때 상대다짐도를 구하시오.

구멍 속의 모래무게+깔때기 속 모래무게(g)	2700
깔때기 속 모래무게(g)	1200
표준사의 단위중량(g/cm^3)	1.65
구멍 속 흙 무게(g)	1800
구멍 속 흙의 함수비(%)	11.2
실내 최대건조밀도(g/cm^3)	1.89

답 · 풀이

문제 24

배점 3

콘크리트를 2층 이상으로 나누어 타설할 경우, 상층의 콘크리트타설은 원칙적으로 하층의 콘크리트가 굳기 시작하기 전에 해야 하며, 상층과 하층이 일체가 되도록 시공한다. 또한 콜드 조인트가 발생하지 않도록 하나의 시공 구획면적, 콘크리트의 공급능력, 이어치기 허용시간 간격 등을 정하여야 한다. 이때 이어치기 허용시간 간격의 표준에 대한 아래 표의 빈 칸을 채우시오.

외기온	허용 이어치기 시간 간격
25℃ 초과	① (　　) 시간
25℃ 이하	② (　　) 시간

답 ① ②

문제 25

댐의 기초처리에서 그라우팅공법의 종류를 4가지만 쓰시오.

배점 3

답 ① .... ② .... ③ .... ④ ....

문제 26

주어진 역 T형 교대의 도면(단위 : mm) 및 조건에 따라 다음 물량을 산출하시오. (단, 주어진 도면의 치수는 축척에 맞지 않을 수 있으며, 주어진 치수로만 물량을 산출할 것)

배점 8

일 반 도

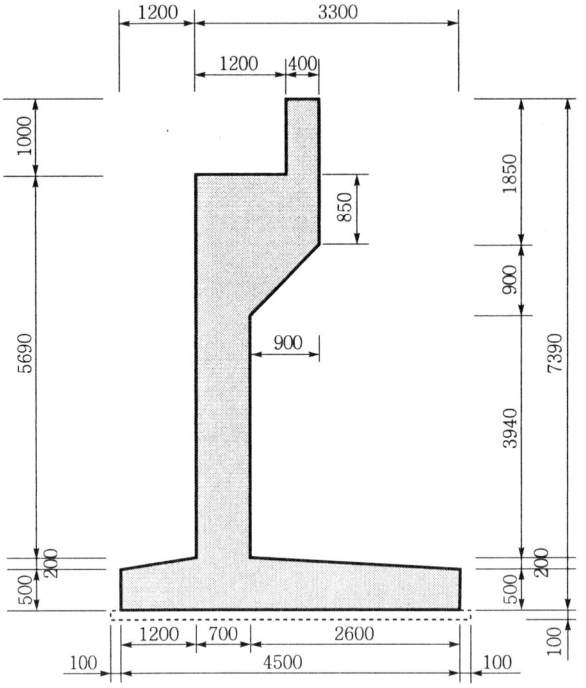

조건

- 물량산출에서의 할증률은 무시한다.
- 기초 콘크리트는 무시한다.

(1) 길이 10m인 역 T형 교대의 콘크리트량을 구하시오. (단, 소수 3째자리에서 반올림하시오.)

(2) 길이 10m인 역 T형 교대의 거푸집량을 구하시오. (단, 소수 3째자리에서 반올림하시오.)

답·풀이

문제 01

배점 3

함수비가 20%인 토취장 흙의 습윤단위중량이 1.9t/m^3이다. 이 흙으로 도로를 축조할 때 함수비는 15%이고, 습윤단위중량은 1.98t/m^3이었다. 이 경우 흙의 토량변화율(C)은 대략 얼마인가?

답 · 풀이

문제 02

배점 6

다음 그림과 같은 지형에 시공기준면을 15m로 하여 성토하고자 한다. 다음 물음에 답하시오. (단, 격자점의 숫자는 표고, 단위는 m이다.)

(1) 성토량을 구하시오.

(2) 성토에 필요한 운반토량을 구하시오.
(단, L = 1.25, C = 0.9)

(3) 적재용량 4t의 덤프트럭으로 운반할 때 연대수를 구하시오. (단, 굴착 흙의 단위중량 1.8t/m^3)

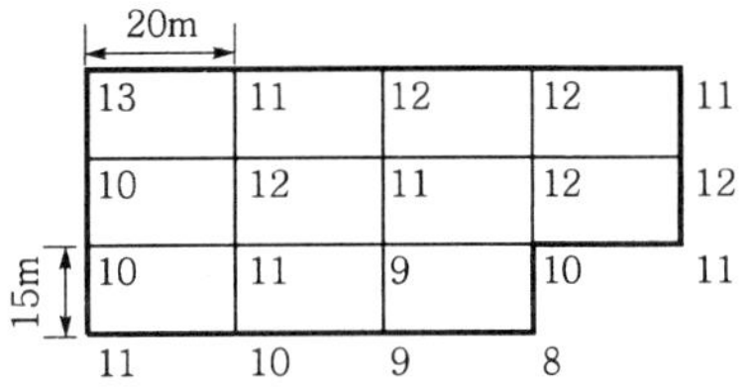

답 · 풀이

문제 03

배점 3

탄성파속도가 1100m/s인 사암으로 된 수평한 지반을 1개의 리퍼날이 부착된 21t급의 불도저(q_0 = 3.3m^3)로 리핑하면서 작업을 할 때 1시간당 작업량을 본바닥 토량으로 구하시오. (단, 소수 3째자리에서 반올림하시오.)

조건

- 1개 날의 1회 리핑 단면적 : 0.14m^2
- 작업거리 : 40m
- 불도저의 구배계수 : 0.90
- 리퍼의 사이클 타임 : $C_m = 0.05l + 0.33$
- 불도저의 사이클 타임 : $C_m = 0.037l + 0.25$
- 리퍼의 작업효율 : 0.9
- 불도저의 작업효율 : 0.4
- 토량변화율 : $L = 1.6$, $C = 1.1$

답 · 풀이

문제 04

배점 3

펌프 준설선으로 준설을 하고자 한다. 압송유량은 초당 1.5m^3/sec, 수면으로부터 배출구까지의 수두차는 5m, 손실수두의 총합은 44m, 토사를 함유한 물의 단위중량은 1.2t/m^3, 펌프의 효율은 0.6이라 할 때, 필요한 펌프의 동력은 몇 마력(HP)인가?

답 · 풀이

문제 05

배점 3

점토층의 두께 5m, 공극률 60%, 액성한계 50%, 점토층 위의 유효 상재압력이 10t/m^{2}에서 14t/m^{2}로 증가할 때의 침하량은 얼마인가?

답 · 풀이

문제 06

배점 3

$G_s = 2.65$, $n = 35\%$인 사질토($c = 0$, $\phi = 38°$)의 반무한 사면의 경우 침투류가 지표면과 일치되는 경우 안전율을 구하시오. (단, 사면의 경사각은 20°이다.)

답 · 풀이

문제 07

배점 3

다음과 같은 점토지반에 직경이 10m, 자중이 4000t인 물탱크가 설치되어 있다. 극한지지력에 대한 안전율(F_s)이 3일 때 최대로 채울 수 있는 물의 높이는 얼마인가? (단, N_c = 5.14)

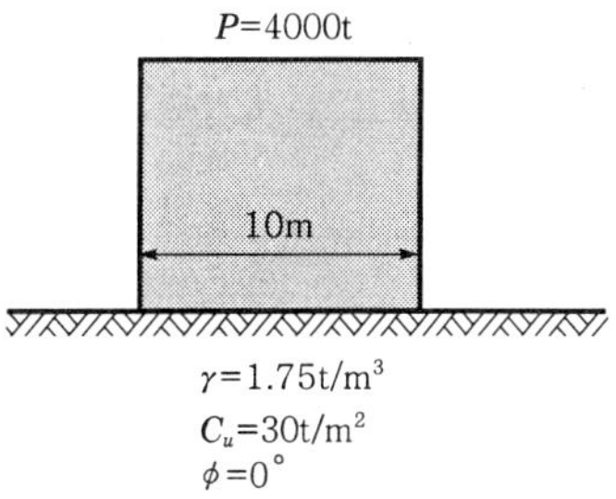

답 · 풀이

문제 08

배점 3

어떤 지반의 평판재해시험에 30cm×30cm 크기의 재하판을 사용 시 극한지지력이 24t/m^2, 침하량이 10mm이었다. 실제 3m×3m의 기초를 설치할 때 예상되는 극한지지력과 침하량을 사질토지반인 경우로 보고 추정하시오.

답 · 풀이

문제 09

배점 6

다음 물음에 답하시오.

(1) 부마찰력의 정의를 쓰시오.

(2) 부마찰력 발생원인 2가지를 쓰시오.

(3) 지반의 일축압축강도가 1.9t/m2인 연약점성토층을 직경 40cm의 철근 콘크리트 파일로 관입깊이 13m를 관통하여 박았을 때 부마찰력을 구하시오.

답 (1)

(2) ①

②

(3)

문제 10

배점 8

콘크리트 배합강도를 구하기 위한 전체 시험횟수 21회의 콘크리트 압축강도의 측정결과가 다음 표와 같고 설계기준강도가 24MPa일 때 다음 물음에 답하시오.

[압축강도 추정결과(단위 : MPa)]

27.4	28.5	26.3	26.9	23.3	28.8	24.2
23.1	22.4	21.9	27.9	21.1	23.3	21.7
21.3	26.9	27.8	29.0	26.9	22.2	24.1

(1) 위 표를 보고 압축강도의 평균값을 구하시오.

(2) 압축강도 측정결과 및 아래의 표를 이용하여 배합강도를 구하기 위한 표준편차를 구하시오.

[시험횟수가 29회 이하일 때 표준편차의 보정계수]

시험횟수	표준편차의 보정계수	비 고
15	1.16	이 표에 명시되지 않은 시험횟수에 대해서는 직선보간 한다.
20	1.08	
25	1.03	
30 이상	1.00	

(3) f_{ck} = 24MPa일 때 배합강도를 구하시오.

답 · 풀이

문제 11

배점 3

다음과 같은 모양의 중력식 옹벽을 설치하려고 한다. 흙의 단위중량 $\gamma_t = 1.75\text{t/m}^3$, 내부마찰각 $\phi = 31°$, 점착력 $c = 0$, 콘크리트의 단위중량 $\gamma_c = 2.4\text{t/m}^3$일 때 옹벽의 전도(over-turning)에 대한 안전율을 Rankine의 식을 이용하여 계산하시오. (단, 옹벽 전면에 작용하는 수동토압은 무시한다.)

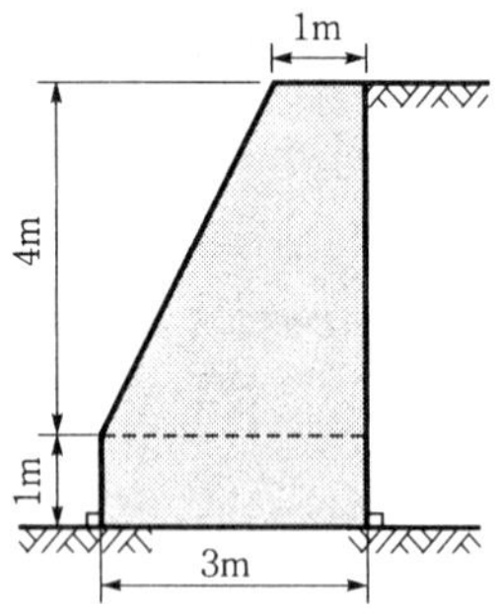

답 · 풀이

문제 12

뒤채움 지표면에 재하중이 없는 높이 6m의 옹벽에 작용하는 전체 지진토압이 Mononobe - Okabe 이론에 의해 P_{ae} =16t/m이고, 정적인 상태의 전토압이 P_a =10t/m일 때 이 전체 지진토압의 작용위치는 옹벽 저면으로부터 몇 m로 보는가?

배점 3

답 · 풀이

문제 13

그림과 같은 방파제의 활동에 대한 안전율을 계산하시오. (단, 소수 3째자리에서 반올림하시오.)

배점 3

조건

- 파고(h) = 3.0m
- 케이슨 단위중량(w) = 2.0t/m^3
- 해수 단위중량(W) = 1.0t/m^3
- 마찰계수(f) = 0.6
- 파압공식(P) = 1.5wh(t/m^2)

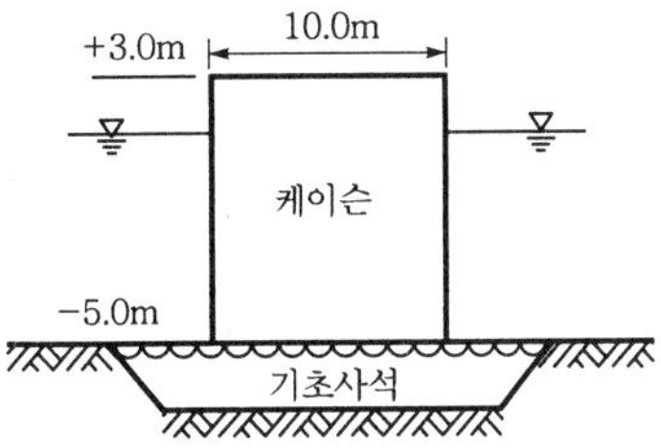

답 · 풀이

문제 14

다음 작업 리스트에서 네트워크 공정표를 작성하고, 각 작업의 여유시간을 구하시오.

배점 10

<table>
<tr><th>작업명</th><th>선행작업</th><th>작업일수</th><th>비 고</th></tr>
<tr><td>A</td><td>없음</td><td>4</td><td rowspan="11">(1) CP는 굵은 선으로 표시하시오.
(2) 각 결합점에는 다음과 같이 표시한다.
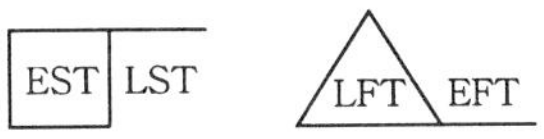

(3) 각 작업은 다음과 같이 표시한다.
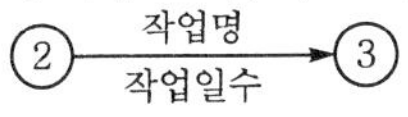
</td></tr>
<tr><td>B</td><td>A</td><td>6</td></tr>
<tr><td>C</td><td>A</td><td>5</td></tr>
<tr><td>D</td><td>A</td><td>4</td></tr>
<tr><td>E</td><td>B</td><td>3</td></tr>
<tr><td>F</td><td>B, C, D</td><td>7</td></tr>
<tr><td>G</td><td>D</td><td>8</td></tr>
<tr><td>H</td><td>E</td><td>6</td></tr>
<tr><td>I</td><td>E, F</td><td>5</td></tr>
<tr><td>J</td><td>E, F, G</td><td>8</td></tr>
<tr><td>K</td><td>H, I, J</td><td>6</td></tr>
</table>

(1) 공정표를 작성하시오.

(2) 여유시간을 구하시오.

답 · 풀이

문제 15

배점 8

주어진 반중력식 교대의 도면(단위 : mm) 및 조건에 따라 다음 물량을 산출하시오. (단, 주어진 도면의 치수는 축척에 맞지 않을 수 있으며, 주어진 치수로만 물량을 산출할 것)

일 반 도

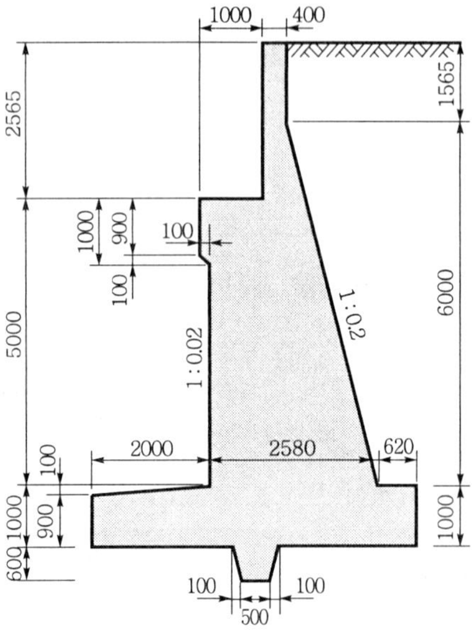

(1) 폭이 10m인 교대의 콘크리트량을 구하시오. (단, 소수점 이하 4째자리에서 반올림하시오.)

(2) 폭이 10m인 교대의 거푸집량을 구하시오. (단, 소수점 이하 4째자리에서 반올림하시오.)

답 · 풀이

문제 16

배점 3

연약지반 개량을 위한 sand drain 공법에서 sand pile 타입방법을 3가지만 쓰시오.

답 ① ② ③

문제 17

연약지반 처리공법 중 sand drain 공법의 sand mat의 역할 3가지를 쓰시오.

배점 3

답 ① ______

② ______

③ ______

문제 18

포장공사에서 도로의 기층 안정처리공법을 3가지만 쓰시오.

배점 3

답 ① ______ ② ______ ③ ______

문제 19

암반분류법을 4가지만 쓰시오.

배점 3

답 ① ______ ② ______

③ ______ ④ ______

문제 20

옹벽에 시공되는 배수공의 종류 4가지를 기술하시오.

배점 3

답 ① ______ ② ______ ③ ______ ④ ______

문제 21

구조물 공사는 지하수가 배제된 상태에서 시공하거나 또는 원지반에 구조물을 축조한 후 주변을 성토하여 구조물을 완성하게 된다. 이 경우 지하수위의 상승으로 양압력에 의한 피해가 발생할 수 있는데 이러한 구조물의 기초 바닥에 작용하는 양압력(부력)에 저항하는 방법 3가지를 쓰시오.

배점 3

답 ① ______ ② ______ ③ ______

문제 22

숏크리트 공법의 장점을 3가지만 쓰시오.

배점 3

답 ① ......

② ......

③ ......

문제 23

터널 막장의 불연속면의 파괴종류를 3가지만 쓰시오.

배점 3

답 ① ...... ② ...... ③ ......

문제 24

흙속에 보강재를 프리스트레싱 없이 촘촘한 간격으로 원지반에 삽입하여 원지반 자체의 전체적인 전단강도를 증대시켜 활동에 대한 사면을 보호하는 공법을 무엇이라 하는가?

배점 2

답 ......

문제 25

콘크리트의 비비기에 대한 아래의 물음에 답하시오.

(1) 비비기는 미리 정해둔 비비기 시간의 몇 배 이상 계속해서는 안 되는가?

(2) 가경식 믹서의 비비기 시간은 얼마인가?

(3) 강제식 믹서의 비비기 시간은 얼마인가?

배점 3

답 (1) ...... (2) ...... (3) ......

문제 26

도로의 종단방향에 설치하는 측구의 종류 3가지를 기술하시오.

배점 3

답 ① ...... ② ...... ③ ......

문제 01

배점 8

다음 2연 암거의 물량을 산출하시오. (단위 : mm)

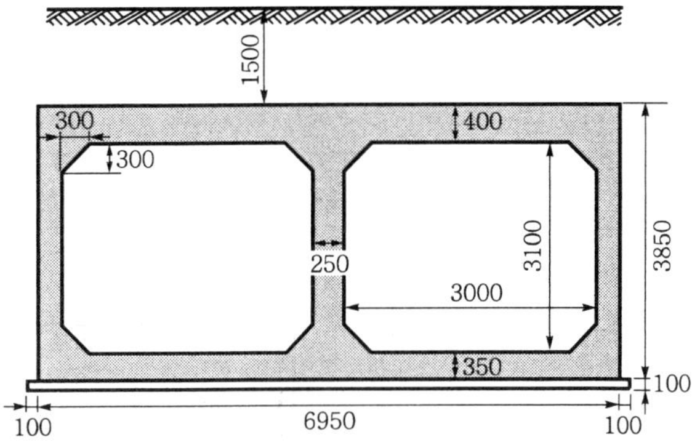

(1) 2연 암거의 1m 길이에 대한 콘크리트량을 산출하시오. (단, 기초의 콘크리트량도 고려하며 소수점 4째자리에서 반올림하시오.)
(2) 2연 암거의 1m 길이에 대한 거푸집량을 산출하시오. (단, 기초의 거푸집량도 고려하고, 마구리면은 고려하지 않으며, 소수점 4째자리에서 반올림하시오.)
(3) 2연 암거의 1m 길이에 대한 터파기량을 산출하시오. (터파기의 여유폭은 0.6m로 하고, 구배는 1 : 0.5로 하며 소수점 4째자리에서 반올림하시오.)

답 · 풀이

문제 02

배점 6

모래층 아래 점토층이 있다. 모래층 4m중에 1.5m는 50% 포화되어 있고 나머지는 완전포화되어 있다. 모래층 위에 5t/m^{2}의 등분포하중이 작용할 때 (1) 점토층 중간의 초기 유효연직응력을 구하고, (2) 정규압밀점토층에 발생하는 압밀침하량을 구하시오.

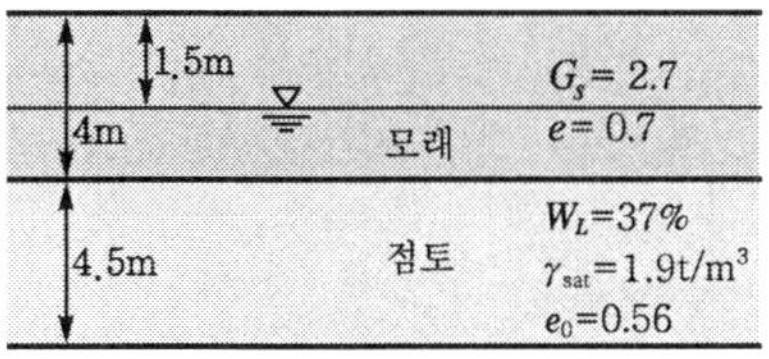

답 · 풀이

문제 03

한중 콘크리트 타설 시 비볐을 때의 온도가 25℃, 주위온도가 3℃, 비빈 후 타설이 끝났을 때의 시간은 1시간 30분이었다. 비빈 후 콘크리트의 온도를 구하시오.

배점 3

답 · 풀이

문제 04

다음 그림과 같은 널말뚝에 작용하는 주동토압을 구하시오.

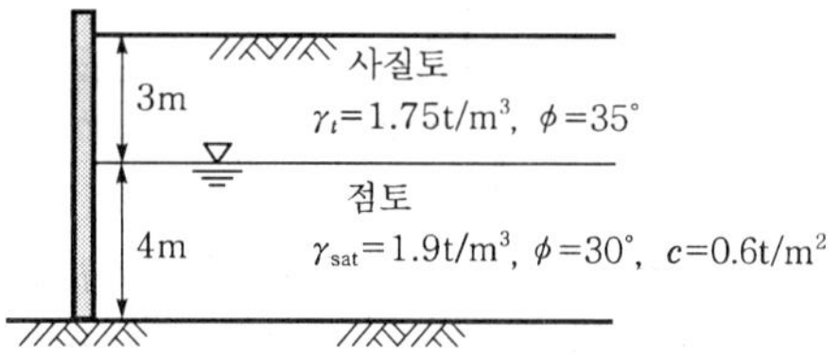

배점 3

답 · 풀이

문제 05

도로 포장을 설계하기 위해 다음과 같이 CBR을 구하였다. 포장설계를 위한 설계 CBR을 구하시오. (단, $d_2=2.83$)

4.6, 3.9, 5.9, 4.8, 7.0, 3.3, 4.8

배점 3

답 · 풀이

문제 06

배점 6

토취장에서 원지반 토량 2,000m^{3}를 굴착한 후 8t 덤프트럭으로 다음과 같은 단면의 도로를 축조하고자 한다. 이 토취장 흙의 40%는 점성토이고, 60%는 사질토이다. 이때 다음 물음에 답하시오.

구분 / 종류	토량 환산계수 L	토량 환산계수 C	자연상태 단위중량
점성토	1.3	0.9	1.75t/m^3
사질토	1.25	0.87	1.80t/m^3

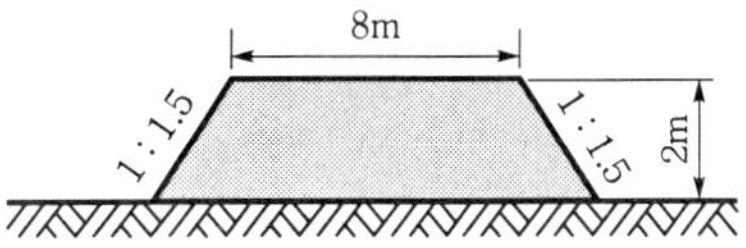

(1) 운반에 필요한 8t 덤프트럭의 연 대수를 구하시오. (단, 덤프트럭은 적재 중량만큼 싣는 것으로 한다.)

(2) 시공 가능한 도로의 길이(m)를 산출하시오. (단, 도로의 시점 및 종점의 끝단은 수직으로 가정한다.)

(3) 트럭에 적재하는 데 사용되는 백호의 총 작업시간을 구하시오. (단, $q = 0.9\text{m}^3$, $k = 0.9$, $E = 0.9$, $C_m = 21$초 이다.)

답 · 풀이

문제 07

배점 3

필댐의 종류 3가지를 기술하시오.

답 ① ② ③

문제 08

배점 6

다음과 같은 유선망에서 단위폭(1m)당 1일 침투수량을 구하고 점 A에서 간극수압을 계산하시오.
(단, $K_h = 8\times10^{-5}$cm/sec, $K_v = 5\times10^{-4}$cm/sec)

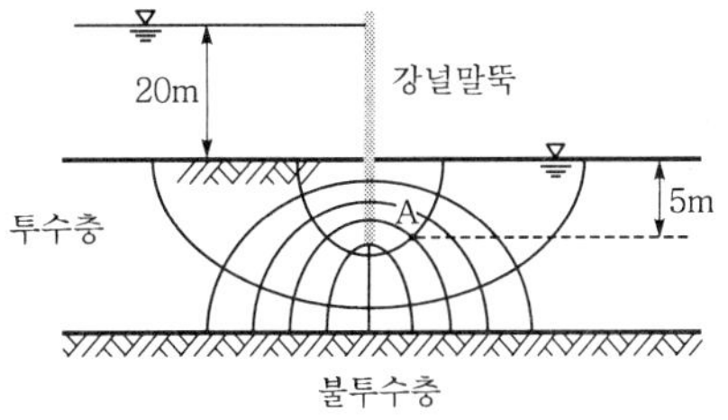

답 · 풀이

문제 09

배점 3

Q값(rock mass quality)을 구하는 공식 $Q=\frac{\mathrm{RQD}}{J_n}\cdot\frac{J_r}{J_a}\cdot\frac{J_w}{\mathrm{SRF}}$에서 $\frac{\mathrm{RQD}}{J_n}$, $\frac{J_r}{J_a}$, $\frac{J_w}{\mathrm{SRF}}$은 무엇을 의미하는지 각 항의 의미를 기술하시오.

답

문제 10

배점 3

1972 AASHTO 포장설계법에 의한 아스팔트 포장두께를 결정하는 요소 3가지를 쓰시오.

답 ①

②

③

문제 11

배점 3

콘크리트 표준 공시체를 14회 반복 압축강도시험을 하였을 때 재령 28일 강도가 $f_{ck}=$ 24MPa이었을 때 콘크리트의 배합강도(f_{cr})를 구하시오.

답 · 풀이

문제 12

배점 3

80kg의 래머를 사용하여 보조기층의 다짐작업을 할 경우 시간당 작업량을 구하시오.

조건

- 1회의 유효찍기 다짐면적(A) = 0.033m^2
- 1층의 끝손질두께 = 0.3m
- 작업효율 = 0.5
- 1시간당의 찍기 다짐횟수 = 3600회
- 토량 환산계수(f) = 0.7
- 되풀이 찍기 다짐횟수 = 6회

답 · 풀이

문제 13

얕은기초 지반의 파괴형태 3가지를 쓰시오.

배점 3

답 ① .... ② .... ③ ....

문제 14

말뚝의 정적 재하시험방법 3가지를 쓰시오.

배점 3

답 ① .... ② .... ③ ....

문제 15

해저, 오지, 이지 및 저수지 밑바닥의 퇴사나 니토 등을 굴착하거나 걷어내는 작업을 하는데 필요한 준설선의 종류를 4가지 쓰시오.

배점 3

답 ① .... ② .... ③ .... ④ ....

문제 16

다음과 같은 공정표에서 임계공정선(CP)을 구하고, 정상 공사기간과 공사비용, 정상 공사기간을 4일 줄일 때 발생하는 추가비용의 최소치를 구하시오. (단, 기간의 단위는 "일"이며 비용의 단위는 "만 원"이다.)

(1) 임계공정선(CP)

(2) 정상 공사기간과 공사비용

(3) 정상 공사기간을 4일 줄일 때 발생하는 추가비용의 최소치 계산

node	공정명	정상기간	정상비용	특급기간	특급비용
0→2	A	3	15	3	15
0→4	B	5	20	4	25
2→6	D	6	36	5	43
2→8	F	8	40	6	50
4→6	E	7	49	5	65
4→10	G	9	27	7	33
6→8	H	2	10	1	15
6→10	C	2	16	1	25
8→12	I	3	24	3	24
10→12	K	4	28	3	38

배점 10

답·풀이 ....

문제 17

교대의 구조형식에 의한 분류 5가지를 쓰시오.

배점 3

답 ① ② ③ ④ ⑤

문제 18

터널굴착 시 여굴 감소방법 3가지를 기술하시오.

배점 3

답 ① ② ③

문제 19

오픈 케이슨기초의 침하공법을 5가지만 쓰시오.

배점 3

답 ① ② ③ ④ ⑤

문제 20

구조물 안전을 위한 기초의 형식을 선정할 때 아래의 사항을 제외한 기초의 구비조건 3가지를 쓰시오.

시공이 가능하고 경제적일 것

배점 3

답 ① ② ③

문제 **21**

배점 3

한 무한 자연사면의 경사가 $20°$이고 지표면에서 6m 깊이에 암반층이 있다고 할 때 이 사면의 안전율은 얼마인가?

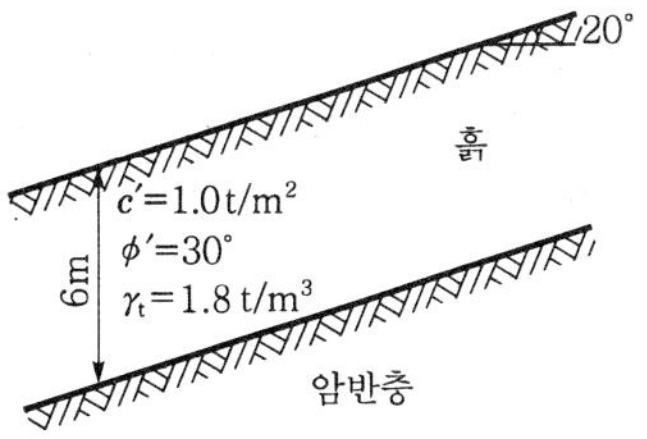

답 · 풀이

문제 **22**

배점 3

어느 지역의 월평균 기온이 아래 표와 같다. 동결지수를 구하시오.

월	월평균 기온(℃)
11	+1
12	−6.3
1	−8.3
2	−6.4
3	−0.2

답 · 풀이

문제 **23**

배점 3

그림과 같은 과압밀 점토지반 위에 넓은 지역에 걸쳐 $\gamma_t = 1.95\text{t/m}^3$ 흙을 3.0m 높이로 성토계획을 세우고 있다. 이 점토지반의 중앙단면에서의 압밀침하량 계산에 압축지수(C_c) 대신에 팽창지수(C_e)만을 사용할 수 있는 OCR의 한계값을 구하시오.

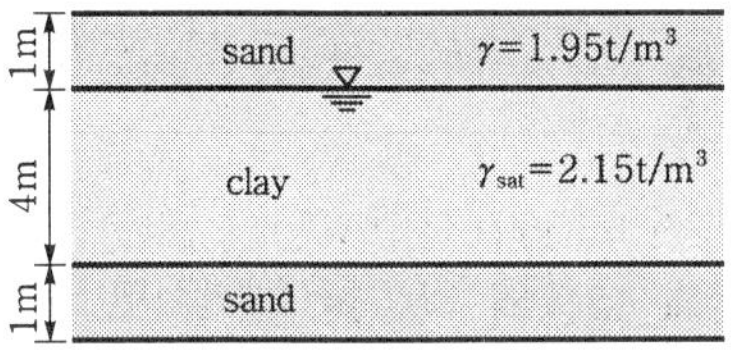

답 · 풀이

문제 **24**

배점 2

수분이 많은 점토층에 반투막 중공원통을 넣고, 그 안에 농도가 큰 용액을 넣어서 점토 속의 수분을 빨아내는 방법으로 상재하중 없이 압밀을 촉진시킬 수 있는 지반개량공법은?

답

문제 25

배점 3

도로 토공을 위한 횡단측량 결과 다음 그림과 같은 결과를 얻었다. Simpson 제2법칙에 의한 횡단면적은? (단위 : m)

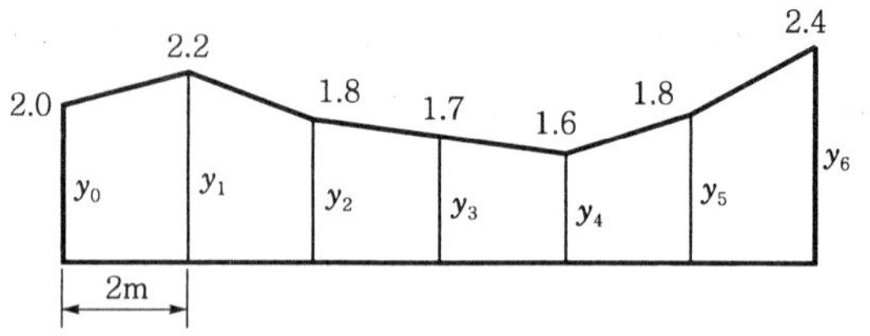

답 · 풀이

문제 26

배점 3

3m×3m 크기의 정사각형 기초를 마찰각 $\phi = 30°$, 점착력 $c = 5\text{t/m}^2$인 지반에 설치하였다. 흙의 단위중량 $\gamma = 1.7\text{t/m}^3$이며, 기초의 근입깊이는 2m이다. 지하수위가 지표면에서 3m 깊이에 있을 때의 허용지지력을 구하시오. (단, 지하수위 아래의 흙의 포화단위중량은 1.9t/m^3이고, Terzaghi 공식을 사용하고, $\phi = 30°$일 때 $N_c = 36$, $N_r = 19$, $N_q = 22$)

답 · 풀이

문제 27

배점 2

댐 여수로(dam spillway)의 말단부 또는 각종 급경사 수로의 방류부(放流部)에서 발생하는 고유속 흐름의 막대한 에너지로 인한 하상(河床) 또는 수로바닥의 세굴(洗掘)방지를 위해 설치되는 댐의 주요 부속구조물은?

답

2011년도 정답 및 해설

정/답/및/해/설　2011년도 1차(05.01 시행)

정답·해설 01

$$F_s = \frac{i_c}{i} = \frac{\dfrac{G_s - 1}{1+e}}{\dfrac{h}{L}} \qquad 2 = \frac{0.7}{\dfrac{6}{6+2d}} \qquad \therefore\ d = 5.57\text{m}$$

정답·해설 02

① 지오텍스타일(geotextile)　② 지오맴브레인(geomembrane)
③ 지오그리드(geogrid)　④ 지오콤포지트(geocomposite)

정답·해설 03

(1) ① 절토량 $= 400\text{m}^3$
　② 평균운반거리 $= 80 - 20 = 60\text{m}$

(2) ① dozer 1대 작업량

　㉠ $C_m = \dfrac{l}{V_1} + \dfrac{l}{V_2} + t_g = \dfrac{60}{40} + \dfrac{60}{46} + 0.25 = 3.05$분

　㉡ $Q = \dfrac{60qfE}{C_m} = \dfrac{60 \times 3.2 \times \dfrac{1}{1.25} \times 0.6}{3.05} = 30.22\text{m}^3/\text{hr}$

　② 소요일수 $= \dfrac{4000}{30.22 \times 8} = 16.55 = 17$일

정답·해설 04

① 캔틸레버공법(FCM 공법)
② 이동동바리공법(MSS 공법)
③ 압출공법(ILM 공법)

정답·해설 05

(1) ① 굴착토량 $= \dfrac{5+11}{2} \times 6 \times 10 = 480\text{m}^3$

　② 되메움 토량 $= (480 - 5 \times 5 \times 10) \times \dfrac{1}{0.9} = 255.56\text{m}^3$

　③ 사토량 $= 480 - 255.56 = 224.44\text{m}^3$

(2) ① $q_t = \frac{T}{\gamma_t}L = \frac{15}{1.8}\times 1.25 = 10.42\text{m}^3$

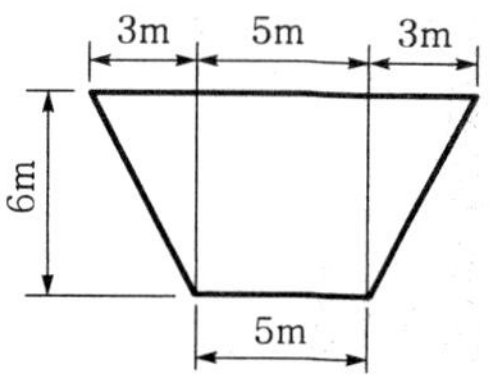

② $Q = \frac{60\,q_t f\,E_t}{C_{mt}} = \frac{60\,q_t \frac{1}{L}\,E_t}{C_{mt}} = \frac{60\times 10.42\times \frac{1}{1.25}\times 0.9}{300} = 1.5\text{m}^3/\text{hr}$

(3) 소요일수$= \frac{224.44}{1.5\times 6\times 2} = 12.47 = 13$일

정답·해설 06

① 시멘트계　② 점토계　③ 아스팔트계

정답·해설 07

① 토류판　② 띠장　③ 버팀

정답·해설 08

EPS(Expanded Polystyrene form = 발포 폴리스티렌) 공법

✎ 참고

(1) EPS 공법
① 개요 : EPS 경량재료로 뒤채움하여 토압, 수압을 경감하는 공법
② 특징
㉠ 초경량성, 내압축성, 자립성, 내수성, 시공성이 우수하다.
㉡ 홍수 시 EPS가 부력에 약해 유실되기 쉽다.

(2) 교대의 측방 이동방지 대책공법
① 연속 culvert box 공법　② 파이프 매설공법
③ box 매설공법　④ EPS 공법
⑤ 성토 지지말뚝공법

정답·해설 09

① 가로 수축 줄눈(contraction joint)　② 가로 팽창 줄눈(expansion joint)
③ 세로 줄눈(longitudinal joint)　④ 시공 줄눈(construction joint)

✎ 참고

줄눈의 종류 및 기능
① 가로 수축 줄눈 : 건조수축에 의한 균열방지
② 가로 팽창 줄눈 : 온도상승에 의한 blow up 방지
③ 세로 줄눈 : 세로 방향 균열방지
④ 시공 줄눈 : 장비고장 및 일기변화

정답·해설 10

구스 아스팔트 포장(Guss asphalt pavement)

정답·해설 11

① $P_{No.200} = 4.34\% < 50\%$이고 $P_{No.4} = 58.1\% > 50\%$ 이므로 모래이다.

② $C_u = \dfrac{D_{60}}{D_{10}} = \dfrac{2.27}{0.077} = 29.48 > 6$

$C_g = \dfrac{{D_{30}}^2}{D_{10} \cdot D_{60}} = \dfrac{0.54^2}{0.077 \times 2.27} = 1.67 = 1 \sim 3$이므로 양립도이다.

∴ SW이다.

정답·해설 12

① NATM 공법 ② TBM 공법 ③ shield 공법

정답·해설 13

(1) 단위잔골재량

① 단위수량

$W/C = 0.5$ $W/280 = 0.5$ $\therefore W = 140\text{kg}$

② 단위골재량 절대체적

$$V_a = 1 - \left(\frac{\text{단위수량}}{1000} + \frac{\text{단위시멘트량}}{\text{시멘트 비중} \times 1000} + \frac{\text{공기량}}{100}\right)$$

$$= 1 - \left(\frac{140}{1000} + \frac{280}{3.15 \times 1000} + \frac{4.5}{100}\right) = 0.73\text{m}^3$$

③ 단위잔골재량 절대체적 : $V_s = V_a \times S/a = 0.73 \times 0.42 = 0.31\text{m}^3$

④ 단위잔골재량 = V_s×잔골재 비중×1000 = 0.31×2.6×1000 = 806kg

(2) 단위굵은골재량

① 단위굵은골재량 절대체적 : $V_G = V_a - V_s = 0.73 - 0.31 = 0.42\text{m}^3$

② 단위굵은골재량 = V_G×굵은골재 비중×1000 = 0.42×2.65×1000 = 1113kg

정답·해설 14

$$Q(\text{Rock Mass Quality}) = \frac{\text{RQD}}{J_n} \cdot \frac{J_r}{J_a} \cdot \frac{J_w}{\text{SRF}} = \frac{60}{6} \times \frac{2}{2} \times \frac{1}{1} = 10$$

여기서, J_n : 절리군의 수에 관련된 변수

J_r : 절리면의 거칠기에 관련된 변수

J_a : 절리면의 변질에 관련된 변수

J_w : 지하수에 관련된 변수

RQD : 암질지수

SRF : 응력저감계수

정답·해설 15

① air lift 방법 ② suction pump 방법

③ water jet 방법 ④ 수중펌프방법

정답·해설 16

① 응력해방법 ② 수압파쇄법

③ AE법 ④ 응력회복법

✎ 참고

초기지압(initial ground stress)

① 지반 내부에 터널 또는 지하발전소와 같은 공동을 굴착할 때, 그 이전에 지반에 작용하고 있던 1차 지압을 말한다.

② 원인별 분류

㉠ 지반자중에 의한 응력　　㉡ 지각변동에 따른 응력

㉢ 지형의 영향에 의한 응력　　㉣ 암반의 물리적, 화학적 변화에 의한 응력

③ 초기지압을 구하는 방법

㉠ 이론해석법 : 탄성이론에 의한 유한 요소법

㉡ 실험방법 : 광탄성 실험법

㉢ 측정방법

ⓐ 응력해방법(overcoring법)　ⓑ 수압파쇄법　ⓒ AE법　ⓓ 응력회복법

정답·해설 17

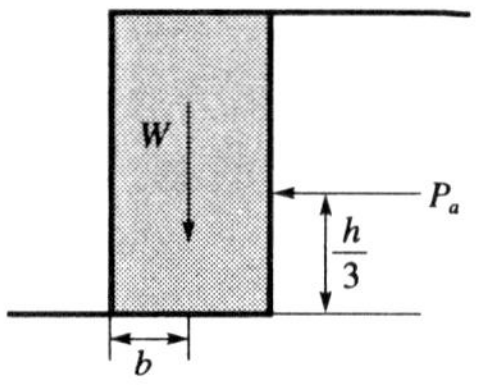

(1) 전도에 대한 안전율

① $P_a = \frac{1}{2}\gamma h^2 K_a = \frac{1}{2}\gamma h^2 \tan^2\left(45^\circ - \frac{\phi}{2}\right)$

$= \frac{1}{2} \times 1.8 \times 4.5^2 \times \tan^2\left(45^\circ - \frac{37^\circ}{2}\right)$

$= 4.53\text{t/m}$

② $W = 2 \times 4.5 \times 2.4 = 21.6\,\text{t/m}$

③ $F_s = \frac{M_r}{M_d} = \frac{Wb}{P_a \cdot y} = \frac{21.6 \times \frac{2}{2}}{4.53 \times \frac{4.5}{3}} = 3.18$

(2) 활동에 대한 안전율

$$F_s = \frac{(W + P_V)\tan\delta + CB + P_p}{P_a} = \frac{(21.6 + 0)\tan 37^\circ + 0 + 0}{4.53} = 3.59$$

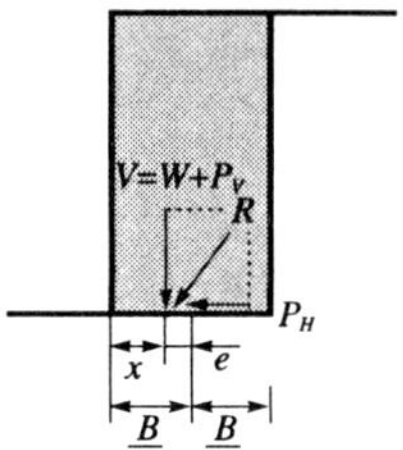

(3) 지지력에 대한 안전율

① $V = W + P_V = 21.6 + 0 = 21.6t$

② $e = \frac{B}{2} - x = \frac{B}{2} - \frac{M_r - M_d}{V}$

$= \frac{2}{2} - \frac{21.6 \times \frac{2}{2} - 4.53 \times \frac{4.5}{3}}{21.6} = 0.31\text{m}$

$\left(\begin{array}{l} Vx = M' = M_r - M_d \\ \therefore x = \frac{M_r - M_d}{V} \end{array}\right)$

③ $q_{\max} = \frac{V}{B}\left(1 + \frac{6e}{B}\right) = \frac{21.6}{2}\left(1 + \frac{6 \times 0.31}{2}\right) = 20.84\text{t/m}^2$

④ $F_s = \frac{q_a}{q_{\max}} = \frac{30}{20.84} = 1.44$

정답·해설 18

① $a_v = \dfrac{e_0 - e_1}{\sigma_1 - \sigma_0} = \dfrac{1.2-0.97}{0.4-0.2} = 1.15\text{cm}^2/\text{kg}$

② $m_v = \dfrac{a_v}{1+e_0} = \dfrac{1.15}{1+1.2} = 0.52\text{cm}^2/\text{kg}$

③ $C_v = \dfrac{k}{m_v \gamma_w} = \dfrac{3.0 \times 10^{-7}}{0.52 \times (1 \times 10^{-3})} = 5.77 \times 10^{-4}\text{cm}^2/\text{sec}$

④ $t_v = \dfrac{T_v H^2}{C_v}$

$t_{60} = \dfrac{0.287H^2}{C_v} = \dfrac{0.287 \times 300^2}{5.77 \times 10^{-4}} = 44{,}766{,}031.2$초

$= 518.13$일

정답·해설 19

① 슈트식 여수로(chute spill way)
② 측수로 여수로(side channel spill way)
③ 그롤리 홀 여수로(grolley hole spill way)
④ 사이펀 여수로(siphon spill way)

정답·해설 20

(1) Net Work

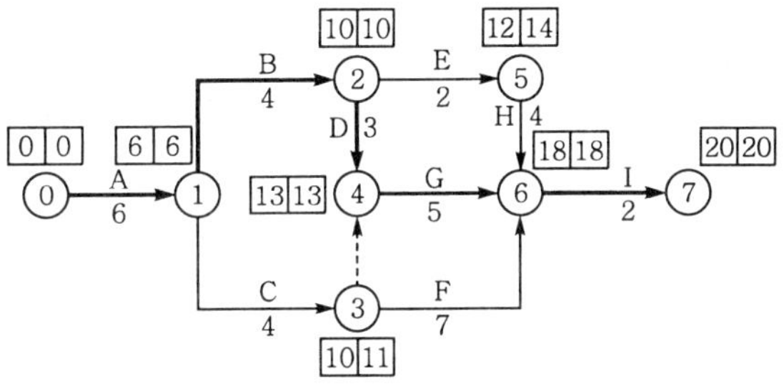

(2) CP : ⓪ → ① → ② → ④ → ⑥ → ⑦

(3) 공비증가율(비용경사) 및 일정계산

작업명	공비증가율 (만 원/일)	개 시		완 료		여유시간		
		EST	LST	EFT	LFT	TF	FF	DF
A	$\dfrac{240-210}{6-5}=30$	0	6−6=0	0+6=6	6	6−0−6=0	6−0−6=0	0−0=0
B	$\dfrac{630-450}{4-2}=90$	6	10−4=6	6+4=10	10	10−6−4=0	10−6−4=0	0−0=0
C	$\dfrac{200-160}{4-3}=40$	6	11−4=7	6+4=10	11	11−6−4=1	10−6−4=0	1−0=1
D	$\dfrac{370-300}{3-2}=70$	10	13−3=10	10+3=13	13	13−10−3=0	13−10−3=0	0−0=0
E	0	10	14−2=12	10+2=12	14	14−10−2=2	12−10−2=0	2−0=2
F	$\dfrac{340-240}{7-5}=50$	10	18−7=11	10+7=17	18	18−10−7=1	18−10−7=1	1−1=0
G	$\dfrac{120-100}{5-3}=10$	13	18−5=13	13+5=18	18	18−13−5=0	18−13−5=0	0−0=0
H	$\dfrac{170-130}{4-2}=20$	12	18−4=14	12+4=16	18	18−12−4=2	18−12−4=2	2−2=0
I	$\dfrac{350-250}{2-1}=100$	18	20−2=18	18+2=20	20	20−18−2=0	20−18−2=0	0−0=0

(4) ① 비용경사(cost slope)

작업명	단축가능 일수	비용경사(만 원)
A	1	$\frac{240-210}{6-5}=30$
B	2	$\frac{630-450}{4-2}=90$
C	1	$\frac{200-160}{4-3}=40$
D	1	$\frac{370-300}{3-2}=70$
E	0	0
F	2	$\frac{340-240}{7-5}=50$
G	2	$\frac{120-100}{5-3}=10$
H	2	$\frac{170-130}{4-2}=20$
I	1	$\frac{350-250}{2-1}=100$

② 공기단축

단축단계	작업명	단축일수	추가비용(만 원)	공기(일)
1단계	G	1	1×10 = 10	19
2단계	A	1	1×30 = 30	18
3단계	C, G	1	1×40+1×10 = 50	17

③ 공기 = 20−3 = 17일

④ 총 공사비 = 직접비+간접비+추가비용−단축일수×80만 원
= 2440만 원+2000만 원+90만 원−3×80만 원 = 4290만 원

정답·해설 21

① $\Sigma V=0$

$$100+80=10\times\left(\frac{B_1+B_2}{2}\times 6\right)$$

$\therefore\ B_1+B_2=6$ ……… ㉠

② $\Sigma M_0=0$

$$100\times 0.25+80\times 5.75=10\times\left(\frac{B_1+B_2}{2}\times 6\right)\times\left(\frac{B_1+2B_2}{B_1+B_2}\times\frac{6}{3}\right)$$ ……… ㉡

식 ㉠을 식 ㉡에 대입하여 정리하면

$B_1=3.92\text{m},\ B_2=2.08\text{m}$

정답·해설 22

① $M_d=(\gamma_1 H+q)\frac{R^2}{2}=(1.8\times 20+0)\times\frac{4^2}{2}=288\text{t}\cdot\text{m}$

② $M_r=C_1HR+C_2\pi R^2=2\times 20\times 4+3\times\pi\times 4^2=310.8\text{t}\cdot\text{m}$

③ $F_s=\frac{M_r}{M_d}=\frac{310.8}{288}=1.08$

정답·해설 23

① γ모래$= \dfrac{W}{V}$

$1.65 = \dfrac{2700-1200}{V}$ $\therefore V = 909.09\text{cm}^3$

② $\gamma_t = \dfrac{W}{V} = \dfrac{1800}{909.09} = 1.98\text{g/cm}^3$

③ $\gamma_d = \dfrac{\gamma_t}{1+\dfrac{w}{100}} = \dfrac{1.98}{1+\dfrac{11.2}{100}} = 1.78\text{g/cm}^3$

④ $C_d = \dfrac{\gamma_d}{\gamma_{d\max}} \times 100 = \dfrac{1.78}{1.89} \times 100 = 94.18\%$

정답·해설 24

① 2 ② 2.5

정답·해설 25

① 압밀그라우팅(consolidation grouting)
② 차수그라우팅(curtain grouting)
③ 접촉그라우팅(contact grouting)
④ 림 그라우팅(rim grouting)
⑤ 조인트 그라우팅(joint grouting)

정답·해설 26

(1) 길이 10m인 교대의 콘크리트량

① $A_1 = 0.4 \times 1.0 = 0.4\text{m}^2$

② $A_2 = 1.6 \times 0.85 = 1.36\text{m}^2$

③ $A_3 = \dfrac{1.6+0.7}{2} \times 0.9 = 1.035\text{m}^2$

④ $A_4 = 0.7 \times 3.94 = 2.758\text{m}^2$

⑤ $A_5 = \dfrac{0.7+4.5}{2} \times 0.2 = 0.52\text{m}^2$

⑥ $A_6 = 4.5 \times 0.5 = 2.25\text{m}^2$

⑦ 콘크리트량$= (A_1 + A_2 + \cdots + A_6) \times 10$

$= 8.323 \times 10 = 83.23\text{m}^3$

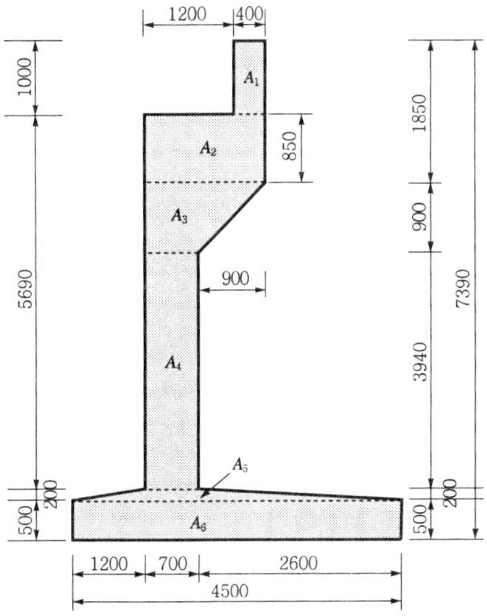

(2) 길이 10m인 교대의 거푸집량

① $A_1 = 1 \times 10 = 10\text{m}^2$

② $A_2 = 5.69 \times 10 = 56.9\text{m}^2$

③ $A_3 = 0.5 \times 10 = 5\text{m}^2$

④ $A_4 = 0.5 \times 10 = 5\text{m}^2$

⑤ $A_5 = 3.94 \times 10 = 39.4\text{m}^2$

⑥ $A_6 = \sqrt{0.9^2 + 0.9^2} \times 10 = 12.7279\,\text{m}^2$

⑦ $A_7 = 1.85 \times 10 = 18.5\text{m}^2$

⑧ A_8(마구리면 거푸집량)

$= Ⓐ \times 2$(앞 · 뒤 마구리면)

$= 8.323 \times 2 = 16.646\text{m}^2$

⑨ 거푸집량$= A_1 + A_2 + \cdots + A_8$

$= 164.1739 = 164.17\text{m}^2$

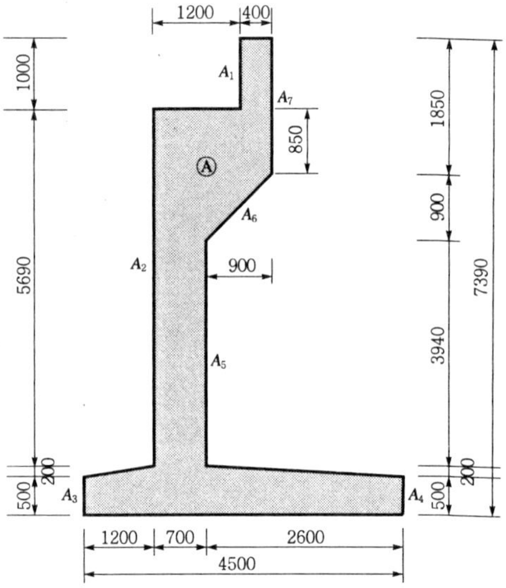

정/답/및/해/설 2011년도 2차(07.24 시행)

정답·해설 01

① 토취장의 건조밀도

$$\gamma_d = \frac{\gamma_t}{1+\frac{w}{100}} = \frac{1.9}{1+\frac{20}{100}} = 1.58\text{t/m}^3$$

② 다짐 후의 건조밀도

$$\gamma_d = \frac{\gamma_t}{1+\frac{w}{100}} = \frac{1.98}{1+\frac{15}{100}} = 1.72\text{t/m}^3$$

③ 토량변화율

$$C = \frac{\text{본바닥 흙의 } \gamma_d}{\text{다짐 후의 } \gamma_d} = \frac{1.58}{1.72} = 0.92$$

정답·해설 02

(1) 성토량

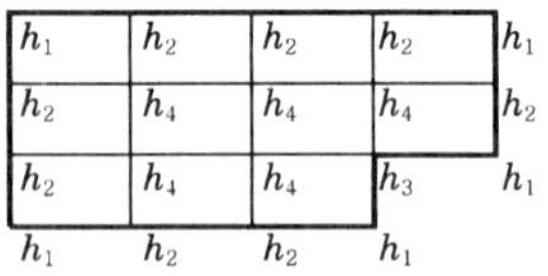

① $\Sigma h_1 = 2+4+4+7+4 = 21\text{m}$

② $\Sigma h_2 = 4+3+3+3+6+5+5+5 = 34\text{m}$

③ $\Sigma h_3 = 5\text{m}$

④ $\Sigma h_4 = 3+4+3+4+6 = 20\text{m}$

⑤ $V = \frac{ab}{4}(\Sigma h_1 + 2\Sigma h_2 + 3\Sigma h_3 + 4\Sigma h_4) = \frac{15 \times 20}{4}(21 + 2 \times 34 + 3 \times 5 + 4 \times 20)$

$= 13800\text{m}^3$

(2) 운반토량(흐트러진 토량)

$= 13800 \times \frac{L}{C} = 13800 \times \frac{1.25}{0.9} = 19166.67\text{m}^3$

(3) 트럭의 연대수

① $q_t = \frac{T}{\gamma_t} \cdot L = \frac{4}{1.8} \times 1.25 = 2.78\text{m}^3$

② 트럭의 연대수$= \frac{19166.67}{2.78} = 6894.49 ≒ 6895$대

정답·해설 03

① dozer 작업량

$$Q_1 = \frac{60 \cdot q \cdot f \cdot E}{C_m} = \frac{60 \cdot (q_0 \cdot \rho) \cdot \dfrac{1}{L} \cdot E}{0.037l + 0.25}$$

$$= \frac{60 \times (3.3 \times 0.9) \times \dfrac{1}{1.6} \times 0.4}{0.037 \times 40 + 0.25} = 25.75\text{m}^3/\text{h}$$

② ripping 작업량

$$Q_2 = \frac{60 \cdot A \cdot l \cdot f \cdot E}{C_m} = \frac{60 \times 0.14 \times 40 \times 1 \times 0.9}{0.05 \times 40 + 0.33} = 129.79\text{m}^3/\text{h}$$

③ 1시간당 작업량

$$Q = \frac{Q_1 \times Q_2}{Q_1 + Q_2} = \frac{25.75 \times 129.79}{25.75 + 129.79} = 21.49\text{m}^3/\text{h}$$

정답·해설 04

$$E = \frac{1000 w Q H_e}{75\eta} = \frac{1000 w Q (H + \Sigma h)}{75\eta} = \frac{1000 \times 1.2 \times 1.5(5 + 44)}{75 \times 0.6} = 1960\text{HP}$$

정답·해설 05

① $C_c = 0.009(W_L - 10) = 0.009 \times (50 - 10) = 0.36$

② $e = \dfrac{n}{100 - n} = \dfrac{60}{100 - 60} = 1.5$

③ $\Delta H = \dfrac{C_c}{1 + e_1} log \dfrac{P_2}{P_1} H = \dfrac{0.36}{1 + 1.5} log \dfrac{14}{10} \times 5 = 0.1052\text{m} = 10.52\text{cm}$

정답·해설 06

① $e = \dfrac{n}{100 - n} = \dfrac{35}{100 - 35} = 0.54$

② $\gamma_{\text{sat}} = \dfrac{G_s + e}{1 + e} \cdot \gamma_w = \dfrac{2.65 + 0.54}{1 + 0.54} = 2.07\text{t/m}^3$

③ $F_s = \dfrac{c}{\gamma_{\text{sat}} Z \cos i \sin i} + \dfrac{\gamma_{\text{sub}}}{\gamma_{\text{sat}}} \cdot \dfrac{\tan \phi}{\tan i} = 0 + \dfrac{1.07}{2.07} \times \dfrac{\tan 38^\circ}{\tan 20^\circ} = 1.11$

정답·해설 07

① $q_u = \alpha c N_c + \beta B \gamma_1 N_r + D_f \gamma_2 N_q = 1.3 \times 30 \times 5.14 + 0 + 0 = 200.46\text{t/m}^2$

② $q_a = \dfrac{q_u}{F_s} = \dfrac{200.46}{3} = 66.82\text{t/m}^2$

③ $P = whA = 1 \times h \times \dfrac{\pi \times 10^2}{4} = 78.54h$

④ $78.54h + 4000 = 66.82 \times \dfrac{\pi \times 10^2}{4}$

$\therefore\ h = 15.89\text{m}$

정답·해설 08

① 극한지지력

$$q_{u(기초)} = q_{u(재하판)} \cdot \frac{B_{(기초)}}{B_{(재하판)}} = 24 \times \frac{3}{0.3} = 240\text{t/m}^2$$

② 침하량

$$S_{(기초)} = S_{(재하판)} \cdot \left[\frac{2B_{(기초)}}{B_{(기초)} + B_{(재하판)}}\right]^2 = 10 \times \left[\frac{2 \times 3}{3 + 0.3}\right]^2 = 33.06\text{mm}$$

✎ 참고

재하판 크기에 의한 영향(scale effect)

(1) 지지력	(2) 침하량
① 점토지반 : 재하판 폭에 무관하다. $q_{u(기초)} = q_{u(재하판)}$	① 점토지반 : 재하판 폭에 비례한다. $S_{(기초)} = S_{(재하판)} \cdot \frac{B_{(기초)}}{B_{(재하판)}}$
② 모래지반 : 재하판 폭에 비례한다. $q_{u(기초)} = q_{u(재하판)} \cdot \frac{B_{(기초)}}{B_{(재하판)}}$	② 모래지반 $S_{(기초)} = S_{(재하판)} \cdot \left[\frac{2B_{(기초)}}{B_{(기초)} + B_{(재하판)}}\right]^2$

정답·해설 09

(1) 부마찰력의 정의

연약층의 침하에 의하여 말뚝주면 침하량이 말뚝의 침하량보다 상대적으로 클 때 말뚝을 아래로 끌어내리려는 주면마찰력을 부마찰력이라 한다.

(2) 부마찰력의 발생원인

① 지반 중에 연약한 점토층의 압밀침하

② 연약한 점토층 위의 성토(사질토) 하중

③ 지하수위 저하

(3) $R_{nf} = f_n A_s = \frac{q_u}{2} \cdot \pi D l = \frac{1.9}{2} \times (\pi \times 0.4 \times 13) = 15.52\text{t}$

정답·해설 10

(1) 평균치 $\bar{x} = \frac{\Sigma x}{n} = \frac{525}{21} = 25\text{MPa}$

(2) ① $S = (27.4 - 25)^2 + (28.5 - 25)^2 + (26.3 - 25)^2 + \cdots + (24.1 - 25)^2 = 152.06$

② 표준편차 $\sigma = \sqrt{\frac{S}{n-1}} = \sqrt{\frac{152.06}{21-1}} = 2.76\text{MPa}$

③ 직선보간한 표준편차 $\sigma = 2.76 \times 1.07 = 2.95\text{MPa}$

(3) ① $f_{cr} = f_{ck} + 1.34S = 24 + 1.34 \times 2.95 = 27.95\text{MPa}$

② $f_{cr} = (f_{ck} - 3.5) + 2.33S = (24 - 3.5) + 2.33 \times 2.95 = 27.37\text{MPa}$

①, ② 중 큰 값이 배합강도되므로

$\therefore f_{cr} = 27.95\text{MPa}$

정답·해설 11

① $P_a = \frac{1}{2}\gamma h^2 K_a = \frac{1}{2}\gamma h^2 \tan^2\left(45° - \frac{\phi}{2}\right) = \frac{1}{2} \times 1.75 \times 5^2 \times \tan^2\left(45° - \frac{31°}{2}\right) = 7\text{t/m}$

② $F_s = \frac{Wb + P_V B}{P_H \cdot y} = \frac{Wb}{P_a \cdot y}$

$$= \frac{\left\{(1+5)\times\frac{2}{2}\times 2.4\right\}\times\frac{1+2\times5}{1+5}\times\frac{2}{3} + \{(1\times5)\times2.4\}\times2.5}{7\times\frac{5}{3}} = 4.08$$

정답·해설 12

① 지진력에 의한 주동토압

$P_{ae} = \frac{1}{2}\gamma h^2(1-K_V)K_{ae} = 16\text{t/m}$

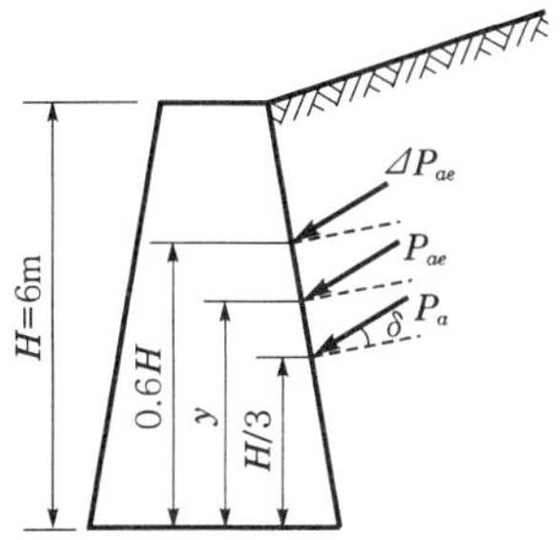

② $P_a = \frac{1}{2}\gamma h^2 C_a = 10\text{t/m}$

③ $\Delta P_{ae} = P_{ae} - P_a = 16 - 10 = 6\text{t/m}$

④ $\Delta P_{ae} \cdot 0.6h + P_a \cdot \frac{h}{3} = P_{ae} \cdot y$

$6 \times (0.6 \times 6) + 10 \times \frac{6}{3} = 16 \times y$

$\therefore\ y = 2.6\text{m}$

참고

① $K_h = \frac{\text{지진속도의 수평성분}}{g}$　　② $K_V = \frac{\text{지진가속도의 연직성분}}{g}$

③ K_{ae} : 지진을 고려한 주동토압계수 .

정답·해설 13

① 케이슨의 수직하중=자중−부력

$W = (8\times10)\times2 - (8\times10)\times1 = 80\text{t/m}$

② 파압

$P = 1.5wh = 1.5\times1\times3 = 4.5\text{t/m}^2$

③ 케이슨에 작용하는 수평력

$P_H = (3+5)\times4.5 = 36\text{t/m}$

④ 안전율

$F_s = \frac{fW}{P_H} = \frac{0.6\times80}{36} = 1.33$

정답·해설 14

(1) 공정표

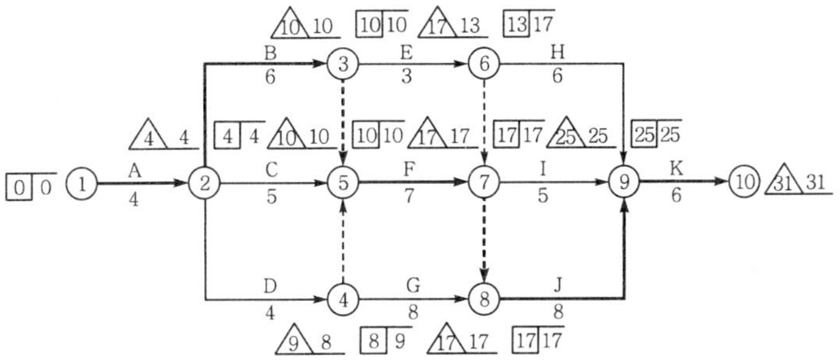

(2) 여유시간

작업명	TF	FF	DF	CP
A	4−0−4＝0	4−0−4＝0	0−0＝0	★
B	10−4−6＝0	10−4−6＝0	0−0＝0	★
C	10−4−5＝1	10−4−5＝1	1−1＝0	
D	9−4−4＝1	8−4−4＝0	1−0＝1	
E	17−10−3＝4	13−10−3＝0	4−0＝4	
F	17−10−7＝0	17−10−7＝0	0−0＝0	★
G	17−8−8＝1	17−8−8＝1	1−1＝0	
H	25−13−6＝6	25−13−6＝6	6−6＝0	
I	25−17−5＝3	25−17−5＝3	3−3＝0	
J	25−17−8＝0	25−17−8＝0	0−0＝0	★
K	31−25−6＝0	31−25−6＝0	0−0＝0	★

정답·해설 15

(1) 폭이 10m인 교대의 콘크리트량

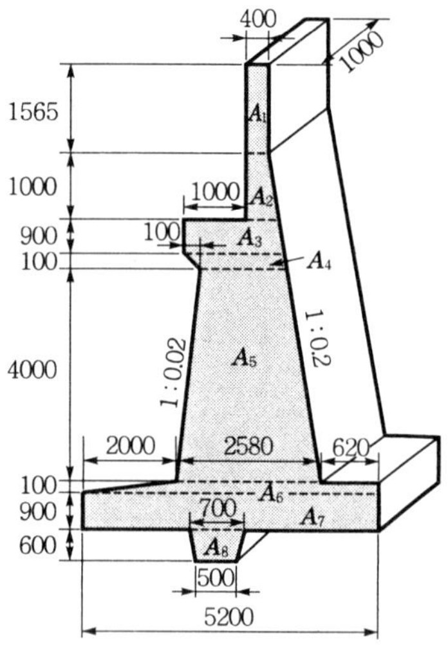

① $A_1 = 0.4 \times 1.565 = 0.626\text{m}^2$

② $A_2 = \dfrac{0.4 + (0.4 + 1 \times 0.2)}{1} \times 1 = 0.5\text{m}^2$

③ $A_3 = \dfrac{1.6 + (1.6 + 0.9 \times 0.2)}{2} \times 0.9$

$= 1.521\text{m}^2$

④ $A_4 = \dfrac{1.78 + (1.68 + 0.1 \times 0.2)}{2} \times 0.1$

$= 0.174\text{m}^2$

⑤ $A_5 = \dfrac{1.7 + 2.58}{2} \times 4 = 8.56\text{m}^2$

⑥ $A_6 = \dfrac{(2.58 + 0.62) + 5.2}{2} \times 0.1 = 0.42\text{m}^2$

⑦ $A_7 = 5.2 \times 0.9 = 4.68\text{m}^2$

⑧ $A_8 = \dfrac{0.7 + 0.5}{2} \times 0.6 = 0.36\text{m}^2$

⑨ 콘크리트량$= (A_1 + A_2 + \cdots\cdots + A_8) \times 10 = 16.841 \times 10 = 168.41\text{m}^3$

(2) 폭이 10m인 교대의 거푸집량

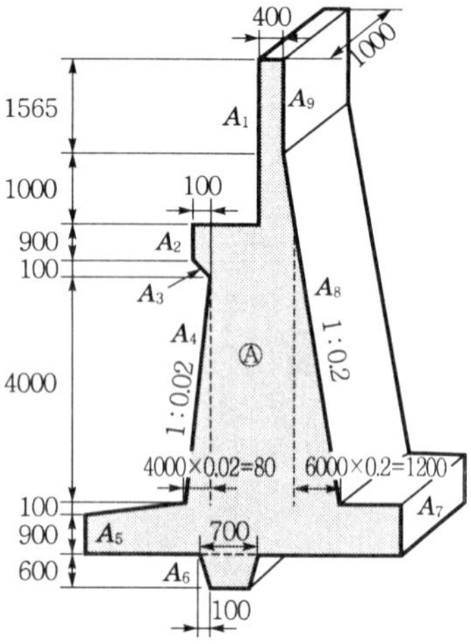

① $A_1 = 2.565 \times 10 = 25.65\text{m}^2$

② $A_2 = 0.9 \times 10 = 9\text{m}^2$

③ $A_3 = \sqrt{0.1^2 + 0.1^2} \times 10 = 1.4142\text{m}^2$

④ $A_4 = \sqrt{4^2 + 0.08^2} \times 10 = 40.008\text{m}^2$

⑤ $A_5 = 0.9 \times 10 = 9\text{m}^2$

⑥ $A_6 = \sqrt{0.6^2 + 0.1^2} \times 10 \times 2$(좌 · 우)

$= 12.1655\text{m}^2$

⑦ $A_7 = 1 \times 10 = 10\text{m}^2$

⑧ $A_8 = \sqrt{6^2 + 1.2^2} \times 10 = 61.1882\text{m}^2$

⑨ $A_9 = 1.565 \times 10 = 15.65\text{m}^2$

⑩ A_{10}(마구리면 거푸집량)

=Ⓐ×2(앞 · 뒤 마구리면)$= 16.841 \times 2$

$= 33.682\text{m}^2$

⑪ 거푸집량 $= A_1 + A_2 + \cdots\cdots + A_{10} = 217.7579 = 217.758\text{m}^2$

정답·해설 16

① 압축공기식 케이싱법　　② water jet식 케이싱법
③ earth auger법　　④ rotary boring법

정답·해설 17

① 연약지반 상부의 배수층 형성 : 압밀촉진
② 성토 내 지하 배수층 형성 : 지하수위 저하
③ 시공기계의 주행성(trafficability) 확보

정답·해설 18

① 입도조정공법　　② 시멘트 안정처리공법
③ 역청 안정처리공법　　④ 석회 안정처리공법

정답·해설 19

① RMR(rock mass rating) 분류법
② Q(rock mass quality)분류법
③ RQD에 의한 분류법
④ 절리의 간격에 의한 분류법
⑤ 풍화도에 의한 분류법

정답·해설 20

① 간이배수공　　② 연속배면배수공
③ 경사배수공　　④ 저면배수공

정답·해설 21

① 사하중 증가
② 부력 anchor 설치
③ 외부배수, 기초바닥 배수

정답·해설 22

① 거푸집이 필요 없다.
② 급속시공이 가능하다.
③ 협소한 장소, 급경사면 등에서도 작업이 가능하다.
④ 광범위한 지질에 적용된다.
⑤ 콘크리트의 두께를 자유롭게 조절할 수 있다.

정답·해설 23

① 평면파괴　　② 쐐기파괴
③ 원호파괴　　④ 전도파괴

✎ 참고

불연속면의 종류

(1) 절리(joint) : 암반에 작용한 응력으로 형성된 분리면
(2) 층리(bedding) : 퇴적암의 단위퇴적 경계면
(3) 편리(schistosity) : 변성암의 변성과정에서 발달된 편상구조
(4) 단층(fault) : 절리면이 상대적으로 이동한 이력이 있는 면

정답·해설 24

soil nailing 공법

정답·해설 25

(1) 3배 (2) 1분 30초 이상 (3) 1분 이상

✎ 참고

비비기(2009년 콘크리트 표준시방서)

비비기 시간은 시험에 의해 정하는 것을 원칙으로 한다. 비비기 시간에 대한 시험을 실시하지 않은 경우 그 최소시간은 가경식 믹서일 때 1분 30초 이상, 강제식 믹서일 때 1분 이상을 표준으로 한다.

정답·해설 26

① 콘크리트 측구(U형, L형) ② 돌쌓기 측구 ③ 블록쌓기 측구
④ 떼붙임 측구 ⑤ 막파기 측구

✎ 참고

측구(roadside drain) : 노면 또는 인접사면의 물을 집수하고 배수하기 위하여 도로의 종단 방향에 따라 설치하는 배수구이다.

(1) **콘크리트 측구** : 가장 많이 사용하는 것으로 U형, L형의 무근콘크리트 또는 철근콘크리트제로서 현장타설형이 있고 프리캐스트형이 있다.
(2) **돌쌓기 측구, 블록쌓기 측구** : 측구의 측면을 돌쌓기 또는 블록쌓기한 것으로 V형, 사다리꼴형이 있다.
(3) **떼붙임 측구, 돌붙임 측구** : 측구바닥의 세굴을 방지하기 위하여 떼, 조약돌 등을 붙여 보강한 것으로 형상은 편평한 곡선구조이며 배수량이 많지 않은 곳에 사용한다.
(4) **막파기 측구** : 가옥이 없는 산지, 농경지 등의 도로에 장래 콘크리트 구조로 하기 위한 잠정적시설로 사용되며 단면형은 V형, 사다리꼴형이 있다.

정답·해설 01

(1) 길이 1m에 대한 콘크리트량

① 기초 콘크리트량$=7.15\times0.1\times1=0.715\text{m}^3$

② 구체 콘크리트량$=\left(6.95\times3.85-3.1\times3.0\times2+\dfrac{0.3\times0.3}{2}\times8\right)\times1=8.5175\text{m}^3$

③ 전체 콘크리트량$=0.715+8.5175=9.2325\fallingdotseq9.233\text{m}^3$

(2) 길이 1m에 대한 거푸집량

① 기초 거푸집량$=0.1\times2\times1=0.2\text{m}^2$

② 구체 거푸집량$=\left(3.85\times2+2.5\times4+2.4\times2+\sqrt{0.3^2+0.3^2}\times8\right)\times1=25.89411\text{m}^2$

③ 전체 거푸집량$=0.2+25.89411=26.09411\fallingdotseq26.094\text{m}^2$

(3) 길이 1m에 대한 터파기량

터파기량$=\left(\dfrac{8.35+(8.35+5.45)}{2}\times5.45\right)\times1=60.35875\fallingdotseq60.359\text{m}^3$

정답·해설 02

(1) ① 모래지반의 단위중량

㉠ $\gamma_t=\dfrac{G_s+S\cdot e}{1+e}\gamma_w=\dfrac{2.7+0.5\times0.7}{1+0.7}\times1=1.79\text{t/m}^3$

㉡ $\gamma_{\text{sat}}=\dfrac{G_s+e}{1+e}\gamma_w=\dfrac{2.7+0.7}{1+0.7}\times1=2\text{t/m}^3$

② $\sigma=1.79\times1.5+2\times2.5+1.9\times\dfrac{4.5}{2}=11.96\text{t/m}^2$

$u=1\times\left(2.5+\dfrac{4.5}{2}\right)=4.75\text{t/m}^2$

$\bar{\sigma}=\sigma-u=11.96-4.75=7.21\text{t/m}^2$

(2) ① $C_c=0.009(W_L-10)=0.009(37-10)=0.243$

② $\triangle H=\dfrac{C_c}{1+e_1}\log\dfrac{P_2}{P_1}H=\dfrac{0.243}{1+0.56}\log\left(\dfrac{7.21+5}{7.21}\right)\times4.5=0.1604\text{m}=16.04\text{cm}$

정답·해설 03

$T_2=T_1-0.15(T_1-T_0)t=25-0.15(25-3)\times1.5=20.05℃$

참고

$T_2=T_1-0.15(T_1-T_0)t$

여기서, T_2 : 치기가 끝났을 때의 온도(℃)

T_1 : 비벼진 온도(℃)

T_0 : 주위의 온도(℃)

t : 비벼졌을 때부터 치기가 끝날 때까지의 시간(hr)

정답·해설 04

① $K_{a1} = \tan^2\left(45^\circ - \frac{35^\circ}{2}\right) = 0.27$

$K_{a2} = \tan^2\left(45^\circ - \frac{30^\circ}{2}\right) = 0.33$

② $P_a = \frac{1}{2}\gamma_t h_1^2 K_a + \gamma_t h_1 h_2 K_{a2} + \frac{1}{2}\gamma_{\text{sub}} h_2^2 K_{a2} + \frac{1}{2}\gamma_w h_2^2 - 2c\sqrt{K_{a2}}\, h_2$

$= \frac{1}{2}\times 1.75\times 3^2\times 0.27 + 1.75\times 3\times 4\times 0.33 + \frac{1}{2}\times 0.9\times 4^2\times 0.33$

$+ \frac{1}{2}\times 1\times 4^2 - 2\times 0.6\times \sqrt{0.33}\times 4$

$= 16.67\text{t/m}$

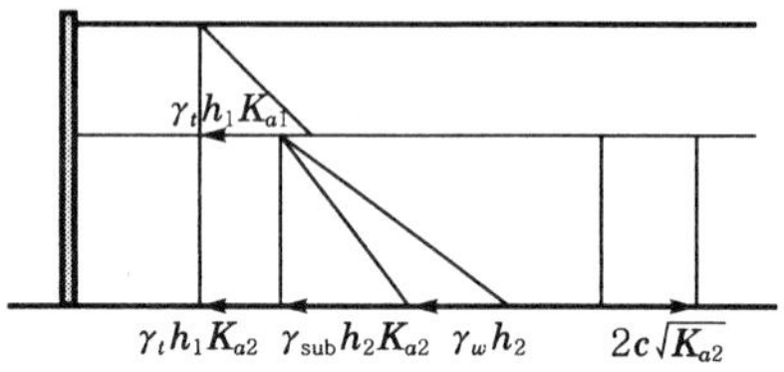

정답·해설 05

① 각 지점의 CBR 평균$= \frac{4.6+3.9+5.9+4.8+7.0+3.3+4.8}{7} = 4.9$

② 설계 CBR=각 지점의 CBR 평균$-\left(\frac{\text{CBR 최대치} - \text{CBR 최소치}}{d_2}\right)$

$= 4.9 - \left(\frac{7-3.3}{2.83}\right) = 3.6 = 3$

정답·해설 06

(1) ① 운반토량

㉠ 점토량$= 2000\times 0.4\times L = 2000\times 0.4\times 1.3 = 1040\text{m}^3$

㉡ 사질토량$= 2000\times 0.6\times L = 2000\times 0.6\times 1.25 = 1500\text{m}^3$

② 트럭의 대수

㉠ 점토의 운반에 필요한 대수

$= \frac{1040}{\frac{T}{\gamma_t}\cdot L} = \frac{1040}{\frac{8}{1.75}\times 1.3} = 175$대

㉡ 사질토의 운반에 필요한 대수

$= \frac{1500}{\frac{T}{\gamma_t}\cdot L} = \frac{1500}{\frac{8}{1.8}\times 1.25} = 270$대

∴ 덤프트럭의 연 대수$= 175 + 270 = 445$대

(2) ① 다짐토량 $= 2000\times 0.4\times C + 2000\times 0.6\times C$

$= 2000\times 0.4\times 0.9 + 2000\times 0.6\times 0.87$

$= 1764\text{m}^3$

② 도로의 단면적$= \frac{8+(8+6)}{2}\times 2 = 22\text{m}^2$(다짐면적)

③ 도로의 길이$= \frac{1764}{22} = 80.18\text{m}$

(3) ① back hoe 작업량

$$Q=\frac{3600\cdot q\cdot k\cdot f\cdot E}{C_m}$$

$$=\frac{3600\times0.9\times0.9\times\left(\frac{1}{1.3\times0.4+1.25\times0.6}\right)\times0.7}{21}=76.54\text{m3/h}$$

② 장비의 가동시간$=\frac{2000}{76.54}=26.13$시간

정답·해설 07

① 표면차수벽형 ② 내부차수벽형 ③ 중앙차수벽형

정답·해설 08

(1) 단위 폭(1m)당 침투수량

① $K=\sqrt{K_h\times K_v}=\sqrt{(8\times10^{-5})\times(5\times10^{-4})}=2\times10^{-4}\text{cm/sec}$

② $Q=KH\frac{N_f}{N_d}=(2\times10^{-6})\times20\times\frac{3}{10}=1.2\times10^{-5}\text{m}^3\text{/sec}=1.04\text{m}^3\text{/day}$

(2) 간극수압

① 전수두$=\frac{n_d}{N_d}H=\frac{3}{10}\times20=6\text{m}$

② 위치수두$=-5\text{m}$

③ 간극수압$=\gamma_w\times$압력수두$=1\times(6-(-5))=11\text{t/m}^2$

정답·해설 09

① $\frac{\text{RQD}}{J_n}$: 암반을 형성하는 block의 크기

② $\frac{J_r}{J_a}$: 절리의 전단강도

③ $\frac{J_w}{\text{SRF}}$: 암반의 응력상태

정답·해설 10

① 노상토의 지지력계수(SSV)
② 지역계수(R_f)
③ 설계차선당 설계기간 누가 ESAL 통과횟수($W_{8.2}$)
④ 최종 설계서비스지수(P_t)

정답·해설 11

$f_{cr}=f_{ck}+8.5=24+8.5=32.5\text{MPa}$

참고

표준편차를 계산하기 위한 현장강도 기록이 없거나 압축강도의 시험횟수가 14회 이하인 경우의 배합강도

설계기준강도 f_{ck}(MPa)	배합강도 f_{cr}(MPa)
21 미만	$f_{ck}+7$
21~35	$f_{ck}+8.5$
35 초과	$1.1f_{ck}+10$

정답·해설 12

$$Q=\frac{A\cdot N\cdot H\cdot f\cdot E}{P}$$
$$=\frac{0.033\times 3600\times 0.3\times 0.7\times 0.5}{6}=2.08\,m^3/hr$$

정답·해설 13

① 전반전단파괴 ② 국부전단파괴 ③ 관입전단파괴

정답·해설 14

① 압축재하시험 ② 인발재하시험 ③ 수평재하시험

정답·해설 15

① pump dredger ② bucket dredger
③ grab dredger ④ dipper dredger

참고

① 준설(dredging)이라 함은 수중굴착을 말한다.
② 준설선의 분류
㉠ 연속식 : pump dredger, bucket dredger
㉡ 불연속식 : grab dredger, dipper dredger

정답·해설 16

(1) 공정표

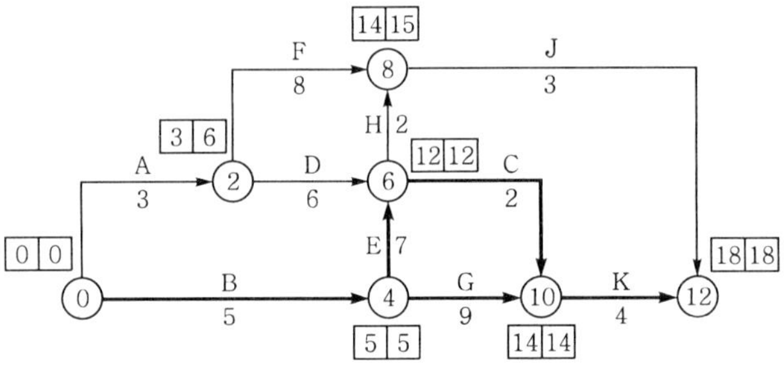

CP : ⓪ → ④ → ⑥ → ⑩ → ⑫
⓪ → ④ → ⑩ → ⑫

(2) 정상 공사기간과 공사비용
① 정상 공사기간 = 18일
② 정상 공사비용 = 265만 원
(∵ 15+20+36+40+49+27+10+16+24+28 = 265)

(3) ① 비용경사(cost slope)

작업명	단축가능 일수	비용경사(만 원)
A	0	0
B	1	$\frac{25-20}{5-4}=5$
D	1	$\frac{43-36}{6-5}=7$

F	2	$\frac{50-40}{8-6}=5$
E	2	$\frac{65-49}{7-5}=8$
G	2	$\frac{33-27}{9-7}=3$
H	1	$\frac{15-10}{2-1}=5$
C	1	$\frac{22-16}{2-1}=6$
I	0	0
K	1	$\frac{38-28}{4-3}=10$

② 공기단축

단축단계	작업명	단축일수	추가비용(만 원)
1단계	B	1	1×5 = 5
2단계	E, G	2	2×8+2×3 = 22
3단계	K	1	1×10 = 10

③ 추가비용 = 5+22+10 = 37만 원

참고

공정표를 다음과 같이 작성해도 좋습니다.

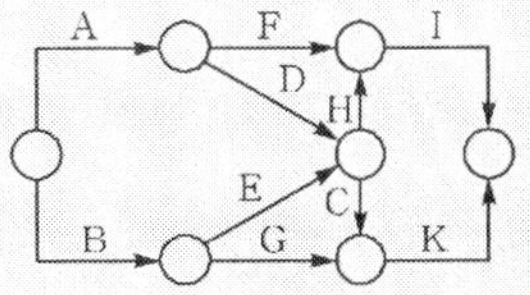

정답·해설 17

① 중력식교대
② 반중력식교대
③ cantilever식교대
④ 특수교대(아치형)
⑤ 부벽식교대

정답·해설 18

① 폭파조절공법 채택
② 발파 후 조속한 숏크리트 실시
③ 적정량의 폭약 사용
④ 적절한 장비 선정
⑤ 정밀폭약 사용

정답·해설 19

① 재하중식 침하공법
② jet(분사식)공법
③ 물하중식 침하공법
④ 발파에 의한 공법
⑤ 케이슨 내 수위저하공법

정답·해설 20

① 최소한의 근입깊이를 가질 것
② 안전하게 하중을 지지할 것
③ 침하가 허용치를 넘지 않을 것

정답·해설 21

$$F_s=\frac{c}{\gamma_t Z\cos i\sin i}+\frac{\tan\phi}{\tan i}=\frac{1}{1.8\times6\times\cos20^\circ\times\sin20^\circ}+\frac{\tan30^\circ}{\tan20^\circ}=1.87$$

정답·해설 22

동결지수(F) = 영하온도×지속일수

= 6.3×31+8.3×31+6.4×28+0.2×31 = 638℃ · day

정답·해설 23

① $P=1.95\times1+1.15\times\frac{4}{2}=4.25\text{t/m}^2$

② $\Delta P=1.95\times3=5.85\text{t/m}^2$

③ $\text{OCR}\geq\frac{P+\Delta P}{P}=\frac{4.25+5.85}{4.25}=2.38$

정답·해설 24

침투압(MAIS) 공법

정답·해설 25

$$A=\frac{3h}{8}(y_0+3\Sigma y_{\text{나머지}}+2\Sigma y_{3\text{배수}}+y_n)=\frac{3h}{8}[y_0+3(y_1+y_2+y_4+y_5)+2y_3+y_6]$$

$$=\frac{3\times2}{8}[2\times3(2.2+1.8+1.6+1.8)+2\times1.7+2.4]=22.5\text{m}^2$$

정답·해설 26

① $\gamma_1=\gamma'+\frac{d}{B}(\gamma-\gamma')=0.9+\frac{1}{3}\times(1.7-0.9)=1.17\text{t/m}^3$

② $\gamma_2=\gamma_t=1.7\text{t/m}^3$

③ $q_u=\alpha cN_c+\beta B\gamma_1N_r+D_f\gamma_2N_q$

$=1.3\times5\times36+0.4\times3\times1.17\times19+2\times1.7\times22$

$=335.48\text{t/m}^2$

④ $q_a=\frac{q_u}{F_s}=\frac{335.48}{3}=111.83\text{t/m}^2$

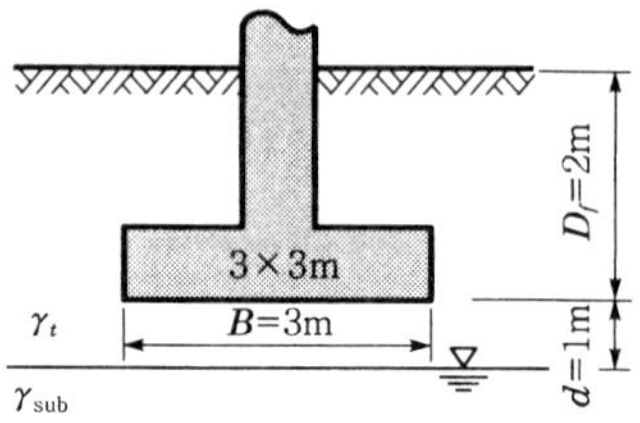

정답·해설 27

감세공

✎ 참고

저수로나 홍수터의 하상안전을 보호하기 위해 하천을 횡단하여 설치하는 것을 바닥다짐공(하상유지공)이라 한다.

토목기사 실기

기출 문제

2010

2010년도 기출문제

▸ 1차 : 2010. 04. 18
▸ 2차 : 2010. 07. 04
▸ 3차 : 2010. 10. 31

과/년/도/기/출/문/제 2010년도 1차(04.18 시행)

문제 01

배점 3

탄성파속도가 1100m/s인 사암으로 된 수평한 지반을 1개의 리퍼날이 부착된 21t급의 불도저(q_0 = 3.3m^3)로 리핑하면서 작업을 할 때 1시간당 작업량을 본바닥 토량으로 구하시오. (단, 소수 3째자리에서 반올림하시오.)

조건
- 1개 날의 1회 리핑 단면적 : 0.14m^2
- 작업거리 : 40m
- 불도저의 구배계수 : 0.90
- 리퍼의 사이클 타임 : $C_m = 0.05l + 0.33$
- 불도저의 사이클 타임 : $C_m = 0.037l + 0.25$
- 리퍼의 작업효율 : 0.9
- 불도저의 작업효율 : 0.4
- 토량변화율 : $L = 1.6$, $C = 1.1$

답 · 풀이

문제 02

배점 4

버킷용량 0.6m^{3}의 power shovel을 총 운전시간 200시간, 공용일수 32일간 공사에 투입하였다. 이때 운전 1시간당 손료는 5000원, 공용일수 1일당 손료는 15000원, 운전 1시간당 경비는 4000원이다. 그리고 트레일러로 운반거리가 200km인 지점까지 power shovel을 운반하는데 km당 500원의 수송비가 들었다. (단, 조립 및 해체비용은 없다.)

(1) 기계손료를 구하시오.
(2) 기계경비를 구하시오.

답 · 풀이

문제 03

그림에서와 같이 강널말뚝(steel sheet pile)으로 지지된 모래지반의 굴착에서 지하수의 분출로 예상되는 파이핑(piping)에 대한 안전율을 계산하시오. (단, 모래층의 포화단위중량은 $1.7t/m^3$이고, 입자의 비중은 2.65임.)

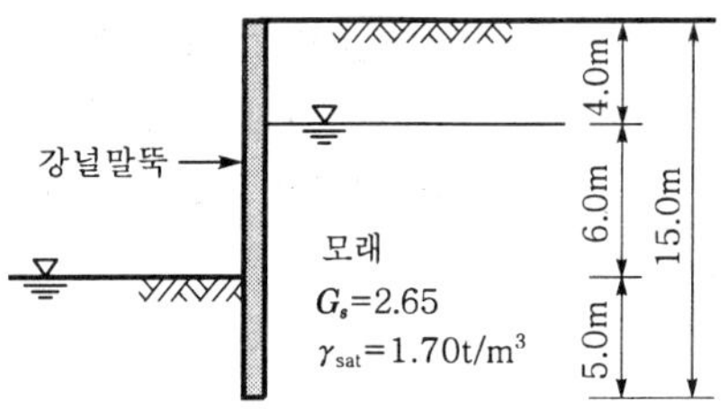

배점 3

답 · 풀이

문제 04

터널 보강재인 록 볼트(rock bolt)의 정착형식 3가지를 쓰시오.

배점 3

답 ① ② ③

문제 05

기존 아스팔트 포장에 생긴 균열보수방법을 3가지만 쓰시오.

배점 3

답 ① ② ③

문제 06

횡방향 지반반력계수 K_h를 구하는 현장시험을 3가지만 쓰시오.

배점 3

답 ① ② ③

문제 07

배점 3

그림과 같이 표준관입값이 다른 3종의 모래지층으로 되어 있는 기초지반에 지름 30cm, 길이 12m의 콘크리트 말뚝을 박았을 때 말뚝의 허용지지력을 안전율 3으로 하여 Meyerhof의 공식으로 구하시오.

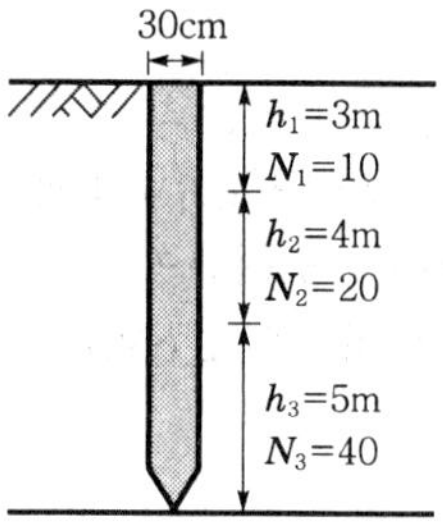

답 · 풀이

문제 08

배점 3

시방배합으로 단위시멘트량 300kg, 단위수량 160kg, 단위굵은골재량 1360kg, 단위잔골재량 690kg으로 계산되었다. 그러나 현장골재의 입도시험의 결과 다음과 같았다. 이 시험결과로부터 단위수량을 현장배합으로 수정하시오.

조건
- No.4체(5mm) 잔류 잔골재량 : 3.5%
- No.4체(5mm) 통과 굵은골재량 : 4.5%
- 잔골재 표면수량 : 4.6%
- 굵은골재 표면수량 : 0.7%

답 · 풀이

문제 09

배점 3

수중콘크리트 치기 작업 시 콘크리트 표준시방규정에서 규정한 유의사항 3가지를 쓰시오. (단, 아래 조건은 제외한다.)

조건
- 물막이를 하여 정수 중에서 타설한다.

답 ①

②

③

문제 10

AASHTO 포장 설계법에 의한 아스팔트 포장두께를 결정하는 요소 3가지를 구하시오.

배점 3

답 ① ....

② ....

③ ....

문제 11

전체 심도 5m의 시추작업을 통해 획득한 6개 암석 코어의 길이는 각각 145cm, 35cm, 120cm, 50cm, 45cm, 95cm이었고 풍화토의 시료도 함께 산출되었다. 시추대상 암반에 대한 코어 회수율을 계산하시오.

배점 3

답 · 풀이 ....

문제 12

벤치컷의 종류 3가지를 쓰시오.

배점 3

답 ① .... ② .... ③ ....

문제 13

장대교량에 사용되는 사장교는 주부재인 케이블의 교축방향 배치방식에 따라 크게 4가지로 분류되는데 이를 쓰시오.

배점 3

답 ① .... ② .... ③ .... ④ ....

문제 14

PERT 기법에 의한 공정관리 기법에서 낙관시간치 2, 정상시간치 5, 비관시간치 8일 때 기대시간치와 분산을 구하시오.

배점 3

답 · 풀이 ....

....

문제 15

배점 8

다음 조건을 갖는 공사의 Net Work를 그려 CP를 표시하고 공사완료 소요일수를 구하시오.

작업명	A	B	C	D	E	F	G	H	I	J	K	L	M	N	O	P	Q
선행작업	-	-	A, B	A, B	A, B	E	C, F	C, F	C, F	G, H, I	J	J	C, D, F	M	K, L	O	N
소요일수	5	3	2	3	2	2	3	2	2	7	3	4	4	3	3	2	5

(1) 네트워크 공정표를 그리고 critical path를 표시하시오.
(2) 공사완료 소요일수를 구하시오.

답 · 풀이

문제 16

배점 8

콘크리트 배합강도를 구하기 위한 전체 시험횟수 16회의 콘크리트 압축강도의 측정결과가 아래 표와 같고 설계기준강도가 28MPa일 때 아래의 물음에 답하시오.

[압축강도 추정결과(단위 : MPa)]

33.4	33.6	31.4	31.8	28.3	33.8
29.2	28.3	27.9	32.9	27.1	28.3
21.5	30.5	24.2	21.8		

(1) 위 표를 보고 압축강도의 평균값을 구하시오.
(2) 압축강도 측정결과 및 아래의 표를 이용하여 배합강도를 구하기 위한 표준편차를 구하시오.

[시험횟수가 29회 이하일 때 표준편차의 보정계수]

시험횟수	표준편차의 보정계수	비 고
15	1.16	이 표에 명시되지 않은 시험횟수에 대해서는 직선보간 한다.
20	1.08	
25	1.03	
30 이상	1.00	

(3) f_{ck} = 28MPa일 때 배합강도를 구하시오.

답 · 풀이

문제 17

배점 3

기초 폭이 1.5m×1.5m의 크기인 정방형 기초가 $\phi=20°$, $c=2.9t/m^2$인 지반에 위치하고 있다. 지하수위의 영향은 없으며, 흙의 습윤단위중량 $\gamma_t=1.7t/m^3$이고, 안전율이 3일 때 이 기초의 허용지지력을 구하시오. (단, 기초의 근입깊이는 1m이고, 국부전단파괴가 일어난다고 가정하고, $N_c=17.69$, $N_q=7.44$, $N_r=4.97$ 이다.)

답·풀이

문제 18

배점 8

주어진 도면 및 조건에 따라 물량을 산출하시오.

일 반 도

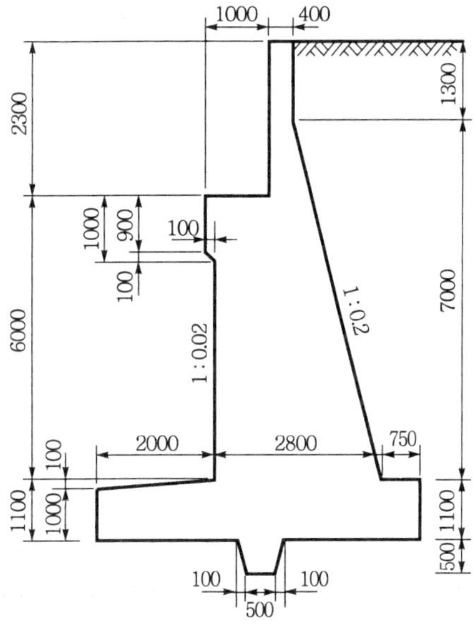

(1) 길이 10m인 반중력식 교대의 콘크리트량을 구하시오. (단, 소수 4째자리에서 반올림하시오.)

(2) 길이 10m인 반중력식 교대의 거푸집량을 구하시오. (단, 소수 4째자리에서 반올림하시오.)

답·풀이

문제 19

배점 3

농공단지 조성을 위하여 다음 그림과 같이 기준면으로부터 고저측량을 한 결과이다. 이 용지를 수평으로 정지하고자할 때 절토량과 성토량이 같다고 한다면 기준면으로부터 몇 m의 높이로 하면 되는가?

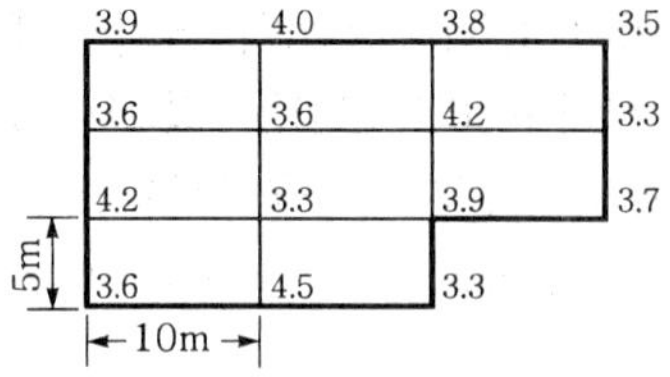

답 · 풀이

문제 20

배점 3

상대다짐도가 95% 이상 되게 하려고 한다. 최대건조단위중량은 1.94t/m^{3}이고 흙의 비중은 2.64이다. 들밀도시험 시 파낸 부분의 체적과 무게는 각각 $V=1820\text{cm}^3$, 무게 $W=$ 3.37kg이었으며 함수비 $w=12.6\%$이었다. 이 시료의 합격 여부를 판정하시오.

답 · 풀이

문제 21

배점 6

모래층 아래 점토층이 있다. 모래층 4m중에 1.5m는 50% 포화되어 있고 나머지는 완전 포화되어 있다. 모래층 위에 5t/m^{2}의 등분포하중이 작용할 때 (1) 점토층 중간의 초기 유효연직응력을 구하고, (2) 정규압밀점토층에 발생하는 압밀침하량을 구하시오.

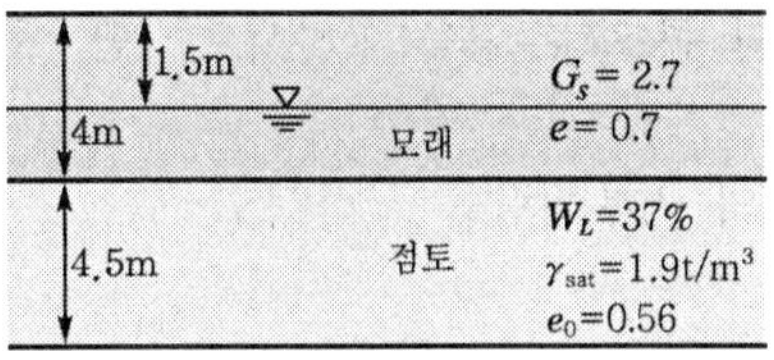

답 · 풀이

문제 22

토사굴착량 900m³를 용적이 5m³인 트럭으로 운반하려고 한다. 트럭의 평균속도는 8km/hr이고, 상·하차시간이 각각 5분일 때 하루에 전량을 운반하려면 몇 대의 트럭이 소요되는가? (단, 1일의 실가동은 8시간이며, 토사장까지의 거리는 2km이다.)

배점 3

답·풀이

문제 23

흙막이벽의 근입깊이 계산 시 안정에 관한 중요한 것 3가지를 쓰시오.

배점 3

답 ① ② ③

문제 24

콘크리트 타설 후 습윤상태를 유지해야하는 양생기간을 보통 포틀랜드 시멘트, 고로슬래그 시멘트, 조강 포틀랜드 시멘트별로 일평균기온 15℃, 10℃, 5℃에서 3개씩 각각 쓰시오.

배점 3

답

일평균기온	보통 포틀랜드 시멘트	고로슬래그 시멘트	조강 포틀랜드 시멘트
15℃ 이상			
10℃ 이상			
5℃ 이상			

문제 25

그림과 같은 옹벽에 작용하는 전주동토압은 얼마인가? (단, Rankine의 토압이론을 사용하시오.)

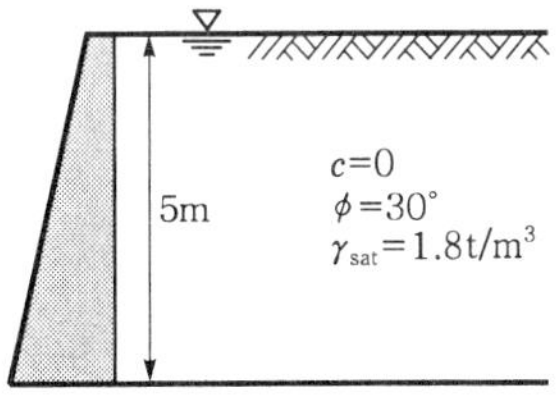

배점 3

답·풀이

문제 26

지하수위를 저하시키기 위한 강제 배수공법 3가지를 쓰시오.

배점 3

답 ① ______ ② ______ ③ ______

문제 27

수평력을 받는 말뚝은 말뚝과 지반 중에서 어느 것이 움직이는 주체인가에 따라서 주동말뚝과 수동말뚝으로 나뉘는데 그 중에서 수동말뚝은 말뚝에 측방토압이 작용함으로써 주변의 지반을 변형시키는데 수동말뚝의 검토사항을 3가지만 쓰시오.

배점 3

답 ① ______ ② ______ ③ ______

문제 01

배점 8

다음 2연 암거의 물량을 산출하시오. (단위 : mm)

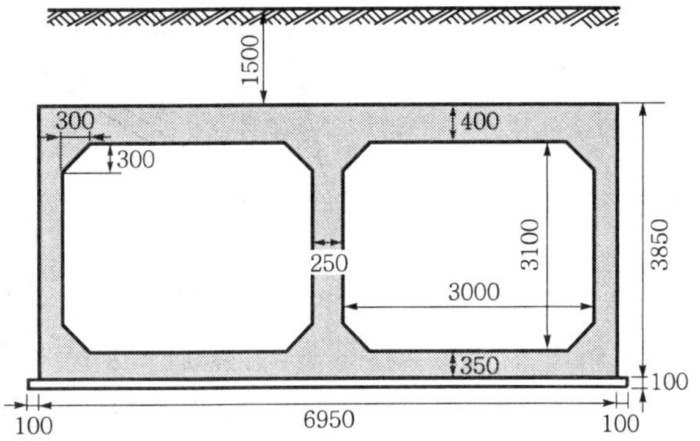

(1) 2연 암거의 1m 길이에 대한 콘크리트량을 산출하시오. (단, 기초의 콘크리트량도 고려하며 소수점 4째자리에서 반올림하시오.)

(2) 2연 암거의 1m 길이에 대한 거푸집량을 산출하시오. (단, 기초의 거푸집량도 고려하고, 마구리면은 고려하지 않으며, 소수점 4째자리에서 반올림하시오.)

(3) 2연 암거의 1m 길이에 대한 터파기량을 산출하시오. (터파기의 여유폭은 0.6m로 하고, 구배는 1 : 0.5로 하며 소수점 4째자리에서 반올림하시오.)

답 · 풀이

문제 02

배점 4

다음 그림과 같이 6.0m의 연직 옹벽에 연속적인 강우로 뒤채움 흙이 완전 포화되어 있다. 뒤채움 흙은 γ_{sat} = 1.9t/m^{3}이며, 이때 Coulomb의 주동토압 계수는 0.219라고 가정할 경우 다음 두 가지 경우에 coulomb의 이론에 의한 전 주동토압을 구하시오.

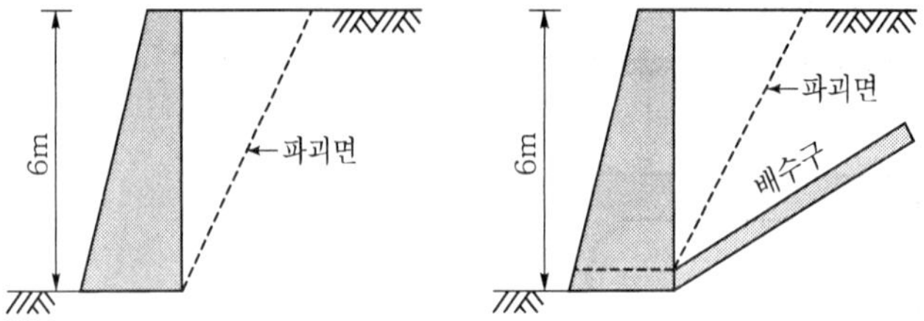

(a) (b)

(1) 그림 (a)와 같이 배수구가 없는 옹벽에 작용하는 전 주동토압을 구하시오.

(2) 그림 (b)와 같이 파괴면 아래에 경사 배수구를 설치했을 경우 옹벽에 작용하는 전 주동토압을 구하시오. (단, 유선과 등두수선은 각각 수직과 수평선이며, 파괴면의 모든 위치에서 공극수압은 0 이다.)

답 · 풀이

문제 03

배점 10

골재의 최대치수 25mm, 슬럼프 120mm, 물·시멘트비 50%의 콘크리트를 만들기 위한 다음 배합표를 완성하시오. (단, 잔골재의 조립률 2.85, 잔골재의 건조밀도 0.0026g/mm^3, 굵은 골재의 건조밀도 0.0027g/mm^3, 시멘트의 밀도는 0.0035g/mm^{3}이며, 공기연행에 의한 양질의 AE제를 사용하며 AE제의 사용량은 시멘트 질량의 0.03%이다.)

[표 1] 배합설계 참고표

굵은 골재의 최대 치수 (mm)	단위 굵은 골재의 용적 (%)	AE제를 사용하지 않은 콘크리트			AE 콘크리트				
		갇힌 공기 (%)	잔골재율 S/a(%)	단위 수량 W(kg)	공기량 (%)	양질의 AE제를 사용한 경우		양질의 AE 감수제를 사용한 경우	
						잔골재율 S/a(%)	단위수량 W(kg)	잔골재율 S/a(%)	단위수량 W(kg)
15	58	2.5	49	190	7.0	47	180	48	170
20	62	2.0	45	185	6.0	44	175	45	165
25	67	1.5	41	175	5.0	42	170	43	160
40	72	1.2	36	165	4.5	39	165	40	155

① 이 표의 값은 골재로서 보통 입도의 모래(조립률 2.80정도) 및 자갈을 사용한 물·시멘트비 55%정도, 슬럼프 약 80mm의 콘크리트에 대한 것이다.

② 사용재료 또는 콘크리트의 품질이 ①의 조건과 다를 경우에 위 표의 값을 아래 표와 같이 보정해야 한다.

[표 2] S/a 및 W의 보정표

구 분	S/a의 보정(%)	W의 보정(kg)
모래의 조립률이 0.1만큼 클(작을)때마다	0.5만큼 크게(작게) 한다.	보정하지 않는다.
슬럼프 값이 10mm만큼 클(작을) 때마다	보정하지 않는다.	1.2%만큼 크게(작게)한다.
공기량이 1%만큼 클(작을) 때마다	0.5~0.1만큼 작게(크게)한다.	3%만큼 작게(크게)한다.
물·시멘트비가 0.05만큼 클(작을)때마다	1만큼 크게(작게) 한다.	보정하지 않는다.
S/a가 1%만큼 클(작을)때마다	보정하지 않는다.	1.5kg만큼 크게 한다.
부순돌을 사용한 경우	3~5만큼 크게 한다.	9~15만큼 크게 한다.
부순모래를 사용한 경우	2~3만큼 크게 한다.	6~9만큼 크게 한다.

※ 비고 : 단위굵은골재용적에 의하는 경우에는 모래의 조립률이 0.1만큼 커질(작아질) 때마다 단위굵은골재용적을 1%만큼 작게(크게) 한다.

굵은골재 최대치수 (mm)	물·시멘트비 (%)	잔골재율 (%)	시멘트량 (kg/m^3)	단위골재량(kg/m^3)		AE제 사용량 (g/m^3)
				잔골재량	굵은골재량	
25	50					

답·풀이

문제 04

배점 3

Meyerhof 공식을 이용하여 콘크리트말뚝 지름 30cm, 길이 14m인 말뚝을 표준관입치가 다른 3종의 지층으로 되어 있는 기초지반에 박을 경우 말뚝의 허용지지력을 구하시오. (단, 안전율은 3으로 계산하고, 최종 계산값을 소수 3째자리에서 반올림할 것.)

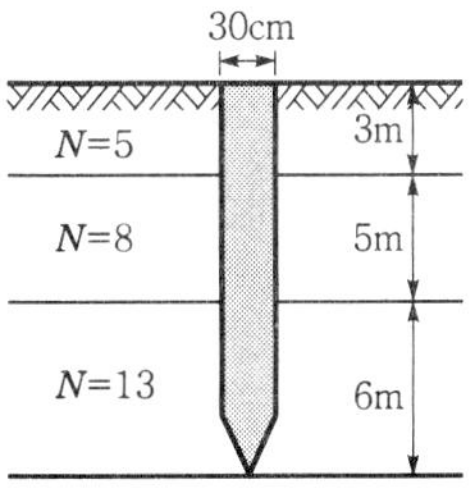

답·풀이

문제 05

배점 3

어떤 도저가 폭 3.58m의 철제 블레이드(blade)를 달고 속도 5.9km/hr의 3단 기어로 작업하고 있다. 이때 블레이드의 효율이 72%라면 폭이 7.62m, 길이 100m의 면적에서 제거작업을 할 경우, 필요한 작업시간은 얼마인가? (단, 분(分)으로 풀이하며 소수 2째자리에서 반올림하시오.)

답 · 풀이

문제 06

배점 3

다음과 같은 지반에서 히빙이 일어나지 않기 위한 지반의 굴착깊이는 얼마인가?

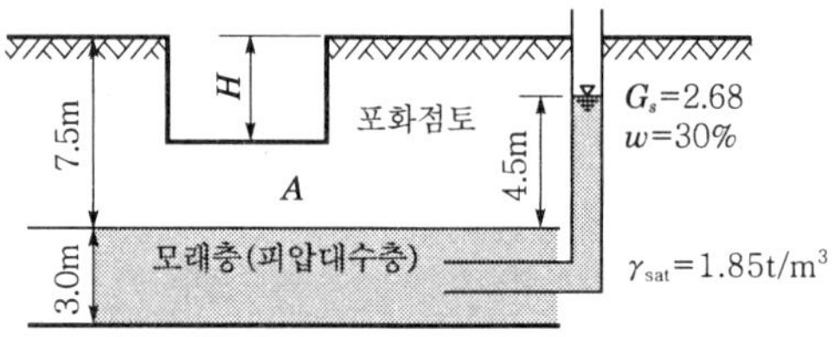

답 · 풀이

문제 07

배점 3

그림과 같은 중력식 옹벽의 전도(over-turning)에 대한 안전율을 계산하시오. (단, 콘크리트의 단위중량은 $2.3t/m^3$이며, 옹벽 전면에 작용하는 수동토압은 무시한다.)

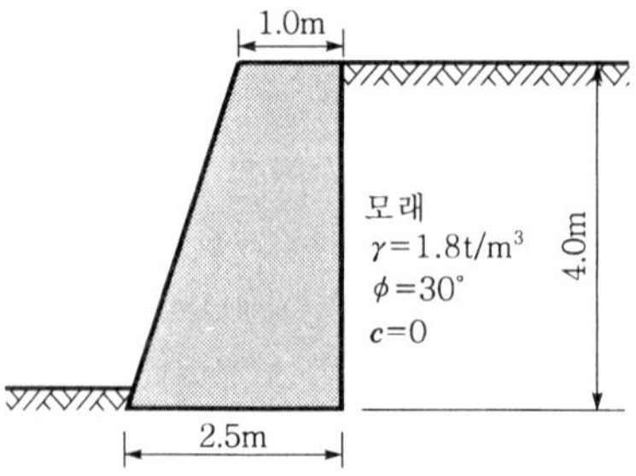

답 · 풀이

문제 08

펌프 준설선으로 준설을 하고자 한다. 압송 유량은 초당 $1.5m^3/sec$, 수면으로부터 배출구까지의 수두차는 5m, 손실수두의 총합은 44m, 토사를 함유한 물의 단위중량은 $1.2t/m^3$, 펌프의 효율은 0.6이라 할 때, 필요한 펌프의 동력은 몇 마력(HP)인가?

배점 3

답 · 풀이

문제 09

가체절공(coffer dam)의 종류를 3가지 쓰시오.

배점 3

답 ① ② ③

문제 10

케이슨(caisson)은 깊은기초 중 지지력과 수평저항력이 가장 큰 기초형식이다. 시공방법에 따라 3가지로 분류하시오.

배점 3

답 ① ② ③

문제 11

노상토의 지지력을 판정하는 시험의 종류를 3가지 쓰시오.

배점 3

답 ① ② ③

문제 12

점성토지반에 사용되는 정적사운딩에 대한 시험기의 종류를 3가지만 쓰시오.

배점 3

답 ① ② ③

문제 13

배점 10

다음 데이터를 이용하여 Normal time 네트워크 공정표를 작성하고 공기를 3일 단축할 때 최소의 추가공사비를 산출하시오. (단, ① Net Work 공정표 작성은 화살표 Net Work로 한다. ② 주공정선(Critical path)는 굵은선 또는 이중선으로 한다. ③ 각 결합점에는 다음과 같이 표시한다.)

작업명 (activity)	정상비용		특급비용	
	공기(일)	공비(원)	공기(일)	공비(원)
A(0 → 1)	3	20,000	2	26,000
B(0 → 2)	7	40,000	5	50,000
C(1 → 2)	5	45,000	3	59,000
D(1 → 4)	8	50,000	7	60,000
E(2 → 3)	5	35,000	4	44,000
F(2 → 4)	4	15,000	3	20,000
G(3 → 5)	3	15,000	3	15,000
H(4 → 5)	7	60,000	7	60,000
계		280,000		334,000

(1) Normal time 네트워크 공정표를 작성하시오.
(2) 공기를 3일간 단축할 때 최소의 추가공사비를 구하시오.

답 · 풀이

문제 14

배점 3

ILM(압출공법)에 적용하는 압출방법을 3가지만 쓰시오.

답 ① ② ③

문제 15

배점 3

Pert기법에 의한 공정관리 기법에서 낙관시간치 4일, 정상시간치 8일, 비관시간치 12일 때 기대시간치를 구하시오.

답 · 풀이

문제 16

콘크리트 중력댐을 시공할 때 된비빔 콘크리트를 불도저로 포설하여 진동롤러로 다져서 댐을 축조하는 방식은 무엇인가?

배점 2

답 ....

문제 17

유기질토는 대개 지하수가 지면 위나 지면 가까이에 있는 낮은 지역에서 발견된다. 지하수면이 높으면 수생식물이 썩어 유기질토가 형성된다. 이 유기질토의 특징을 3가지만 쓰시오.

배점 3

답 ① ....

② ....

③ ....

문제 18

셔블(Shovel)계 굴착기는 부속장치를 바꿈으로써 여러 가지 목적에 사용할 수 있다. 셔블계 굴착기의 종류를 5가지만 쓰시오.

배점 3

답 ① .... ② .... ③ ....

④ .... ⑤ ....

문제 19

콘크리트 시방배합과 현장 골재상태로부터 현장배합의 단위량을 결정하시오.

배점 3

[시방배합]

- 단위수량 : 155kg
- 단위시멘트량 : 300kg
- 단위잔골재량 : 685kg
- 단위굵은골재량 : 1300kg
- 잔골재 표면수량 : 5%
- 굵은골재 표면수량 : 1%
- 잔골재의 No.4체 잔류량 : 3%
- 굵은골재의 No.4체 통과량 : 4%

답 · 풀이 ....

....

....

문제 20

배점 3

폭이 3m×3m인 기초가 있다. 점착력은 $3t/m^2$이고, 흙의 단위중량이 $1.9t/m^3$, 내부마찰각 $\phi = 20°$, 안전율이 3일 때 기초의 허용하중을 구하시오. (단, 기초의 근입깊이는 1m이고 전반전단파괴가 발생하며, $N_r = 5$, $N_c = 18$, $N_q = 7.5$이고 흙은 균질이다.)

답 · 풀이

문제 21

배점 3

한 사질토사면의 경사가 26°로 측정되었다. 지표면으로부터 5m 깊이에 암반층이 존재하며, 사면 흙을 채취하여 토질시험을 한 결과 $c' = 0$, $\phi' = 42°$, $\gamma_{sat} = 1.9t/m^3$였다. 갑자기 폭우가 쏟아져 지하수위가 지표면과 일치한 상태에서 침투가 발생한다면 이때 사면의 안전율은 얼마인가?

답 · 풀이

문제 22

배점 3

터널의 암반보강을 위한 강지보재의 종류 3가지만 쓰시오.

답 ① ② ③

문제 23

배점 3

다음 그림과 같이 지반에 5t의 집중하중이 작용할 때 물음에 답하시오.

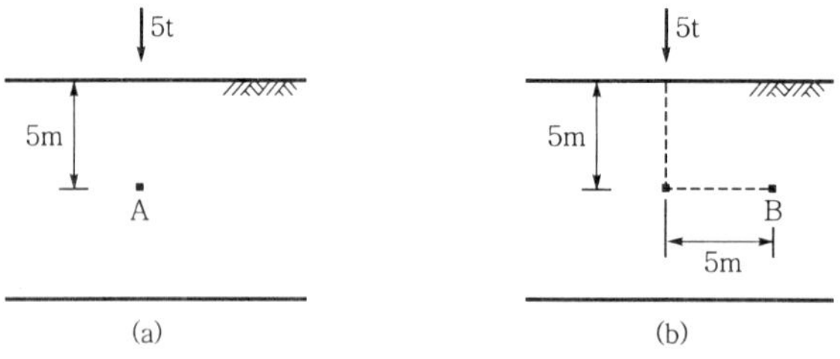

(1) (a)의 경우에 연직유효응력 증가량은 얼마인가? (소수점 4째자리에서 반올림하시오.)
(2) (b)의 경우에 연직유효응력 증가량은 얼마인가? (소수점 4째자리에서 반올림하시오.)

답 · 풀이

문제 24

서중 콘크리트 시공에 있어서 기온이 높아지면 그에 따라 타설온도가 높아져서 서중 콘크리트 시방규정에 따라 시공하여야 한다. 서중 콘크리트 치기 작업 시 콘크리트 표준시방서에서 규정한 유의사항 3가지만 쓰시오. (단, 재료에 관한 사항은 제외한다.)

배점 3

답 ①

②

③

문제 25

점토층의 두께가 1.5m이고 상대밀도가 45%인 느슨한 사질토지반에서 실내 다짐시험을 한 결과 $e_{max}=0.7$, $e_{min}=0.35$이었다. 이 지반의 상대밀도가 80%될 때까지 압축을 받았을 때 점토층의 두께 변화량을 구하시오.

배점 3

답·풀이

문제 26

군지수(Group Index) 항목(구성요소) 3가지를 쓰시오.

배점 3

답 ① ② ③

문제 27

빗물이 포장면내로 스며들어 노면의 미끄럼에 대한 저항성을 증대시켜주는 개립도 아스팔트 포장공법을 쓰시오.

배점 2

답

문제 01

PS 콘크리트 교량건설공법 중 동바리를 사용하지 않는 현장타설공법의 종류 3가지를 쓰시오.

배점 3

답 ① .... ② .... ③ ....

문제 02

다음과 같이 배치된 A 말뚝, B 말뚝에 작용하는 하중을 검토(계산)하시오. (단, 말뚝의 부마찰력, 군항의 효과, 기초와 흙과의 사이에 작용하는 토압은 무시한다.)

배점 4

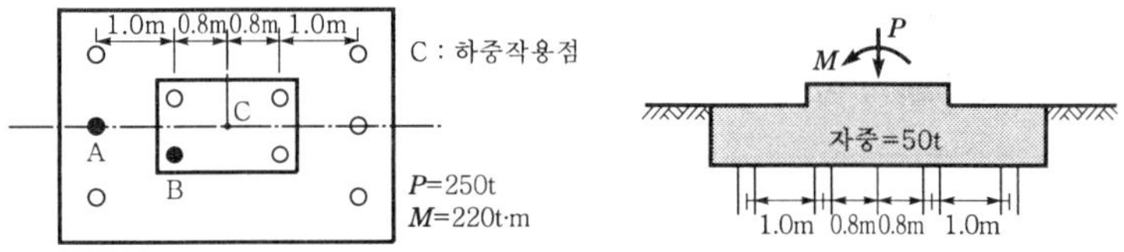

답·풀이 ....

문제 03

다음 네트워크에서 다음 사항에 대해 작성하시오. (단, ( ) 속의 숫자는 1일당 소요인원)

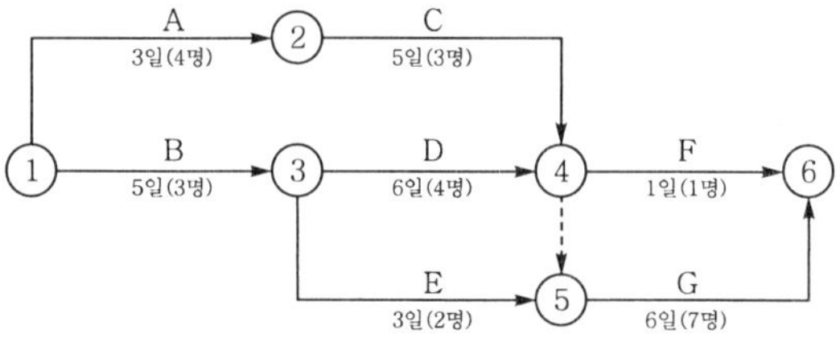

(1) 최초 개시 때의 산적표를 작성하시오.
(2) 최지 개시 때의 산적표를 작성하시오.
(3) 인력 평준화표를 작성하시오. (단, 제한인원은 7명으로 한다.)
(4) 1일 인원을 7명으로 제한할 경우 수정 네트워크를 작성하시오.

배점 8

답·풀이 ....

문제 04

함수비가 20%인 토취장 흙의 습윤단위중량이 $1.9t/m^3$이다. 이 흙으로 도로를 축조할 때 함수비는 15%이고, 습윤단위중량은 $1.98t/m^3$이었다. 이 경우 흙의 토량변화율(C)은 대략 얼마인가?

배점 3

답 · 풀이

문제 05

토취장을 선정함에 있어서 어떤 조건을 고려하여 정해야 하는지 5가지만 쓰시오.

배점 3

답 ①

②

③

④

⑤

문제 06

수중 콘크리트를 치는 시공방법에 대하여 4가지만 쓰시오.

배점 3

답 ① ②

③ ④

문제 07

배점 3

콘크리트 배합강도를 구하기 위해 시험횟수 18회의 콘크리트 압축강도를 실시하였다. 설계기준강도가 $f_{ck} = 28\text{MPa}$이고, 표준편차가 $S = 3.6\text{MPa}$일 때 배합강도를 구하시오.

[시험횟수가 29회 이하일 때 표준편차의 보정계수]

시험횟수	표준편차의 보정계수	비 고
15	1.16	이 표에 명시되지 않은 시험횟수에 대해서는 직선보간 한다.
20	1.08	
25	1.03	
30 이상	1.00	

답·풀이

문제 08

배점 3

NATM 터널공사 시 일상의 시공관리를 위하여 반드시 실시하여야 할 계측항목 3가지를 쓰시오.

답 ① ② ③

문제 09

배점 3

굴착토량 1200m^{3}를 용적이 5m^{3}인 트럭으로 운반하려고 한다. 상하차시간을 포함한 트럭의 평균속도는 6km/hr이고 토사장까지의 거리는 2km일 때 하루에 전량을 운반하려면 몇 대의 트럭이 소요되는가? (단, 1일 실가동은 8시간이다.)

답·풀이

문제 10

배점 3

그림과 같은 지반에 상부 모래지반까지 지하수위가 위치하고 있다가 3m 하강했을 때의 정규압밀점토층에 발생하는 압밀침하량을 구하시오.

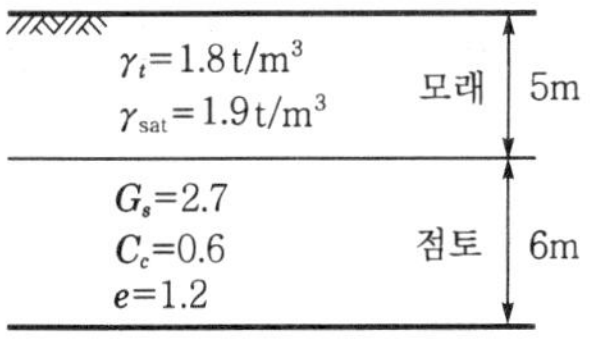

답 · 풀이

문제 11

배점 3

두 번의 평판재해시험 결과가 다음과 같을 때 허용침하량이 25mm인 정사각형 기초가 150t의 하중을 지지하기 위한 실제 기초의 크기는 얼마인가?

원형 평판직경 B(m)	0.3	0.6
작용하중 Q(t)	10	25
침하량(mm)	25	25

답 · 풀이

문제 12

배점 3

극한지지력 $Q_u = 20$t이고, RC pile의 직경이 30cm, 주면마찰력이 2.5t/m^2, 말뚝의 선단지지력 $q_u = 28$t/m^{2}이라 할 때 RC pile의 지중깊이는 얼마나 박으면 될 것인가? (단, 정역학적 지지력공식 개념에 의함.)

답 · 풀이

문제 13

배점 3

교량등급별 DB-하중 3가지를 쓰시오.

답 ① ② ③

문제 14

심발공(심빼기 발파공)의 종류 중 4가지만 쓰시오.

배점 3

답 ① ② ③ ④

문제 15

암반분류법(rock classification)의 하나인 RMR 값을 구성하는 요소 4가지만 쓰시오.

배점 3

답 ① ② ③ ④

문제 16

현장 흙의 들밀도시험을 한 결과 파낸 구멍의 체적이 $V=1960\text{cm}^3$, 흙의 무게가 3250g이고, 이 흙의 함수비는 10%이었다. 최대건조밀도가 $\gamma_{d\max}=1.65\text{g/cm}^3$일 때 상대다짐도를 구하여라.

배점 3

답 · 풀이

문제 17

아스팔트 포장공법중 SMA 공법의 장점 3가지를 쓰시오.

배점 3

답 ①

②

③

문제 18

표면 차수벽형 석괴댐에서 댐기초와 차수벽을 수밀상태로 연결하고 일종의 기초 그라우트 캡 역할을 하며 차수벽과 제체에서 전이되는 하중을 지지하여 지반으로 전달하는 차수벽의 주춧돌 역할을 하는 철근콘크리트 구조물의 명칭을 쓰시오.

배점 2

답

문제 19

배점 6

3m×3m 크기의 정사각형 기초를 마찰각 $\phi=30°$, 점착력 $c=5t/m^2$인 지반에 설치하였다. 흙의 단위중량 $\gamma=1.7t/m^3$이며, 기초의 근입깊이는 2m이다. 지하수위가 지표면에서 1m, 3m, 5m 깊이에 있을 때의 극한지지력을 각각 구하시오. (단, 지하수위 아래의 흙의 포화단위중량은 $1.9t/m^3$이고, Terzaghi 공식을 사용하고, $\phi=30°$일 때 $N_c=36$, $N_r=19$, $N_q=22$)

답·풀이

문제 20

배점 18

주어진 도면 및 조건에 따라 다음 물량을 산출하시오. (단, 도면의 단위는 mm이다.)

단 면 도

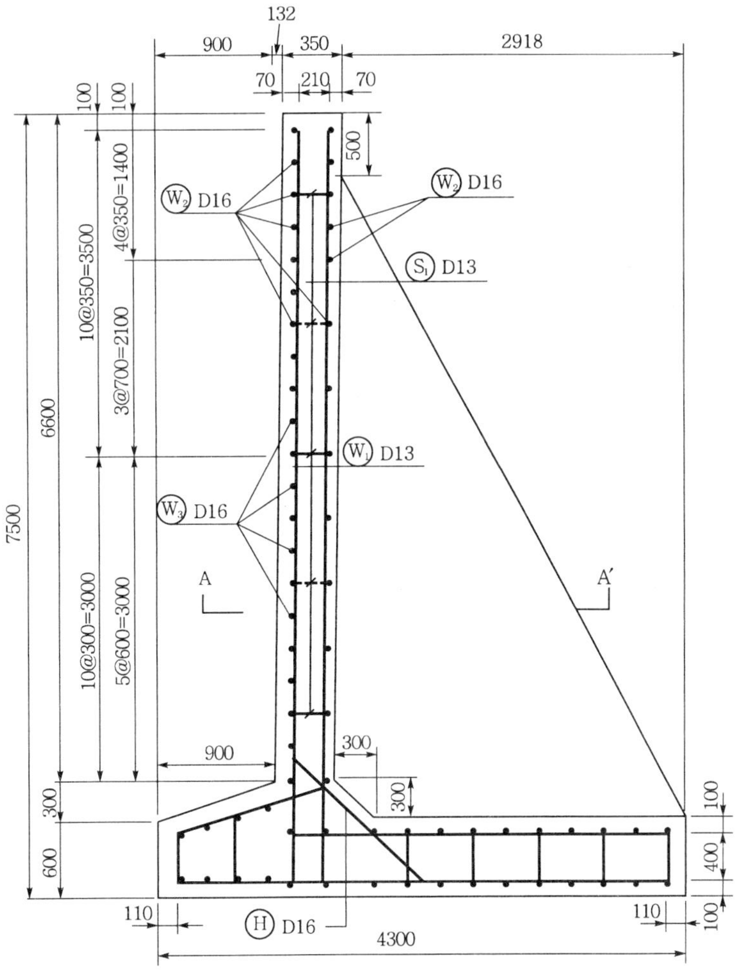

일 반 도

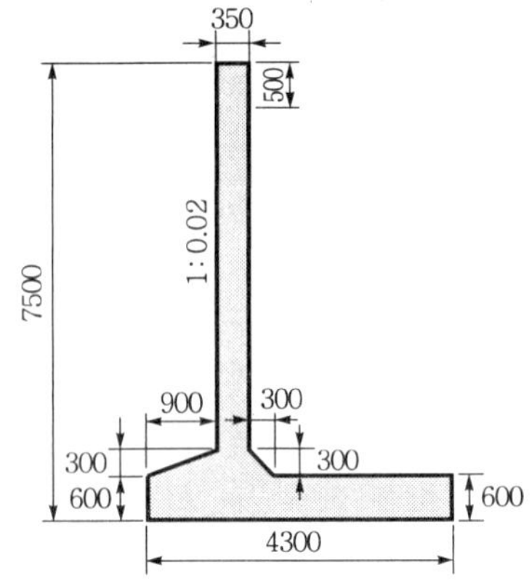

A-A′ 단면도

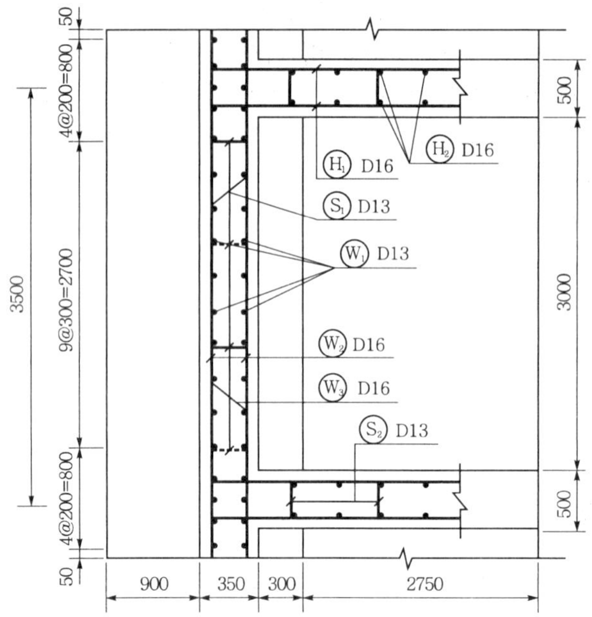

측 면 도

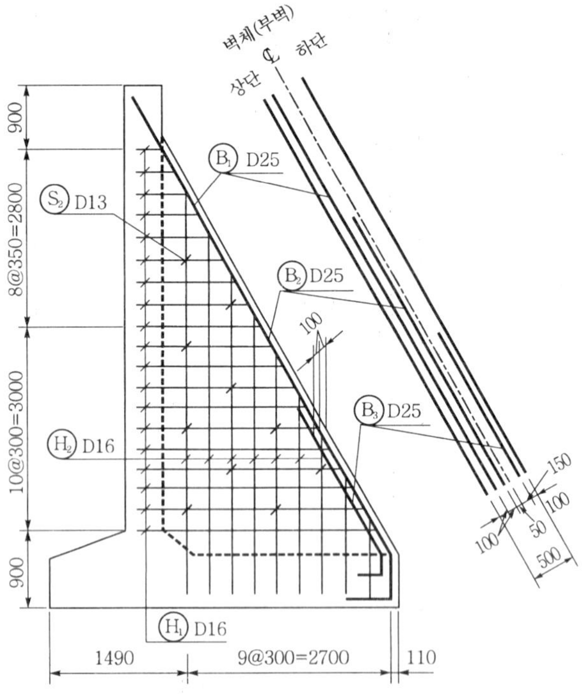

철근 상세도

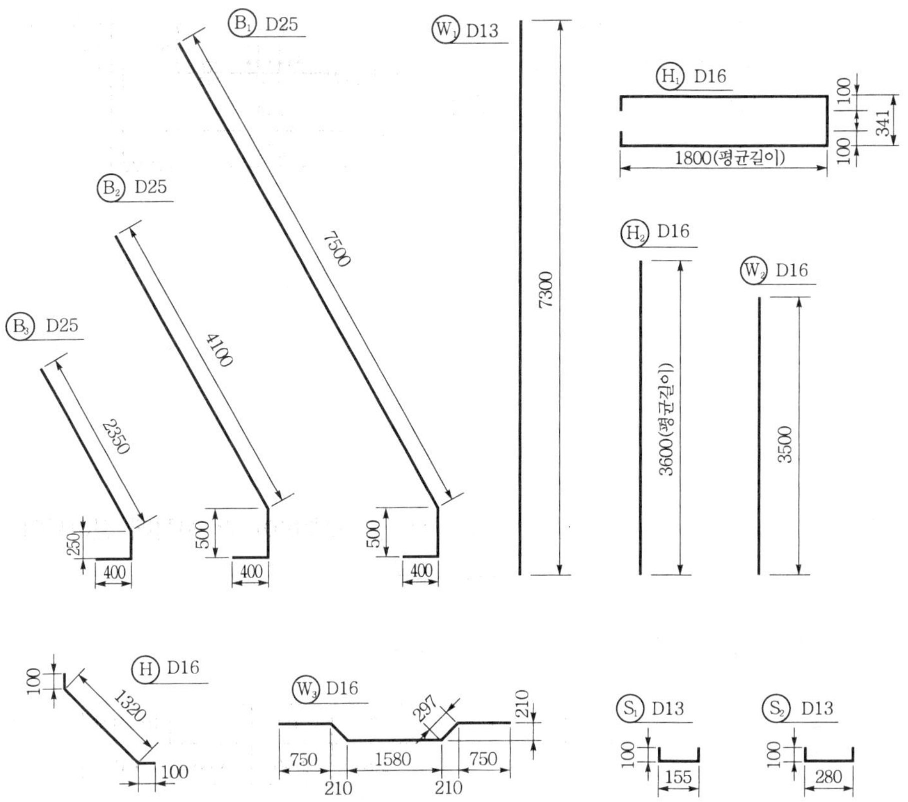

조건

① S_1 철근은 지그재그(zigzag)로 배치되어 있다.
② H 철근의 간격은 W_1 철근과 같다.
③ 물량산출에서의 할증률 및 마구리는 없는 것으로 한다.
④ 철근길이 계산에서 이음길이는 계산하지 않는다.
⑤ 저판의 철근량은 계산하지 않는다.

(1) 부벽을 포함하는 옹벽길이 3.5m에 대한 콘크리트량을 구하시오. (단, 소수 4째자리에서 반올림하시오.)

(2) 부벽을 포함하는 옹벽길이 3.5m에 대한 거푸집량을 구하시오. (단, 소수 4째자리에서 반올림하시오.)

(3) 부벽을 포함하는 옹벽길이 3.5m에 대한 철근물량표를 완성하시오.

기 호	직 경	길이(mm)	수 량	총 길이(mm)	기 호	직 경	길이(mm)	수 량	총 길이(mm)
W_1					B_1				
W_3					S_1				
H_1									

답 · 풀이

문제 21

배점 3

그림과 같이 지반에 피에조미터를 설치하였다. 성토한 순간에 수주가 지표면으로부터 8m 이었고, 6개월 후에 수주가 3m 되었다면 지하 5m 되는 곳의 압밀도는 얼마인가?

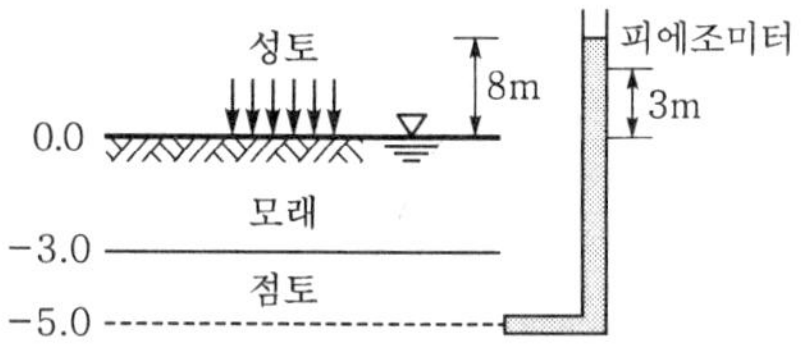

답 · 풀이

문제 22

배점 3

도로를 설계하기 위하여 5개 지점의 건설구간에서 시료를 채취하여 각 지점에 있어서의 평균 CBR을 구하였다. 이때의 설계 CBR을 계산하시오.

조건

① 각 지점의 평균 CBR : 6.8, 8.5, 4.8, 6.3, 7.2

② 계수

개수(n)	2	3	4	5	6	7	8	9	10 이상
d_2	1.41	1.91	2.24	2.48	2.67	2.83	2.96	3.08	3.18

답 · 풀이

문제 23

배점 5

수화반응으로 생성된 콘크리트는 PH=12~13정도로 강알칼리성을 가지고 있다. 이 콘크리트에 포함된 수산화칼슘이 공기 중의 CO_2와 결합하여 탄산칼슘과 물로 변화되면서 알칼리성이 상실되어 PH=8.5~10으로 산성화되어 콘크리트 속에 있는 철근을 부식시키고 콘크리트의 성능저하를 일으키게 된다.

(1) 이 현상을 무엇이라 하는가?

(2) 방지대책 3가지를 기술하시오.

답 (1)

(2) ①

②

③

문제 24

배점 3

버킷용량 1.0m^{3}의 백호로 15ton 트럭에 적재하는 경우 백호의 적재시간을 계산하시오. (단, 백호의 버킷계수(K) = 0.9, 효율(E) = 1.0, 사이클 타임(C_m) = 20초, 흙의 단위중량(γ_t) = 1.9t/m^3, L = 1.2이다.)

답 · 풀이 ....

....

문제 25

배점 3

다음 (   )안에 설명하는 A, B, C에 해당하는 말뚝의 이름을 쓰시오.

조건

횡방향 이동 말뚝(A), 횡방향으로 약간 이동하는 말뚝(B), 천공말뚝(C)

답 (A) .... (B) .... (C) ....

2010년도 정답 및 해설

정/답/및/해/설 2010년도 1차(04.18 시행)

정답·해설 01

① dozer 작업량

$$Q_1 = \frac{60 \cdot q \cdot f \cdot E}{C_m} = \frac{60 \cdot (q_0 \cdot \rho) \cdot \frac{1}{L} \cdot E}{0.037l + 0.25} = \frac{60 \times (3.3 \times 0.9) \times \frac{1}{1.6} \times 0.4}{0.037 \times 40 + 0.25}$$

$$= 25.75\text{m}^3/\text{h}$$

② ripping 작업량

$$Q_2 = \frac{60 \cdot A \cdot l \cdot f \cdot E}{C_m} = \frac{60 \times 0.14 \times 40 \times 1 \times 0.9}{0.05 \times 40 + 0.33} = 129.79\text{m}^3/\text{h}$$

③ 1시간당 작업량

$$Q = \frac{Q_1 \times Q_2}{Q_1 + Q_2} = \frac{25.75 \times 129.79}{25.75 + 129.79} = 21.49\text{m}^3/\text{h}$$

정답·해설 02

① 기계손료 = 운전시간당 손료×운전시간 + 공용일당 손료×공용일수
= 200×5000 + 32×15000 = 1,480,000원

② 기계경비 = 기계손료 + 운전경비 + 수송비
= 1480000 + 200×4000 + 200×500×2 = 2,480,000원

정답·해설 03

$$F_s = \frac{i_c}{i} = \frac{\frac{G_s - 1}{1 + e}}{\frac{h}{L}} = \frac{0.7}{\frac{6}{6+5+5}} = 1.87$$

정답·해설 04

① 선단정착형 ② 전면 접착형 ③ 혼합형

정답·해설 05

① patching 공법
② 표면처리공법
③ over lay(덧씌우기) 공법
④ 절삭 over lay 공법
⑤ 절삭(milling) 공법

정답·해설 06

boring공 내 수평재하시험

① PMT(Pressure Meter Test)

② DMT(Dilato Meter Test)

③ LLT(Lateral Load Test)

정답·해설 07

(1) ① $A_p = \dfrac{\pi \cdot D^2}{4} = \dfrac{\pi \times 0.3^2}{4} = 0.07\text{m}^2$

② $A_s = \pi \cdot D \cdot l = \pi \times 0.3 \times 12 = 11.31\text{m}^2$

③ $\overline{N_s} = \dfrac{N_1 h_1 + N_2 h_2 + N_3 h_3}{h_1 + h_2 + h_3} = \dfrac{10 \times 3 + 20 \times 4 + 40 \times 5}{3+4+5} = 25.83$

④ $R_u = 40NA_p + \dfrac{1}{5}\overline{N_s}A_s = 40 \times 40 \times 0.07 + \dfrac{1}{5} \times 25.83 \times 11.31 = 170.43\text{t}$

(2) $R_a = \dfrac{R_u}{F_s} = \dfrac{170.43}{3} = 56.81\text{t}$

정답·해설 08

(1) 골재량의 수정

$x + y = 690 + 1360 = 2050$

$0.035x + (1 - 0.045)y = 1360$

$\therefore\ x = 649.73\,\text{kg},\ y = 1400.27\,\text{kg}$

(2) 표면수량 수정

① 잔골재 표면수량 $= 649.73 \times 0.046 = 29.89\text{kg}$

② 굵은골재 표면수량 $= 1400.27 \times 0.007 = 9.80\text{kg}$

(3) 단위수량 $= 160 - (29.89 + 9.8) = 120.31\text{kg}$

정답·해설 09

① 콘크리트 면을 가능한 한 수평하게 유지하면서 소정의 높이 또는 수면 상에 이를 때까지 연속해서 타설해야 한다.

② 타설하는 도중에 가능한 콘크리트가 흐트러지지 않도록 물을 휘젓거나 펌프의 선단 부분을 이동시켜서는 안 되며, 콘크리트가 경화될 때까지 물의 유동을 방지하여야 한다.

③ 한 구획의 콘크리트 타설을 완료한 후 레이턴스를 모두 제거하고 다시 타설하여야 한다.

④ 시멘트가 물에 씻겨서 흘러나오지 않도록 트레미나 콘크리트 펌프를 사용하여 타설해야 한다.

정답·해설 10

① 계획기간 동안 설계차선에 대한 등가단축하중 교통량(ESAL)

② 노반의 강도

③ 환경적 영향요소(ΔPSI)

④ 신뢰도

⑤ 설계해석기간

정답·해설 11

$$\text{회수율} = \frac{\text{회수된 암석의 길이}}{\text{암석 코어의 이론상의 길이}} \times 100$$
$$= \frac{145+35+120+50+45+95}{500} \times 100 = 98\%$$

정답·해설 12

① long bench cut ② short bench cut
③ multi bench cut ④ mini bench cut

정답·해설 13

① 방사형(radiation) ② 하프형(harp)
③ 부채형(fan) ④ 스타형(star)

✎ 참고

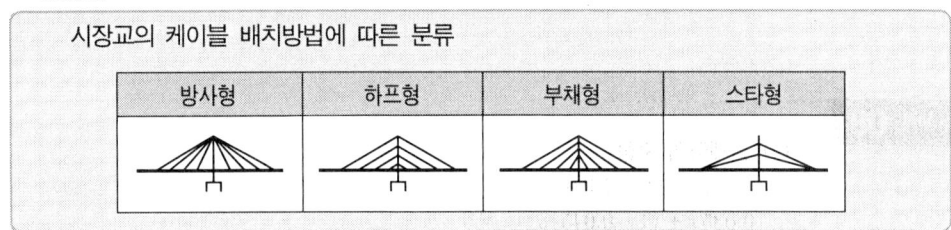

시장교의 케이블 배치방법에 따른 분류

방사형	하프형	부채형	스타형
	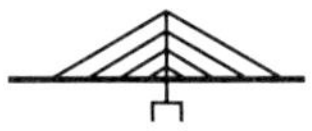	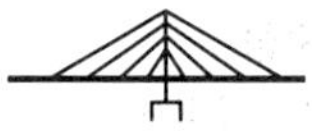	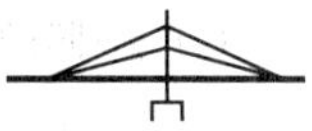

정답·해설 14

① 기대시간(기대치)

$$t_e = \frac{t_0 + 4t_m + t_p}{6} = \frac{2+4\times5+8}{6} = 5$$

② 분산

$$\sigma^2 = \left(\frac{t_p - t_0}{6}\right)^2 = \left(\frac{8-2}{6}\right)^2 = 1$$

정답·해설 15

(1) ① 공정표

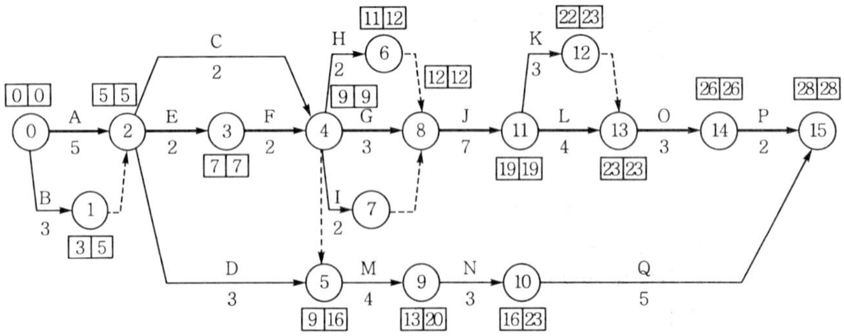

② CP : ⓪ → ② → ③ → ④ → ⑧ → ⑪ → ⑬ → ⑭ → ⑮

(2) 공사완료 소요일수 = 28일

정답·해설 16

(1) 평균치 : $\bar{x}=\dfrac{\Sigma x}{n}=\dfrac{464}{16}=29\text{MPa}$

(2) ① $S=(33.4-29)^2+(33.6-29)^2+\cdots+(21.8-29)^2$
$=232.08$

② 표준편차 : $\sigma=\sqrt{\dfrac{S}{n-1}}=\sqrt{\dfrac{232.08}{16-1}}=3.93\text{MPa}$

③ 직선보간한 표준편차 : $\sigma=3.93\times1.144=4.5\text{MPa}$

(3) ① $f_{cr}=f_{ck}+1.34S=28+1.34\times4.5=34.03\text{MPa}$

② $f_{cr}=(f_{ck}-3.5)+2.33S=(28-3.5)+2.33\times4.5$
$=34.99\text{MPa}$

①, ② 중 큰 값이 배합강도이므로
$\therefore\ f_{cr}=34.99\text{MPa}$

정답·해설 17

① $c'=\dfrac{2}{3}c=\dfrac{2}{3}\times2.9=1.93\text{t/m}^2$

② $q_u=\alpha c'N_c+\beta B\gamma_1N_r+D_f\gamma_2N_q$
$=1.3\times1.93\times17.69+0.4\times1.5\times1.7\times4.97$
$+1\times1.7\times7.44$
$=62.10\text{t/m}^2$

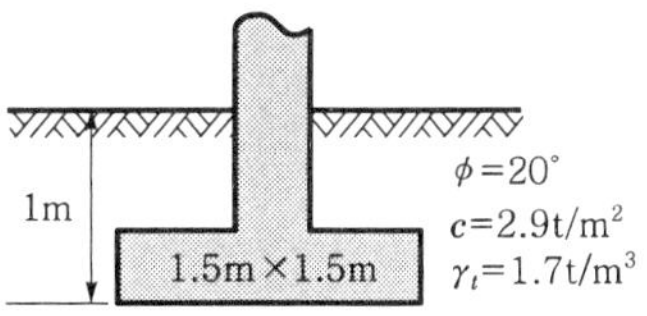

③ $q_a=\dfrac{q_u}{F_s}=\dfrac{62.1}{3}=20.7\text{t/m}^2$

정답·해설 18

(1) 콘크리트량

① $A_1=0.4\times1.3=0.52\text{m}^2$

② $A_2=\dfrac{0.4+(0.4+1\times0.2)}{2}\times1=0.5\text{m}^2$

③ $A_3=\dfrac{1.6+(1.6+0.9\times0.2)}{2}\times0.9=1.521\text{m}^2$

④ $A_4=\dfrac{1.78+(1.68+0.1\times0.2)}{2}\times0.1=0.174\text{m}^2$

⑤ $A_5=\dfrac{1.7+2.8}{2}\times5=11.25\text{m}^2$

⑥ $A_6=\dfrac{(2.8+0.75)+5.55}{2}\times0.1=0.455\text{m}^2$

⑦ $A_7=5.55\times1=5.55\text{m}^2$

⑧ $A_8=\dfrac{0.7+0.5}{2}\times0.5=0.3\text{m}^2$

⑨ 콘크리트량$=(A_1+A_2+\cdots+A_8)\times10$
$=20.27\times10=202.7\text{ m}^3$

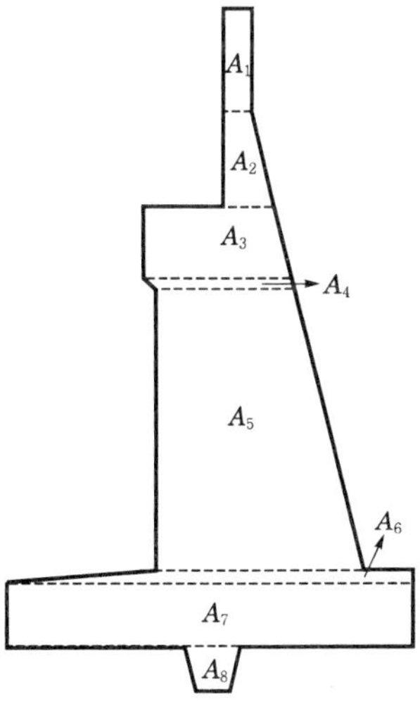

(2) 거푸집량

$=\left(2.3+0.9+\sqrt{0.1^2+0.1^2}+\sqrt{5^2+(5\times0.02)^2}+1+\sqrt{0.1^2+0.5^2}\times2+1.1+\right.$
$\left.\sqrt{7^2+(7\times0.2)^2}+1.3\right)\times10+20.27\times2=239.5485=239.549\text{m}^2$

정답·해설 19

(1) $V=\dfrac{ab}{4}(\Sigma h_1+2\Sigma h_2+3\Sigma h_3+4\Sigma h_4)$

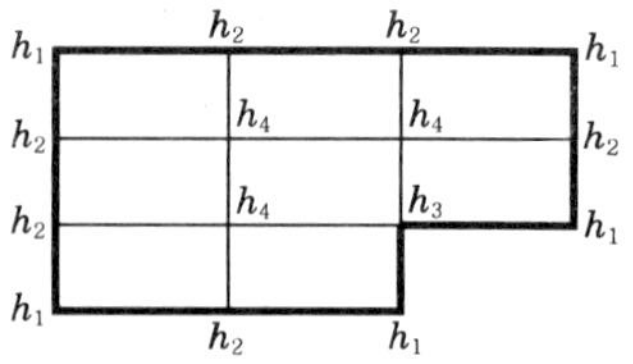

① $\Sigma h_1=3.9+3.5+3.7+3.3+3.6=18\text{m}$

② $\Sigma h_2=4.0+3.8+3.3+4.5+4.2+3.6=23.4\text{m}$

③ $\Sigma h_3=3.9\text{m}$

④ $\Sigma h_4=3.6+4.2+3.3=11.1\text{m}$

$\therefore\ V=\dfrac{10\times 5}{4}(18+2\times 23.4+3\times 3.9+4\times 11.1)=1511.25\text{m}^3$

(2) $h=\dfrac{1511.25}{10\times 5\times 8}=3.78\text{m}$

정답·해설 20

① $\gamma_t=\dfrac{W}{V}=\dfrac{3370}{1820}=1.85\text{t/m}^3$

② $\gamma_d=\dfrac{\gamma_t}{1+\dfrac{w}{100}}=\dfrac{1.85}{1+\dfrac{12.6}{100}}=1.64\text{t/m}^3$

③ $C_d=\dfrac{\gamma_d}{\gamma_{d\max}}\times 100=\dfrac{1.64}{1.94}\times 100=84.54\%<95\%$이므로 불합격이다.

정답·해설 21

(1) ① 모래지반의 단위중량

㉠ $\gamma_t=\dfrac{G_s+S\cdot e}{1+e}\gamma_w=\dfrac{2.7+0.5\times 0.7}{1+0.7}\times 1=1.79\text{t/m}^3$

㉡ $\gamma_{\text{sat}}=\dfrac{G_s+e}{1+e}\gamma_w=\dfrac{2.7+0.7}{1+0.7}\times 1=2\text{t/m}^3$

② $\sigma=1.79\times 1.5+2\times 2.5+1.9\times\dfrac{4.5}{2}=11.96\text{t/m}^2$

$u=1\times\left(2.5+\dfrac{4.5}{2}\right)=4.75\text{t/m}^2$

$\bar{\sigma}=\sigma-u=11.96-4.75=7.21\text{t/m}^2$

(2) ① $C_c=0.009(W_L-10)=0.009(37-10)=0.243$

② $\triangle H=\dfrac{C_c}{1+e_1}\log\dfrac{P_2}{P_1}H$

$=\dfrac{0.243}{1+0.56}\log\left(\dfrac{7.21+5}{7.21}\right)\times 4.5=0.1604\text{m}=16.04\text{cm}$

정답·해설 22

① 1일 운반횟수$=\dfrac{\text{1일 작업시간}}{\text{1회 왕복 소요시간}}$

$=\dfrac{8\times 60}{\left(\dfrac{2\times 2}{8}\right)\times 60+5\times 2}=12$회

② 1일 트럭 1대 운반량$=5\times 12=60\text{m}^3$

③ 트럭의 소요대수$=\dfrac{900}{60}=15$대

정답·해설 23

① (점토지반의) heaving에 대한 안정
② (모래지반의) piping에 대한 안정
③ 토압에 대한 안정(주동과 수동토압에 의한 토압의 균형)

정답·해설 24

일평균기온	보통 포틀랜드 시멘트	고로슬래그 시멘트	조강 포틀랜드 시멘트
15℃ 이상	5일	7일	3일
10℃ 이상	7일	9일	4일
5℃ 이상	9일	12일	5일

정답·해설 25

① $K_a = \tan^2\left(45° - \frac{\phi}{2}\right) = \tan^2\left(45° - \frac{30°}{2}\right) = \frac{1}{3}$

② $P_a = \frac{1}{2}\gamma_{sub}h^2 K_a + \frac{1}{2}\gamma_w h^2$

$= \frac{1}{2} \times 0.8 \times 5^2 \times \frac{1}{3} + \frac{1}{2} \times 1 \times 5^2$

$= 15.83\text{t/m}$

정답·해설 26

① well-point 공법　② 대기압공법　③ 전기침투공법

정답·해설 27

① 말뚝의 응력　② 말뚝의 변위　③ 연약층에 대한 사면안정

참고

(1) 주동말뚝(active pile)
① 말뚝이 변형함에 따라 말뚝주변지반이 저항하고 이 저항으로 하중이 지반에 전달된다. 이 경우에는 말뚝이 움직이는 주체가 되어 먼저 움직이고 말뚝의 변위가 주변지반의 변형을 유발시킨다.
② 편토압, 풍압, 파력을 받는 구조물(교대, 해양구조물 등)의 기초말뚝, 선박의 충격력에 의한 항만구조물의 기초말뚝 등이 있다.

(2) 수동말뚝(passive pile)
① 말뚝주변지반이 먼저 변형하여 그 결과로서 말뚝에 수평토압이 작용하는 경우이다. 이 경우에는 말뚝주변지반이 움직이는 주체가 되어 말뚝이 지반변형의 영향을 받게 된다.
② 성토에 의해 측방변형이 생기는 연약지반 속의 기초말뚝, 사면파괴나 지반의 측방유동을 방지하기 위해 설치하는 말뚝 등이 있다.

정답·해설 01

(1) 길이 1m에 대한 콘크리트량

① 기초 콘크리트량 = $7.15\times0.1\times1 = 0.715m^3$

② 구체 콘크리트량 = $(6.95\times3.85-3.1\times3.0\times2+\frac{0.3\times0.3}{2}\times8)\times1 = 8.5175m^3$

③ 전체 콘크리트량 = $0.715+8.5175 = 9.2325 ≒ 9.233m^3$

(2) 길이 1m에 대한 거푸집량

① 기초 거푸집량 = $0.1\times2\times1 = 0.2m^2$

② 구체 거푸집량 = $(3.85\times2+2.5\times4+2.4\times2+\sqrt{0.3^2+0.3^2}\times8)\times1 = 25.89411m^2$

③ 전체 거푸집량 = $0.2+25.89411 = 26.09411 ≒ 26.094m^2$

(3) 길이 1m에 대한 터파기량

터파기량 = $\left(\frac{8.35+(8.35+5.45)}{2}\times5.45\right)\times1 = 60.35875 ≒ 60.359m^3$

정답·해설 02

(1) $P_a=\frac{1}{2}\gamma_{sub}H^2C_a+\frac{1}{2}\gamma_wH^2=\frac{1}{2}\times0.9\times6^2\times0.219+\frac{1}{2}\times1\times6^2=21.55t/m$

(2) $P_a=\frac{1}{2}\gamma_{sat}H^2C_a=\frac{1}{2}\times1.9\times6^2\times0.219=7.49t/m$

정답·해설 03

(1) 잔골재율 및 단위수량

구 분	수정계산	S/a(%)	W(kg)
잔골재의 FM = 2.85	$42+\frac{(2.85-2.8)\times0.5}{0.1}=42.25$	42.25	170
$\frac{W}{C}$ = 50%	$42.25+\frac{(50-55)\times1}{5}=41.25$	41.25	170
slump = 12cm	$170+\frac{(12-8)\times170\times0.012}{1}=178.16$	41.25	178.16

(2) 단위시멘트량

$\frac{W}{C}=0.5$　　$\frac{178.16}{C}=0.5$　　$\therefore C=356.32kg$

(3) 단위골재량

① 단위골재량 절대체적 $V_a=1-\left(\frac{178.16}{1000}+\frac{356.32}{3.5\times1000}+\frac{5}{100}\right)=0.67m^3$

② 단위잔골재량 절대체적 $V_s=V_a\times\frac{S}{a}=0.67\times0.4125=0.28m^3$

③ 단위잔골재량 $=0.28\times2.6\times1000=728kg$

④ 단위굵은골재량 절대체적 $V_G=V_a-V_s=0.67-0.28=0.39m^3$

⑤ 단위굵은골재량 $=0.39\times2.7\times1000=1053kg$

⑥ AE제량 $=356.32\times0.0003=0.106896=106.9g$

(4) 배합표

굵은골재 최대치수 (mm)	물·시멘트비 (%)	잔골재율 (%)	시멘트량 (kg/m³)	단위골재량(kg/m³)		AE제 사용량 (g/m³)
				잔골재량	굵은골재량	
25	50	41.25	356.32	728	1053	106.9

정답·해설 04

(1) ① $A_p = \frac{\pi \cdot D^2}{4} = \frac{\pi \times 0.3^2}{4} = 0.07\text{m}^2$

② $A_s = \pi \cdot D \cdot l = \pi \times 0.3 \times 14 = 13.19\text{m}^2$

③ $\overline{N_s} = \frac{N_1 h_1 + N_2 h_2 + N_3 h_3}{h_1 + h_2 + h_3} = \frac{5 \times 3 + 8 \times 5 + 13 \times 6}{3 + 5 + 6} = 9.5$

④ $R_u = 40NA_p + \frac{1}{5}\overline{N_s}A_s = 40 \times 13 \times 0.07 + \frac{1}{5} \times 9.5 \times 13.19 = 61.46\text{t}$

(2) $R_a = \frac{R_u}{F_s} = \frac{61.46}{3} = 20.49\text{t}$

정답·해설 05

① blade 유효폭$= 3.58 \times 0.72 = 2.58\text{m}$

② 통과횟수$= \frac{7.62}{2.58} = 2.95 = 3$회

③ 1회 통과시간$= \frac{\text{길이}}{\text{속도}} = \frac{100 \times 2}{5.9 \times \frac{1000}{60}} = 2.03$분

④ 작업소요시간$= 3 \times 2.03 = 6.09 = 6.1$분

정답·해설 06

(1) 점토의 밀도

① $S \cdot e = w \cdot G_s$ $1 \times e = 0.3 \times 2.68$ $\therefore e = 0.8$

② $\gamma_{\text{sat}} = \frac{G_s + e}{1 + e} \cdot \gamma_w = \frac{2.68 + 0.8}{1 + 0.8} \times 1 = 1.93\text{t/m}^3$

(2) A점에서의 최대 굴착깊이

① $\sigma = (7.5 - H) \cdot \gamma_{\text{sat}} = (7.5 - H) \times 1.93$

② $u = \gamma_w \cdot h = 1 \times 4.5 = 4.5\text{t/m}^2$

③ $\bar{\sigma} = 0$일 때 heaving이 발생하므로

$\bar{\sigma} = \sigma - u = (7.5 - H) \times 1.93 - 4.5 = 0$

$\therefore H = 5.17\text{m}$

정답·해설 07

$$F_s = \frac{Wb + P_V B}{P_H \cdot y} = \frac{Wb}{P_H \cdot y}$$

$$= \frac{\left(\frac{1.5 \times 4}{2} \times 2.3\right) \times \frac{2 \times 1.5}{3} + (1 \times 4 \times 2.3) \times 2}{\frac{1}{2} \times 1.8 \times 4^2 \times \tan^2\left(45^\circ - \frac{30^\circ}{2}\right) \times \frac{4}{3}} = 3.95$$

정답·해설 08

$$E = \frac{1000wQH_e}{75\eta} = \frac{1000wQ(H + \Sigma h)}{75\eta} = \frac{1000 \times 1.2 \times 1.5(5 + 44)}{75 \times 0.6} = 1960\text{HP}$$

정답·해설 09

① 한 겹 sheet pile식 ② 두 겹 sheet pile식

③ cell식 ④ ring beam식

정답·해설 10

① 박스 케이슨(box caisson)
② 공기 케이슨(pneumatic caisson)
③ 오픈 케이슨(open caisson)

정답·해설 11

① 평판재하시험　② CBR 시험　③ proof rolling

정답·해설 12

① 베인시험기　② 이스키미터
③ 스웨덴식 관입시험기　④ 화란식 원추관입시험기

정답·해설 13

(1) 공정표

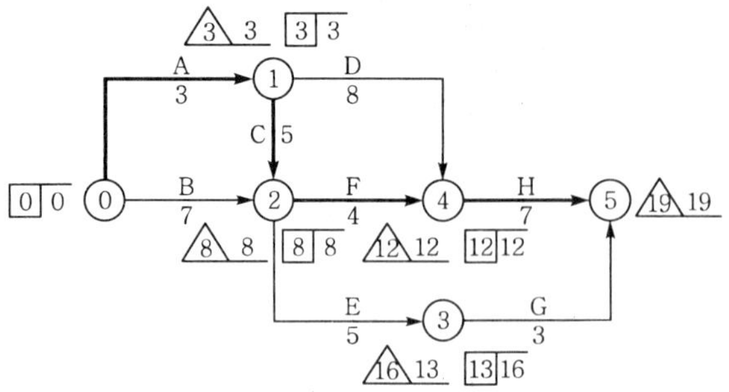

(2) ① 비용경사(cost slope)

작업명	단축가능일수	비용경사(원)
A	1	$\frac{26,000-20,000}{3-2}=6000$
B	2	$\frac{50,000-40,000}{7-5}=5000$
C	2	$\frac{59,000-45,000}{5-3}=7000$
D	1	$\frac{60,000-50,000}{8-7}=10,000$
E	1	$\frac{44,000-35,000}{5-4}=9000$
F	1	$\frac{20,000-15,000}{4-3}=5000$
G	0	0
H	0	0

② 공기단축

단축단계	작업명	단축일수	추가비용(원)
1단계	F	1	5000
2단계	A	1	6000
3단계	B, C, D	1	5000+7000+10,000=22,000

③ 추가비용(extra cost)

EC=5000+6000+22,000=33,000원

정답·해설 14

① lift & pushing 공법　② pulling 공법　③ 분산압출공법

✎ 참고

ILM공법의 종류
① 추진코식(손펴기식)　② 연결식　③ 대선식　④ 이동벤트식

정답·해설 15

$t=\frac{a+4m+b}{6}=\frac{4+4\times 8+12}{6}=8$일

정답·해설 16

RCD공법(Roller Compacted Dam method)

정답·해설 17

① 압축성이 크다.
② 2차 압밀침하량이 크다.
③ 자연함수비가 200~300% 정도이다.

정답·해설 18

① power shovel　② back hoe　③ drag line
④ clam shell　⑤ crane

정답·해설 19

① 골재량의 수정 : 잔골재량을 x(kg), 굵은골재량을 y(kg)이라 하면,
$x+y=685+1300=1985$ ·············· ㉠
$0.03x+(1-0.04)y=1300$ ·············· ㉡
식 ㉠, ㉡을 연립방정식으로 풀면
$x=651.18$kg, $y=1333.82$kg

② 표면수량 수정
잔골재 표면수량 = 651.18×0.05=32.56kg
굵은골재 표면수량 = 1333.82×0.01=13.34kg

③ 현장배합
단위시멘트량 = 300kg
단위수량 = 155−(32.56+13.34) = 109.10kg
단위잔골재량 = 651.18+32.56=683.74kg
단위굵은골재량 = 1333.82+13.34=1347.16kg

정답·해설 20

① $q_u=\alpha c N_c+\beta B\gamma_1 N_r+D_f\gamma_2 N_q$
$=1.3\times 3\times 18+0.4\times 3\times 1.9\times 5+1\times 1.9\times 7.5=95.85\text{t/m}^2$

② $q_a=\frac{q_u}{F_s}=\frac{95.85}{3}=31.95\text{t/m}^2$

③ $q_a=\frac{Q_{all}}{A}$　　$31.95=\frac{Q_{all}}{3\times 3}$　　$\therefore Q_{all}=287.55\text{t}$

정답·해설 21

$$F_s = \frac{\gamma_{\text{sub}}}{\gamma_{\text{sat}}} \times \frac{\tan\phi}{\tan i} = \frac{0.9}{1.9} \times \frac{\tan 42°}{\tan 26°} = 0.87$$

정답·해설 22

① H형강　② U형강　③ 강관　④ 격자지보(lattice girder)

정답·해설 23

(1) $\Delta\sigma_Z = \dfrac{P}{Z^2} \times I = \dfrac{5}{5^2} \times \dfrac{3}{2\pi} = 0.095\text{t/m}^2$

(2) ① $I = \dfrac{3Z^5}{2\pi R^5} = \dfrac{3 \times 5^5}{2\pi(\sqrt{5^2+5^2})^5} = 0.084$

② $\Delta\sigma_Z = \dfrac{P}{Z^2} \times I = \dfrac{5}{5^2} \times 0.084 = 0.017\text{t/m}^2$

정답·해설 24

① 치기 전에는 지반과 거푸집 등을 살수하거나 덮개를 하여 습윤상태를 유지해야 한다.
② 비빈 후 가능한 한 빨리 치며, 비빈 후 치기를 시작할 때까지의 시간은 1.5시간 이내로 한다.
③ 치기할 때의 콘크리트 온도는 35℃ 이하로 한다.
④ cold joint가 생기지 않도록 적절한 계획에 따라 실시한다.

정답·해설 25

① $D_r = \dfrac{e_{\max} - e}{e_{\max} - e_{\min}} \times 100$

$45 = \dfrac{0.7 - e_1}{0.7 - 0.35} \times 100$　　$\therefore e_1 = 0.54$

$80 = \dfrac{0.7 - e_2}{0.7 - 0.35} \times 100$　　$\therefore e_2 = 0.42$

② $\Delta H = \dfrac{e_1 - e_2}{1 + e_1} H = \dfrac{0.54 - 0.42}{1 + 0.54} \times 1.5 = 0.1169\text{m} = 11.69\text{cm}$

정답·해설 26

① 액성한계　② 소성지수　③ No.200체 통과율

정답·해설 27

에코팔트포장공법(eco-phalt 포장공법, 배수성 포장공법)

정답·해설 01

① 캔틸레버공법(FCM 공법)
② 이동동바리공법(MSS 공법)
③ 압출공법(ILM 공법)

정답·해설 02

① $P=250+50=300\text{t}$

② $P_n=\dfrac{P}{n}\pm\dfrac{M_y\cdot x}{\Sigma x^2}\pm\dfrac{M_x\cdot y}{\Sigma y^2}$

$$P_{\text{A}}=\frac{300}{10}+\frac{220\times1.8}{6\times1.8^2+4\times0.8^2}+0=48\text{t}$$

$$P_{\text{B}}=\frac{300}{10}+\frac{220\times0.8}{6\times1.8^2+4\times0.8^2}+0=38\text{t}$$

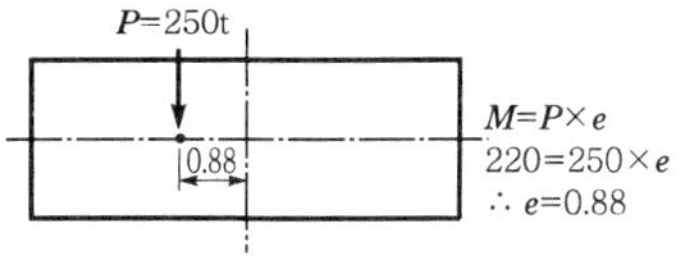

정답·해설 03

(1) ① 공정표

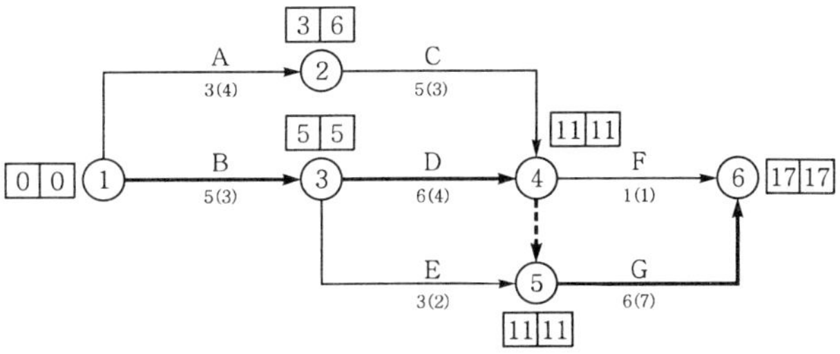

② 최초 개시 때의 산적표

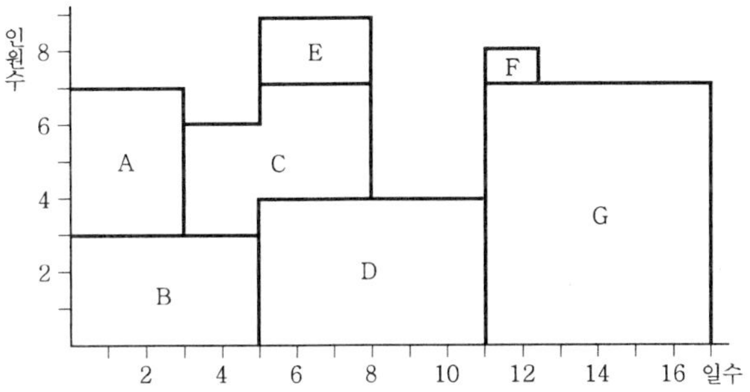

(2) 최지 개시 때의 산적표

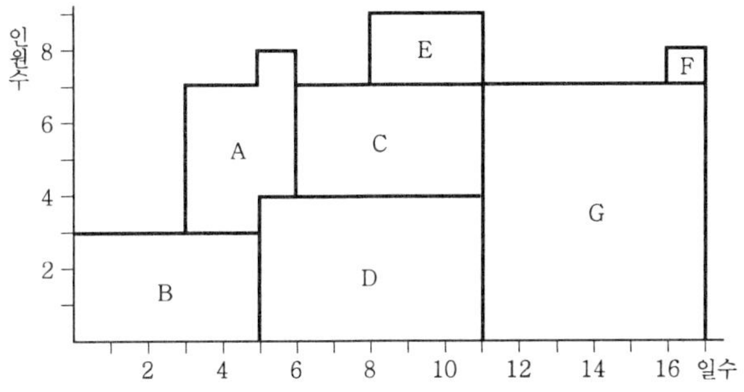

(3) 인력 평준화표(단, 제한인원은 7명으로 한다.)

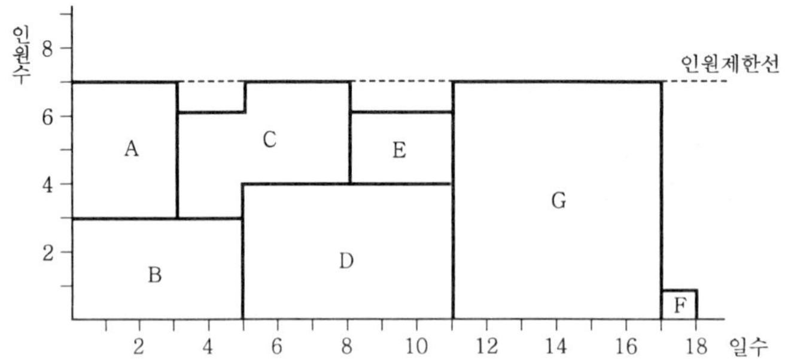

(4) 1일 인원을 7명으로 제한한 경우 수정 네트워크(타임 스케일 공정표)

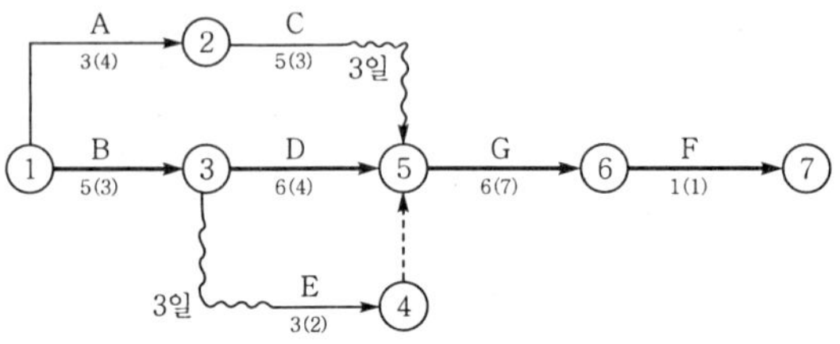

정답·해설 04

① 토취장의 건조밀도 $\gamma_d = \dfrac{\gamma_t}{1+\dfrac{w}{100}} = \dfrac{1.9}{1+\dfrac{20}{100}} = 1.58\text{t/m}^3$

② 다짐 후의 건조밀도 $\gamma_d = \dfrac{\gamma_t}{1+\dfrac{w}{100}} = \dfrac{1.98}{1+\dfrac{15}{100}} = 1.72\text{t/m}^3$

③ 토량변화율 $C = \dfrac{\text{본바닥 흙의 } \gamma_d}{\text{다짐 후의 } \gamma_d} = \dfrac{1.58}{1.72} = 0.92$

정답·해설 05

① 토질이 양호할 것
② 토량이 충분할 것
③ 싣기가 편리한 지형일 것
④ 성토장소를 향하여 하향구배 1/50~1/100 정도를 유지할 것
⑤ 운반로가 양호하고 장애물이 적을 것
⑥ 용수, 붕괴의 염려가 없고 배수가 양호한 지형일 것

정답·해설 06

① 트레미(tremie) 방법
② con´c pump 방법
③ 밑열림상자 및 밑열림포대 방법
④ 포대 콘크리트(sacked con´c) 방법

정답·해설 07

(1) 직선 보간한 표준편차 : $S = 3.6 \times 1.112 = 4.00\text{MPa}$

(2) ① $f_{cr} = f_{ck} + 1.34S = 28 + 1.34 \times 4 = 33.36\text{MPa}$

② $f_{cr} = (f_{ck} - 3.5) + 2.33S = (28 - 3.5) + 2.33 \times 4 = 33.82\text{MPa}$

①, ②중에서 큰 값이 배합강도이므로

$\therefore\ f_{cr} = 33.82\text{MPa}$

정답·해설 08

① 갱내 관찰조사　　② 내공변위 측정
③ 천단침하 측정　　④ rock bolt 인발시험

참고

계측항목별 평가사항

계측종별	계측항목	주요 평가사항
일상계측	갱내 관찰조사	ⓐ 막장의 안정성 ⓑ 암질, 파쇄대, 변질대 등의 지반상태 및 용수상태 ⓒ 기 시공구간의 안정성 ⓓ 지반 재분류 및 재평가
	내공변위 측정	· 변위량, 변위속도에 의해 ⓐ 주변지반의 안정성 ⓑ 1차 지보설계, 시공의 타당성 ⓒ 콘크리트 라이닝 타설시기 등을 판단
	천단침하 측정	터널 천단의 절대침하량을 측정하여 단면 변형상태를 파악하고 터널 천단의 안정성을 판단
	록볼트 인발시험	록볼트의 인발력 측정으로부터 적절한 록볼트 선택
정밀계측	지중변위 측정	주변지반의 이완영역 변위를 판단하여 설계 및 시공의 타당성을 검증
	록볼트 축력 측정	록볼트의 축력 측정에 의한 보강효과 확인 및 록볼트 시공의 타당성 평가
	콘크리트 라이닝 응력측정	콘크리트 라이닝의 내부응력상태 측정을 통한 터널의 안정성 평가[주1)]
	지표, 지중침하 측정	ⓐ 터널의 굴착에 따른 지표 및 지중침하량을 측정하여 굴착이 주변 구조물에 미치는 영향 평가 ⓑ 지상에서의 굴착영향 범위 파악

주 1) 뿜어붙임 콘크리트 및 콘크리트 라이닝의 응력측정을 모두 포함한다.

정답·해설 09

① 1일 운반횟수$= \dfrac{\text{1일 작업시간}}{\text{1회 왕복소요시간}} = \dfrac{8\times60}{\dfrac{2\times2}{6}\times60} = 12$회

② 1일 트럭 1대 운반량$= 5\times12 = 60\text{m}^3$

③ 트럭의 소요대수$= \dfrac{1200}{60} = 20$대

정답·해설 10

① 점토의 포화밀도

$$\gamma_{sat} = \frac{G_s+e}{1+e}\gamma_w = \frac{2.7+1.2}{1+1.2}\times1 = 1.77\text{t/m}^3$$

② $p_1 = 0.9\times5+0.77\times\dfrac{6}{2} = 6.81\text{t/m}^2$

③ $p_2 = 1.8\times3+0.9\times2+0.77\times\dfrac{6}{2} = 9.51\text{t/m}^2$

④ $\Delta H = \dfrac{C_c}{1+e_1}\log\dfrac{p_2}{p_1}H = \dfrac{0.6}{1+1.2}\times\log\dfrac{9.51}{6.81}\times6 = 0.2373\text{m} = 23.73\text{cm}$

정답·해설 11

(1) $Q = Am + Pn$

$$10 = \left(\frac{\pi \times 0.3^2}{4}\right) \cdot m + (\pi \times 0.3) \cdot n \cdots\cdots\cdots\cdots ①$$

$$25 = \left(\frac{\pi \times 0.6^2}{4}\right) \cdot m + (\pi \times 0.6) \cdot n \cdots\cdots\cdots\cdots ②$$

식 ①, ②에서 $m = 35.37\text{t/m}^2$, $n = 7.96\text{t/m}$

(2) $Q = Am + Pn$

$150 = D^2 \times 35.37 + 4D \times 7.96$ $\therefore D = 1.66\text{m}$

정답·해설 12

$R_u = R_p + R_f = q_u A_p + f_s A_s$

$$20 = 28 \times \left(\frac{\pi \times 0.3^2}{4}\right) + 2.5 \times (\pi \times 0.3 \times l) \qquad \therefore l = 7.65\text{m}$$

정답·해설 13

① DB-24 ② DB-18 ③ DB-13.5

참고

도로교의 활하중

(1) 종류 : DB-하중(표준트럭하중), DL-하중(차로하중), 보도 등의 등분포하중

(2) 하중의 제원 : DB-하중은 3축으로 구성된 자동차 1대를 말하고, DL-하중은 등분포하중과 집중하중으로 구성된 자동차군을 말한다.

※ DB-하중의 제원

교량등급	1등교	2등교	3등교
하중 W(tf)	DB-24	DB-18	DB-13.5

정답·해설 14

① 스윙 컷(swing cut) ② 번 컷(burn cut) ③ 노 컷(no cut)
④ V 컷(wedge cut) ⑤ 피라밋 컷(pyramid cut)

정답·해설 15

① 암석의 강도 ② RQD ③ 불연속면의 간격
④ 불연속면의 상태 ⑤ 지하수의 상태

정답·해설 16

① $\gamma_t = \dfrac{W}{V} = \dfrac{3250}{1960} = 1.66\text{g/cm}^3$

② $\gamma_d = \dfrac{\gamma_t}{1 + \dfrac{w}{100}} = \dfrac{1.66}{1 + \dfrac{10}{100}} = 1.51\text{g/cm}^3$

③ $C_d = \dfrac{\gamma_d}{\gamma_{d\max}} \times 100 = \dfrac{1.51}{1.65} \times 100 = 91.52\%$

정답·해설 17

① 소성변형에 대한 저항성이 크다. ② 균열에 대한 저항성이 크다.
③ 내구성이 크다. ④ 표면마찰에 대한 저항성이 크다.

참고

SMA(Stone Mastic Asphalt) 포장

(1) 개요

① 소성변형(rutting)과 studded 타이어에 의해 발생되는 표층의 손상에 저항하기 위해 개발되었다.

② 기본적으로 개립도 골재의 맞물림에 의해 소성변형과 내구성이 최대가 되도록 많은 양의 골재(stone), 채움재(filler), 역청(bitumen)과 섬유보강재와 같은 결합재로 구성된 조밀한 개립도 가열아스팔드(gap-grade HMA) 혼합물이다.

③ SMA는 모든 골재가 다른 골재와 접촉이 되기 때문에 소성변형에 대한 저항성은 골재의 성질에 좌우된다.

(2) 용도 : 중하중차량이 통행하는 도로, 공항의 활주로, 교량 상판의 교면포장, 버스 정류장 등에 사용되고 있다.

(3) 특징

① 소성변형에 대한 저항성이 크다. ② 균열에 대한 저항성이 크다.
③ 내구성이 크다. ④ 표면마찰에 대한 저항성이 크다.
⑤ 반사균열에 대한 저항성이 크다.
⑥ 포장 수명이 길어진다. (기존 포장의 약 2~3배 이상)

정답·해설 18

plinth

참고

(1) plinth

① 차수벽 선단에 설치하여 차수벽의 토대역할을 하고 차수벽과 댐 기초 사이의 침투수를 차단하고 기초 grout cap 역할을 한다.

② 폭은 10~20m이다.

(2) 표면 차수벽형 석괴댐의 종류

① CFRD(Concrete Faced Rockfill Dam)
② AFRD(Asphaltic concrete Faced Rockfill Dam)
③ SFRD(Steel membrane Faced Rockfill Dam)

정답·해설 19

(1) 지하수위가 지표면하 1m 깊이에 있을 때

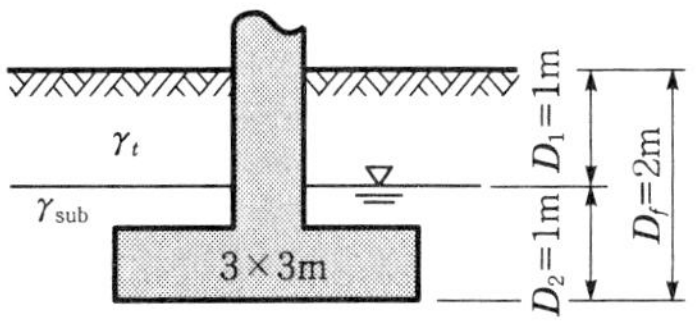

① $\gamma_1 = \gamma_{sub} = 0.9\text{t/m}^3$

② $D_f\gamma_2 = D_1\gamma_t + D_2\gamma_{sub}$

$= 1 \times 1.7 + 1 \times 0.9 = 2.6\text{t/m}^2$

③ $q_u = \alpha c N_c + \beta B \gamma_1 N_r + D_f \gamma_2 N_q$

$= 1.3 \times 5 \times 36 + 0.4 \times 3 \times 0.9 \times 19 + 2.6 \times 22 = 311.72\text{t/m}^2$

(2) 지하수위가 지표면하 3m 깊이에 있을 때

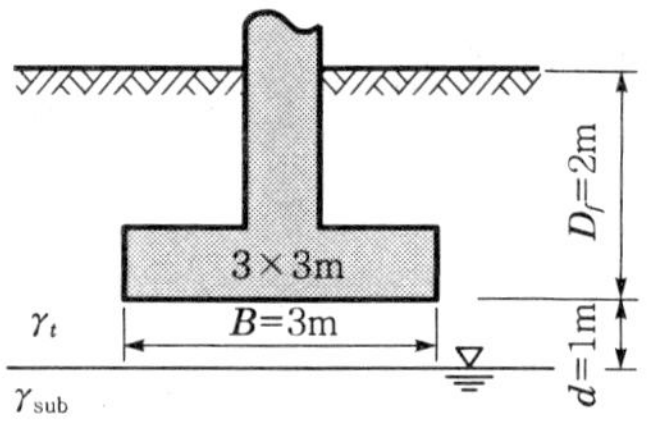

① $\gamma_1 = \gamma' + \dfrac{d}{B}(\gamma - \gamma') = 0.9 + \dfrac{1}{3} \times (1.7 - 0.9)$

$= 1.17\text{t/m}^3$

② $\gamma_2 = \gamma_t = 1.7\text{t/m}^3$

③ $q_u = \alpha c N_c + \beta B \gamma_1 N_r + D_f \gamma_2 N_q$

$= 1.3 \times 5 \times 36 + 0.4 \times 3 \times 1.17 \times 19 + 2 \times 1.7 \times 22$

$= 335.48\text{t/m}^2$

(3) 지하수위가 지표면하 5m 깊이에 있을 때

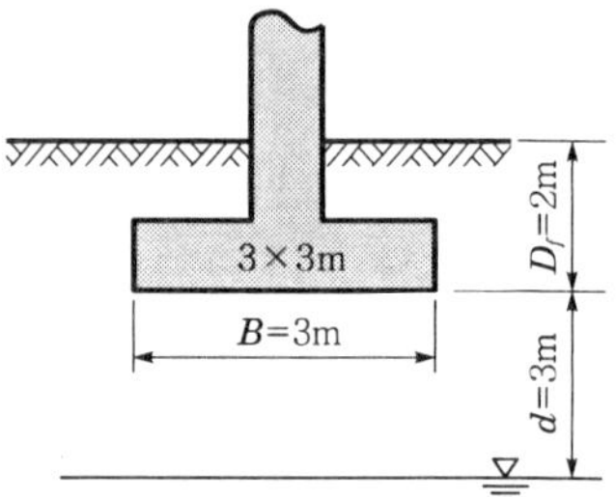

① $\gamma_1 = \gamma_2 = \gamma_t = 1.7\text{t/m}^3$

② $q_u = \alpha c N_c + \beta B \gamma_1 N_r + D_f \gamma_2 N_q$

$= 1.3 \times 5 \times 36 + 0.4 \times 3 \times 1.7 \times 19 + 2 \times 1.7 \times 22$

$= 347.56\text{t/m}^2$

정답·해설 20

(1) 부벽을 포함하는 옹벽길이 3.5m에 대한 콘크리트량

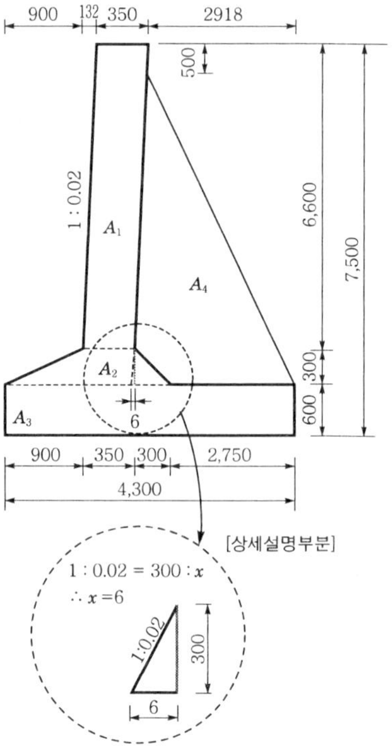

① $A_1 = 0.35 \times 6.6 = 2.31\text{m}^2$

② $A_2 = \dfrac{0.35 + (0.9 + 0.35 + 0.3)}{2} \times 0.3$

$= 0.285\text{m}^2$

③ $A_3 = 4.3 \times 0.6 = 2.58\text{m}^2$

④ $A_4 = \dfrac{(3.05 + 0.006) \times 6.4}{2} - \dfrac{(0.3 + 0.006) \times 0.3}{2}$

$= 9.7333\text{m}^2$

⑤ 콘크리트량

$= (A_1 + A_2 + A_3) \times 3.5 + A_4 \times 0.5$

$= 5.175 \times 3.5 + 9.7333 \times 0.5$

$= 22.97915\text{m}^3$

$\fallingdotseq 22.979\text{m}^3$

(2) 부벽을 포함하는 옹벽길이 3.5m에 대한 거푸집량

① $A_1 = \sqrt{6.6^2 + (6.6 \times 0.02)^2} \times 3.5 = 23.1046\text{m}^2$

② $A_2 = 0.6 \times 3.5 = 2.1\text{m}^2$

③ $A_3 = 0.6 \times 3.5 = 2.1\text{m}^2$

④ $A_4 = \sqrt{0.3^2 + 0.3^2} \times 3 = 1.2728\text{m}^2$

⑤ $A_5 = \sqrt{6.6^2 + (6.6 \times 0.02)^2} \times 3.5$

$- \sqrt{6.1^2 + (6.1 \times 0.02)^2} \times 0.5$

$= 20.054\text{m}^2$

⑥ $A_6 = \left\{\dfrac{(3.05 + 0.006) \times 6.4}{2} - \dfrac{(0.3 + 0.006) \times 0.3}{2}\right\} \times 2$

$= 19.4666\text{m}^2$

⑦ $A_7 = \sqrt{2.928^2 + 6.4^2} \times 0.5 = 3.5190\text{m}^2$

⑧ 거푸집량 $= A_1 + A_2 + \cdots\cdots + A_7$

$= 71.617\text{m}^2$

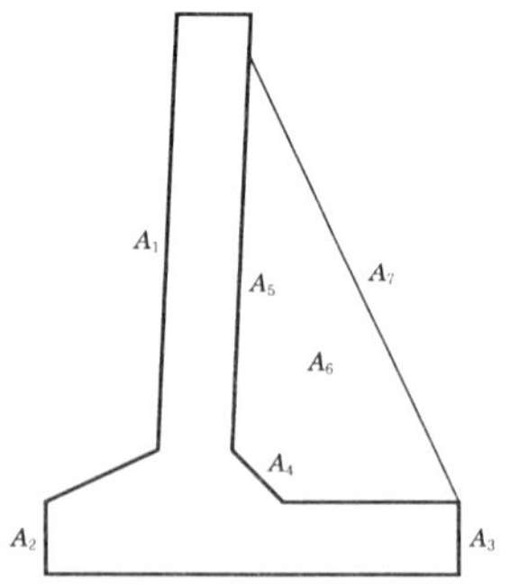

(3) 부벽을 포함하는 옹벽길이 3.5m에 대한 철근량

① 단면도상 선으로 보이는 철근(W_1)

기 호	직 경	본당길이(mm)	수 량	총 길이(mm)	수량 산출근거
W_1	D 13	7300	26	189,800	W_1 철근은 A-A′ 단면도상 점으로 표시된 철근이므로 수량 = 13×2(복배근) = 26개

② 단면도상 점으로 보이는 철근(W_3)

기 호	직 경	본당길이(mm)	수 량	총 길이(mm)	수량 산출근거
W_3	D 16	750×2+297×2 +1580 = 3674	8	29,392	W_3 철근은 단면도상 벽체 전면에만 점으로 표시된 철근이므로 수량 = {(10+10)+1} −{(5+3+4)+1} = 8개 혹은 단면도상의 개수를 센다.

③ S_1 철근

기 호	직 경	본당길이(mm)	수 량	총 길이(mm)	수량 산출근거
S_1	D 13	100×2+155 = 355	10	3550	단면도상에 5개, A-A′ 단면도상에 4개가 지그재그 배근이므로

• S_1 철근 배근도

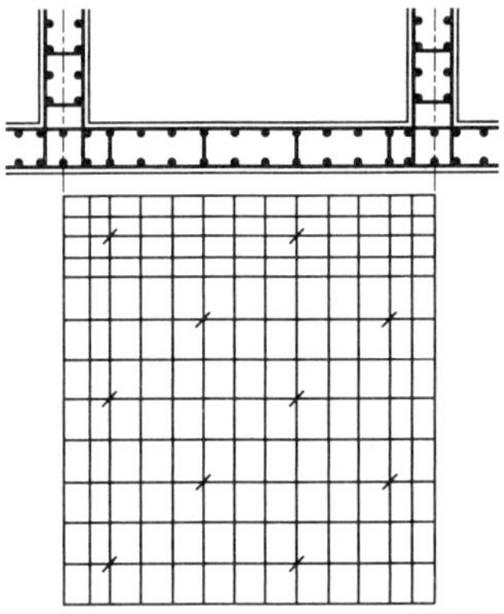

[(A−A′) 단면도]

[단면도 벽체 후면]

④ 부벽 철근(B_1, H_1)

기 호	직 경	본당길이(mm)	수 량	총 길이(mm)	수량 산출근거
B_1	D 25	7500+50+400 = 8400	2	16,800	측면도상 개수를 센다. 수량 = 2개
H_1	D 16	100×2+1800×2+341 = 4141	19	78,679	수량 = 간격수+1 = [(10+8)+1] = 19개

• B_1, B_2, B_3 철근 배근도(평면도)

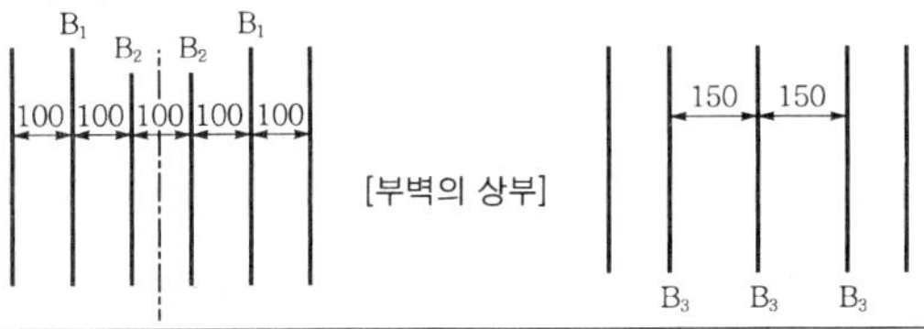

[부벽의 상부 바로 아래]

⑤ 철근물량표

기 호	직 경	길이(mm)	수 량	총 길이(mm)	기 호	직 경	길이(mm)	수 량	총 길이(mm)
W_1	D 13	7300	26	189,800	B_1	D 25	8400	2	16,800
W_3	D 16	3674	8	29,392	S_1	D 13	355	10	3550
H_1	D 16	4141	19	78,679					

정답·해설 21

① $u_i = \gamma_w \cdot h = 1 \times 8 = 8\text{t/m}^2$

② $u = \gamma_w \cdot h = 1 \times 3 = 3\text{t/m}^2$

③ $U_z = \dfrac{u_i - u}{u_i} = \dfrac{8-3}{8} = 0.625 = 62.5\%$

정답·해설 22

① 각 지점의 CBR 평균 $= \dfrac{6.8+8.5+4.8+6.3+7.2}{5} = 6.72$

② 설계 CBR = 각 지점의 CBR 평균 $- \left(\dfrac{\text{CBR 최대치} - \text{CBR 최소치}}{d_2}\right)$

$= 6.72 - \left(\dfrac{8.5-4.8}{2.48}\right) = 5.23 = 5$

정답·해설 23

(1) 콘크리트 중성화현상

(2) ① 물-시멘트비를 작게 한다.

② AE제, 감수제를 사용한다.

③ 콘크리트의 피복두께를 크게 한다.

④ 골재는 흡수율이 작은 단단한 것을 사용한다.

✎ 참고

> 중성화
>
> ① $Ca(OH)_2 + CO_2 \rightarrow CaCO_3 + H_2O$
>
> ② 철근 주위를 둘러싸고 있는 콘크리트가 중성화하여 물과 공기가 침투하면 철근이 녹슬어 구조물의 내력과 내구성을 상실한다.

정답·해설 24

① $q_t = \dfrac{T}{\gamma_t} L = \dfrac{15}{1.9} \times 1.2 = 9.47\text{m}^3$

② $n = \dfrac{q_t}{qk} = \dfrac{9.47}{1 \times 0.9} = 10.52 = 11$회

③ $C_{mt} = \dfrac{C_{ms} n}{60 E_s} = \dfrac{20 \times 11}{60 \times 1} = 3.67$분

정답·해설 25

(A) 배토말뚝 (B) 소배토말뚝 (C) 비배토말뚝

✎ 참고

> 배토말뚝과 비배토말뚝
>
> (1) 종류
>
> ① 배토말뚝 : 타격, 진동으로 박는 폐단 기성말뚝
>
> ② 소배토말뚝 : H말뚝, 선굴착 최종 항타말뚝
>
> ③ 비배토말뚝 : 중굴말뚝, 현장타설말뚝
>
> (2) 평가
>
> 배토말뚝이 비배토말뚝보다 지지력이 크다.

토목기사 실기

기출 문제

2009

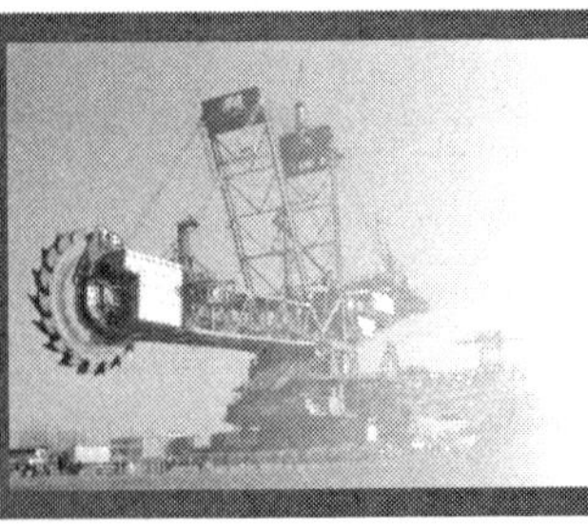

2009년도 기출문제

▶ 1차 : 2009. 04. 19
▶ 2차 : 2009. 07. 05
▶ 3차 : 2009. 10. 18

과/년/도/기/출/문/제 2009년도 1차(04.19 시행)

문제 01

다음과 같은 복합 footing에 있어서 기초지반의 허용지내력이 15t/m^2 일 때 L 및 B를 구하시오.

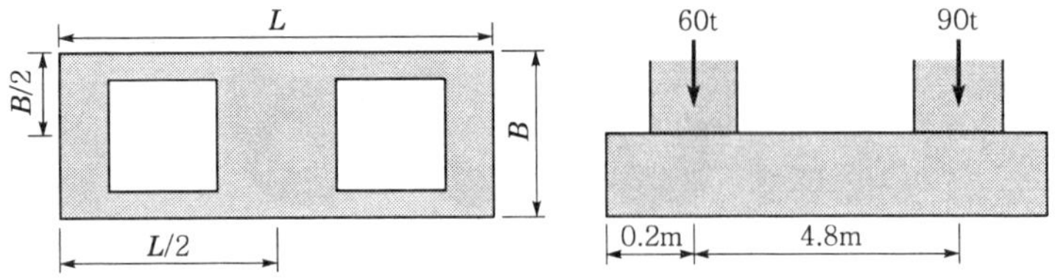

답 · 풀이

문제 02

구획정리를 위한 측량결과 값이 그림과 같은 경우 계획고 10.0m로 하기 위한 토량은? (단위 : m)

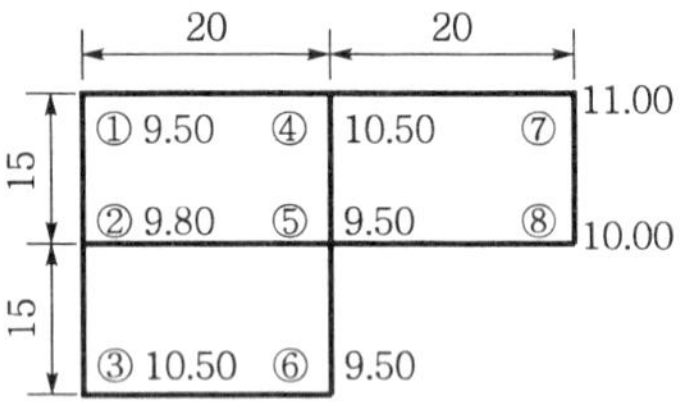

답 · 풀이

문제 03

버킷용량 3.0m^{3}의 셔블과 15t 덤프트럭을 사용하여 토공사를 하고 있다. 다음 조건에 따라 물음에 답하시오.

조건

- 흙의 단위중량 : 1.8t/m^3
- 토량변화율(L) : 1.2
- 셔블의 버킷계수 : 1.1
- 사이클 타임 : 30초
- 셔블의 작업효율 : 0.5
- 덤프트럭의 사이클 타임 : 30분
- 30분 중 상차시간 : 2분
- 덤프트럭의 작업효율 : 0.8
- 덤프트럭 1대를 적재하는데 필요한 셔블의 사이클 횟수 : 3회

(1) 셔블의 시간당 작업량은 얼마인가?
(2) 덤프트럭의 시간당 작업량은 얼마인가?
(3) 셔블 1대당 덤프트럭의 소요대수는 얼마인가?

답 · 풀이

문제 04

NATM 터널공사 시 일상의 시공관리를 위하여 반드시 실시하여야 할 계측항목 3가지를 쓰시오.

답 ① ② ③

문제 05

플라이 애시를 사용한 콘크리트의 성질 중 장점 3가지만 쓰시오.

답 ① ② ③

문제 06

주어진 도면 및 조건에 따라 다음 물량을 산출하시오. (단, 도면의 단위는 mm이다.)

단 면 도

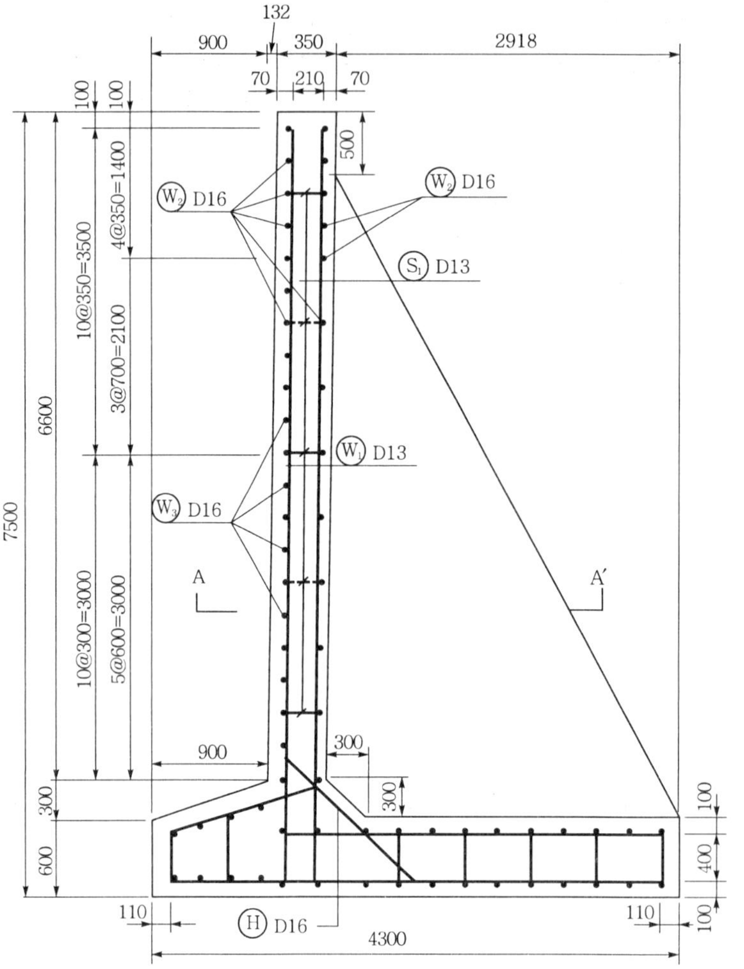

일 반 도

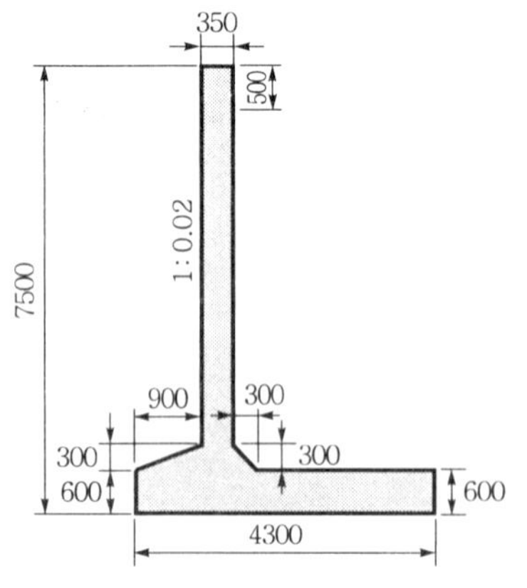

A-A′ 단면도

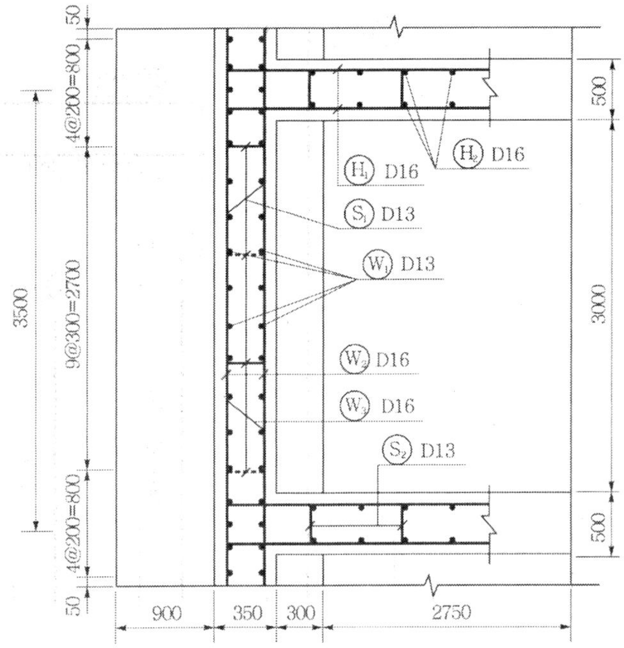
50
4@200=800
9@300=2700
4@200=800
50
3500
500
3000
500
H1 D16
H2 D16
S1 D13
W1 D13
W2 D16
W3 D16
S2 D13
900
350
300
2750

측 면 도

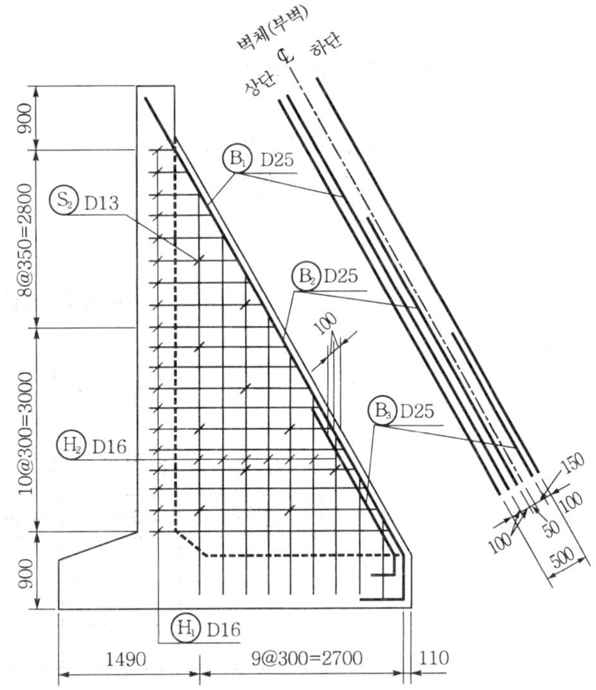
벽체(부벽)
상단
℄
하단
B1 D25
S2 D13
B2 D25
100
B3 D25
H2 D16
150
100
50
100
500
900
8@350=2800
10@300=3000
900
H1 D16
1490
9@300=2700
110

철근 상세도

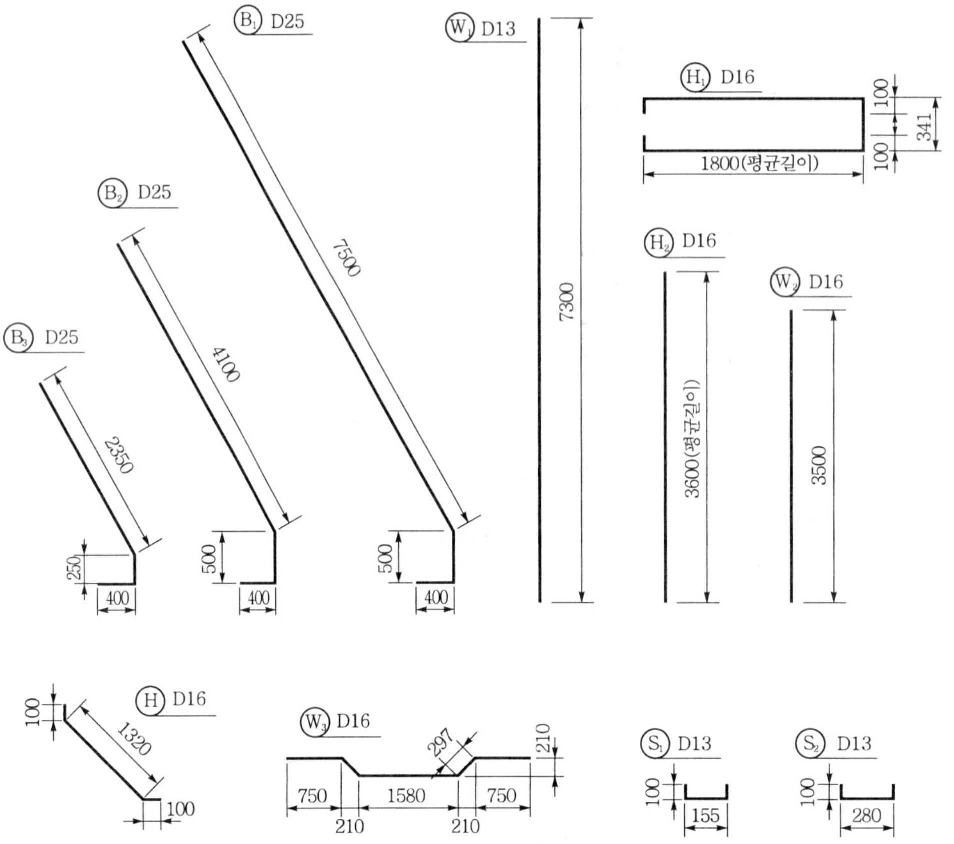

조건

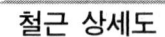

① S_1 철근은 지그재그(zigzag)로 배치되어 있다.
② H 철근의 간격은 W_1 철근과 같다.
③ 물량산출에서의 할증률 및 마구리는 없는 것으로 한다.
④ 철근길이 계산에서 이음길이는 계산하지 않는다.
⑤ 저판의 철근량은 계산하지 않는다.

(1) 부벽을 포함하는 옹벽길이 3.5m에 대한 콘크리트량을 구하시오. (단, 소수 4째 자리에서 반올림하시오.)

(2) 부벽을 포함하는 옹벽길이 3.5m에 대한 거푸집량을 구하시오. (단, 소수 4째자리에서 반올림하시오.)

(3) 부벽을 포함하는 옹벽길이 3.5m에 대한 철근물량표를 완성하시오.

기 호	직 경	길이(mm)	수 량	총 길이(mm)	기 호	직 경	길이(mm)	수 량	총 길이(mm)
W_1					B_1				
W_3					S_1				
H_1									

답 · 풀이

문제 07

다음 작업 리스트를 가지고 화살선도를 그리고 표준일수에 대한 critical path를 구하고 총공사비(직접비+간접비)가 가장 적게 들기 위한 최적공기를 구하시오. (단, 간접비는 1일당 20만 원이 소요)

작업명	선행작업	후속작업	표 준		특 급	
			일 수	직접비(만 원)	일 수	직접비(만 원)
A	-	B, C	3	30	2	33
B	A	D	2	40	1	50
C	A	E	7	60	5	80
D	B	F	7	100	5	130
E	C	G, H	7	80	5	90
F	D	G, H	5	50	3	74
G	E, F	I	5	70	5	70
H	E, F	I	1	15	1	15
I	G, H	-	3	20	3	20

(1) 표준일수에 대한 화살선도를 그리고 critical path를 구하시오.
(2) 총 공사비가 가장 적게 들기 위한 최적공기를 구하시오.

답·풀이

문제 08

자연함수비 10%인 흙으로 성토하고자 한다. 시방서에는 다짐한 흙의 함수비를 16%로 관리하도록 규정하였을 때 매 층마다 $1m^2$당 몇 l의 물을 살수해야 하는가? (단, 1층의 다짐두께는 30cm이고, 토량변화율은 $C=0.9$이며, 원지반 상태에서 흙의 단위중량은 $1.8t/m^3$임.)

답·풀이

문제 09

압출공법에 적용하는 압출방법 3가지를 기술하시오.

답 ① ② ③

문제 10

다음과 같은 그림에서 말뚝 하단의 활동면에 대한 히빙현상의 안전율을 구하시오.

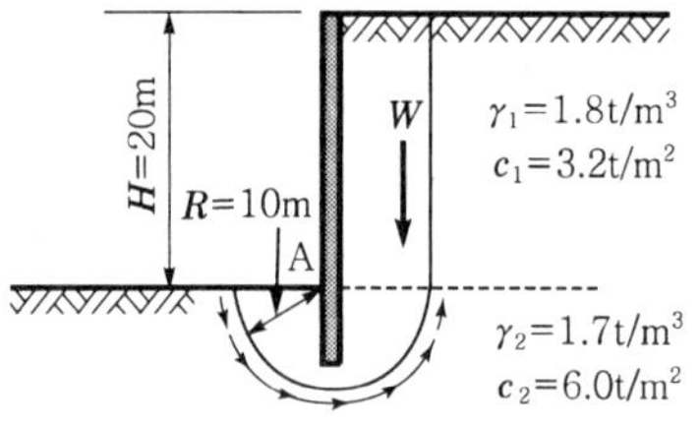

답 · 풀이

문제 11

그림과 같은 지층에 직경 350mm의 말뚝이 항타되어 박혀있을 때의 허용지지력은 얼마인가? (단, Meyerhof 식을 적용하고 안전율은 3으로 계산한다.)

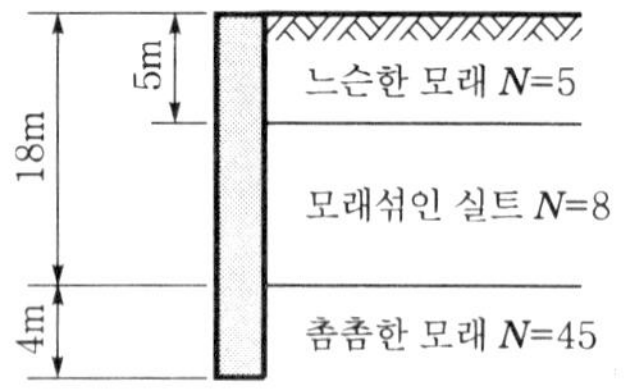

답 · 풀이

문제 12

구조물 공사는 지하수가 배제된 상태에서 시공하거나 또는 원지반에 구조물을 축조한 후 주변을 성토하여 구조물을 완성하게 된다. 이 경우 지하수위의 상승으로 양압력에 의한 피해가 발생할 수 있는데 이러한 구조물의 기초 바닥에 작용하는 양압력(부력)에 저항하는 방법 3가지를 쓰시오.

답 ① ② ③

문제 13

프리스트레스트 콘크리트의 손실원인 5가지를 쓰시오

답 ① ② ③ ④

문제 14

다음 그림과 같이 수평방향으로 10t의 하중이 작용할 때 말뚝머리의 수평변위는 얼마나 발생하겠는가?

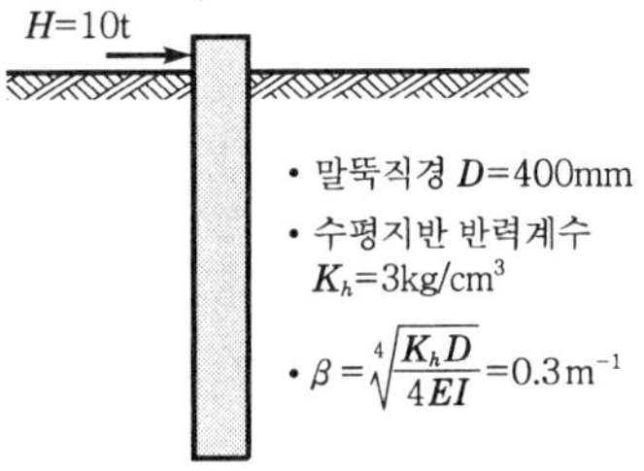

답 · 풀이

문제 15

군지수(Group index)를 지배하는 항목(구성요소) 3가지를 기술하시오.

답 ① ② ③

문제 16

암반의 공학적 분류 방법 4가지를 기술하시오.

답 ① ② ③ ④

문제 17

어느 sample 값에서 측정한 다음 데이터의 변동계수를 구하시오. (단, 소수 2째자리까지 구하시오.)

데이터

21, 19, 20, 22, 23

답 · 풀이

문제 18

평판재하시험을 행하여 그 결과를 이용 시 유의사항을 3가지 쓰시오.

답 ①

②

③

문제 19

그림과 같이 지반에 피에조미터를 설치하였다. 성토한 순간에 수주가 지표면으로부터 8m 이었고, 6개월 후에 수주가 3m 되었다면 지하 5m 되는 곳의 압밀도는 얼마인가?

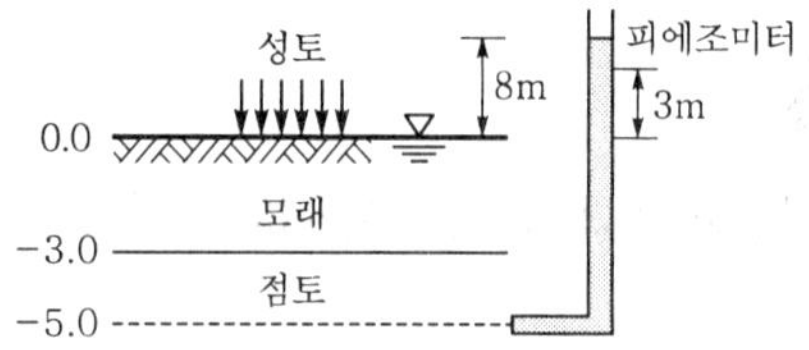

답 · 풀이

문제 20

콘크리트 포장의 장점인 강성과 아스팔트 포장의 가요성을 겸비한 포장 공법으로 개립도 아스팔트 혼합물에 시멘트 또는 플라이 애시 등을 사용하고 별도의 첨가제를 추가하는 포장 공법은?

답

문제 21

유기질토는 대개 지하수가 지면 위나 지면 가까이에 있는 낮은 지역에서 발견된다. 지하수면이 높으면 수생식물이 썩어 유기질토가 형성된다. 이 유기질토의 특징을 3가지만 쓰시오.

답 ① ……………………

② ……………………

③ ……………………

문제 22

입도분석시험 결과 다음과 같은 결과를 얻었다. 이 흙을 통일분류법에 의해 분류하시오. (단, No.4(4.75mm)체 통과율 = 58.1%, No.200(0.075mm)체 통과율 = 4.34%, D_{10} = 0.077mm, D_{30} = 0.54mm, D_{60} = 2.27mm)

답 · 풀이 ……………………

문제 23

콘크리트 표준공시체를 14회 반복 압축강도시험을 하였을 때 재령 28일 강도가 f_{ck} = 20MPa이었을 때 콘크리트의 배합강도(f_{cr})를 구하시오.

답 · 풀이 ……………………

문제 24

포장공사에서 노상이나 보조기층의 안정처리공법을 4가지만 쓰시오.

답 ① ………… ② ………… ③ ………… ④ …………

문제 25

다음 그림과 같은 포화점토층이 상재하중에 의하여 압밀도(u)=90%에 도달하는데 소요되는 시간(년)을 각각의 경우에 대하여 구하시오. (단, $C_v = 3.6 \times 10^{-4}$cm/sec, $T_v = 0.848$이다.)

(1)의 경우

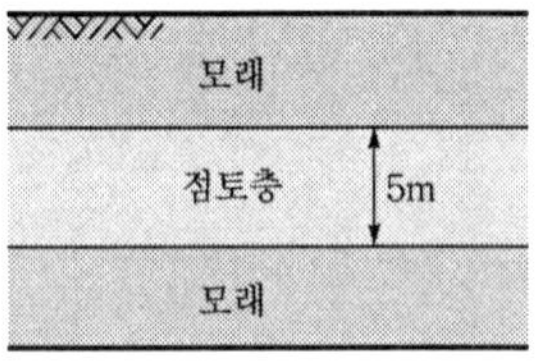

(2)의 경우

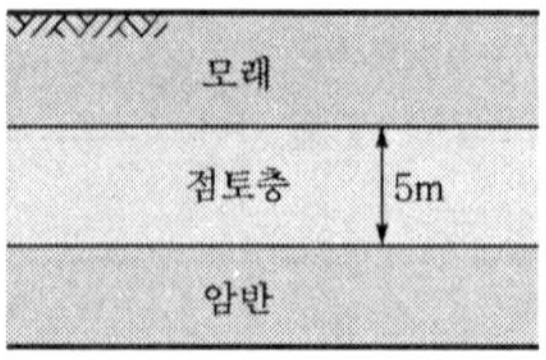

답 · 풀이

문제 01

아스팔트 포장의 기층을 만들기 위해 사용되는 공법을 3가지만 기술하시오.

배점 3

답 ① ② ③

문제 02

콘크리트 1m^{3}를 만드는데 소요되는 잔골재와 굵은골재량을 구하시오. (단, 단위시멘트량 450kg, 물시멘트비 55%, 잔골재율(S/a) 38%, 시멘트 비중 3.15, 잔골재 표면건조밀도 2.60g/cm^3, 굵은골재 표면건조밀도 2.65g/cm^3, 공기량 4%이며 소수 4자리에서 반올림하시오.)

배점 4

답·풀이

문제 03

암반 굴착현장에서 직접탄성계수를 결정하는 방법을 3가지만 쓰시오.

배점 3

답 ① ② ③

문제 04

다음 그림과 같은 조건하에 있는 복합활동 파괴면에 대한 안전율을 구하시오.

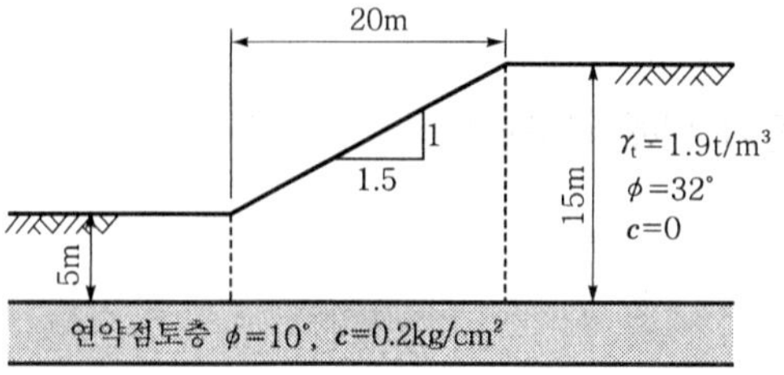

배점 3

답 · 풀이

문제 05

현장 흙의 들밀도 시험을 한 결과 구멍의 체적이 V=1,960cm³, 흙의 무게가 3,250g이고, 이 흙의 함수비는 10%이었다. 최대건조밀도 $\gamma_{d\max}$ =1.65g/cm³일 때 상대다짐도를 구하시오.

배점 3

답 · 풀이

문제 06

충격식 다짐기중량 80kg의 래머로 구조물과 접속부분의 도로 노체를 다짐작업할 때 래머의 작업량(다짐상태)을 계산하시오. (단, 계산결과는 소수점 3째자리에서 반올림하고, 1회당 유효다짐면적(A) = 0.0924m², 1시간당 타격횟수(N) = 36,000회/h, 1층의 다짐두께(H) = 0.15m, 중복 다짐횟수(P) = 57회, 토량변화율 L = 1.3, C = 0.9, 작업효율(E) = 0.6)

배점 2

답 · 풀이

문제 07

배점 18

주어진 도면 및 조건에 따라 물량을 산출하시오.

도로암거(N.S)

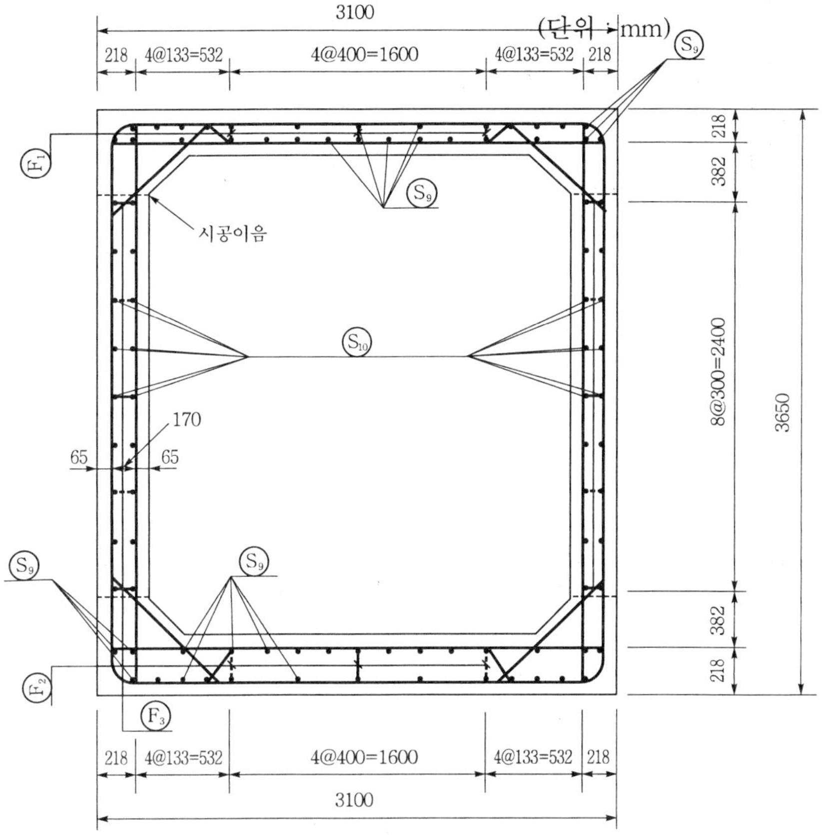

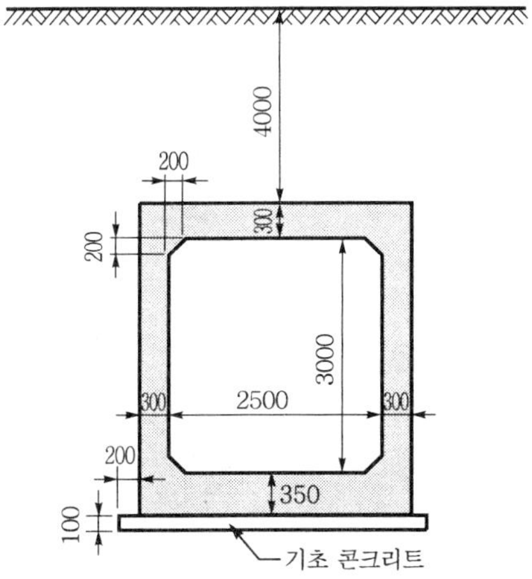

주철근 조립도

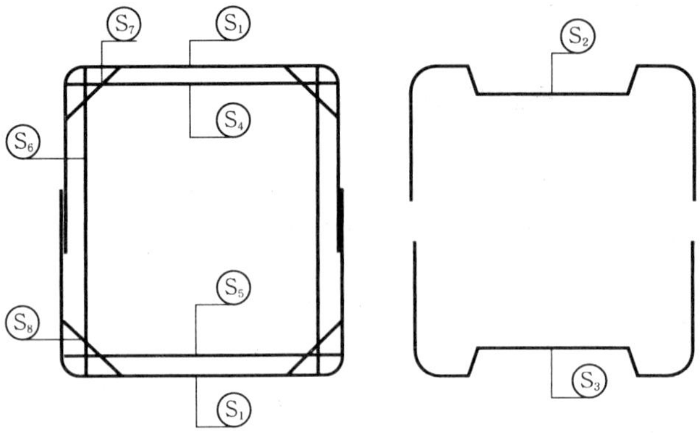

철근 상세도

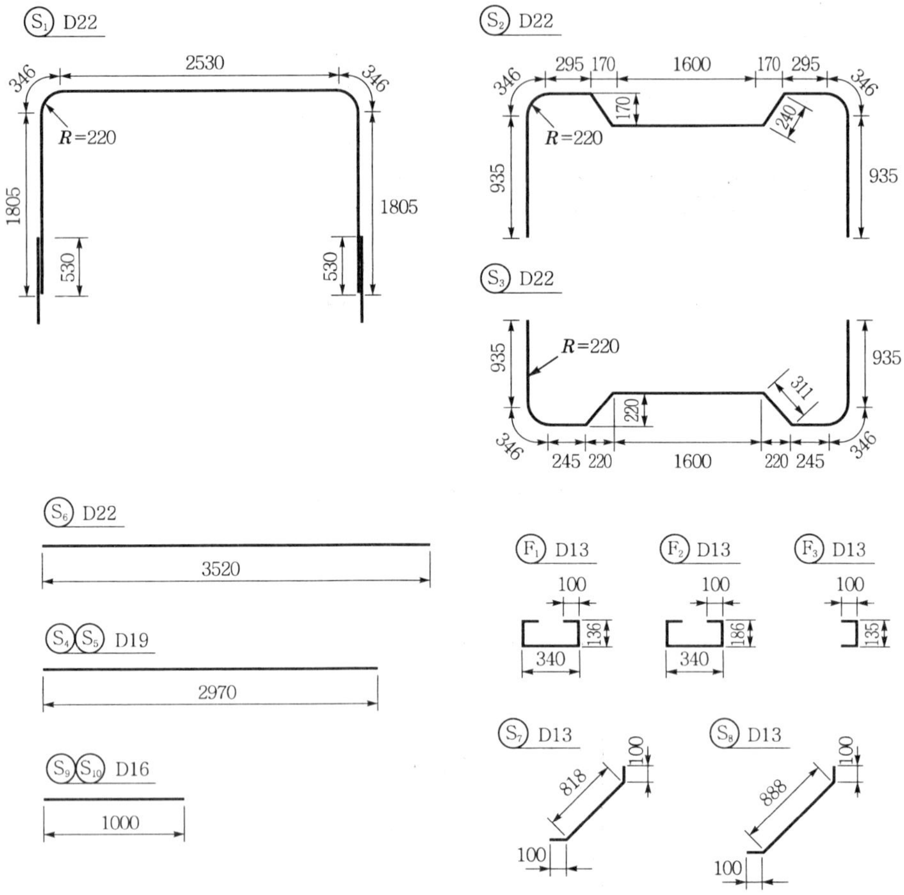

조건

① $S_1 \sim S_8$ 철근은 300mm 간격으로 배치되어 있다.
② F_1, F_2, F_3 철근은 300mm 간격으로 지그재그로 배치되어 있다.
③ 철근의 이음과 할증은 무시한다.
④ 지형상태는 일반도와 같으며, 기초 콘크리트 양끝에서 100cm 여유폭을 두고, 비탈 기울기는 1:0.5로 한다.
⑤ 거푸집량의 계산에서 마구리면은 무시한다.

(1) 길이 1m에 대한 기초와 구체의 콘크리트량을 구하시오. (단, 소수 4째자리에서 반올림)

(2) 길이 1m에 대한 거푸집량을 구하시오. (단, 소수 4째자리에서 반올림)

(3) 길이 1m에 대한 터파기량을 구하시오. (단, 소수 4째자리에서 반올림)

(4) 길이 1m에 대한 철근량을 산출하기 위한 철근 물량표를 완성하시오. (단, 소수 3째자리에서 반올림)

기 호	직 경	길 이(mm)	수 량	총 길이(mm)	기 호	직 경	길 이(mm)	수 량	총 길이(mm)
S_1					S_{10}				
S_4					F_1				
S_7					F_3				
S_9									

답 · 풀이

문제 08

평판재하시험 결과로부터 항복하중을 구하는 방법 3가지를 쓰시오.

배점 3

답 ① ② ③

문제 09

어떤 데이터의 히스토그램에서 하한규격치가 256kg/cm^{2}일 때 평균치 276kg/cm^2, 표준편차 5kg/cm^{2}이라면 공정능력지수는 얼마인가? (단, 이 규격은 편측규격이다.)

배점 3

답·풀이

문제 10

지중에 설치하는 기초 케이슨 중에 공기 케이슨은 많은 장비와 인력이 필요하고 공사비가 많이 소요되므로 특수한 경우가 아니면 사용하지 않는다. 공기 케이슨이 사용되는 경우를 3가지 쓰시오.

배점 3

답 ①

②

③

문제 11

약액주입공법의 주입재료 중에서 비약액계 주입재 3가지를 쓰시오.

배점 3

답 ① ② ③

문제 12

배점 6

토취장에서 원지반 토량 2,000m^{3}를 굴착한 후 8t 덤프트럭으로 다음과 같은 단면의 도로를 축조하고자 한다. 이 토취장 흙의 40%는 점성토이고, 60%는 사질토이다. 이때 다음 물음에 답하시오.

구분 / 종류	토량 환산계수		자연상태 단위중량
	L	C	
점성토	1.3	0.9	1.75t/m^3
사질토	1.25	0.87	1.80t/m^3

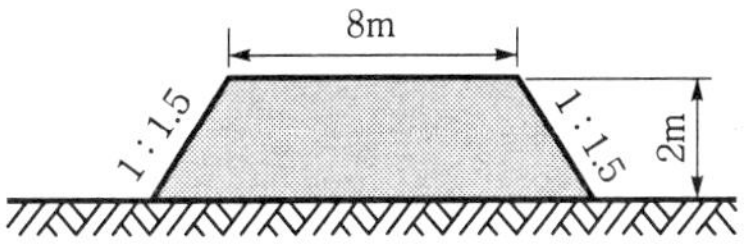

(1) 운반에 필요한 8t 덤프트럭의 연 대수를 구하시오. (단, 덤프트럭은 적재 중량만큼 싣는 것으로 한다.)

(2) 시공 가능한 도로의 길이(m)를 산출하시오. (단, 도로의 시점 및 종점의 끝단은 수직으로 가정한다.)

답 · 풀이

문제 13

배점 3

다짐 후 건조단위중량을 구하는 방법 3가지를 쓰시오.

답 ① ② ③

문제 14

배점 3

도로 포장을 설계하기 위해 다음과 같이 CBR을 구하였다. 포장설계를 위한 설계 CBR을 구하시오. (단, $d_2 = 2.83$)

4.6 3.9 5.9 4.8 7.0 3.3 4.8

답 · 풀이

문제 **15**

다음 지반조건으로 지반굴착을 할 경우 이에 설치한 지반앵커의 정착장(L)을 구하시오. (단, 안전율은 1.5 적용)

배점 3

조건
- 앵커반력 : 25t
- 정착부의 주면마찰저항 : $2kg/cm^2$
- 천공직경 : 10cm
- 설치각도 : 수평과 30°
- H-pile 설치간격(앵커 설치간격) : 1.5m

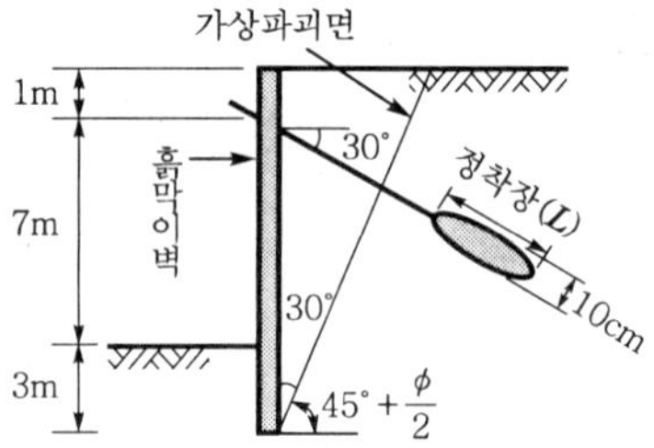

답 · 풀이

문제 **16**

숏크리트 타설 시 건식방법 특징 3가지만 쓰시오.

배점 3

답 ①

②

③

문제 **17**

PSC 공법으로 PS 강재의 정착공법 3가지만 쓰시오.

배점 3

답 ① ② ③

문제 **18**

Sand Drain 공법으로 연약지반을 개량하였다. U_v(연직방향의 압밀도)=0.95, U_h(수평방향의 압밀도)=0.20인 경우, 수직 · 수평방향을 고려한 압밀도(U)는 얼마인가?

배점 3

답 · 풀이

문제 19

강재의 용접부 비파괴검사법을 3가지만 쓰시오.

배점 3

답 ① ② ③

문제 20

$G_s=2.65$, $n=30\%$인 사질토($c=0$)의 반무한 사면에서 침투류가 전혀 없는 경우가 침투류가 지표면과 일치되는 경우에 비해 몇 배 만큼 안전율이 큰가?

배점 3

답 · 풀이

문제 21

철근의 정착방법 3가지를 쓰시오.

배점 3

답 ①

②

③

문제 22

다음 그림과 같은 널말뚝에 작용하는 주동토압을 구하시오.

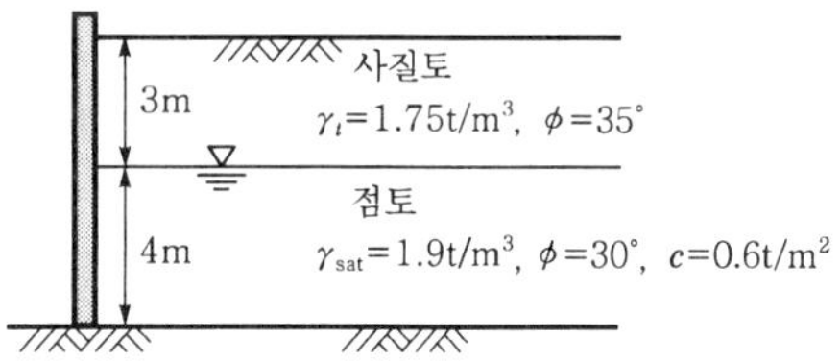

배점 3

답 · 풀이

문제 23

관암거의 직경이 20cm, 유속이 0.8m/sec, 암거의 길이가 300m일 때 원활한 배수를 위한 암거낙차를 Giesler 공식을 이용하여 구하시오.

배점 3

답 · 풀이

문제 24

시멘트 콘크리트 포장공법 중 연속철근 콘크리트포장(CRCP) 공법의 특징을 3가지만 기술하시오.

배점 3

답 ①

②

③

문제 25

배점 10

다음과 같은 작업리스트가 있다. 물음에 답하시오.

작업명	선행작업	후속작업	표 준		특 급	
			일 수	직접비(만 원)	일 수	직접비(만 원)
A	-	B, C	6	210	5	240
B	A	D, E	4	450	2	630
C	A	F, G	4	160	3	200
D	B	G	3	300	2	370
E	B	H	2	600	2	600
F	C	I	7	240	5	340
G	C, D	I	5	100	3	120
H	E	I	4	130	2	170
I	F, G, H	-	2	250	1	350

(1) Net Work(화살선도)를 작도하시오.
(2) 표준일수에 대한 CP를 찾으시오.
(3) 다음의 작업 list 빈 칸을 채우시오.

작업명	공비증가율 (만 원/일)	개 시		완 료		여유시간		
		EST	LST	EFT	LFT	TF	FF	DF
A								
B								
C								
D								
E								
F								
G								
H								
I								

(4) 총 공기에 대한 간접비가 2천만 원인데 표준일수를 단축하는 경우 1일당 80만 원씩 감소한다고 할 때 최적공기와 그때의 총 공비를 구하시오.

답 · 풀이

문제 01

다음과 같은 모양의 중력식 옹벽을 설치하려고 한다. 흙의 단위중량 $\gamma_t = 1.75 t/m^3$, 내부마찰각 $\phi = 31°$, 점착력 $c = 0$, 콘크리트의 단위중량 $\gamma_c = 2.4 t/m^3$일 때 옹벽의 전도(over-turning)에 대한 안전율을 Rankine의 식을 이용하여 계산하시오. (단, 옹벽 전면에 작용하는 수동토압은 무시한다.)

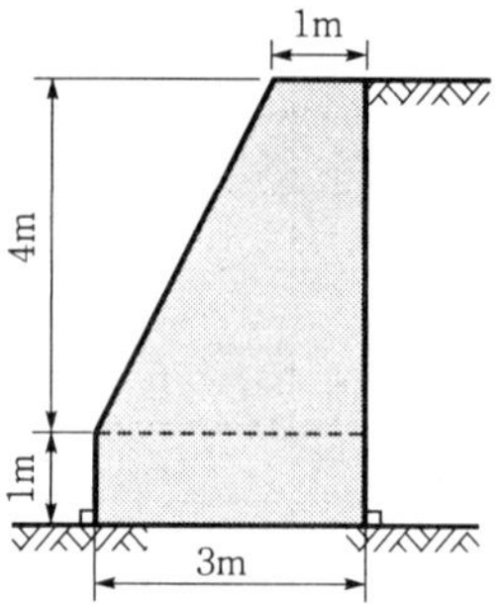

답 · 풀이

문제 02

그림의 토적곡선에서 c-e 구간의 굴착작업을 2일 내에 완료하기 위해 $1.0m^3$ 백호 몇 대를 동원해야 하는지 계산하시오. (단, 백호의 버킷계수 : 1.0, 사이클 타임 : 30초, 효율 : 0.65, $L = 1.2$, $C = 0.9$, 1일 : 8시간 작업)

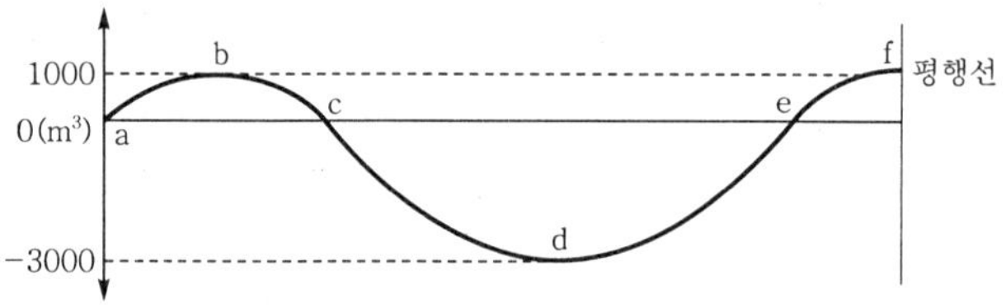

답 · 풀이

문제 03

가물막이 공사는 하천이나 해안 등에 구조물을 시공할 때 dry work를 위한 가설구조물 시공으로 크게 중력식 공법과 sheet pile식의 2가지가 된다. 그 중에서 sheet pile식의 종류 4가지를 쓰시오.

답 ① ② ③ ④

문제 04

한 사질토 사면의 경사가 26°로 측정되었다. 지표면으로부터 5m 깊이에 암반층이 존재하며, 사면 흙을 채취하여 토질시험을 한 결과 $c' = 0$, $\phi = 42°$, $\gamma_{sat} = 1.9\text{t/m}^3$였다. 갑자기 폭우가 쏟아져 지하수위가 지표면과 일치한 상태에서 침투가 발생한다면 이때 사면의 안전율은 얼마인가?

답 · 풀이 ....

문제 05

말뚝기초에 발생하는 부마찰력의 발생원인 4가지를 쓰시오.

답 ① ....

② ....

③ ....

④ ....

문제 06

그림과 같은 지반에 상부 모래지반까지 지하수위가 위치하고 있다가 3m 하강했을 때의 정규압밀 점토층에 발생하는 압밀침하량을 구하시오.

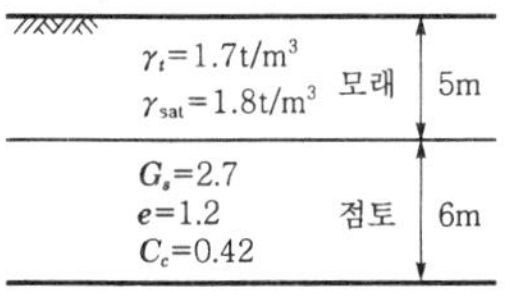

답 · 풀이 ....

문제 07

주어진 도면 및 조건에 따라 다음 물량을 산출하시오. (단, 주어진 도면의 치수는 축척에 맞지 않을 수 있으며, 주어진 치수로만 물량을 산출할 것)

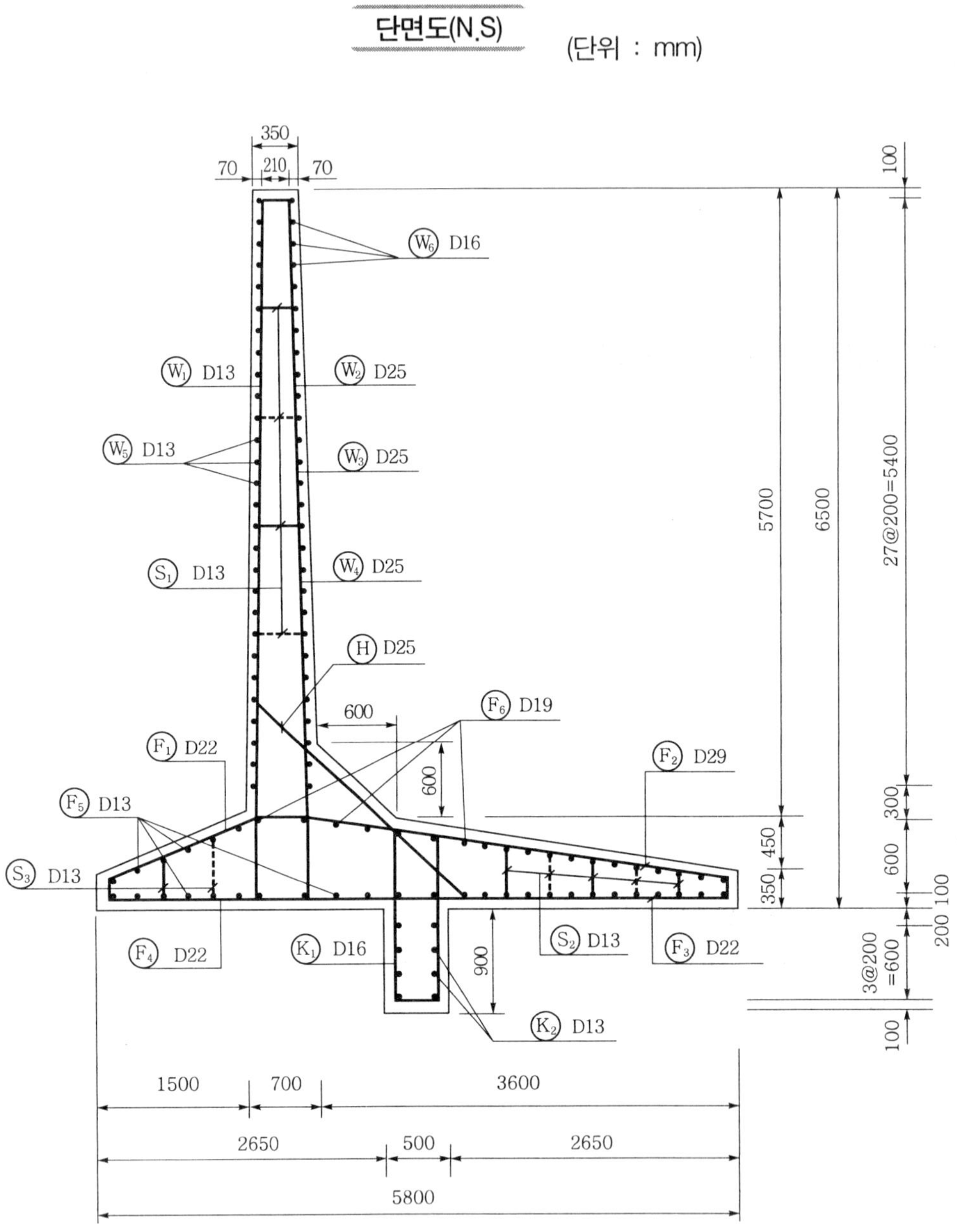

일 반 도

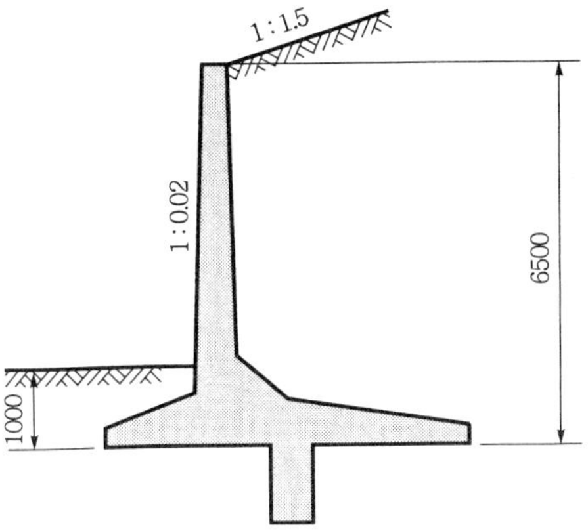

철근 상세도

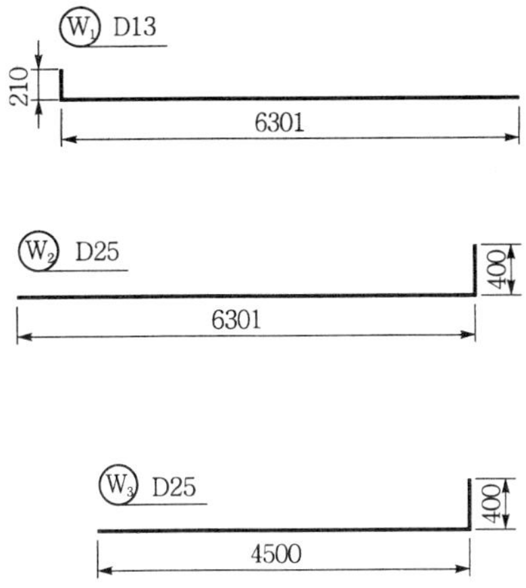

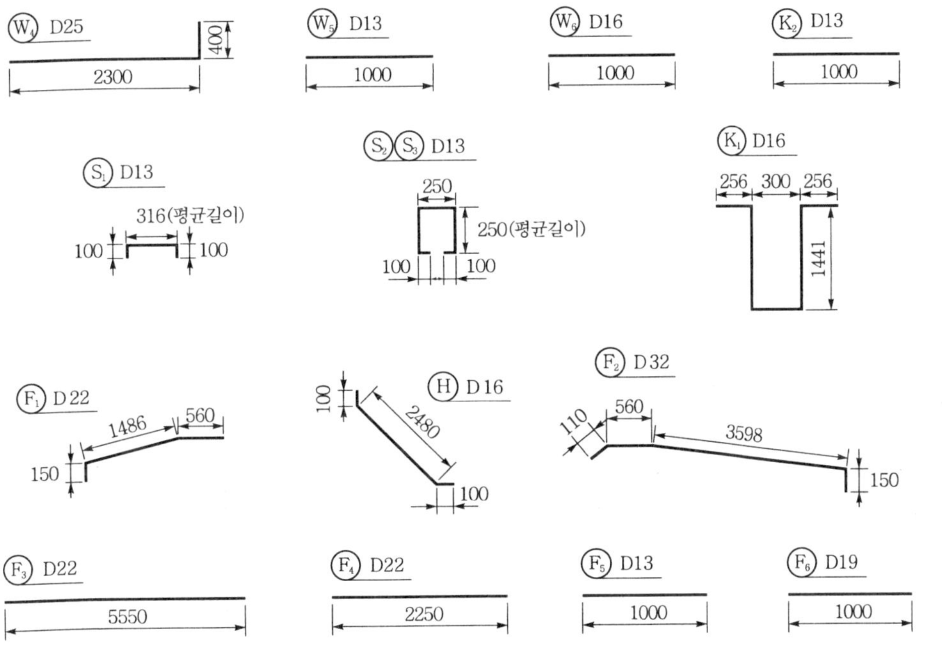

조건

① W_1, W_5, W_6, F_1, F_3, F_4, K_2 철근은 각각 200mm 간격으로 배근한다.
② W_2, W_3, W_4 철근은 각각 300mm 간격으로 배근한다.
③ F_2, K_1, H 철근은 각각 100mm 간격으로 배근한다.
④ S_1, S_2, S_3 철근은 지그재그로 배근한다.
⑤ 물량산출에서 할증률 및 마구리는 없는 것으로 하고 상세도에 표시되어 있지 않은 이음길이는 계산하지 않는다.

(1) 길이 1m에 대한 콘크리트량을 구하시오. (단, 소수 4째자리에서 반올림하시오.)
(2) 길이 1m에 대한 거푸집량을 구하시오. (단, 소수 4째자리에서 반올림하시오.)

(3) 길이 1m에 대한 철근량을 산출하기 위한 철근물량표를 완성하시오. (단, 소수 3째자리에서 반올림하시오.)

기 호	철근호칭	본당길이(mm)	수 량(개)	총 길이(mm)
W_1				
K_1				
F_2				
S_2				

답 · 풀이

문제 08

그림과 같은 지층에 직경 400mm의 말뚝이 항타되어 박혀있을 때의 극한지지력은 얼마인가? (단, Meyerhof식을 적용)

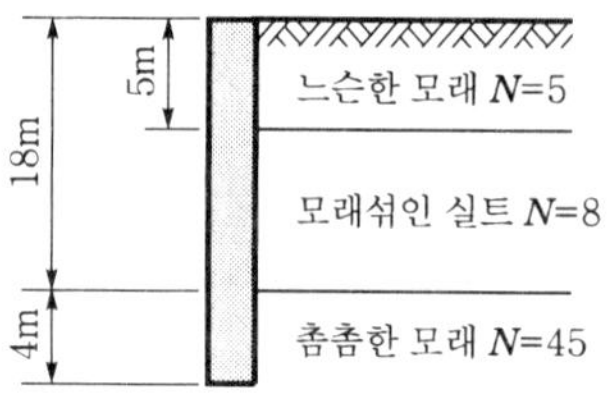

답 · 풀이

문제 09

다음 작업 리스트에서 네트워크 공정표를 작성하고, 각 작업의 여유시간을 구하시오.

<table>
<tr><th>작업명</th><th>선행작업</th><th>작업일수</th><th>비 고</th></tr>
<tr><td>A</td><td>없음</td><td>4</td><td rowspan="11">(1) CP는 굵은 선으로 표시하시오.
(2) 각 결합점에는 다음과 같이 표시한다.
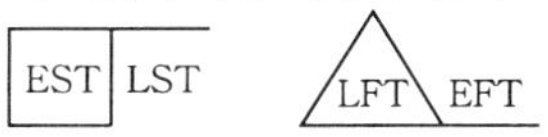

(3) 각 작업은 다음과 같이 표시한다.
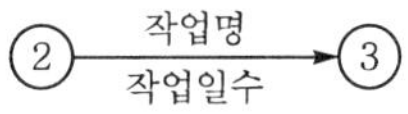
</td></tr>
<tr><td>B</td><td>A</td><td>6</td></tr>
<tr><td>C</td><td>A</td><td>5</td></tr>
<tr><td>D</td><td>A</td><td>4</td></tr>
<tr><td>E</td><td>B</td><td>3</td></tr>
<tr><td>F</td><td>B, C, D</td><td>7</td></tr>
<tr><td>G</td><td>D</td><td>8</td></tr>
<tr><td>H</td><td>E</td><td>6</td></tr>
<tr><td>I</td><td>E, F</td><td>5</td></tr>
<tr><td>J</td><td>E, F, G</td><td>8</td></tr>
<tr><td>K</td><td>H, I, J</td><td>6</td></tr>
</table>

(1) 공정표를 작성하시오.
(2) 여유시간을 구하시오.

답 · 풀이

문제 10

신 건설재료의 일종으로 콘크리트-폴리머 복합체로 이루어진 콘크리트의 종류 3가지를 쓰시오.

답 ① ② ③

문제 11

교량은 상판의 위치, 구조형식, 사용재료 및 용도 등 여러 가지 관점에서 분류할 수 있다. 상판의 위치에 의하여 분류한 교량의 형식 4가지를 쓰시오.

답 ① ② ③ ④

문제 12

지하수 침강 최소깊이 200cm, 암거 매립간격 800cm, 투수계수 10^{-5}cm/sec일 때 불투수층에 놓인 암거를 통한 단위길이당 배수량을 구하시오. (단, 소수점 이하 4째자리에서 반올림할 것)

답 · 풀이

문제 13

어느 불도저의 1회 굴착압토량이 3.0m^3, 토량변화율 $L=1.25$, 작업효율 $E=0.8$, 평균 굴착압토거리 60m, 전진속도는 30m/분, 후진속도는 60m/분, 기어 변속시간 및 가속시간이 0.5분일 때 이 불도저 운전 1시간당의 작업량은 본바닥 토량으로 얼마인가?

답 · 풀이

문제 14

케이슨(caisson)은 깊은 기초 중 지지력과 수평저항력이 가장 큰 기초형식이다. 시공방법에 따라 3가지로 분류하시오.

답 ① ② ③

문제 15

농공단지 조성을 위하여 다음 그림과 같이 기준면으로부터 고저측량을 한 결과이다. 이 용지를 수평으로 정지하고자 할 때 절토량과 성토량이 같다고 한다면 기준면으로부터 몇 m의 높이로 하면 되는가?

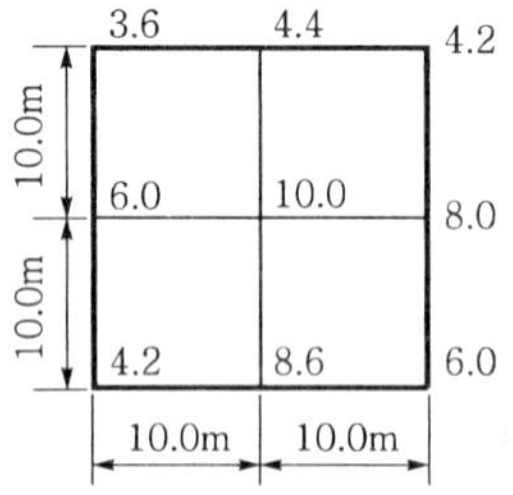

답 · 풀이

문제 16

성토부분의 보강토 공법에 사용되는 재료로는 합성섬유 계통의 지오텍스타일(geotextile)을 많이 사용하고 있다. 지오텍스타일이 갖는 주요기능 4가지를 쓰시오.

답 ① ② ③ ④

문제 17

지름 30cm인 나무말뚝 36본이 기초 슬래브를 지지하고 있다. 이 말뚝의 배치는 6열 각 열 6본이다. 말뚝의 중심간격은 1.3m이고, 말뚝 1본의 허용지지력이 15t일 때 Converse Labarre 공식을 사용하여 말뚝기초의 허용지지력을 구하시오.

답 · 풀이

문제 18

콘크리트 포장에서 균열이나 줄눈부에 단단한 이물질이 침입하여 콘크리트 slab가 가열 팽창하여 국부적으로 압축 파괴되는 현상을 무엇이라 하는가?

답

문제 19

NATM 공법에 있어서 Shotcrete의 Rebound량을 감소시키는 방법 3가지만 쓰시오.

답 ①

②

③

문제 20

NATM 터널의 설계는 지반조건에 상관없이 대부분 1차 지보재를 영구 구조물로 인정하고 있다. 따라서 터널은 어떤 형태로든지 1차 지보재에 의해 안정되고 내부 라이닝은 구조적 기능보다는 부수적 기능 유지를 목적으로 하기 때문에 1차 지보재가 지반에 밀착 시공되어 지반이 주지보재가 되도록 합리적으로 보조해 주는 역할을 담당한다. 여기에서 1차 지보재의 종류를 3가지만 쓰시오.

답 ① .... ② .... ③ ....

문제 21

한중 콘크리트 타설 시 비볐을 때의 온도가 25℃, 주위온도가 3℃, 비빈 후 타설이 끝났을 때의 시간은 1시간 30분이었다. 비빈 후 콘크리트의 온도를 구하시오.

답·풀이 ....

문제 22

보강토 옹벽의 구성은 크게 3요소로 이루어진다. 그 3가지가 무엇인지 쓰시오.

답 ① .... ② .... ③ ....

문제 23

콘크리트 배합강도를 구하기 위한 전체 시험횟수 17회의 콘크리트 압축강도의 측정결과가 아래 표와 같고 설계기준강도가 24MPa일 때 아래의 물음에 답하시오.

[압축강도 추정결과(단위 : MPa)]

28.4	28.5	26.3	26.9	23.3	28.8	24.2
24.1	23.4	22.9	27.9	22.1	23.3	21.7
21.3	26.9	25.0				

(1) 위 표를 보고 압축강도의 평균값을 구하시오.

(2) 압축강도 측정결과 및 아래의 표를 이용하여 배합강도를 구하기 위한 표준편차를 구하시오.

[시험횟수가 29회 이하일 때 표준편차의 보정계수]

시험횟수	표준편차의 보정계수	비 고
15	1.16	이 표에 명시되지 않은 시험횟수에 대해서는 직선보간 한다.
20	1.08	
25	1.03	
30 이상	1.00	

(3) f_{ck} = 24MPa일 때 배합강도를 구하시오.

답 · 풀이

문제 24

흙의 동해방지대책에 대하여 3가지만 쓰시오.

답 ①

②

③

문제 25

아스팔트 포장의 단점인 소성변형(rutting)에 대한 저항성이 우수한 포장공법으로 아스팔트 바인더(asphalt binder) 자체의 물성에 따른 혼합물 개념보다는 골재의 맞물림 효과를 최대로 하여 기존 밀입도 아스팔트 혼합물의 단점을 개선한 공법은?

답

2009년도 정답 및 해설

정/답/및/해/설 2009년도 1차(04.19 시행)

정답·해설 01

① $\Sigma V=0$

$60+90=15\times BL$에서

$BL=10$ ·················· ㉠

② $\Sigma M=0$

$60\times 0.2+90\times 5=15\times BL\times \dfrac{L}{2}$ 에서

$BL^2=61.6$ ··············· ㉡

③ 식 ㉠, ㉡에서 $L=6.16\text{m}$, $B=1.62\text{m}$

정답·해설 02

(1) 계획고 10m일 때 절토량

$$V=\frac{ab}{4}(\Sigma h_1+2\Sigma h_2+3\Sigma h_3+4\Sigma h_4)$$

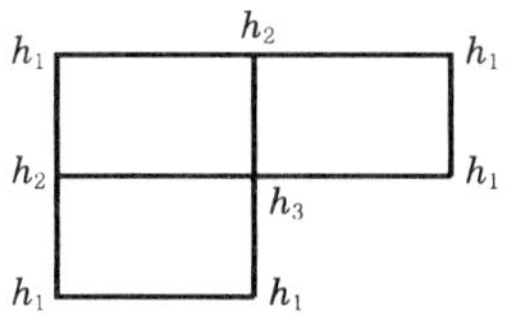

① $\Sigma h_1=0.5+1.0=1.5\text{m}$

② $\Sigma h_2=0.5\text{m}$

③ $\Sigma h_3=0$

$\therefore\ V=\dfrac{15\times 20}{4}(1.5+2\times 0.5)=187.5\text{m}^3$

(2) 계획고 10m일 때 성토량

$$V=\frac{ab}{4}(\Sigma h_1+2\Sigma h_2+3\Sigma h_3+4\Sigma h_4)$$

① $\Sigma h_1=0.5+0.5=1\text{m}$

② $\Sigma h_2=0.2\text{m}$

③ $\Sigma h_3=0.5\text{m}$

$\therefore\ V=\dfrac{15\times 20}{4}(1+2\times 0.2+3\times 0.5)=217.5\text{m}^3$

(3) 문제의 조건에서 토량환산계수가 주어지지 않았으므로

$V=217.5-187.5=30\text{m}^3$(성토량)

정답·해설 03

(1) 셔블의 시간당 작업량

$$Q_s = \frac{3600 \cdot q \cdot k \cdot f \cdot E}{C_m} = \frac{3600 \times 3 \times 1.1 \times \frac{1}{1.2} \times 0.5}{30} = 165\text{m}^3/\text{h}$$

(2) 덤프트럭의 시간당 작업량

① $q_t = \frac{T}{\gamma_t} \cdot L = \frac{15}{1.8} \times 1.2 = 10\text{m}^3$

② $Q_t = \frac{60 \cdot q_t \cdot f \cdot E_t}{C_{mt}} = \frac{60 \times 10 \times \frac{1}{1.2} \times 0.8}{30} = 13.33\text{m}^3/\text{h}$

(3) 덤프트럭의 소요대수

$N = \frac{165}{13.33} = 12.38 = 13$대

정답·해설 04

① 갱내 관찰조사 ② 내공변위 측정 ③ 천단침하 측정

참고

계측항목별 평가사항

계측 종별	계측항목	주요 평가사항
일상계측	갱내 관찰조사	ⓐ 막장의 안정성 ⓑ 암질, 파쇄대, 변질대 등의 지반상태 및 용수상태 ⓒ 기 시공구간의 안정성 ⓓ 지반 재분류 및 재평가
	내공변위 측정	· 변위량, 변위속도에 의해 ⓐ 주변지반의 안정성 ⓑ 1차 지보설계, 시공의 타당성 ⓒ 콘크리트 라이닝 타설시기 등을 판단
	천단침하 측정	터널 천단의 절대침하량을 측정하여 단면 변형상태를 파악하고 터널 천단의 안정성을 판단
	록볼트 인발시험	록볼트의 인발력 측정으로부터 적절한 록볼트 선택
정밀계측	지중변위 측정	주변지반의 이완영역 변위를 판단하여 설계 및 시공의 타당성을 검증
	록볼트 축력 측정	록볼트의 축력 측정에 의한 보강효과 확인 및 록볼트 시공의 타당성 평가
	콘크리트 라이닝 응력측정	콘크리트 라이닝의 내부응력상태 측정을 통한 터널의 안정성 평가[주1)]
	지표, 지중침하 측정	ⓐ 터널의 굴착에 따른 지표 및 지중침하량을 측정하여 굴착이 주변 구조물에 미치는 영향 평가 ⓑ 지상에서의 굴착영향 범위 파악

주 1) 뿜어붙임 콘크리트 및 콘크리트 라이닝의 응력측정을 모두 포함한다.

정답·해설 05

① workability 증대 ② bleeding 감소 ③ 장기강도 증대
④ 내구성 증대 ⑤ 수밀성 향상

정답·해설 06

(1) 부벽을 포함하는 옹벽길이 3.5m에 대한 콘크리트량

① $A_1 = 0.35 \times 6.6 = 2.31\text{m}^2$

② $A_2 = \dfrac{0.35 + (0.9 + 0.35 + 0.3)}{2} \times 0.3$

$= 0.285\text{m}^2$

③ $A_3 = 4.3 \times 0.6 = 2.58\text{m}^2$

④ $A_4 = \dfrac{(3.05 + 0.006) \times 6.4}{2} - \dfrac{(0.3 + 0.006) \times 0.3}{2}$

$= 9.7333\text{m}^2$

⑤ 콘크리트량

$= (A_1 + A_2 + A_3) \times 3.5 + A_4 \times 0.5$

$= 5.175 \times 3.5 + 9.7333 \times 0.5$

$= 22.97915\text{m}^3$

$\fallingdotseq 22.979\text{m}^3$

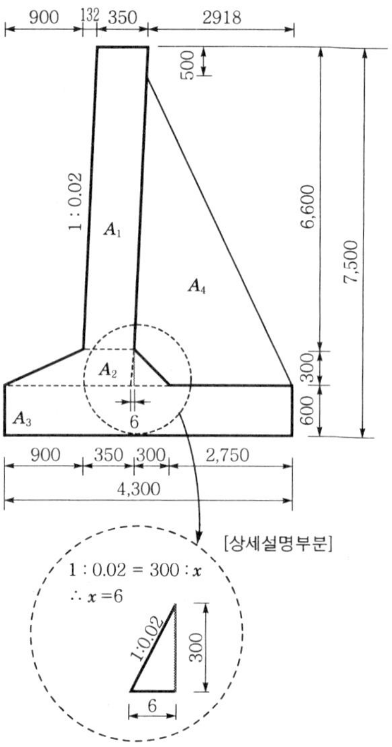

(2) 부벽을 포함하는 옹벽길이 3.5m에 대한 거푸집량

① $A_1 = \sqrt{6.6^2 + (6.6 \times 0.02)^2} \times 3.5 = 23.1046\text{m}^2$

② $A_2 = 0.6 \times 3.5 = 2.1\text{m}^2$

③ $A_3 = 0.6 \times 3.5 = 2.1\text{m}^2$

④ $A_4 = \sqrt{0.3^2 + 0.3^2} \times 3 = 1.2728\text{m}^2$

⑤ $A_5 = \sqrt{6.6^2 + (6.6 \times 0.02)^2} \times 3.5$

$- \sqrt{6.1^2 + (6.1 \times 0.02)^2} \times 0.5$

$= 20.054\text{m}^2$

⑥ $A_6 = \left\{\dfrac{(3.05 + 0.006) \times 6.4}{2} - \dfrac{(0.3 + 0.006) \times 0.3}{2}\right\} \times 2$

$= 19.4666\text{m}^2$

⑦ $A_7 = \sqrt{2.928^2 + 6.4^2} \times 0.5 = 3.5190\text{m}^2$

⑧ 거푸집량 $= A_1 + A_2 + \cdots\cdots + A_7$

$= 71.617\text{m}^2$

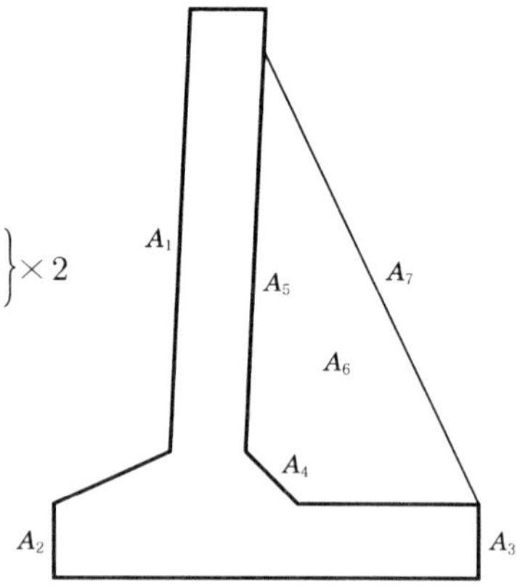

(3) 부벽을 포함하는 옹벽길이 3.5m에 대한 철근량

① 단면도상 선으로 보이는 철근(W_1)

기 호	직 경	본당길이(mm)	수 량	총 길이(mm)	수량 산출근거
W_1	D 13	7300	26	189,800	W_1 철근은 A-A′ 단면도상 점으로 표시된 철근이므로 수량 = 13×2(복배근) = 26개

② 단면도상 점으로 보이는 철근(W_3)

기 호	직 경	본당길이(mm)	수 량	총 길이(mm)	수량 산출근거
W_3	D 16	750×2+297×2 +1580 = 3674	8	29,392	W_3 철근은 단면도상 벽체 전면에만 점으로 표시된 철근이므로 수량 = {(10+10)+1} −{(5+3+4)+1} = 8개 혹은 단면도상의 개수를 센다.

③ S_1 철근

기 호	직 경	본당길이(mm)	수 량	총 길이(mm)	수량 산출근거
S_1	D 13	100×2+155 =355	10	3550	단면도상에 5개, A-A′ 단면도상에 4개가 지그재그 배근이므로

• S_1 철근 배근도

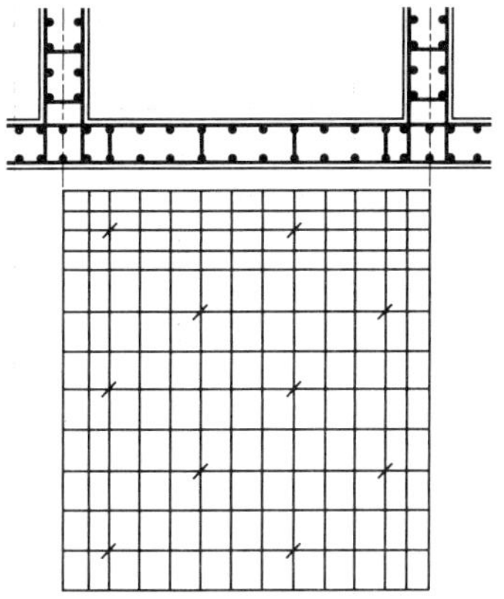

④ 부벽 철근(B_1, H_1)

기 호	직 경	본당길이(mm)	수 량	총 길이(mm)	수량 산출근거
B_1	D 25	7500+50+400 =8400	2	16,800	측면도상 개수를 센다. 수량=2개
H_1	D 16	100×2+1800×2 +341=4141	19	78,679	수량=간격수+1 =[(10+8)+1]=19개

• B_1, B_2, B_3 철근 배근도(평면도)

⑤ 철근물량표

기 호	직 경	길이(mm)	수 량	총 길이(mm)	기 호	직 경	길이(mm)	수 량	총 길이(mm)
W_1	D 13	7300	26	189,800	B_1	D 25	8400	2	16,800
W_3	D 16	3674	8	29,392	S_1	D 13	355	10	3550
H_1	D 16	4141	19	78,679					

정답·해설 07

(1) ① 공정표

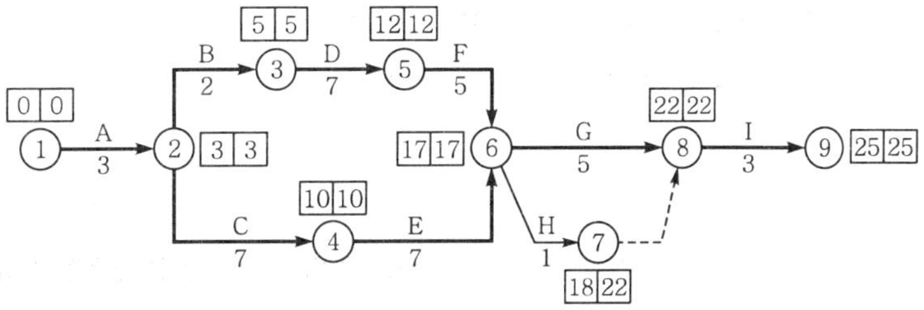

② CP : A → B → D → F → G → I

A → C → E → G → I

(2) ① 비용경사(cost slope)

작업명	단축가능 일수	비용경사(만 원)
A	1	$\dfrac{33-30}{3-2}=3$
B	1	$\dfrac{50-40}{2-1}=10$
C	2	$\dfrac{80-60}{7-5}=10$
D	2	$\dfrac{130-100}{7-5}=15$
E	2	$\dfrac{90-80}{7-5}=5$
F	2	$\dfrac{74-50}{5-3}=12$
G	0	0
H	0	0
I	0	0

② 공기단축

단축단계	작업명	단축일수	추가비용(extra cost)	공기(일)	비고
1단계	A	1	1×3만 원 = 3만 원	24	
2단계	B, E	1	1×15만 원 = 15만 원	23	
3단계	E, F	1	1×17만 원 = 17만 원	22	최적공기
4단계	C, F	1	1×22만 원 = 22만 원	21	

③ 총 공사비가 최소가 되는 최적공기 = 25－3 = 22일

정답·해설 08

① $1m^2$당 본바닥체적 $=(1\times1\times0.3)\times\dfrac{1}{0.9}=0.333m^3$

② w = 10%일 때 흙의 무게

$\gamma_t=\dfrac{W}{V}\quad 1.8=\dfrac{W}{0.333}$

$\therefore\ W=0.6t=600kg$

[별해 $1.8=\dfrac{W}{(1\times1\times0.3)\times\dfrac{1}{0.9}}\quad \therefore\ W=0.6t$]

③ w = 10%일 때 물의 무게

$W_s=\dfrac{W}{1+\dfrac{w}{100}}=\dfrac{600}{1+\dfrac{10}{100}}=545.45kg$

$\therefore\ W_w=W-W_s=600-545.45=54.55kg$

④ w = 16%일 때 물의 무게

$w=\dfrac{W_w}{W_s}\times100$

$16=\dfrac{W_w}{545.45}\times100\qquad \therefore\ W_w=87.27kg$

⑤ 살수량 = 87.27-54.55 = 32.72kg = 32.72l

정답·해설 09

① lift & pushing 공법　② pulling 공법　③ 분산압출 공법

정답·해설 10

① $M_d=(\gamma_1 H+q)\dfrac{R^2}{2}=(1.8\times20+0)\times\dfrac{10^2}{2}=1{,}800\text{t}\cdot\text{m}$

② $M_r=c_1HR+c_2\pi R^2=3.2\times20\times10+6\times\pi\times10^2$

$=2524.96\text{t}\cdot\text{m}$

③ $F_s=\dfrac{M_r}{M_d}=\dfrac{2524.96}{1{,}800}=1.4$

정답·해설 11

① $A_p=\dfrac{\pi\cdot D^2}{4}=\dfrac{\pi\times0.35^2}{4}=0.1\text{m}^2$

② $A_s=\pi\cdot D\cdot l=\pi\times0.35\times22=24.19\text{m}^2$

③ $\overline{N_s}=\dfrac{N_1h_1+N_2h_2+N_3h_3}{h_1+h_2+h_3}=\dfrac{5\times5+8\times13+45\times4}{5+13+4}=14.05$

④ $R_u=40NA_p+\dfrac{1}{5}\overline{N_s}A_s=40\times45\times0.1+\dfrac{1}{5}\times14.05\times24.19=247.97\text{t}$

⑤ $R_a=\dfrac{R_u}{F_s}=\dfrac{247.97}{3}=82.66\text{t}$

정답·해설 12

① 사하중 증가　② 부력 anchor 설치　③ 외부배수, 기초바닥 배수

정답·해설 13

① 콘크리트의 탄성변형　② PS 강재와 시스 사이의 마찰
③ 정착장치의 활동　④ 콘크리트의 크리프(creep)
⑤ 콘크리트의 건조수축

참고

prestress 손실원인

prestress 도입 시 일어나는 손실원인	prestress 도입 후 일어나는 손실원인
ⓐ 콘크리트 탄성변형 ⓑ PS 강재와 sheath 사이의 마찰 ⓒ 정착장치의 활동	ⓐ 콘크리트 creep ⓑ 콘크리트 건조수축 ⓒ PS 강재의 relaxation

정답·해설 14

$\delta=\dfrac{2\beta H}{KD}=\dfrac{2\times0.003\times10{,}000}{3\times40}=0.5\text{cm}$

정답·해설 15

① 액성한계　② 소성지수　③ No.200체 통과율

정답·해설 16

① RMR 분류법
② Q 분류법
③ RQD에 의한 분류법
④ 절리의 간격에 의한 분류법
⑤ 풍화도에 의한 분류법

정답·해설 17

① 평균치 : data 산술평균

$$\bar{x} = \frac{21+19+20+22+23}{5} = 21$$

② 편차의 2승 합 : 각 data와 그 평균치와의 차를 2승한 것의 합

$$S = (21-21)^2 + (19-21)^2 + (20-21)^2 + (22-21)^2 + (23-21)^2 = 10$$

③ 표준편차 : 분산의 평방근

$$\sigma = \sqrt{\frac{S}{n}} = \sqrt{\frac{10}{5}} = 1.41$$

④ 변동계수

$$C_V = \frac{\text{표준편차}(\sigma)}{\text{평균치}(\bar{x})} \times 100 = \frac{1.41}{21} \times 100 = 6.71\%$$

정답·해설 18

① 시험한 지점의 토질종단을 알아야 한다.
② 지하수면과 그 변동을 고려하여야 한다.
③ scale effect를 고려하여야 한다.

정답·해설 19

① $u_i = \gamma_w \cdot h = 1 \times 8 = 8\text{t/m}^2$

② $u = \gamma_w \cdot h = 1 \times 3 = 3\text{t/m}^2$

③ $U_z = \dfrac{u_i - u}{u_i} = \dfrac{8-3}{8} = 0.625 = 62.5\%$

정답·해설 20

반강성 포장공법

정답·해설 21

① 압축성이 크다.
② 2차 압밀침하량이 크다.
③ 자연함수비가 200~300% 정도이다.

정답·해설 22

① $P_{No.200} = 4.34\% < 50\%$이고 $P_{No.4} = 58.1\% > 50\%$ 이므로 모래이다.

② $C_u = \dfrac{D_{60}}{D_{10}} = \dfrac{2.27}{0.077} = 29.48 > 6$

$$C_g = \frac{{D_{30}}^2}{D_{10} \cdot D_{60}} = \frac{0.54^2}{0.077 \times 2.27} = 1.67 = 1 \sim 3\text{이므로 양립도이다.}$$

∴ SW이다.

정답·해설 23

$f_{cr} = 20 + 7 = 27\text{MPa}$

✎ 참고

표준편차를 계산하기 위한 현장강도 기록이 없거나 압축강도의 시험횟수가 14회 이하인 경우의 배합강도

설계기준강도 f_{ck}(MPa)	배합강도 f_{cr}(MPa)
21 미만	$f_{ck}+7$
21~35	$f_{ck}+8.5$
35 초과	$1.1f_{ck}+5$

정답·해설 24

① 시멘트 안정처리공법 ② 석회 안정처리공법
③ 역청 안정처리공법 ④ 입도조정공법

정답·해설 25

(1)의 경우

$$t_{90} = \frac{0.848H^2}{C_v} = \frac{0.848\left(\frac{500}{2}\right)^2}{3.6\times10^{-4}} = 147{,}222{,}222.2\text{초} ≒ 4.67\text{년}$$

(2)의 경우

$$t_{90} = \frac{0.848H^2}{C_v}$$

$$= \frac{0.848(500)^2}{3.6\times10^{-4}} = 588{,}888{,}888.9\text{초} ≒ 18.67\text{년}$$

정/답/및/해/설 2009년도 2차(07.05 시행)

정답·해설 01

① 입도조정 안정처리공법 ② 아스팔트 안정처리공법
③ 시멘트 안정처리공법 ④ 물다짐 머캐덤공법
⑤ 아스팔트 침투식공법

정답·해설 02

① $\frac{W}{C} = 55\%$ $\frac{W}{450} = 0.55$ $W = 247.5\text{kg}$

② $V_a = 1 - \left(\frac{\text{단위수량}}{1{,}000} + \frac{\text{단위시멘트량}}{\text{시멘트 비중}\times1{,}000} + \frac{\text{공기량}}{100}\right)$

$= 1 - \left(\frac{247.5}{1{,}000} + \frac{450}{3.15\times1{,}000} + \frac{4}{100}\right) = 0.57\text{m}^3$

③ $V_s = V_a \times \frac{S}{a} = 0.57\times0.38 = 0.217\text{m}^3$

④ $V_G = V_a - V_s = 0.57 - 0.217 = 0.353\text{m}^3$

⑤ 단위 잔골재량 = V_s × 잔골재 비중 × 1,000

$= 0.217 \times 2.6 \times 1{,}000 = 564.2\text{kg}$

⑥ 단위 굵은골재량 = V_G × 굵은골재 비중 × 1,000

$= 0.353 \times 2.65 \times 1{,}000 = 935.45\text{kg}$

정답·해설 03

① Jacking test(암반의 평판재하시험)

② 공내 재하시험

③ 동적 반복재하시험

정답·해설 04

① $cL = 2 \times 20 = 40\text{t/m}$

② $W\tan\phi = \dfrac{5+15}{2} \times 20 \times 1.9 \times \tan 10^\circ = 67.00\text{t/m}$

③ $P_p = \dfrac{1}{2}\gamma_t h^2 K_p = \dfrac{1}{2} \times 1.9 \times 5^2 \times \tan^2\left(45^\circ + \dfrac{32^\circ}{2}\right) = 77.30\text{t/m}$

④ $P_a = \dfrac{1}{2}\gamma_t h^2 K_a = \dfrac{1}{2} \times 1.9 \times 15^2 \times \tan^2\left(45^\circ - \dfrac{32^\circ}{2}\right) = 65.68\text{t/m}$

⑤ $F_s = \dfrac{cL + W\tan\phi + P_p}{P_a} = \dfrac{40+67+77.3}{65.68} = 2.81$

정답·해설 05

① $\gamma_t = \dfrac{W}{V} = \dfrac{3250}{1960} = 1.66\text{g/cm}^3$

② $\gamma_d = \dfrac{\gamma_t}{1+\dfrac{w}{100}} = \dfrac{1.66}{1+\dfrac{10}{100}} = 1.51\text{g/cm}^3$

③ $C_d = \dfrac{\gamma_d}{\gamma_{d\max}} \times 100 = \dfrac{1.51}{1.65} \times 100 = 91.52\%$

정답·해설 06

$Q = \dfrac{A \cdot N \cdot H \cdot f \cdot E}{P} = \dfrac{0.0924 \times 36{,}000 \times 0.15 \times 1 \times 0.6}{57} = 5.25\text{m}^3\text{/h}$(다짐토량)

정답·해설 07

(1) 길이 1m에 대한 콘크리트량

① 기초 콘크리트량 $= 3.5 \times 0.1 \times 1 = 0.35\text{m}^3$

② 구체 콘크리트량

$= \left(3.1 \times 3.65 - 2.5 \times 3 + \dfrac{0.2 \times 0.2}{2} \times 4\right) \times 1$

$= 3.895\text{m}^3$

③ 전체 콘크리트량 $= 0.35 + 3.895 = 4.245\text{m}^3$

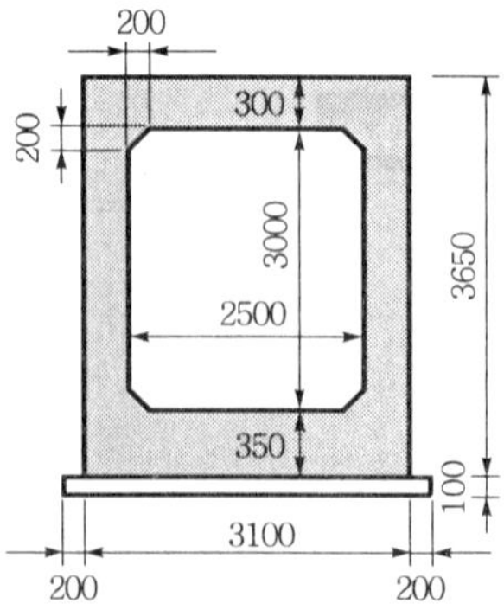

(2) 길이 1m에 대한 거푸집량

① 외벽 길이= $\overline{ab} \times 2 = 3.65 \times 2 = 7.3\text{m}$

② 내벽 길이= $\overline{fg} \times 2 = 2.6 \times 2 = 5.22\text{m}$

③ 헌치 길이= $\overline{eh} \times 4 = \sqrt{0.2^2 + 0.2^2} \times 4 = 1.1313\text{m}$

④ 정판 길이= $\overline{eh} = 2.1\text{m}$

⑤ 구체 거푸집 길이=①+②+③+④= 15.7313m

⑥ 구체 거푸집량= $15.7313 \times 1 = 15.731\text{m}^2$

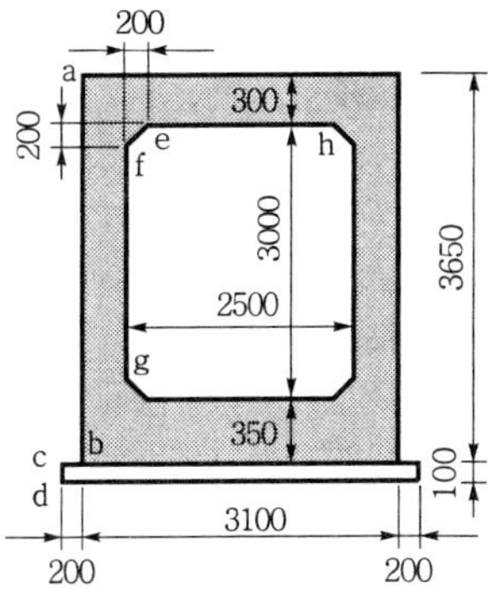

(3) 길이 1m에 대한 터파기량

$$\text{터파기량} = \frac{5.5 + 13.25}{2} \times 7.75 \times 1$$
$$= 72.65625 = 72.656\text{m}^3$$

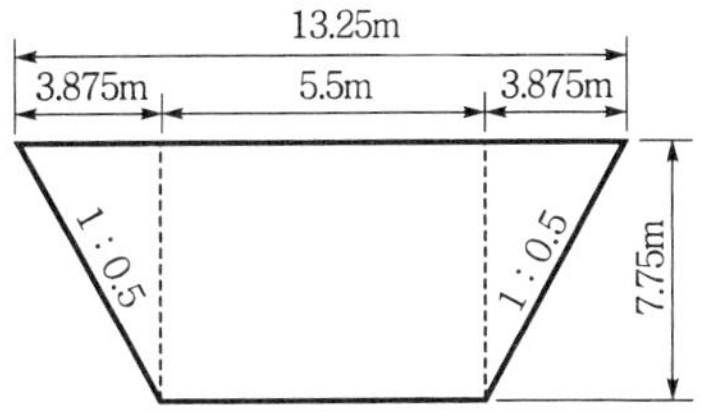

(4) 길이 1m에 대한 철근량

① 단면도상 선으로 보이는 철근(S_1, S_4, S_7)

• 철근개수 ⇒ $\dfrac{\text{단위길이(1m)}}{\text{간격}}$

기 호	직 경	본당 길이(mm)	수 량	총 길이(mm)	수량 산출근거
S_1	D 22	1805×2+346×2+2530 = 6832	6.67	45,569.44	수량 = $\frac{1}{0.3} \times 2$(개소) = 6.67개
S_7	D 13	100+818+100 = 1018	6.67	6790.06	
S_4	D 13	2970	3.33	9890.1	수량 = $\frac{1}{0.3} \times 1$(개소) = 3.33개

② 단면도상 점으로 보이는 철근(S_9, S_{10})

• 철근개수 ⇒ 간격수+1

기 호	직 경	본당 길이 (mm)	수 량	총 길이(mm)	수량 산출근거
S_9	D 16	1000	56	56,000	수량 = (상판상부+상판하부)×2(상・하판) = [(12+1)+15]×2 = 56개
S_{10}	D 16	1000	36	36,000	수량 = (8+1)×2(복배근)×2(좌・우벽) = 36개

③ F_1, F_3 철근개수 ⇒ $\dfrac{\text{단위길이(1m)}}{\text{간격×2}}$×개소

기 호	직 경	본당 길이(mm)	수 량	총 길이 (mm)	수량 산출근거
F_1	D 13	100×2+136×2 +340 = 812	5	4060	수량 = $\frac{1}{0.3 \times 2}$×3(개소) = 5개
F_3	D 13	135+100×2 = 335	16.67	5584.45	수량 = $\frac{1}{0.3 \times 2}$×5(개소)×2(좌・우벽) = 16.67개

④ 철근 물량표(단, 소수 셋째자리에서 반올림하시오.)

기 호	직 경	길 이(mm)	수 량	총 길이 (mm)	기 호	직 경	길 이(mm)	수 량	총 길이 (mm)
S_1	D 22	6832	6.67	45,569.44	S_{10}	D 16	1000	36	36,000
S_4	D 19	2970	3.33	9890.1	F_1	D 13	812	5	4060
S_7	D 13	1018	6.67	6790.06	F_3	D 13	335	16.67	5584.45
S_9	D 16	1000	56	56,000					

정답·해설 08

① $P-S$법　② $\log P-\log S$법　③ $S-\log t$법

정답·해설 09

$$C_p=\frac{|SL-\bar{x}|}{3\sigma}=\frac{|256-276|}{3\times5}=1.33$$

✎ 참고

공정능력지수(C_p)

① 양측규격의 경우 : $C_p=\dfrac{|SU-SL|}{6\sigma}$

② 편측규격의 경우 : $C_p=\dfrac{|SU(\text{또는 } SL)-\bar{x}|}{3\sigma}$

정답·해설 10

① 인접 구조물의 안전을 위해 기존지반의 교란을 최소로 해야 하는 경우
② 기존 구조물에 인접하여 깊이가 더 깊은 구조물의 기초를 시공해야 할 경우
③ 전석층이나 호박돌층 또는 깊게 깔린 풍화암층을 관통해야 할 경우
④ 기초 암반이 경사졌거나 불규칙 할 경우

정답·해설 11

① 시멘트계　② 점토계　③ 아스팔트계

정답·해설 12

(1) ① 운반토량

㉠ 점토량$=2000\times0.4\times L=2000\times0.4\times1.3=1040\text{m}^3$

㉡ 사질토량$=2000\times0.6\times L=2000\times0.6\times1.25=1500\text{m}^3$

② 트럭의 대수

㉠ 점토의 운반에 필요한 대수

$$=\frac{1040}{\frac{T}{\gamma_t}\cdot L}=\frac{1040}{\frac{8}{1.75}\times1.3}=175\text{대}$$

㉡ 사질토의 운반에 필요한 대수

$$=\frac{1500}{\frac{T}{\gamma_t}\cdot L}=\frac{1500}{\frac{8}{1.8}\times1.25}=270\text{대}$$

∴ 덤프트럭의 연 대수$=175+270=445$대

(2) ① 다짐토량$=(2000\times0.4\times C)+(2000\times0.6\times C)$
$=(2000\times0.4\times0.9)+(2000\times0.6\times0.87)$
$=1764\text{m}^3$

② 도로의 단면적$=\dfrac{8+(8+6)}{2}\times2=22\text{m}^2$(다짐면적)

③ 도로의 길이$=\dfrac{1764}{22}=80.18\text{m}$

정답·해설 13

① 들밀도시험(모래치환법)　② 고무막법
③ 절삭법　④ 방사선 밀도 측정기에 의한 방법

정답·해설 14

① 각 지점의 CBR 평균$=\dfrac{4.6+3.9+5.9+4.8+7.0+3.3+4.8}{7}=4.9$

② 설계 CBR = 각 지점의 CBR 평균$-\left(\dfrac{\text{CBR 최대치}-\text{CBR 최소치}}{d_2}\right)$

$$=4.9-\left(\frac{7-3.3}{2.83}\right)=3.6=3$$

정답·해설 15

① 앵커축력

$$T=\frac{Pa}{\cos\alpha}=\frac{25\times1.5}{\cos30°}=43.3\text{t}$$

② 정착장

$$L=\frac{TF_s}{\pi D\tau}=\frac{43.3\times1.5}{\pi\times0.1\times20}=10.34\text{m}$$

정답·해설 16

① 거푸집이 불필요하다.
② 급속시공이 가능하다.
③ 협소한 장소, 급경사면 등에서도 작업이 가능하다.
④ 시공기계가 소형으로 기동성이 크다.

정답·해설 17

① 프레시네공법　② 디비닥공법
③ BBRV 공법　④ 레온할트공법

정답·해설 18

$$U=1-(1-U_v)(1-U_h)$$
$$=1-(1-0.95)(1-0.2)=0.96=96\%$$

정답·해설 19

① 방사선투과검사(Radiographic Test)
② 초음파탐상검사(Ultrasonic Test)
③ 자기분말탐상검사(Magnetic particle Test)
④ 침투탐상검사(Penetration Test)

✎ 참고

> 비파괴검사
> 용접부를 검사한 후 정확한 해석과 올바른 판단을 내리는 것은 공사의 시공 및 품질 관리 측면에서 매우 중요하다.

(1) 종류

① 내부결함검사 : 방사선투과검사, 초음파탐상검사

② 표면결함검사 : 자기분말탐상검사, 침투탐상검사

(2) 시험법

① 방사선투과검사 : 방사선(X-선, Y-선)을 용접부에 투과시켜 그 상태를 필름에 감광시켜 내부결함을 조사하는 방법으로 가장 신뢰성이 있어 널리 사용된다.

② 초음파탐상검사 : 초음파(0.4~10MHz)의 반사파를 피검사체 1면에 입사시켜 그 반사파의 시간과 크기를 브라운관을 통해 관할하여 결함을 검출하는 방법으로 검사속도가 빠르고, 경제적이다.

③ 자기분말탐상검사 : 시험체의 표면이나 표면 근방의 결함, 표면직하 결함을 검출하는 방법으로 결함부 국부자장에 의해 자분이 자화되어 흡착된다.

④ 침투탐상검사 : 표면에 개구되어 있는 결함에 침투액을 도포하여 검출하는 방법으로 비금속에도 적용이 가능하고 검사가 간단하다.

정답·해설 20

① $e = \dfrac{n}{100-n} = \dfrac{30}{100-30} = 0.43$

② $\gamma_{\text{sat}} = \dfrac{G_s + e}{1+e} \cdot \gamma_w = \dfrac{2.65+0.43}{1+0.43} = 2.15\text{t/m}^3$

③ $\gamma_{\text{sub}} = \gamma_{\text{sat}} - \gamma_w = 2.15 - 1 = 1.15\text{t/m}^3$

④ 침투류가 전혀 없는 경우

$F_s = \dfrac{\tan\phi}{\tan i}$

⑤ 침투류가 지표면과 일치하는 경우

$F_s = \dfrac{\gamma_{\text{sub}}}{\gamma_{\text{sat}}} \cdot \dfrac{\tan\phi}{\tan i}$ $\qquad \therefore \dfrac{\gamma_{\text{sat}}}{\gamma_{\text{sub}}} = \dfrac{2.15}{1.15} = 1.87$

정답·해설 21

① 매입길이에 의한 정착

② 갈고리에 의한 정착

③ 정착하고자 하는 철근의 가로방향에 따르는 철근을 용해해 붙이는 방법
(철근의 가로방향에 T형이 되도록 철근을 용접하는 방법)

정답·해설 22

① $K_{a1} = \tan^2\left(45^\circ - \dfrac{35^\circ}{2}\right) = 0.27$ $\qquad K_{a2} = \tan^2\left(45^\circ - \dfrac{30^\circ}{2}\right) = 0.33$

② $P_a = \dfrac{1}{2}\gamma_t h_1^2 K_a + \gamma_t h_1 h_2 K_{a2} + \dfrac{1}{2}\gamma_{\text{sub}} h_2^2 K_{a2} + \dfrac{1}{2}\gamma_w h_2^2 - 2c\sqrt{K_{a2}}\, h_2$

$= \dfrac{1}{2} \times 1.75 \times 3^2 \times 0.27 + 1.75 \times 3 \times 4 \times 0.33 + \dfrac{1}{2} \times 0.9 \times 4^2 \times 0.33$

$+ \dfrac{1}{2} \times 1 \times 4^2 - 2 \times 0.6 \times \sqrt{0.33} \times 4 = 16.67\text{t/m}$

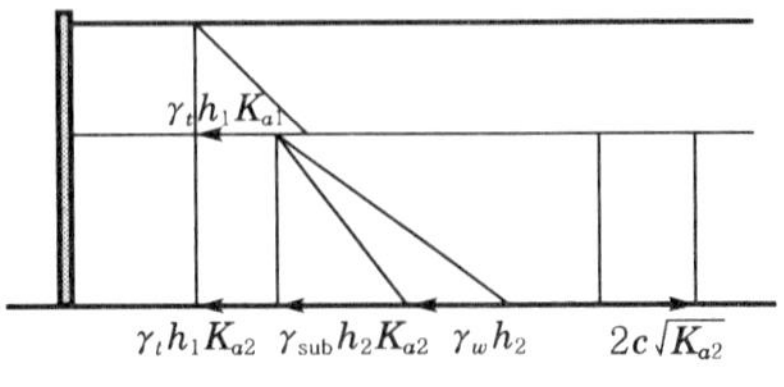

정답·해설 23

$$V=20\sqrt{\frac{Dh}{L}}$$

$$0.8=20\sqrt{\frac{0.2h}{300}} \qquad \therefore\ h=2.4\text{m}$$

정답·해설 24

① 가로줄눈이 생략된다. ② 차량의 주행성이 증대된다.
③ 줄눈부 파손이 없다. ④ 유지관리비가 적게 든다.

정답·해설 25

(1) 공정표

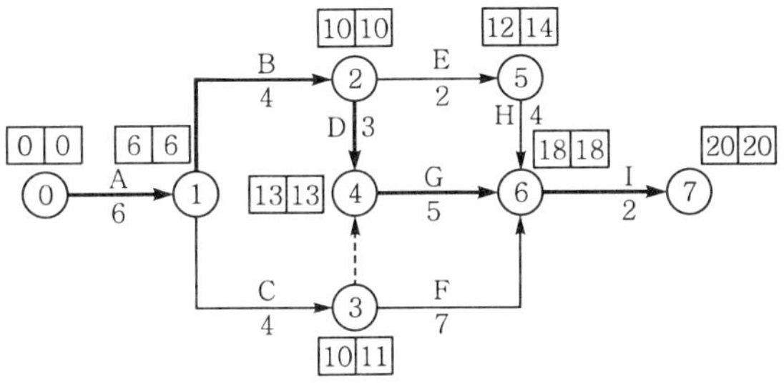

(2) CP : ⓪ → ① → ② → ④ → ⑥ → ⑦

(3) 공비증가율(비용경사) 및 일정계산

작업명	공비증가율 (만 원/일)	개 시		완 료		여유시간		
		EST	LST	EFT	LFT	TF	FF	DF
A	$\frac{240-210}{6-5}=30$	0	6−6=0	0+6=6	6	6−0−6=0	6−0−6=0	0−0=0
B	$\frac{630-450}{4-2}=90$	6	10−4=6	6+4=10	10	10−6−4=0	10−6−4=0	0−0=0
C	$\frac{200-160}{4-3}=40$	6	11−4=7	6+4=10	11	11−6−4=1	10−6−4=0	1−0=1
D	$\frac{370-300}{3-2}=70$	10	13−3=10	10+3=13	13	13−10−3=0	13−10−3=0	0−0=0
E	0	10	14−2=12	10+2=12	14	14−10−2=2	12−10−2=0	2−0=2
F	$\frac{340-240}{7-5}=50$	10	18−7=11	10+7=17	18	18−10−7=1	18−10−7=1	1−1=0
G	$\frac{120-100}{5-3}=10$	13	18−5=13	13+5=18	18	18−13−5=0	18−13−5=0	0−0=0
H	$\frac{170-130}{4-2}=20$	12	18−4=14	12+4=16	18	18−12−4=2	18−12−4=2	2−2=0
I	$\frac{350-250}{2-1}=100$	18	20−2=18	18+2=20	20	20−18−2=0	20−18−2=0	0−0=0

(4) ① 비용경사(cost slope)

작업명	단축가능 일수	비용경사(만 원)
A	1	$\frac{240-210}{6-5}=30$
B	2	$\frac{630-450}{4-2}=90$
C	1	$\frac{200-160}{4-3}=40$
D	1	$\frac{370-300}{3-2}=70$

작업명	단축가능 일수	비용경사(만 원)
E	0	0
F	2	$\frac{340-240}{7-5}=50$
G	2	$\frac{120-100}{5-3}=10$
H	2	$\frac{170-130}{4-2}=20$
I	1	$\frac{350-250}{2-1}=100$

② 공기단축

단축단계	작업명	단축일수	추가비용(만 원)	공기(일)
1단계	G	1	1×10 = 10	19
2단계	A	1	1×30 = 30	18
3단계	C, G	1	1×40+1×10 = 50	17

③ 공기 = 20−3 = 17일

④ 총 공사비 = 직접비+간접비+추가비용−단축일수×80만 원
= 2440만 원+2000만 원+90만 원−3×80만 원 = 4290만 원

정 / 답 / 및 / 해 / 설 2009년도 3차(10.18 시행)

정답·해설 01

① $P_a = \frac{1}{2}\gamma h^2 K_a = \frac{1}{2}\gamma h^2 \tan^2\left(45° - \frac{\phi}{2}\right) = \frac{1}{2} \times 1.75 \times 5^2 \times \tan^2\left(45° - \frac{31°}{2}\right) = 7\text{t/m}$

② $F_s = \frac{Wb + P_V B}{P_H \cdot y} = \frac{Wb}{P_a \cdot y}$

$$= \frac{\left\{(1+5) \times \frac{2}{2} \times 2.4\right\} \times \frac{1+2\times 5}{1+5} \times \frac{2}{3} + \{(1\times 5) \times 2.4\} \times 2.5}{7 \times \frac{5}{3}} = 4.08$$

정답·해설 02

① $Q = \frac{3600 \cdot q \cdot k \cdot f \cdot E}{C_m} = \frac{3,600 \times 1 \times 1 \times \frac{1}{1.2} \times 0.65}{30} = 65\text{m}^3/\text{h}$

② 백호 1대 2일 작업량 = $65 \times 8 \times 2 = 1,040\text{m}^3$

③ 백호 소요대수 = $\frac{3,000}{1,040} = 2.88 = 3$대

정답·해설 03

① 한겹 sheet pile식 ② 두겹 sheet pile식 ③ cell식
④ ring beam식 ⑤ 강관 sheet pile식

정답·해설 04

$$F_s = \frac{\gamma_{sub}}{\gamma_{sat}} \cdot \frac{\tan\phi}{\tan i} = \frac{0.9}{1.9} \times \frac{\tan 42°}{\tan 26°} = 0.87$$

정답·해설 05

① 연약한 점토층의 압밀침하
② 연약한 점토층 위의 성토(사질토) 하중
③ 지하수위 저하
④ 말뚝을 타설하여 과잉공극수압이 발생한 후 시간의 경과에 따라 과잉공극수압이 소산되는 경우
⑤ 말뚝 주변지반이 말뚝의 침하량보다 상대적으로 큰 침하를 일으키는 경우

정답·해설 06

① 점토의 포화밀도

$$\gamma_{sat} = \frac{G_s + e}{1+e}\gamma_w = \frac{2.7+1.2}{1+1.2} \times 1 = 1.77\text{t/m}^3$$

② $P_1 = 0.8 \times 5 + 0.77 \times \frac{6}{2} = 6.31\text{t/m}^2$

③ $P_2 = 1.7 \times 3 + 0.8 \times 2 + 0.77 \times \frac{6}{2} = 9.01\text{t/m}^2$

④ $\Delta H = \frac{C_c}{1+e_1}\log\frac{P_2}{P_1}H = \frac{0.42}{1+1.2}\log\frac{9.01}{6.31} \times 6 = 0.1772\text{m} = 17.72\text{cm}$

정답·해설 07

(1) 길이 1m에 대한 콘크리트량

$$= \left(\frac{0.35 + (0.7 - 0.02 \times 0.6)}{2} \times 5.1 + \frac{(0.7 - 0.6 \times 0.02) + 0.7 + 0.6}{2} \times 0.6 + \frac{1.3+5.8}{2} \times 0.45 + 5.8 \times 0.35 + 0.5 \times 0.9\right) \times 1 = 7.321\text{m}^3$$

(2) 길이 1m에 대한 거푸집량

$$= (\sqrt{5.7^2 + (5.7 \times 0.02)^2} + 0.35 \times 2 + 0.9 \times 2 + \sqrt{0.6^2 + 0.6^2} + \sqrt{0.236^2 + 5.1^2}) \times 1$$
$$= 14.155\text{m}^2$$

(3) 길이 1m에 대한 철근물량표

기 호	철근호칭	본당길이(mm)	수 량(개)	총 길이(mm)
W_1	D 13	6511	5	32,555
K_1	D 16	3694	10	36,940
F_2	D 32	4418	10	44,180
S_2	D 13	950	12.5	11,875

정답·해설 08

① $A_p = \frac{\pi \cdot D^2}{4} = \frac{\pi \times 0.4^2}{4} = 0.13\text{m}^2$

② $A_s = \pi \cdot D \cdot l = \pi \times 0.4 \times 22 = 27.65\text{m}^2$

③ $\overline{N_s} = \frac{N_1h_1 + N_2h_2 + N_3h_3}{h_1 + h_2 + h_3} = \frac{5 \times 5 + 8 \times 13 + 45 \times 4}{5 + 13 + 4} = 14.05$

④ $R_u = 40NA_p + \frac{1}{5}\overline{N_s}A_s = 40 \times 45 \times 0.13 + \frac{1}{5} \times 14.05 \times 27.65 = 311.7\text{t}$

정답·해설 09

(1) 공정표

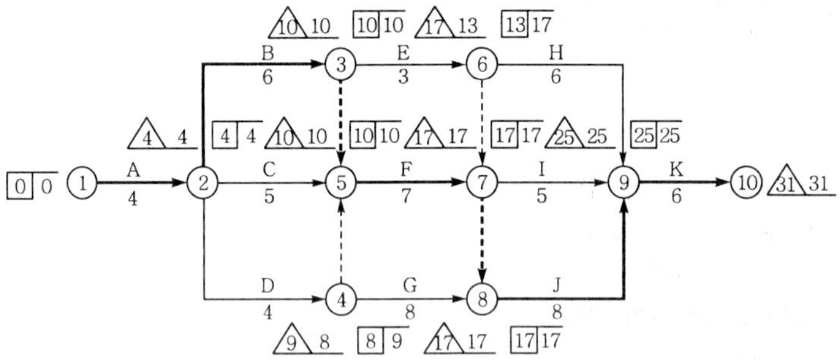

(2) 여유시간

작업명	TF	FF	DF	CP
A	4－0－4＝0	4－0－4＝0	0－0＝0	★
B	10－4－6＝0	10－4－6＝0	0－0＝0	★
C	10－4－5＝1	10－4－5＝1	1－1＝0	
D	9－4－4＝1	8－4－4＝0	1－0＝1	
E	17－10－3＝4	13－10－3＝0	4－0＝4	
F	17－10－7＝0	17－10－7＝0	0－0＝0	★
G	17－8－8＝1	17－8－8＝1	1－1＝0	
H	25－13－6＝6	25－13－6＝6	6－6＝0	
I	25－17－5＝3	25－17－5＝3	3－3＝0	
J	25－17－8＝0	25－17－8＝0	0－0＝0	★
K	31－25－6＝0	31－25－6＝0	0－0＝0	★

정답·해설 10

① 폴리머 시멘트콘크리트(PCC)
② 폴리머 콘크리트(PC)
③ 폴리머 함침 콘크리트(PIC)

정답·해설 11

① 상로교　② 하로교　③ 중로교　④ 2층교

정답·해설 12

$$D=\frac{4h}{Q}(H_0^{\ 2}-h_0^{\ 2})$$

$$800=\frac{4\times10^{-5}}{Q}(200^2-0) \qquad \therefore\ Q=0.002\text{cm}^3/\text{sec}$$

정답·해설 13

① $C_m=\dfrac{l}{V_1}+\dfrac{l}{V_2}+t_g=\dfrac{60}{30}+\dfrac{60}{60}+0.5=3.5$분

② $Q=\dfrac{60\cdot q\cdot f\cdot E}{C_m}=\dfrac{60\times3\times\dfrac{1}{1.25}\times0.8}{3.5}=32.91\text{m}^3/\text{hr}$

정답·해설 14

① 오픈 케이슨　② 공기 케이슨　③ 박스 케이슨

정답·해설 15

(1) $V=\dfrac{ab}{4}(\Sigma h_1+2\Sigma h_2+3\Sigma h_3+4\Sigma h_4)$

① $\Sigma h_1 = 3.6+4.2+6+4.2 = 18\text{m}$

② $\Sigma h_2 = 4.4+8+8.6+6 = 27\text{m}$

③ $\Sigma h_4 = 10\text{m}$

$\therefore\ V=\dfrac{10\times 10}{4}(18+2\times 27+4\times 10)=2800\text{m}^3$

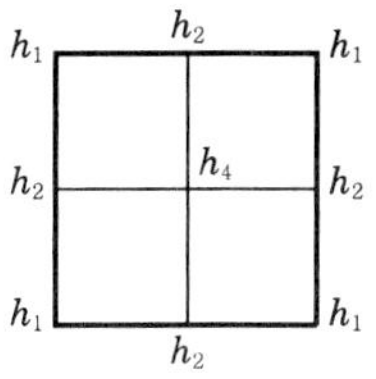

(2) $h=\dfrac{2800}{10\times 10\times 4}=7\text{m}$

정답·해설 16

① 배수기능　② filter기능　③ 분리기능　④ 보강기능

정답·해설 17

① $\phi=\tan^{-1}\dfrac{D}{S}=\tan^{-1}\dfrac{0.3}{1.3}=13.0^\circ$

② $E=1-\phi\left[\dfrac{m(n-1)+(m-1)n}{90mn}\right]$

$=1-13\times\left(\dfrac{6\times 5+5\times 6}{90\times 6\times 6}\right)=0.76$

③ $R_{ag}=ENR_a=0.76\times 36\times 15=410.4\text{t}$

정답·해설 18

Spalling

정답·해설 19

① 습식 공법 채용
② 노즐을 시공면과 직각이 되도록 한다.
③ 단위시멘트량을 크게 한다.
④ 단위수량을 크게 한다. $\left(\dfrac{W}{C}=40\sim 60\%\right)$
⑤ 잔골재율을 크게 한다. $\left(\dfrac{S}{a}=55\sim 75\%\right)$
⑥ 굵은골재 최대치수를 작게 한다. (G_{max} = 10~15mm)

정답·해설 20

① rock bolt　② shotcrete　③ steel rib　④ wire mesh

정답·해설 21

$T_2 = T_1 - 0.15(T_1 - T_0)t = 25 - 0.15(25-3) \times 1.5 = 20.05$℃

✎ 참고

> $T_2 = T_1 - 0.15(T_1 - T_0)t$
> 여기서, T_2 : 치기가 끝났을 때의 온도(℃)
> T_1 : 비벼진 온도(℃)
> T_0 : 주위의 온도(℃)
> t : 비벼졌을 때부터 치기가 끝날 때까지의 시간(hr)

정답·해설 22

① 전면판(skin plate) ② 보강띠(strip bar) ③ 뒤채움재(back fill)

정답·해설 23

(1) 평균치 : $\bar{x} = \dfrac{\Sigma x}{n} = \dfrac{425}{17} = 25\text{MPa}$

(2) ① $S = (28.4-25)^2 + (28.5-25)^2 + (26.3-25)^2 + \cdots + (25-25)^2 = 102.76$

② 표준편차 : $\sigma = \sqrt{\dfrac{S}{n-1}} = \sqrt{\dfrac{102.76}{17-1}} = 2.53\text{MPa}$

③ 직선보간한 표준편차 : $\sigma = 2.53 \times 1.128 = 2.85\text{MPa}$

(3) ① $f_{cr} = f_{ck} + 1.34S = 24 + 1.34 \times 2.85 = 27.82\text{MPa}$

② $f_{cr} = (f_{ck} - 3.5) + 2.33S = (24 - 3.5) + 2.33 \times 2.85 = 27.14\text{MPa}$

①, ② 중 큰 값이 배합강도이므로

$\therefore f_{cr} = 27.82\text{MPa}$

정답·해설 24

① 배수구를 설치하여 지하수위를 낮춘다.
② 지하수위보다 높은 곳에 조립의 차단층을 설치하여 모관상승을 방지한다.
③ 동결심도 상부의 흙을 동결하기 어려운 재료로 치환한다.

정답·해설 25

대립도 포장공법(SMA 포장공법 ; Stone Mastic Asphalt)

토목기사 실기

기출 문제

2008

2008년도 기출문제

▸1차 : 2008. 04. 20
▸2차 : 2008. 07. 06
▸3차 : 2008. 11. 02

과/년/도/기/출/문/제 2008년도 1차(04.20 시행)

문제 01

주어진 도면 및 조건에 따라 다음 물량을 산출하시오. (단, 주어진 도면의 치수는 축척에 맞지 않을 수 있으며, 주어진 치수로만 물량을 산출할 것.)

단 면 도

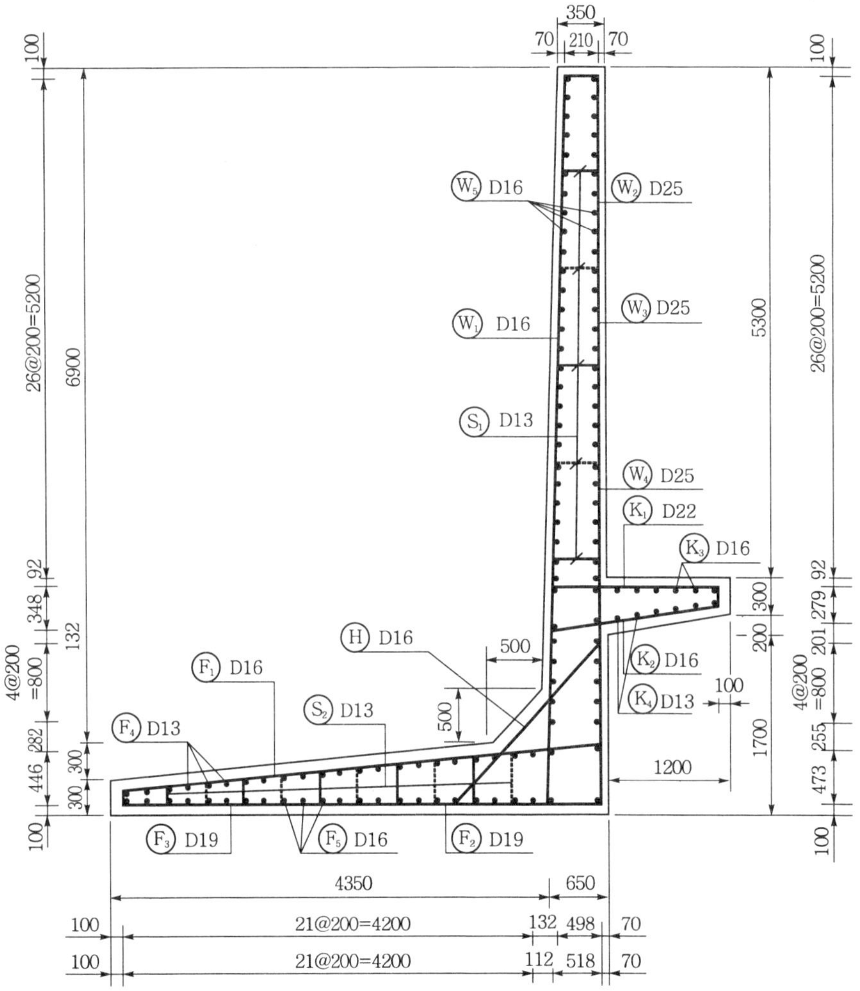

일 반 도

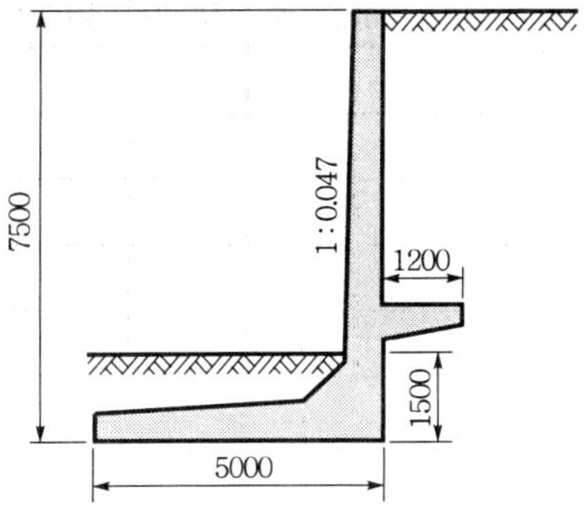

철근 상세도

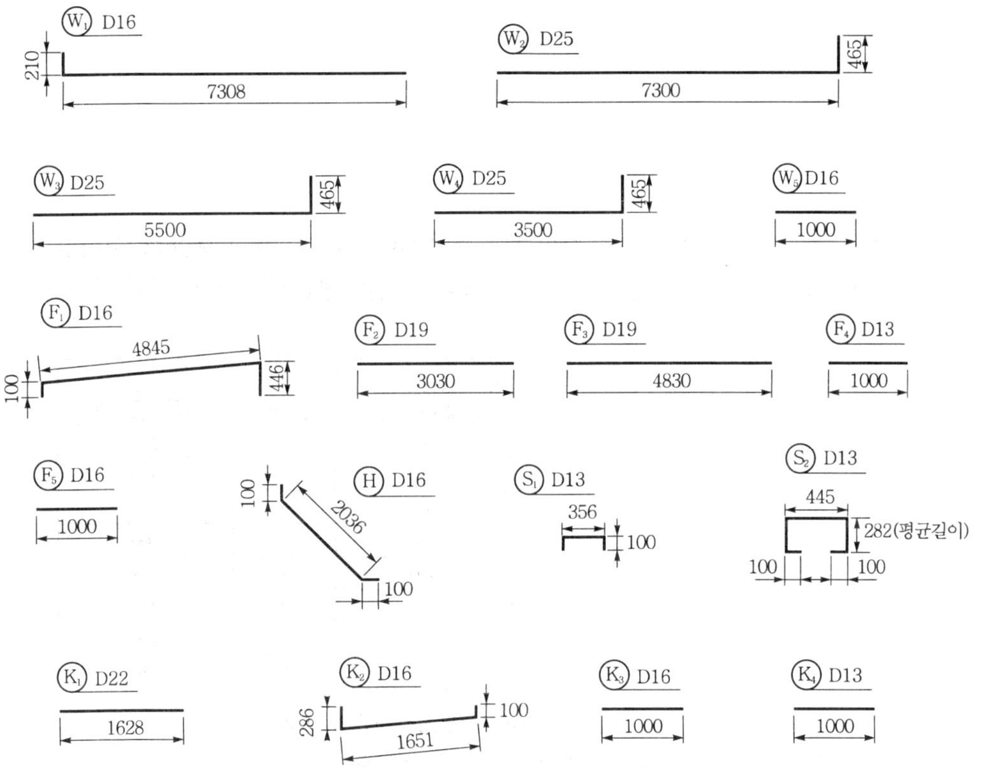

조건

① W_1, W_4, H, K_1, K_2, K_3, K_4, F_1, F_2, F_3 철근은 각각 200mm 간격으로 배근한다.

② W_2, W_3 철근은 각각 400mm 간격으로 배근한다.

③ S_1, S_2 철근은 도면의 표시와 같이 지그재그로 배근한다.

④ 물량산출에서의 할증률은 무시하며 철근길이 계산에서 이음길이는 계산하지 않는다.

(1) 길이 1m에 대한 콘크리트량을 구하시오. (단, 소수 4째자리에서 반올림하시오.)

(2) 길이 1m에 대한 거푸집량을 구하시오. (단, 양측 마구리면과 저판상면 노출부는 무시하고 소수 4째자리에서 반올림하시오.)

(3) 길이 1m에 대한 철근량 산출을 위한 철근물량표를 완성하시오. (단, mm 단위까

지 구하시오.)

기 호	직 경	길이(mm)	수 량	총 길이(mm)	기 호	직 경	길이(mm)	수 량	총 길이(mm)
W_1					F_5				
W_5					K_2				
H					K_3				
F_1					S_1				
F_4					S_2				

답 · 풀이

문제 02

다음 작업 리스트를 가지고 화살선도를 그리고 표준일수에 대한 Critical Path를 구하고 총 공사비(직접비+간접비)가 가장 적게 들기 위한 최적공기를 구하시오. (단, 간접비는 1일당 60만 원이 소요)

작업명	선행작업	후속작업	표 준		특 급	
			일 수	직접비(만 원)	일 수	직접비(만 원)
A	-	C, D	4	210	3	280
B	-	E, F	8	400	6	560
C	A	E, F	6	500	4	600
D	A	H	9	540	7	600
E	B, C	G	4	500	1	1100
F	B, C	H	5	150	4	240
G	E	-	3	150	3	150
H	D, F	-	7	600	6	750

(1) 표준일수에 대한 화살선도를 그리고, Critical Path를 구하시오.
(2) 총 공사비가 가장 적게 들기 위한 최적공기를 구하시오.

답 · 풀이

문제 03

점토층의 두께 5m, 간극비 1.4, 액성한계 60%, 점토층 위의 유효 상재압력이 $10t/m^2$에서 $18.2t/m^2$로 증가할 때의 침하량은 얼마인가?

답 · 풀이

문제 04

그림과 같은 등고선을 굴착하여 오른편 그림과 같은 도로성토를 하려고 한다. 물음에 답하시오. (단, $L=1.20$, $C=0.90$, 토량은 각주공식 사용)

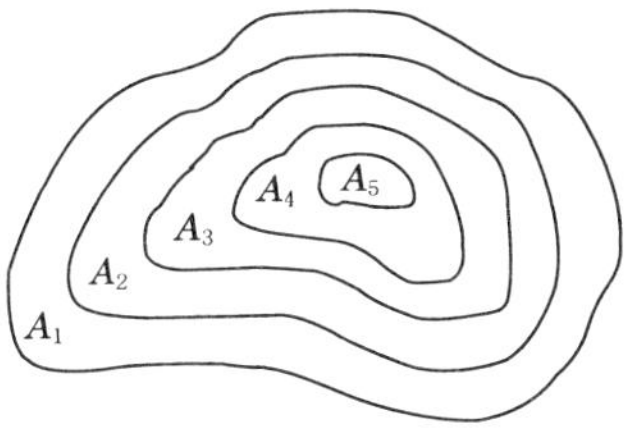

면적[m^2]
$A_1=1400$
$A_2=950$
$A_3=600$
$A_4=250$
$A_5=100$
한 등고선 높이=20m

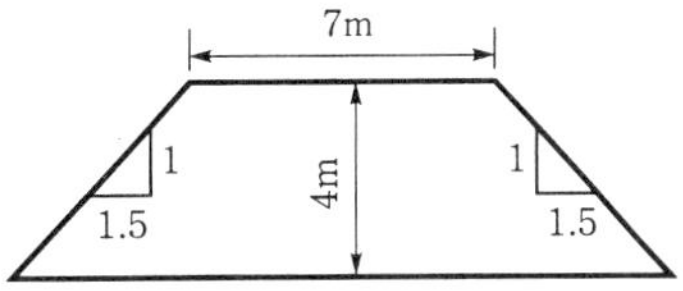

shovel의 $C_m=20sec$
dipper 계수=0.95
작업효율=0.80, $f=1$
1일 운전시간=6hr
유류소모량=$4l/h$

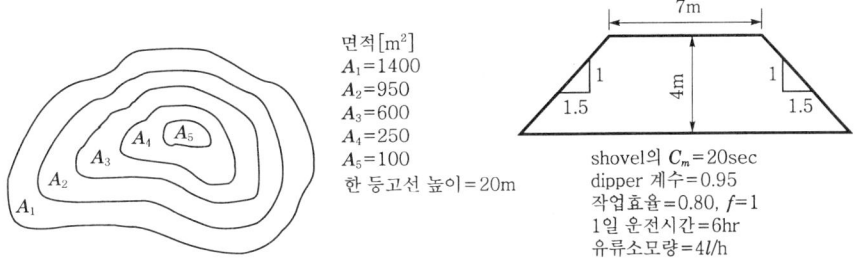

(1) 도로의 길이는 몇 m를 만들 수 있는가?
(2) 그림과 같은 조건에서 $1m^3$ power shovel 5대가 굴착할 때 작업일수는 며칠인가?
(3) 총 유류소모량(power shovel)은 얼마나 되겠는가?

답 · 풀이

문제 05

다음과 같은 지반에서 최대 굴착깊이는 얼마인가?

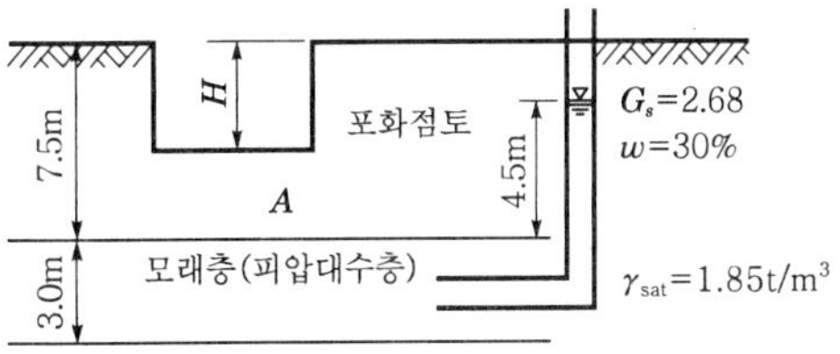

답 · 풀이

문제 06

그림과 같은 항타 기록을 보고 Hiley식을 이용하여 허용지지력을 산정하시오. (단, 안전율은 3, 타격에너지 600t·cm, 해머중량 2t, 반발계수 0.5, 말뚝무게 4t, 해머효율은 50%, $C_1 + C_2 + C_3$ = 리바운드량으로 가정한다.)

[Hiley식]

$$R_u = \frac{W_h h e}{S + \frac{1}{2}(C_1 + C_2 + C_3)} \cdot \left(\frac{W_h + n^2 W_p}{W_h + W_p} \right)$$

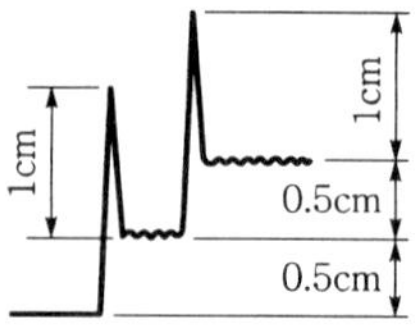

답 · 풀이

문제 07

필댐의 여수로(spill way)에는 어떤 종류가 있는지 3가지만 쓰시오.

답 ①

②

③

문제 08

다음과 같은 모양의 중력식 옹벽을 설치하려고 한다. 흙의 단위중량 $\gamma_t = 1.75\text{t/m}^3$, 내부마찰각 $\phi = 31°$, 점착력 $c = 0$, 콘크리트의 단위중량 $\gamma_c = 2.4\text{t/m}^3$일 때 옹벽의 전도(over-turning)에 대한 안전율을 Rankine의 식을 이용하여 계산하시오. (단, 옹벽 전면에 작용하는 수동토압은 무시한다.)

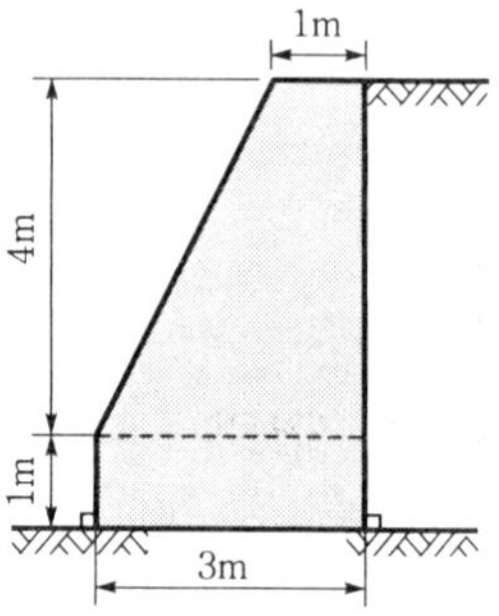

답 · 풀이

문제 09

기초 암반을 조사하기 위해 길이 1m의 암석 core를 채취하여 추출한 암편의 길이를 측정하였더니 다음 그림과 같았다. 기초 암반의 RQD를 산정하고 RQD로부터 암질을 판정하시오. (단, 암질은 '우수', '양호', '보통', '불량', '매우 불량'으로 표시)

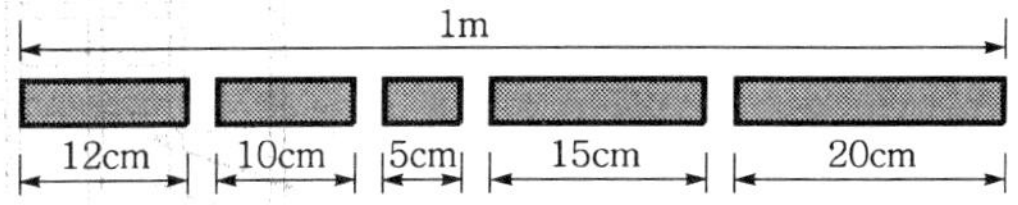

답 · 풀이

문제 10

연약지반처리 공법 중 sand drain 공법의 sand mat의 역할 3가지를 쓰시오.

답 ①

②

③

문제 11

함수비가 20%인 토취장의 단위중량이 $\gamma_t = 1.83\text{t/m}^3$이었다. 이 흙으로 도로를 축조할 때 다짐을 하였더니 함수비는 12%이고, 단위중량은 $\gamma_t = 1.95\text{t/m}^3$이었다. 이 경우 흙의 토량변화율($C$)은 대략 얼마인가?

답 · 풀이

문제 12

시멘트가 풍화되었을 때 나타나는 현상을 3가지만 쓰시오.

답 ① ② ③

문제 13

도심지 굴착공사 중 계측관리 시 다음 그림에서 ①~③에 해당되는 계측기기를 쓰시오.

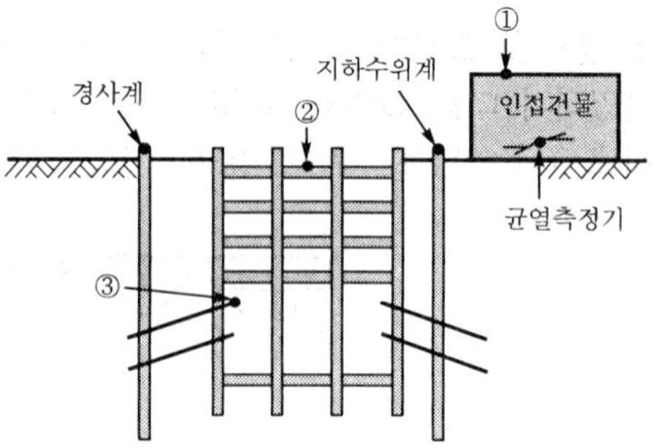

답 ① .... ② .... ③ ....

문제 14

연약지반처리 중 치환공법은 지반의 연약토를 제거하고 양질의 토사로 치환하여 비교적 단기간 내에 기초처리를 할 수 있는데 치환공법을 3가지만 쓰시오.

답 ① .... ② .... ③ ....

문제 15

정적 사운딩의 종류 3가지만 쓰시오.

답 ① .... ② .... ③ ....

문제 16

도로 곡선부의 평면선형을 설계함에 있어서 곡선반경이 710m, 설계속도가 120km/hr일 때의 최소 편구배를 계산하시오. (단, 타이어와 노면의 횡방향 미끄럼 마찰계수는 0.10임.)

답·풀이 ....

문제 17

보통 포틀랜드 시멘트를 사용한 콘크리트의 습윤 양생기간을 쓰시오.

일 평균기온	양생기간
15℃ 이상	(①)일
10~15℃	(②)일
5~10℃	(③)일

답 ① .... ② .... ③ ....

문제 18

공극비가 0.5, 투수계수가 5×10^{-5}cm/s, 수두차가 7m, 물의 흐름방향으로의 길이가 50m 이었을 때 다음 물음에 답하시오.

(1) Darcy 법칙에 의한 이론상의 침투속도(V)를 구하시오.

(2) 실제 침투속도(V_s)를 구하시오.

(3) 이론상의 침투속도와 실제 침투속도가 다른 이유를 설명하시오.

답 · 풀이

문제 19

일반적으로 차량의 충격위험을 방지하는 충격흡수시설의 종류를 3가지만 쓰시오.

답 ① ② ③

문제 20

다음 그림과 같은 복합 footing에 있어서 기초지반의 허용지내력이 2t/m^{2}일 때 L 및 B를 구하시오.

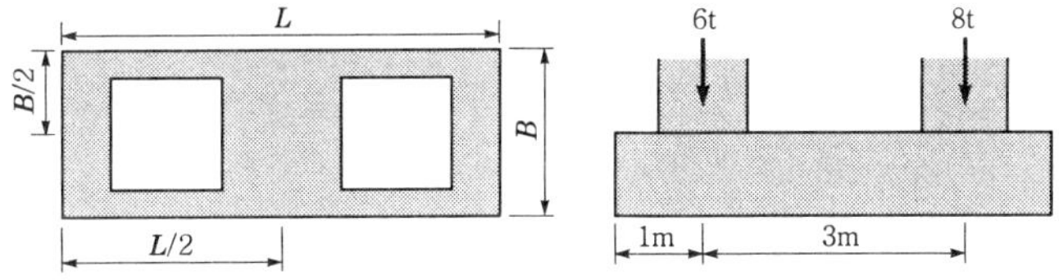

답 · 풀이

문제 21

35회 시험한 콘크리트의 설계기준강도가 28MPa이고, 표준편차가 2.4MPa일 때 배합강도를 구하시오.

답 · 풀이

문제 22

철근의 정착방법 3가지를 쓰시오.

답 ①

②

③

문제 23

시공용 해머로서 타격조절이 가능하고 소음이 적고 인발이 가능하며 연약지반에서 사용되고 있으며 최근에 사용이 증가되고 있는 해머의 이름을 쓰시오.

답

문제 24

발파에서 비산의 발생원인 3가지를 쓰시오.

답 ①

②

③

문제 25

점성토지반에서 지름 30cm의 재하판을 이용하여 평판재하시험을 실시하였다. 재하시험 결과 침하량이 20mm이었다. 실제 지름이 1.5m의 기초를 설치할 때 예상되는 침하량을 구하시오.

답 · 풀이

문제 01

혼합시멘트의 종류 3가지를 쓰시오.

답 ① ② ③

문제 02

정통공법에서 케이슨의 수중거치방법을 3가지만 쓰시오.

답 ① ② ③

문제 03

AASHTO 포장설계법에 의한 아스팔트 포장두께를 결정하는 요소 3가지를 쓰시오.

답 ①

②

③

문제 04

geosynthetics는 전 세계적으로 광범위한 이론적, 실험적 연구결과를 볼 때, 토공 및 기초공학 분야에서 배수재, 필터재, 분리재 및 보강재 등으로 폭 넓게 사용되고 있다. 국내에서도 1980년대 이후 그 수요가 급증하고 있다. 특히, 서해안 사업이 본격화됨에 따라 연약지반 보강, 제방의 필터 및 분리 등의 목적으로 사용이 더욱 증가할 것으로 생각되는 geosynthetics의 종류 4가지를 쓰시오.

답 ① ② ③ ④

문제 05

비탈면에 강철봉을 타입 또는 천공 후 삽입시켜 전단력과 인장력에 저항할 수 있도록 하는 시공법은?

답

문제 06

공정관리 기법 중 기성고 공정곡선의 장점 3가지만 쓰시오.

답 ①

②

③

문제 07

현장타설 말뚝기초의 지지력이 감소하게 되는 요인을 4가지만 기술하시오.

답 ①

②

③

④

문제 08

Q값(rock mass quality)을 구하는 공식 $Q=\frac{\mathrm{RQD}}{J_n}\cdot\frac{J_r}{J_a}\cdot\frac{J_w}{\mathrm{SRF}}$에서 $\frac{\mathrm{RQD}}{J_n}$, $\frac{J_r}{J_a}$, $\frac{J_w}{\mathrm{SRF}}$은 무엇을 의미하는지 각 항의 의미를 기술하시오.

답

문제 09

프리스트레스 도입 시 일어나는 손실원인에 대하여 3가지만 쓰시오.

답 ① ② ③

문제 **10**

도로 토공현장에서 다짐도를 판정하는 방법을 4가지만 쓰시오.

답 ① .... ② .... ③ .... ④ ....

문제 **11**

터널 보강재인 록볼트(rock bolt)의 정착형식 3가지를 쓰시오.

답 ① .... ② .... ③ ....

문제 **12**

주어진 슬래브의 도면 및 조건에 따라 물량을 산출하시오.

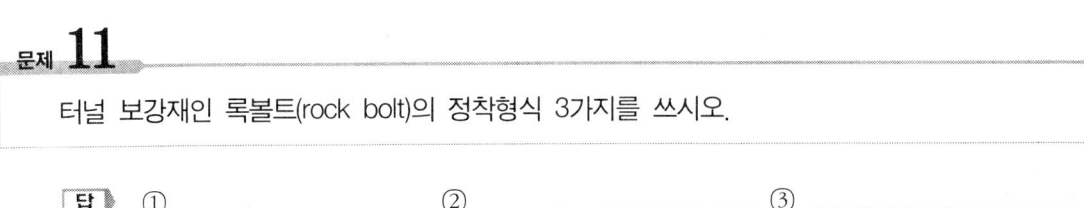

단 면 도

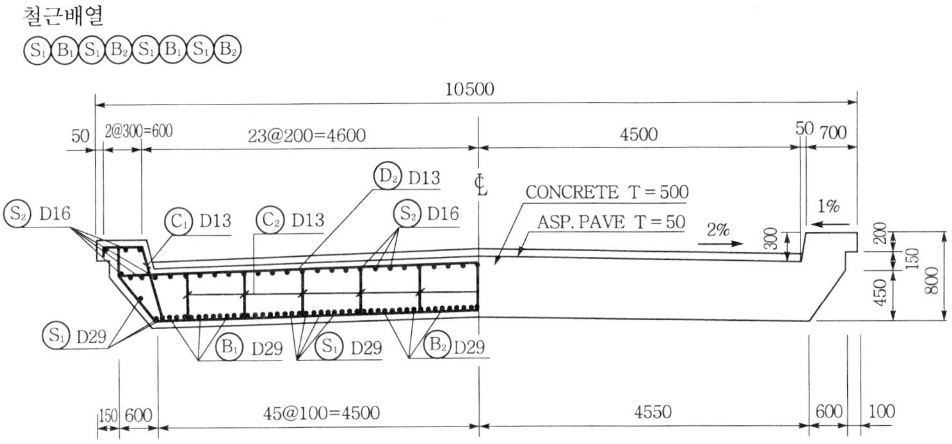

측 면 도

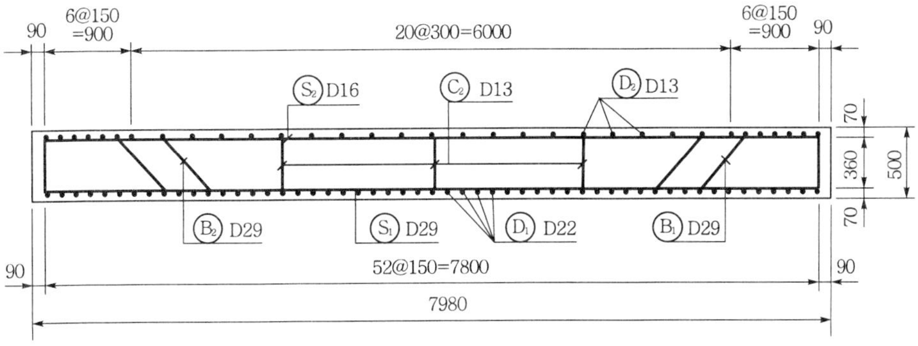

철근 상세도

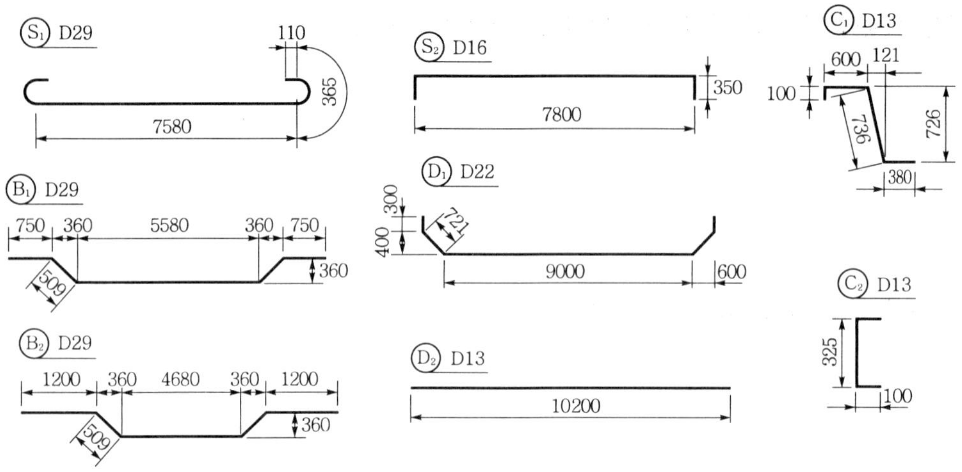

조건

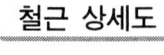

① B_1과 B_2 철근은 400mm 간격으로 200mm 간격의 S_1 철근 사이에 교대로 배치되어 있다.

② D_2와 C_1 철근은 동일한 위치에 동일한 간격으로 배치된 것으로 측면도와 같이 중앙부에서는 300mm, 양쪽 단부에서는 150mm 간격으로 배근되어 있다.

③ 물량산출에서의 할증률은 무시한다.

④ 철근길이 계산에서 이음길이는 계산하지 않는다.

⑤ 2% 구배는 시공 시 고려하고, 물량산출에서는 고려하지 않는다.

(1) 한 경간(1span)에 대한 콘크리트량을 구하시오. (단, 소수 4째자리에서 반올림하시오.)
(2) 한 경간(1span)에 대한 아스팔트량을 구하시오. (단, 소수 4째자리에서 반올림하시오.)
(3) 한 경간(1span)에 대한 거푸집량을 구하시오. (단, 소수 4째자리에서 반올림하시오.)
(4) 한 경간(1span)에 대한 철근물량표를 완성하시오.

기 호	직 경	길이(mm)	수 량	총 길이(mm)	기 호	직 경	길이(mm)	수 량	총 길이(mm)
B_1					S_1				
C_1					S_2				

답 · 풀이

문제 13

다음과 같은 유선망에서 단위폭(1m)당 1일 침투수량을 구하고 점 A에서 간극수압을 계산하시오.
(단, $K_h = 8\times10^{-5}$cm/sec, $K_v = 5\times10^{-4}$cm/sec)

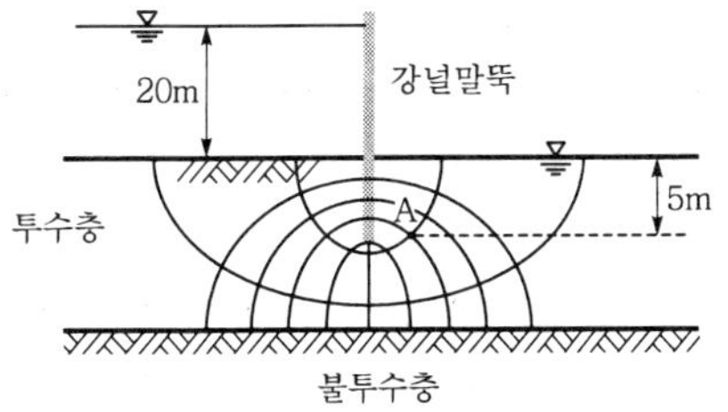

답 · 풀이

문제 14

sand drain 공법으로 연약지반을 개량하였다. $U_v = 0.85$, $U_h = 0.43$인 경우 수직, 수평방향을 고려한 압밀도(U)는 얼마인가?

답 · 풀이

문제 15

직경 30cm, 길이가 5m인 원심력 철근콘크리트 말뚝을 낙하고가 2m, 추의 무게가 2t인 단동식 해머로 1회 타격했을 때 말뚝의 침하량이 1cm이었을 때 이 말뚝의 허용지지력을 구하시오. (단, Engineering News Record 공식을 적용)

답 · 풀이

문제 16

두께가 3m인 정규압밀 점토층에서 시료를 채취하여 압밀시험을 실시하였다. 시험결과가 다음과 같을 때 이 점토층이 압밀도 60%에 이르는데 걸리는 시간을 구하시오. (단, 배수조건은 일면배수이다.)

조건

- 초기상태의 유효응력(σ_0) : 0.2kg/cm^2
- 실험 후 유효응력(σ_1) : 0.4kg/cm^2
- 시험점토의 투수계수(k) : 3.0×10^{-7}cm/sec
- 초기간극비(e_0) : 1.2
- 실험 후 간극비(e_1) : 0.97
- 60% 압밀시 시간계수(T_v) : 0.287

답 · 풀이

문제 17

그림과 같은 중력식 옹벽의 전도(overturning)에 대한 안전율을 계산하시오. (단, 콘크리트의 단위중량은 2.3t/m^{3}이고, 옹벽 전면에 작용하는 수동토압은 무시한다.)

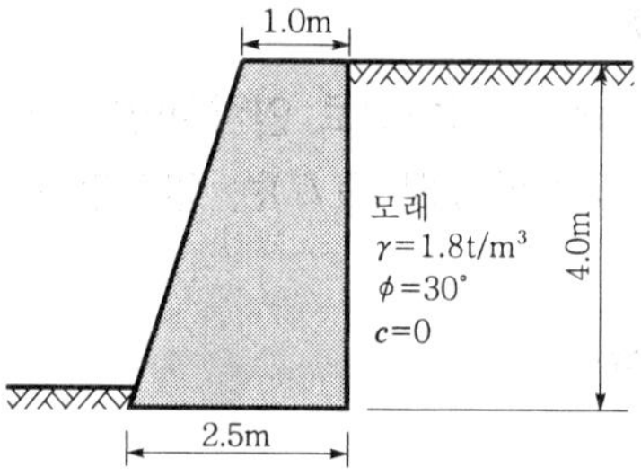

답 · 풀이

문제 18

그림에서와 같이 강널말뚝(steel sheet pile)으로 지지된 모래지반의 굴착에서 지하수의 분출로 인하여 예상되는 파이핑(piping)에 대한 안전율을 계산하시오. (단, 모래층의 포화단위중량은 1.7t/m^{3}이고, 입자의 비중은 2.65임.)

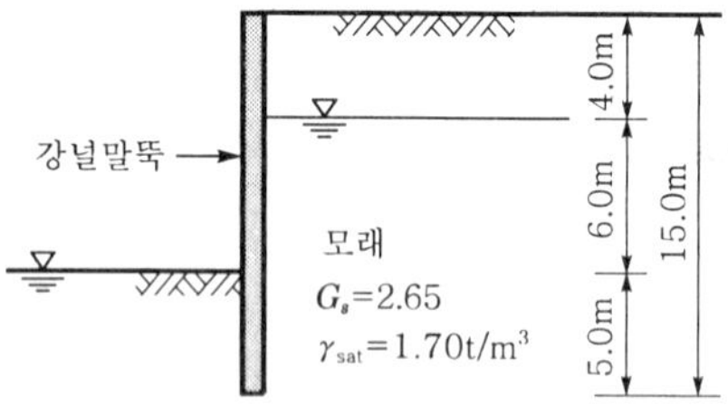

답 · 풀이

문제 19

콘크리트 시방배합과 현장 골재상태로부터 현장배합의 단위량을 결정하시오.

[시방배합]	• 단위수량 : $180kg/m^3$	• 단위시멘트량 : $380kg/m^3$
	• 잔골재량 : $800kg/m^3$	• 굵은골재량 : $1200kg/m^3$
[현장상태]	• 잔골재 표면수량 : 4%	
	• 굵은골재 표면수량 : 0.5%	
	• No.4체 잔류 잔골재량 : 3%	
	• No.4체 통과 굵은골재량 : 5%	

답 · 풀이

문제 20

어느 불도저의 1회 굴착압토량이 $2.3m^3$이고 토량변화율(L)은 1.2, 작업효율(E)은 0.85, 평균 굴착압토거리 80m, 전진속도는 40m/min, 후진속도는 48m/min, 기어변속시간 및 가속시간이 0.26분일 때 이 불도저 운전 1시간당의 작업량은 본바닥토량으로 얼마인가?

답 · 풀이

문제 21

그림과 같은 도로의 토공계획 시에 A-B 구간에 필요한 성토량을 토취장에서 15t 트럭으로 운반하여 시공할 때, 필요한 트럭의 총 연대수는 몇 대인가? (단, 자연상태인 흙의 단위체적중량 = $1.7t/m^3$, $L = 1.25$, $C = 0.88$이다.)

측점별 단면적은 $A_0 = 0$, $A_1 = 10m^2$, $A_2 = 20m^2$, $A_3 = 40m^2$, $A_4 = 42m^2$, $A_5 = 10m^2$, $A_6 = 0$이다.

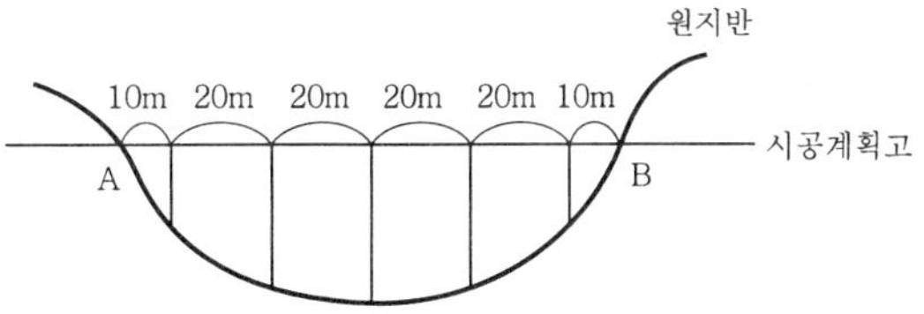

답 · 풀이

문제 22

그림과 같은 연속기초의 지지력을 Terzaghi(테르자기)식으로 극한지지력을 구하시오. (단, 점착력 $c=0.1\text{kg/cm}^2$, 내부마찰각 $\phi=15°$, $N_c=6.5$, $N_q=2.7$, $N_r=1.2$이다.)

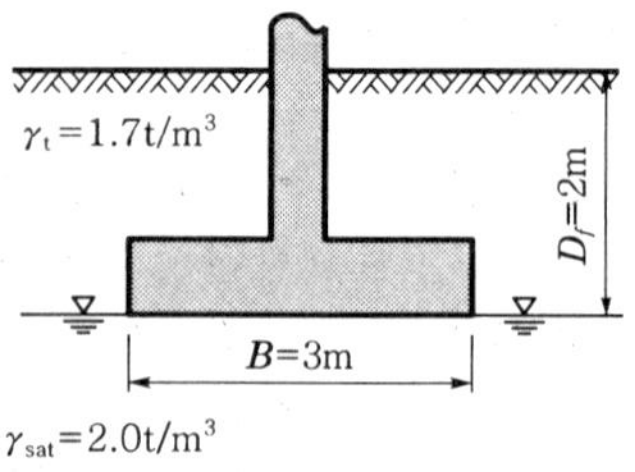

답 · 풀이

문제 23

착암기로 표준암을 천공한 결과 $V=55\text{cm/min}$이었다. 안산암으로 이루어진 막장에서 암석저항계수 $C_1=1.35$, 작업조건계수 $C_2=0.6$, 작업시간율 $\alpha=0.65$이고, 천공장을 3.0m라고 할 때 15공을 천공하는데 필요한 소요시간은 얼마인가?

답 · 풀이

문제 24

다음의 작업 list가 있다. 물음에 답하시오.

작업경로	소요일수	비 고
① → ②	3	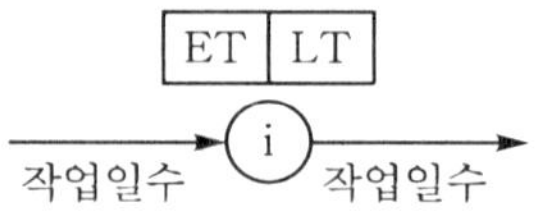 로 표기하고 주공정선은 굵은 선으로 표기하시오.
② → ③	3	
② → ④	4	
② → ⑤	5	
③ → ⑥	4	
④ → ⑥	6	
④ → ⑦	6	
⑤ → ⑧	7	
⑥ → ⑨	8	
⑦ → ⑨	4	
⑧ → ⑨	2	
⑨ → ⑩	2	

(1) Net Work 공정표를 작성하고 표준일수에 대한 CP를 찾으시오.
(2) 다음의 작업 list의 빈 칸을 채우시오.

작업경로	소요일수	EST	EFT	LST	LFT	TF
① → ②	3					
② → ③	3					
② → ④	4					
② → ⑤	5					
③ → ⑥	4					
④ → ⑥	6					
④ → ⑦	6					
⑤ → ⑧	7					
⑥ → ⑨	8					
⑦ → ⑨	4					
⑧ → ⑨	2					
⑨ → ⑩	2					

답 · 풀이

문제 25

다음 그림과 같이 20×30m 전면 기초의 부분보상 기초(partially compensated foundation)의 지지력파괴에 대한 안전율을 구하시오.

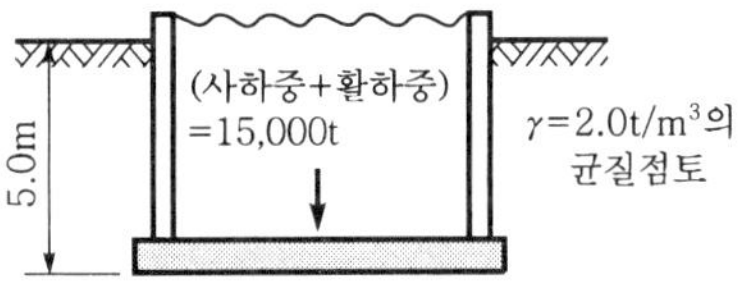

답 · 풀이

문제 01

그림과 같이 10m 두께의 포화된 점토층 아래에 모래층이 위치한다. 모래층이 수두 6m의 피압을 받고 있을 때 점토층의 바닥이 솟음을 일으키지 않는 최대 굴착깊이를 계산하시오. (단, 점토층의 포화단위중량은 $1.90t/m^3$임.)

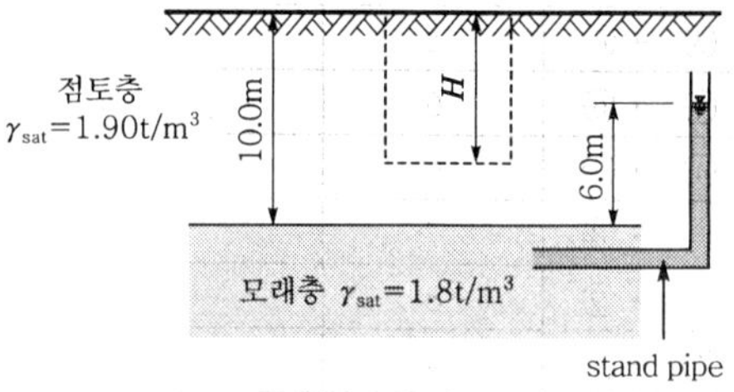

답 · 풀이

문제 02

그림과 같이 표고가 20m 씩 차이 나는 등고선으로 둘러싸인 지역의 흙을 굴착하여 택지조성을 계획할 때, $1.0m^3$ 용적의 굴삭기 2대를 동원할 때 굴착에 소요되는 기간은 며칠인가? (단, 굴삭기 사이클 타임 = 20초, 효율 = 0.8, 디퍼계수 = 0.8, L = 1.2, 1일 작업시간 = 8시간, 등고선 면적 $A_1 = 100m^2$, $A_2 = 70m^2$, $A_3 = 50m^2$이다.)

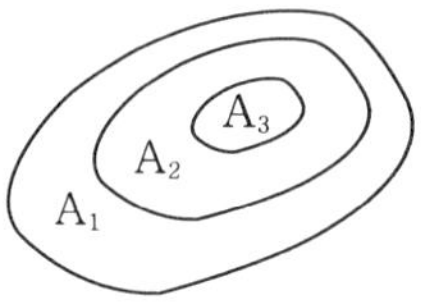

답 · 풀이

문제 03

방파제의 종류를 3가지만 쓰시오.

답 ① ② ③

문제 04

록 필댐(rock fill dam)은 일반적으로 심벽재(core), 필터재(filter), 사력존(rock)으로 구성되어 있다. 이 중 필터재의 기능을 2가지만 기술하시오.

답 ① ②

문제 05

교대의 측방유동에 크게 영향을 주는 요인을 3가지만 쓰시오.

답 ①

②

③

문제 06

표준관입시험에서 얻은 N치는 현장상황에 따라 기술자가 수정하여 N치를 설계에 이용해야 한다. 수정을 하는 3가지 큰 이유를 쓰시오.

답 ①

②

③

문제 07

그림과 같은 9개의 말뚝이 군항을 이루고 있다. A점에 60ton의 하중이 가해질 때 1번 말뚝에 가해지는 하중을 구하시오.

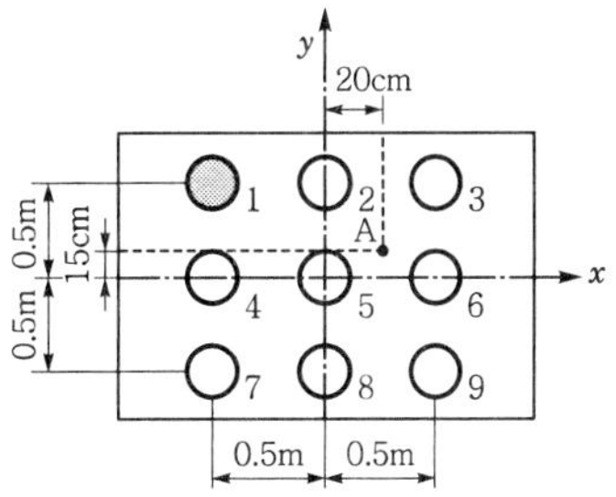

답 · 풀이

문제 08

조절발파(controlled blasting) 공법의 종류를 4가지만 쓰시오.

답 ① ② ③ ④

문제 09

체가름 시험결과 잔골재 조립률 FM=3.5, 굵은골재 조립률 FM=8이었다. 잔골재 대 굵은골재를 1 : 2로 할 때 혼합골재의 조립률을 구하시오.

답 · 풀이

문제 10

롤러전압에 의하지 않고 조골재, 세골재 및 필러를 쿠커(cooker) 속에서 고온으로 교반, 혼합한 고온 시 혼합물의 유동성을 이용하여 된비비기 콘크리트처럼 치고 피니셔로 평활하게 고르는 아스팔트 포장방식은?

답

문제 11

콘크리트 배합강도를 구하기 위한 전체 시험횟수 16회의 콘크리트 압축강도의 측정결과가 아래 표와 같고 설계기준강도가 24MPa일 때 아래의 물음에 답하시오.

[압축강도 측정결과(단위 : MPa)]

28.4	28.5	26.3	26.9	23.3	28.8	24.2
24.1	23.4	22.9	27.9	22.1	23.3	21.7
21.3	26.9					

(1) 위 표를 보고 압축강도의 평균값을 구하시오.

(2) 압축강도 측정결과 및 아래의 표를 이용하여 배합강도를 구하기 위한 표준편차를 구하시오.

[시험횟수가 29회 이하일 때 표준편차의 보정계수]

시험횟수	표준편차의 보정계수	비 고
15	1.16	이 표에 명시되지 않은 시험횟수에 대해서는 직선보간 한다.
20	1.08	
25	1.03	
30 이상	1.00	

(3) f_{ck} = 24MPa일 때 배합강도를 구하시오.

답 · 풀이

문제 12

암거의 배열방식을 3가지만 쓰시오.

답 ① ② ③

문제 13

어떤 데이터의 히스토그램에서 하한규격치가 240kg/cm^{2}일 때 평균치 255kg/cm^2, 표준편차 5kg/cm^{2}이라면 공정능력지수는 얼마인가? (단, 이 규격인 편측규격이다.)

답 · 풀이

문제 14

sand drain 공법과 단위중량 2.0t/m^{3}인 성토재를 5m 성토하여 연약지반을 개량하였다. 연직방향 압밀도=0.9, 수평방향 압밀도=0.2인 경우 개량된 지반의 강도는 얼마인가? (단, 개량 전 원지반강도는 $C=5\text{t/m}^2$이며, 강도증가비 $C/P=0.18$이다.)

답 · 풀이

문제 15

입도분석시험결과 다음과 같은 결과를 얻었다. 이 흙을 통일분류법에 의해 분류하시오. (단, No.4(4.75mm)체 통과율=58.1%, No.200(0.075mm)체 통과율=4.34%, $D_{10}=0.077$mm, $D_{30}=0.54$mm, $D_{60}=2.27$mm)

답 · 풀이

문제 16

프리스트레스 도입 후 손실원인에 대하여 3가지만 쓰시오.

답 ① ② ③

문제 17

사질토 지반에서 30×30cm 크기의 재하판을 이용하여 평판재하시험을 실시하였다. 재하시험 결과 극한지지력이 25t/m^2, 침하량이 10mm이었다. 실제 3×3m의 기초를 설치할 때 예상되는 극한지지력과 침하량을 구하시오.

답 · 풀이

문제 18

한 무한 자연사면의 경사가 20°이고 경사방향으로 흐르는 지하수면이 지표면과 일치하여 지표면에서 5m 깊이에 암반층이 있다고 할 때 이 사면의 안전율은 얼마인가?

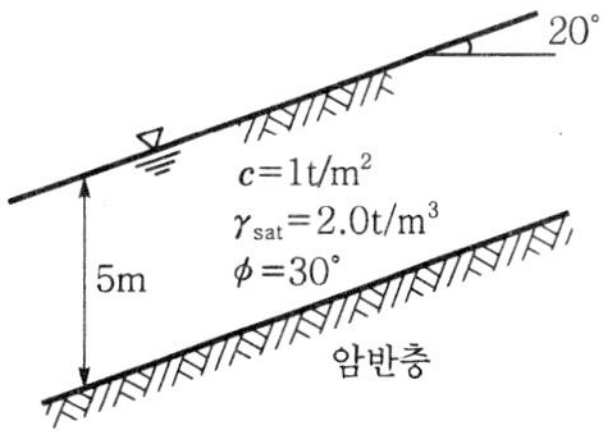

답 · 풀이

문제 19

트러스교를 골조형태로 분류할 때 종류를 3가지만 쓰시오.

답 ① ② ③

문제 20

원심력 철근콘크리트 말뚝의 장점 3가지를 쓰시오.

답 ①

②

③

문제 21

주어진 반중력식 교대의 도면(단위 : mm) 및 조건에 따라 다음 물량을 산출하시오. (단, 주어진 도면의 치수는 축척에 맞지 않을 수 있으며, 주어진 치수로만 물량을 산출할 것)

측 면 도

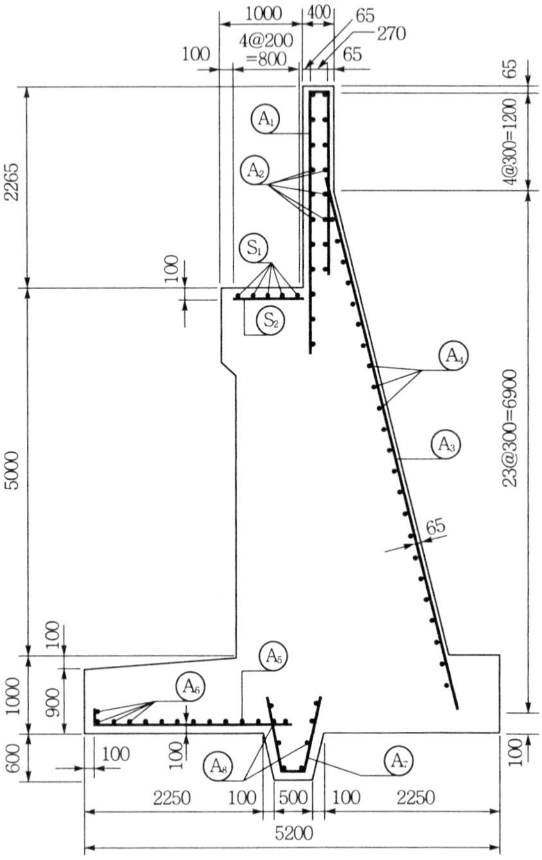

일 반 도

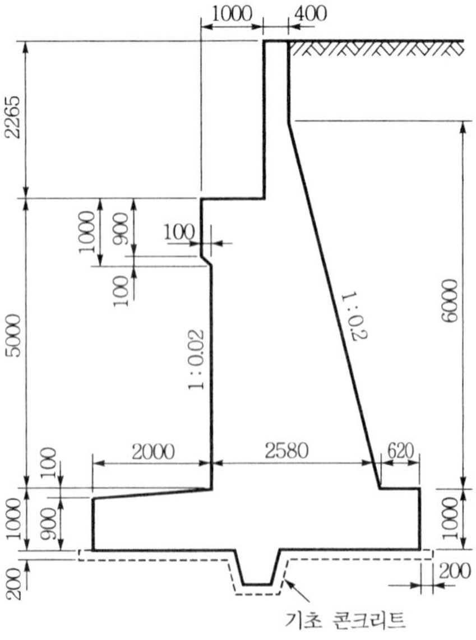

철근 상세도

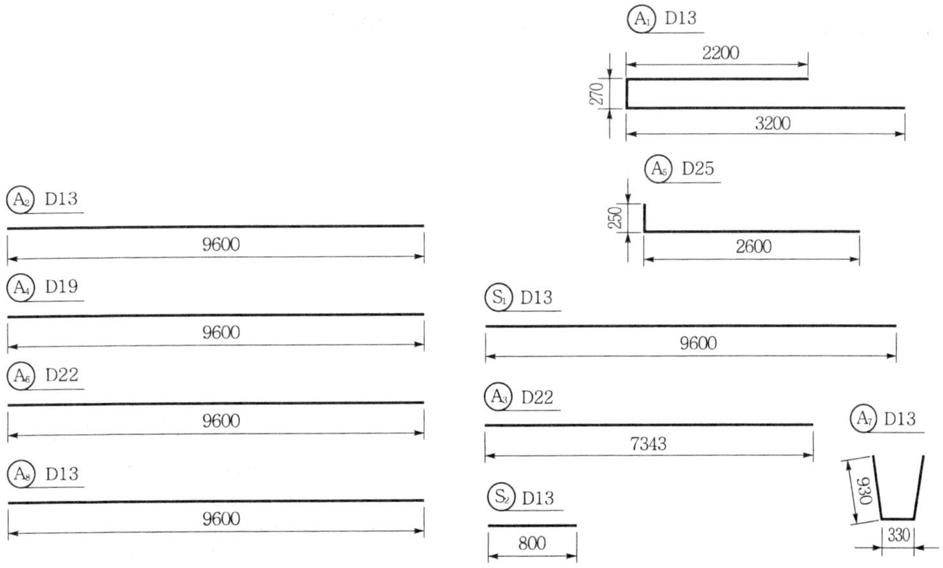

조건

① A_1, A_3, A_7, S_2 철근은 피복두께가 좌우로 각각 200mm이며, 300mm 간격으로 배근한다.
② A_2, A_4, A_8 철근은 각 300mm 간격으로 배근한다.
③ A_6, S_1 철근은 각 200mm 간격으로 배근한다.
④ A_5 철근은 피복두께가 좌우로 200mm이며, 200mm 간격으로 배근한다.
⑤ 돌출부(전단 key) 부분의 거푸집은 사용하는 경우로 계산한다.
⑥ 철근의 이음과 할증은 무시한다.

(1) 폭이 10m인 교대의 콘크리트량을 구하시오. (단, 소수점 이하 4째자리에서 반올림하시오.)
(2) 폭이 10m인 교대의 거푸집량을 구하시오. (단, 소수점 이하 4째자리에서 반올림하시오.)
(3) 폭이 10m인 교대의 철근량을 구하시오.

기 호	직 경	길이(mm)	수 량	총 길이(mm)	기 호	직 경	길이(mm)	수 량	총 길이(mm)
A_1					A_7				
A_5					S_1				

답 · 풀이

문제 22

heaving이 발생할 우려가 있는 지반의 대책을 3가지만 쓰시오.

답 ①

②

③

문제 23

다음의 작업 리스트를 이용하여 아래 물음에 답하시오. (단, 표준일수에 대한 간접비가 60만 원이고, 1일 단축 시 5만 원씩 감소하며, 표준일수에 대한 직접비는 60만 원이다.)

작업명	선행작업	후속작업	표준일수	특급일수	1일 단축하는데 필요한 직접비용 증가액(만 원/일)
A	-	B, C	5	2	6
B	A	E	4	2	4
C	A	F	6	4	7
D	-	G	5	4	5
E	B	H	6	3	8
F	C	-	4	3	5
G	D	H	7	5	8
H	E, G	-	5	3	9

(1) Net Work(화살선도)를 작도하고 표준일수에 대한 CP를 구하시오.

(2) 최적공기와 그 때의 총 공사비를 구하시오.

답 · 풀이

문제 24

다음과 같은 지형에서 시공기준면의 표고를 10m로 할 때 총 토공량은 얼마인가? (단, 격자점의 숫자는 표고를 나타내며 단위는 m이다.)

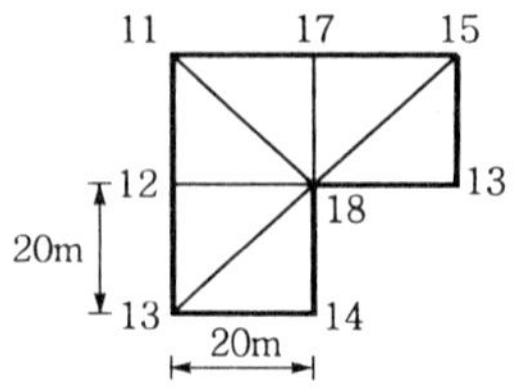

답 · 풀이

문제 25

다음은 피어 시공방법 중 무슨 방법에 관한 설명인가?

> 비트(bit)를 회전시켜 굴착한 흙을 굴착 파이프(drill pipe)를 통해 물과 함께 배출하는 공법이다. 이 공법에서는 굴착 파이프를 연장해 주는 것만으로 연속굴착이 가능하며, 다른 공법에서처럼 버킷을 끌어올릴 필요가 없으므로 작업능률이 좋다.

답 ▶ ....

2008년도 정답 및 해설

정/답/및/해/설 2008년도 1차(04.20 시행)

정답·해설 01

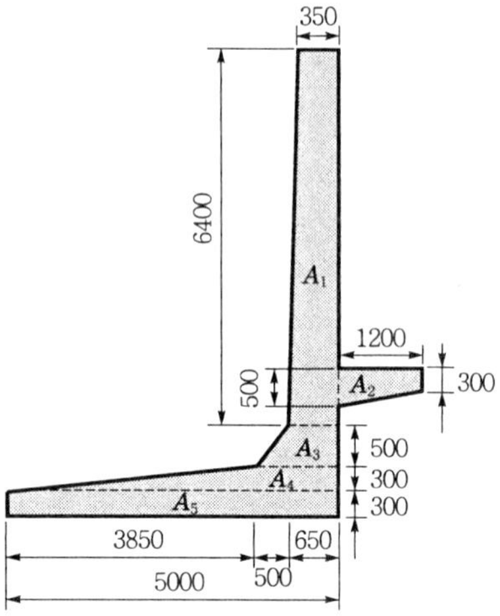

(1) 길이 1m에 대한 콘크리트량

① $A_1 = \dfrac{0.35+0.65}{2}\times 6.4 = 3.2\text{m}^2$

② $A_2 = \dfrac{0.3+0.5}{2}\times 1.2 = 0.48\text{m}^2$

③ $A_3 = \dfrac{0.65+1.15}{2}\times 0.5 = 0.45\text{m}^2$

④ $A_4 = \dfrac{1.15+5}{2}\times 0.3 = 0.9225\text{m}^2$

⑤ $A_5 = 5\times 0.3 = 1.5\text{m}^2$

⑥ 콘크리트량$= (A_1 + A_2 + \cdots + A_5)\times 1$

$= 6.5525\times 1 = 6.553\text{m}^3$

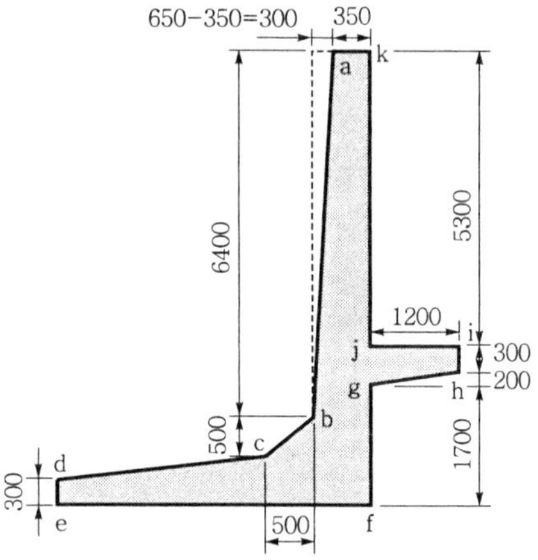

(2) 길이 1m에 대한 거푸집량

① $\overline{ab} = \sqrt{0.3^2+6.4^2} = 6.407\text{m}$

② $\overline{bc} = \sqrt{0.5^2+0.5^2} = 0.7071\text{m}$

③ $\overline{de} = 0.3\text{m}$

④ $\overline{gf} = 1.7\text{m}$

⑤ $\overline{gh} = \sqrt{1.2^2+0.2^2} = 1.21655\text{m}$

⑥ $\overline{hi} = 0.3\text{m}$

⑦ $\overline{jk} = 5.3\text{m}$

⑧ 거푸집의 길이=①+②+……+⑦= 15.931m

⑨ 거푸집량= $15.931\times 1 = 15.931\text{m}^2$

(3) 길이 1m에 대한 철근량

① 단면도상 선으로 보이는 철근(W_1, F_1, K_2, H)

- 철근개수 ⇨ $\dfrac{\text{단위길이(1m)}}{\text{철근간격}}$

기 호	직 경	본당길이(mm)	수 량	총 길이(mm)	수량 산출근거
W_1	D 16	210+7308 = 7518	5	37,590	수량= $\dfrac{1}{0.2}$ = 5개 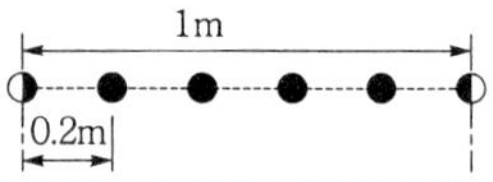 1m 0.2m
F_1	D 16	100+4845+465 = 5410	5	27,050	
K_2	D 16	286+1651+100 = 2037	5	10,185	
H	D 16	100+2036+100 = 2236	5	11,180	

② 단면도상 점으로 보이는 철근

- W_5, F_4, F_5 철근개수 ⇨ 간격수+1, 혹은 단면도상의 개수
- K_3 철근 ⇨ 단면도상의 개수

기 호	직 경	본당길이(mm)	수 량	총 길이(mm)	수량 산출근거
W_5	D 16	1000	68	68,000	수량=(33+1)×2(좌 · 우)=68개
F_4	D 13	1000	24	24,000	수량=23+1=24개
F_5	D 16	1000	24	24,000	수량=23+1=24개
K_3	D 16	1000	6	6000	단면도상의 개수를 센다.

③ S_1, S_2 철근개수 ⇨ $\dfrac{\text{단위길이(1m)}}{\text{간격}\times 2}\times$개소

기 호	직 경	본당길이(mm)	수 량	총 길이(mm)	수량 산출근거
S_1	D 13	356+100×2=556	12.5	6950	수량 $= \dfrac{1}{0.2\times2}\times5 = 12.5$개 ※ S_1의 간격은 W_1의 간격과 같다.
S_2	D 13	445+282×2+ 100×2=1209	12.5	15,113	수량 $= \dfrac{1}{0.4\times2}\times10 = 12.5$개 ※ S_1의 간격은 F_1의 간격과 같다.

④ 철근물량표(단, mm 단위 이하는 반올림하여 mm까지 구하시오.)

기 호	직 경	길이(mm)	수 량	총 길이(mm)	기 호	직 경	길이(mm)	수 량	총 길이(mm)
W_1	D 16	7518	5	37,590	F_5	D 16	1000	24	24,000
W_5	D 16	1000	68	68,000	K_2	D 16	2037	5	10,185
H	D 16	2236	5	11,180	K_3	D 16	1000	6	6000
F_1	D 16	5391	5	27,050	S_1	D 13	556	12.5	6950
F_4	D 13	1000	24	24,000	S_2	D 13	1209	12.5	15,113

정답·해설 02

(1) ① 공정표

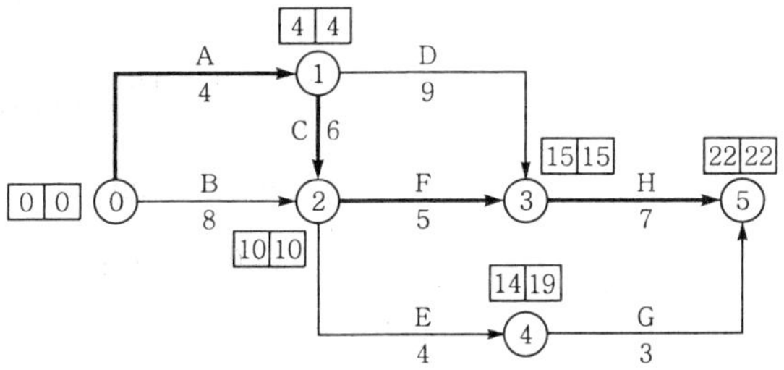

② CP : ⓪ → ① → ② → ③ → ⑤

(2) ① 비용경사(cost slope)

작업명	단축가능일수	비용경사(만 원)
A	1	$\dfrac{280-210}{4-3}=70$
B	2	$\dfrac{560-400}{8-6}=80$
C	2	$\dfrac{600-500}{6-4}=50$
D	2	$\dfrac{600-540}{9-7}=30$
E	3	$\dfrac{1100-500}{4-1}=200$
F	1	$\dfrac{240-150}{5-4}=90$
G	0	0
H	1	$\dfrac{750-600}{7-6}=150$

② 공기단축

단축단계	작업명	단축일수	추가비용(extra cost)	공기(일)	비 고
1단계	C	2	2×50만 원=100만 원	20	최적공기
2단계	D, F	1	1×120만 원=120만 원	19	

③ 총 공사비가 최소가 되는 최적공기=22−2=20일

정답·해설 03

① $C_c = 0.009(W_L - 10) = 0.009 \times (60-10) = 0.45$

② $\Delta H = \dfrac{C_c}{1+e_1}\log\dfrac{P_2}{P_1} \cdot H$

$= \dfrac{0.45}{1+1.4}\log\dfrac{18.2}{10} \times 5 = 0.2438\text{m} = 24.38\text{cm}$

정답·해설 04

(1) ① 굴착토량

$V = \dfrac{h}{3}[A_1 + 4(A_2 + A_4 + \cdots\cdots) + 2(A_3 + A_5 + \cdots\cdots) + A_n]$

$= \dfrac{h}{3}[A_1 + 4(A_2 + A_4) + 2A_3 + A_5]$

$= \dfrac{20}{3}[1400 + 4(950+250) + 2 \times 600 + 100] = 50{,}000\text{m}^3$

② 성토의 단면적$= \dfrac{7+(6+7+6)}{2} \times 4 = 52\text{m}^2$

③ 도로의 길이$= \dfrac{50{,}000 \times C}{52} = \dfrac{50{,}000 \times 0.9}{52} = 865.38\text{m}$

(2) ① power shovel 작업량(문제의 조건에서 $f=1$이므로 작업량을 흐트러진 토량으로 구한다.)

$Q = \dfrac{3600 \cdot q \cdot k \cdot f \cdot E}{C_m} = \dfrac{3600 \times 1 \times 0.95 \times 1 \times 0.8}{20} = 136.8\text{m}^3/\text{h}$

② power shovel 5대의 1일 작업량 $= 136.8 \times 6 \times 5 = 4104\text{m}^3$

③ 작업일수$= \dfrac{50{,}000 \times L}{4104} = \dfrac{50{,}000 \times 1.2}{4104} = 14.62 = 15$일

(3) 총 유류소모량$= 14.62 \times 6 \times 5 \times 4 = 1754.4l$

정답·해설 05

(1) 점토의 밀도

① $S \cdot e = wG_s$ $\quad 1 \times e = 0.3 \times 2.68 \quad \therefore e = 0.8$

② $\gamma_{sat} = \dfrac{G_s + e}{1+e} \cdot \gamma_w = \dfrac{2.68+0.8}{1+0.8} \times 1 = 1.93\text{t/m}^3$

(2) A점에서의 최대 굴착깊이

① $\sigma = (7.5 - H) \cdot \gamma_{sat} = (7.5 - H) \times 1.93$

② $U = \gamma_w \cdot h = 1 \times 4.5 = 4.5\text{t/m}^2$

③ $\bar{\sigma} = 0$일 때 heaving이 발생하므로

$\bar{\sigma} = \sigma - U = (7.5 - H) \times 1.93 - 4.5 = 0 \qquad \therefore H = 5.17\text{m}$

정답·해설 06

① $R_u = \dfrac{W_h he}{S+\dfrac{1}{2}(C_1+C_2+C_3)} \cdot \left(\dfrac{W_h+n^2 W_p}{W_h+W_p}\right)$

$= \dfrac{600\times 0.5}{0.5+\dfrac{1}{2}\times 1}\times \dfrac{2+0.5^2\times 4}{2+4} = 150\text{t}$

② $R_a = \dfrac{R_u}{F_s} = \dfrac{150}{3} = 50\text{t}$

정답·해설 07

① 슈트식 여수로(chute spill way)
② 측수로 여수로(side channel spill way)
③ 그롤리 홀 여수로(grolley hole spill way)
④ 사이펀 여수로(siphon spill way)

정답·해설 08

① $P_a = \dfrac{1}{2}\gamma h^2 K_a = \dfrac{1}{2}\gamma h^2 \tan^2\left(45° - \dfrac{\phi}{2}\right)$

$= \dfrac{1}{2}\times 1.75\times 5^2\times \tan^2\left(45° - \dfrac{31°}{2}\right) = 7\text{t/m}$

② $F_s = \dfrac{Wb+P_V B}{P_H \cdot y} = \dfrac{Wb}{P_a \cdot y}$

$= \dfrac{\left\{(1+5)\times\dfrac{2}{2}\times 2.4\right\}\times\dfrac{1+2\times 5}{1+5}\times\dfrac{2}{3}+\{(1\times 5)\times 2.4\}\times 2.5}{7\times\dfrac{5}{3}} = 4.08$

정답·해설 09

① $\text{RQD} = \dfrac{12+10+15+20}{100}\times 100 = 57\%$

② RQD=57%이므로 "보통"이다.
(∵ 보통 암질의 RQD = 50~75%)

정답·해설 10

① 압밀촉진 : 연약지반 상부의 배수층 형성
② 지하수위 저하 : 성토 내 지하 배수층 형성
③ 시공기계의 주행성(trafficability) 확보

정답·해설 11

① 토취장의 건조밀도

$\gamma_d = \dfrac{\gamma_t}{1+\dfrac{w}{100}} = \dfrac{1.83}{1+\dfrac{20}{100}} = 1.53\text{t/m}^3$.

② 다짐 후의 건조밀도

$$\gamma_d = \frac{\gamma_t}{1+\frac{w}{100}} = \frac{1.95}{1+\frac{12}{100}} = 1.74\text{t/m}^3$$

③ $C = \frac{\text{본바닥 흙의 } \gamma_d}{\text{다짐 후의 } \gamma_d} = \frac{1.53}{1.74} = 0.88$

정답·해설 12

① 강도의 발현이 저하된다.　② 강열감량이 증가한다.
③ 응결이 지연된다.　④ 비중이 작아진다.

정답·해설 13

① 건물경사계(tilt meter)
② 변형률계(strain gauge)
③ 하중계(load cell)

정답·해설 14

① 굴착치환공법　② 강제치환공법　③ 폭파치환공법

정답·해설 15

① 베인시험　② 이스키미터시험　③ 스웨덴식 관입시험

정답·해설 16

$$R = \frac{V^2}{127(i+f)}$$

$$710 = \frac{120^2}{127(i+0.10)} \qquad \therefore\ i = 0.06 = 6\%$$

정답·해설 17

① 5　② 7　③ 9

정답·해설 18

(1) $V = Ki = (5\times10^{-5}) \times \frac{700}{5000} = 7\times10^{-6}\text{cm/sec}$

(2) ① $n = \frac{e}{1+e} = \frac{0.5}{1+0.5} = 0.33$

② $V_s = \frac{V}{n} = \frac{7\times10^{-6}}{0.33} = 2.12\times10^{-5}\text{cm/sec}$

(3) Darcy 법칙에서 A는 흙의 단면 전체를 생각하고 있으며 물의 흐름에 대한 공극의 단면이 아니기 때문에 V와 V_s가 다르다.

정답·해설 19

① 철제 드럼(drum)
② 하이드로셀 샌드위치(hydro cell sandwich)
③ 모래채우기 플라스틱통

정답·해설 20

① $\Sigma V=0$
$6+8=2\times BL$에서 $BL=7$ ……………………………… ㉠
② $\Sigma M_0=0$
$6\times1+8\times4=2\times BL\times\dfrac{L}{2}$에서 $BL^2=38$ ……………… ㉡
식 ㉠, ㉡에서 $L=5.43\text{m}$, $B=1.29\text{m}$

정답·해설 21

① $f_{cr}=f_{ck}+1.34s=28+1.34\times2.4=31.22\text{MPa}$
② $f_{cr}=(f_{ck}-3.5)+2.33s$
$=(28-3.5)+2.33\times2.4=30.09\text{MPa}$
$\therefore\ f_{cr}=31.22\text{MPa}$

정답·해설 22

① 매입길이에 의한 방법
② 갈고리에 의한 방법
③ 철근의 가로방향에 T형이 되도록 용접하는 방법
④ 특별한 정착장치를 사용하는 방법

정답·해설 23

유압 해머

정답·해설 24

① 단층, 균열, 연약면 등에 의한 암석의 강도 저하
② 천공 시 잘못으로 인한 국부적인 장약공의 집중현상
③ 점화순서 착오에 의한 지나친 지발시간
④ 과다한 장약량

정답·해설 25

$S_{(기초)}=\dfrac{150\times20}{30}=100\text{mm}$

정답·해설 01

① 고로 시멘트 ② 포졸란 시멘트(실리카 시멘트) ③ 플라이애시 시멘트

정답·해설 02

① 축도법 ② 비계식(발판식) ③ 예항식(부동식)

정답·해설 03

① 계획기간 동안 설계차선에 대한 등가단축하중 교통량(ESAL)
② 환경적 영향요소(ΔPSI)
③ 신뢰도
④ 노반의 강도

정답·해설 04

① 지오텍스타일(geotextile) ② 지오맴브레인(geomembrane)
③ 지오그리드(geogrid) ④ 지오콤포지트(geocomposite)

정답·해설 05

soil nailing 공법

정답·해설 06

① 전체공정의 진도파악이 용이하다.
② 계획과 실적의 진도파악이 용이하다.
③ 시공속도 파악이 용이하다.
④ banana 곡선에 의하여 관리목표가 얻어진다.

정답·해설 07

① 응력해방에 의한 지반의 이완
② 선단에 슬라임 퇴적
③ 지지층 요철로 말뚝이 지지층에 도달하지 못함
④ 지지층의 두께가 지반조사 결과보다 얇음

정답·해설 08

① $\dfrac{\text{RQD}}{J_n}$: 암반을 형성하는 block의 크기

② $\dfrac{J_r}{J_a}$: 절리의 전단강도

③ $\dfrac{J_w}{\text{SRF}}$: 암반의 응력상태

정답·해설 09

① 콘크리트의 탄성변형
② PS 강재와 시스 사이의 마찰
③ 정착장치의 활동

정답·해설 10

① 건조밀도로 판정 ② 포화도 또는 공기 공극률로 판정
③ 강도로 판정 ④ 상대밀도로 판정
⑤ 변형량으로 판정

정답·해설 11

① 선단정착형 ② 전면접착형 ③ 혼합형

정답·해설 12

(1) 한 경간(1span)에 대한 콘크리트량

$$=\left(0.2\times0.1+\frac{0.35+0.8}{2}\times0.6+\frac{0.3+0.05}{2}+4.55\times0.5\right)\times2\times7.98$$

$=42.2541 ≒ 42.254\text{m}^3$

(2) 한 경간(1span)에 대한 아스팔트 포장량

$=4.5\times2\times7.98\times0.05=3.591\text{m}^3$

(3) 한 경간(1span)에 대한 거푸집량

$$=(0.2+0.1+0.15+\sqrt{0.45^2+0.6^2}+4.55+\sqrt{0.05^2+0.3^2})\times2\times7.98+2.6475\times2\times2$$

$=107.2140445 ≒ 107.214\text{m}^2$

(4) 한 경간(1span)에 대한 철근량

기 호	직 경	본당길이(mm)	수 량	총 길이(mm)	기 호	직 경	본당길이(mm)	수 량	총 길이(mm)
B_1	D 29	8098	22	178,156	S_1	D 29	8530	49	417,970
C_1	D 13	1816	66	119,856	S_2	D 16	8500	57	484,500

✎ 참고

문제에서 구배를 고려하지 않는다는 조건이 있습니다.

정답·해설 13

(1) 단위 폭(1m)당 침투수량

① $K=\sqrt{K_h\times K_v}=\sqrt{(8\times10^{-5})\times(5\times10^{-4})}=2\times10^{-4}\text{cm/sec}$

② $Q=KH\dfrac{N_f}{N_d}=(2\times10^{-6})\times20\times\dfrac{3}{10}=1.2\times10^{-5}\text{m}^3\text{/sec}=1.04\text{m}^3\text{/day}$

(2) 간극수압

① 전수두$=\dfrac{n_d}{N_d}H=\dfrac{3}{10}\times20=6\text{m}$

② 위치수두$=-5\text{m}$

③ 간극수압$=\gamma_w\times$압력수두

$=1\times(6-(-5))=11\text{t/m}^2$

정답·해설 14

$$U = 1-(1-U_v)(1-U_h)$$
$$= 1-(1-0.85)(1-0.43) = 0.9145 = 91.45\%$$

정답·해설 15

① $R_u = \dfrac{W_h H}{S+0.254} = \dfrac{2\times 200}{1+0.254} = 318.98\text{t}$

② $R_a = \dfrac{R_u}{F_s} = \dfrac{318.98}{6} = 53.16\text{t}$

정답·해설 16

① $a_v = \dfrac{e_0 - e_1}{\sigma_1 - \sigma_0} = \dfrac{1.2-0.97}{0.4-0.2} = 1.15\text{cm}^2/\text{kg}$

② $m_v = \dfrac{a_v}{1+e_0} = \dfrac{1.15}{1+1.2} = 0.52\text{cm}^2/\text{kg}$

③ $C_v = \dfrac{k}{m_v \gamma_w} = \dfrac{3.0\times 10^{-7}}{0.52\times(1\times 10^{-3})} = 5.77\times 10^{-4}\text{cm}^2/\text{sec}$

④ $t_v = \dfrac{T_v H^2}{C_v}$

$t_{60} = \dfrac{0.287H^2}{C_v} = \dfrac{0.287\times 300^2}{5.77\times 10^{-4}} = 44{,}766{,}031.2$초

$= 518.13$일

정답·해설 17

$$F_s = \frac{Wb + P_V B}{P_H \cdot y} = \frac{Wb}{P_H \cdot y}$$
$$= \frac{\left(\dfrac{1.5\times 4}{2}\times 2.3\right)\times \dfrac{2\times 1.5}{3} + (1\times 4\times 2.3)\times 2}{\dfrac{1}{2}\times 1.8\times 4^2\times \tan^2\left(45^\circ - \dfrac{30^\circ}{2}\right)\times \dfrac{4}{3}} = 3.95$$

정답·해설 18

$$F_s = \frac{i_c}{i} = \frac{\dfrac{G_s - 1}{1+e}}{\dfrac{h}{L}} = \frac{0.7}{\dfrac{6}{6+5+5}} = 1.87$$

정답·해설 19

(1) 골재량의 수정 : 잔골재량을 x(kg), 굵은골재량을 y(kg)이라 하면

$x + y = 800 + 1200 = 2000$ ·············· ①

$0.03x + (1-0.05)y = 1200$ ·············· ②

식 ①, ②를 연립방정식으로 풀면

$x = 760.87\text{kg}$, $y = 1239.13\text{kg}$

(2) 표면수량 수정

잔골재 표면수량 = 760.87×0.04 = 30.43kg

굵은골재 표면수량 = 1239.13×0.005 = 6.20kg

(3) 현장배합

단위시멘트량 = 380kg

단위수량 = 180-(30.43+6.20) = 143.37kg

단위잔골재량 = 760.87+30.43 = 791.30kg

단위굵은골재량 = 1239.13+6.20 = 1245.33kg

정답·해설 20

① $C_m = \frac{l}{V_1} + \frac{l}{V_2} + t_g = \frac{80}{40} + \frac{80}{48} + 0.26 = 3.93$분

② $Q = \frac{60 \cdot q \cdot f \cdot E}{C_m}$

$= \frac{60 \times 2.3 \times \frac{1}{1.2} \times 0.85}{3.93} = 24.87\text{m}^3/\text{hr}$

정답·해설 21

(1) 성토량

① $V_1 = \frac{0+10}{2} \times 10 = 50\text{m}^3$

② $V_2 = \frac{10+20}{2} \times 20 = 300\text{m}^3$

③ $V_3 = \frac{20+40}{2} \times 20 = 600\text{m}^3$

④ $V_4 = \frac{40+42}{2} \times 20 = 820\text{m}^3$

⑤ $V_5 = \frac{42+10}{2} \times 20 = 520\text{m}^3$

⑥ $V_6 = \frac{10+0}{2} \times 10 = 50\text{m}^3$

⑦ $V = V_1 + V_2 + V_3 + \cdots + V_6 = 50 + 300 + 600 + 820 + 520 + 50 = 2340\text{m}^3$

(2) 성토량을 흐트러진 토량으로 환산

$= 2340 \times \frac{L}{C} = 2340 \times \frac{1.25}{0.88} = 3323.86\text{m}^3$

(3) 트럭의 적재량

$q_t = \frac{T}{\gamma_t} \cdot L = \frac{15}{1.7} \times 1.25 = 11.03\text{m}^3$

(4) 트럭의 연대수

$= \frac{3323.86}{11.03} = 301.35 = 302$대

정답·해설 22

① 연속 기초의 형상계수는 $\alpha = 1.0$, $\beta = 0.5$

② $\gamma_1 = \gamma_{sub} = 1.0\text{t/m}^3$

③ $q_u = \alpha c N_c + \beta B \gamma_1 N_r + D_f \gamma_2 N_q$

$= 1 \times 1 \times 6.5 + 0.5 \times 3 \times 1 \times 1.2 + 2 \times 1.7 \times 2.7 = 17.48\text{t/m}^2$

정답·해설 23

① $V_T = \alpha (C_1 \cdot C_2) V = 0.65 \times (1.35 \times 0.6) \times 55 = 28.96\text{cm/min}$

② $t = \frac{L}{V_T} = \frac{300 \times 15}{28.96} = 155.39$분$= 2.59$시간

정답·해설 24

(1) ① Nerwork 공정표

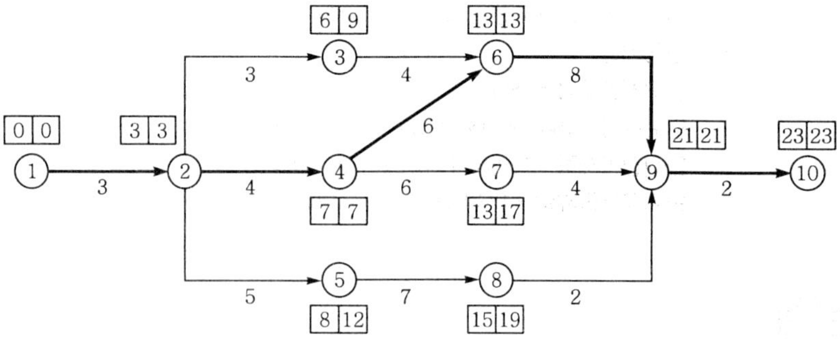

② CP : ① → ② → ④ → ⑥ → ⑨ → ⑩

(2) 일정계산

작업경로	소요일수	EST	EFT	LST	LFT	TF
① → ②	3	0	3	0	3	0
② → ③	3	3	6	6	9	3
② → ④	4	3	7	3	7	0
② → ⑤	5	3	8	7	12	4
③ → ⑥	4	6	10	9	13	3
④ → ⑥	6	7	13	7	13	0
④ → ⑦	6	7	13	11	17	4
⑤ → ⑧	7	8	15	12	19	4
⑥ → ⑨	8	13	21	13	21	0
⑦ → ⑨	4	13	17	17	21	4
⑧ → ⑨	2	15	17	19	21	4
⑨ → ⑩	2	21	23	21	23	0

정답·해설 25

$$F_s = \frac{q_{u(\mathrm{net})}}{\dfrac{Q}{A} - \gamma \cdot D_f} = \frac{22.5}{\dfrac{15,000}{20 \times 30} - 2 \times 5} = 1.5$$

정 / 답 / 및 / 해 / 설 2008년도 3차(11.02 시행)

정답·해설 01

① $\sigma = (10 - H)\gamma_{sat} = (10 - H) \times 1.9$

② $U = \gamma_w h = 1 \times 6 = 6\mathrm{t/m^2}$

③ $\bar{\sigma} = 0$일 때 heaving이 발생하므로

$\bar{\sigma} = \sigma - u = (10 - H) \times 1.9 - 6 = 0$ $\therefore H = 6.84\mathrm{m}$

정답·해설 02

① 굴착토량

$$V=\frac{h}{3}(A_1+4A_2+A_3)=\frac{20}{3}(100+4\times 70+50)=2866.67\text{m}^3$$

② back hoe 작업량

$$Q=\frac{3600\cdot q\cdot k\cdot f\cdot E}{C_m}=\frac{3600\times 1\times 0.8\times \frac{1}{1.2}\times 0.8}{20}=96\text{m}^3/\text{h}$$

③ back hoe 2대의 1일 작업량 $=96\times 8\times 2=1536\text{m}^3$

④ 공기 $=\frac{2866.67}{1536}=1.87 \fallingdotseq 2$일

정답·해설 03

① 직립제　　② 경사제　　③ 혼성제

참고

방파제(break water)

① 개요 : 방파제는 항내를 무풍상태로 유지하고 선박의 항행과 정박의 안전, 항내시설의 보존, 하역의 원활화를 위해 설치하는 구조물이다.

② 구조형식에 따른 분류

㉠ 직립제(직립방파제) : 벽체를 수직에 가깝게 한 것으로 주로 파도의 에너지를 반사시키는 것이다. 현장치기 콘크리트, 콘크리트 블록, 케이슨 등을 사용한다.

㉡ 경사제(경사방파제) : 벽체를 경사지게 한 것으로서 파도가 제체에 부딪쳐서 그 에너지를 줄게 한 것이다. 테트라포트(tetrapot), 콘크리트 블록, 막돌 등을 사용한다.

㉢ 혼성제(혼성방파제) : 사석부 위에 직립벽을 설치한 것이다.

정답·해설 04

① 토립자의 유출을 방지
② 역학적 완충역할
③ 코어재의 자기 치유작용을 지원

정답·해설 05

① 교대 뒷면의 토사 및 재하중에 의한 토압
② 다리 축방향에 작용하는 견인 및 제동력
③ 교량 위에서 궤도가 곡선을 이룰 때 일어나는 원심력
④ 풍하중

정답·해설 06

① **rod 길이에 대한 수정** : 심도가 깊어지면 rod의 변형에 의한 타격에너지의 손실과 마찰 때문에 해머의 효율이 저하되어 N치가 크게 나오므로 rod 길이가 15m보다 큰 경우에 대하여 수정한다.

② **토질에 대한 수정** : 포화된 미세한 실트질 모래지반에서 N치가 15 이상으로 조밀한 경우에는 샘플러의 관입 시 부의 간극수압이 발생하여 유효응력이 증가하게 되어 실제보다 N치가 크게 나타나므로 N치가 15 이상인 경우에 토질에 대하여 수정을 한다.

③ **상재압에 의한 수정** : 모래지반의 지표면 부근에서 N치가 작게 나오므로 수정한다.

정답·해설 07

$$P_n = \frac{P}{n} \pm \frac{M_y \cdot x}{\Sigma x^2} \pm \frac{M_x \cdot y}{\Sigma y^2}$$

$$P_1 = \frac{60}{9} - \frac{(60 \times 0.2) \times 0.5}{0.5^2 \times 6} + \frac{(60 \times 0.15) \times 0.5}{0.5^2 \times 6} = 5.67\text{t}$$

정답·해설 08

① 라인 드릴링공법 ② 쿠션 블라스팅공법
③ 스므스 블라스팅공법 ④ 프리 스프리팅공법

정답·해설 09

조립률이 F_a, F_b인 골재의 중량비 $x : y$로 혼합한 혼합골재의 조립률

$$FM = \frac{x}{x+y} F_a + \frac{y}{x+y} F_b$$
$$= \frac{1}{1+2} \times 3.5 + \frac{2}{1+2} \times 8 = 6.5$$

정답·해설 10

구스 아스팔트 포장(Guss asphalt pavement)

정답·해설 11

(1) 평균치

$$\bar{x} = \frac{\Sigma x}{n} = \frac{400}{16} = 25\text{MPa}$$

(2) ① $S = (28.4-25)^2 + (28.5-25)^2 + (26.3-25)^2 + \cdots + (26.9-25)^2 = 102.76$

② 표준편차

$$\sigma = \sqrt{\frac{S}{n-1}} = \sqrt{\frac{102.76}{16-1}} = 2.62\text{MPa}$$

③ 직선보간한 표준편차

$$\sigma = 2.62 \times 1.144 = 3.00\text{MPa}$$

(3) ① $f_{cr} = f_{ck} + 1.34S = 24 + 1.34 \times 3 = 28.02\text{MPa}$

② $f_{cr} = (f_{ck} - 3.5) + 2.33S = (24 - 3.5) + 2.33 \times 3 = 27.49\text{MPa}$

①, ② 중 큰 값이 배합강도이므로

$\therefore f_{cr} = 28.02\text{MPa}$

정답·해설 12

① 자연유하식 ② 머리빗식 ③ 오늬무늬식 ④ 차단식

정답·해설 13

$$C_p = \frac{|SL - \bar{x}|}{3\sigma} = \frac{|240 - 255|}{3 \times 5} = 1$$

정답·해설 14

① $U_{vh} = 1-(1-U_v)(1-U_h) = 1-(1-0.9)(1-0.2) = 0.92$

② $\Delta C = \frac{C}{P}\Delta P \cdot U = 0.18 \times (2 \times 5) \times 0.92 = 1.66\text{t/m}^2$

③ $C = C_0 + \Delta C = 5 + 1.66 = 6.66\text{t/m}^2$

정답·해설 15

① $P_{\text{No.200}} = 4.34\% < 50\%$이고 $P_{\text{No.4}} = 58.1\% > 50\%$ 이므로 모래이다.

② $C_u = \frac{D_{60}}{D_{10}} = \frac{2.27}{0.077} = 29.48 > 6$

$C_g = \frac{{D_{30}}^2}{D_{10} \cdot D_{60}} = \frac{0.54^2}{0.077 \times 2.27} = 1.67 = 1 \sim 3$이므로 양립도이다.

∴ SW이다.

정답·해설 16

① 콘크리트의 크리프
② 콘크리트의 건조수축
③ PS 강재의 릴락세이션

정답·해설 17

① $q_{u(\text{기초})} = q_{u(\text{재하판})} \times \frac{B_{(\text{기초})}}{B_{(\text{재하판})}} = 25 \times \frac{3}{0.3} = 250\text{t/m}^2$

② $S_{(\text{기초})} = S_{(\text{재하판})} \times \left[\frac{2B_{(\text{기초})}}{B_{(\text{기초})} + B_{(\text{재하판})}}\right]^2 = 10 \times \left[\frac{2 \times 3}{3+0.3}\right]^2 = 33.06\text{mm}$

정답·해설 18

$$F_s = \frac{c}{\gamma_{sat} Z \cos i \sin i} + \frac{\gamma_{sub}}{\gamma_{sat}} \cdot \frac{\tan\phi}{\tan i}$$
$$= \frac{1}{2 \times 5 \times \cos 20° \times \sin 20°} + \frac{1}{2} \times \frac{\tan 30°}{\tan 20°} = 1.1$$

정답·해설 19

① 와렌 트러스(warren truss)
② 프래트 트러스(pratt truss)
③ 하우 트러스(howe truss)
④ 파커 트러스(parker truss)
⑤ K 트러스(K-truss)

정답·해설 20

① 15m 이하에서 경제적이다.
② 재질이 균일하기 때문에 신뢰도가 높다.
③ 강도가 크기 때문에 지지말뚝에 적합하다.

정답·해설 21

(1) 콘크리트량

$$= \left[0.4 \times 1.265 + \frac{0.4 \times 2 + 1 \times 0.2}{2} \times 1 + \frac{(1.4 + 1 \times 0.2) \times 2 + 0.9 \times 0.2}{2} \times 0.9 \right.$$
$$+ \frac{(1.4 + 1.9 \times 0.2) \times 2 + 0.1 \times 0.2 - 0.1}{2} \times 0.1$$
$$+ \frac{(1.4 + 1.9 \times 0.2) + 0.1 \times 0.2 - 0.1 + 2.58}{2} \times 4 + \frac{2.58 + 0.62 + 5.2}{2} \times 0.1$$
$$\left. + 5.2 \times 0.9 + \frac{0.5 + 0.7}{2} \times 0.6 \right] \times 10 = 167.21\text{m}^3$$

(2) 거푸집량

$$= (2.265 + 0.9 + \sqrt{0.1^2 + 0.1^2} + \sqrt{4^2 + (4 \times 0.02)^2} + 0.9 + \sqrt{0.1^2 + 0.6^2} \times 2 + 1$$
$$+ \sqrt{6^2 + (6 \times 0.2)^2} + 1.265) \times 10 + 16.721 \times 2$$
$$= 211.517972 \fallingdotseq 211.518\text{m}^2$$

(3) 철근물량표

기 호	직 경	길이(mm)	수 량	총 길이(mm)	기 호	직 경	길이(mm)	수 량	총 길이(mm)
A_1	D 13	5670	33	187,110	A_7	D 13	2190	33	72,270
A_5	D 25	2850	49	139,650	S_1	D 13	9600	5	48,000

정답·해설 22

① 표토를 제거하여 하중을 적게 한다.
② 흙막이의 근입깊이를 깊게 한다.
③ 양질의 재료로 지반개량을 한다.
④ 굴착면에 하중을 가한다.
⑤ earth anchor를 설치한다.

정답·해설 23

(1) ① 공정표

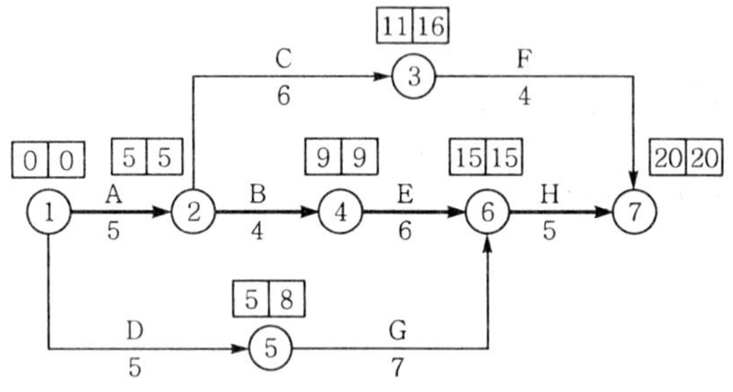

② CP : ① → ② → ④ → ⑥ → ⑦

(2) 최적공기와 총 공사비

단축 작업명	단축일수	기 간	직접비용 증가액(만 원)	직접비 (만 원)	간접비 (만 원)	총 공비 (만 원)
-	-	20일	-	60	60	60+60=120
B	1	19일	1×4=4	60+4=64	60−5=55	64+55=119
B	1	18일	1×4=4	64+4=68	55−5=50	68+50=118
A	1	17일	1×6=6	68+6=74	50−5=45	74+45=119

① 최적공기=18일
② 총 공사비=118만 원

정답·해설 24

$$V = \frac{ab}{6}(\Sigma h_1 + 2\Sigma h_2 + 3\Sigma h_3 + \cdots + 6\Sigma h_6)$$

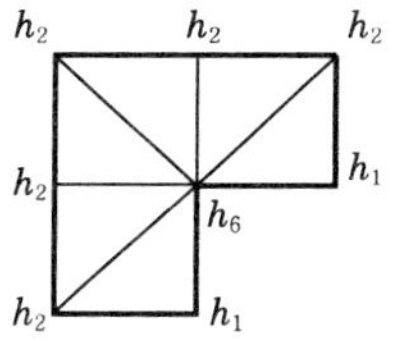

① $\Sigma h_1 = 3 + 4 = 7\text{m}$

② $\Sigma h_2 = 1 + 7 + 5 + 2 + 3 = 18\text{m}$

③ $\Sigma h_3 = 0$　　　④ $\Sigma h_4 = 0$

⑤ $\Sigma h_5 = 0$　　　⑥ $\Sigma h_6 = 8\text{m}$

$$\therefore\ V = \frac{20 \times 20}{6}(7 + 2 \times 18 + 6 \times 8) = 6066.67\text{m}^3$$

정답·해설 25

RCD 공법(역순환공법)

토목기사 실기

기출 문제

2007

2007년도 기출문제

- ▸1차 : 2007. 04. 22
- ▸2차 : 2007. 07. 08
- ▸3차 : 2007. 11. 04

과/년/도/기/출/문/제 2007년도 1차(04.22 시행)

문제 01

배점 10

다음과 같은 작업 리스트가 있다. 아래 물음에 답하시오.

작업명	선행작업	후속작업	표준일수 (일)	단축가능일수 (일)	1일 단축의 소요비용(만 원/일)
A	-	B, C	6	2	5
B	A	D	8	1	7
C	A	F	10	2	3
D	B	E	6	2	4
E	D	G	4	4	8
F	C	G	7	1	9
G	E, F	-	5	2	10

(1) Net Work(화살선도)를 작도하고, 표준일수에 대한 CP를 찾으시오.

(2) 공사기간을 4일 단축하고자 하는 경우 최소의 여분출비(extra cost)를 계산하시오.

답 · 풀이

문제 02

주어진 도면 및 조건에 따라 물량을 산출하시오.

배점 18

도로암거 (N.S)

단 면 도

(단위 : mm)

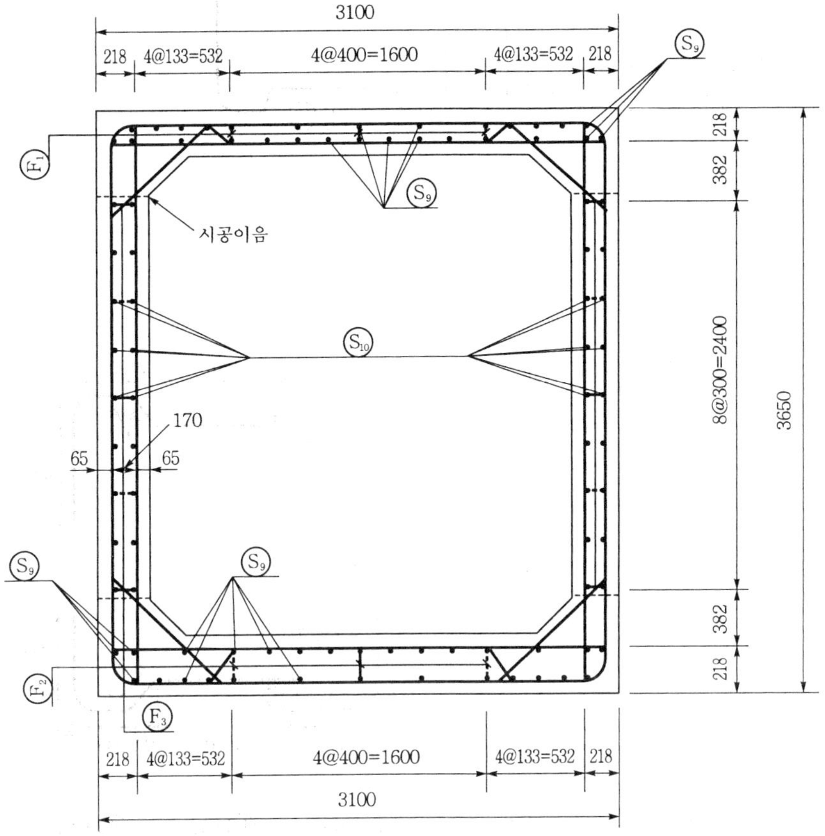

일 반 도

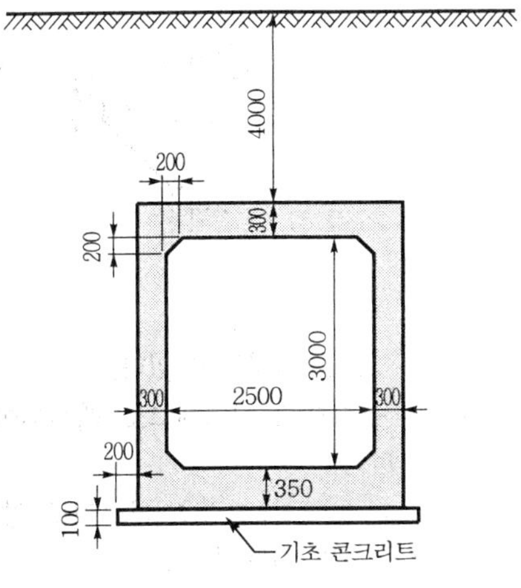

주철근 조립도

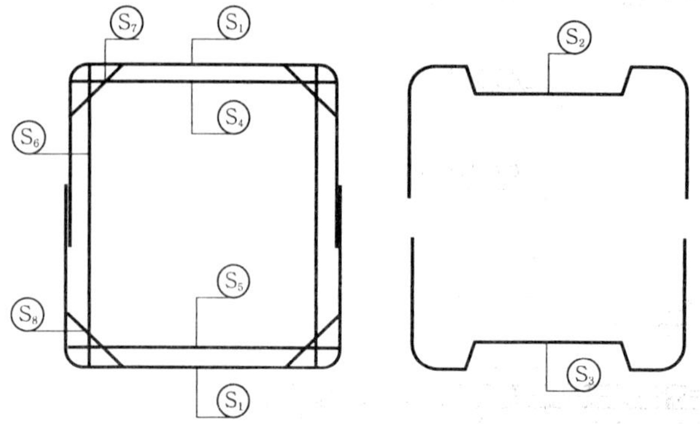

철근 상세도

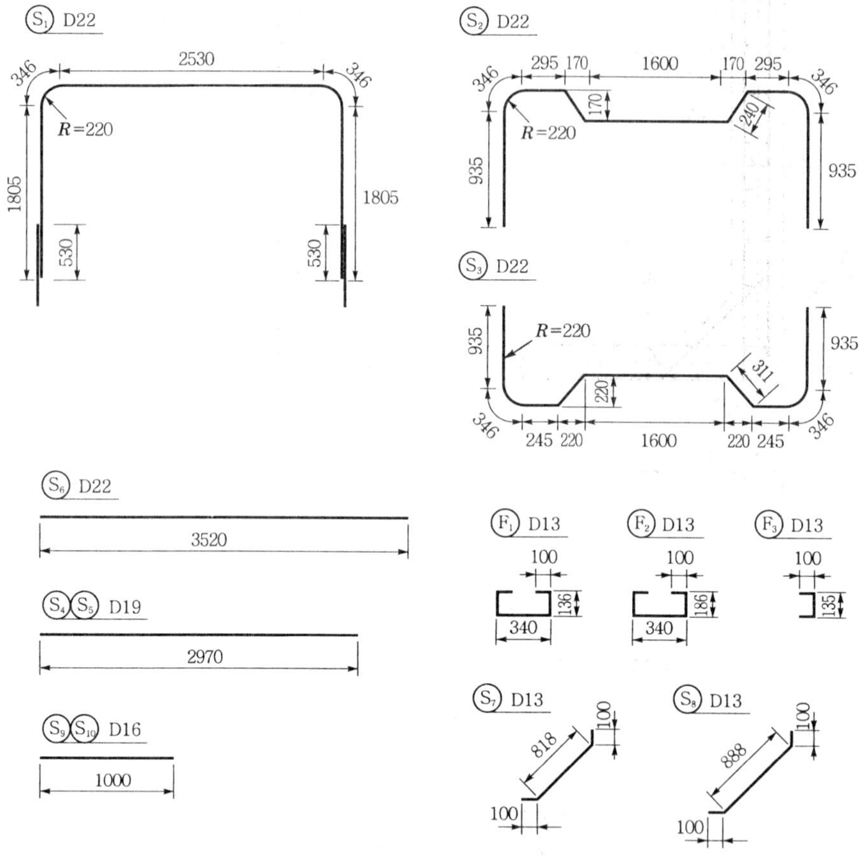

조건

① $S_1 \sim S_8$ 철근은 300mm 간격으로 배치되어 있다.

② F_1, F_2, F_3 철근은 300mm 간격으로 지그재그로 배치되어 있다.

③ 철근의 이음과 할증은 무시한다.

④ 지형상태는 일반도와 같으며, 터파기는 기초 콘크리트 양 끝에서 100cm 여유폭을 두고, 비탈기울기는 1 : 0.5로 한다.

⑤ 거푸집량의 계산에서 마구리면은 무시한다.

(1) 길이 1m에 대한 기초와 구체의 콘크리트량을 구하시오. (단, 소수 4째자리에서 반올림하시오.)

① 기초 콘크리트량

② 구체 콘크리트량

(2) 길이 1m에 대한 거푸집량을 구하시오. (단, 소수 4째자리에서 반올림하시오.)

(3) 길이 1m에 대한 터파기량을 구하시오. (단, 소수 4째자리에서 반올림하시오.)

(4) 길이 1m에 대한 철근량을 산출하기 위한 철근물량표를 완성하시오. (단, 소수 3째자리에서 반올림하시오.)

기 호	철근호칭	본당길이(mm)	수 량(개)	총 길이(mm)
S_1				
S_7				
S_9				
F_1				

답 · 풀이

문제 03

배점 3

그림과 같은 지반에 상부 모래지반까지 지하수위가 위치하고 있다가 3m 하강했을 때의 정규 압밀점토층에 발생하는 압밀침하량을 구하시오.

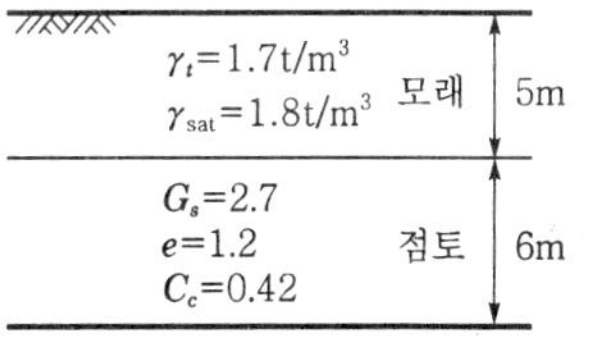

답 · 풀이

문제 04

배점 3

모터 그레이더로서 폭 W = 600m, 길이 l = 100m의 성토를 1회 정지하는데 필요한 시간(H)은 얼마인가? (단, 블레이드는 유효길이(B) = 3m, 전진속도(V_1) = 5km/h, 후진속도(V_2) = 6.5km/h, 작업계수(E) = 0.8, 소수 2째자리에서 반올림하시오.)

답 · 풀이

문제 05

성토부분의 보강토공법에 사용되는 재료로는 합성섬유계통의 지오텍스타일(geotextile)을 많이 사용하고 있다. 지오텍스타일이 갖는 주요기능 4가지를 쓰시오.

배점 4

답 ① .... ② .... ③ .... ④ ....

문제 06

케이슨(caisson)은 깊은기초 중 지지력과 수평저항력이 가장 큰 기초형식이다. 시공방법에 따라 3가지로 분류하시오.

배점 3

답 ① .... ② .... ③ ....

문제 07

외경 70cm, 두께 7cm의 강성관을 개착식으로 매설하고자 한다. 매설깊이는 관의 상단에서 2m이며, 터파기폭은 관의 상단에서 1.5m이다. 매설관에 작용하는 단위폭당의 하중은 몇 t/m인가? (단, 하중계수는 2.2이고 흙의 단위중량은 1.8t/m^{3}이고, Marston의 공식 사용.)

배점 3

답 · 풀이 ....

문제 08

한 사질토 사면의 경사가 26°로 측정되었다. 지표면으로부터 5m 깊이에 암반층이 존재하며, 사면 흙을 채취하여 토질시험을 한 결과 $c=0$, $\phi=42°$, $\gamma_{sat}=1.9$t/m^{3}였다. 갑자기 폭우가 쏟아져 지하수위가 지표면과 일치한 상태에서 침투가 발생한다면 이때 사면의 안전율은 얼마인가?

배점 3

답 · 풀이 ....

문제 09

숏크리트 타설 시 shotting 방법은 건식과 습식이 있다. 그 중 건식방법의 단점을 3가지만 쓰시오.

배점 3

답 ① ....

② ....

③ ....

문제 10

배점 2

콘크리트 포장에서 기온의 상승 등에 따라 콘크리트 슬래브가 팽창할 때 줄눈의 부적정 등으로 더 이상 팽창력을 지탱할 수 없을 때 생기는 좌굴현상으로 인하여 슬래브가 솟아 오르는 것을 무엇이라고 하는가?

답 ....

문제 11

배점 3

강상자형교(steel box girder bridge)는 얇은 강판을 상지형 단면으로 결합하여 외력에 저항하는 구조이다. 이러한 강상자형교를 box 단면의 구성형태에 따라 3가지로 분류하시오.

답 ① .... ② .... ③ ....

문제 12

배점 6

버킷용량이 $0.6m^3$인 백호와 15t 덤프트럭을 사용하여 토공사를 하고 있다. 다음 물음에 답하시오.

조건

- 흙의 단위중량 : $1.7t/m^3$
- 트럭의 적재 시 속도 : 30km/hr
- 싣기 대기시간 : 1분
- $L=1.25$, $C=0.85$
- 백호 사이클 타임 : 30초
- 백호의 효율 : 0.7
- 운반거리 : 5km
- 트럭의 공차 시 속도 : 25km/hr
- 흙뿌리기 시간 : 0.5분
- 백호의 버킷계수 : 1.1
- 트럭의 효율 : 0.9

(1) 백호의 시간당 작업량 $Q_s(m^3/h)$은 얼마인가?
(2) 덤프트럭의 시간당 작업량 $Q_t(m^3/h)$은 얼마인가?
(3) 덤프트럭의 소요대수(N)는 얼마인가?

답 · 풀이 ....

문제 13

원추형 콘관입시험(CPT)의 일종인 piezo cone으로 측정할 수 있는 값을 3가지만 쓰시오.

배점 3

답 ① ② ③

문제 14

NATM 터널공사 시 일상의 시공관리를 위하여 반드시 실시하여야 할 계측항목 3가지를 쓰시오.

배점 3

답 ① ② ③

문제 15

토류벽의 구성요소 3가지를 쓰시오.

배점 3

답 ① ② ③

문제 16

다짐 후 건조단위중량을 구하는 방법 3가지를 쓰시오.

배점 3

답 ① ② ③

문제 17

평판재하시험 결과로부터 항복하중을 구하는 방법 3가지를 쓰시오.

배점 3

답 ① ② ③

문제 18

암반의 초기응력 측정방법 3가지를 쓰시오.

배점 3

답 ① ② ③

문제 19

다음 그림과 같은 널말뚝에 작용하는 주동토압을 구하시오.

배점 3

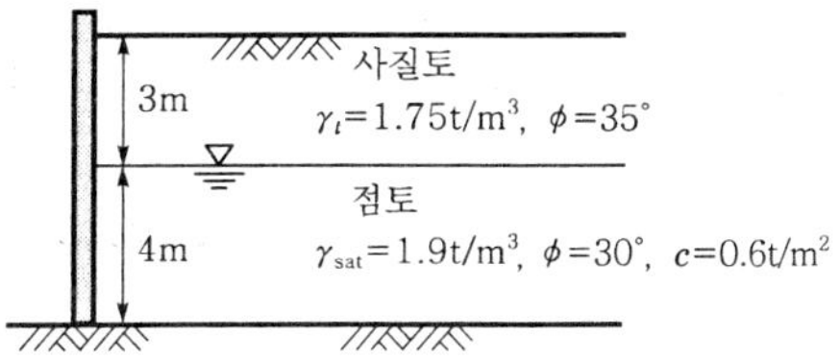

답 · 풀이

문제 20

콘크리트 $1m^3$를 만드는데 필요한 굵은골재량을 구하시오. (단, 단위시멘트량 = 220kg, 물 · 시멘트비 = 55%, 잔골재율(S/a) = 34%, 시멘트 비중 = 3.15, 모래 비중 = 2.65, 자갈 비중 = 2.7, 공기량=2%, 혼화제 = $1.23g/m^3$)

배점 3

답 · 풀이

문제 21

어떤 콘크리트구조물 공사에서 3개의 콘크리트시료에 대한 압축강도를 측정하여 각각 22.5MPa, 28.5MPa, 24MPa를 얻었다. 이 콘크리트시료의 변동계수를 구하고, 합격여부를 판정하시오. (단, 소수점 2째자리에서 반올림하시오.)

배점 4

답 · 풀이

문제 **22**

그림과 같은 방파제의 활동에 대한 안전율을 계산하시오. (단, 소수 3째자리에서 반올림하시오. 단, 파고(h) = 3.0m, 케이슨 단위중량(w) = 2.0t/m^3, 해수 단위중량(W) = 1.0t/m^3, 마찰계수(f) = 0.6, 파압 공식(P) = 1.5t/m^2)

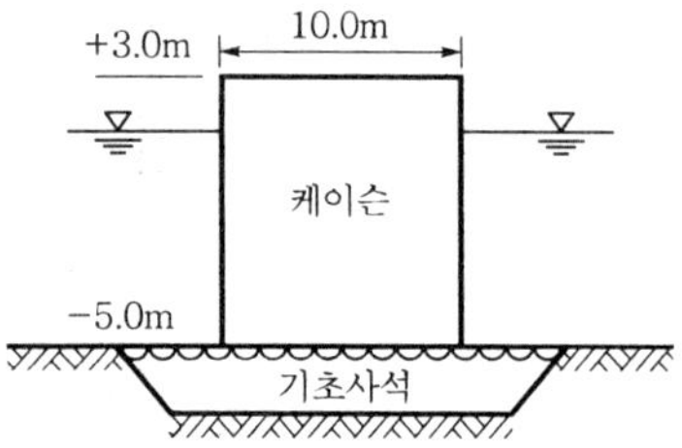

배점 3

답 · 풀이

문제 **23**

뒤채움 지표면에 재하중이 없는 높이 6m의 옹벽에 작용하는 전체 지진토압이 Mononobe - Okabe 이론에 의해 P_{ae} = 16t/m이고, 정적인 상태의 전토압이 P_a = 10t/m일 때 이 전체 지진토압의 작용위치는 옹벽 저면으로부터 몇 m로 보는가?

배점 3

답 · 풀이

문제 **24**

폭이 10cm, 두께 0.3cm인 페이퍼 드레인(paper drain)을 이용하여 점토지반에 0.6m 간격으로 정삼각형 배치로 설치했다면 sand drain 이론의 등가환산원의 지름을 구하시오.

배점 4

답 · 풀이

문제 25

배점 4

$c=0$, $\phi=30°$, $\gamma_t=1.8\text{t/m}^3$인 사질토지반 위에 근입깊이 1.5m인 정방형 기초가 있다. 이때 기초의 도심에 200t의 하중이 작용하고 지하수위의 영향은 없다고 본다. 이 기초의 폭 B는? (단, Terzaghi의 지지력 공식을 이용하고, 안전율은 $F_s=3$, 형상계수 $\alpha=1.3$, $\beta=0.4$, $\phi=30°$일 때 지지력계수는 $N_q=23$이다.)

답 · 풀이

문제 26

배점 2

다음 설명의 ( )에 알맞은 말을 써 넣으시오.

굵은골재 최대치수는 철근 순간격 최소거리의 (①), 부재 최소치수의 (②)이다.

답 ① ②

문제 01

리퍼로 암석을 파쇄하면서 불도저 작업을 실시하려고 한다. 리퍼의 작업능력이 $80m^3/h$이고, 불도저의 작업능력이 $50m^3/h$일 때 이들 기계의 조합작업에 의한 시간당 토공량을 계산하시오.

배점 3

답 · 풀이 ....

문제 02

콘크리트를 다질 때 사용되는 내부진동기의 사용방법에 대하여 ( )를 채우시오.

(1) 내부진동기를 하층의 콘크리트 속으로 ( )m 정도 찔러 넣는다.
(2) 내부진동기의 삽입간격은 일반적으로 ( )m 이하로 한다.
(3) 1개소당 진동시간은 ( )~( )초로 한다.

배점 3

답 (1) .... (2) .... (3) ....

문제 03

말뚝기초에 발생하는 부마찰력의 발생원인을 4가지 쓰시오.

배점 3

답 ① ....
② ....
③ ....
④ ....

문제 04

그림과 같이 지반에 피에조미터를 설치하였다. 성토한 순간에 수주가 지표면으로부터 8m 이었고, 3개월 후에 수주가 3m 되었다면 지하 6m 되는 곳의 압밀도와 과잉공극수압은 얼마인가?

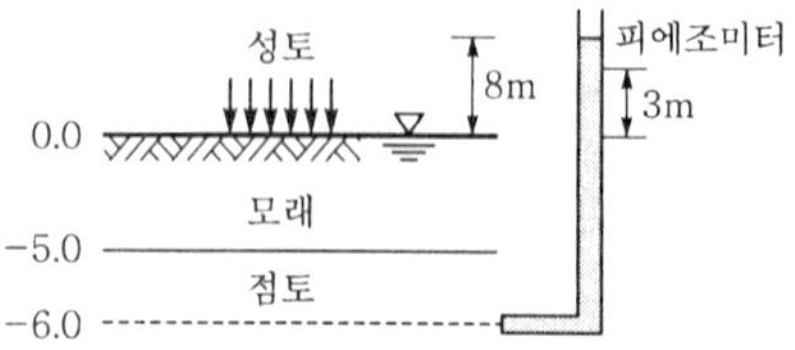

배점 3

답 · 풀이 ....

문제 05

배점 18

주어진 도면 및 조건에 따라 다음 물량을 산출하시오. (단, 주어진 도면의 치수는 축척에 맞지 않을 수 있으며, 주어진 치수로만 물량을 산출할 것)

단 면 도 (단위 : mm)

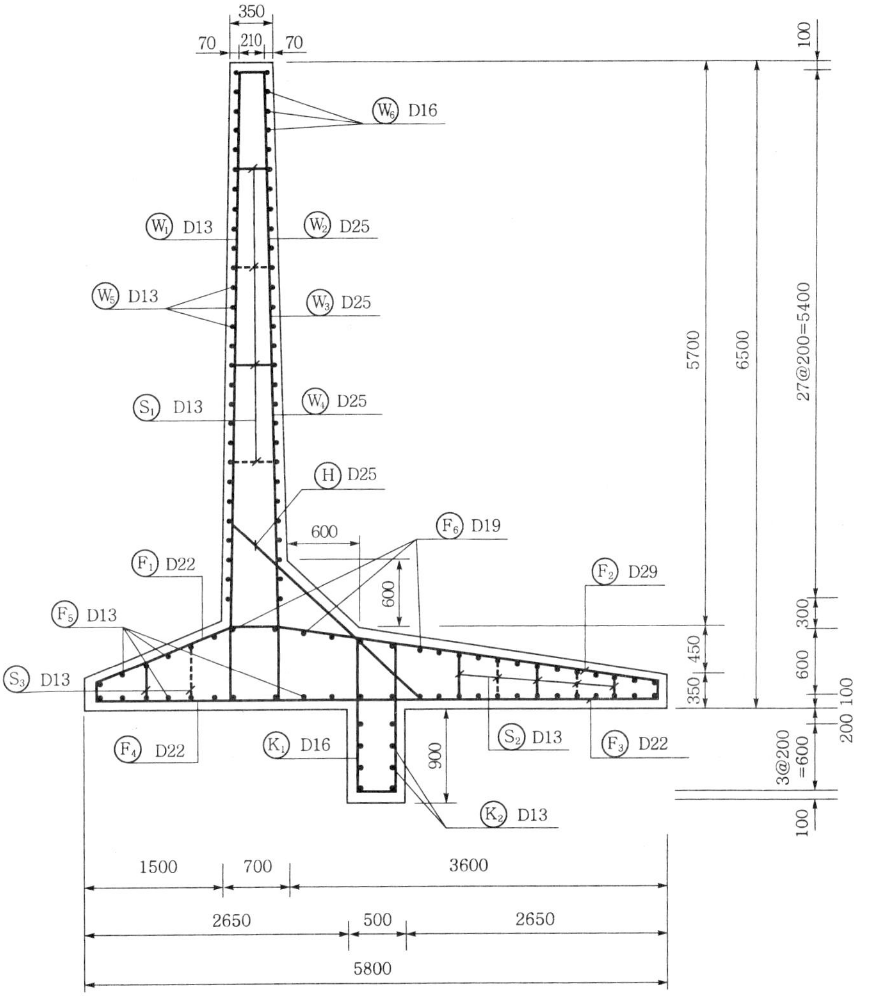

일 반 도

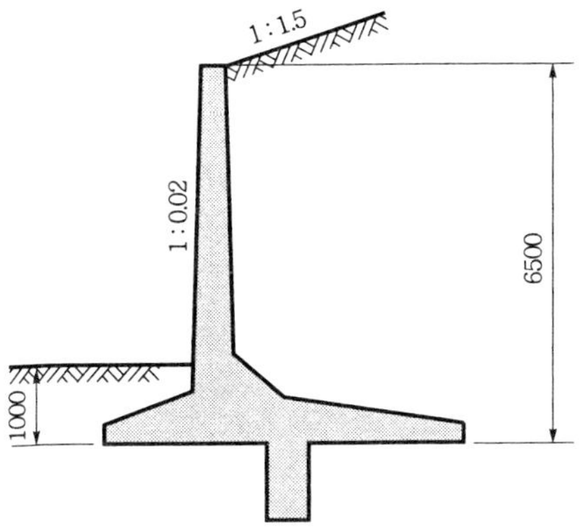

철근 상세도

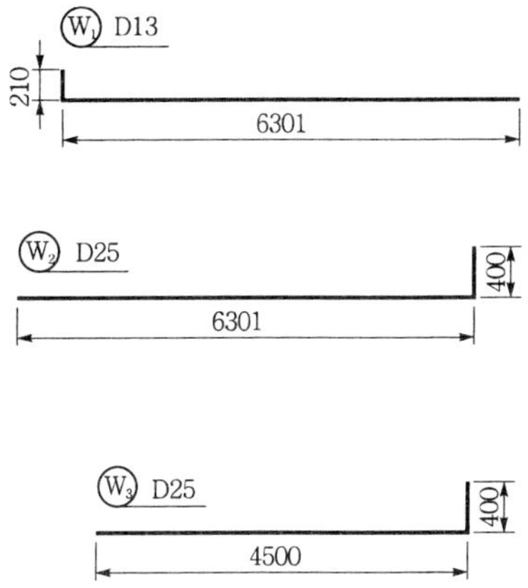

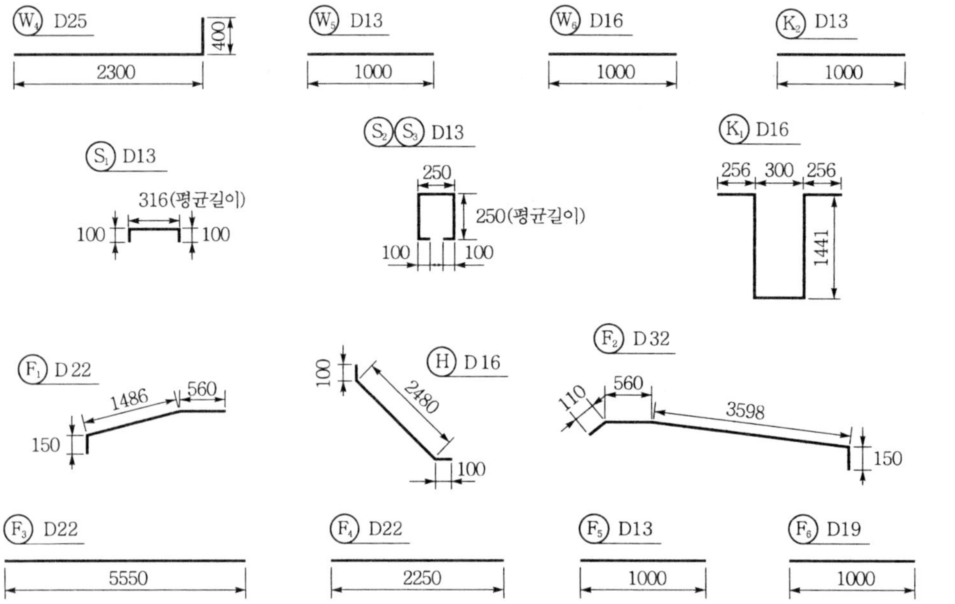

조건

① W_1, W_5, W_6, F_1, F_3, F_4, K_2 철근은 각각 200mm 간격으로 배근한다.
② W_2, W_3, W_4 철근은 각각 300mm 간격으로 배근한다.
③ F_2, K_1, H 철근은 각각 100mm 간격으로 배근한다.
④ S_1, S_2, S_3 철근은 지그재그로 배근한다.
⑤ 물량산출에서 할증률 및 마구리는 없는 것으로 하고 상세도에 표시되어 있지 않은 이음길이는 계산하지 않는다.

(1) 길이 1m에 대한 콘크리트량을 구하시오. (단, 소수 4째자리에서 반올림하시오.)
(2) 길이 1m에 대한 거푸집량을 구하시오. (단, 소수 4째자리에서 반올림하시오.)
(3) 길이 1m에 대한 철근량을 산출하기 위한 철근물량표를 완성하시오. (단, 소수 3째자리에서 반올림하시오.)

기 호	철근호칭	본당길이(mm)	수 량(개)	총 길이(mm)
W_1				
K_1				
F_2				
S_2				

답 · 풀이

문제 06

배점 3

단위시멘트량 320kg, 단위수량 165kg, 단위잔골재량 650kg, 단위굵은골재량 1200kg이 얻어졌다. 이 골재의 현장 야적상태가 표와 같을 때 이를 이용하여 현장배합 설계를 수행하여 단위수량, 현장 잔골재량, 현장 굵은골재량을 구하시오.

잔골재		굵은골재	
체	잔류량(g)	체	잔류량(g)
No.4	20	40mm	10
No.8	55	30mm	120
No.16	120	25mm	150
No.30	145	20mm	160
No.50	110	15mm	180
No.100	35	10mm	220
No.200	15	No.4	140
팬	0	팬	20
표면수 = 3%		표면수 = −1%	

답 · 풀이

문제 07

배점 3

차량이 곡선부를 주행할 때 원심력으로 인하여 곡선부 바깥쪽으로 미끄러지거나 전도할 위험이 있으므로 최소 곡선반경을 산정하여 차량이 안전하고 쾌적하게 주행할 수 있도록 하고 있다. 다음의 주어진 값을 적용하여 최소 곡선반경(m)을 구하시오.

조건

- 설계속도 : 100km/h
- 횡방향 미끄럼 마찰계수(f) = 0.11
- 편구매(i) = 6%

답 · 풀이

문제 08

배점 3

다음과 같은 모래지반에 위치한 댐의 piping에 대한 안정성을 검토하시오. (단, safe weighted creep ratio는 6.0)

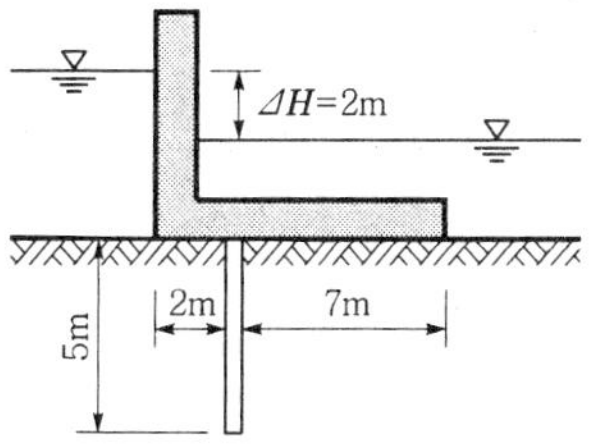

답 · 풀이

문제 09

그림과 같은 인장균열이 발생하여 지표면까지 수압이 작용한다면 $F_s = \dfrac{M_r}{M_0}$의 개념으로 F_s를 구하시오.

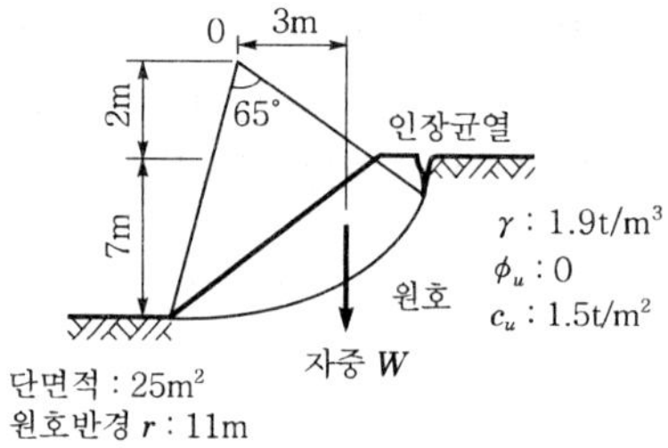

배점 3

답 · 풀이

문제 10

합성형교에서 강재 거더와 바닥판 콘크리트 사이에서 각종 하중의 조합에 의해서 발생하는 전단력에 저항하기 위해서 설치하는 장치의 이름을 쓰시오.

배점 2

답

문제 11

sand drain 공법과 단위중량 2.0t/m^{3}인 성토재를 5m 성토하여 연약지반을 개량하였다. 연직방향 압밀도=0.9, 수평방향 압밀도=0.2인 경우 개량된 지반의 강도는 얼마인가? (단, 개량 전 원지반강도는 C=5t/m^{2}이며, 강도증가비 C/P=0.18이다.)

배점 3

답 · 풀이

문제 12

아스팔트 포장 중 실코드(seal coat)의 중요목적 3가지만 쓰시오.

배점 3

답 ① ② ③

문제 13

배점 6

아래와 같이 백호로 굴착을 하고 통로박스 시공 후, 되메우기를 한다. 이때 15t 덤프트럭을 2대 사용하여 1일 작업시간을 6시간으로 하며, 덤프트럭의 $E=0.9$, $C_m=300$분일 경우 아래 물음에 답하시오. (단, 암거 길이는 10m, $C=0.9$, $L=1.25$, $\gamma_t=1.8\text{t/m}^3$)

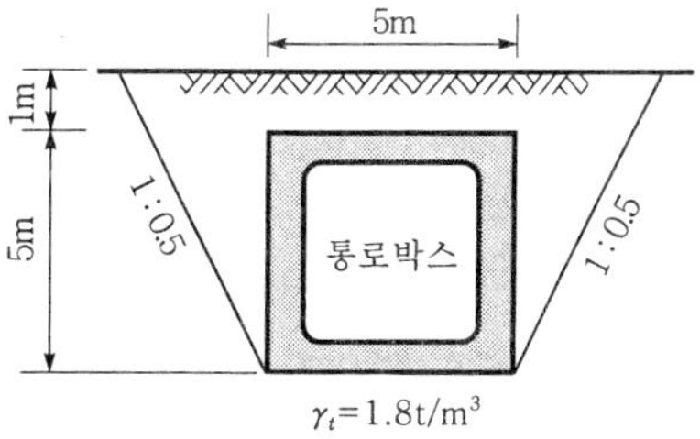

(1) 사토량을 본바닥 토량으로 구하시오.
(2) 덤프트럭 1대의 시간당 작업량을 구하시오.
(3) 덤프트럭 2대를 사용할 경우 사토에 필요한 소요일수는 며칠인가?

답 · 풀이

문제 14

배점 3

PS 콘크리트 교량건설공법 중 동바리를 사용하지 않는 현장타설공법의 종류 3가지를 쓰시오.

답 ① ② ③

문제 15

배점 3

PERT 기법에 의한 공정관리에서 정상적인 작업 소요시간이 28일, 가장 빨리 작업을 끝낼 수 있는 시간은 27일, 가장 늦더라도 35일까지는 작업을 끝낼 수 있다. 이 작업에 기대되는 공정상의 기대시간을 계산하시오.

답 · 풀이

문제 16

배점 3

말뚝의 정적 재하시험방법 3가지를 쓰시오.

답 ① ② ③

문제 17

얕은기초 지반의 파괴형태 3가지를 쓰시오.

배점 3

답 ① ② ③

문제 18

제어발파공법에 대하여 아래의 물음에 답하시오.

(1) 굴착계획선에 따라 무장약공열로 설치하고 인접공에 대한 발파에너지의 영향으로 공열에 의해 형성된 마감면까지 파괴시키는 제어발파공법은?

(2) 굴착선에 따라 폭파로 예비파괴 단면을 만들어 놓고 주폭약에 의한 진동, 파괴 등의 영향을 적게하고 여굴을 방지하는 공법은?

배점 3

답 (1) (2)

문제 19

흙막이공의 흙막이벽 근입깊이 계산 시 가장 중요한 것 3가지만 쓰시오.

배점 3

답 ① ② ③

문제 20

연약지반개량을 위한 sand drain 공법에서 sand pile 타입방법을 3가지만 쓰시오.

배점 3

답 ① ② ③

문제 21

상대다짐도가 95% 이상 되게 하려고 한다. 최대건조 단위중량은 1.94t/m^{3}이고 비중은 2.64이다. 들밀도시험 시 흙의 부피 $V=1630\text{cm}^3$, 무게 $W=2934\text{g}$, 함수비 $w=12.6\%$이었다. 이 시료의 합격 여부를 판정하시오.

배점 3

답 · 풀이

문제 22

그림과 같은 정방형 기초의 경우 Terzaghi의 지지력 공식을 이용하여 허용지지력과 순허용지지력을 구하시오. (단, 안전율은 3으로 하고, $N_c = 17.7$, $N_r = 5.0$, $N_q = 7.4$이다.)

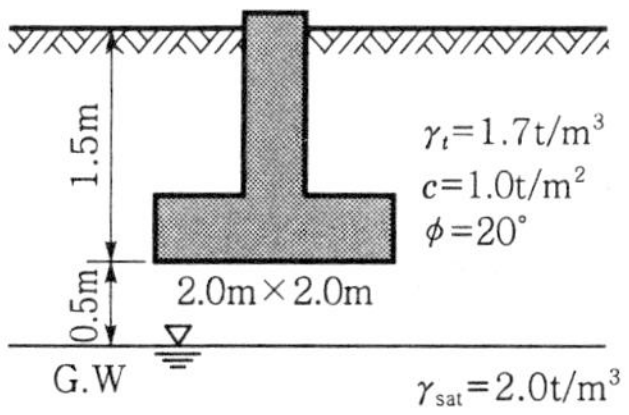

배점 3

답 · 풀이

문제 23

물로 포화된 실트질 세사의 표준관입시험 결과 $N=40$이 되었다면 수정 N값은? (단, 측정까지의 rod의 길이는 50m임.)

배점 3

답 · 풀이

문제 24

Q-system에서 고려되는 평가요소 4가지를 쓰시오.

배점 4

답 ① ② ③ ④

문제 25

한중 콘크리트 타설 시 비볐을 때의 콘크리트 온도가 25℃, 주위온도가 3℃, 비빈 후 타설이 끝났을 때의 시간은 1시간 30분이었다. 비빈 후 콘크리트의 온도를 구하시오.

배점 3

답 · 풀이

문제 01

배점 4

시멘트의 비중이 3.15, 잔골재의 비중이 2.62, 굵은골재의 비중이 2.67인 재료를 사용하여 물·시멘트비 55%, 단위수량 165kg/m^3, 단위 잔골재량 780kg/m^3인 배합을 실시하여 콘크리트의 단위중량을 측정한 결과가 2290kg/m^3일 경우 이 콘크리트이 단위 굵은골재량과 잔골재율을 구하시오.

답·풀이

문제 02

배점 3

자연함수비 12%인 흙으로 성토하고자 한다. 시방서에는 다짐한 흙의 함수비를 16%로 관리하도록 규정하였을 때 매 층마다 1m^2당 몇 l의 물을 살수해야 하는가? (단, 1층의 다짐 두께는 20cm이고, 토량변화율 $C=0.9$이며, 원지반상태에서 흙의 단위중량은 1.8t/m^3)

답·풀이

문제 03

배점 3

과압밀비(OCR)에 대하여 간단히 설명하시오.

답

문제 04

주어진 도면 및 조건에 따라 다음 물량을 산출하시오.

배점 18

단면도(N.S)

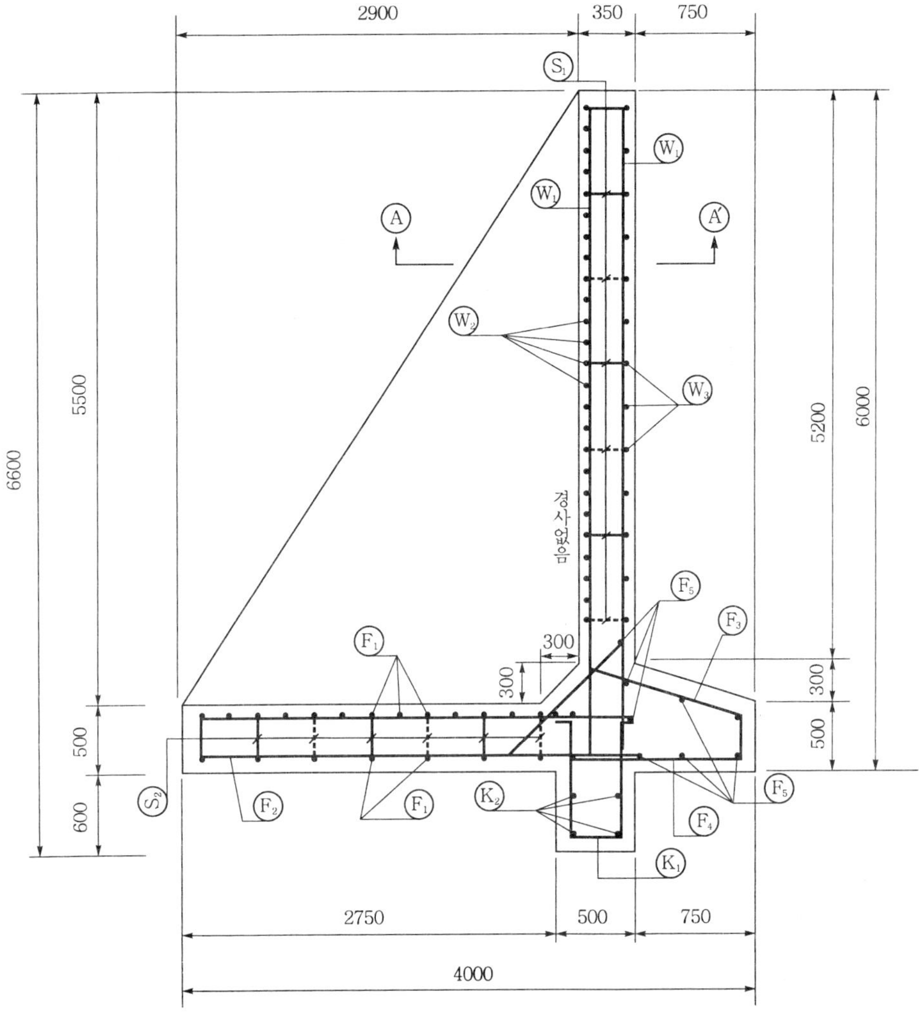

단면 A-A'(N.S)

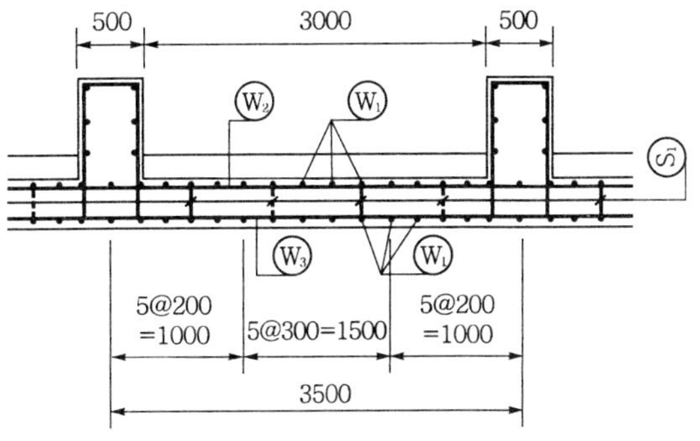

철근 상세도(N.S)

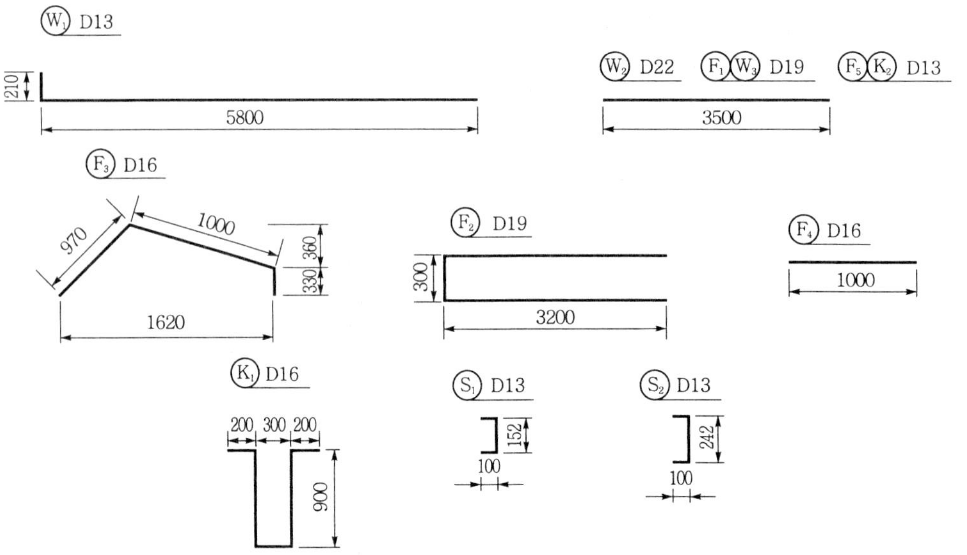

조건

① K_1, F_2, F_3, F_4 철근간격은 W_1 철근과 같다.
② S_1, S_2 철근은 단면도와 같이 지그재그로 계산한다.
③ 물량산출에서의 할증률 및 마구리는 없는 것으로 한다.
④ 철근길이 계산에서 이음길이는 계산하지 않는다.
⑤ 거푸집량의 산정 시 전단 key에 거푸집을 사용하는 경우로 한다.

(1) 옹벽길이 3.5m에 대한 전체 콘크리트량을 구하시오. (단, 소수 4째자리에서 반올림하시오.)

(2) 옹벽길이 3.5m에 대한 전체 거푸집량을 구하시오. (단, 소수 4째자리에서 반올림하시오.)

(3) 옹벽길이 3.5m에 대한 철근량을 산출하기 위한 다음 철근물량표를 완성하시오. (단, 수량은 소수 3째자리에서 반올림하시오.)

기 호	직 경	길이(mm)	수 량	총 길이(mm)	기 호	직 경	길이(mm)	수 량	총 길이(mm)
W_1					F_3				
W_2					F_5				
F_1					K_1				
F_2					S_1				

답 · 풀이

문제 05

배점 3

콘크리트를 거푸집에 타설한 후부터 응결이 종결할 때까지 발생하는 균열을 일반적으로 초기균열이라 한다. 초기균열은 그 원인에 의해 크게 나눌 수 있다. 3가지만 쓰시오.

답 ① .... ② .... ③ ....

문제 06

배점 3

어느 작업의 정상 소요일수는 15일이며, 가장 빨리 끝낼 경우 12일이 소요되고, 아무리 늦어도 20일 이내에는 끝낼 수 있다. 이 작업이 기대되는 소요일수를 계산하고, 이때의 분산을 구하시오.

답 · 풀이

문제 07

배점 3

관암거의 직경이 20cm, 유속이 0.8m/sec, 암거길이가 300m일 때 원활한 배수를 위한 암거낙차를 Giesler 공식을 이용하여 구하시오.

답 · 풀이

문제 08

배점 3

Meyerhof 공식을 이용하여 콘크리트말뚝 지름 30cm, 길이 14m인 말뚝을 표준관입치가 다른 3종의 지층으로 되어 있는 기초지반에 박을 경우 말뚝의 허용지지력을 구하시오. (단, 안전율은 3으로 계산하고, 최종 계산값을 소수 3째자리에서 반올림할 것.)

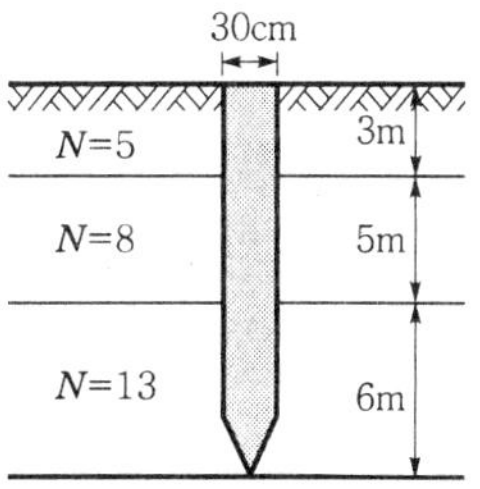

답 · 풀이

문제 09

80kg의 래머를 사용하여 보조기층의 다짐작업을 할 경우 시간당 작업량을 구하시오.

조건

- 1회의 유효찍기 다짐면적(A) = 0.033m^2
- 작업효율 = 0.5
- 토량 환산계수(f) = 0.7
- 1층의 끝손질두께 = 0.3m
- 1시간당의 찍기 다짐횟수 = 3600회
- 되풀이 찍기 다짐횟수 = 6회

배점 3

답 · 풀이

문제 10

그림과 같이 매우 넓은 20t/m^2의 등분포하중이 작용할 때 정규 압밀점토층에 발생하는 압밀침하량을 구하시오.

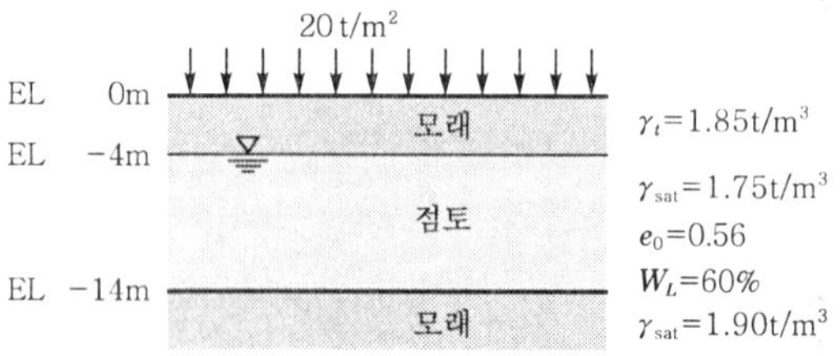

배점 3

답 · 풀이

문제 11

교량은 상판의 위치, 구조형식, 사용재료 및 용도 등 여러 가지 관점에서 분류할 수 있다. 상판의 위치에 의하여 분류한 교량의 형식 4가지를 쓰시오.

배점 3

답 ① ② ③ ④

문제 12

지반보강이나 차수를 위한 주입공법의 종류를 3가지만 쓰시오.

배점 3

답 ① ② ③

문제 **13**

터널을 굴착함에 있어 막장면의 용수에 의해 대규모 붕괴사로를 유발하게 된다. 용수 대책공법을 4가지만 기술하시오.

배점 3

답 ① ② ③ ④

문제 **14**

그림에서와 같이 강널말뚝으로 지지된 모래지반의 굴착에서 지하수의 유출로 인하여 예상되는 파이핑에 대한 안전율을 2.0으로 할 때 근입심도(D)를 결정하시오. (단, 모래층의 포화단위중량은 1.7t/m^{3}이고, 입자의 비중은 2.65이다.)

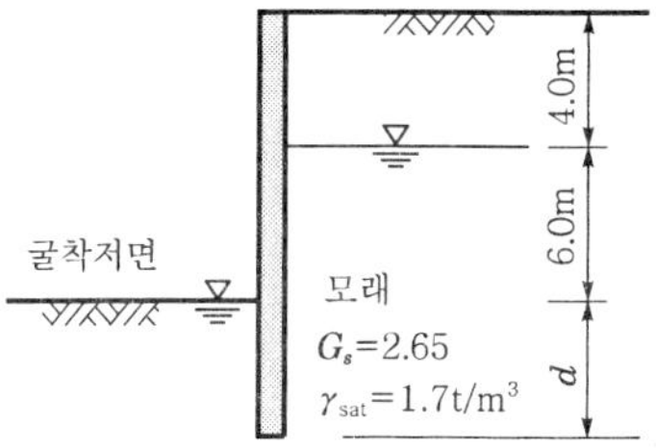

배점 3

답 · 풀이

문제 **15**

동압밀공법은 10~40t의 해머를 10~25m의 높이에서 낙하시켜 충격력 진동에 의해 지반을 다지는 공법이다. 이 공법의 장점을 3가지만 쓰시오.

배점 3

답 ①

②

③

문제 16

배점 4

그림과 같은 유토곡선(mass curve)에서 다음 물음에 답하시오.

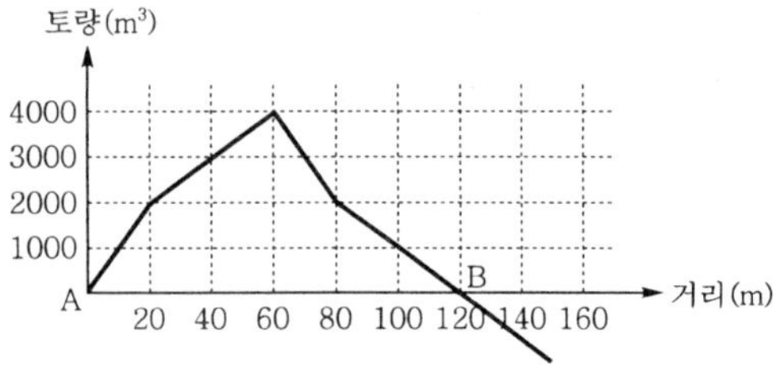

(1) AB 구간에서 절토량 및 평균운반거리를 구하시오.

(2) AB 구간에서 불도저(bull dozer) 1대로 흙을 운반하는데 필요한 소요일수를 구하시오. (단, 1일 작업시간은 8시간, 불도저의 $q=3.2\text{m}^3$, $L=1.25$, $E=0.6$, 전진속도 : 40m/분, 후진속도 : 46m/분, 기어변속 : 0.25분)

답 · 풀이

문제 17

배점 3

지하수 침강 최소깊이 200cm, 암거 매립간격 800cm, 투수계수 10^{-5}cm/sec일 때 불투수층에 놓인 암거를 통한 단위길이당 배수량을 구하시오. (단, 소수점 이하 4째자리에서 반올림하시오.)

답 · 풀이

문제 18

배점 8

다음 네트워크에서 다음 사항에 대해 작성하시오. (단, ( ) 속의 숫자는 1일당 소요인원)

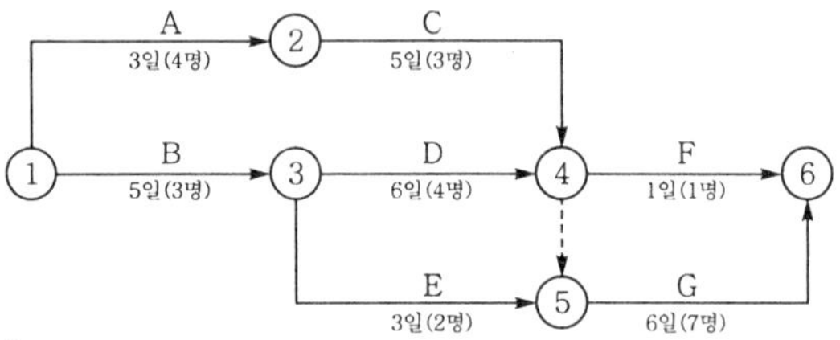

(1) 최초 개시 때의 산적표를 작성하시오.

(2) 최지 개시 때의 산적표를 작성하시오.

(3) 인력 평준화표를 작성하시오. (단, 제한 인원은 7명으로 한다.)

(4) 1일 인원을 7명으로 제한할 경우 수정 네트워크를 작성하시오.

답 · 풀이

문제 19

군지수(Group index) 항목(구성요소) 3가지를 쓰시오.

배점 3

답 ① .... ② .... ③ ....

문제 20

얕은기초의 근입깊이 결정 시 고려사항을 3가지만 쓰시오.

배점 2

답 ① .... ② .... ③ ....

문제 21

우물통 기초의 거치방법 3가지 쓰시오.

배점 3

답 ① .... ② .... ③ ....

문제 22

폐기물쓰레기에서 나온 오니를 혼합하여 재활용하는 시멘트는 무엇인가?

배점 3

답 ....

문제 23

현장흙의 들밀도시험을 한 결과 파낸 구멍의 체적이 $V=1960\text{cm}^3$, 흙의 무게가 3250g 이고, 이 흙의 함수비는 10%이었다. 최대 건조밀도가 $\gamma_{d\max}=1.65\text{g/cm}^3$일 때 상대다짐도를 구하시오.

배점 3

답 · 풀이 ....

문제 24

콘크리트 표준 공시체를 14회 반복 압축강도시험을 하였을 때 재령 28일 강도가 f_{ck} = 24MPa이었을 때 콘크리트의 배합강도(f_{cr})를 구하시오.

배점 3

답 · 풀이

문제 25

보강토공법은 옹벽, 교대, 방수벽에 사용되는 최신 공법으로 횡토압에 저항하는 타이(tie)의 설계방법으로 3가지 기본방법이 있는데 그 3가지 방법은 무엇인가?

배점 3

답 ① ② ③

문제 26

점토층의 두께가 1.5m이고 상대밀도가 45%인 느슨한 사질토지반에서 실내 다짐시험을 한 결과 e_{max} =0.7, e_{min} =0.35이었다. 이 지반의 상대밀도가 80%될 때까지 압축을 받았을 때 점토층의 두께 변화량을 구하시오.

배점 4

답 · 풀이

2007년도 정답 및 해설

정/답/및/해/설 2007년도 1차(04.22 시행)

정답·해설 01

(1) ① 공정표

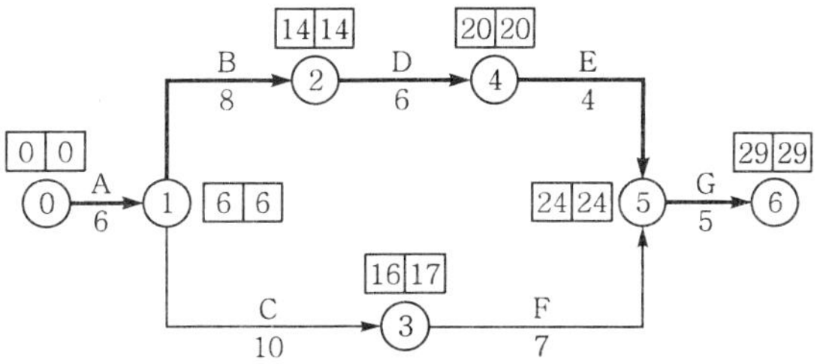

② CP : ⓪ → ① → ② → ④ → ⑤ → ⑥

(2) ① 공기단축

단축단계	작업명	단축일수	추가비용(만 원)
1단계	D	1	1×4 = 4
2단계	A	2	2×5 = 10
3단계	C, D	1	1×3+1×4 = 7

② 여분출비(extra cost)

EC=4+10+7=21만 원

정답·해설 02

(1) 길이 1m에 대한 콘크리트량

① 기초 콘크리트량

$= 3.5 \times 0.1 \times 1 = 0.35\text{m}^3$

② 구체 콘크리트량

$$= \left(3.1 \times 3.65 - 2.5 \times 3 + \frac{0.2 \times 0.2}{2} \times 4\right) \times 1 = 3.895\text{m}^3$$

(2) 길이 1m에 대한 거푸집량

$$= (3.65 \times 2 + 2.6 \times 2 + \sqrt{0.2^2 + 0.2^2} \times 4 + 2.1) \times 1 = 15.731\text{m}^2$$

(3) 길이 1m에 대한 터파기량

$$= \frac{5.5 + 13.25}{2} \times 7.75 \times 1 = 72.656\text{m}^3$$

(4) 길이 1m에 대한 철근물량표

기 호	철근호칭	본당길이(mm)	수 량(개)	총 길이(mm)
S_1	D 22	6832	6.67	45,569.44
S_7	D 13	1018	6.67	6790.06
S_9	D 16	1000	56	56,000
F_1	D 13	812	5	4060

정답·해설 03

① $P_1 = 0.8 \times 5 + 0.77 \times \dfrac{6}{2} = 6.31\text{t/m}^2$

② $P_2 = 1.7 \times 3 + 0.8 \times 2 + 0.77 \times \dfrac{6}{2} = 9.01\text{t/m}^2$

③ $\Delta H = \dfrac{C_c}{1+e_1} \log \dfrac{P_2}{P_1} H$

$= \dfrac{0.42}{1+1.2} \log \dfrac{9.01}{6.31} \times 6 = 0.1772\text{m} = 17.72\text{cm}$

정답·해설 04

작업 소요시간 $= \dfrac{\text{통과횟수}\times\text{거리}}{\text{평균작업속도}\times\text{효율}} = \dfrac{200\times100}{5000\times0.8} + \dfrac{200\times100}{6500\times0.8} = 8.8\text{시간}$

정답·해설 05

① 배수기능　② filter 기능　③ 분리기능　④ 보강기능

정답·해설 06

① 박스 케이슨(box caisson)
② 공기 케이슨(pneumatic caisson)
③ 오픈 케이슨(open caisson)

정답·해설 07

$W_c = C_d \gamma_t B^2 = 2.2 \times 1.8 \times 1.5^2 = 8.91\text{t/m}$

정답·해설 08

$F_s = \dfrac{\gamma_{\text{sub}}}{\gamma_{\text{sat}}} \times \dfrac{\tan\phi}{\tan i} = \dfrac{0.9}{1.9} \times \dfrac{\tan 42^\circ}{\tan 26^\circ} = 0.87$

정답·해설 09

① 노즐에서 물과 시멘트, 골재가 혼합되므로 품질관리가 어렵다.
② 분진발생이 많다.
③ rebound(반발)량이 많다.

정답·해설 10

blow up

정답·해설 11

① 단실 박스(single-cell box)
② 다실 박스(multi-cell box)
③ 다중 박스(multiple single-cell box)

정답·해설 12

(1) $Q_s = \dfrac{3600 \cdot q \cdot k \cdot f \cdot E}{C_m} = \dfrac{3600 \times 0.6 \times 1.1 \times \dfrac{1}{1.25} \times 0.7}{30} = 44.35\text{m}^3/\text{h}$

(2) ① $q_t = \dfrac{T}{\gamma_t} \cdot L = \dfrac{15}{1.7} \times 1.25 = 11.03\text{m}^3$

② $n = \dfrac{q_t}{qk} = \dfrac{11.03}{0.6 \times 1.1} = 16.71 = 17$회

③ $C_{mt} = \dfrac{C_{ms}n}{60E_s} + T_1 + T_2 + t_1 + t_2$

$= \dfrac{30 \times 17}{60 \times 0.7} + \dfrac{5 \times 60}{30} + \dfrac{5 \times 60}{25} + 0.5 + 1 = 35.64$분

④ $Q_t = \dfrac{60 \cdot q_t \cdot f \cdot E_t}{C_{mt}} = \dfrac{60 \times 11.03 \times \dfrac{1}{1.25} \times 0.9}{35.64} = 13.37\text{m}^3/\text{hr}$

(3) $N = \dfrac{44.35}{13.37} = 3.32 = 4$대

정답·해설 13

① 선단 cone 저항　② 마찰저항　③ 간극수압

정답·해설 14

① 갱내 관찰조사　② 내공변위측정　③ 천단침하측정

정답·해설 15

① 토류판　② 띠장　③ 버팀

정답·해설 16

① 들밀도시험(모래치환법)　② 고무박법
③ 절삭법　④ 방사선 밀도측정기에 의한 방법

정답·해설 17

① $P-S$법　② $\log P - \log S$법　③ $S - \log t$법

정답·해설 18

① 응력해방법　② 수압파쇄법
③ AE법　④ 응력회복법

참고

초기지압(initial ground stress)

① 지반 내부에 터널 또는 지하발전소와 같은 공동을 굴착할 때, 그 이전에 지반에 작용하고 있던 1차 지압을 말한다.

② 원인별 분류

㉠ 지반자중에 의한 응력

㉡ 지각변동에 따른 응력

㉢ 지형의 영향에 의한 응력

㉣ 암반의 물리적, 화학적 변화에 의한 응력

③ 초기지압을 구하는 방법

㉠ 이론해석법 : 탄성이론에 의한 유한 요소법

㉡ 실험방법 : 광탄성 실험법

㉢ 측정방법

ⓐ 응력해방법(overcoring법) ⓑ 수압파쇄법 ⓒ AE법 ⓓ 응력회복법

정답·해설 19

① $K_{a1}=\tan^2\left(45^\circ-\dfrac{35^\circ}{2}\right)=0.27$

$K_{a2}=\tan^2\left(45^\circ-\dfrac{30^\circ}{2}\right)=0.33$

② $P_a=\dfrac{1}{2}\gamma_t h_1^2K_a+\gamma_t h_1 h_2 K_{a2}+\dfrac{1}{2}\gamma_{\text{sub}}\,h_2^2K_{a2}+\dfrac{1}{2}\gamma_w h_2^2-2c\sqrt{K_{a2}}\,h_2$

$=\dfrac{1}{2}\times1.75\times3^2\times0.27+1.75\times3\times4\times0.33+\dfrac{1}{2}\times0.9\times4^2\times0.33$

$+\dfrac{1}{2}\times1\times4^2-2\times0.6\times\sqrt{0.33}\times4=16.67\text{t/m}$

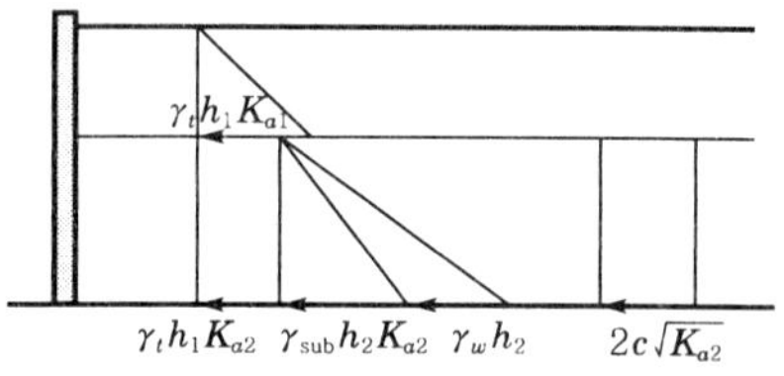

정답·해설 20

① 단위골재량 절대체적$=1-\left(\dfrac{121}{1000}+\dfrac{220}{3.15\times1000}+\dfrac{2}{100}\right)=0.79\text{m}^3$

② 단위잔골재량 절대체적$=0.79\times0.34=0.27\text{m}^3$

③ 단위굵은골재량 절대체적$=0.79-0.27=0.52\text{m}^3$

④ 단위굵은골재량$=0.52\times2.7\times1000=1404.0\text{kg}$

정답·해설 21

(1) 변동계수

① $\bar{x}=\dfrac{\Sigma x}{n}=\dfrac{22.5+24+28.5}{3}=25$

② $S=(22.5-25)^2+(24-25)^2+(28.5-25)^2=19.5$

③ $\sigma=\sqrt{\dfrac{S}{n}}=\sqrt{\dfrac{19.5}{3}}=2.5$

④ $C_V=\dfrac{\sigma}{\bar{x}}\times100=\dfrac{2.5}{25}\times100=10\%$

(2) 품질관리의 판정

$C_V=10\%$이므로 우수하다.

정답·해설 22

① 케이슨의 수직하중=자중−부력

$W=(8\times10)\times2-(8\times10)\times1=80\text{t/m}$

② 파압

$P=1.5wh=1.5\times1\times3=4.5\text{t/m}^2$

③ 케이슨에 작용하는 수평력

$P_H=(3+5)\times4.5=36\text{t/m}$

④ $F_s=\dfrac{fW}{P_H}=\dfrac{0.6\times80}{36}=1.33$

정답·해설 23

① 지진력에 의한 주동토압

$P_{ae}=\dfrac{1}{2}\gamma h^2(1-K_V)K_{ae}=16\text{t/m}$

② 주동토압

$P_a=\dfrac{1}{2}\gamma h^2 C_a=10\text{t/m}$

③ $\Delta P_{ae}=P_{ae}-P_a=16-10=6\text{t/m}$

④ $\Delta P_{ae}\cdot(0.6h)+P_a\cdot\dfrac{h}{3}=P_{ae}\cdot y$

$6\times(0.6\times6)+10\times\dfrac{6}{3}=16\times y \qquad \therefore\ y=2.6\text{m}$

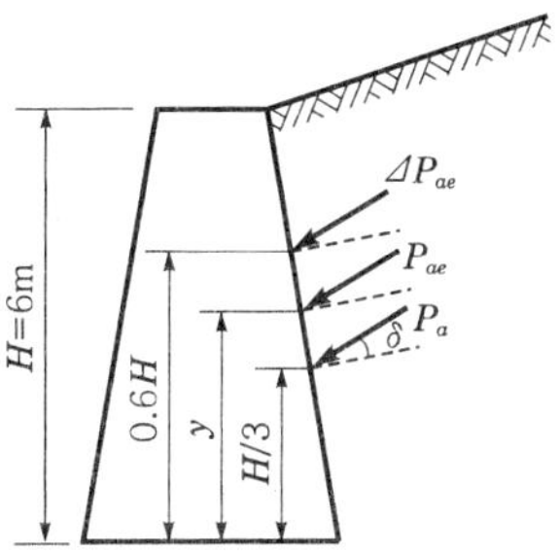

정답·해설 24

$d_w=\alpha\cdot\dfrac{2A+2B}{\pi}=0.75\times\dfrac{2\times10+2\times0.3}{\pi}=4.92\text{cm}$

정답·해설 25

① $q_u=\alpha cN_c+\beta B\gamma_1 N_r+D_f\gamma_2 N_q$

$=0+0+1.5\times1.8\times23=62.1\text{t/m}^2$

② $q_a=\dfrac{q_u}{F_s}=\dfrac{62.1}{3}=20.7\text{t/m}^2$

③ $q_a=\dfrac{P}{B^2} \qquad 20.7=\dfrac{200}{B^2} \qquad \therefore\ B=3.11\text{m}$

정답·해설 26

① $\dfrac{3}{4}$ 이하 ② $\dfrac{1}{5}$ 이하

정답·해설 01

$$Q=\frac{Q_1\times Q_2}{Q_1+Q_2}=\frac{50\times 80}{50+80}=30.77\text{m}^3/\text{hr}$$

정답·해설 02

(1) 0.1　(2) 0.5　(3) 5, 15

정답·해설 03

① 연약한 점토층의 압밀침하
② 연약한 점토층 위의 성토(사질토) 하중
③ 지하수위 저하
④ 말뚝을 타설하여 과잉공극수압이 발생한 후 시간의 경과에 따라 과잉공극수압이 소산되는 경우
⑤ 말뚝주변지반이 말뚝의 침하량보다 상대적으로 큰 침하를 일으키는 경우

정답·해설 04

① $u_i=\gamma_w\cdot h=1\times 8=8\text{t/m}^2$
② $u=\gamma_w\cdot h=1\times 3=3\text{t/m}^2$
③ $U_z=\dfrac{u_i-u}{u_i}=\dfrac{8-3}{8}=0.625=62.5\%$

정답·해설 05

(1) 길이 1m에 대한 콘크리트량

$$=\left(\frac{0.35+(0.7-0.02\times 0.6)}{2}\times 5.1+\frac{(0.7-0.6\times 0.02)+0.7+0.6}{2}\times 0.6+\frac{1.3+5.8}{2}\times 0.45+5.8\times 0.35+0.5\times 0.9\right)\times 1=7.321\text{m}^3$$

(2) 길이 1m에 대한 거푸집량

$$=\left(\sqrt{5.7^2+(5.7\times 0.02)^2}+0.35\times 2+0.9\times 2+\sqrt{0.6^2+0.6^2}+\sqrt{0.236^2+5.1^2}\right)\times 1$$
$$=14.155\text{m}^2$$

(3) 길이 1m에 대한 철근물량표

기 호	철근호칭	본당길이(mm)	수 량(개)	총 길이(mm)
W_1	D 13	6511	5	32,555
K_1	D 16	3694	10	36,940
F_2	D 29	4418	10	44,180
S_2	D 13	950	12.5	11,875

정답·해설 06

(1) No.4체 잔류 잔골재량 $= \frac{20}{500} \times 100 = 4\%$

(2) No.4체 잔류 굵은골재량 $= \frac{980}{1000} \times 100 = 98\%$

No.4체 통과 굵은골재량 $= 100 - 98 = 2\%$

(3) 골재량의 수정 : 잔골재량을 x(kg), 굵은골재량을 y(kg)이라 하면

$x + y = 650 + 1200 = 1850$ …………… ㉠

$0.04x + (1 - 0.02)y = 1200$ …………… ㉡

식 ㉠, ㉡에서 $x = 652.13\text{kg}$, $y = 1197.87\text{kg}$

(4) 표면수량 수정

잔골재 표면수량 $= 652.13 \times 0.03 = 19.56\text{kg}$

굵은골재 표면수량 $= 1197.87 \times (-0.01) = -11.98\text{kg}$

(5) 현장배합

단위수량 $= 165 - (19.56 - 11.98) = 157.42\text{kg}$

잔골재량 $= 652.13 + 19.56 = 671.69\text{kg}$

굵은골재량 $= 1197.87 - 11.98 = 1185.89\text{kg}$

정답·해설 07

$$R \geqq \frac{V^2}{127(i+f)} = \frac{100^2}{127(0.06+0.11)} = 463.18\text{m}$$

정답·해설 08

① 가중 creep 거리=수직거리(45°보다 급한 것)+수평거리(45° 이하)의 $\frac{1}{3}$

$= 5 \times 2 + \frac{2+7}{3} = 13\text{m}$

② 유효수두=수두차=2m

③ 가중 creep비 $= \frac{\text{가중 creep 거리}}{\text{유효수두}} = \frac{13}{2} = 6.5 > 6$이므로 ∴ 안정

정답·해설 09

① $\tau = c + \bar{\sigma}\tan\phi = c = 1.5\text{t/m}^2$

② $L_a = r \cdot \theta = 11 \times \left(65° \times \frac{\pi}{180°}\right) = 12.48\text{m}$

③ $W = A \cdot \gamma = 25 \times 1.9 = 47.5\text{t/m}$

④ $P_u = \frac{1}{2}\gamma_w h^2 = \frac{1}{2}\gamma_w Z_c^2 = \frac{1}{2} \times 1 \times 1.58^2 = 1.25\text{t/m}$

$$\left(\because Z_c = \frac{2c\tan\left(45° + \frac{\phi}{2}\right)}{\gamma_t} = \frac{2 \times 1.5 \times \tan 45°}{1.9} = 1.58\text{m}\right)$$

⑤ $y = 2 + \frac{2}{3}Z_c = 2 + \frac{2}{3} \times 1.58 = 3.05\text{m}$

⑥ $F_s = \frac{\tau r L_a}{We + P_u y} = \frac{1.5 \times 11 \times 12.48}{47.5 \times 3 + 1.25 \times 3.05} = 1.41$

정답·해설 10

전단연결재(shear connector)

정답·해설 11

① $U_{vh}=1-(1-U_v)(1-U_h)=1-(1-0.9)(1-0.2)=0.92$

② $\Delta C=\dfrac{C}{P}\Delta P\cdot U=0.18\times(2\times5)\times0.92=1.66\text{t/m}^2$

③ $C=C_0+\Delta C=5+1.66=6.66\text{t/m}^2$

정답·해설 12

① 포장면의 내구성 증대
② 포장면의 수밀성 증대
③ 포장면의 미끄럼저항 증대
④ 포장면의 노화방지

✎ 참고

① prime coat 목적
㉠ 기층과 그 위에 깔 asphalt 혼합물과의 부착을 좋게 한다.
㉡ 기층 또는 보조기층의 작업차에 의한 파손방지, 강우에 의한 세굴방지, 방수성 증대
㉢ 보조기층으로부터의 모관상승 차단
② tack coat 목적 : 구포장층과 그 위에 포설하는 asphalt 혼합물층과의 부착을 좋게 하기 위함이다.

정답·해설 13

(1) ① 굴착토량$=\dfrac{5+11}{2}\times6\times10=480\text{m}^3$

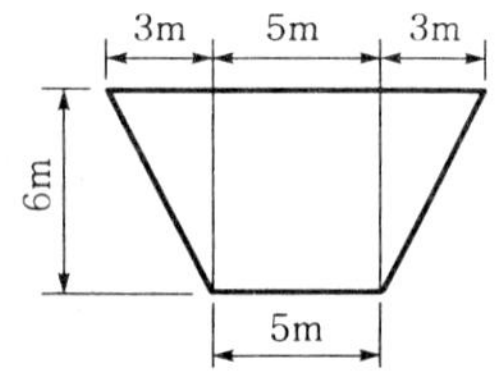

② 되메움 토량$=(480-5\times5\times10)\times\dfrac{1}{0.9}=255.56\text{m}^3$

③ 사토량$=480-255.56=224.44\text{m}^3$

(2) ① $q_t=\dfrac{T}{\gamma_t}L=\dfrac{15}{1.8}\times1.25=10.42\text{m}^3$

② $Q=\dfrac{60q_tfE_t}{C_{mt}}=\dfrac{60q_t\dfrac{1}{L}E_t}{C_{mt}}=\dfrac{60\times10.42\times\dfrac{1}{1.25}\times0.9}{300}$

$=1.5\text{m}^3/\text{hr}$

(3) 소요일수$=\dfrac{224.44}{1.5\times6\times2}=12.47=13$일

정답·해설 14

① 캔틸레버공법(FCM 공법)
② 이동동바리공법(MSS 공법)
③ 압출공법(ILM 공법)

정답·해설 15

$t=\dfrac{a+4m+b}{6}=\dfrac{27+4\times28+35}{6}=29$일

정답·해설 16

① 압축재하시험 ② 인발재하시험 ③ 수평재하시험

정답·해설 17

① 전반전단파괴 ② 국부전단파괴 ③ 관입전단파괴

정답·해설 18

(1) 라인 드릴링 공법 (2) 프리스프리팅 공법

정답·해설 19

① (점토지반의) heaving에 대한 안정
② (모래지반의) piping에 대한 안정
③ 토압에 대한 안정(주동과 수동토압에 의한 토압의 균형)

정답·해설 20

① 압축공기식 케이싱법
② water jet식 케이싱법
③ auger식 케이싱법

정답·해설 21

① $\gamma_t = \dfrac{W}{V} = \dfrac{2934}{1630} = 1.8\text{t/m}^3$

② $\gamma_d = \dfrac{\gamma_t}{1+\dfrac{w}{100}} = \dfrac{1.8}{1+\dfrac{12.6}{100}} = 1.6\text{t/m}^3$

③ $R = \dfrac{\gamma_d}{\gamma_{d\max}} \times 100 = \dfrac{1.6}{1.94} \times 100 = 82.47\% < 95\%$이므로 불합격이다.

정답·해설 22

① $\gamma_1 = \gamma' + \dfrac{d}{B}(\gamma - \gamma') = 1 + \dfrac{0.5}{2} \times (1.7-1) = 1.18\text{t/m}^3$

② $q_u = \alpha c N_c + \beta B \gamma_1 N_r + D_f \gamma_2 N_q$
$= 1.3 \times 1 \times 17.7 + 0.4 \times 2 \times 1.18 \times 5 + 1.5 \times 1.7 \times 7.4 = 46.6\text{t/m}^2$

③ $q_a = \dfrac{q_u}{F_s} = \dfrac{46.6}{3} = 15.53\text{t/m}^2$

④ 순허용지지력

$q_{a(\text{net})} = \dfrac{q_u - q}{F_s} = \dfrac{q_u - \gamma D_f}{F_s} = \dfrac{46.6 - 1.7 \times 1.5}{3} = 14.68\text{t/m}^2$

정답·해설 23

① rod 길이에 대한 수정

$N_1 = N\left(1-\dfrac{x}{200}\right) = 40 \times \left(1-\dfrac{50}{200}\right) = 30$

② 토질에 의한 수정

$N_2 = 15 + \dfrac{1}{2}(N_1 - 15) = 15 + \dfrac{1}{2} \times (30-15) = 22.5 = 23$

정답·해설 24

① RQD
② 불연속면의 수
③ 불연속면의 거칠기
④ 불연속면 풍화도
⑤ 지하수상태
⑥ SRF

정답·해설 25

$T_2 = T_1 - 0.15(T_1 - T_0)t$

$= 25 - 0.15(25-3) \times 1.5 = 20.05℃$

참고

$T_2 = T_1 - 0.15(T_1 - T_0)t$

여기서, T_2 : 치기가 끝났을 때의 온도(℃)

T_1 : 비벼진 온도(℃)

T_0 : 주위의 온도(℃)

t : 비벼졌을 때부터 치기가 끝날 때까지의 시간(hr)

정/답/및/해/설 2007년도 3차(11.04 시행)

정답·해설 01

(1) 단위 굵은골재량

① $\dfrac{W}{C} = 0.55$ $\dfrac{165}{C} = 0.55$ $\therefore\ C = 300\text{kg}$

② 단위 굵은골재량 $= 2290 - (165 + 300 + 780) = 1045\text{kg}$

(2) 잔골재율

① 단위 굵은골재량 절대체적 $= \dfrac{1045}{2.67 \times 1000} = 0.39\text{m}^3$

② 단위 잔골재량 절대체적 $= \dfrac{780}{2.62 \times 1000} = 0.30\text{m}^3$

③ 잔골재율 $= \dfrac{S}{S+G} = \dfrac{0.3}{0.3+0.39} = 43.48\%$

정답·해설 02

(1) $1m^2$당 본바닥체적 $=(1\times1\times0.2)\times\dfrac{1}{0.9}=0.222m^3$

(2) $w=12\%$일 때 흙의 무게

① $\gamma_t=\dfrac{W}{V}$ $1.8=\dfrac{W}{0.222}$ $\therefore W=0.4t=400kg$

② $W_s=\dfrac{W}{1+\dfrac{w}{100}}=\dfrac{400}{1+\dfrac{12}{100}}=357.14kg$

③ $W_w=W-W_s=400-357.14=42.86kg$

(3) $w=16\%$일 때 물의 무게

$w=\dfrac{W_w}{W_s}\times100$ $16=\dfrac{W_w}{357.14}\times100$ $\therefore W_w=57.14kg$

(4) 살수량 $=57.14-42.86=14.28kg=14.28l$

정답·해설 03

(1) 흙이 현재 받고 있는 유효연직응력에 대한 선행압밀압력의 비

(2) ① OCR < 1 : 압밀이 진행중인 점토

② OCR = 1 : 정규압밀 점토

③ OCR > 1 : 과압밀 점토

정답·해설 04

(1) 콘크리트량

$$=\left(2.6\times0.5+\frac{0.5+0.8}{2}\times0.3+0.35\times6+\frac{0.8+0.5}{2}\times0.75+0.5\times0.6\right)\times3.5$$
$$+\left(\frac{2.9\times5.5}{2}-\frac{0.3\times0.3}{2}\right)\times0.5=19.304m^3$$

(2) 거푸집량

$$=(5.2+\sqrt{0.3^2+0.3^2})\times3+(0.5+0.6+0.6+0.5+5.2)\times3.5$$
$$+\left(\frac{2.9\times5.5}{2}-\frac{0.3\times0.3}{2}\right)\times2+\sqrt{2.9^2+5.5^2}\times0.5=61.742m^2$$

(3) 철근물량표

기 호	직 경	길이(mm)	수 량	총 길이(mm)	기 호	직 경	길이(mm)	수 량	총 길이(mm)
W_1	D 13	6010	30	180,300	F_3	D 16	2300	15	34,500
W_2	D 22	3500	25	87,500	F_5	D 13	3500	8	28,000
F_1	D 19	3500	23	80,500	K_1	D 16	2500	15	37,500
F_2	D 19	6700	15	100,500	S_1	D 13	352	12	4224

정답·해설 05

① 소성수축균열　　② 침하균열

③ 거푸집변형에 따른 균열　　④ 진동 · 재하에 따른 균열

정답·해설 06

(1) 기대 소요일수

$$t_e = \frac{t_0 + 4t_m + t_p}{6} = \frac{12 + 4 \times 15 + 20}{6} = 15.33\text{일}$$

(2) 분산

$$\sigma^2 = \left(\frac{t_p - t_0}{6}\right)^2 = \left(\frac{20 - 12}{6}\right)^2 = 1.78$$

정답·해설 07

$$V = 20\sqrt{\frac{Dh}{L}}$$

$$0.8 = 20\sqrt{\frac{0.2h}{300}} \qquad \therefore\ h = 2.4\text{m}$$

정답·해설 08

(1) ① $A_p = \dfrac{\pi \cdot D^2}{4} = \dfrac{\pi \times 0.3^2}{4} = 0.07\text{m}^2$

② $A_s = \pi \cdot D \cdot l = \pi \times 0.3 \times 14 = 13.19\text{m}^2$

③ $\overline{N_s} = \dfrac{N_1h_1 + N_2h_2 + N_3h_3}{h_1 + h_2 + h_3} = \dfrac{5 \times 3 + 8 \times 5 + 13 \times 6}{3 + 5 + 6} = 9.5$

④ $R_u = 40NA_p + \dfrac{1}{5}\overline{N_s}A_s$

$= 40 \times 13 \times 0.07 + \dfrac{1}{5} \times 9.5 \times 13.19 = 61.46\text{t}$

(2) $R_a = \dfrac{R_u}{F_s} = \dfrac{61.46}{3} = 20.49\text{t}$

정답·해설 09

$$Q = \frac{A \cdot N \cdot H \cdot f \cdot E}{P}$$

$$= \frac{0.033 \times 3600 \times 0.3 \times 0.7 \times 0.5}{6} = 2.08\text{m}^3/\text{hr}$$

정답·해설 10

① $C_c = 0.009(W_L - 10) = 0.009(60 - 10) = 0.45$

② $P_1 = 1.85 \times 4 + 0.75 \times \dfrac{10}{2} = 11.15\text{t/m}^2$

③ $P_2 = P_1 + \Delta P = 11.15 + 20 = 31.15\text{t/m}^2$

④ $\Delta H = \dfrac{C_c}{1 + e_0}\log\dfrac{P_2}{P_1}H = \dfrac{0.45}{1 + 0.56}\log\dfrac{31.15}{11.15} \times 10 = 1.29\text{m}$

정답·해설 11

① 상로교　② 하로교　③ 중로교　④ 2층교

정답·해설 12

① 침투주입공법　　② 고압분사공법
③ 혼합처리 공법　　④ 컴팩션주입공법

정답·해설 13

① 물빼기 갱(수발터널)설치　　② 물빼기 보링(수발보링)설치
③ 약액주입공법　　④ 웰 포인트 공법
⑤ 동결공법

정답·해설 14

$$F_s = \frac{i_c}{i} = \frac{\dfrac{G_s - 1}{1+e}}{\dfrac{h}{L}}$$

$$2 = \frac{0.7}{\dfrac{6}{6+2d}} \qquad \therefore\ d = 5.57\text{m}$$

정답·해설 15

① 지반 내 장애물이 있어도 시공이 가능하다.
② 전면적에 고르게 확실한 개량이 가능하다.
③ 깊은 심층부까지도 개량이 가능하다.

정답·해설 16

(1) ① 절토량 $= 400\text{m}^3$
② 평균운반거리 $= 80 - 20 = 60\text{m}$

(2) ① dozer 1대 작업량

㉠ $C_m = \dfrac{l}{V_1} + \dfrac{l}{V_2} + t_g = \dfrac{60}{40} + \dfrac{60}{46} + 0.25 = 3.05$분

㉡ $Q = \dfrac{60\,q\,f\,E}{C_m} = \dfrac{60 \times 3.2 \times \dfrac{1}{1.25} \times 0.6}{3.05} = 30.22\text{m}^3/\text{hr}$

② 소요일수 $= \dfrac{4000}{30.22 \times 8} = 16.55 = 17$일

정답·해설 17

$$D = \frac{4k}{Q}(H_0^2 - h_0^2)$$

$$800 = \frac{4 \times 10^{-5}}{Q}(200^2 - 0) \qquad \therefore\ Q = 0.002\text{cm}^3/\text{sec}$$

정답·해설 18

(1) ① 공정표

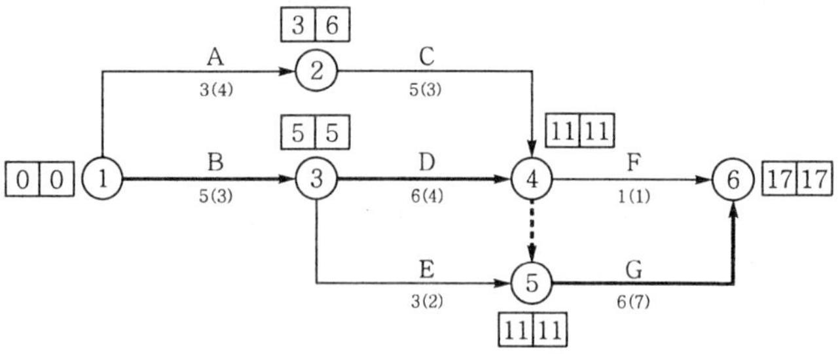

② 최초 개시 때의 산적표

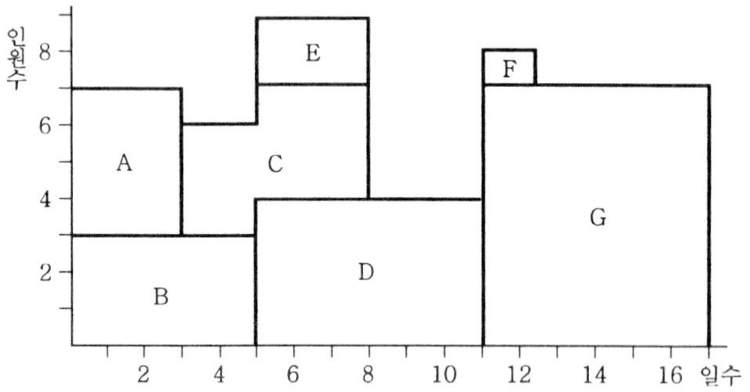

(2) 최지 개시 때의 산적표

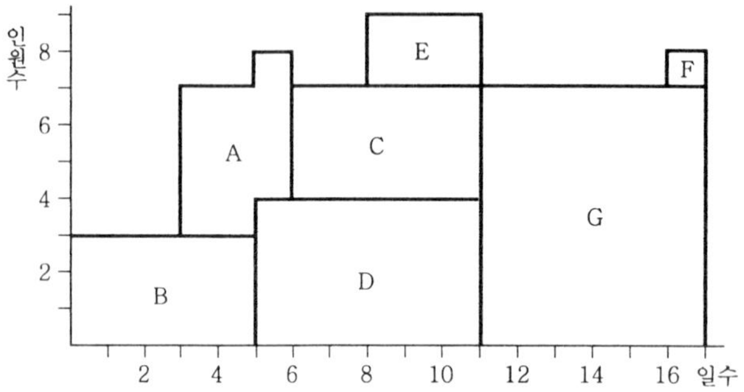

(3) 인력 평준화표 (단, 제한 인원은 7명으로 한다.)

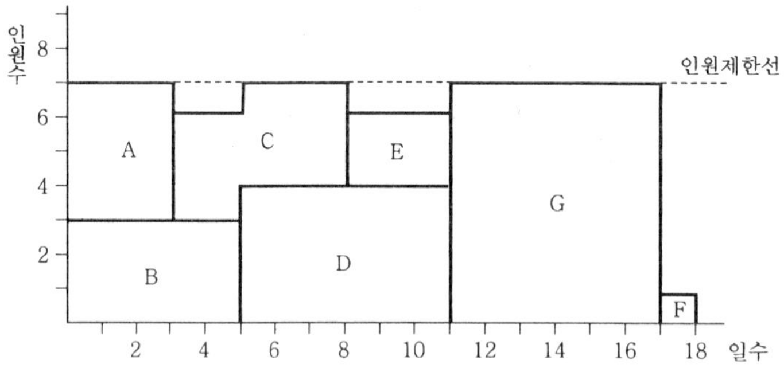

(4) 1일 인원을 7명으로 제한한 경우 수정 네트워크(타임 스케일 공정표)

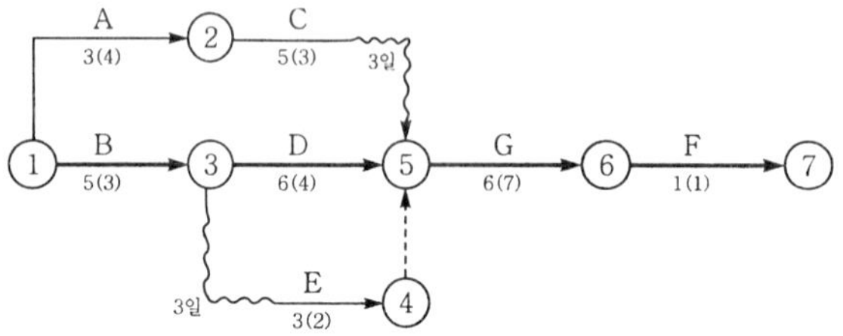

정답·해설 19

① 액성한계　　② 소성지수　　③ No.200체 통과율

정답·해설 20

① 체적변화를 일으키는 깊이　　② 동결깊이
③ 지하수위　　④ 지하매설물 및 인접구조물의 영향

정답·해설 21

① 축도법　　② 비계식　　③ 예항식

정답·해설 22

에코 시멘트(친환경 시멘트)

정답·해설 23

① $\gamma_t = \frac{W}{V} = \frac{3250}{1960} = 1.66\,\mathrm{g/cm^3}$

② $\gamma_d = \frac{\gamma_t}{1+\frac{w}{100}} = \frac{1.66}{1+\frac{10}{100}} = 1.51\,\mathrm{g/cm^3}$

③ $C_d = \frac{\gamma_d}{\gamma_{d\max}} \times 100 = \frac{1.51}{1.65} \times 100 = 91.52\%$

정답·해설 24

$f_{cr} = f_{ck} + 8.5 = 24 + 8.5 = 32.5\,\mathrm{MPa}$

✎ 참고

표준편차를 계산하기 위한 현장강도 기록이 없거나 압축강도의 시험횟수가 14회 이하인 경우의 배합강도

설계기준강도 f_{ck}(MPa)	배합강도 f_{cr}(MPa)
21 미만	$f_{ck}+7$
21~35	$f_{ck}+8.5$
35 초과	$1.1f_{ck}+5$

정답·해설 25

① Rankine법　　② Coulomb 응력법　　③ Coulomb 모멘트법

정답·해설 26

① $D_r = \frac{e_{\max} - e}{e_{\max} - e_{\min}} \times 100$

$45 = \frac{0.7 - e_1}{0.7 - 0.35} \times 100 \qquad \therefore\ e_1 = 0.54$

$80 = \frac{0.7 - e_2}{0.7 - 0.35} \times 100 \qquad \therefore\ e_2 = 0.42$

② $\Delta H = \frac{e_1 - e_2}{1 + e_1} H$

$= \frac{0.54 - 0.42}{1 + 0.54} \times 1.5 = 0.1169\text{m} = 11.69\text{cm}$

토목 기사 실기 과년도 총정리 정가 28,000원

• 편 저 자 박 영 태
• 발 행 인 차 승 녀

• 2015년 7월 10일 제1판 제1인쇄 발행
• 2016년 2월 25일 제1판 제2인쇄 발행
• 2017년 1월 5일 제2판 제1인쇄 발행
• 2018년 1월 30일 제3판 제1인쇄 발행
• 2019년 2월 15일 제4판 제1인쇄 발행
• 2019년 12월 30일 제5판 제1인쇄 발행

토목기사 과년도총정리

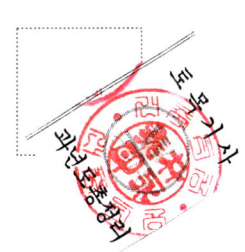

도서출판 건기원
(등록 : 제11-162호, 1998. 11. 24)

경기도 파주시 연다산길 244(연다산동)
TEL : (02)2662-1874～5 FAX : (02)2665-8281

ISBN 979-11-5767-463-3 13530